できる®

Access（アクセス）クエリ&レポート

2019/2016/2013 & Microsoft 365対応

データの抽出・集計・加工に役立つ本

国本温子・きたみあきこ&できるシリーズ編集部

インプレス

できるシリーズは読者サービスが充実！

わからない操作が解決 できるサポート

本書購入のお客様なら無料です！

書籍で解説している内容について、電話などで質問を受け付けています。無料で利用できるので、分からないことがあっても安心です。なお、ご利用にあたっては300ページを必ずご覧ください。

詳しい情報は 300ページへ

ご利用は3ステップで完了！

ステップ1 書籍サポート番号のご確認

対象書籍の裏表紙にある6けたの「書籍サポート番号」をご確認ください。

ステップ2 ご質問に関する情報の準備

あらかじめ、問い合わせたい紙面のページ番号と手順番号などをご確認ください。

ステップ3 できるサポート電話窓口へ

●電話番号（全国共通）

0570-000-078

※月～金　10:00～18:00
　土・日・祝休み
※通話料はお客様負担となります

以下の方法でも受付中！

インターネット

FAX

封書

操作を見て すぐに理解

できるネット 解説動画

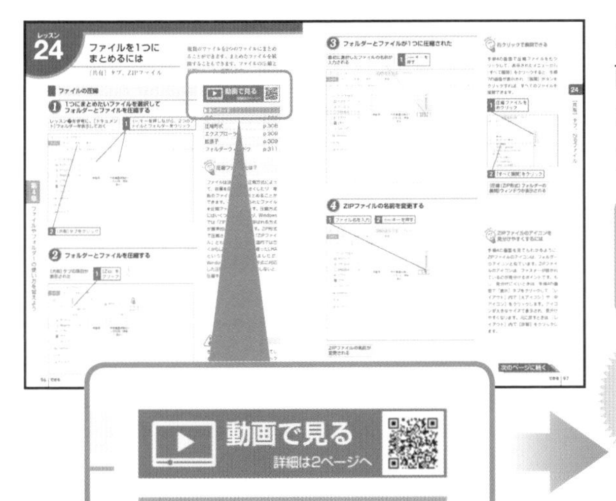
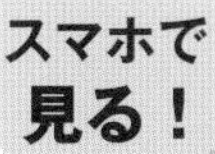

レッスンで解説している操作を動画で確認できます。画面の動きがそのまま見られるので、より理解が深まります。動画を見るには紙面のQRコードをスマートフォンで読み取るか、以下のURLから表示できます。

本書籍の動画一覧ページ
https://dekiru.net/query2019

スマホで見る！

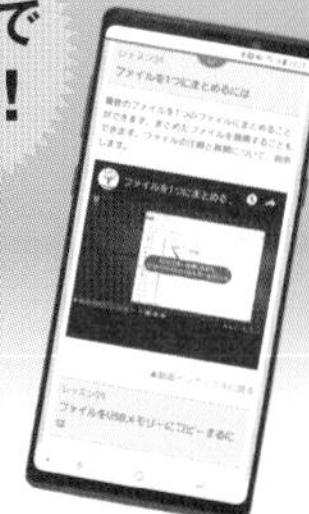

パソコンで見る！

最新の役立つ 情報がわかる!

できるネット

新たな一歩を応援するメディア

「できるシリーズ」のWebメディア「できるネット」では、本書で紹介しきれなかった最新機能や便利な使い方を数多く掲載。コンテンツは日々更新です!

●主な掲載コンテンツ

- Apple/Mac/iOS
- Windows/Office
- Facebook/Instagram/LINE
- Googleサービス
- サイト制作・運営
- スマホ・デバイス

パソコンはもちろん
スマートフォンでも読みやすい

https://dekiru.net

ご利用の前に必ずお読みください

本書は、2020年9月現在の情報をもとに「Microsoft Access 2019」の操作方法について解説しています。本書の発行後に「Microsoft Access 2019」の機能や操作方法、画面などが変更された場合、本書の掲載内容通りに操作できなくなる可能性があります。本書発行後の情報については、弊社のWebページ（https://book.impress.co.jp/）などで可能な限りお知らせいたしますが、すべての情報の即時掲載ならびに、確実な解決をお約束することはできかねます。また本書の運用により生じる、直接的、または間接的な損害について、著者ならびに弊社では一切の責任を負いかねます。あらかじめご理解、ご了承ください。

本書で紹介している内容のご質問につきましては、できるシリーズの無償電話サポート「できるサポート」にて受け付けております。ただし、本書の発行後に発生した利用手順やサービスの変更に関しては、お答えしかねる場合があります。また、本書の奥付に記載されている初版発行日から3年が経過した場合、もしくは解説する製品やサービスの提供会社がサポートを終了した場合にも、ご質問にお答えしかねる場合があります。できるサポートのサービス内容については300ページの「できるサポートのご案内」をご覧ください。なお、都合により「できるサポート」のサービス内容の変更や「できるサポート」のサービスを終了させていただく場合があります。あらかじめご了承ください。

●用語の使い方

本文中では、「Microsoft Windows 10」のことを「Windows 10」または「Windows」と記述しています。また、「Microsoft Office 2019」のことを「Office 2019」または「Office」、「Microsoft Access 2019」のことを「Access 2019」または「Access」と記述しています。また、本文中で使用している用語は、基本的に実際の画面に表示される名称に則っています。

●本書の前提

本書では、「Windows 10」に「Access 2019」がインストールされているパソコンで、インターネットに常時接続されている環境を前提に画面を再現しています。お使いの環境と画面解像度が異なることもありますが、基本的に同じ要領で進めることができます。

まえがき

Accessは、リレーショナルデータベースソフトの一つです。リレーショナルデータベースでは、顧客情報や商品情報、売上情報など、特定のテーマに沿って蓄積された関連性のあるデータの集合を、互いに結び付けて活用することができます。関連付けにより、別々に蓄積したデータを組み合わせて情報を取り出すことができます。

Accessでは､データの蓄積､データの取り出し､入力､印刷をそれぞれ「テーブル」､「クエリ」､「フォーム」､「レポート」という専用の機能を使って行います。本書では、その中でも「クエリ」と「レポート」について解説しています。

クエリとレポートは、データベースに蓄えたデータを活用するための機能です。クエリを使うと、テーブルから必要なデータを取り出し、並べ替えや集計をしたり、データを加工したりできます。クエリを使いこなせるようになることが、Accessのデータを活用する上でも最も重要といってもいいでしょう。また、レポートを使うと、クエリを使って取り出したデータを見栄えのいい印刷物にして出力することができます。

本書では、クエリを作成するための基礎知識、準備、基本的な作成方法、抽出条件、一括処理､集計､関数まで､一通りの機能を丁寧に解説しています。一つ一つのレッスンを通じて、クエリの機能を無理なくマスターしていただけるでしょう。

また、レポートでは、簡単な手順のレポート作成に加えて、軽減税率に対応した実用的な請求書を作成しています。手順通り操作しながら、レポートの作り方や、構成、編集方法を学習いただけるようになっています。

本書を通じて、クエリとレポートの知識を深め、使い方をマスターし、実務にお役立ていただけたら幸いです。

最後に、本書の編集にご尽力いただきましたできるシリーズ編集部および関係者の皆様に心より感謝申し上げます。

2020年10月　国本温子　きたみあきこ

できるシリーズの読み方

本書は、大きな画面で操作の流れを紙面に再現して、丁寧に操作を解説しています。初めての人でも迷わず進められ、操作をしながら必要な知識や操作を学べるように構成されています。レッスンの最初のページで、「解説」と「Before・After」の画面と合わせてレッスン概要を詳しく解説しているので、レッスン内容をひと目で把握できます。

関連レッスン

関連レッスンを紹介しています。関連レッスンを通して読むと、同じテーマを効果的に学べます。

キーワード

そのレッスンで覚えておきたい用語の一覧です。巻末の用語集の該当ページも掲載しているので、意味もすぐに調べられます。

練習用ファイル

レッスンで使用するAccessのファイル名を明記しています。練習用ファイルのダウンロード方法については、18ページを参照してください。

解説

操作の要点やレッスンの概要を解説します。解説を読むだけでレッスンの目的と内容、操作イメージが分かります。

左ページのつめでは、章タイトルでページを探せます。

図解

レッスンで使用する練習用ファイルの「Before」(操作前)と「After」(操作後)の画面のほか、レッスンの目的と内容を紹介しています。レッスンで学ぶ操作や機能の概要がひと目で分かります。

レッスン

40 テーブルにデータをまとめて追加するには

追加クエリ

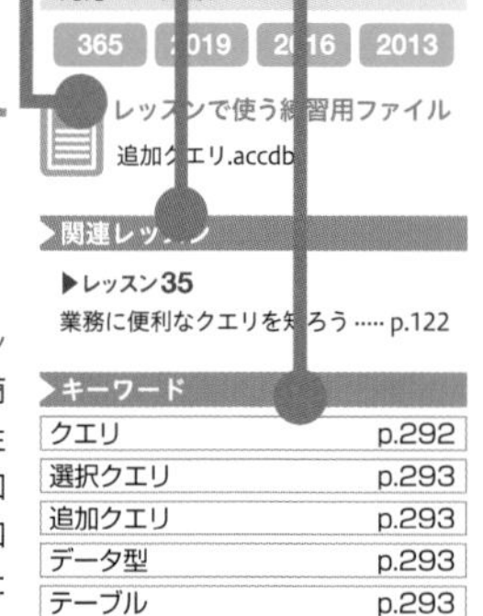

処理が終了したデータの履歴を別テーブルで保管する

追加クエリは、指定したテーブルに別のテーブルやクエリからレコードを一括で追加するクエリです。例えば、下の図のように、[商品テーブル] で [生産終了] にチェックマークが付いた商品を、[生産終了商品テーブル] にまとめて追加できます。このように追加クエリは、条件に一致するレコードをまとめて別テーブルに追加できるため、処理が終了したデータを履歴として保存しておきたいときに役立ちます。なお、追加クエリでは、レコードの追加時にキー違反や型変換エラー、入力規則違反などのエラーが発生しやすいので、事前に追加先や追加元テーブルのデータのほか、データ型などを確認してから実行するようにしましょう。

第5章 テーブルのデータを操作するクエリを覚える

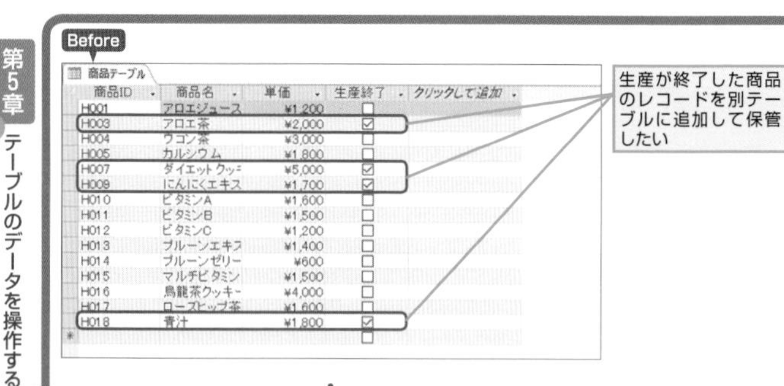

140 できる

手 順

必要な手順を、すべての画面と操作を掲載して解説しています。

手順見出し
「○○を表示する」など、1つの手順ごとに内容の見出しを付けています。番号順に読み進めてください。

解説
操作の前提や意味、操作結果に関して解説しています。

操作説明
「○○をクリック」など、それぞれの手順での実際の操作です。番号順に操作してください。

動画で見る

レッスンで解説している操作を動画で見られます。詳しくは2ページを参照してください。

HINT!

レッスンに関連したさまざまな機能や、一歩進んだ使いこなしのテクニックなどを解説しています。

右ページのつめでは、知りたい機能でページを探せます。

間違った場合は？

手順の画面と違うときには、まずここを見てください。操作を間違った場合の対処法を解説してあるので安心です。

テクニック

レッスンの内容を応用した、ワンランク上の使いこなしワザを解説しています。身に付ければパソコンがより便利になります。

---

1 選択クエリを作成する

練習用ファイルを開いておく

レッスン⑭を参考に、[商品テーブル]で新規クエリを作成して、[商品ID][商品名][単価][生産終了]のフィールドを追加しておく

ここでは、[生産終了]にチェックマークが付いているレコードを抽出する

1 [生産終了]フィールドの[抽出条件]行をクリック

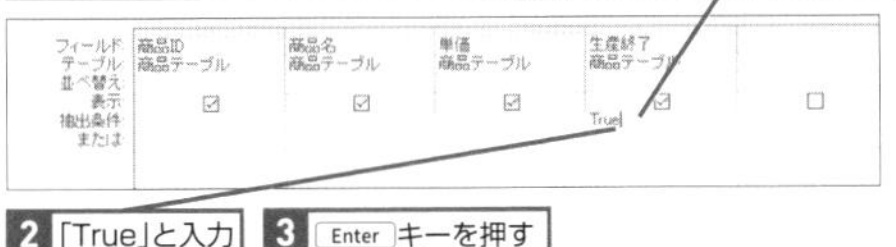

2 「True」と入力　3 Enter キーを押す

2 クエリの種類を変更する

クエリの種類を追加クエリに変更する

1 [クエリツール]の[デザイン]タブをクリック

2 [追加]をクリック

HINT!
データが消失することがある
追加クエリを実行したときに、追加先テーブルのテキスト型のフィールドのフィールドサイズよりも、追加するフィールドの文字長の方が長い場合は、その分のデータが消失して追加されます。また、数値型フィールドのフィールドサイズが異なる場合も、その上限値を超えると、データが消失してしまいます。このときエラーメッセージは表示されません。追加クエリを実行する前に必ずフィールドサイズを確認しましょう。フィールドサイズを確認する方法は、レッスン⑪で解説しています。

間違った場合は？
手順1でデザイングリッドに追加するフィールドを間違えた場合は、間違えたフィールドのフィールドセレクターをクリックして Delete キーを押して削除し、追加し直します。

テクニック 追加クエリの実行時によくあるエラーを知ろう

追加クエリを実行してテーブルにレコードを追加するときに、いくつかの理由でエラーが発生し、メッセージが表示されることがあります。発生するエラーの種類と原因は、左下の表の通りです。
エラーが発生したとき、表示されるメッセージで、どのエラーが何個発生したかを確認してください。確認後、[はい]ボタンか[いいえ]ボタンをクリックして処理の続行または中止を選択します。ここで[はい]ボタンをクリックすると、エラーが発生していない部分のみが実行され、エラーが発生している部分はNull値になります。[いいえ]ボタンをクリックすると、追加クエリの実行がキャンセルされます。

種類	原因
型変換エラー	追加先と追加元のデータ型が異なる場合
キー違反	主キーや固有のインデックスが設定されているフィールドで重複が発生した場合
ロック違反	追加先テーブルがデザインビューまたは別のユーザーによって開かれている場合
入力規則違反	追加先テーブルの入力規則が設定されているフィールドに、入力規則に違反する値を追加しようとした場合

エラーの内容と発生個数を確認する

[はい]をクリックするとエラーの発生していない部分が実行される

[いいえ]をクリックすると追加クエリの実行がキャンセルされる

40 追加クエリ

できる 141

※ここに掲載している紙面はイメージです。実際のレッスンページとは異なります。

Accessのデータベースを生かすクエリとレポートのメリットを知ろう！

クエリとは？

データを抽出して活用するための最重要機能

「クエリ」とは、テーブルに集めたデータを活用するための道具です。その機能は多彩ですが、大別すると、**必要なデータを取り出して目的の形式で表示する**「抽出・表示」、**テーブルのデータに直接手を加える**「加工」、**大量のデータを瞬時に集計してデータの傾向を分かりやすく表示する**「集計・分析」の3種類に分けられます。テーブルから**必要なデータを正確に取り出せてこそ、蓄積したデータの真価を発揮**できるというものです。そうした意味で、クエリはAccessの最重要機能といえるでしょう。

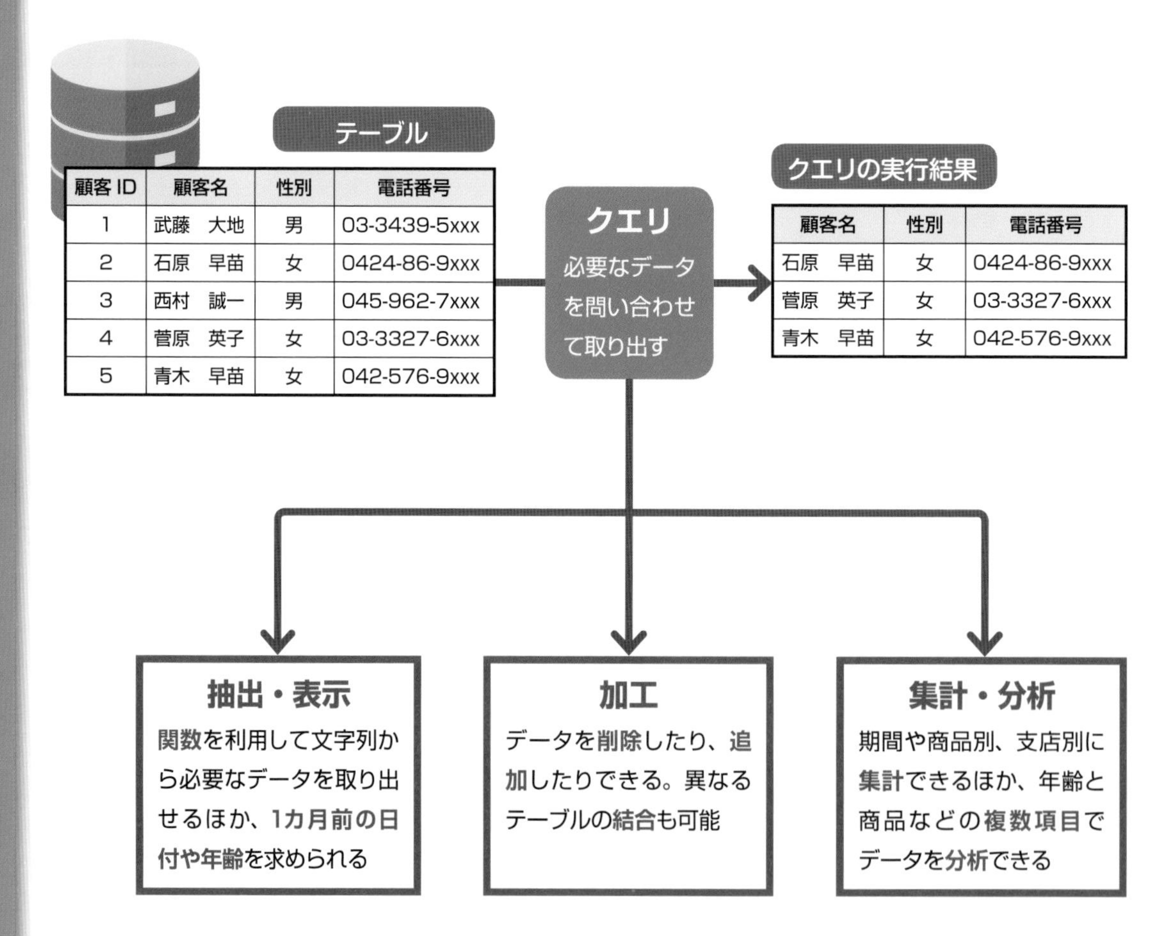

テーブル
顧客ID | 顧客名 | 性別 | 電話番号
1 | 武藤　大地 | 男 | 03-3439-5xxx
2 | 石原　早苗 | 女 | 0424-86-9xxx
3 | 西村　誠一 | 男 | 045-962-7xxx
4 | 菅原　英子 | 女 | 03-3327-6xxx
5 | 青木　早苗 | 女 | 042-576-9xxx
クエリ
必要なデータを問い合わせて取り出す
クエリの実行結果
顧客名 | 性別 | 電話番号
石原　早苗 | 女 | 0424-86-9xxx
菅原　英子 | 女 | 03-3327-6xxx
青木　早苗 | 女 | 042-576-9xxx
抽出・表示
関数を利用して文字列から必要なデータを取り出せるほか、1カ月前の日付や年齢を求められる
加工
データを削除したり、追加したりできる。異なるテーブルの結合も可能
集計・分析
期間や商品別、支店別に集計できるほか、年齢と商品などの複数項目でデータを分析できる

メリット その1

目的に応じて必要なデータを取り出せる

テーブルから必要なデータを抽出するには、クエリで**抽出条件**を指定します。**複数の条件**を組み合わせたり、数値や日付の**範囲を指定**したりと、さまざまな抽出が行えます。また、**関数を使用**して、テーブルから取り出したデータを必要な形に**変換して表示**することも可能です。抽出条件や関数を駆使して、テーブルのデータを自在に活用できるのです。

こんなときに便利！

- ○ 単純な条件で探せない……
- ○ あいまいな条件で抽出したい
- ○ 入力された文字を統一したい

クエリ1

会員ID	氏名	性別	会員種別
1001	山崎 俊明	男	ゴールド
1002	土田 恵美	女	レギュラー
1003	大崎 優子	女	レギュラー
1004	野中 健一	男	ダイヤモンド
1005	大谷 紀香	女	レギュラー
1006	福本 正二	男	レギュラー
1007	吉村 香苗	女	ダイヤモンド
1008	竹内 寿	男	レギュラー
1009	村井 千鶴	女	ゴールド
1010	大川 裕也	男	レギュラー
1011	和田 伸江	女	ゴールド
1012	遠藤 由紀子	女	レギュラー
1013	大橋 由香里	女	ゴールド
1014	足立 康介	男	ゴールド
1015	森山 博之	男	レギュラー
1016	斎藤 清美	女	レギュラー
1017	井口 絵里	女	ダイヤモンド
1018	大橋 真紀	女	レギュラー
1019	服部 英之	男	レギュラー
1020	広瀬 薫	女	レギュラー
1021	小野 君枝	女	ゴールド
1022	吉原 幸太郎	男	レギュラー
1023	大橋 孝雄	男	ゴールド
1024	金田 八重子	女	ダイヤモンド
1025	北村 里香	女	ゴールド
1026	野中 正信	男	レギュラー
1027	横山 博子	女	レギュラー
1028	土井 玲子	女	ゴールド

AND 条件

「AかつB」などの複数条件を指定して、データを抽出できる

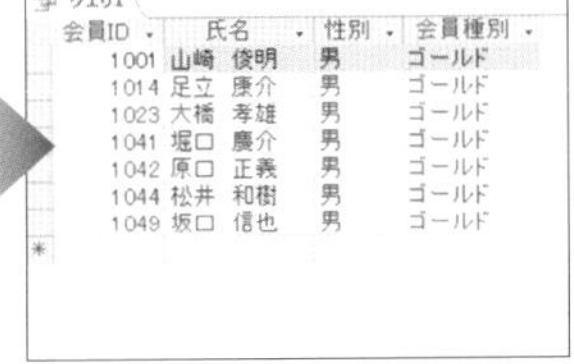

クエリ1

会員ID	氏名	性別	会員種別
1001	山崎 俊明	男	ゴールド
1014	足立 康介	男	ゴールド
1023	大橋 孝雄	男	ゴールド
1041	堀口 慶介	男	ゴールド
1042	原口 正義	男	ゴールド
1044	松井 和樹	男	ゴールド
1049	坂口 信也	男	ゴールド

クエリ1

会員ID	氏名	支払方法
1001	山崎 俊明	クレジットカード
1002	土田 恵美	クレジットカード
1003	大崎 優子	現金振込
1004	野中 健一	代金引換
1005	大谷 紀香	クレジットカード
1006	福本 正二	電子マネー
1007	吉村 香苗	クレジットカード
1008	竹内 寿	クレジットカード
1009	村井 千鶴	クレジットカード
1010	大川 裕也	クレジットカード
1011	和田 伸江	クレジットカード
1012	遠藤 由紀子	現金振込
1013	大橋 由香里	クレジットカード
1014	足立 康介	クレジットカード
1015	森山 博之	クレジットカード
1016	斎藤 清美	クレジットカード
1017	井口 絵里	代金引換
1018	大橋 真紀	クレジットカード
1019	服部 英之	クレジットカード
1020	広瀬 薫	クレジットカード
1021	小野 君枝	クレジットカード
1022	吉原 幸太郎	クレジットカード
1023	大橋 孝雄	クレジットカード
1024	金田 八重子	クレジットカード
1025	北村 里香	現金振込
1026	野中 正信	クレジットカード
1027	横山 博子	クレジットカード
1028	土井 玲子	クレジットカード

NOT 条件

指定された条件に「一致しない」データだけを抽出できる

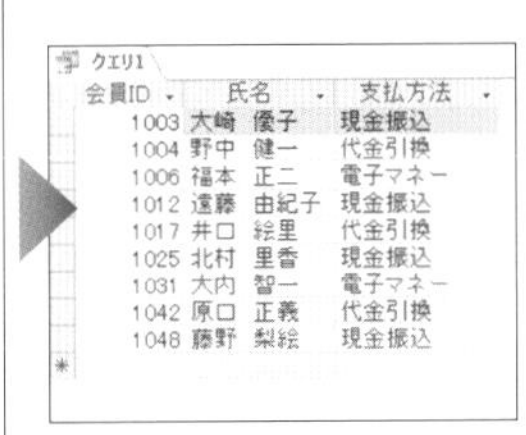

クエリ1

会員ID	氏名	支払方法
1003	大崎 優子	現金振込
1004	野中 健一	代金引換
1006	福本 正二	電子マネー
1012	遠藤 由紀子	現金振込
1017	井口 絵里	代金引換
1025	北村 里香	現金振込
1031	大内 智一	電子マネー
1042	原口 正義	代金引換
1048	藤野 梨絵	現金振込

StrConv 関数

関数を活用して条件に一致した文字列の種類を統一して表示できる

仕入先テーブル

仕入先コード	仕入先名	担当者名	タントウシャメイ	郵便番号	住所
CHB-CL-001	株式会社高田	沢田 祐二	ｻﾜﾀﾞ ﾕｳｼﾞ	3590024	埼玉県所沢市下
CHB-CL-002	松原織物株式会社	清水 奈津子	ｼﾐｽﾞ ナツコ	2160005	神奈川県川崎市
CHB-EL-001	中村電気株式会社	三井 聡	ﾐﾂｲ ｻﾄｼ	2270037	神奈川県横浜市
CHB-FD-001	株式会社沢井食品	南 聡一郎	ﾐﾅﾐ ｿｳｲﾁﾛｳ	3310052	埼玉県さいたま市
TKY-CL-001	株式会社宝田化学	君島 陽介	キミジマ ヨウスケ	1540017	東京都世田谷区
TKY-EL-001	株式会社瀬古電気	海老原 吾郎	エビハラ ゴロウ	1330044	東京都江戸川区
TKY-FD-001	白石食品株式会社	高橋 みどり	ﾀｶﾊｼ ﾐﾄﾞﾘ	1560042	東京都世田谷区
TKY-FD-002	園田フーズ	笠原 麻美	カサハラ アサミ	1520032	東京都目黒区平

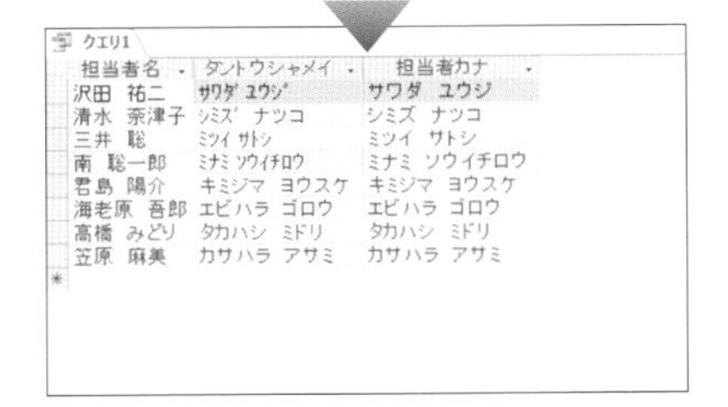

クエリ1

担当者名	タントウシャメイ	担当者カナ
沢田 祐二	ｻﾜﾀﾞ ﾕｳｼﾞ	サワダ ユウジ
清水 奈津子	ｼﾐｽﾞ ナツコ	シミズ ナツコ
三井 聡	ﾐﾂｲ ｻﾄｼ	ミツイ サトシ
南 聡一郎	ﾐﾅﾐ ｿｳｲﾁﾛｳ	ミナミ ソウイチロウ
君島 陽介	キミジマ ヨウスケ	キミジマ ヨウスケ
海老原 吾郎	エビハラ ゴロウ	エビハラ ゴロウ
高橋 みどり	ﾀｶﾊｼ ﾐﾄﾞﾘ	タカハシ ミドリ
笠原 麻美	カサハラ アサミ	カサハラ アサミ

DateAdd 関数

入力されたデータに応じて「1カ月前」などの日付を表示できる

講演会テーブル

ID	テーマ	講師	講演日	受講料	申込数	キャンセ
1	環境汚染を考える	沢田 太郎	2020/01/23	¥2,500	90	
2	接客マナーのヒント	三井 幸一	2020/02/15	¥5,000	49	
3	海外で余生を送る	中曽根 健二	2020/04/10	¥2,000	28	
4	ビジネストークの鍵	南 将太	2020/04/21	¥6,000	46	
5	芸能界裏話	松原 ゆきえ	2020/05/06	¥4,000	90	
6	教育の現場から	水戸 孝	2020/05/16	¥5,500	76	
7	今日から収納上手	鈴木 真理	2020/07/04	¥3,000	37	
8	リーダーシップの条件	近藤 圭佑	2020/09/12	¥7,000	31	
9	日本経済の今後	大久保 勉	2020/09/28	¥5,500	66	
10	親と子の中学受験	仲間 愛子	2020/10/15	¥3,500	64	
11	困難を乗り越えて	高橋 三郎	2020/10/26	¥4,000	92	
12	豊かな食生活	青木 享子	2020/11/14	¥3,000	41	

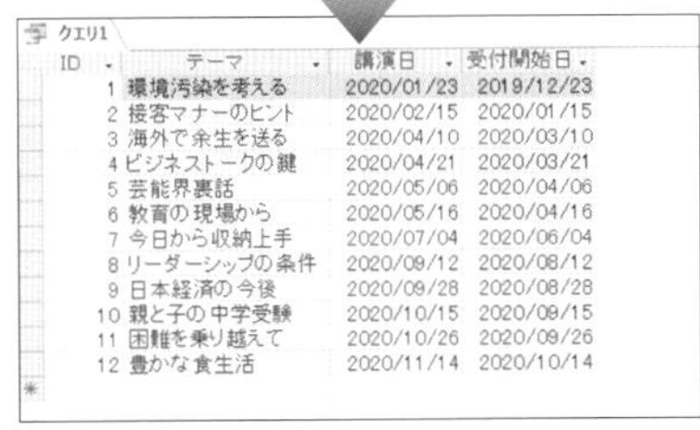

クエリ1

ID	テーマ	講演日	受付開始日
1	環境汚染を考える	2020/01/23	2019/12/23
2	接客マナーのヒント	2020/02/15	2020/01/15
3	海外で余生を送る	2020/04/10	2020/03/10
4	ビジネストークの鍵	2020/04/21	2020/03/21
5	芸能界裏話	2020/05/06	2020/04/06
6	教育の現場から	2020/05/16	2020/04/16
7	今日から収納上手	2020/07/04	2020/06/04
8	リーダーシップの条件	2020/09/12	2020/08/12
9	日本経済の今後	2020/09/28	2020/08/28
10	親と子の中学受験	2020/10/15	2020/09/15
11	困難を乗り越えて	2020/10/26	2020/09/26
12	豊かな食生活	2020/11/14	2020/10/14

メリット その2

大量のデータでも正確な処理が可能

クエリはテーブルからデータを抽出するだけでなく、**削除**したり、**更新**したり、**追加**したりと、**直接データに手を加える**こともできます。大量のデータがあったとしても、**データを正確に扱う**ことができるため、ミスを減らすことができます。また、2つの異なるデータ（テーブル）を結合するといった**複雑な加工**も可能です。

こんなときに便利！

- ○ 不要なデータを正確に消す
- ○ データをまとめて更新したい
- ○ 複数のデータを1つにしたい

削除クエリ

設定された条件に一致したデータだけをまとめて削除できる

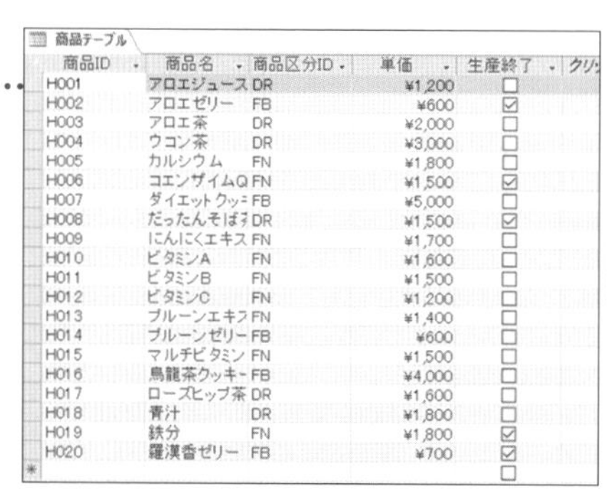

商品テーブル

商品ID	商品名	商品区分ID	単価	生産終了
H001	アロエジュース	DR	¥1,200	☐
H002	アロエゼリー	FB	¥600	☑
H003	アロエ茶	DR	¥2,000	☐
H004	ウコン茶	DR	¥3,000	☐
H005	カルシウム	FN	¥1,800	☐
H006	コエンザイムQ	FN	¥1,500	☑
H007	ダイエットクッ	FB	¥5,000	☐
H008	だったんそば	DR	¥1,500	☑
H009	にんにくエキス	FN	¥1,700	☐
H010	ビタミンA	FN	¥1,600	☐
H011	ビタミンB	FN	¥1,500	☐
H012	ビタミンC	FN	¥1,200	☐
H013	ブルーンエキス	FN	¥1,400	☐
H014	ブルーンゼリー	FB	¥600	☐
H015	マルチビタミン	FN	¥1,500	☐
H016	烏龍茶クッキー	FB	¥4,000	☐
H017	ローズヒップ茶	DR	¥1,600	☐
H018	青汁	DR	¥1,800	☐
H019	鉄分	FN	¥1,800	☑
H020	羅漢香ゼリー	FB	¥700	☑

商品テーブル

商品ID	商品名	商品区分ID	単価	生産終了
H001	アロエジュース	DR	¥1,200	☐
H003	アロエ茶	DR	¥2,000	☐
H004	ウコン茶	DR	¥3,000	☐
H005	カルシウム	FN	¥1,800	☐
H007	ダイエットクッ	FB	¥5,000	☐
H009	にんにくエキス	FN	¥1,700	☐
H010	ビタミンA	FN	¥1,600	☐
H011	ビタミンB	FN	¥1,500	☐
H012	ビタミンC	FN	¥1,200	☐
H013	ブルーンエキス	FN	¥1,400	☐
H014	ブルーンゼリー	FB	¥600	☐
H015	マルチビタミン	FN	¥1,500	☐
H016	烏龍茶クッキー	FB	¥4,000	☐
H017	ローズヒップ茶	DR	¥1,600	☐
H018	青汁	DR	¥1,800	☐

更新クエリ

指定した条件に従って、文字列を置換できる

社員テーブル

社員ID	社員名	シャインメイ	入社年月日	勤務地	所属	性別
103502	田中 裕一	タナカ ユウイ	2002/10/01	大阪	営業部	1
103801	南 慶介	ミナミ ケイス	2005/04/01	東京	総務部	1
103802	佐々木 努	ササキ ツトム	2005/04/01	東京	企画部	1
104201	新藤 英子	シンドウ エイ	2009/04/01	名古屋	営業部	2
104203	荒井 忠	アライ タダシ	2009/04/01	福岡	総務部	1
104301	山崎 幸彦	ヤマザキ ユキ	2010/04/01	名古屋	企画部	1
104402	戸田 あかね	トダ アカネ	2011/09/01	大阪	営業部	2
104602	杉山 直美	スギヤマ ナオ	2013/09/01	大阪	企画部	2
104701	小野寺 久美	オノデラ クミ	2014/04/01	東京	営業部	2
104801	近藤 俊彦	コンドウ トシヒ	2015/04/01	福岡	企画部	1
104902	斉藤 由紀子	サイトウ ユキ	2016/09/01	名古屋	営業部	2
105101	鈴木 隆	スズキ タカシ	2018/04/01	名古屋	営業部	1
105102	室井 正二	ムロイ ショウ	2018/04/01	東京	総務部	1
105201	曽根 由紀	ソネ ユキ	2019/09/01	大阪	総務部	2
105301	高橋 勇太	タカハシ ユウ	2020/04/01	東京	営業部	1

社員テーブル

社員ID	社員名	シャインメイ	入社年月日	勤務地	所属	性別
103502	田中 裕一	タナカ ユウイ	2002/10/01	大阪	関西営業部	1
103801	南 慶介	ミナミ ケイス	2005/04/01	東京	総務部	1
103802	佐々木 努	ササキ ツトム	2005/04/01	東京	企画部	1
104201	新藤 英子	シンドウ エイ	2009/04/01	名古屋	営業部	2
104203	荒井 忠	アライ タダシ	2009/04/01	福岡	総務部	1
104301	山崎 幸彦	ヤマザキ ユキ	2010/04/01	名古屋	企画部	1
104402	戸田 あかね	トダ アカネ	2011/09/01	大阪	関西営業部	2
104602	杉山 直美	スギヤマ ナオ	2013/09/01	大阪	関西企画部	2
104701	小野寺 久美	オノデラ クミ	2014/04/01	東京	営業部	2
104801	近藤 俊彦	コンドウ トシヒ	2015/04/01	福岡	企画部	1
104902	斉藤 由紀子	サイトウ ユキ	2016/09/01	名古屋	営業部	2
105101	鈴木 隆	スズキ タカシ	2018/04/01	名古屋	営業部	1
105102	室井 正二	ムロイ ショウ	2018/04/01	東京	総務部	1
105201	曽根 由紀	ソネ ユキ	2019/09/01	大阪	関西総務部	2
105301	高橋 勇太	タカハシ ユウ	2020/04/01	東京	営業部	1

ユニオンクエリ

異なる複数のテーブルを1つのテーブルに結合できる

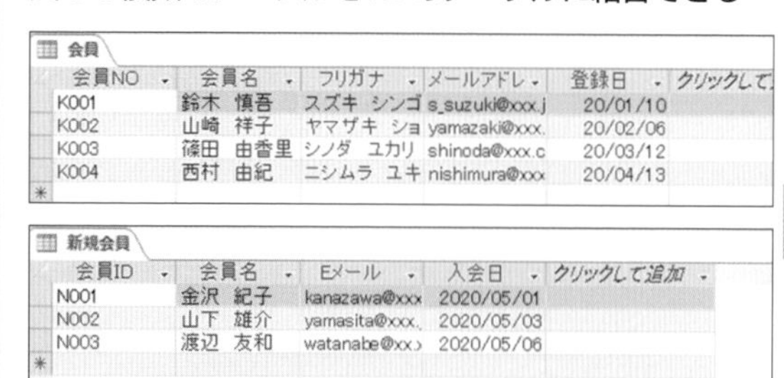

会員

会員NO	会員名	フリガナ	メールアドレ	登録日	クリックして
K001	鈴木 慎吾	スズキ シンゴ	s_suzuki@xxx.j	20/01/10	
K002	山崎 祥子	ヤマザキ ショ	yamazaki@xxx.	20/02/06	
K003	篠田 由香里	シノダ ユカリ	shinoda@xxx.c	20/03/12	
K004	西村 由紀	ニシムラ ユキ	nishimura@xxx	20/04/13	

新規会員

会員ID	会員名	Eメール	入会日	クリックして追加
N001	金沢 紀子	kanazawa@xxx	2020/05/01	
N002	山下 雄介	yamasita@xxx.	2020/05/03	
N003	渡辺 友和	watanabe@xxx	2020/05/06	

クエリ1

会員NO	会員名	メールアドレ	登録日
K001	鈴木 慎吾	s_suzuki@xxx.j	2020/01/10
K002	山崎 祥子	yamazaki@xxx.	2020/02/06
K003	篠田 由香里	shinoda@xxx.c	2020/03/12
K004	西村 由紀	nishimura@xxx	2020/04/13
N001	金沢 紀子	kanazawa@xxx	2020/05/01
N002	山下 雄介	yamasita@xxx.	2020/05/03
N003	渡辺 友和	watanabe@xxx	2020/05/06

メリット その3

データの傾向や特徴が分かる

クエリでは平均値や最大値を求める比較的**単純な集計**から、**複雑な条件を設定した集計**まで、さまざまな集計が行えます。集計項目を縦横に並べて**クロス集計表**の形にしたり、**数値を一定幅で区切って集計**したりと、**集計結果を分かりやすく表示**することもできます。また、レポートを使うと集計結果を見やすくレイアウトして共有することが可能です。

こんなときに便利！

- ○ 平均値や最大値を求めたい
- ○ 決められた条件で集計したい
- ○ 集計結果を見やすくしたい

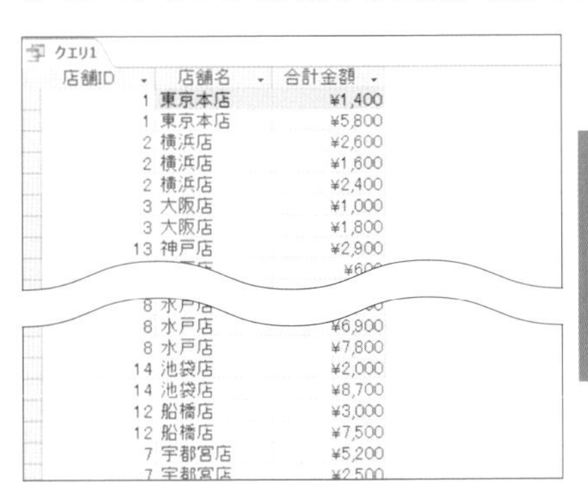

クエリ1

店舗ID	店舗名	合計金額
1	東京本店	¥1,400
1	東京本店	¥5,800
2	横浜店	¥2,600
2	横浜店	¥1,600
2	横浜店	¥2,400
3	大阪店	¥1,000
3	大阪店	¥1,800
13	神戸店	¥2,900
8	水戸店	¥6,900
8	水戸店	¥7,800
14	池袋店	¥2,000
14	池袋店	¥8,700
12	船橋店	¥3,000
12	船橋店	¥7,500
7	宇都宮店	¥5,200
7	宇都宮店	¥2,500

演算フィールド
フィールドを掛け合わせて、合計金額を表示できる

クエリ1

店舗ID	店舗名	合計金額
1	東京本店	¥285,900
2	横浜店	¥249,200
3	大阪店	¥226,300
4	浦和店	¥144,000
5	名古屋店	¥238,500
6	札幌店	¥124,600
7	宇都宮店	¥125,400
8	水戸店	¥65,100
9	松山店	¥60,300
10	福岡店	¥86,000
11	仙台店	¥155,000
12	船橋店	¥82,100
13	神戸店	¥135,600
14	池袋店	¥173,200
15	盛岡店	¥121,500

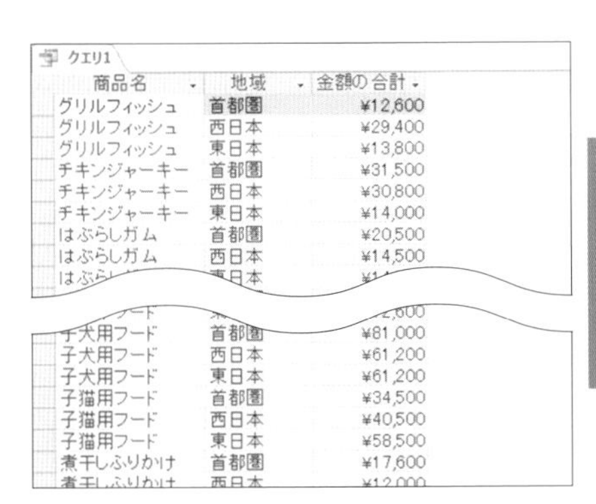

クエリ1

商品名	地域	金額の合計
グリルフィッシュ	首都圏	¥12,600
グリルフィッシュ	西日本	¥29,400
グリルフィッシュ	東日本	¥13,800
チキンジャーキー	首都圏	¥31,500
チキンジャーキー	西日本	¥30,800
チキンジャーキー	東日本	¥14,000
はぶらしガム	首都圏	¥20,500
はぶらしガム	西日本	¥14,500
子犬用フード	首都圏	¥81,000
子犬用フード	西日本	¥61,200
子犬用フード	東日本	¥61,200
子猫用フード	首都圏	¥34,500
子猫用フード	西日本	¥40,500
子猫用フード	東日本	¥58,500
煮干しふりかけ	首都圏	¥17,600
煮干しふりかけ	西日本	¥12,000

クロス集計
フィールドを縦軸と横軸に配置して集計できる

クエリ1

商品名	首都圏	西日本	東日本
グリルフィッシュ	¥12,600	¥29,400	¥13,800
チキンジャーキー	¥31,500	¥30,800	¥14,000
はぶらしガム	¥20,500	¥14,500	¥14,500
ペットシーツ小	¥103,500	¥98,900	¥64,400
ペットシーツ大	¥124,800	¥98,400	¥88,800
ミックスフード	¥25,000	¥12,000	¥8,500
ラビットフード	¥10,500	¥17,500	¥12,600
子犬用フード	¥81,000	¥61,200	¥61,200
子猫用フード	¥34,500	¥40,500	¥58,500
煮干しふりかけ	¥17,600	¥12,000	¥9,200
小動物用トイレ砂	¥42,000	¥33,000	¥28,500
成犬用フード	¥194,300	¥142,100	¥58,000
成猫用フード	¥95,000	¥90,000	¥50,000
猫砂(パルプ)	¥114,400	¥52,000	¥93,600
猫砂(木製)	¥27,200	¥14,400	¥16,000

顧客住所クエリ

顧客ID	顧客名	コキャクメイ	郵便番号
1	武藤 大地	ムトウ ダイチ	154-0017
2	石原 早苗	イシハラ サナエ	182-0011
3	西村 誠一	ニシムラ セイイチ	227-0034
4	菅原 英子	スガワラ エイコ	156-0042
5	青木 早苗	アオキ サナエ	186-0011
6	赤羽 みどり	アカバネ ミドリ	213-0013
7	伊勢谷 学	イセヤ マナブ	145-0064
8	上間 隆也	ウエマ タカヤ	359-0024
9	篠 一良	シノ カズヨシ	224-0021
10	佐藤 奈々子	サトウ ナナコ	216-0005
11	大重 聡	オオシゲ サトシ	170-0002
12	荏田 薫	エダ カオル	133-0044
13	伊藤 智成	イトウ トモナリ	189-0023

レポート
集計結果を見やすくレイアウトして印刷やPDFに出力できる

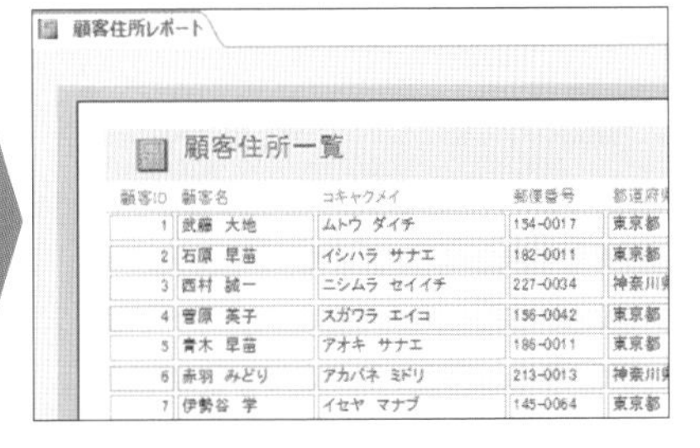

顧客住所レポート

顧客住所一覧

顧客ID	顧客名	コキャクメイ	郵便番号	都道府県
1	武藤 大地	ムトウ ダイチ	154-0017	東京都
2	石原 早苗	イシハラ サナエ	182-0011	東京都
3	西村 誠一	ニシムラ セイイチ	227-0034	神奈川県
4	菅原 英子	スガワラ エイコ	156-0042	東京都
5	青木 早苗	アオキ サナエ	186-0011	東京都
6	赤羽 みどり	アカバネ ミドリ	213-0013	神奈川県
7	伊勢谷 学	イセヤ マナブ	145-0064	東京都

目　次

第3章　クエリの基本と操作を覚える　57

第4章　必要なデータを正確に抽出する　93

第5章　テーブルのデータを操作するクエリを覚える 121

第6章　データの集計や分析にクエリを使う　165

第7章　文字列データを操作する関数を覚える　195

第8章　日付や数値を操作する関数を覚える　215

第9章　レポートで抽出結果を見やすくまとめる　243

練習用ファイルの使い方

本書では、レッスンの操作をすぐに試せる無料の練習用ファイルを用意しています。Access 2019/2016/2013/Microsoft 365の初期設定では、ダウンロードした練習用ファイルを開くと、[セキュリティの警告] が表示される仕様になっています。本書の練習用ファイルは安全ですが、練習用ファイルを開くときは以下の手順で操作してください。

▼ 練習用ファイルのダウンロードページ
http://book.impress.co.jp/books/1120101065

練習用ファイルを利用するレッスンには、練習用ファイルの名前が記載してあります。

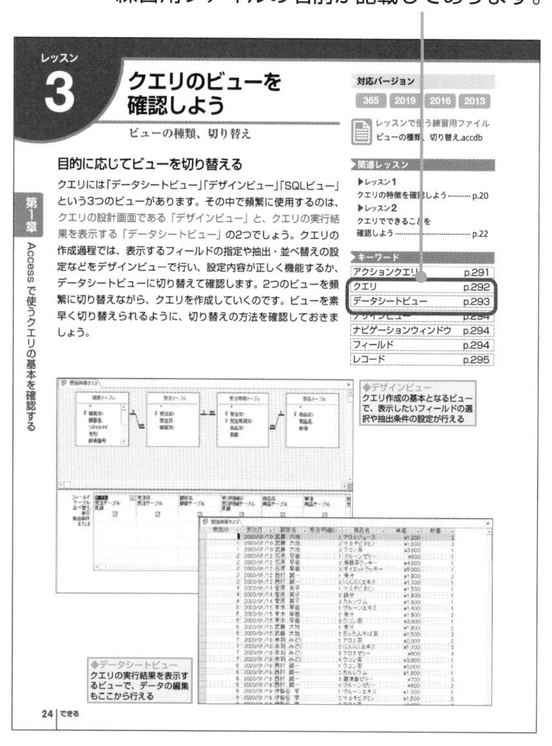
レッスン 3

クエリのビューを確認しよう

ビューの種類、切り替え

対応バージョン 365 2019 2016 2013

レッスンで使う練習用ファイル ビューの種類、切り替え.accdb

目的に応じてビューを切り替える

クエリには「データシートビュー」「デザインビュー」「SQLビュー」という3つのビューがあります。その中で頻繁に使用するのは、クエリの設計画面である「デザインビュー」と、クエリの実行結果を表示する「データシートビュー」の2つでしょう。クエリの作成過程では、表示するフィールドの指定や抽出・並べ替えの設定などをデザインビューで行い、設定内容が正しく機能するか、データシートビューに切り替えて確認します。2つのビューを頻繁に切り替えながら、クエリを作成していくのです。ビューを素早く切り替えられるように、切り替えの方法を確認しておきましょう。

関連レッスン
▶レッスン1 クエリの特徴を確認しよう p.20
▶レッスン2 クエリでできることを確認しよう p.22

キーワード
アクションクエリ p.291
クエリ p.292
データシートビュー p.293
ナビゲーションウィンドウ p.294
フィールド p.294
レコード p.295

◆デザインビュー クエリ作成の基本となるビューで、表示したいフィールドの選択や抽出条件の設定などが行える

◆データシートビュー クエリの実行結果を表示するビューで、データの編集もここから行える

第1章 Accessで使うクエリの基本を確認する

24 できる

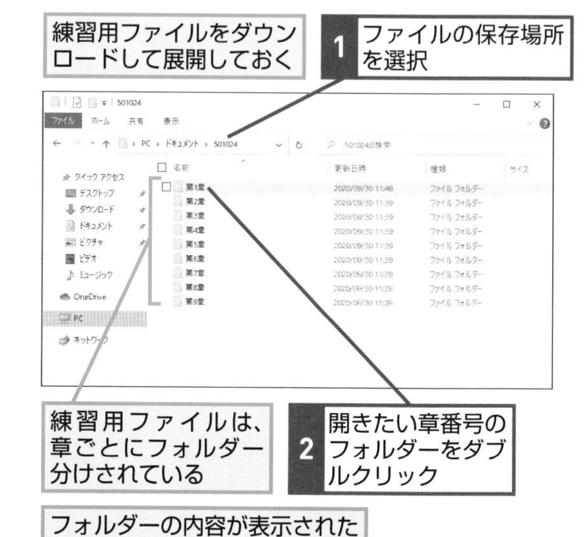

練習用ファイルをダウンロードして展開しておく
1 ファイルの保存場所を選択
練習用ファイルは、章ごとにフォルダー分けされている
2 開きたい章番号のフォルダーをダブルクリック
フォルダーの内容が表示された

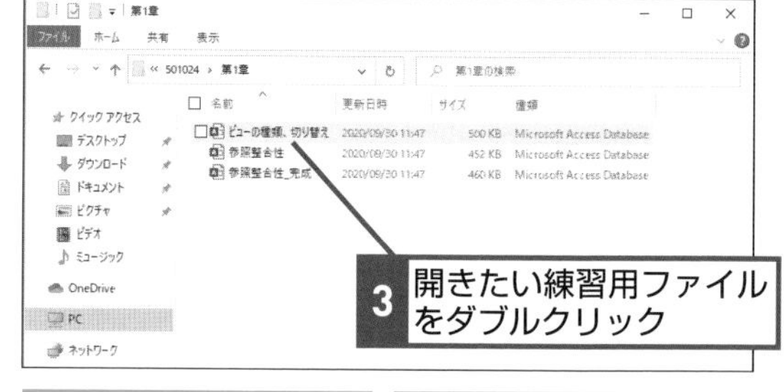

[セキュリティの警告] が表示された

この状態では、ファイルを編集できない

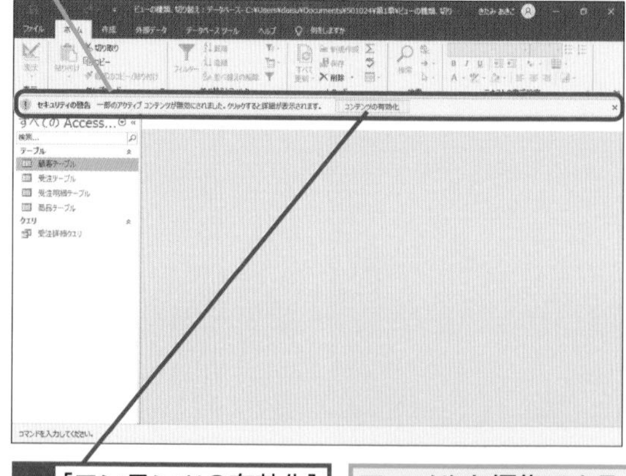

4 [コンテンツの有効化] をクリック

ファイルを編集できる状態になる

HINT!

なぜ[セキュリティの警告]が表示されるの？

Accessの標準設定では、データベースファイルに含まれているマクロが実行されないようになっています。そのため、データベースファイルを開くたびに[セキュリティの警告] が表示されます。データベースファイルにマクロが含まれていなくても必ず表示されるので、[コンテンツの有効化] をクリックしてデータベースファイルを有効にしましょう。

第1章 Accessで使うクエリの基本を確認する

データベースに蓄積したデータを自在に操作するには、クエリの習得が不可欠です。ここでは、クエリを使いこなすための第1歩として、クエリに関する基礎知識を身に付けましょう。そもそもクエリとは何なのか、クエリを使うとどんなことができるのか、ビューの種類やリレーションシップの概要、クエリで使用する関数について紹介します。

●この章の内容

レッスン

1 クエリの特徴を確認しよう

クエリ

対応バージョン

365 2019 2016 2013

このレッスンには、
練習用ファイルがありません

クエリはテーブルへの「問い合わせ」

クエリは、英語で「Query」と書き、「質問」とか「問い合わせ」という意味を持ちます。クエリの基本機能は、テーブルから必要なデータを取り出して表示することです。クエリではテーブルから指定したフィールドだけを取り出して表示できます。また、抽出条件を設定して、条件に合ったレコードだけを取り出すこともできます。さらに、クエリには取り出したデータの表示方法を変更したり、集計したりする機能が用意されています。これらの機能を利用すると、テーブルから取り出したデータを集計・加工していろいろな形で情報を得ることができます。

キーワード

テーブル	p.293
フィールド	p.294
レコード	p.295

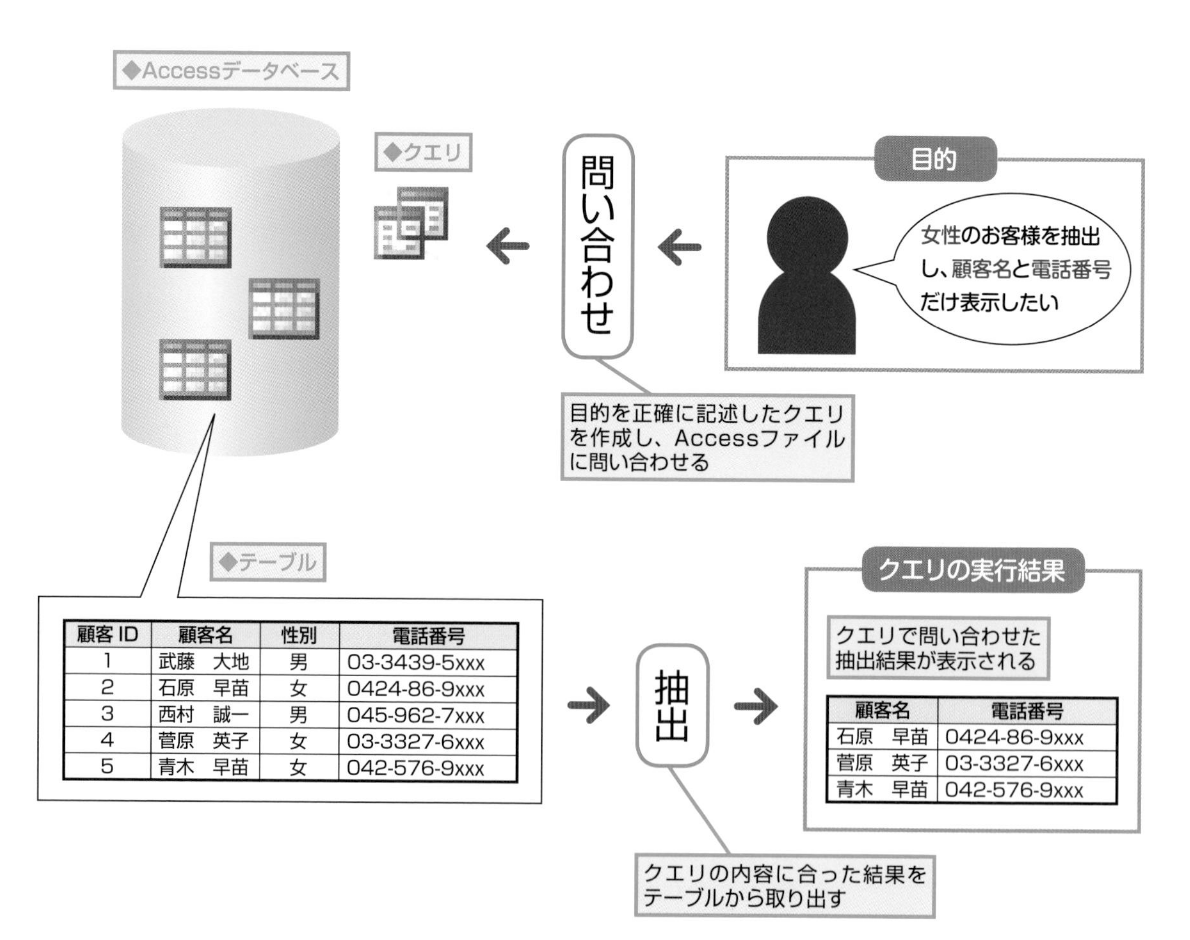

◆Accessデータベース
◆クエリ
問い合わせ
目的
女性のお客様を抽出し、顧客名と電話番号だけ表示したい
目的を正確に記述したクエリを作成し、Accessファイルに問い合わせる
◆テーブル
抽出
クエリの実行結果
クエリで問い合わせた抽出結果が表示される
クエリの内容に合った結果をテーブルから取り出す

顧客ID	顧客名	性別	電話番号
1	武藤　大地	男	03-3439-5xxx
2	石原　早苗	女	0424-86-9xxx
3	西村　誠一	男	045-962-7xxx
4	菅原　英子	女	03-3327-6xxx
5	青木　早苗	女	042-576-9xxx

顧客名	電話番号
石原　早苗	0424-86-9xxx
菅原　英子	03-3327-6xxx
青木　早苗	042-576-9xxx

テーブルとクエリは連動している

クエリを実行すると、テーブルから必要なデータを取り出して表示できます。ただし、クエリ自体が持っているのは、どんなデータをどのように取り出すのかという「指示内容」であり、データそのものではありません。クエリを実行するたびに、テーブルからデータを取り出すので、常に最新の情報が表示されます。また、クエリの実行結果は元となるテーブルと連動しています。クエリの実行結果でデータを変更すると、元のテーブルも変更されます。

HINT!

クエリとフィルターの違いとは

テーブル上でレコードを抽出する機能にフィルターがあります。フィルターを使用すれば、クエリを使わなくてもテーブルから条件を満たすレコードを表示できます。しかし、テーブルのフィルターはクエリと違い、フィールドの選択や複数テーブルの組み合わせができません。また、テーブルには直前に設定したフィルターしか保存できません。何度も繰り返し実行したい抽出条件や、いくつかのフィールドやテーブルを組み合わせたい場合は、クエリを作成した方がいいでしょう。

●テーブル

顧客 ID	顧客名	性別	電話番号
1	武藤　大地	男	03-3439-5xxx
2	石原　早苗	女	0424-86-9xxx
3	西村　誠一	男	045-962-7xxx
4	菅原　英子	女	03-3327-6xxx
5	青木　早苗	女	042-576-9xxx

クエリの抽出元になるデータが蓄積されている

クエリを実行

●クエリの実行結果

顧客名	電話番号
石原　早苗	0424-86-9xxx
菅原　英子	03-3327-6xxx
青木　早苗	042-576-9xxx

クエリを実行した結果、抽出されたテーブルのデータが表示される

●クエリの実行結果

顧客名	電話番号
石原　早苗	0424-86-9xxx
菅原　英子	03-3327-1yyy
青木　早苗	042-576-9xxx

抽出されたデータを修正

クエリとテーブルは連動している

●テーブル

顧客 ID	顧客名	性別	電話番号
1	武藤　大地	男	03-3439-5xxx
2	石原　早苗	女	0424-86-9xxx
3	西村　誠一	男	045-962-7xxx
4	菅原　英子	女	03-3327-1yyy
5	青木　早苗	女	042-576-9xxx

抽出されたデータを修正すると抽出元のテーブルのデータも変更される

レッスン

2 クエリでできることを確認しよう

クエリの活用例

対応バージョン

365 2019 2016 2013

このレッスンには、練習用ファイルがありません

目的に合わせてクエリを使い分けよう

クエリには、「選択クエリ」「アクションクエリ」「クロス集計クエリ」「ユニオンクエリ」など、複数の種類があります。選択クエリを使うと、表示するフィールドや抽出の条件を指定して、テーブルから必要なデータだけを取り出せます。アクションクエリを使うと、テーブルに対してデータの追加、更新、削除などの操作を実行できるほか、テーブルのデータを取り出して新しいテーブルを作成するなどの一括処理を行えます。また、クロス集計クエリでデータを二次元集計したり、ユニオンクエリで複数のテーブルのフィールドを1つのフィールドに結合して表示したりするなど、クエリにはさまざまな機能が用意されています。それぞれのクエリの特徴を理解し、目的に応じて使い分けましょう。

関連レッスン

▶レッスン1
クエリの特徴を確認しよう……… p.20
▶レッスン3
クエリのビューを確認しよう……… p.24

キーワード

アクションクエリ	p.291
クロス集計クエリ	p.292
選択クエリ	p.293
テーブル	p.293
フィールド	p.294
ユニオンクエリ	p.295
レコード	p.295

●テーブルにはクエリの大元となるデータが蓄積されている

◆テーブル　◆フィールド　◆レコード

社員テーブル

社員ID	社員名	シャインメイ	入社年月日	勤務地	所属	性別	クリックして追加
103502	田中 裕一	タナカ ユウイ	2002/10/01	大阪	営業部	1	
103801	南 慶介	ミナミ ケイス	2005/04/01	東京	総務部	1	
103802	佐々木 努	ササキ ツトム	2005/04/01	東京	企画部	1	
104201	新藤 英子	シンドウ エイ	2009/04/01	名古屋	営業部	2	
104203	荒井 忠	アライ タダシ	2009/04/01	福岡	総務部	1	
104301	山崎 幸彦	ヤマザキ ユキ	2010/04/01	名古屋	企画部	1	
104402	戸田 あかね	トダ アカネ	2011/09/01	大阪	営業部	2	
104602	杉山 直美	スギヤマ ナオ	2013/09/01	大阪	企画部	2	
104701	小野寺 久美	オノデラ クミ	2014/04/01	東京	営業部	2	
104801	近藤 俊彦	コンドウ トシヒ	2015/04/01	福岡	企画部	1	
104902	斉藤 由紀子	サイトウ ユキ	2016/09/01	名古屋	営業部	2	
105101	鈴木 隆	スズキ タカシ	2018/04/01	名古屋	営業部	1	
105102	室井 正二	ムロイ ショウ	2018/04/01	東京	総務部	1	
105201	曽根 由紀	ソネ ユキ	2019/09/01	大阪	総務部	2	
105301	高橋 勇太	タカハシ ユウ	2020/04/01	東京	営業部	1	
*							

●選択クエリで必要なデータを表示できる

◆選択クエリ
設定した条件によってデータを抽出できる

[社員]テーブルの[性別]フィールドが「男」のレコードを抽出し、[社員ID][社員名][所属]フィールドを表示する

●テーブル

社員 ID	社員名	入社年月日	所属	性別
103502	田中　裕一	2002/10/01	営業部	男
103801	南　慶介	2005/04/01	総務部	男
103802	佐々木　努	2005/04/01	企画部	男
104201	新藤　英子	2009/04/01	営業部	女

●クエリの実行結果

社員 ID	社員名	所属
103502	田中　裕一	営業部
103801	南　慶介	総務部
103802	佐々木　努	企画部

●アクションクエリでテーブルに一括処理ができる

◆アクションクエリ
データの更新、追加、削除や新しいテーブルの作成などテーブルに対して一括処理を行う

[生産終了] フィールドにチェックマークが付いたレコードを削除する

●テーブル

商品 NO	商品名	単価	生産終了
1	アロエジュース	¥1,200	
2	アロエゼリー	¥600	✓
3	アロエ茶	¥2,000	
4	ウコン茶	¥3,000	
5	カルシウム	¥1,800	✓

●テーブル（クエリの実行結果）

商品 NO	商品名	単価	生産終了
1	アロエジュース	¥1,200	
3	アロエ茶	¥2,000	
4	ウコン茶	¥3,000	

●クロス集計クエリでデータを多角的に分析できる

◆クロス集計クエリ
テーブルから、行と列にフィールドを配置したクロス集計表（二次元集計表）を作成する

顧客名と商品名ごとに売上金額を二次元で集計する

●テーブル

顧客名	商品名	金額
田中	アロエジュース	9,000
田中	アロエゼリー	2,600
田中	アロエゼリー	2,600
青木	アロエジュース	8,000
青木	アロエ茶	1,500
上山	アロエゼリー	7,100

●クエリの実行結果

顧客名	アロエジュース	アロエゼリー	アロエ茶
田中	9,000	5,200	
青木	8,000		1,500
上山		7,100	

●ユニオンクエリで異なるテーブルの複数のフィールドを結合できる

◆ユニオンクエリ
フィールド名やフィールド数の異なる複数のテーブルのフィールドを結合できる

複数のテーブルを組み合わせる

●テーブル

会員 NO	会員名	フリガナ	メールアドレス
K001	鈴木 慎吾	スズキ シンゴ	s_suzuki@xxx.jp
K002	山崎 祥子	ヤマザキ ショウコ	yamazaki@xxx.xx
K003	篠田 由香里	シノダ ユカリ	shinoda@xxx.com

●テーブル

会員 ID	会員名	E メール
N001	金沢 紀子	kanazawa@xxx.com
N002	山下 雄介	yamasita@xxx.jp

●クエリの実行結果

会員 ID	会員名	メールアドレス
K001	鈴木 慎吾	s_suzuki@xxx.jp
K002	山崎 祥子	yamazaki@xxx.xx
K003	篠田 由香里	shinoda@xxx.com
N001	金沢 紀子	kanazawa@xxx.com
N002	山下 雄介	yamasita@xxx.jp

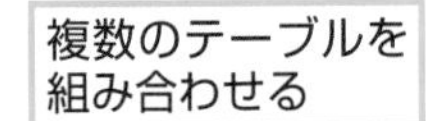

レッスン
3 クエリのビューを確認しよう

ビューの種類、切り替え

対応バージョン

365 2019 2016 2013

レッスンで使う練習用ファイル
ビューの種類、切り替え.accdb

目的に応じてビューを切り替える

クエリには「データシートビュー」「デザインビュー」「SQLビュー」という3つのビューがあります。その中で頻繁に使用するのは、クエリの設計画面である「デザインビュー」と、クエリの実行結果を表示する「データシートビュー」の2つでしょう。クエリの作成過程では、表示するフィールドの指定や抽出・並べ替えの設定などをデザインビューで行い、設定内容が正しく機能するか、データシートビューに切り替えて確認します。2つのビューを頻繁に切り替えながら、クエリを作成していくのです。ビューを素早く切り替えられるように、切り替えの方法を確認しておきましょう。

関連レッスン

▶レッスン1
クエリの特徴を確認しよう ………… p.20
▶レッスン2
クエリでできることを
確認しよう ………… p.22

キーワード

アクションクエリ	p.291
クエリ	p.292
データシートビュー	p.293
デザインビュー	p.294
ナビゲーションウィンドウ	p.294
フィールド	p.294
レコード	p.295

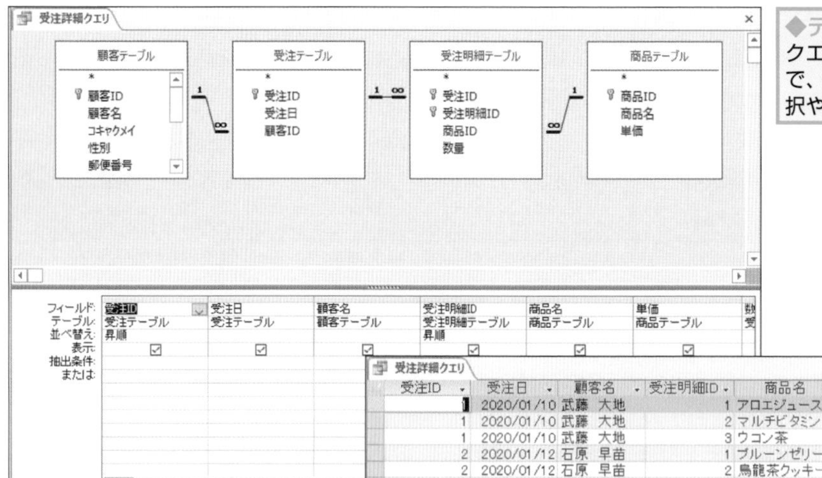

◆デザインビュー
クエリ作成の基本となるビューで、表示したいフィールドの選択や抽出条件の設定が行える

受注詳細クエリ

受注ID	受注日	顧客名	受注明細ID	商品名	単価	数量
1	2020/01/10	武藤　大地	1	アロエジュース	¥1,200	2
1	2020/01/10	武藤　大地	2	マルチビタミン	¥1,500	2
1	2020/01/10	武藤　大地	3	ウコン茶	¥3,000	1
2	2020/01/12	石原　早苗	1	プルーンゼリー	¥600	1
2	2020/01/12	石原　早苗	2	烏龍茶クッキー	¥4,000	1
2	2020/01/12	石原　早苗	3	ダイエットクッキー	¥5,000	1
3	2020/01/12	西村　誠一	1	青汁	¥1,800	2
3	2020/01/12	西村　誠一	2	にんにくエキス	¥1,700	1
4	2020/01/14	菅原　英子	1	マルチビタミン	¥1,500	1
4	2020/01/14	菅原　英子	2	鉄分	¥1,800	1
4	2020/01/14	菅原　英子	3	カルシウム	¥1,800	1
5	2020/01/15	青木　早苗	1	プルーンエキス	¥1,400	1
5	2020/01/15	青木　早苗	2	青汁	¥1,800	2
5	2020/01/15	青木　早苗	3	ウコン茶	¥3,000	1
6	2020/01/15	武藤　大地	1	青汁	¥1,800	2
6	2020/01/15	武藤　大地	2	だったんそば茶	¥1,500	3
7	2020/01/18	赤羽　みどり	1	アロエ茶	¥2,000	2
7	2020/01/18	赤羽　みどり	2	にんにくエキス	¥1,700	3
7	2020/01/18	赤羽　みどり	3	アロエゼリー	¥600	4
7	2020/01/18	赤羽　みどり	4	ウコン茶	¥3,000	1
8	2020/01/19	西村　誠一	1	ウコン茶	¥3,000	1
8	2020/01/19	西村　誠一	2	カルシウム	¥1,800	1
8	2020/01/19	西村　誠一	3	羅漢香ゼリー	¥700	3
8	2020/01/19	西村　誠一	4	プルーンゼリー	¥600	3
9	2020/01/19	伊勢谷　学	1	プルーンエキス	¥1,400	5
9	2020/01/19	伊勢谷　学	2	マルチビタミン	¥1,500	3

◆データシートビュー
クエリの実行結果を表示するビューで、データの編集もここから行える

1 クエリを表示する

練習用ファイルを開いておく

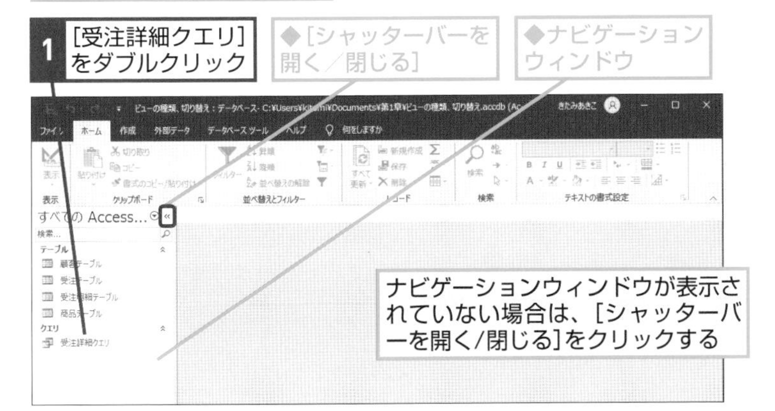

1 [受注詳細クエリ]をダブルクリック
◆[シャッターバーを開く/閉じる]
◆ナビゲーションウィンドウ
ナビゲーションウィンドウが表示されていない場合は、[シャッターバーを開く/閉じる]をクリックする

2 ビューを切り替える

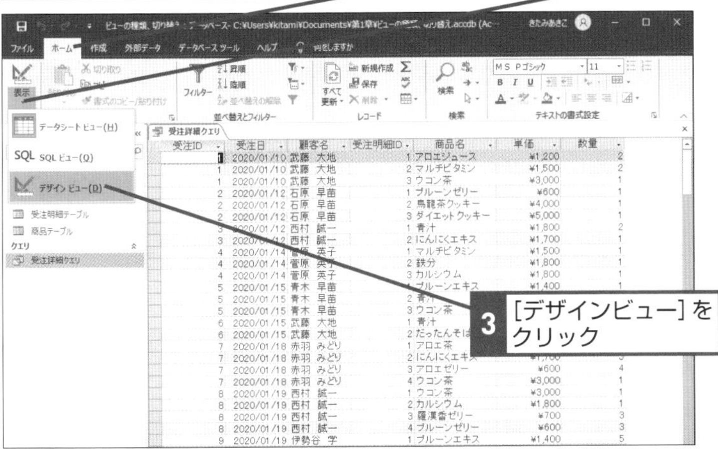

[受注詳細クエリ]がデータシートビューで表示された
1 [ホーム]タブをクリック
2 [表示]をクリック
表示
3 [デザインビュー]をクリック

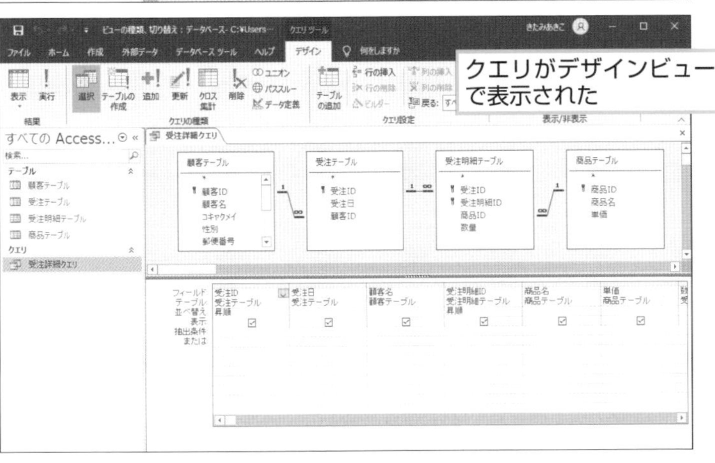

クエリがデザインビューで表示された

HINT! デザインビューとデータシートビューを簡単に切り替えるには

[ホーム]タブの[表示]ボタンは上下2つに分かれており、上側のボタンをクリックすると、データシートビューとデザインビューが交互に切り替わります。よく使う2つのビューを素早く切り替えられるので、手順2のように[表示]の一覧から選ぶより効率的です。

1 [表示]をクリック
データシートビューとデザインビューが切り替わる

HINT! アクションクエリの実行には十分注意する

レッスン❷で紹介したクエリの種類のうち、アクションクエリをナビゲーションウィンドウでダブルクリックすると、クエリが実行されてレコードの更新や削除などの処理が行われるので注意しましょう。アクションクエリのデザインビューを開く方法は、レッスン㊱のHINT!「作成済みのアクションクエリを修正したいときは」を参照してください。アクションクエリ以外のクエリは、手順1のようにダブルクリックでデータシートビューが開きます。

HINT! SQLビューもある

手順2の操作3で[SQLビュー]をクリックすると、SQLビューに切り替わります。SQLビューは、レッスン㊺で紹介する「ユニオンクエリ」(SQLクエリ)で使用します。

レッスン

4 リレーションシップの基本を確認しよう

リレーションシップの基本

対応バージョン

365 2019 2016 2013

このレッスンには、
練習用ファイルがありません

関連レッスン

▶レッスン5
参照整合性の基本を
確認しよう ………………… p.28

キーワード

主キー	p.293
テーブル	p.293
フィールド	p.294
リレーションシップ	p.295
レコード	p.295

リレーションシップはテーブルの「関連付け」

複数のテーブルを関連付けることを「リレーションシップ」といいます。リレーションシップを設定することで、お互いのレコードを組み合わせて利用できるようになります。テーブル間にリレーションシップを設定するには、2つのテーブルに共通するフィールド（結合フィールド）でお互いのテーブルを結び付けます。テーブル間にリレーションシップを設定すると、それらのテーブルを元にクエリで1つの表を作成し、結合フィールドに共通の値を持つレコード同士を組み合わせて表示できます。

●商品テーブル

商品ID	商品名	単価
A01	鉛筆	¥80
A02	消しゴム	¥100
A03	ノート	¥150

リレーションシップ

●販売テーブル

ID	売上日	商品ID
1	2020/10/11	A01
2	2020/10/11	A02
3	2020/10/12	A01
4	2020/10/13	A03

ID	売上日	商品ID	商品名	単価
1	2020/10/11	A01	鉛筆	¥80
2	2020/10/11	A02	消しゴム	¥100
3	2020/10/12	A01	鉛筆	¥80
4	2020/10/13	A03	ノート	¥150

◆結合フィールド
共通の値を持つレコード同士を組み合わせて表示する

テクニック リレーションシップの必要性

クエリを作成するときに、テーブル間のリレーションシップを解除して、関連付けのない状態で複数のテーブルから1つの表を作成することもできます。しかし、その場合に作成される表は、お互いのテーブルのレコードを単純に組み合わせた表です。例えば、リレーションシップが設定されていない3つのレコードを持つテーブルと、4つのレコードを持つテーブルから 、1つの表を作成すると、クエリに12のレコードが表示されます。これは意味のある表とはいえません。結合フィールドに共通の値を持つレコードだけを組み合わせるためには、テーブル間にリレーションシップを設定する必要があります。

リレーションシップを設定せずに「商品テーブル」と「販売テーブル」から表を作成すると、12のレコードが表示される

ID	売上日	商品ID	商品ID	商品名	単価
1	2020/10/11	A01	A01	鉛筆	¥80
1	2020/10/11	A01	A02	消しゴム	¥100
1	2020/10/11	A01	A03	ノート	¥150
2	2020/10/11	A02	A01	鉛筆	¥80
2	2020/10/11	A02	A02	消しゴム	¥100
2	2020/10/11	A02	A03	ノート	¥150
3	2020/10/12	A01	A01	鉛筆	¥80
3	2020/10/12	A01	A02	消しゴム	¥100
3	2020/10/12	A01	A03	ノート	¥150
4	2020/10/13	A03	A01	鉛筆	¥80
4	2020/10/13	A03	A02	消しゴム	¥100
4	2020/10/13	A03	A03	ノート	¥150

リレーションシップの種類

テーブルを連携させるにはリレーションシップを設定しますが、その種類は3種類あります。最も一般的なのは、一方のテーブルの主キーフィールドともう一方のテーブルの主キーでないフィールドでテーブルを結合した「一対多」のリレーションシップです。前者のテーブルの1つのレコードが後者のテーブルの複数のレコードに対応します。前者のテーブルを「一側テーブル」、後者のテーブルを「多側テーブル」と呼び、このようなリレーションシップを「一対多リレーションシップ」と呼びます。また、2つのテーブルのレコードは親子関係に当たるため、一側テーブルのレコードを「親レコード」、多側テーブルのレコードを「子レコード」と呼びます。

「一対多」のほか、リレーションシップの種類には「一対一」と「多対多」があります。「一対一」は、2つのテーブルの主キー同士を結合した場合のリレーションシップです。一方のテーブルの1つのレコードが、もう一方のテーブルの1つのレコードと対応します。「多対多」は、共通のテーブルを挟んだ2つのテーブル同士の関係になります。2つのテーブルが直接「多対多」で結ばれることはありません。

HINT!

主キーとは?

「主キー」とは、テーブル内の各レコードを区別するためのフィールドのことで、ほかのレコードと重複しない値が入力されています。

テーブルをデザインビューで表示したとき、主キーとなるフィールドにはカギのマークが表示される

顧客テーブル

フィールド名	データ型
顧客ID	オートナンバー型
顧客名	短いテキスト
コキャクメイ	短いテキスト
性別	短いテキスト
郵便番号	短いテキスト
都道府県	短いテキスト
住所	短いテキスト
電話番号	短いテキスト

●一対多リレーションシップの例

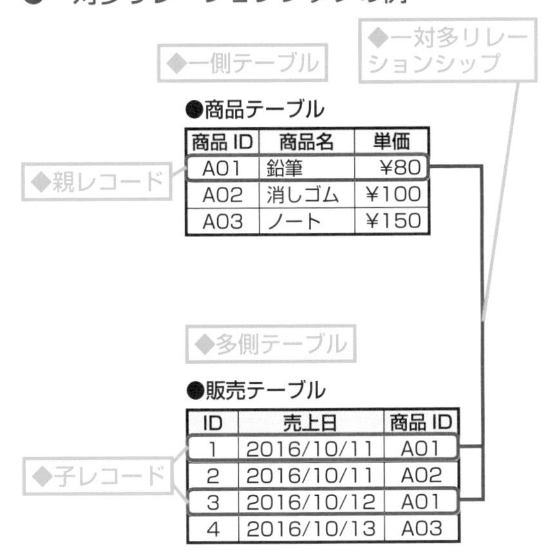

●商品テーブル

商品ID	商品名	単価
A01	鉛筆	¥80
A02	消しゴム	¥100
A03	ノート	¥150

●販売テーブル

ID	売上日	商品ID
1	2016/10/11	A01
2	2016/10/11	A02
3	2016/10/12	A01
4	2016/10/13	A03

●多対多リレーションシップの例

◆多対多リレーションシップ

●商品テーブル

商品ID	商品名	単価
A01	XXXX	¥XXX
A02	XXXX	¥XXX
A03	XXXX	¥XXX

◆一対多リレーションシップ

●販売テーブル

ID	売上日	商品ID	顧客ID
X	XXXX/XX/XX	A01	S001
X	XXXX/XX/XX	A02	S002
X	XXXX/XX/XX	A01	S003
X	XXXX/XX/XX	A03	S002

●顧客テーブル

顧客ID	顧客名	電話番号
S001	XXXXX	XXXXXXXXXX
S002	XXXXX	XXXXXXXXXX
S003	XXXXX	XXXXXXXXXX

◆一対多リレーションシップ

レッスン **5**

参照整合性の基本を確認しよう

参照整合性

対応バージョン

365 2019 2016 2013

レッスンで使う練習用ファイル
参照整合性.accdb

「参照整合性」でデータの整合性を保つ

リレーションシップを設定したテーブルの結合フィールドにデータを入力する際に、うっかり入力ミスをするとデータの整合性が崩れることがあります。例えば、販売した商品の情報を［販売テーブル］に入力するときに、［商品テーブル］にない商品を誤って入力してしまうと存在しない商品を売ったことになり、2つのテーブルの整合性を維持できなくなります。

このような矛盾を生じさせないために、Accessには「参照整合性」という機能が用意されています。リレーションシップと併せて参照整合性を設定しておくと、データの整合性が保たれるようにAccessが自動管理してくれます。例えば、［商品テーブル］にない商品を［販売テーブル］に入力すると、エラーメッセージを表示して矛盾を指摘してくれます。参照整合性を設定するには、2つのテーブルの結合フィールドが以下の条件を満たしている必要があります。

●参照整合性の設定条件

- 一方あるいは両方が主キーか固有インデックス
- データ型が同じ※
- フィールドサイズが同じ（数値型の場合）
- 2つのテーブルが同じAccessデータベース内にある

※データ型が異なる場合でも、オートナンバー型と数値型であれば、双方のフィールドサイズを長整数型にすると参照整合性を設定できる

●参照整合性の設定

◆一側テーブル(親レコード)

●商品テーブル

商品ID	商品名	単価
A01	鉛筆	¥80
A02	消しゴム	¥100
A03	ノート	¥150
A04	定規	¥300

◆多側テーブル(子レコード)

●販売テーブル

ID	売上日	商品ID
1	2020/10/11	A01
2	2020/10/11	A02
3	2020/10/12	A01
4	2020/10/13	A03
5	2020/10/13	XYZ

◆子レコードのない親レコード
売れない商品と見なせるので問題ない

◆親レコードのない子レコード
商品テーブルに存在しない商品が販売されたことになってしまう

関連レッスン

▶レッスン4
リレーションシップの基本を確認しよう ……… p.26

キーワード

参照整合性の制限を緩和するには

参照整合性を設定すると、テーブル間のデータの整合性を保つためにレコードの編集の処理が制限されることがあります。例えば、商品の数が増えたために［商品テーブル］の［商品ID］フィールドのけた数を増やすような、コード体系の変更が必要になった場合、参照整合性の制限により、親レコードの主キーにあたる［商品ID］の値を変更できません。そのため、参照整合性の制限を緩和するための機能として、「連鎖更新」と「連鎖削除」が用意されています。参照整合性と併せて連鎖更新を設定しておくと、一側テーブルの親レコードの主キーを変更したときに、対応する多側テーブルの子レコードの内容も自動的に変更されます。また、参照整合性と併せて連鎖削除を設定しておくと、一側テーブルの親レコードを削除したときに、対応する多側テーブルの子レコードも自動的に削除されます。

HINT!

連鎖更新と連鎖削除はむやみに設定しない

連鎖更新と連鎖削除は参照整合性の設定による制約を緩和するための機能で、一見便利な機能です。しかし、むやみに連鎖更新と連鎖削除を設定してしまうと、誤操作によりデータが書き換わってしまったり、削除されてしまう危険があります。参照整合性の制約が厳しいのは、大切なデータの整合性を保ち、テーブルを円滑に連携するためなのです。通常は参照整合性のみ設定しておき、コード体系が変わったときなど、必要なときだけ一時的に連鎖更新や連鎖削除の設定を行いましょう。

●参照整合性の設定後、エラーが出現する状況

・親レコードのない子レコードを入力したとき
・子レコードを持つ親レコードの主キーを変更したとき
・子レコードを持つ親レコードを削除したとき

●連鎖更新

◆一側テーブル（親レコード）

●商品テーブル

商品 ID	商品名	単価
A0001	鉛筆	¥80
A02	消しゴム	¥100
A03	ノート	¥150

1 親レコードの主キーを変更

◆多側テーブル（子レコード）

●販売テーブル

ID	売上日	商品 ID
1	2020/10/11	A0001
2	2020/10/11	A02
3	2020/10/12	A0001
4	2020/10/13	A02
5	2020/10/13	A03

対応する子レコードのデータも自動的に変更される

●連鎖削除

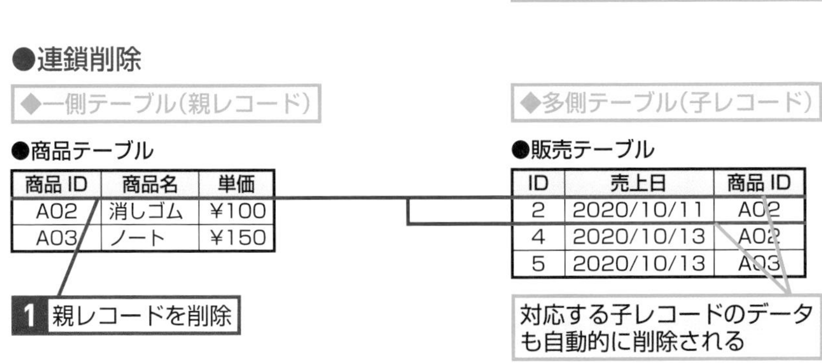

◆一側テーブル（親レコード）

●商品テーブル

商品 ID	商品名	単価
A02	消しゴム	¥100
A03	ノート	¥150

1 親レコードを削除

◆多側テーブル（子レコード）

●販売テーブル

ID	売上日	商品 ID
2	2020/10/11	A02
4	2020/10/13	A02
5	2020/10/13	A03

対応する子レコードのデータも自動的に削除される

次のページに続く

リレーションシップと参照整合性を設定する

1 リレーションシップウィンドウを表示する

練習用ファイルを開いておく

ここでは、[顧客テーブル]と[受注テーブル]にある[顧客ID]フィールドにリレーションシップを設定する

リレーションシップウィンドウを表示する

2 テーブルを追加する

リレーションシップウィンドウと[テーブルの表示]ダイアログボックスが表示された

ここでは[顧客テーブル]と[受注テーブル]をリレーションシップウィンドウに追加する

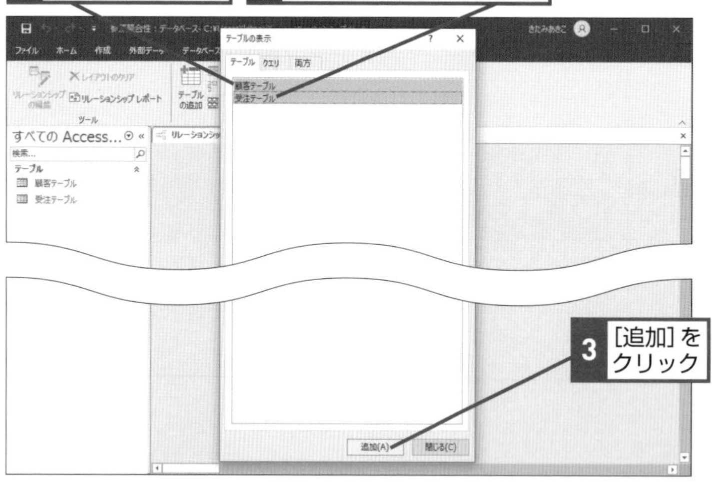

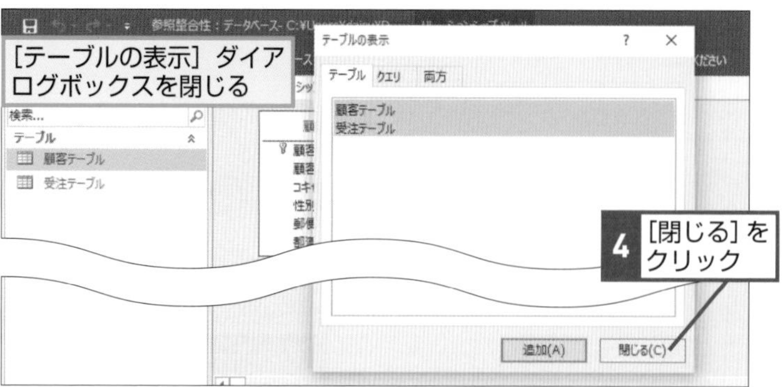

HINT!

参照整合性は後からでも設定できる

リレーションシップ設定時に参照整合性の設定は必ずしも行う必要はありません。参照整合性を設定せずにリレーションシップを作成した後で、必要に応じて参照整合性の設定を追加することもできます。その場合は、結合線をダブルクリックし、[リレーションシップ]ダイアログボックスを表示して[参照整合性]にチェックマークを付けます。[参照整合性]にチェックマークを付けると、[フィールドの連鎖更新]や[レコードの連鎖削除]にチェックマークを付けられるようになります。

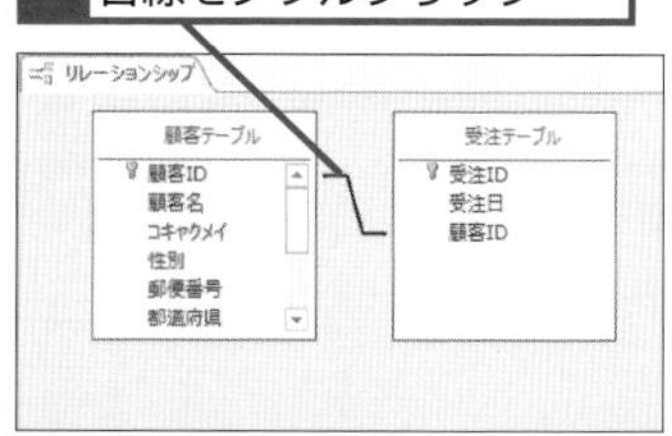

参照整合性が設定される

第1章 Accessで使うクエリの基本を確認する

3 リレーションシップを設定する

[顧客テーブル]の[顧客ID]と[受注テーブル]の[顧客ID]との間にリレーションシップを設定する

1 [顧客テーブル] の [顧客ID]をクリック

2 [受注テーブル] の [顧客ID]までドラッグ

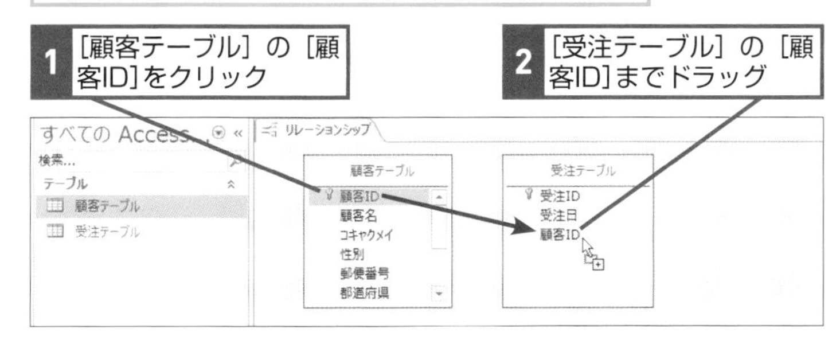

4 参照整合性を設定する

[リレーションシップ] ダイアログボックスが表示された

リレーションシップを設定するフィールド間でデータの矛盾が生じないように参照整合性を設定する

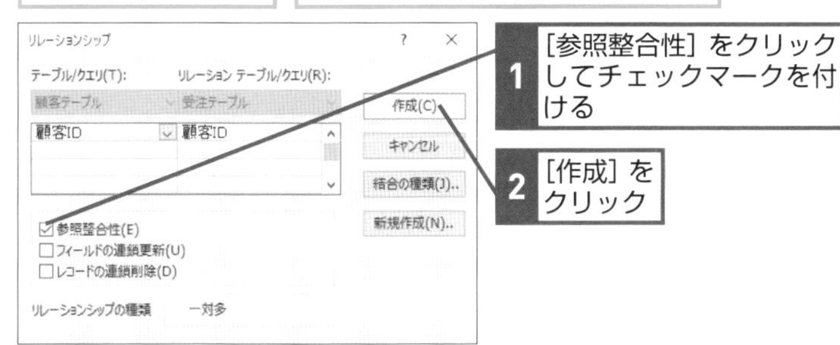

1 [参照整合性] をクリックしてチェックマークを付ける

2 [作成] をクリック

5 リレーションシップウィンドウを閉じる

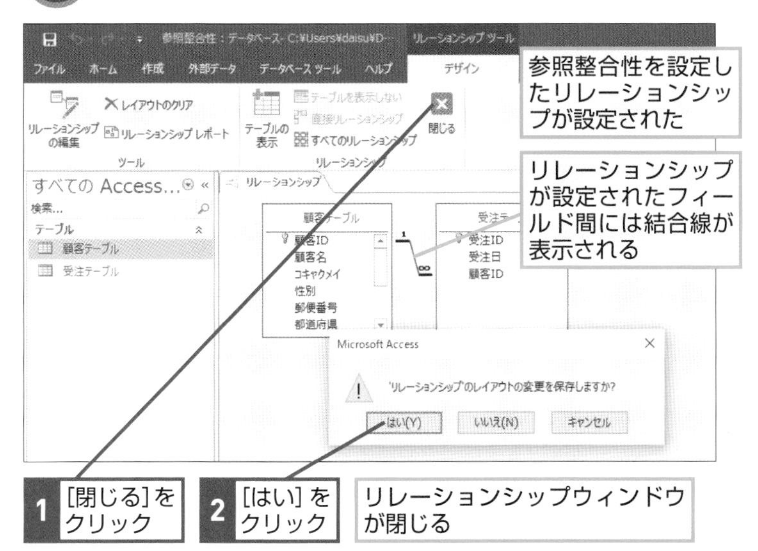

参照整合性を設定したリレーションシップが設定された

リレーションシップが設定されたフィールド間には結合線が表示される

1 [閉じる]をクリック

2 [はい] をクリック

リレーションシップウィンドウが閉じる

HINT!

参照整合性を設定できないときは

28ページで説明した参照整合性の設定条件を満たしているにもかかわらず、手順4の後に「参照整合性を設定できません。」というメッセージが表示される場合は、テーブルに整合性のないレコードが入力されている可能性があります。参照整合性の設定をキャンセルして、テーブルのデータシートビューを表示し、親レコードのない子レコードが存在しないようにデータを修正しましょう。なお、親レコードのない子レコードを探すには、レッスン㊸で紹介する不一致クエリを利用できます。

HINT!

参照整合性を設定すると「1」「∞」マークが表示される

参照整合性を設定すると、結合線の一側テーブル側に「1」、多側テーブル側に「∞」のマークが表示されます。参照整合性を設定しない場合は、結合線だけが表示されます。

HINT!

リレーションシップウィンドウを閉じるときのメッセージの意味

手順5で表示されるダイアログボックスのメッセージは、リレーションシップの設定自体を保存するかどうかの確認ではありません。[リレーションシップ] ウィンドウで表示されているテーブルやそのレイアウトを保存するかどうかの確認です。

レッスン

6 クエリに使える関数の基本を知ろう

関数の基本

対応バージョン

365 2019 2016 2013

このレッスンには、
練習用ファイルがありません

データの複雑な加工には「関数」が便利

クエリでは、テーブルのデータをそのまま表示するだけでなく、データを加工した結果も表示できます。「+」（加算）や「*」（乗算）などの演算子を使うと、フィールドの値を四則演算した結果をクエリに表示できます。例えば、［価格］フィールドに消費税率を掛けて消費税額を求めるなどの計算が簡単に行えます。
ただし、演算子だけの処理には限界があります。「半角文字を全角にしたい」「生年月日から生まれ年を取り出したい」といった複雑な加工を行いたいときは、「関数」の出番です。関数とは、与えられたデータを加工して、その結果を返す仕組みです。Accessには文字列を操作する関数、日付を処理する関数、数値計算に使う関数と、関数が豊富にそろっています。関数を使えば、演算子だけでは実現しないデータの複雑な加工が可能です。

関連レッスン

▶レッスン54
関数で文字列を加工するには…… p.196
▶レッスン63
関数で日付や数値を
加工するには …… p.216

キーワード

演算子	p.292
関数	p.292
クエリ	p.292
式ビルダー	p.293
テーブル	p.293
引数	p.294
戻り値	p.295

●関数で半角文字を全角文字に変更する例

◆テーブル

タントウシャメイ
ｷﾀｼﾞﾏ ﾖｳｽｹ
ﾐﾂｲ ｻﾄｼ

◆クエリの実行結果

担当者カナ
キタジマ　ヨウスケ
ミツイ　サトシ

●関数で日付から「年」を取り出す例

◆テーブル

生年月日
1981/04/26
1987/06/08

→

◆クエリの実行結果

生まれ年
1981
1987

関数の仕組みとは

関数に与えるデータを「引数」（ひきすう）、返される結果を「戻り値」と呼びます。関数ごとに指定する引数の種類や順序、どのような戻り値が返されるかが決まっています。目的に応じた関数を使用することで、文字列や日付、数値などのさまざまなデータを思い通りに加工できます。各関数の具体的な使い方は、第7章と第8章で解説します。

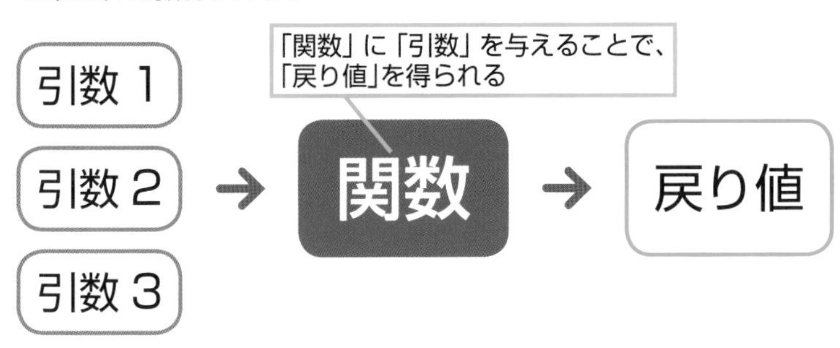

引数の簡単な入力方法

関数の引数は通常直接入力しますが、「式ビルダー」という機能を利用して入力する方法もあります。関数の引数を覚えていなくても関数の構文を入力できるので便利です。まず、関数を入力する［フィールド］行をクリックします。［クエリツール］の［デザイン］タブにある［ビルダー］ボタンをクリックすれば、［式ビルダー］ダイアログボックスが表示されます。［組み込み関数］の分類から目的の関数をダブルクリックすると、関数の構文が自動的に入力され、それを元に引数を入力できます。また、［ヘルプ］ボタンをクリックすると、より詳しい情報を調べられます。

HINT!

［式ビルダー］ダイアログボックスを表示するには

式ビルダーは、式を簡単に入力するための機能です。式ビルダーでは、関数やテーブルのフィールド、フォームのコントロールを参照する式を一覧から選択するだけで指定できます。［式ビルダー］ダイアログボックスの上部のボックスは［式ボックス］といい、式を入力する場所です。下部の3つのボックスは、オブジェクトに含まれるフィールドやコントロール、関数、演算子などを選択するためのボックスです。左側のボックスにある分類を展開すると、中央のボックスに詳細が表示され、右側のボックスに入力すべき値や関数が表示されます。

レッスン❸を参考に、クエリをデザインビューで表示しておく

1 式を入力する［フィールド］行をクリック

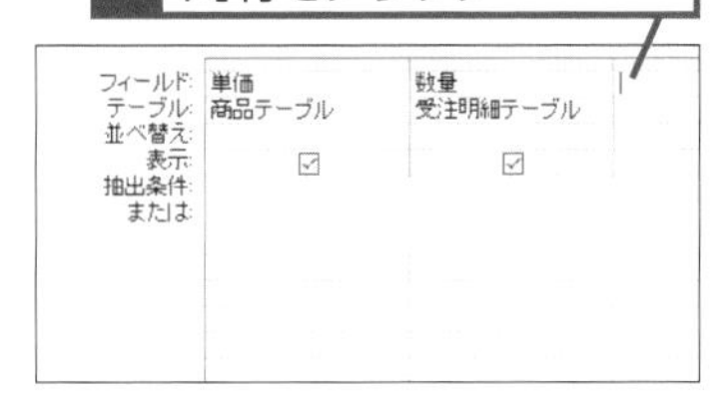

2 ［クエリツール］の［デザイン］タブをクリック

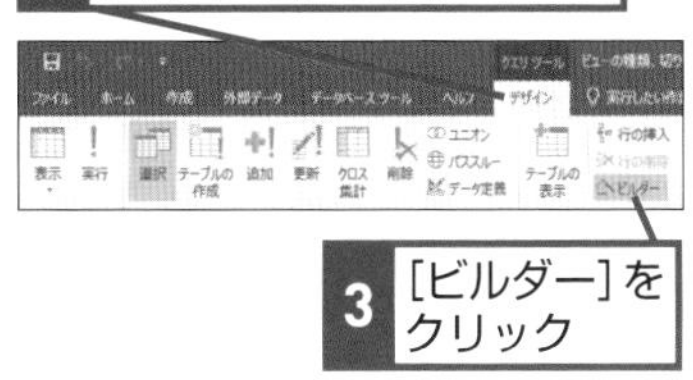

［式ビルダー］ダイアログボックスが表示される

6 関数の基本

この章のまとめ

●基本を身に付けてクエリの活用につなげよう

「データベース」と聞くと「大量のデータの集合」を想像しがちですが、実際には集めたデータを活用してこそ、データベースの真価を発揮できるようになります。そして、その役目を担う重要な存在が「クエリ」です。クエリを使いこなせば、データを加工したり、集計して分析したりするなど、データの活用の場が広がります。
ただし、そのためには事前の基礎知識が必要です。複数のテーブルに蓄えられたデータを正しく連携させるには、リレーションシップや参照整合性の知識が欠かせません。また、思い通りの情報が得られるようなクエリを設計するには、クエリの特性を理解し、さまざまなクエリを使い分ける必要があります。デザインビューとデータシートビューの切り替えといった基本操作や、データの加工を実現する関数の知識も必要でしょう。この章で紹介したクエリの基本を身に付けて、今後のクエリの活用につなげてください。

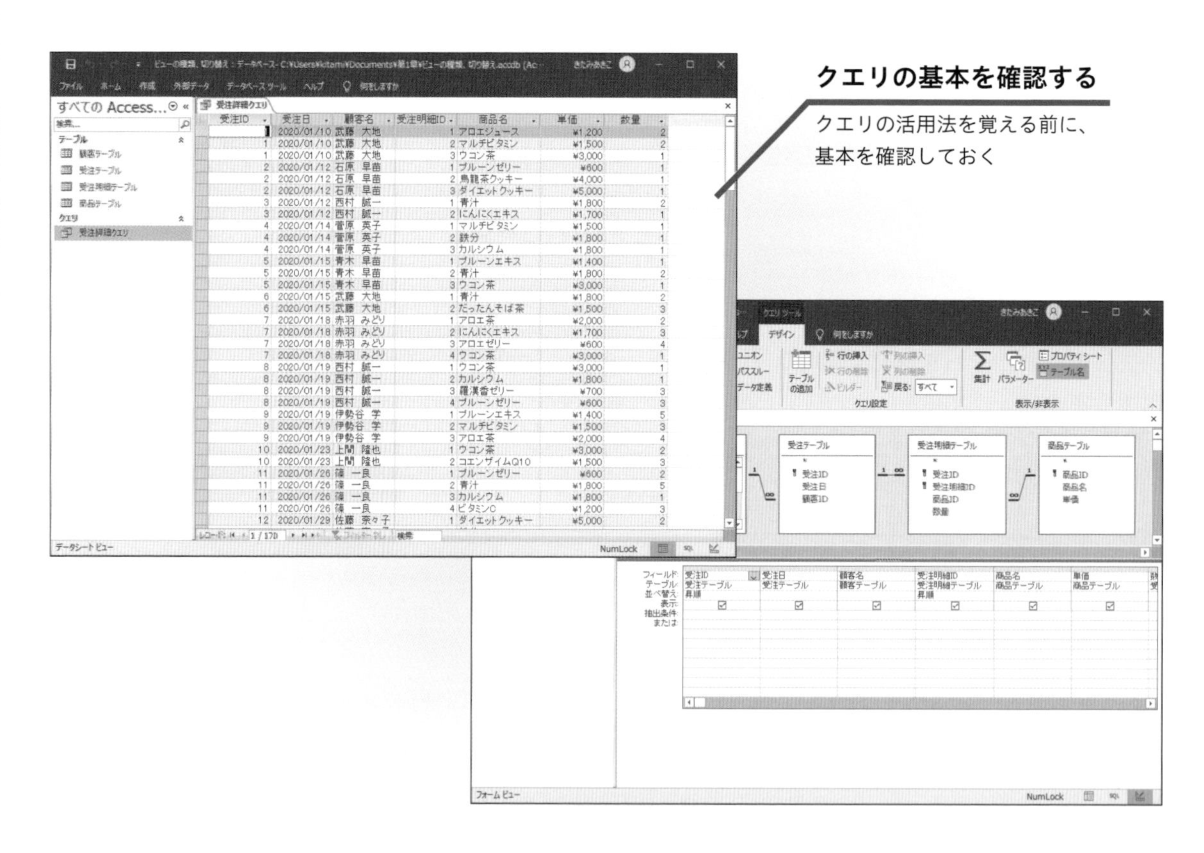

クエリの基本を確認する

クエリの活用法を覚える前に、基本を確認しておく

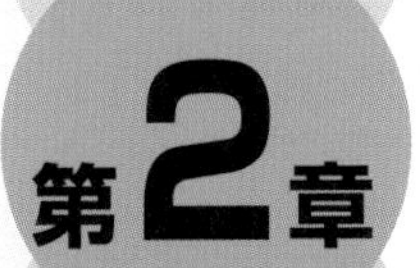

抽出元のデータを準備する

クエリは、テーブルに保存されているデータに対して問い合わせをし、データを抽出します。ここでは、クエリの元となるテーブルの概要、ほかのアプリで作成されたデータをテーブルとして取り込む方法を説明します。

●この章の内容

レッスン **7**

Accessでデータを取り込む方法を確認しよう

インポートとリンク

対応バージョン

365　2019　2016　2013

このレッスンには、練習用ファイルがありません

外部のデータをインポートして利用しよう

Accessでは、ほかのAccessファイルで作成されたテーブルのほか、Excelファイルやテキストファイルなど、ほかのアプリで作成されたデータを現在開いているAccessファイルのテーブルとして取り込めます。このように外部のデータを取り込むことを「インポート」といいます。Accessのほかのバージョンで作成されたテーブルも取り込むことができるので、古いデータでも活用することが可能です。また、インポートしたテーブルは、元のファイルとは関連がないため、クエリの作成元として自由にデータの加工や修正ができます。

関連レッスン

キーワード

●ほかのAccessファイルにあるテーブルのインポート

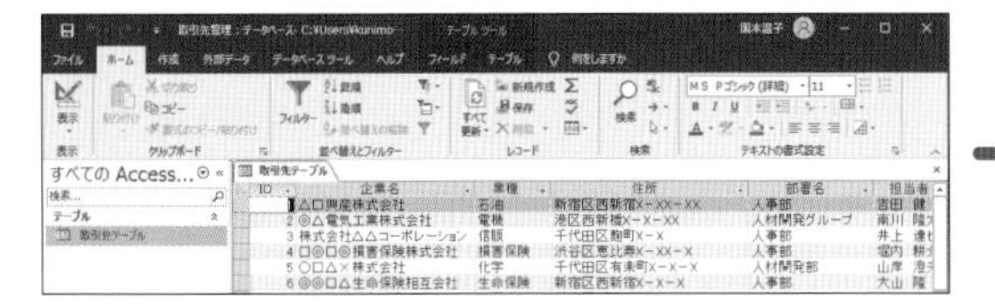

ほかのAccessファイルで作成されたテーブルをインポートできる

●異なる形式のファイルのインポート

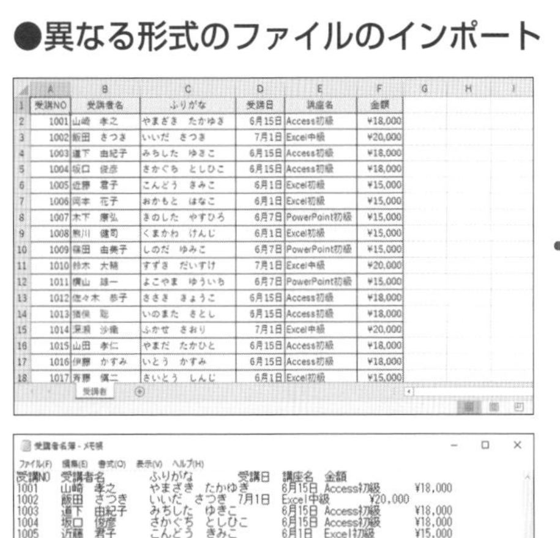

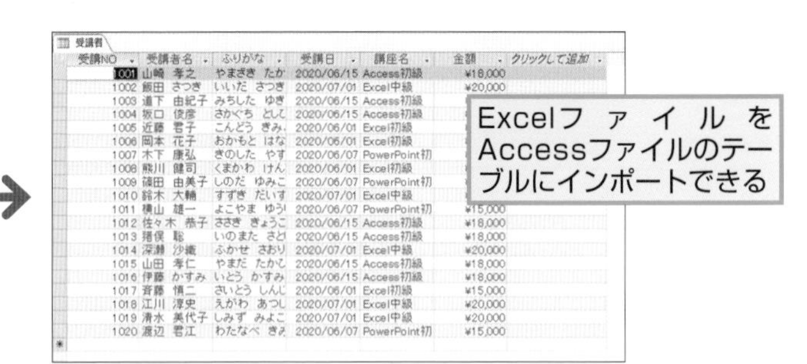
Excelファイルを Accessファイルのテーブルにインポートできる

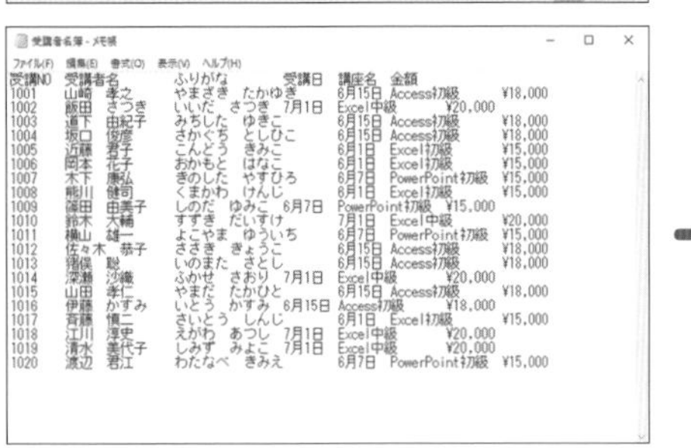

テキストファイルを Accessファイルのテーブルにインポートできる

Accessを外部のデータとリンクできる

Accessでは、ほかのAccessファイルやExcelファイル、テキストファイルなど、別のファイルに保存されているデータに接続し、そのデータを現在開いているAccessファイルのテーブルとして利用することができます。これをリンクといいます。前ページで紹介したインポートを実行しなくても、参照したデータをAccessで利用できます。

HINT!

ほかのデータベースのテーブルとリンクするには

Accessの機能を使うと、SQL Serverなど、ほかのデータベースのテーブルとリンクすることも可能です。その場合は、セキュリティの問題など、検討するべきことがあるので、IT管理者などの指示に従うようにしましょう。

◆ほかのAccessデータベース

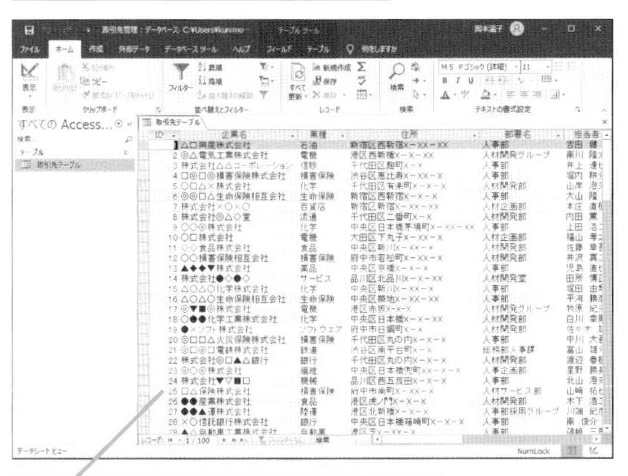

ほかのAccessファイルのテーブルを利用する

◆現在開いているAccessデータベース

AccessファイルだけでなくExcelファイルやテキストファイルともリンクできる

●インポートとリンクの違い

インポート

・一度インポートすれば元のファイルと関連がなくなるため、自由にデータの加工や修正が行える

リンク

・元のファイルと連結するため、Accessで修正・加工した結果は元のファイルに反映される（Excelファイルはデータの参照のみ、テキストファイルはデータの参照と追加のみとなる）

レッスン

8 ほかのAccessのデータを取り込むには

オブジェクトのインポート

対応バージョン

365 2019 2016 2013

レッスンで使う練習用ファイル
オブジェクトのインポート.accdb

既存のデータを活用できる

Accessで別ファイルに作成済みのテーブルをインポートして、現在開いているAccessファイルのテーブルとして利用してみましょう。Access 2003以前の古いバージョンのAccessファイルはAccess 2007以降で開けない場合がありますが、作成されたテーブルはインポートすることで利用できます。既存のデータを活用すれば、テーブルを再度作成し、データの入力をする手間を省けます。インポートすると元のテーブルとは関係なく編集できるため、書き換えによるデータの損失もありません。

関連レッスン

▶レッスン7
Accessでデータを取り込む方法を確認しよう ………… p.36
▶レッスン9
Excelのデータを取り込むには ….. p.42
▶レッスン10
ほかのファイルとデータを連携させるには ………… p.48

キーワード

インポート	p.291
オブジェクト	p.292
ナビゲーションウィンドウ	p.294

After

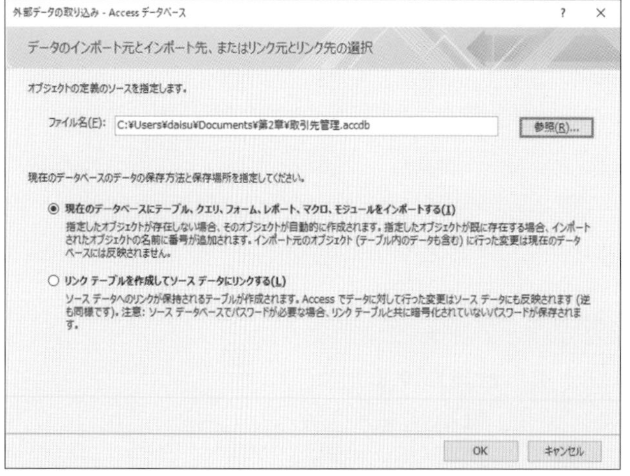

ほかのAccessファイルのテーブルからデータを取り込むにはウィザードを使う

新しいAccessファイルにテーブルを取り込めた

第2章 抽出元のデータを準備する

[外部データの取り込みウィザード] を起動する

練習用ファイルを開いておく

ここでは、ほかのAccessファイルにあるテーブルをインポートする

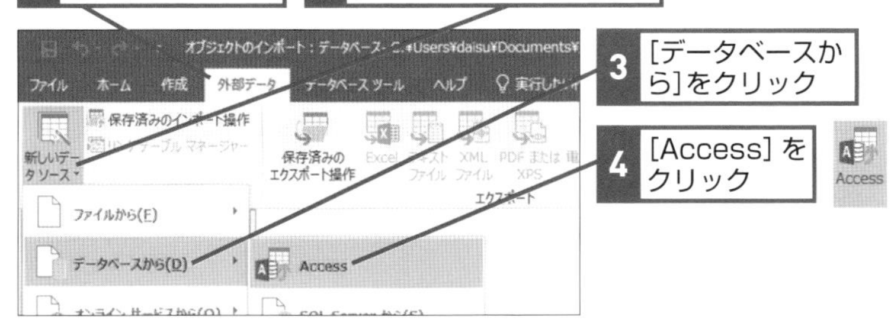

1 [外部データ] タブをクリック
2 [新しいデータソース] をクリック
3 [データベースから] をクリック
4 [Access] をクリック

2 インポートするAccessファイルを選択する

[外部データの取り込みウィザード]が起動した

インポートするAccessファイルの場所を指定する

1 [参照] をクリック

[ファイルを開く] ダイアログボックスが表示された

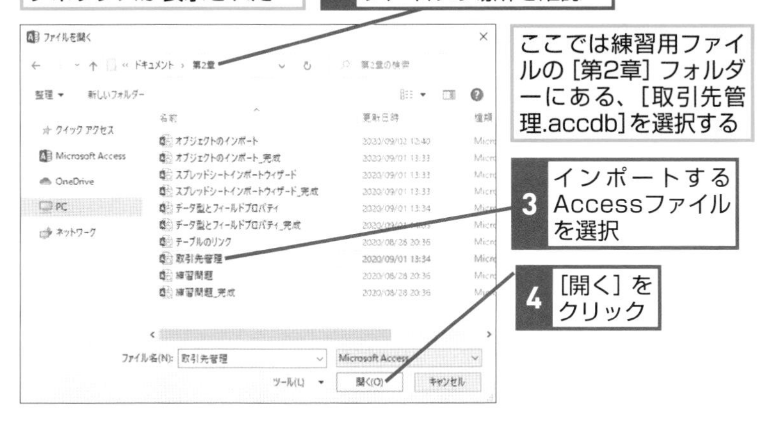

2 インポートするAccessファイルの場所を確認
ここでは練習用ファイルの [第2章] フォルダーにある、[取引先管理.accdb] を選択する
3 インポートするAccessファイルを選択
4 [開く] をクリック

HINT!

Accessのすべてのオブジェクトを取り込める

Accessのオブジェクトをインポートする場合は、テーブル、クエリ、フォーム、レポートなどすべての種類を取り込めます。オブジェクトがコピーされて取り込まれるので、元のデータとは関係なく操作できます。

手順4まで操作して [オブジェクトのインポート] ダイアログボックスを表示しておく

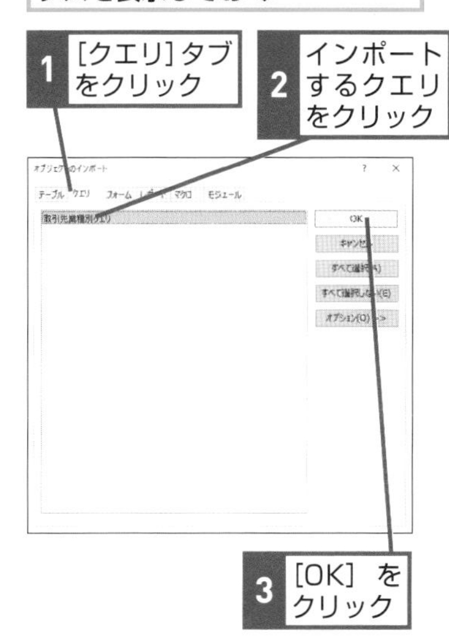

1 [クエリ] タブをクリック
2 インポートするクエリをクリック
3 [OK] をクリック

間違った場合は？

手順2の下の画面でAccessのファイルが表示されない場合、ファイルの場所が間違っている可能性があります。[ファイルを開く] ダイアログボックスのナビゲーションウィンドウで [PC] をクリックし、Accessファイルが保存されているフォルダーを開いてください。

次のページに続く

3 インポートするAccessファイルのオブジェクトが選択された

インポートするAccessファイルが表示された

1 [現在のデータベースにテーブル、クエリ、フォーム、レポート、マクロ、モジュールをインポートする]が選択されていることを確認

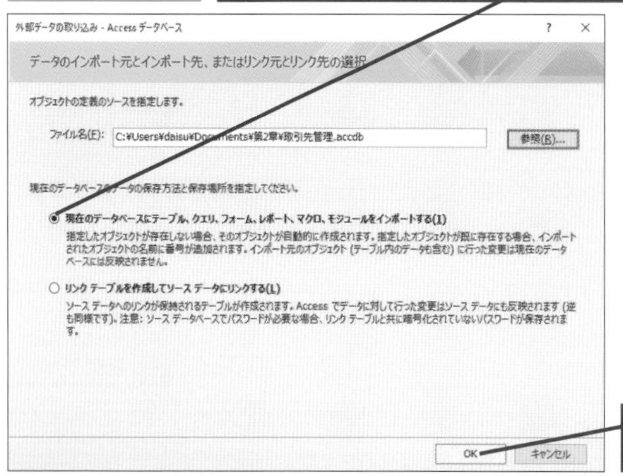

2 [OK]をクリック

4 インポートするオブジェクトを選択する

[オブジェクトのインポート]ダイアログボックスが表示された

ここではテーブルをインポートする

1 [テーブル]タブをクリック

2 インポートするテーブルをクリック

3 [OK]をクリック

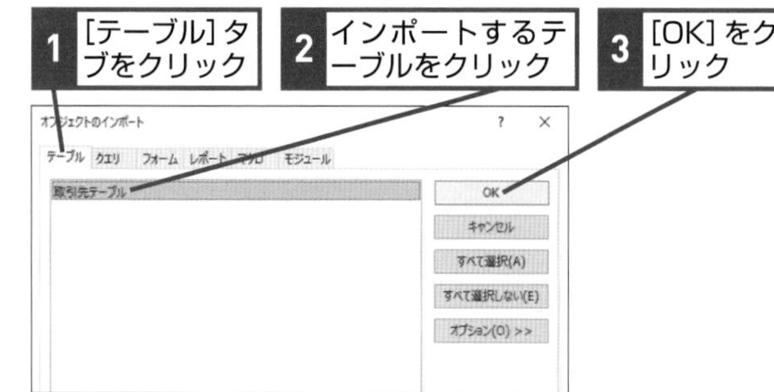

5 オブジェクトがインポートされた

インポートが完了し、「すべてのオブジェクトがインポートされました。」と表示された

オブジェクトがインポートされたのでウィザードを終了する

1 [閉じる]をクリック

HINT! インポート方法を指定できる

手順4で[オプション]ボタンをクリックすると、インポートの設定項目が表示され、インポートする方法を指定できます。例えば、テーブルをインポートする場合は、データを含まないテーブルの構造だけを取り込むように指定できます。また、クエリの場合は、クエリの実行結果をテーブルとしてデータをコピーして取り込むように指定できます。

1 [オプション]をクリック

[インポート]と[テーブルのインポート][クエリのインポート]の設定項目が表示された

テーブル構造に加えてデータもインポートするかどうかを選択できる

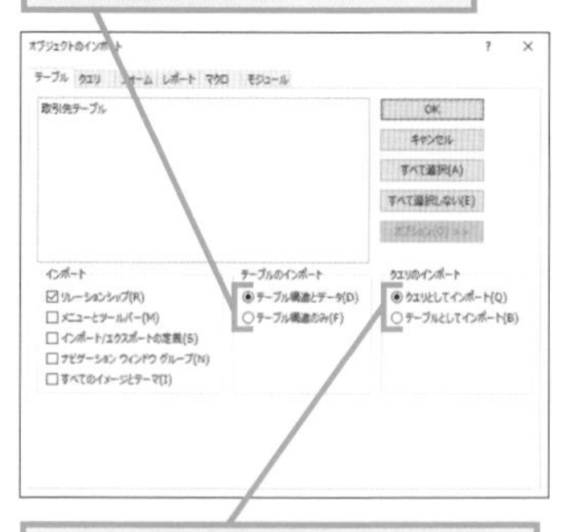

クエリ自体をインポートするか、クエリの実行結果をテーブルとしてインポートするかを選択できる

6 インポート結果を確認する

インポートが終了した

インポートしたテーブルが追加された

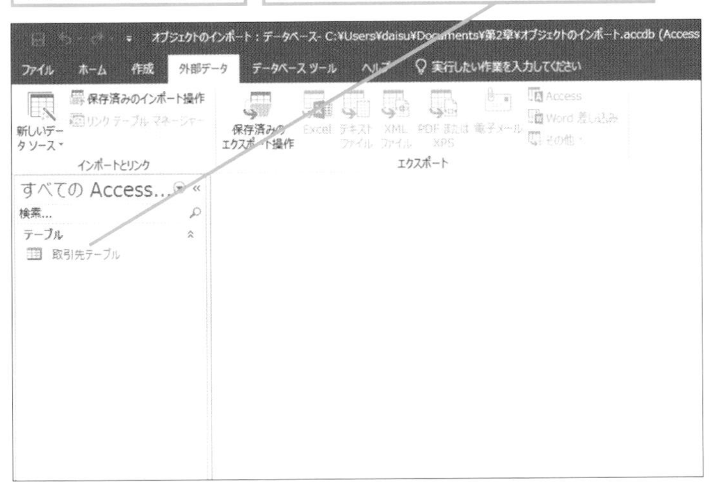

HINT! テーブルを開いて確認する

テーブルをインポートしたら、必ず一度テーブルを開いてデータを確認してください。正しいテーブルがインポートされているかどうか、データが正常に表示されているかどうかを確かめるようにしましょう。

間違った場合は？

手順6で間違ったテーブルをインポートしたことに気付いた場合は、ナビゲーションウィンドウに表示されたテーブルを右クリックして［削除］をクリックし、テーブルを削除します。手順1から操作し直してください。

テクニック インポート操作の保存で作業を効率化

手順5の［外部データの取り込みウィザード］の最後の画面で、インポート操作を保存できます。同じオブジェクトを繰り返しインポートすることがある場合に、インポート操作を保存しておけば、次回からは簡単な操作でインポートが行えるようになります。［インポート操作の保存］をクリックしてチェックマークを付けると、インポート操作の保存名と説明用コメントの入力画面が表示されます。必要な内容を入力し、［インポートの保存］ボタンをクリックして保存します。また保存したインポートを利用するには、［外部データ］タブの［保存済みのインポート操作］ボタンをクリックし、表示される［データタスクの管理］ダイアログボックスで、保存したインポートをクリックして選択し、［実行］ボタンをクリックします。

●インポート操作の保存

手順5の画面を表示しておく

1 ここをクリックしてチェックマークを付ける

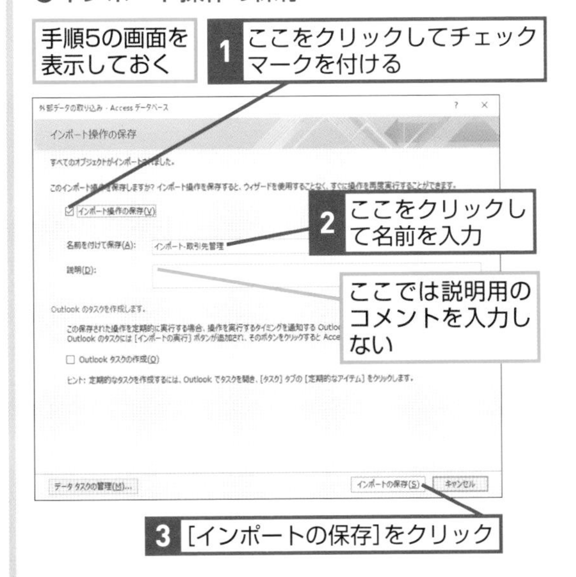

2 ここをクリックして名前を入力

ここでは説明用のコメントを入力しない

3 ［インポートの保存］をクリック

●保存されたインポート操作の実行

1 ［外部データ］タブをクリック

2 ［保存済みのインポート操作］をクリック

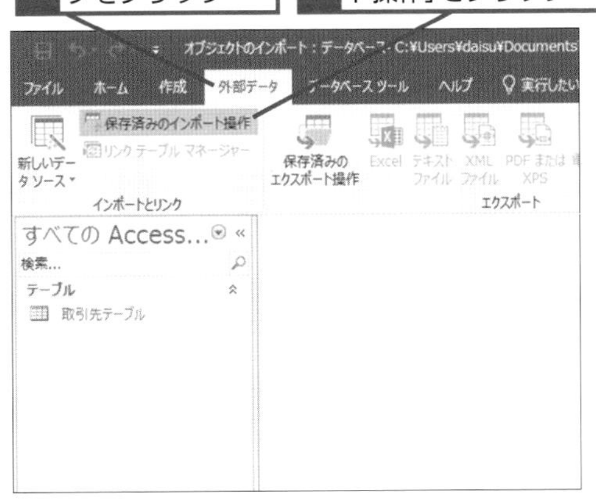

［データタスクの管理］ダイアログボックスに保存したインポート操作が表示される

レッスン
9 Excelのデータを取り込むには

スプレッドシートインポートウィザード

対応バージョン

365 2019 2016 2013

レッスンで使う練習用ファイル
スプレッドシートインポート
ウィザード.accdb

関連レッスン

キーワード

Excelの表をAccessに取り込んで一括管理できる

Excelで作成したデータは、Accessにインポートしてテーブルとして利用できます。Accessに取り込むことでExcelに比べて多くのデータが管理できるようになります。Excelでは扱いにくくなった表をAccessへ移行したり、Excelで作成された各担当者からの報告をAccessのテーブルにまとめたりするほか、分析や集計用に利用するといった使用方法があります。Accessのクエリを使えば、Excelのデータをいろいろな角度から自由に分析、加工でき、データを大いに活用できます。

Before

受講NO	受講者名	ふりがな	受講日	講座名	金額
1001	山崎　孝之	やまざき　たかゆき	6月15日	Access初級	¥18,000
1002	飯田　さつき	いいだ　さつき	7月1日	Excel中級	¥20,000
1003	道下　由紀子	みちした　ゆきこ	6月15日	Access初級	¥18,000
1004	坂口　俊彦	さかぐち　としひこ	6月15日	Access初級	¥18,000
1005	近藤　君子	こんどう　きみこ	6月1日	Excel初級	¥15,000
1006	岡本　花子	おかもと　はなこ	6月1日	Excel初級	¥15,000
1007	木下　康弘	きのした　やすひろ	6月7日	PowerPoint初級	¥15,000

Excelのワークシートで管理しているデータをAccessで利用できるようにしたい

After

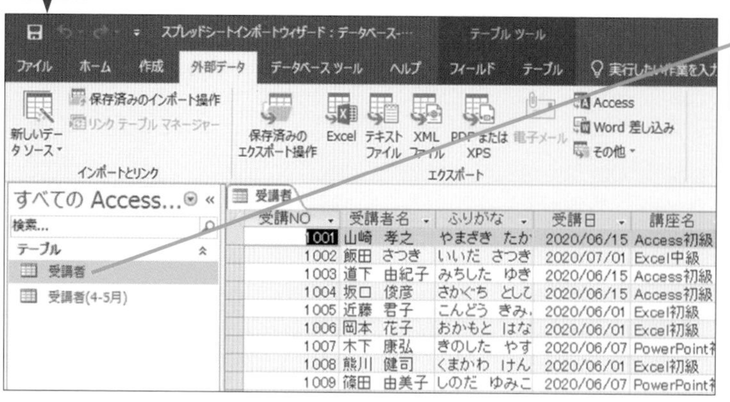

受講NO	受講者名	ふりがな	受講日	講座名
1001	山崎　孝之	やまざき　たか	2020/06/15	Access初級
1002	飯田　さつき	いいだ　さつき	2020/07/01	Excel中級
1003	道下　由紀子	みちした　ゆき	2020/06/15	Access初級
1004	坂口　俊彦	さかぐち　とし	2020/06/15	Access初級
1005	近藤　君子	こんどう　きみ	2020/06/01	Excel初級
1006	岡本　花子	おかもと　はな	2020/06/01	Excel初級
1007	木下　康弘	きのした　やす	2020/06/07	PowerPoint
1008	熊川　健司	くまかわ　けん	2020/06/01	Excel初級
1009	篠田　由美子	しのだ　ゆみこ	2020/06/07	PowerPoint

フィールド名やデータ型を指定して、ExcelのデータをAccessに取り込める

第2章 抽出元のデータを準備する

1 [外部データの取り込みウィザード] を起動する

ここでは、ExcelファイルをAccessのテーブルとしてインポートする

1 [外部データ]タブをクリック

2 [新しいデータソース]をクリック

3 [ファイルから]をクリック

4 [Excel]をクリック

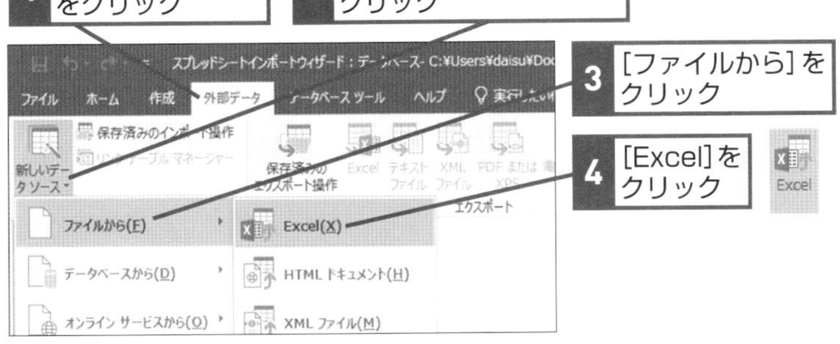

2 インポートするExcelファイルを選択する

[外部データの取り込みウィザード]が起動した

インポートするExcelファイルの場所を指定する

1 [参照] をクリック

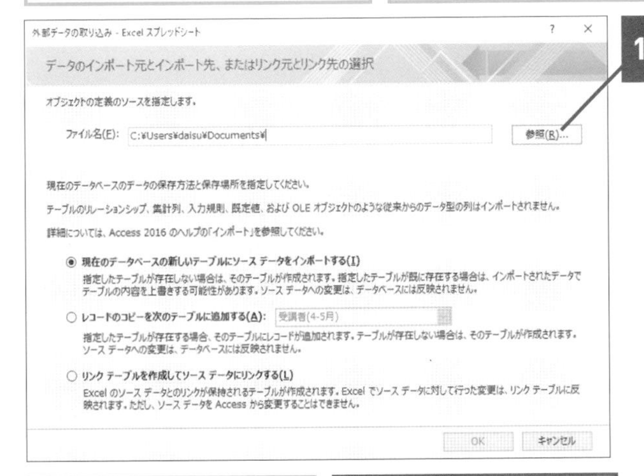

[ファイルを開く]ダイアログボックスが表示された

2 インポートするExcelファイルの場所を確認

ここでは練習用ファイルの [第2章] フォルダーにある、[受講者名簿]を選択する

3 インポートするExcelファイルを選択

4 [開く] をクリック

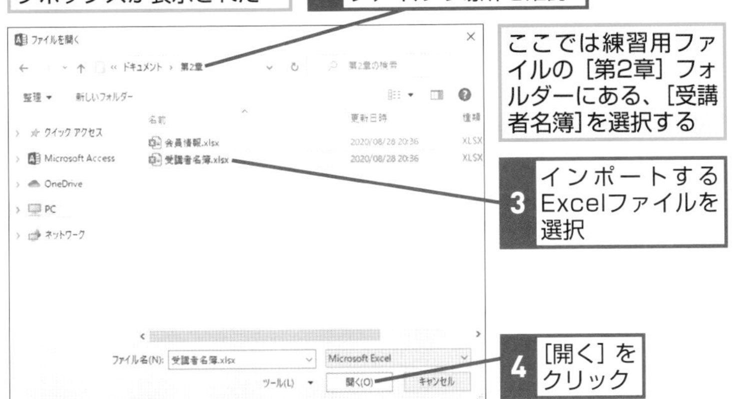

HINT! あらかじめExcelファイルの表を整えておく

Excelファイルをインポートするときは、あらかじめExcelで取り込む表を整えておく必要があります。ワークシート単位で取り込む場合は、ワークシートの1行目が項目名、2行目以降がデータとなっている表を作成しておきましょう。

1行目に項目名、2行目以降にデータを入力しておく

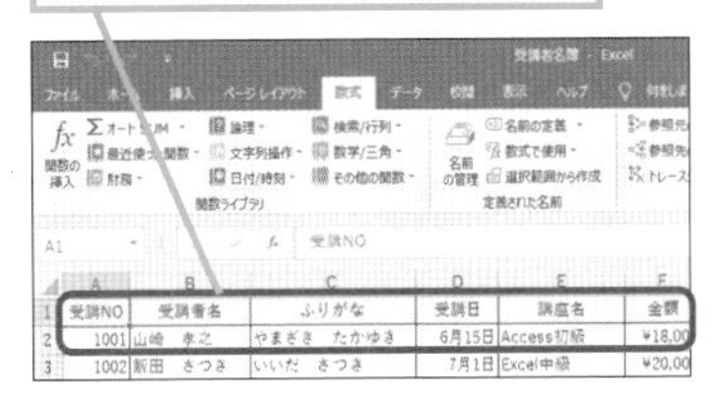

HINT! ワークシートのデータを既存のテーブルに追加できる

インポート先のAccessファイルに別のテーブルがある場合は、手順2に[レコードのコピーを次のテーブルに追加する] という選択肢が表示されます。これを選択し、追加先のテーブルを指定すれば、既存のテーブルにデータを追加できます。ただし、取り込んだときに主キーフィールドで重複があったり、フィールド名、データ型が異なったりするとエラーになってしまうので、あらかじめExcelの表を確認し、必要な修正を加えてから行うようにしましょう。

間違った場合は？

手順2の [ファイルを開く] ダイアログボックスでExcelのファイルが表示されない場合、ファイルの場所が間違っている可能性があります。ファイルの場所を確認して再度設定し直しましょう。

次のページに続く

❸ インポートするExcelファイルが選択された

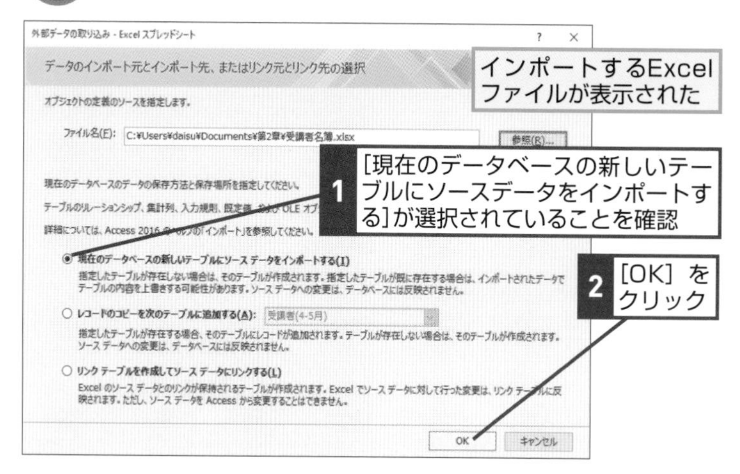

インポートするExcelファイルが表示された
1 [現在のデータベースの新しいテーブルにソースデータをインポートする]が選択されていることを確認
2 [OK]をクリック

❹ インポートするワークシートを選択する

[スプレッドシートインポートウィザード]が表示された

Excelファイルにワークシートが1つだけのときは手順5に進む

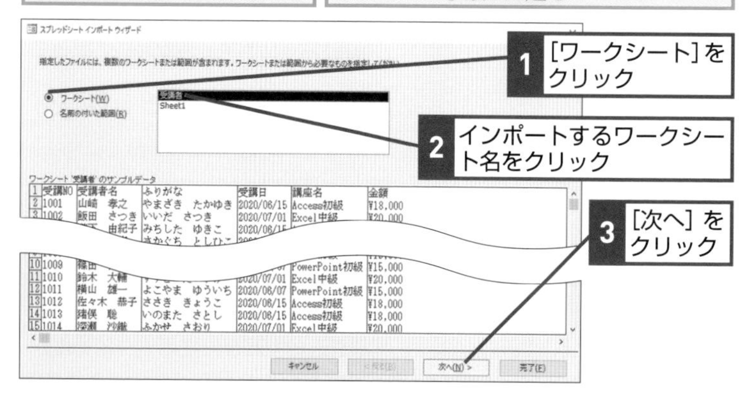

1 [ワークシート]をクリック
2 インポートするワークシート名をクリック
3 [次へ]をクリック

❺ 先頭行をフィールド名に指定する

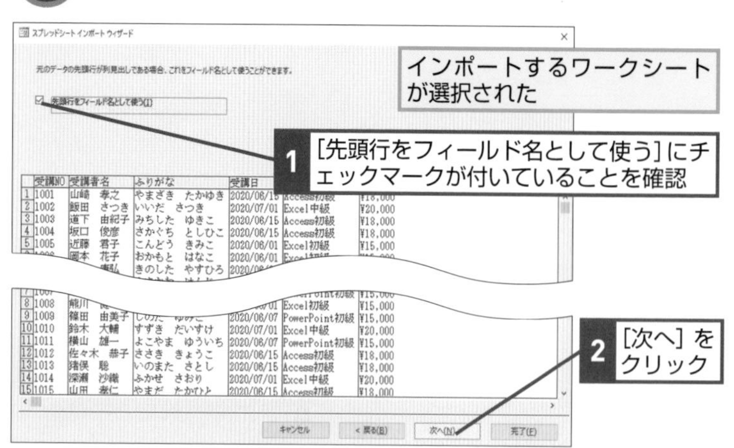

インポートするワークシートが選択された
1 [先頭行をフィールド名として使う]にチェックマークが付いていることを確認
2 [次へ]をクリック

HINT! 名前の付いた範囲だけを取り込むこともできる

手順4で［名前の付いた範囲］を選択すると、Excelでセル範囲に設定した名前が表示されます。その名前を選択すれば、名前の付いたセル範囲だけをインポートできます。表全体ではなく一部のセル範囲をインポートする場合や、ワークシートの1行目にタイトルなどの文字列があり、2行目以降から表が作成されている場合は、あらかじめExcelでセル範囲に名前を付けておくとスムーズにインポートできます。

HINT! ワークシートに見出しがないときは

Excelの表の先頭行にフィールドとなる見出しがない場合は、手順6の［フィールド名］の欄にフィールド名を入力します。入力を省略した場合は、「フィールド1」「フィールド2」……というフィールド名が付きます。ここでフィールド名を指定しなくても、インポート後、テーブルのデザインビューで変更が可能です。

見出しのないワークシートにフィールド名を追加する

手順6の画面を表示しておく

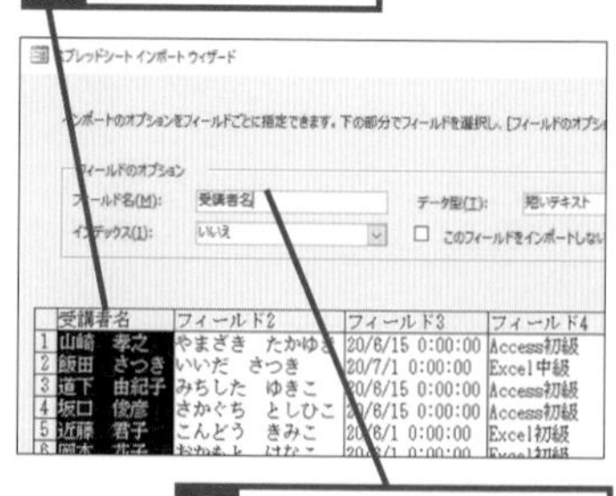

1 ここをクリック
2 フィールド名を入力

同様にほかのフィールドのフィールド名も変更できる

6 フィールド名を確認する

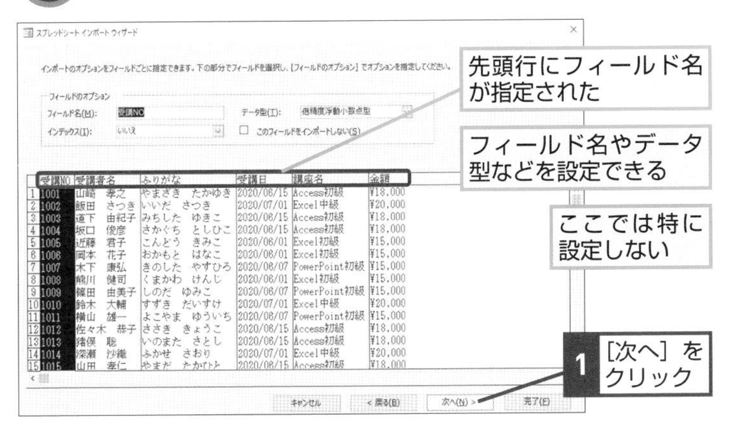
スプレッドシート インポート ウィザード
先頭行にフィールド名が指定された
フィールド名やデータ型などを設定できる
ここでは特に設定しない
1 [次へ] をクリック

7 主キーを設定する

主キーの設定画面が表示された

ここでは、[受講NO] フィールドを主キーに設定する

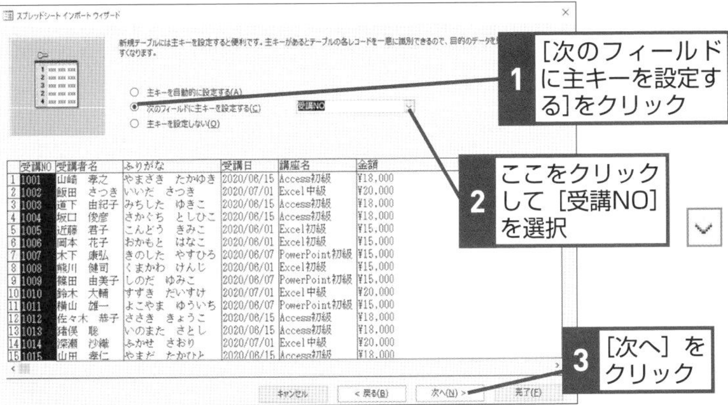
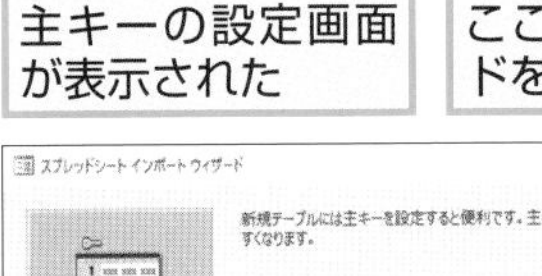
スプレッドシート インポート ウィザード
1 [次のフィールドに主キーを設定する]をクリック
2 ここをクリックして [受講NO] を選択
3 [次へ] をクリック

8 テーブル名を確認する

主キーが[受講NO]フィールドに設定された

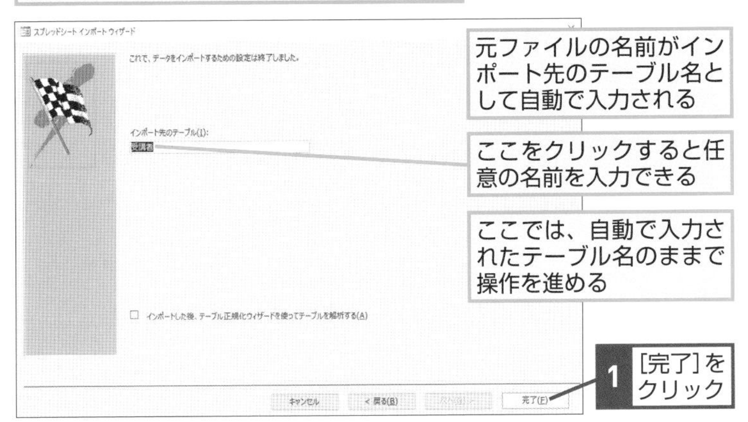
スプレッドシート インポート ウィザード
元ファイルの名前がインポート先のテーブル名として自動で入力される
ここをクリックすると任意の名前を入力できる
ここでは、自動で入力されたテーブル名のままで操作を進める
1 [完了]をクリック

HINT! 主キーって何？

主キーとは、テーブル内の各レコードを区別するためのフィールド、またはフィールドの組み合わせです。通常は［NO］や［ID］のような、ほかのレコードと重複しない値を格納するフィールドに設定します。主キーに設定すると、重複する値は入力できなくなり、必ず値の入力が要求されます。そのため、確実にほかのレコードと区別できるようになります。また、主キーが設定されているテーブルでは、ほかのテーブルとリレーションシップを設定すれば、ほかのテーブルのデータを利用することもできます。しかし、テーブルによっては、値が未決定のときなどに、「9999」のような仮の番号を振ったり、空欄にしておきたい場合があるかもしれません。主キーを設定すると、それが許されなくなるので、そのような場合は、主キーを設定しないようにしましょう。

次のページに続く

9 インポートを完了する

インポートが完了し、[インポート操作の保存]の画面が表示された

オブジェクトがインポートされたのでウィザードを終了する

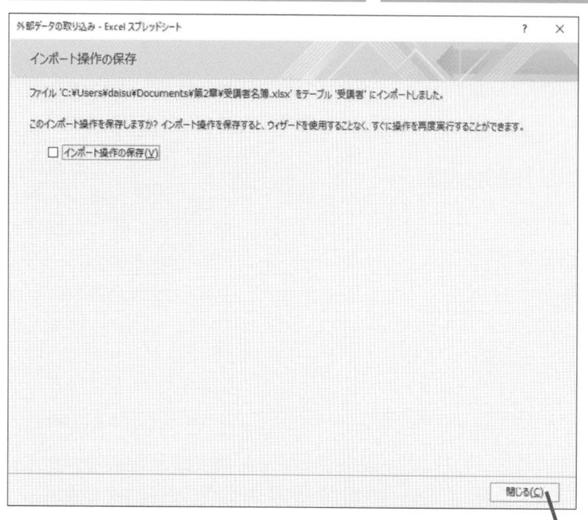

1 [閉じる]をクリック

10 インポート結果を確認する

インポートが完了した

インポートしたテーブルが追加された

1 [受講者] をダブルクリック

データを確認して [閉じる] をクリックする

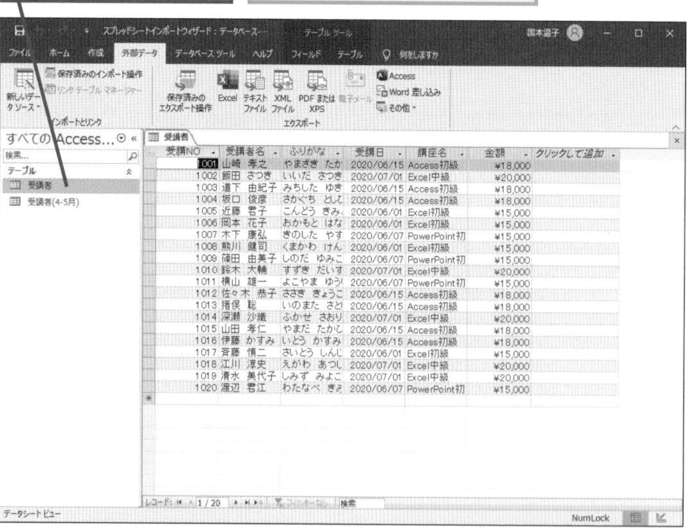

HINT!

主キーを自動的に設定するには

取り込むExcelの表に、[受講NO] のようなレコードを区別するための値を持つフィールドがないときは、自動的に主キーを設定します。手順7で [主キーを自動的に設定する] を選び、[次へ] ボタンをクリックします。この場合、[ID] という名前でオートナンバー型のフィールドが挿入され、自動的に連番が振られます。また、データが重複しないフィールドがあるなら、前ページの手順7の画面で [次のフィールドに主キーを設定する] を選択し、主キーにしたいフィールドを右側のボックスから選択してもいいでしょう。主キーにしたいフィールドに重複データが含まれている場合や、インポート後にデザインビューで主キーの設定をしたい場合は、[主キーを指定しない] を選択しましょう。

1 [主キーを自動的に設定する]をクリック

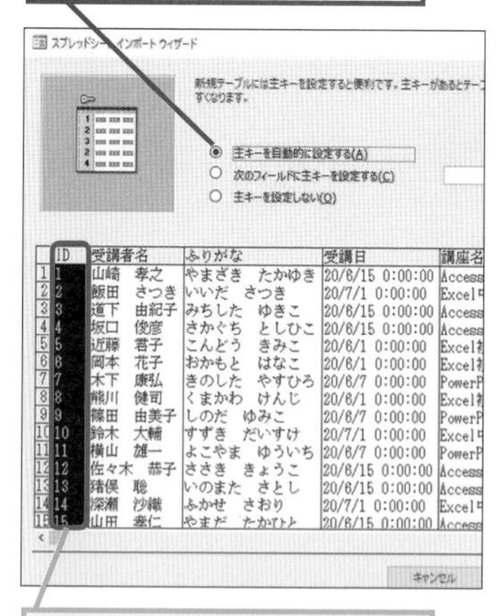

[ID] フィールドが挿入され、自動的に連番が入力された

テクニック テキストファイルも取り込める

テキストファイルは、文字だけで構成されたファイルのことで、多くのアプリに対応しているため、広く一般的に利用されています。別のデータベースで作成されたデータもテキストファイルに出力し、提供される場合がよくあります。Accessでは、テキストファイルをインポートしてテーブルとして取り込むことが可能です。テキストファイルをインポートする場合も、ウィザードが起動し、画面の指示に従って、サンプル画面を確認しながら適切に取り込めます。Excel以外のアプリで作成されたデータは、いったんテキストファイルに出力した後、Accessのテーブルとして取り込めば、さまざまなデータをAccessで活用できます。

1 [外部データ] タブの [新しいデータソース] - [ファイルから] - [テキストファイル]をクリック

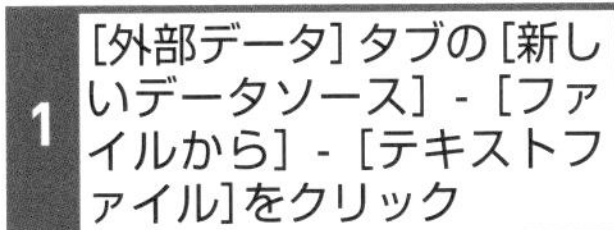

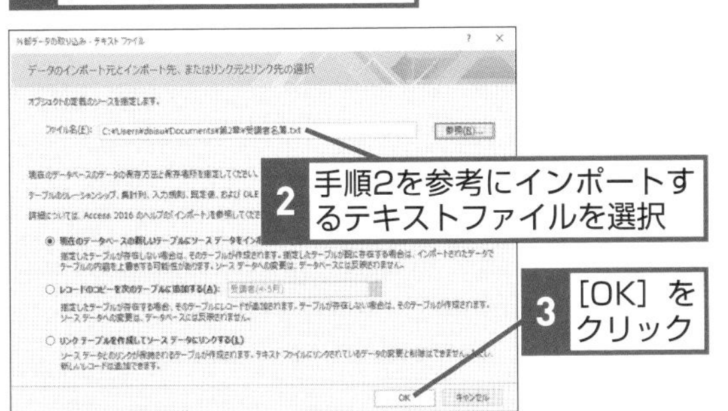

2 手順2を参考にインポートするテキストファイルを選択

3 [OK] をクリック

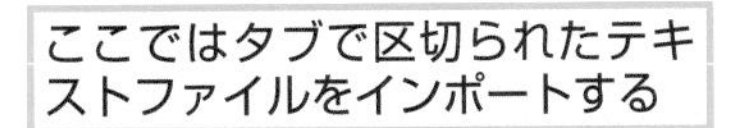
ここではタブで区切られたテキストファイルをインポートする

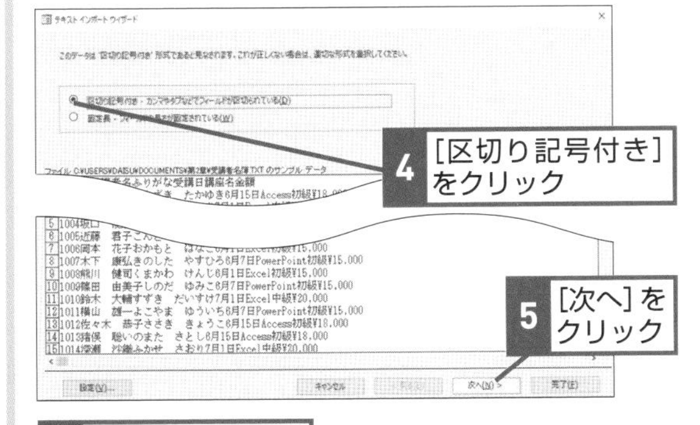

4 [区切り記号付き] をクリック

5 [次へ] をクリック

6 [タブ]をクリック

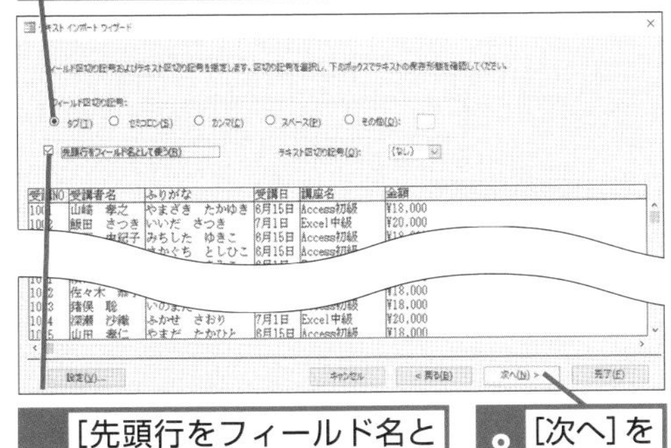

7 [先頭行をフィールド名として使う] をクリックしてチェックマークを付ける

8 [次へ] をクリック

ここではフィールドのオプションの設定を変更せずに操作を進める

9 [次へ] をクリック

[受講NO] フィールドを主キーに設定する

10 [次のフィールドに主キーを設定する] をクリック

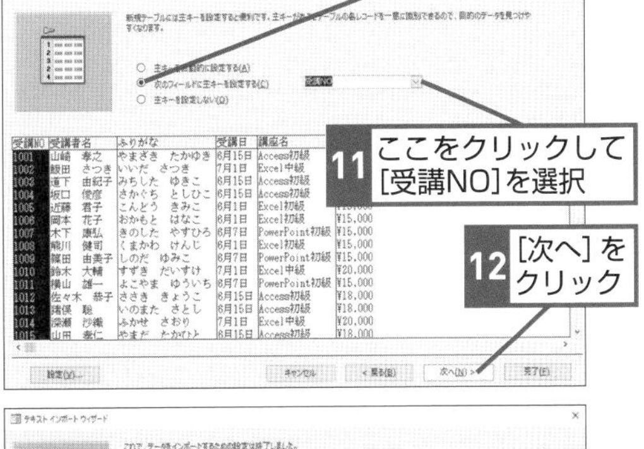

11 ここをクリックして [受講NO]を選択

12 [次へ] をクリック

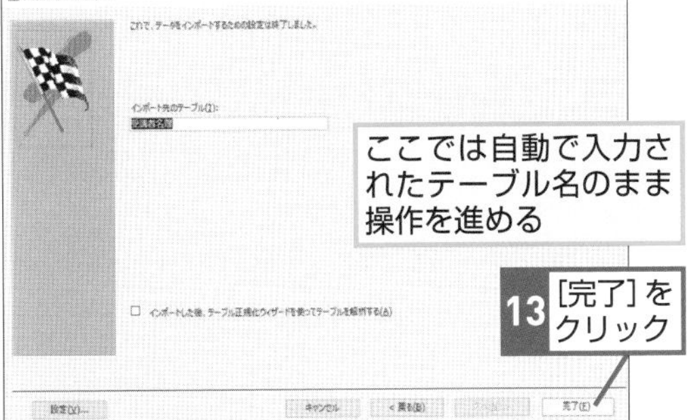

ここでは自動で入力されたテーブル名のまま操作を進める

13 [完了] をクリック

[外部データの取り込みウィザード] の [閉じる] をクリックすれば、インポートの操作が完了する

レッスン
10 ほかのファイルとデータを連携させるには

テーブルのリンク

対応バージョン

365 2019 2016 2013

レッスンで使う練習用ファイル
テーブルのリンク.accdb

ほかのAccessファイルにあるデータを共有して活用しよう

ほかのAccessファイルにあるテーブルと連結してデータを共有できます。これをリンクといいます。例えば、ネットワーク上にあるほかのAccessファイルのテーブルとリンクすることで、複数のユーザーとテーブルを共有でき、レコードの参照、編集、追加などの操作ができます。リンクテーブルを元にクエリやフォーム、レポートなどのほかのオブジェクトも作成でき、通常のテーブルと同じようにデータを利用することが可能です。リンクテーブルを上手に利用して、データを有効活用しましょう。

関連レッスン

▶レッスン7
Accessでデータを取り込む方法を確認しよう ……… p.36
▶レッスン8
ほかのAccessのデータを取り込むには ……… p.38
▶レッスン9
Excelのデータを取り込むには ……… p.42

キーワード

データ型	P.293
テーブル	p.293
リンク	p.295

Before

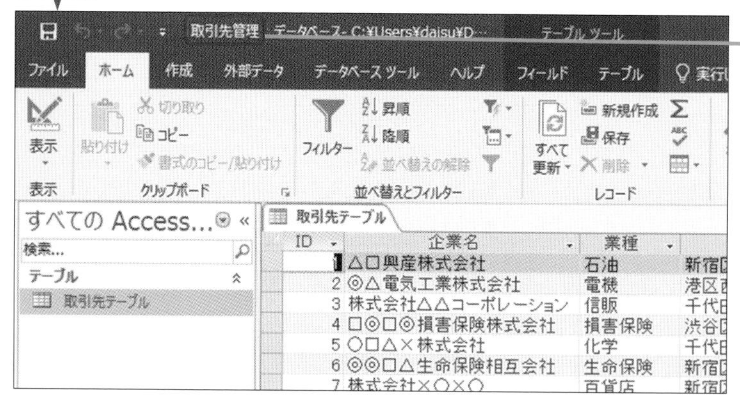

◆リンク元のAccessファイル

After

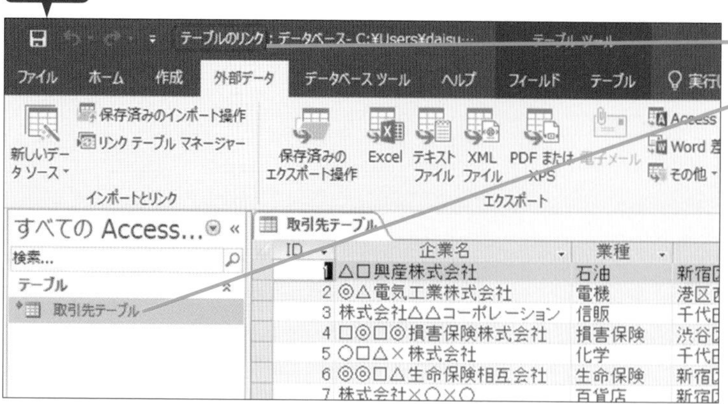

◆リンク先のAccessファイル

ほかのAccessファイルにあるテーブルとリンクできる

リンクテーブルには、矢印のアイコンが表示される

1 リンクを設定するファイルを選択する

練習用ファイルを開いておく

ここでは、別のAccessファイルとのリンクを設定する

1 [外部データ]タブをクリック

2 [新しいデータソース]をクリック

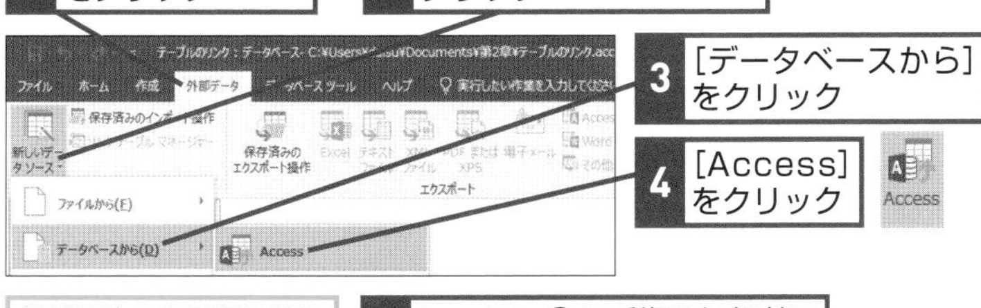

3 [データベースから]をクリック

4 [Access]をクリック

[外部データの取り込みウィザード]が起動した

5 レッスン❽の手順2を参考に[取引先管理.accdb]を選択

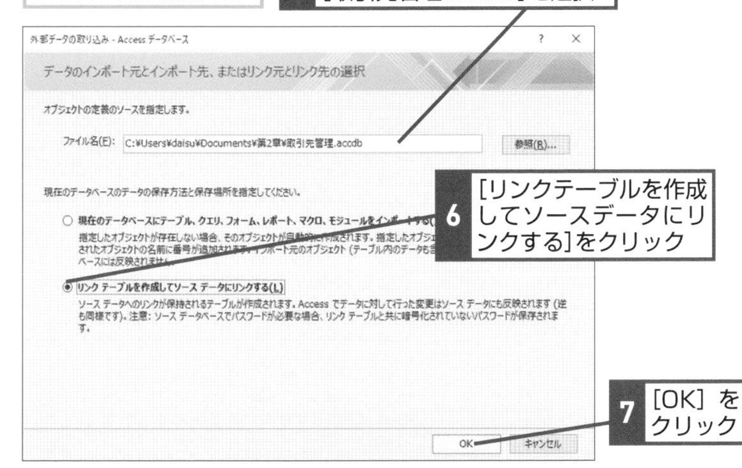

6 [リンクテーブルを作成してソースデータにリンクする]をクリック

7 [OK]をクリック

2 リンクを設定するテーブルを選択する

[テーブルのリンク] ダイアログボックスが表示された

1 リンクするテーブルをクリック

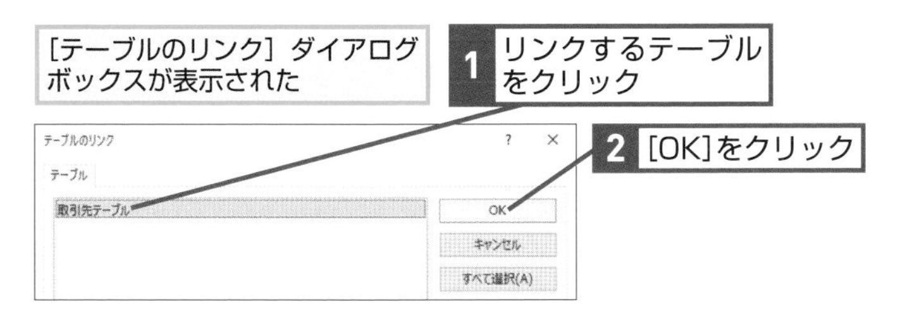

2 [OK]をクリック

別のAccessファイルのテーブルがリンクされた

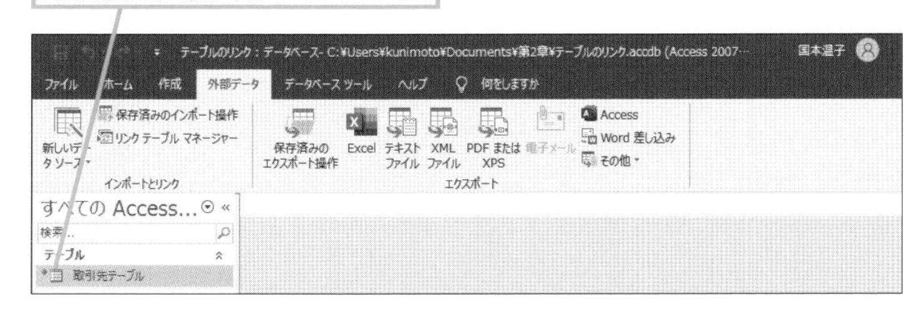

HINT! リンクテーブルで使える機能には制限がある

リンクされたテーブルは、レコードの追加、削除、表示など、通常のテーブルと同様に操作できますが、デザインビューでの設定変更には制限があります。書式を変更してデータの見せ方は変更できますが、フィールドの削除やデータ型などの変更はできません。

HINT! リンクしたテーブルを別の場所に移動したときは

リンクしたテーブルを別の場所に移動した場合は、[リンクテーブルマネージャー] ダイアログボックスでリンク情報を更新します。[リンクテーブルマネージャー] ダイアログボックスは以下の手順で表示します。または、リンクテーブルのアイコンを右クリックし、メニューから[リンクテーブルマネージャー] をクリックしてください。ダイアログボックスが表示されたら、リンク先を変更したいテーブルにチェックマークを付けて、[OK] ボタンをクリックし、表示されるダイアログボックスで、リンク先のファイルを選択します。

1 [外部データ] タブをクリック

2 ここをクリック

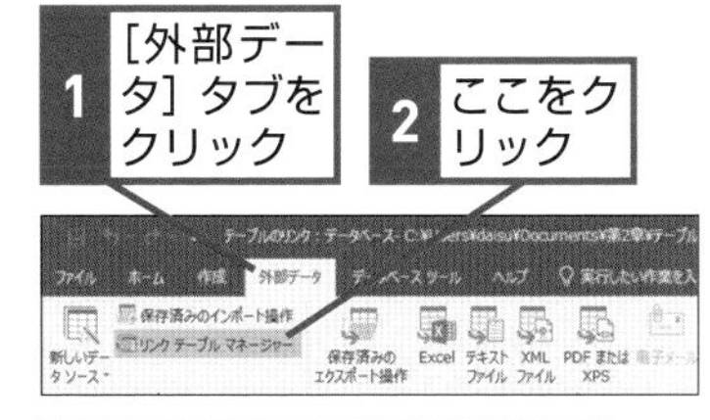

3 ここをクリックしてチェックマークを付ける

4 [OK] をクリック

ファイル選択用のダイアログボックスが表示されるので、リンク先のファイルを選択する

レッスン

11 取り込んだデータをAccessで正しく使うには

データ型とフィールドプロパティ

対応バージョン

365 2019 2016 2013

レッスンで使う練習用ファイル
データ型とフィールドプロパティ.accdb

関連レッスン

▶レッスン19
データの表示形式を指定するには……p.76
▶レッスン62
テキスト型の数値を小さい順に並べ替えるには……p.212
▶レッスン70
数値や日付の書式を変更して表示するには……p.230

キーワード

インポート	p.291
主キー	p.293
データ型	p.293
フィールドサイズ	p.294

最適なデータ型とフィールドサイズに修正する

インポートした各フィールドのデータ型とフィールドサイズは、データの内容によって自動的に設定されます。例えば、Excelファイルからインポートした数値データはフィールドサイズの大きい「倍精度浮動小数点型」、文字データはフィールドサイズが255文字に設定されます。フィールドサイズをそのままにしておくとメモリーを無駄に使用し、場合によっては処理が遅くなることもあるので、データ型とフィールドサイズを適切に設定し直しましょう。その際、今後入力する予定のデータも考慮する必要があります。例えば、数字で構成される社員コードをインポートすると、数値型に設定されます。そのフィールドに、新たに文字を含む社員コードを入力することはできません。現在数字しか入力されていないフィールドでも、将来文字を入力する可能性があるなら、きちんと文字を入力できるデータ型に変更しておく必要があるのです。

◆数値型のフィールドの例

◆短いテキストのフィールドの例

社員NO	社員名
1001	田中　雄一
1002	南　慶介
1003	佐々木　勉
⋮	⋮
9999	○○○○○○○○○○

[社員NO] フィールドは、半角数字で4けた(整数型) で十分なことが分かる

余裕を見ても [社員名] フィールドは、10文字あれば十分なことが分かる

◆インポート直後のフィールドサイズのイメージ

数値型(倍精度浮動小数点型で扱える値(8バイト))

[社員NO]フィールドで扱うデータの想定値(整数型:2バイト)

短いテキストで扱える値(255文字)

[社員名]フィールドで扱うデータの想定値(10文字)

必要な値よりかなり大きな領域が確保されている

実際に扱うデータのサイズに合わせてフィールドサイズを調整する

1 テーブルを開く

練習用ファイルを開いておく

ここではインポートされたテーブルのデータ型とフィールドサイズを修正する

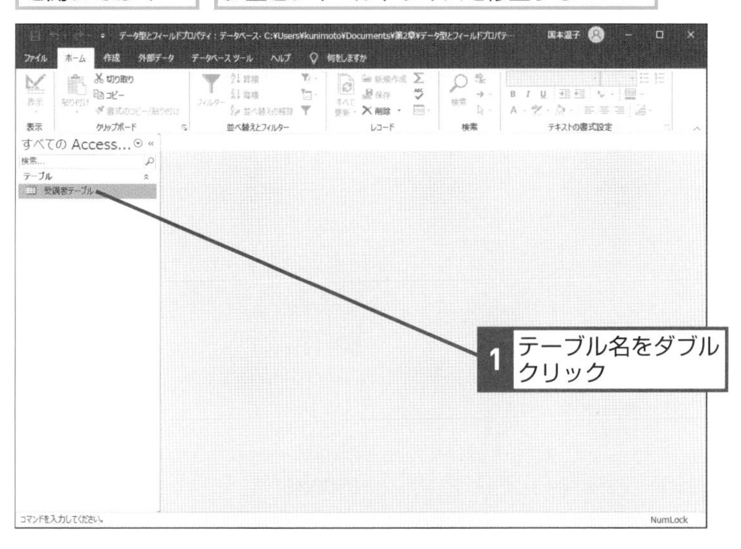

2 デザインビューに切り替える

テーブルがデータシートビューで表示された

データ型とフィールドサイズを修正するためにデザインビューに切り替える

1 ［表示］をクリック

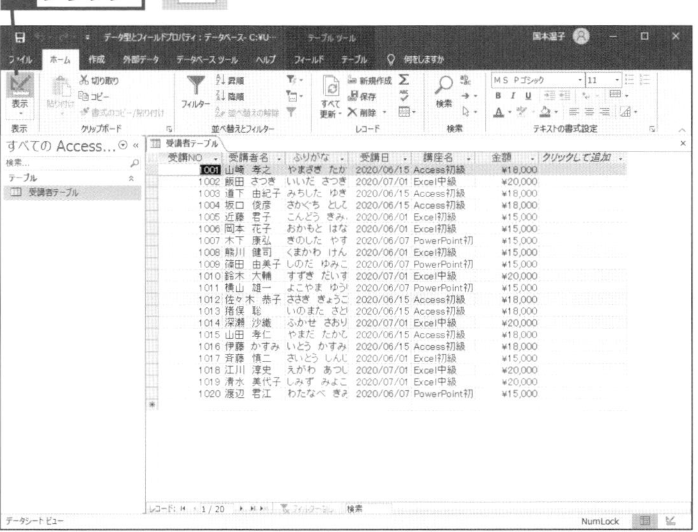

HINT!
データ型はインポート時に自動的に設定される

Accessでは、インポート時に各フィールドに入力されているデータを元にデータ型が自動で設定されます。［顧客ID］フィールドのような数字のみのフィールドは数値型に設定されます。「¥」が付いている数値であれば通貨型、「2020/08/01」のような日付なら日付／時刻型に設定されます。

HINT!
データ型にはどんな種類があるの？

データ型の種類は下表の通りです。フィールドに入力するデータの種類やサイズに合わせて適切なデータ型を選択しましょう。

●データ型の種類

データ型	説明
短いテキスト	文字列や計算対象としない数字
長いテキスト	長い文字列
数値型	計算対象となる数字
日付／時刻型	日付や時刻のデータ
通貨型	金額を表す数値
オートナンバー型	レコードを新規追加するごとに固有の番号が自動入力されるデータ
Yes/No型	チェックマークの有無などで表す、二者択一のデータ
OLEオブジェクト型	Excelワークシートなど、OLEというデータ連携機能に対応したデータ
ハイパーリンク型	Webページやファイルへのパス情報
添付ファイル	画像、Excel、Word、PDFなどのファイル。1レコードに複数のファイルを添付できる
集計	テーブル内のフィールドを使った計算結果を表示（Access 2010以降）

次のページに続く

3 主キーのフィールドサイズを設定する

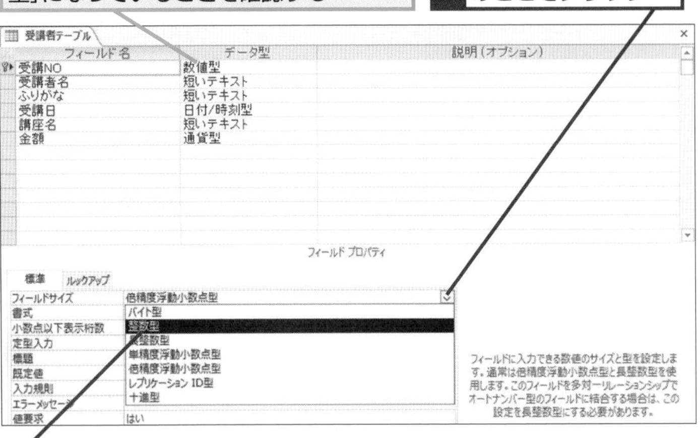

4 ［受講者名］フィールドのデータ型を確認する

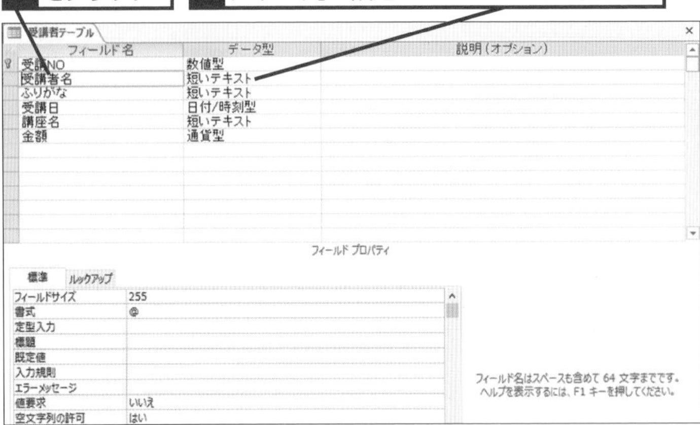

HINT! 数値型のフィールドサイズはどれを選べばいい？

データ型を数値型に設定した場合は、メニューの中からフィールドサイズを設定します。フィールドサイズによって、データベース内に一定量のメモリーが確保されます。メモリーを無駄に消費しないためにも、格納する数値の範囲によって適切なフィールドサイズを選択しましょう。数値型のフィールドサイズには次のようなものがあります。

●数値型のフィールドサイズ

フィールドサイズ	サイズ
バイト型	1バイト
整数型	2バイト
長整数型	4バイト
単精度浮動小数点型	4バイト
倍精度浮動小数点型	8バイト

HINT! インポート時にデータ型を指定することも可能

Excelのファイルやテキストファイルからインポートを実行するときには、ウィザードの中でデータ型を指定できます。数値型の場合は、［バイト型］［整数型］などのフィールドサイズも指定できます。あらかじめデータ型やフィールドサイズが決まっている場合は、インポート時に設定しておいてもいいでしょう。

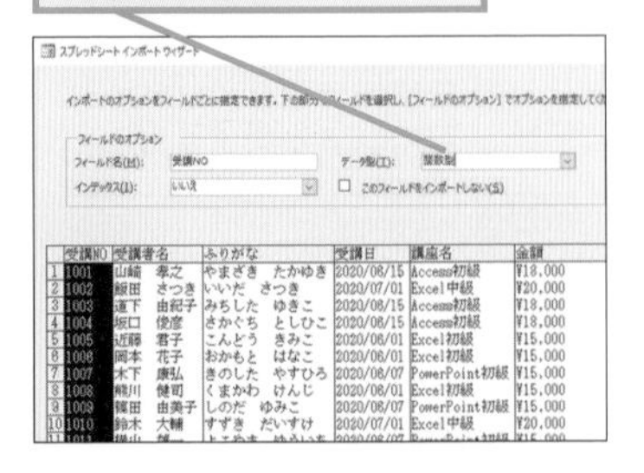

5 [受講者名] フィールドのフィールドサイズを設定する

続いて、[受講者名] フィールドのフィールドサイズを設定する

1 [フィールドサイズ] のここをクリックして「10」と入力

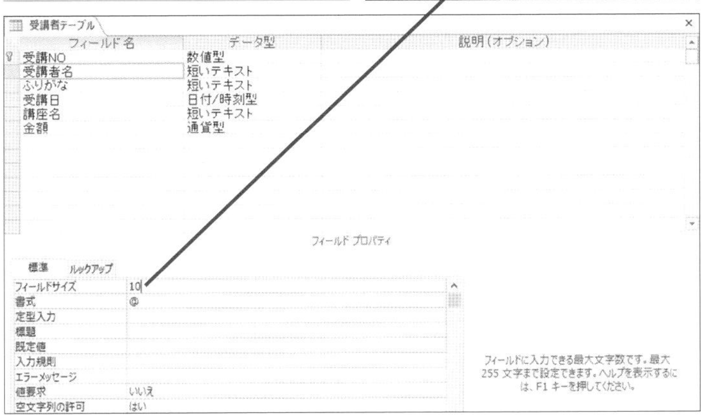

6 テーブルを保存する

1 [上書き保存] をクリック

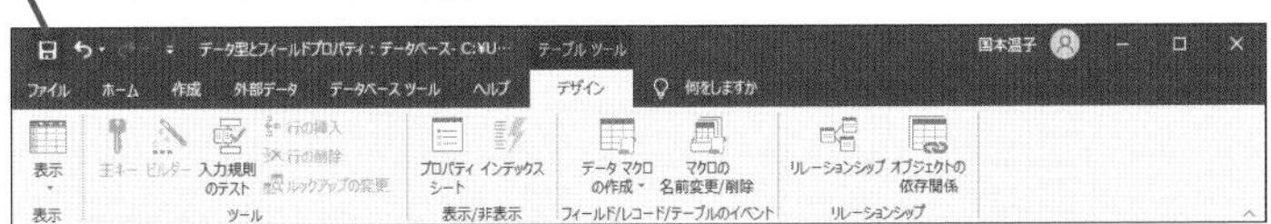

フィールドサイズの変更確認に関するメッセージが表示された

フィールドサイズが「短いテキスト」の「10」で問題ないので、保存を実行する

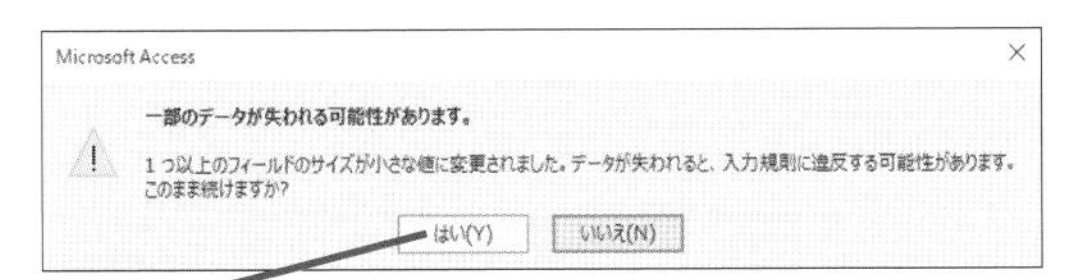

2 [はい] をクリック

7 Accessを終了する

[閉じる] をクリックしてテーブルを閉じ、Accessを終了する

1 [閉じる] をクリック

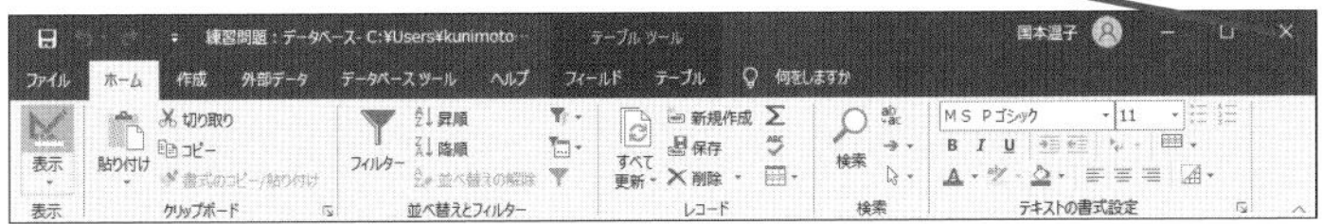

Accessが終了する

HINT! 短いテキストのフィールドサイズを設定する目安

短いテキストに設定されたフィールドをインポートしたときは、フィールドサイズは最大の255に設定されます。フィールドに入力される文字数に合わせて適切な大きさに変更しましょう。なお、実際の文字数より小さくすると、あふれた部分のデータは消失するので、あらかじめ入力されているデータの文字数を確認してから設定するといいでしょう。

HINT! 一部のデータが失われる可能性があると表示されたときは

元のフィールドサイズよりも小さくして保存しようとすると、手順6のような警告メッセージが表示されることがあります。フィールドサイズの設定値が実際のデータに適したものであれば [はい] ボタンをクリックします。分からない場合は、[いいえ] ボタンをクリックして保存を取りやめ、設定を元に戻してからデータシートビューでデータの文字数やけた数を確認し、再度設定し直しましょう。

間違った場合は？

設定したフィールドサイズが実際のデータよりも小さい場合、データが消失してしまいます。その場合は、インポートしたテーブルを削除してから再度インポートし直します。

この章のまとめ

●既存のデータを活用しよう

インポートやリンクを利用すると、すでにほかのアプリで作成されているデータをクエリの抽出元として活用できます。インポートとは、ほかのアプリのデータをコピーしてAccessのテーブルとして新しく利用できるようにすることです。インポートの後には、テーブルのデータ型やフィールドサイズなどを適切な値に修正することも必要です。
一方、リンクとは、ほかのファイルのデータに連結してAccessのテーブルとして表示することです。データの追加、修正はあくまで、元になるほかのファイルのデータとして保存されます。ネットワーク上のファイルとリンクすることで、複数のユーザーとデータを共有することも可能です。
インポート、リンクともに既存のデータを利用するための便利な機能です。どちらを利用するかは、データの利用目的に合わせて使い分けましょう。

練習問題

1

練習用ファイルの［第2章］フォルダーにある［会員情報.xlsx］の中に、「会員名簿」という名前が付いた表があります。この表を［練習問題.accdb］にインポートして、［会員ID］のフィールドを主キーにし、「会員テーブル」というテーブル名で保存しましょう。

●ヒント：［スプレッドシートインポートウィザード］で［名前の付いた範囲］を指定すると、Excelファイルの中にある特定の表をインポートできます。

練習用ファイル
会員情報.xlsx
練習問題.accdb

Excelのワークシートで名前が付いているセル範囲のデータをAccessのテーブルとしてインポートする

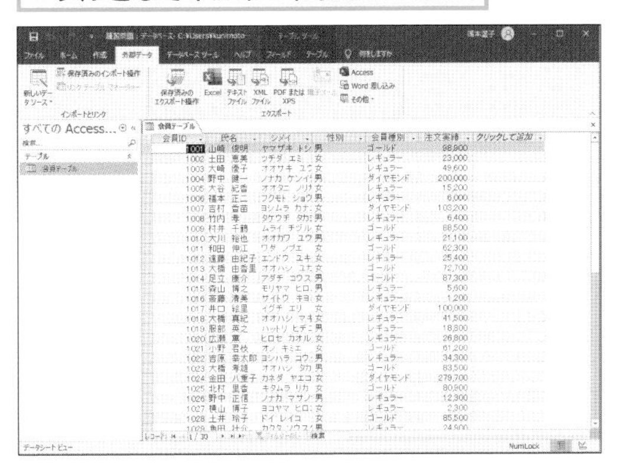

2

練習問題1でインポートした［会員テーブル］のデータ型とフィールドサイズを下表のように修正してみましょう。

フィールド	データ型	フィールドサイズ
会員 ID	数値型	整数型
氏名	短いテキスト	20
シメイ	短いテキスト	20
性別	短いテキスト	1
会員種別	短いテキスト	10
注文実績	通貨型	

●ヒント：テーブルのデザインビューで設定を変更します。

デザインビューに切り替えて、各フィールドのデータ型とフィールドサイズを設定する

答えは次のページ

解　答

1

レッスン❾を参考に［スプレッドシートインポートウィザード］で［名前の付いた範囲］をクリックして、一覧から［会員名簿］を選択します。画面の指示に従って操作を進め、主キーに［会員ID］を指定します。インポート先のテーブル名として［会員テーブル］を指定して、インポートを完了しましょう。

レッスン❾を参考に［外部データの取り込みウィザード］を起動し、［会員情報.xlsx］を選択しておく

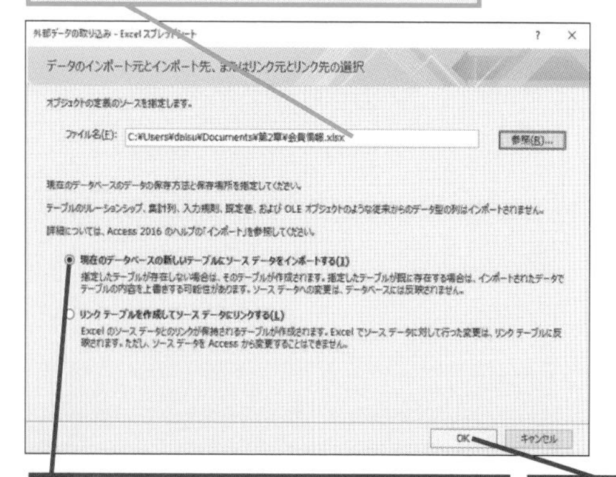

1 ［現在のデータベースの新しいテーブルにソースデータをインポートする］が選択されていることを確認

2 ［OK］をクリック

［スプレッドシートインポートウィザード］が起動した

3 ［名前の付いた範囲］をクリック

4 ［会員名簿］をクリック

5 ［次へ］をクリック

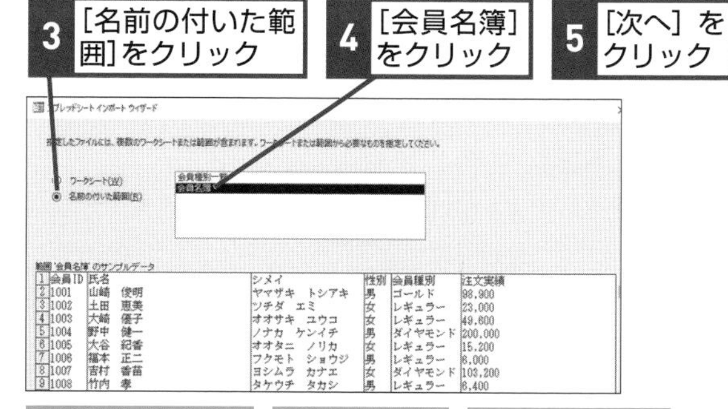

	会員ID	氏名	シメイ	性別	会員種別	注文実績
1	会員ID	氏名	シメイ	性別	会員種別	注文実績
2	1001	山崎　俊明	ヤマザキ　トシアキ	男	ゴールド	98,900
3	1002	土田　恵美	ツチダ　エミ	女	レギュラー	23,000
4	1003	大崎　優子	オオサキ　ユウコ	女	レギュラー	49,600
5	1004	野中　健一	ノナカ　ケンイチ	男	ダイヤモンド	200,000
6	1005	大谷　紀香	オオタニ　ノリカ	女	レギュラー	15,200
7	1006	福本　正二	フクモト　ショウジ	男	レギュラー	6,000
8	1007	吉村　香苗	ヨシムラ　カナエ	女	ダイヤモンド	103,200
9	1008	竹内　孝	タケウチ　タカシ	男	レギュラー	6,400

画面の指示に従って操作を進める

主キーには［会員ID］を指定する

テーブル名は「会員テーブル」と入力する

2

練習問題1でインポートした［会員テーブル］を開き、デザインビューに切り替えます。それぞれのフィールドを指定されたデータ型とフィールドサイズに変更してください。

1 ［会員テーブル］をダブルクリック

デザインビューに切り替える

2 ［ホーム］タブをクリック

3 ［表示］をクリック

［会員テーブル］がデザインビューで表示された

4 前ページの表を参考にデータ型とフィールドサイズを設定

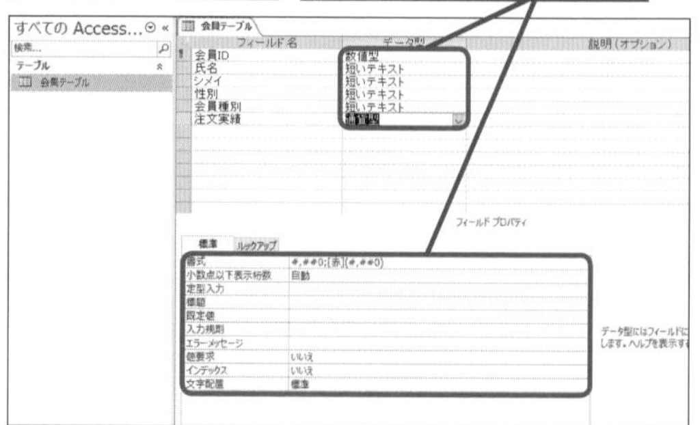

第3章 クエリの基本と操作を覚える

クエリを使うことで、テーブルから必要な情報を取り出し、加工できます。この章では、クエリの作成方法、テーブルの組み合わせ、並べ替え、抽出、計算、表示形式など、基本的なクエリの操作と、クエリの実行結果をExcelで利用するためのデータの出力方法を説明しています。

●この章の内容

レッスン

12 クエリの基本を覚えよう

クエリの基本と操作

対応バージョン

365 2019 2016 2013

このレッスンには、練習用ファイルがありません

基本のクエリ「選択クエリ」を覚える

「選択クエリ」とは、テーブルから必要なデータを取り出して表示するクエリで、最も基本的なクエリです。この章では、「選択クエリ」の作成を通して、レコードの並べ替え、条件に合ったレコードの抽出、演算による新しいフィールドの作成、データの表示形式の設定方法などを解説します。これらの操作は、選択クエリ以外の応用的なクエリでも使える基本操作です。選択クエリを作成しながら、これらの基本操作を1つずつ覚えていきましょう。

関連レッスン

▶レッスン14
テーブルから必要なフィールドだけを取り出すには……p.62

キーワード

エクスポート	p.292
選択クエリ	p.293
フィールド	p.294
リレーションシップ	p.295
レコード	p.295

テーブルから会社名や住所など、必要なフィールドだけを取り出す

企業名	住所
○○商事	港区芝 X-X
(株) ×××	渋谷区代々木 X-X-X
(株) △△	中央区築地 XX-X

フリガナの情報を利用して、レコードを並べ替える

社員名	シャインメイ
荒井	アライ
小野寺	オノデラ
近藤	コンドウ
斎藤	サイトウ

性別などの条件に一致するデータを抽出する

顧客名	性別
石原	女
菅原	女
青木	女

式を利用して、別のフィールドに割引価格を表示する

商品名	定価	社内価格
ノートPC	¥98,000	83300
デスクトップPC	¥168,000	142800
プリンター 1	¥65,000	55250
プリンター 2	¥125,000	106250

表示形式を変更して、パーセントで表示されるようにする

目標	実績	達成率
¥145,200	¥200,650	138.2%
¥168,000	¥200,650	98.5%
¥200,000	¥198,000	99.0%
¥175,000	¥183,500	104.9%
¥135,500	¥125,000	77.5%

クエリの作成に必要な操作とは

この章では、クエリを作成したり実行したりする上で、覚えておきたいAccessの基本操作についても解説します。データを失わないためのバックアップ、実行したいときにいつでも実行できるようにするためのクエリの保存、複数のテーブルを連携するためのリレーションシップ、クエリの結果をほかのアプリで利用するためのエクスポートなど、どれも大切な操作です。

●バックアップ
間違って元テーブルのデータを変更しないように、テーブルをバックアップする

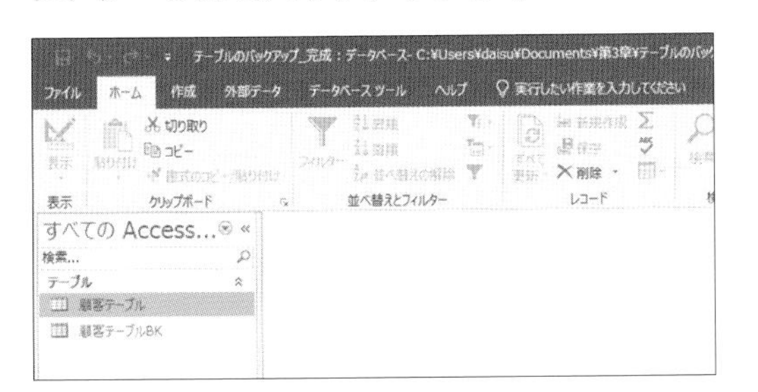

●エクスポート
ほかのアプリで利用できるように、クエリの実行結果をほかのファイル形式で書き出す

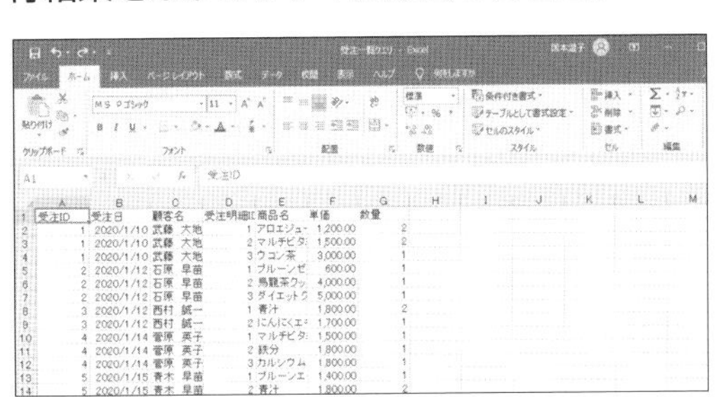

●クエリの保存
作成したクエリを後から利用できるように保存する

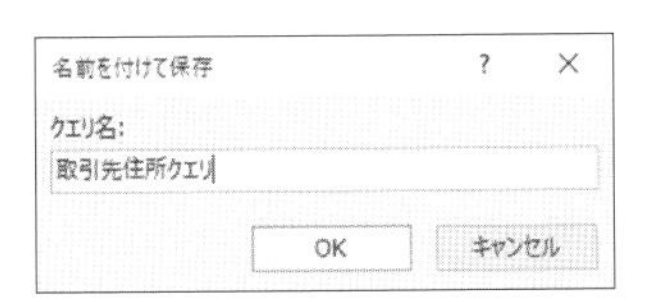

●リレーションシップ
複数のテーブルからデータを取り出せるようにリレーションシップを設定する

商品 ID	商品名	単価
A01	鉛筆	¥80
A02	消しゴム	¥100
A03	ノート	¥150

ID	売上日	商品 ID
1	2020/10/11	A01
2	2020/10/11	A02
3	2020/10/12	A01
4	2020/10/13	A03

レッスン

13 クエリを実行する準備をするには

テーブルのバックアップ

対応バージョン

365 2019 2016 2013

レッスンで使う練習用ファイル

テーブルのバックアップ.accdb

関連レッスン

▶レッスン12
クエリの基本を覚えよう……………… p.58
▶レッスン14
テーブルから必要なフィールドだけを取り出すには………………………………… p.62

キーワード

アクションクエリ	p.291
クエリ	p.292
テーブル	p.293
リレーションシップ	p.295

バックアップで万が一の場合に備える

クエリの実行結果は、テーブルのデータと直結しているため、クエリで変更した内容が、そのままテーブルのデータに反映されます。便利である一方、不注意や誤操作によりテーブルの内容を壊してしまう危険性もあります。第5章で説明するアクションクエリのような、テーブルに対する一括処理を行うクエリもあるので、クエリで大量のデータを操作する場合は、事前に必ずバックアップを用意しておくようにしましょう。

Before

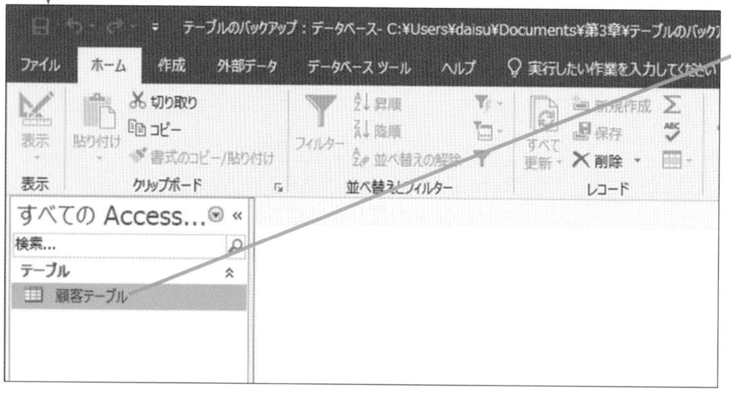

クエリを実行する前に、操作するテーブルのバックアップを用意する

After

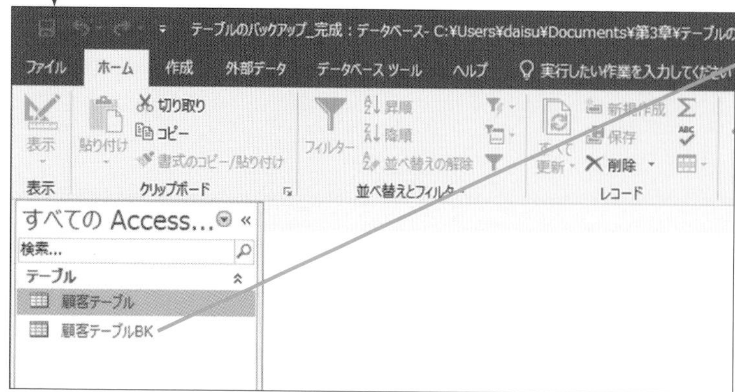

テーブルをバックアップしておけば、誤操作があった場合に簡単に復旧できる

❶ テーブルをコピーする

Accessのテーブルをコピーしてバックアップ用のテーブルを作成する

練習用ファイルを開いておく

レッスン❸を参考に、ナビゲーションウィンドウを表示しておく

1 コピーするテーブルをクリック

2 ［ホーム］タブをクリック

3 ［コピー］をクリック

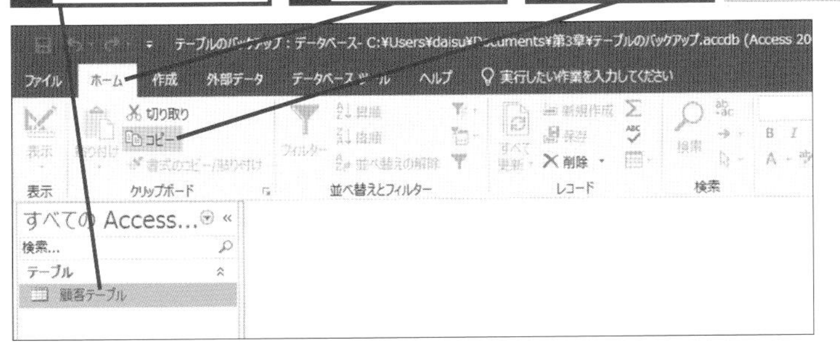

❷ テーブルを貼り付ける

コピーしたテーブルを貼り付ける

1 ［貼り付け］をクリック

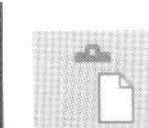

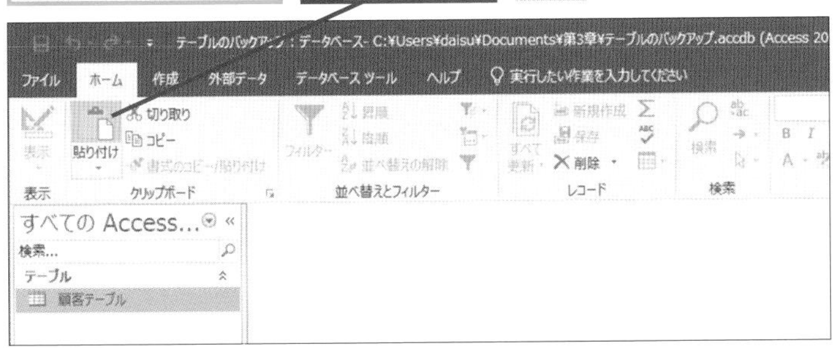

❸ テーブルを保存する

［テーブルの貼り付け］ダイアログボックスが表示された

バックアップとして保存するテーブルに「顧客テーブルBK」という名前を入力する

1 「顧客テーブルBK」と入力

2 ［テーブル構造とデータ］が選択されていることを確認

3 ［OK］をクリック

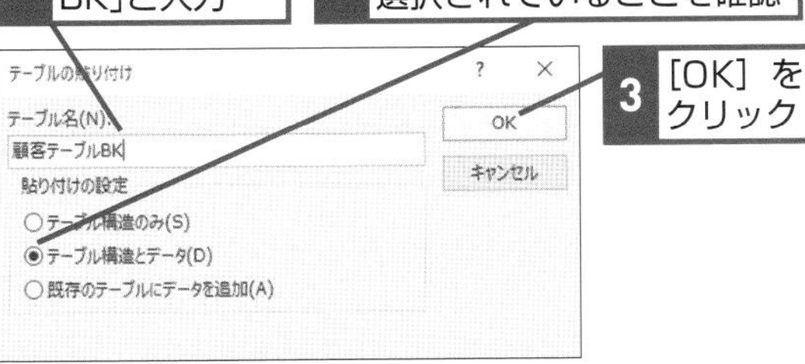

テーブルのバックアップが「顧客テーブルBK」という名前で保存される

HINT!

バックアップしたテーブルで元のテーブルを復旧するには

バックアップしたテーブルで元のテーブルを復旧するには、元のテーブルを削除してから、バックアップしたテーブルの名前を元のテーブル名に変更します。元のテーブルとほかのテーブルの間にリレーションシップが設定されている場合は、どのテーブルとリレーションシップが設定されているかを確認しておき、バックアップテーブルに置き換えたときに、再度同じ設定でリレーションシップを設定し直します。

元のテーブルをクリックしておく

1 ［ホーム］タブをクリック

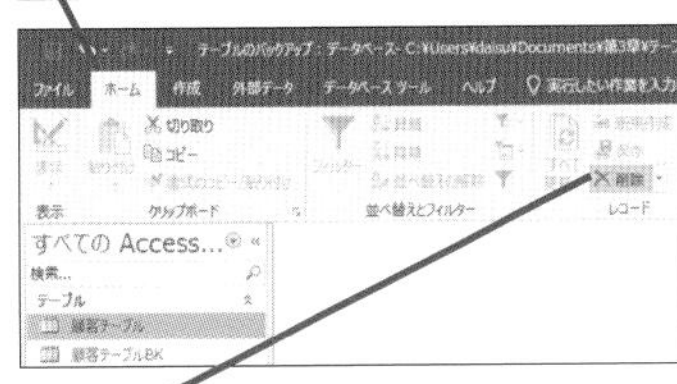

2 ［削除］をクリック

確認のメッセージが表示された

3 ［はい］をクリック

4 バックアップしたテーブルを右クリック

5 ［名前の変更］をクリック

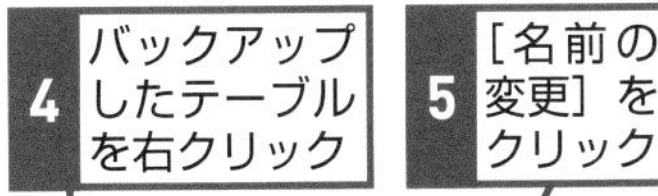

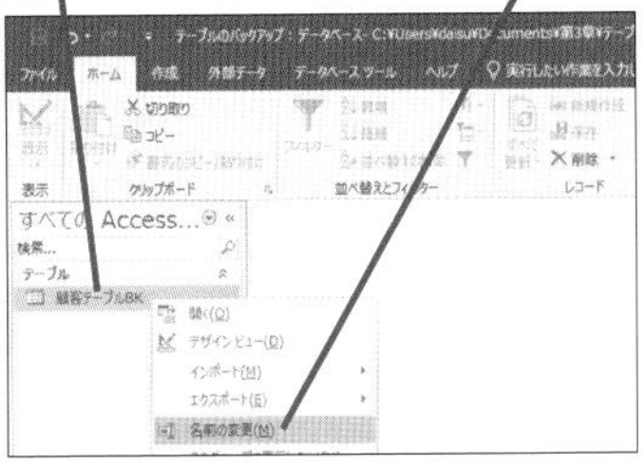

元のテーブルと同じ名前を入力しておく

レッスン

14 テーブルから必要なフィールドだけを取り出すには

選択クエリ

対応バージョン

365 2019 2016 2013

レッスンで使う練習用ファイル
選択クエリ.accdb

必要な情報を的確に取り出せる

このレッスンでは、テーブルから必要なフィールドを取り出して表示する選択クエリを作成します。テーブルから必要なフィールドを取り出す機能は、選択クエリの機能の中で最も単純な機能です。しかし単純ながらも、大変役に立つ機能です。例えば取引先情報を保存したテーブルがあるとき、そこから「取引先の業種リスト」を作るときと「取引先の住所録」を作るときでは、必要となるフィールドが変わります。選択クエリで必要なフィールドを過不足なく取り出すことで、必要な情報を的確に得ることができるのです。

関連レッスン

▶レッスン12
クエリの基本を覚えよう…………… p.58
▶レッスン13
クエリを実行する
準備をするには…………………………… p.60

キーワード

選択クエリ	p.293
デザイングリッド	p.294
デザインビュー	p.294
フィールドリスト	p.295

Before

取引先テーブル

ID	企業名	業種	住所	部署名	担当者
1	△□興産株式会社	石油	新宿区西新宿X－XX－XX	人事部	吉田 健
2	◎△電気工業株式会社	電機	港区西新橋X－X－XX	人材開発グループ	南川 隆
3	株式会社△△コーポレーション	信販	千代田区麹町X－X	人事部	井上 達
4	□◎□◎損害保険株式会社	損害保険	渋谷区恵比寿X－XX－X	人事部	堀内 耕
5	○□△×株式会社	化学	千代田区有楽町X－X－X	人材開発部	山岸 澄
6	◎◎□△生命保険相互会社	生命保険	新宿区西新宿X－X－X	人事部	大山 隆
7	株式会社×○×○	百貨店	新宿区新宿X－XX－XX	人材企画部	本庄 直
8	株式会社◎△◇堂	流通	千代田区二番町X－X	人材開発部	内田 薫
9	○○◎株式会社	化学	中央区日本橋茅場町X－XX－XX	人事部	上田 浩
10	○□株式会社	電機	大田区下丸子X－XX－X	人材企画部	福山 孝
11	◇◇食品株式会社	食品	中央区新川X－XX－X	人材開発部	佐藤 章
12	○○損害保険相互会社	損害保険	府中市若松町X－XX－X	人材開発部	井沢 真
13	▲◆◆▼株式会社	薬品	中央区京橋X－X－X	人事部	児島 直
14	株式会社●◇●◇	サービス	品川区北品川X－X－XX	人材開発室	田所 博
15	△○△○化学株式会社	化学	中央区新川X－XX－X	人事部	堀田 由
16	△○△○生命保険相互会社	生命保険	中央区築地X－XX－XX	人事部	平河 勝
17	◎▼■◎株式会社	電機	港区赤坂X-X-X	人材開発グループ	牧原 紀
18	○●●化学工業株式会社	化学	中央区日本橋X－X－XX	人材開発部	白川 幸
19	●×ソフト株式会社	ソフトウエア	府中市日鋼町X－X	人材開発部	佐々木
20	◎□□△火災保険株式会社	損害保険	千代田区丸の内X－X－X	人事部	中川 大
21	◎□◎□電鉄株式会社	鉄道	渋谷区南平台町X－X	総務部人事課	富山 雄
22	株式会社◎□▲△銀行	銀行	千代田区丸の内X－X－X	人材開発部	渡辺 春
23	◎○◎株式会社	繊維	中央区日本橋兜町XX－X－X	人事企画部	星野 勝
24	株式会社▼▽■□	機械	品川区西五反田X－X－X	人事部	北山 澄
25	□△保険株式会社	損害保険	府中市南町X－XX－X	人材サービス部	山崎 拓
26	●●産業株式会社	食品	港区虎ノ門X－X－X	人材開発部	木下 浩

取引先情報が入力されているテーブルから、[ID]［企業名］［業種］［住所］のフィールドのみを取り出したい

After

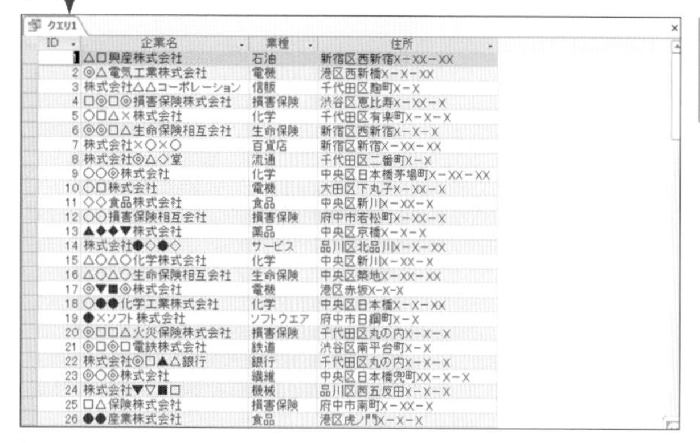

クエリ1

ID	企業名	業種	住所
1	△□興産株式会社	石油	新宿区西新宿X－XX－XX
2	◎△電気工業株式会社	電機	港区西新橋X－X－XX
3	株式会社△△コーポレーション	信販	千代田区麹町X－X
4	□◎□◎損害保険株式会社	損害保険	渋谷区恵比寿X－XX－X
5	○□△×株式会社	化学	千代田区有楽町X－X－X
6	◎◎□△生命保険相互会社	生命保険	新宿区西新宿X－X－X
7	株式会社×○×○	百貨店	新宿区新宿X－XX－XX
8	株式会社◎△◇堂	流通	千代田区二番町X－X
9	○○◎株式会社	化学	中央区日本橋茅場町X－XX－XX
10	○□株式会社	電機	大田区下丸子X－XX－X
11	◇◇食品株式会社	食品	中央区新川X－XX－X
12	○○損害保険相互会社	損害保険	府中市若松町X－XX－X
13	▲◆◆▼株式会社	薬品	中央区京橋X－X－X
14	株式会社●◇●◇	サービス	品川区北品川X－X－XX
15	△○△○化学株式会社	化学	中央区新川X－XX－X
16	△○△○生命保険相互会社	生命保険	中央区築地X－XX－XX
17	◎▼■◎株式会社	電機	港区赤坂X-X-X
18	○●●化学工業株式会社	化学	中央区日本橋X－X－XX
19	●×ソフト株式会社	ソフトウエア	府中市日鋼町X－X
20	◎□□△火災保険株式会社	損害保険	千代田区丸の内X－X－X
21	◎□◎□電鉄株式会社	鉄道	渋谷区南平台町X－X
22	株式会社◎□▲△銀行	銀行	千代田区丸の内X－X－X
23	◎○◎株式会社	繊維	中央区日本橋兜町XX－X－X
24	株式会社▼▽■□	機械	品川区西五反田X－X－X
25	□△保険株式会社	損害保険	府中市南町X－XX－X
26	●●産業株式会社	食品	港区虎ノ門X－X－X

データの編集やコピーの手間なく、必要なフィールドを取り出せる

1 クエリを新規作成する

練習用ファイルを開いておく

1 [作成]タブをクリック

2 [クエリデザイン]をクリック

2 テーブルを選択する

クエリのデザインビューが表示され、[テーブルの表示]ダイアログボックスが表示された

◆デザインビュー

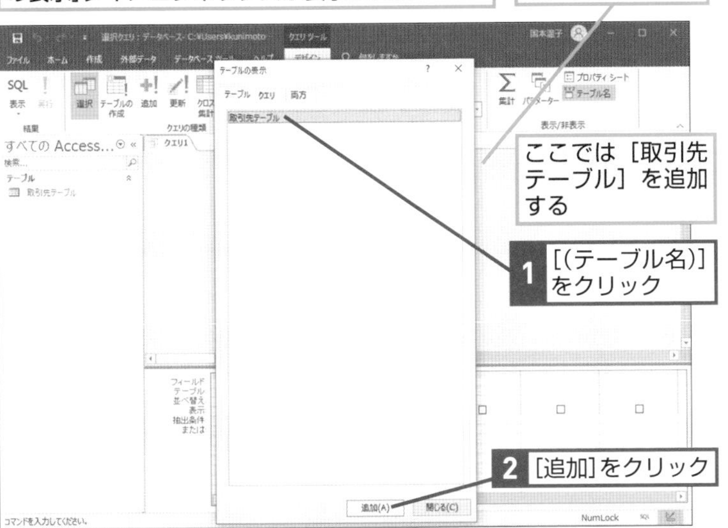

ここでは[取引先テーブル]を追加する

1 [(テーブル名)]をクリック

2 [追加]をクリック

デザインビューにテーブルのフィールドリストが追加された

◆フィールドリスト

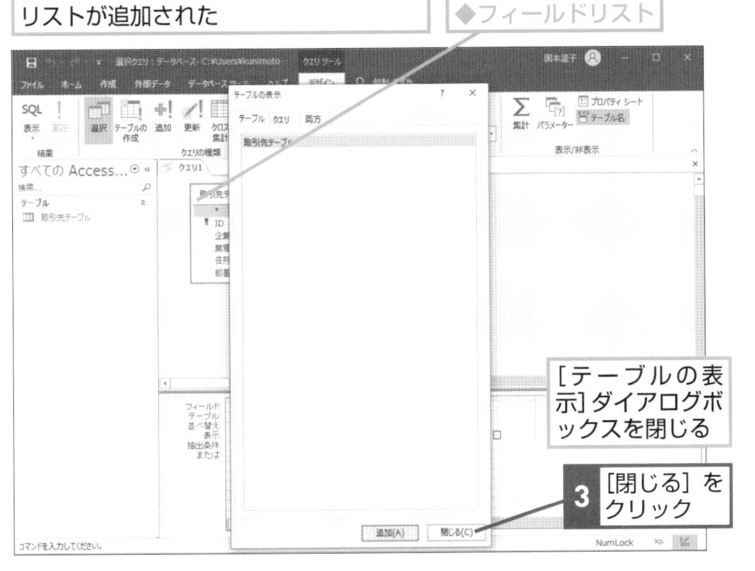

[テーブルの表示]ダイアログボックスを閉じる

3 [閉じる]をクリック

HINT!

[テーブルの表示]を閉じてしまったときは

クエリにテーブルを追加する前に、間違えて[テーブルの表示]ダイアログボックスを閉じてしまった場合は、[クエリツール]の[デザイン]タブにある[テーブルの追加]ボタンをクリックすると、再度表示できます。

1 [テーブルの追加]をクリック

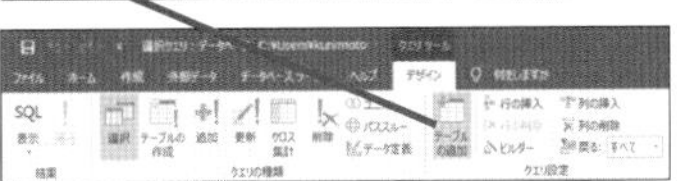

HINT!

複数のテーブルを追加できる

このレッスンでは1つのテーブルを元にクエリを作成しますが、デザインビューに複数のテーブルを追加して、複数のテーブルからクエリを作成することもできます。複数のテーブルからクエリを作成すると、複数のテーブルのデータを連携して活用できます。

間違った場合は？

手順1で間違えて[クエリウィザード]ボタンをクリックすると、[新しいクエリ]ダイアログボックスが表示されます。その場合は[キャンセル]ボタンをクリックしてダイアログボックスを閉じ、もう一度手順1の操作をやり直します。

次のページに続く

3 フィールドを追加する

ここでは、[取引先テーブル]の[ID][企業名][業種][住所]の4つのフィールドを追加する

1 [ID]をダブルクリック

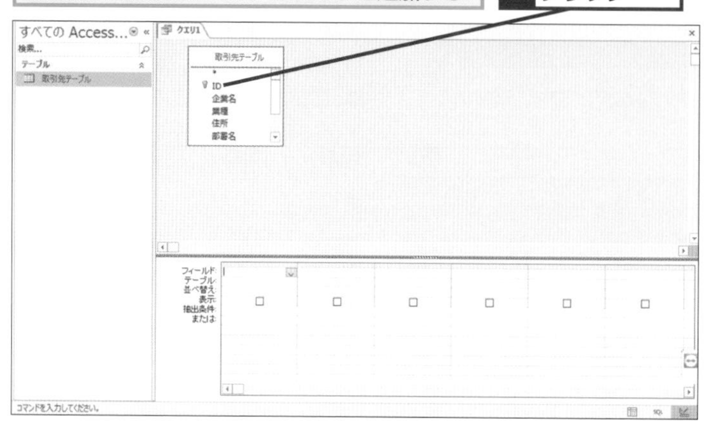

4 続けてフィールドを追加する

デザイングリッドに[ID]のフィールドが追加された

1 同様にして[企業名][業種][住所]をダブルクリック

◆列セレクター

◆デザイングリッド

デザイングリッドに必要なフィールドが追加された

HINT! フィールドリストの1番上にある「*」は何？

フィールドリストの1番上にある「*」(アスタリスク)は、「全フィールド」を意味します。クエリのデザイングリッドに「*」を追加するだけで、元のテーブルのすべてのフィールドを表示するクエリを作成できます。なお、抽出条件や並べ替えの基準とするフィールドは、別途追加する必要があります。フィールド数が多いテーブルを元にすべてのフィールドを表示するクエリを作成して、抽出や並べ替えを行いたいときに利用すると便利です。元のテーブルのフィールド数を変更しても、常にすべてのフィールドを表示できます。

HINT! フィールドリストのフィールドが見えないときは

フィールドリストに多くのフィールドがある場合、フィールドリストを広げるといいでしょう。デザインビューの中央部分にある境界を下方向にドラッグして表示領域を広げた後、フィールドリストの境界をドラッグしてフィールドリストを大きくします。

境界をドラッグしてフィールドリストの大きさを変更できる

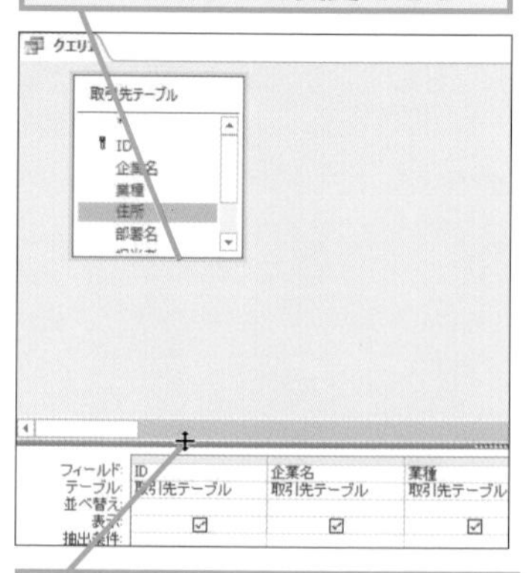

ここにマウスポインターを合わせてドラッグすれば、デザイングリッドの高さを変更できる

5 クエリを実行する

作成した選択クエリを実行する

1 ［実行］をクリック

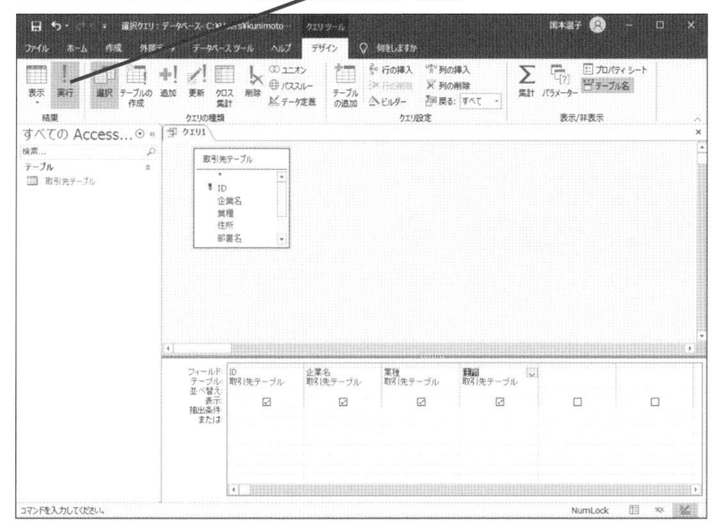

6 クエリの実行結果を確認する

作成した選択クエリが実行された

1 ［ID］［企業名］［業種］［住所］のフィールドが表示されていることを確認

ID
企業名
業種
住所
1 △□興産株式会社 石油 新宿区西新宿X－XX－XX
2 ◎△電気工業株式会社 電機 港区西新橋X－X－XX

HINT!

間違ったフィールドを追加してしまったときは

手順4で間違ったフィールドを追加してしまったとき、フィールドを削除するには、デザイングリッドに表示されたフィールド列をクリックして選択し、［クエリツール］の［デザイン］タブにある［列の削除］ボタンをクリックします。

ここでは誤って追加した［部署名］フィールドを削除する

1 ［部署名］フィールドをクリック

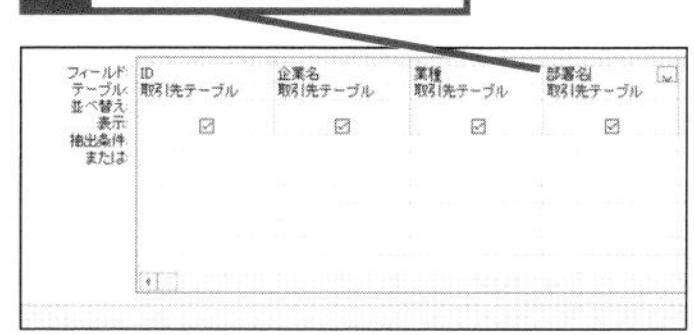

2 ［クエリツール］の［デザイン］タブをクリック

3 ［列の削除］をクリック

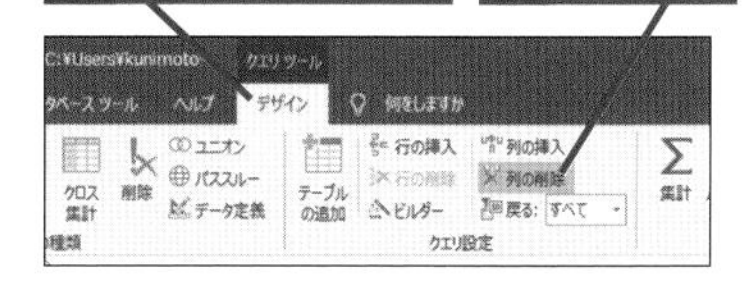

［部署名］フィールドが削除された

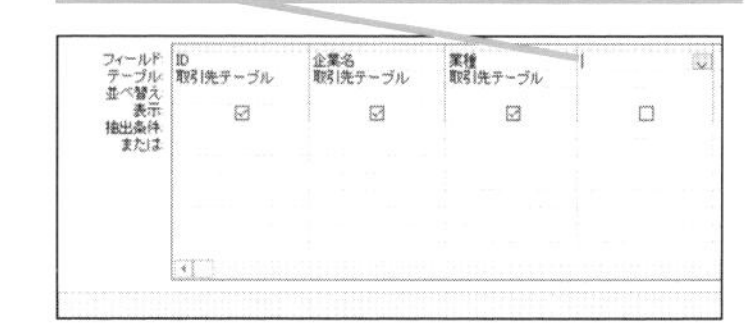

間違った場合は？

手順6で、表示されたフィールドが間違っていた場合は、［表示］ボタンをクリックしてデザインビューに切り替えてフィールドを選択し直します。

レッスン

15 作成したクエリを保存するには

名前を付けて保存

対応バージョン

365 2019 2016 2013

レッスンで使う練習用ファイル

名前を付けて保存.accdb

クエリを保存すればいつでも利用できる

クエリは、テーブルからデータを取り出すための「指示書」です。テーブルとは違って、クエリにデータが保存されるわけではありません。「どのテーブルからどのフィールドをどの順番で取り出す」という指示が書かれたクエリを保存しておくことにより、いつでもそのクエリを呼び出して、最新のテーブルからデータを取り出すことができます。保存したクエリを元に別のクエリを作成できる点も、クエリを保存しておくメリットです。せっかく作成したクエリを無駄にせず、保存して有効活用できるようにしましょう。

関連レッスン

▶レッスン13
クエリを実行する準備をするには…… p.60

▶レッスン14
テーブルから必要なフィールドだけを取り出すには…… p.62

キーワード

クエリ	p.292
デザインビュー	p.294
フィールド	p.294

Before

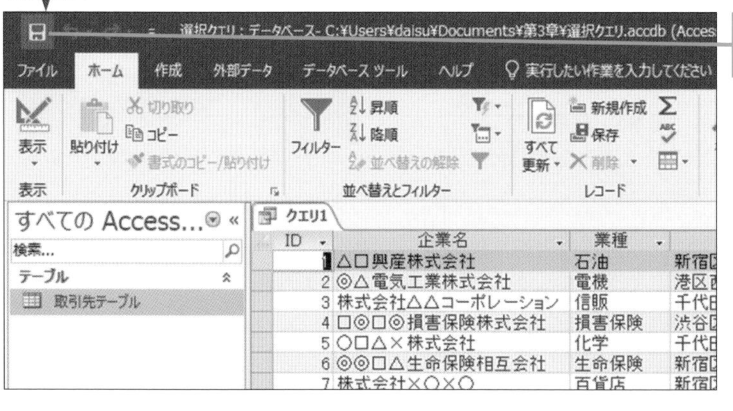

After

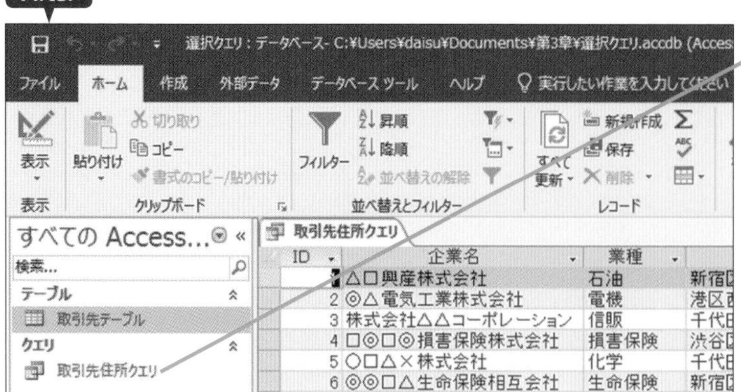

① 作成したクエリを保存する

ここでは、レッスン⓮で作成したクエリを保存する

レッスン⓮を参考にクエリの実行結果を表示しておく

1 [上書き保存]をクリック

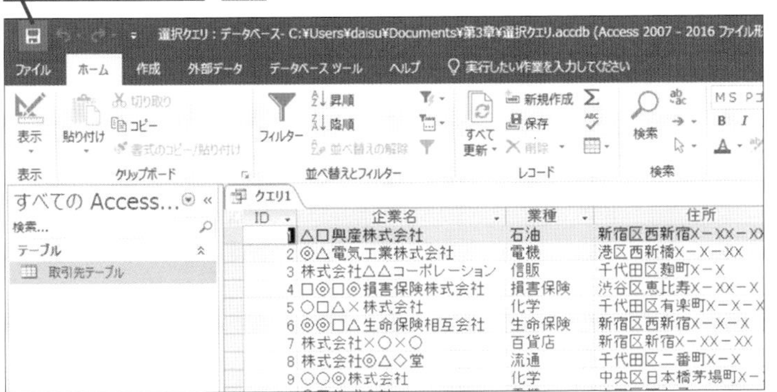

② クエリに名前を付ける

[名前を付けて保存] ダイアログボックスが表示された

ここでは、「取引先住所クエリ」という名前を入力する

1 「取引先住所クエリ」と入力

2 [OK] をクリック

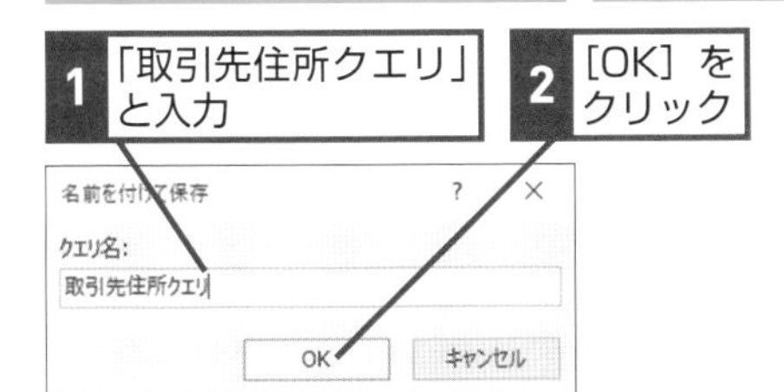

③ クエリが保存された

クエリが保存され、ナビゲーションウィンドウに表示された

作成したクエリがいつでも実行できるようになった

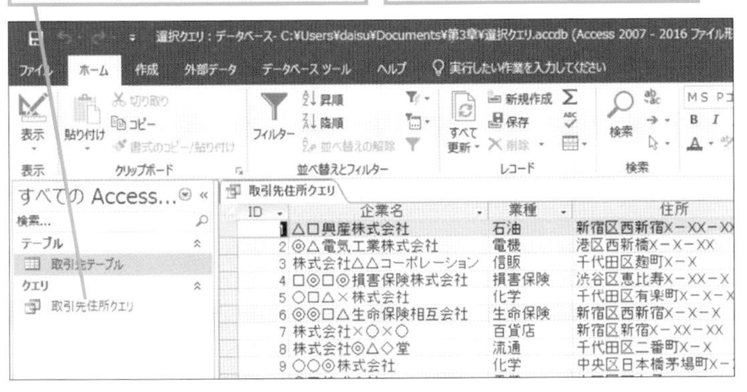

HINT! クエリにはテーブルと同じ名前は付けられない

クエリ名には、テーブルと同じ名前を付けることはできません。名前を付けるときに、テーブルは「取引先テーブル」、クエリは「取引先住所クエリ」のように、名前の末尾にオブジェクト名を追加するなどして、テーブルとクエリを区別させると管理がしやすくなります。

HINT! クエリには分かりやすい名前を付ける

クエリには分かりやすい名前を付けるようにします。万が一、実行したいクエリの名前を忘れたときは、むやみにクエリを実行しないようにしましょう。選択クエリの場合は実行してもデータシートビューが表示されるだけで、テーブルのデータが変わることはありません。しかし、第5章以降で解説するアクションクエリの場合、実行するとテーブルのデータが変わってしまう危険性があります。実行したいクエリを探すときは、デザインビューを確認して慎重に探しましょう。

HINT! クエリを最初からデザインビューで開くには

ナビゲーションウィンドウで開きたいクエリを右クリックし、表示されたメニューから[デザインビュー]をクリックするか、Ctrlキーを押しながらEnterキーを押すと、クエリを最初からデザインビューで開けます。

間違った場合は？

クエリ名を間違えて保存した場合は、ナビゲーションウィンドウでクエリ名をクリックして選択します。F2キーを押して編集できる状態にしたら、名前を変更しましょう。

レッスン

16 レコードを並べ替えるには

並べ替え

対応バージョン

365 2019 2016 2013

レッスンで使う練習用ファイル
並べ替え.accdb

フィールドを利用して並べ替えができる

データをより見やすくするために、選択クエリで抽出したレコードを並べ替えてみましょう。並べ替えの種類には、昇順（小さい順）と降順（大きい順）があり、フリガナの50音順や、金額の大きい順など、目的に合わせて並べ替えの方法を選びます。また、並べ替えの基準にするフィールドは、1つだけ指定することも、複数指定することもできます。場合によっては、並べ替え用のフィールドを追加して、そのフィールドを非表示に設定することもあります。レコードの並べ替え方について確認し、設定方法を理解しましょう。

関連レッスン

▶レッスン14
テーブルから必要なフィールドだけを取り出すには……p.62
▶レッスン17
条件に一致するレコードを抽出して表示するには……p.72

キーワード

主キー	p.293
選択クエリ	p.293
データ型	p.293
フィールド	p.294

Before

クエリ1

社員ID	社員名	シャインメイ	入社年月日	所属
103502	田中 裕一	タナカ ユウイチ	2002/10/01	営業部
103801	南 慶介	ミナミ ケイスケ	2005/04/01	総務部
103802	佐々木 努	ササキ ツトム	2005/04/01	企画部
104201	新藤 英子	シンドウ エイコ	2009/04/01	営業部
104203	荒井 忠	アライ タダシ	2009/04/01	総務部
104301	山崎 幸彦	ヤマザキ ユキヒコ	2010/04/01	企画部
104402	戸田 あかね	トダ アカネ	2011/09/01	営業部
104602	杉山 直美	スギヤマ ナオミ	2013/09/01	企画部
104701	小野寺 久美	オノデラ クミ	2014/04/01	営業部
104801	近藤 俊彦	コンドウ トシヒコ	2015/04/01	企画部
104902	斉藤 由紀子	サイトウ ユキコ	2016/09/01	営業部
105101	鈴木 隆	スズキ タカシ	2018/04/01	営業部
105102	室井 正二	ムロイ ショウジ	2018/04/01	総務部
105201	曽根 由紀	ソネ ユキ	2019/09/01	総務部
105301	高橋 勇太	タカハシ ユウタ	2020/04/01	営業部
*				

社員名の五十音順でレコードを並べ替えたい

After

クエリ1

社員ID	社員名	シャインメイ	入社年月日	所属
104203	荒井 忠	アライ タダシ	2009/04/01	総務部
104701	小野寺 久美	オノデラ クミ	2014/04/01	営業部
104801	近藤 俊彦	コンドウ トシヒコ	2015/04/01	企画部
104902	斉藤 由紀子	サイトウ ユキコ	2016/09/01	営業部
103802	佐々木 努	ササキ ツトム	2005/04/01	企画部
104201	新藤 英子	シンドウ エイコ	2009/04/01	営業部
104602	杉山 直美	スギヤマ ナオミ	2013/09/01	企画部
105101	鈴木 隆	スズキ タカシ	2018/04/01	営業部
105201	曽根 由紀	ソネ ユキ	2019/09/01	総務部
105301	高橋 勇太	タカハシ ユウタ	2020/04/01	営業部
103502	田中 裕一	タナカ ユウイチ	2002/10/01	営業部
104402	戸田 あかね	トダ アカネ	2011/09/01	営業部
103801	南 慶介	ミナミ ケイスケ	2005/04/01	総務部
105102	室井 正二	ムロイ ショウジ	2018/04/01	総務部
104301	山崎 幸彦	ヤマザキ ユキヒコ	2010/04/01	企画部
*				

フリガナが入力されているフィールドを基準にして、レコードの並べ替えができた

1 新規クエリを作成する

練習用ファイルを開いておく

[社員テーブル]の[社員ID][社員名][シャインメイ][入社年月日][所属]でクエリを作成する

1 レッスン⑭を参考に、新規クエリを作成して必要なフィールドを追加

フィールドリストのフィールドを、デザイングリッドにドラッグしても追加できる

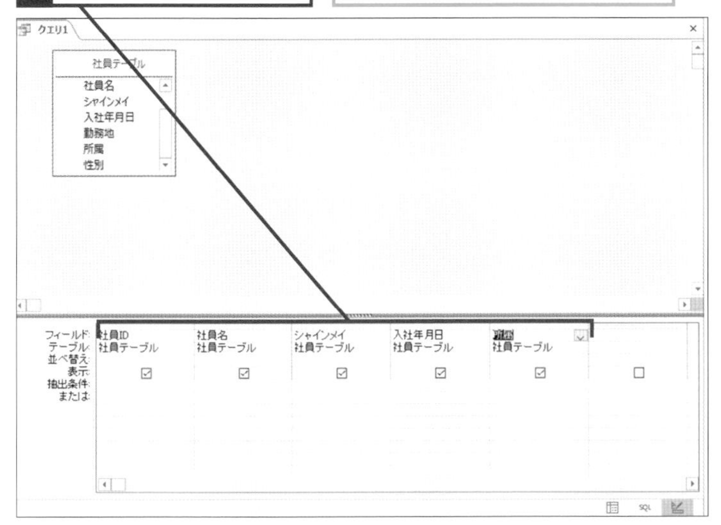

2 並べ替えるフィールドを設定する

並べ替えの基準にするフィールドを設定する

ここでは、[シャインメイ]のフィールドを基準に昇順でクエリを並べ替える

1 [シャインメイ] フィールドの[並べ替え]行をクリック

2 ここをクリック

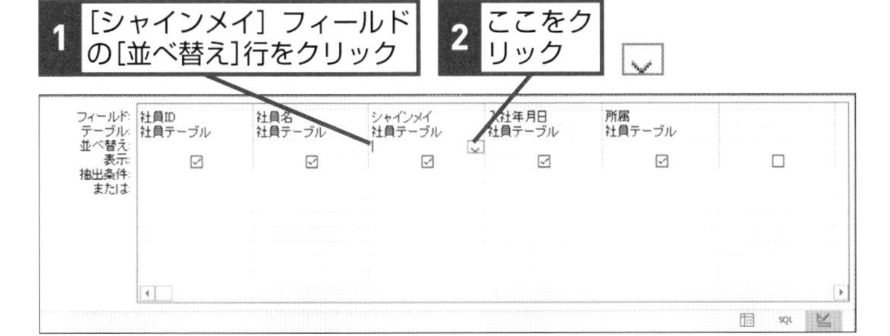

ここでは昇順に並べ替える

3 [昇順]をクリック

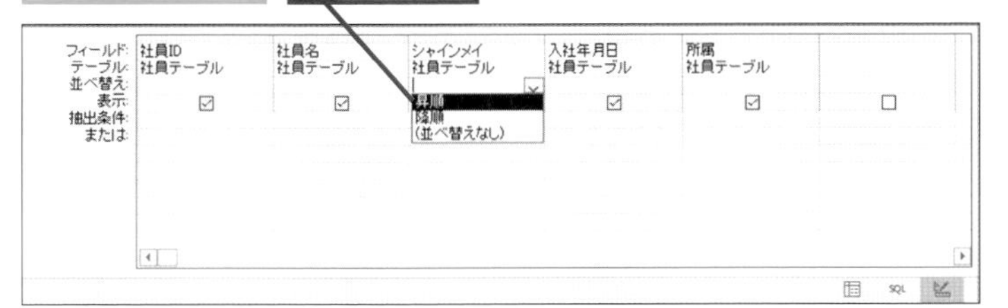

HINT! 文字の並べ替えのルール

テキスト型のフィールドを昇順に並べ替えると、数字、英字、かな、漢字の順に並べ替えが行われます。同じ文字の種類の中では、下表のルールに従います。降順の場合は、昇順とは逆の順序になります。漢字はコード順に並べ替えられるので、手順のように氏名を五十音順で並べ替えたいときは、漢字が入力されたフィールドではなく、読みが入力されたフィールドを基準に並べ替える必要があります。

●文字の種類と並び順

文字の種類	昇順の順序
数字	小さい順
英字	アルファベット順
かな	五十音順
漢字	シフトJISコード順

HINT! 数値や日付の並べ替えのルール

並べ替えのルールは、並べ替えの基準にするフィールドのデータ型によって決まります。昇順の並べ替えの順序は、数値型の場合は数値の小さい順、日付／時刻型の場合は日付や時刻の古い順になります。降順の並べ替えの順序は、昇順とは逆になります。

●数値や日付の並び順

データ型	昇順の順序
数値型	小さい順
日付／時刻型	古い順

間違った場合は？

間違ったフィールドの並べ替えを設定した場合は、並べ替えの一覧から「(並べ替えなし)」を選択するか、「昇順」または「降順」の文字列を削除します。

次のページに続く

③ クエリを実行する

クエリを実行して、並べ替えの結果を確認する

1 [実行] をクリック

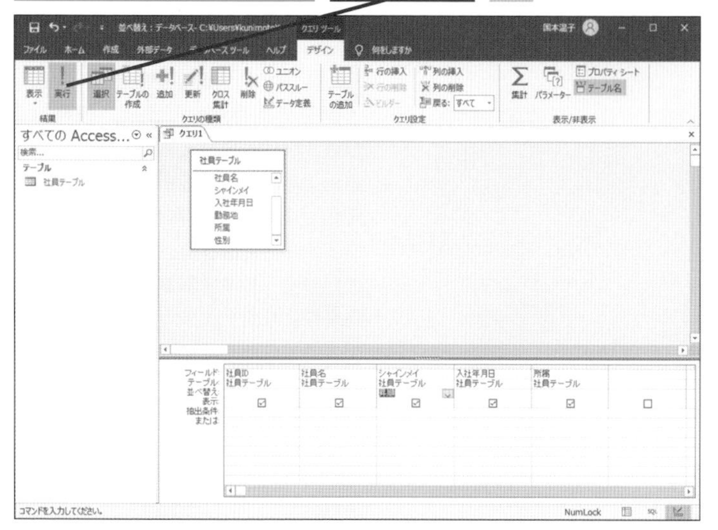

④ クエリの実行結果を確認する

クエリが実行された

1 [シャインメイ] フィールドを基準に昇順で並んでいることを確認

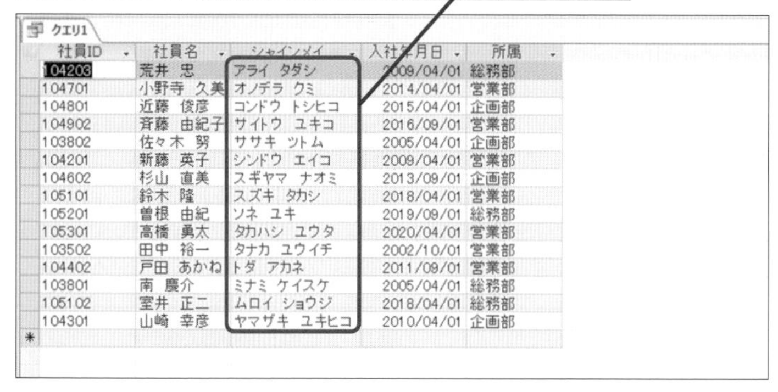

社員ID	社員名	シャインメイ	入社年月日	所属
104203	荒井 忠	アライ タダシ	2009/04/01	総務部
104701	小野寺 久美	オノデラ クミ	2014/04/01	営業部
104801	近藤 俊彦	コンドウ トシヒコ	2015/04/01	企画部
104902	斉藤 由紀子	サイトウ ユキコ	2016/09/01	営業部
103802	佐々木 努	ササキ ツトム	2005/04/01	企画部
104201	新藤 英子	シンドウ エイコ	2009/04/01	営業部
104602	杉山 直美	スギヤマ ナオミ	2013/09/01	企画部
105101	鈴木 隆	スズキ タカシ	2018/04/01	営業部
105201	曽根 由紀	ソネ ユキ	2019/09/01	総務部
105301	高橋 勇太	タカハシ ユウタ	2020/04/01	営業部
103502	田中 裕一	タナカ ユウイチ	2002/10/01	営業部
104402	戸田 あかね	トダ アカネ	2011/09/01	営業部
103801	南 慶介	ミナミ ケイスケ	2005/04/01	総務部
105102	室井 正二	ムロイ ショウジ	2018/04/01	総務部
104301	山崎 幸彦	ヤマザキ ユキヒコ	2010/04/01	企画部

クエリを保存するには、レッスン⑮を参考に操作する

HINT!

標準では主キーのフィールドで並べ替えられる

並べ替えの設定をしない場合、レコードの並び順は、主キーが設定されているフィールドで昇順に並びます。主キーとは、レコードを区別するために、データがほかのレコードと重複しないフィールドに設定するもののことをいいます。

HINT!

フィールド名を別名で表示するには

デザイングリッドに「別名:フィールド名」(「:」は半角で入力)の形式で文字列を入力すると、クエリの実行時に表示されるフィールド名が別名で指定した文字列になります。列幅を狭くするとフィールド名が表示しきれなくなる場合や、フィールドの内容をより分かりやすくしたい場合に便利です。

ここでは「シャインメイ」のフィールド名に「フリガナ」と表示する

1 「フリガナ:シャインメイ」と入力

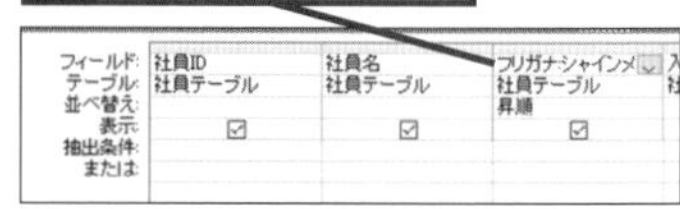

2 クエリを実行

「シャインメイ」のフィールド名が「フリガナ」になった

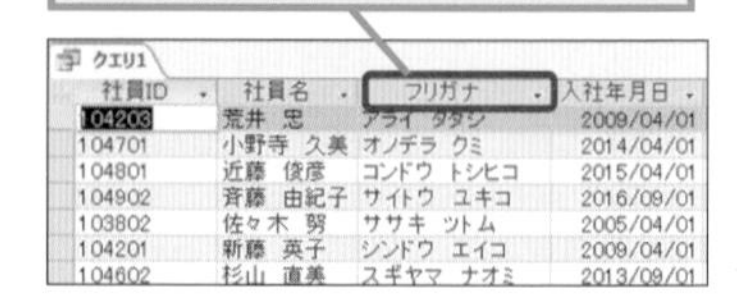

社員ID	社員名	フリガナ	入社年月日
104203	荒井 忠	アライ タダシ	2009/04/01
104701	小野寺 久美	オノデラ クミ	2014/04/01
104801	近藤 俊彦	コンドウ トシヒコ	2015/04/01
104902	斉藤 由紀子	サイトウ ユキコ	2016/09/01
103802	佐々木 努	ササキ ツトム	2005/04/01
104201	新藤 英子	シンドウ エイコ	2009/04/01
104602	杉山 直美	スギヤマ ナオミ	2013/09/01

テクニック 複数のフィールドで優先順位を付けて並べ替えができる

複数のフィールドで並べ替えを設定する場合、クエリのデザイングリッドの左側にあるフィールドが優先されます。そのため、並べ替えの優先順位の高いフィールドが左側になるように、デザイングリッドにフィールドを追加しておきましょう。ただし、表示したいフィールドの配置と、並べ替えの優先順位が異なる場合は、以下の手順のように並べ替え用のフィールドを追加し、非表示に設定します。

1 新規クエリにフィールドを追加する

レッスン⓮を参考にクエリを新規作成し、[社員テーブル]の[社員ID][社員名][シャインメイ][入社年月日][所属]のフィールドを追加しておく

並べ替え用に[シャインメイ]のフィールドをもう1つ追加する

1 [シャインメイ]をダブルクリック

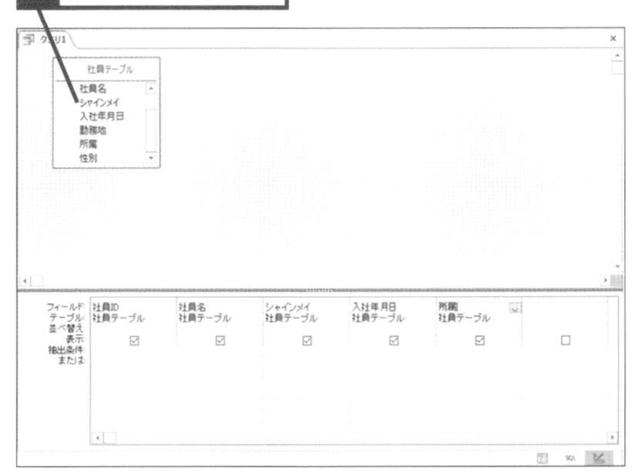

2 並べ替えを設定する

[シャインメイ]のフィールドが追加された

ここでは、部署名ごとに名前を五十音順で並べ替える

1 [所属]フィールドの[並べ替え]行をクリックし、[昇順]を選択

2 追加した[シャインメイ]フィールドの[並べ替え]行をクリックし、[昇順]を選択

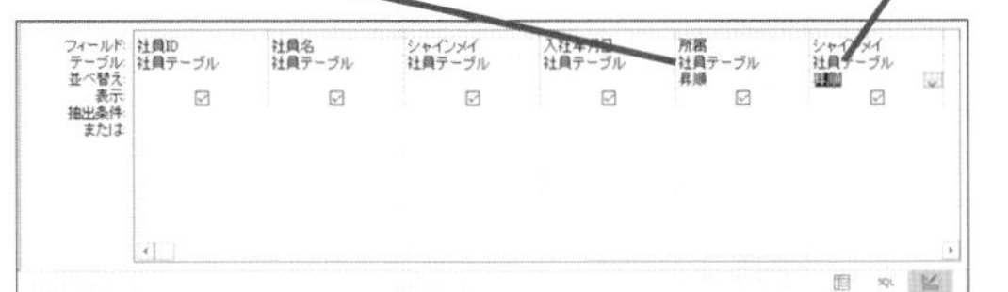

3 追加したフィールドを非表示にする

並べ替え用の[シャインメイ]フィールドが実行結果に表示されないようにする

1 ここをクリックしてチェックマークをはずす

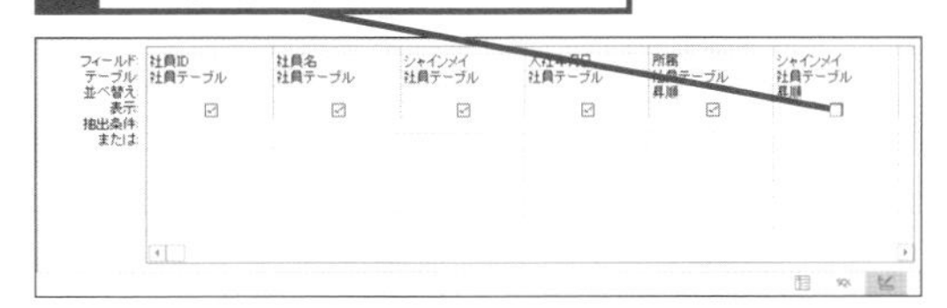

4 クエリを実行する

クエリを実行して、並べ替えの結果を確認する

1 [実行]をクリック

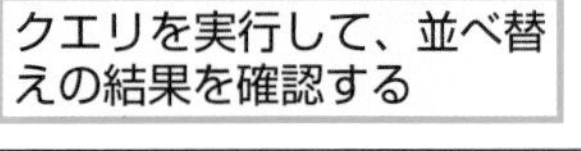

5 クエリの実行結果が表示された

クエリが実行された

[所属]フィールドが昇順、[シャインメイ]フィールドが昇順で並び替えられた

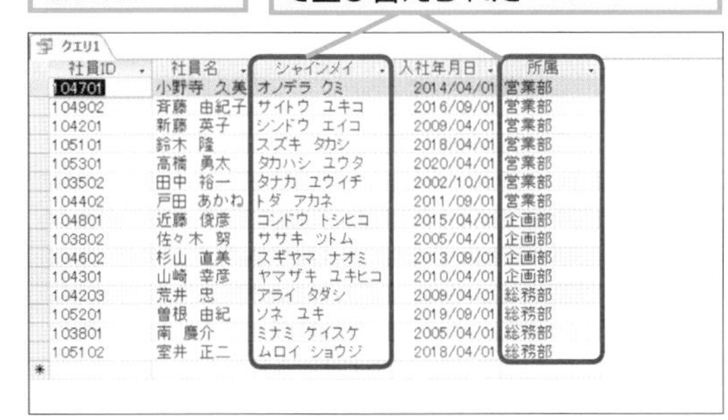

社員ID	社員名	シャインメイ	入社年月日	所属
104701	小野寺 久美	オノデラ クミ	2014/04/01	営業部
104902	斉藤 由紀子	サイトウ ユキコ	2016/09/01	営業部
104201	新藤 英子	シンドウ エイコ	2009/04/01	営業部
105101	鈴木 隆	スズキ タカシ	2018/04/01	営業部
105301	高橋 勇太	タカハシ ユウタ	2020/04/01	営業部
103502	田中 裕一	タナカ ユウイチ	2002/10/01	営業部
104402	戸田 あかね	トダ アカネ	2011/09/01	営業部
104801	近藤 俊彦	コンドウ トシヒコ	2015/04/01	企画部
103802	佐々木 努	ササキ ツトム	2005/04/01	企画部
104602	杉山 直美	スギヤマ ナオミ	2013/09/01	企画部
104301	山崎 幸彦	ヤマザキ ユキヒコ	2010/04/01	企画部
104203	荒井 忠	アライ タダシ	2009/04/01	総務部
105201	曽根 由紀	ソネ ユキ	2019/09/01	総務部
103801	南 慶介	ミナミ ケイスケ	2005/04/01	総務部
105102	室井 正二	ムロイ ショウジ	2018/04/01	総務部

デザイングリッドに最後に追加した[シャインメイ]フィールドより[所属]フィールドが左にあるので、[所属]フィールドが並べ替えで優先となる

レッスン

17 条件に一致するレコードを抽出して表示するには

抽出条件

対応バージョン

365 2019 2016 2013

レッスンで使う練習用ファイル
抽出条件.accdb

さまざまな条件でレコードを抽出しよう

クエリを実行するときに抽出条件を指定して、条件に一致するレコードだけを表示してみましょう。必要なレコードだけを絞り込んで表示したいときに便利です。抽出条件は、クエリのデザイングリッドの［抽出条件］行に、テーブルに保存されているフィールドのデータを抽出条件として入力します。抽出条件として入力できるデータは、文字列や数値だけでなく日付も条件にできます。クエリを実行すると、抽出条件と完全一致するデータを持つレコードだけに絞り込まれた表が表示されます。クエリでは、完全一致の条件を基本としています。ここでは、女性の顧客名のみを抽出する方法を解説します。基本的な抽出条件の設定方法をしっかり理解しましょう。

関連レッスン

▶レッスン14
テーブルから必要なフィールドだけを取り出すには……p.62
▶レッスン16
レコードを並べ替えるには……p.68

キーワード

クエリ	p.292
データ型	p.293
フィールド	p.294
レコード	p.295

Before

クエリ1

顧客ID	顧客名	性別
1	武藤 大地	男
2	石原 早苗	女
3	西村 誠一	男
4	菅原 英子	女
5	青木 早苗	女
6	赤羽 みどり	女
7	伊勢谷 学	男
8	上間 隆也	男
9	篠 一良	男
10	佐藤 奈々子	女
11	大重 聡	男
12	荏田 薫	女
13	伊藤 智成	男
14	上山 浩一郎	男
15	佐々木 暢子	女
16	園 剛彦	男
17	吉武 真理子	女
18	新藤 友康	男
19	金城 芙美子	女
20	鈴木 小百合	女
(新規)		

女性の顧客名だけを抽出して表示したい

→

After

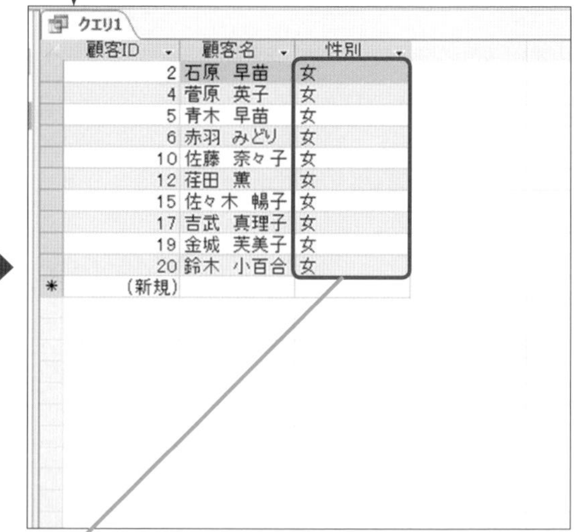

クエリ1

顧客ID	顧客名	性別
2	石原 早苗	女
4	菅原 英子	女
5	青木 早苗	女
6	赤羽 みどり	女
10	佐藤 奈々子	女
12	荏田 薫	女
15	佐々木 暢子	女
17	吉武 真理子	女
19	金城 芙美子	女
20	鈴木 小百合	女
(新規)		

［性別］フィールドに抽出条件を指定して女性の顧客名だけを抽出できた

数値や日付が入力されたフィールドがあれば、数値や日付を条件に設定できる

1 抽出条件を設定する

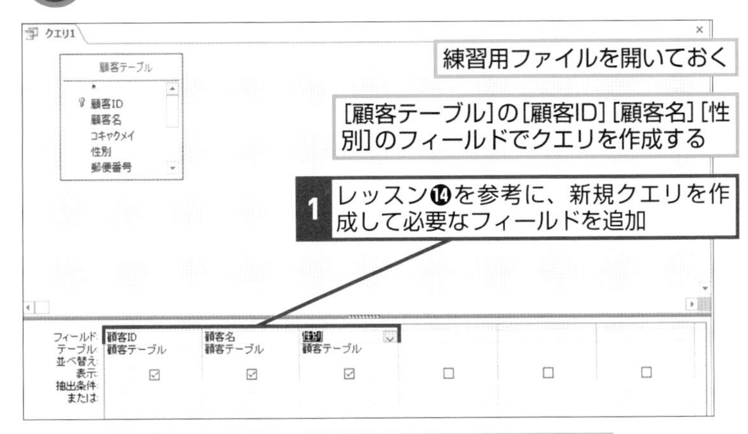

ここでは、[性別]フィールドが「女」のレコードを抽出する

2 [性別]フィールドの[抽出条件]行をクリック

3 「女」と入力

4 Enter キーを押す

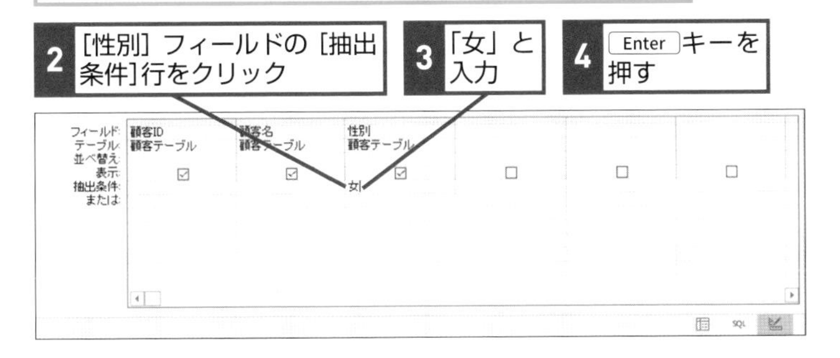

2 クエリを実行する

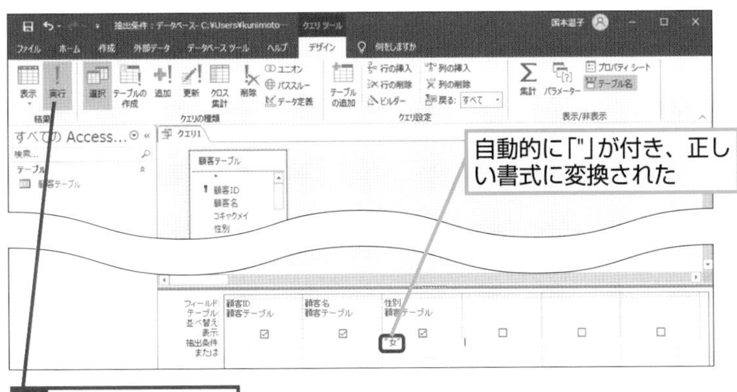

1 [実行]をクリック

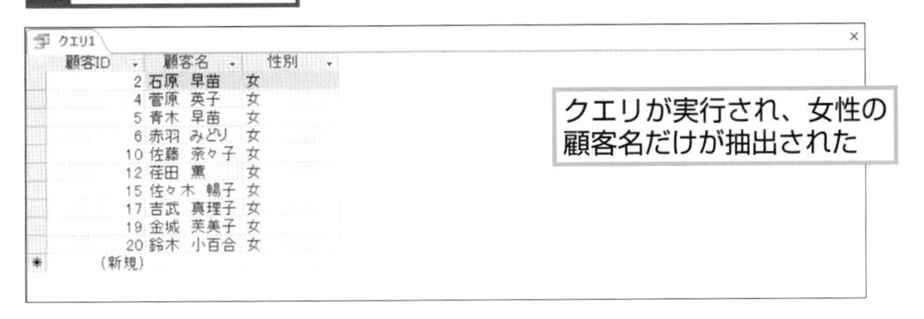

顧客ID	顧客名	性別
2	石原 早苗	女
4	菅原 英子	女
5	青木 早苗	女
6	赤羽 みどり	女
10	佐藤 奈々子	女
12	荏田 薫	女
15	佐々木 暢子	女
17	吉武 真理子	女
19	金城 美美子	女
20	鈴木 小百合	女
(新規)		

HINT!

文字列の前後には「"」が表示される

抽出条件を入力した後、Enter キーを押してカーソルを移動すると、入力された抽出条件が確定し、自動的に正しい書式に変換されます。手順1の下の画面では「女」と入力していますが、文字列の条件を入力すると前後に「"」(ダブルクォーテーション)が付加されます。

HINT!

日付の前後には「#」が表示される

手順1では文字列を入力していますが、日付の抽出条件を入力し、抽出条件を確定すると自動的に日付の前後に「#」が付加されます。また、日付の表示形式も自動的に書き換わります。例えば、「20/01/12」または「R02/1/12」と入力しても、Accessが日付と認識した場合は、抽出条件が確定されるときに自動で「2020/01/12」に書き換わります。

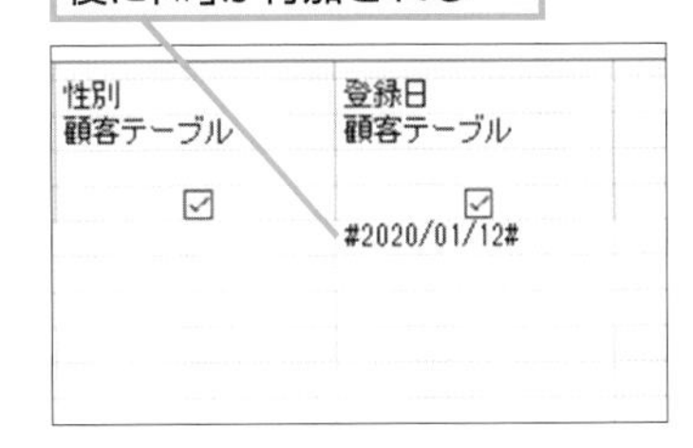

間違った場合は?

クエリを実行してもレコードが1件も表示されない場合は、抽出条件を間違えている可能性があります。その場合は[表示]ボタンをクリックしてデザインビューに切り替え、正しい抽出条件を設定し直します。

レッスン 18

クエリ上で計算するには

演算フィールド

対応バージョン

365 2019 2016 2013

レッスンで使う練習用ファイル
演算フィールド.accdb

フィールドの値を基準に新しいデータを作成できる

演算フィールドとは、フィールドの値を使って計算を行い、その結果を表示するフィールドのことです。下の例では、特売価格としてすべての商品を15%割り引きした価格を求め、新しいフィールドに表示しています。このように演算フィールドを利用すると、フィールドの値を基準としたデータが作成できます。例えば、売上数量と商品単価を掛け合わせて売上金額のデータを作成したり、生年月日から年齢のデータを作成したりするなど、テーブルが持っているデータを元に、演算子や関数などを使用して必要な情報を取得できます。演算フィールドの設定方法をマスターして、フィールドの値を上手に利用できるようにしましょう。

関連レッスン

▶レッスン14
テーブルから必要なフィールドだけを取り出すには…… p.62

キーワード

演算子	p.292
演算フィールド	p.292
クエリ	p.292
データ型	p.293
テーブル	p.293
デザイングリッド	p.294
フィールド	p.294

Before

［単価］フィールドの金額はそのままで、別のフィールドに割引価格を表示したい

クエリ1

商品ID	商品名	単価
H001	アロエジュース	¥1,200
H002	アロエゼリー	¥600
H003	アロエ茶	¥2,000
H004	ウコン茶	¥3,000
H005	カルシウム	¥1,800
H006	コエンザイムQ	¥1,500
H007	ダイエットクッ	¥5,000
H008	だったんそば茶	¥1,500
H009	にんにくエキス	¥1,700
H010	ビタミンA	¥1,600
H011	ビタミンB	¥1,500
H012	ビタミンC	¥1,200
H013	プルーンエキス	¥1,400
H014	プルーンゼリー	¥600
H015	マルチビタミン	¥1,500
H016	烏龍茶クッキー	¥4,000
H017	ローズヒップ茶	¥1,600

After

［単価］フィールドを利用して、別のフィールドに割引価格を表示できた

クエリ1

商品ID	商品名	単価	特売価格
H001	アロエジュース	¥1,200	1020
H002	アロエゼリー	¥600	510
H003	アロエ茶	¥2,000	1700
H004	ウコン茶	¥3,000	2550
H005	カルシウム	¥1,800	1530
H006	コエンザイムQ	¥1,500	1275
H007	ダイエットクッ	¥5,000	4250
H008	だったんそば茶	¥1,500	1275
H009	にんにくエキス	¥1,700	1445
H010	ビタミンA	¥1,600	1360
H011	ビタミンB	¥1,500	1275
H012	ビタミンC	¥1,200	1020
H013	プルーンエキス	¥1,400	1190
H014	プルーンゼリー	¥600	510
H015	マルチビタミン	¥1,500	1275
H016	烏龍茶クッキー	¥4,000	3400
H017	ローズヒップ茶	¥1,600	1360

●このレッスンで使う演算子

構文	演算フィールド名：式
例	特売価格：[単価]*0.85
説明	「特売価格」という演算フィールドを新規作成し、元テーブルの［単価］フィールドの 15%引きの金額を表示する

●主な演算子

演算子	意味
+	足し算
-	引き算
*	掛け算
/	割り算
¥	割り算の商の整数
MOD	割り算の商の剰余
^	べき乗
&	文字連結

① 演算フィールドを追加する

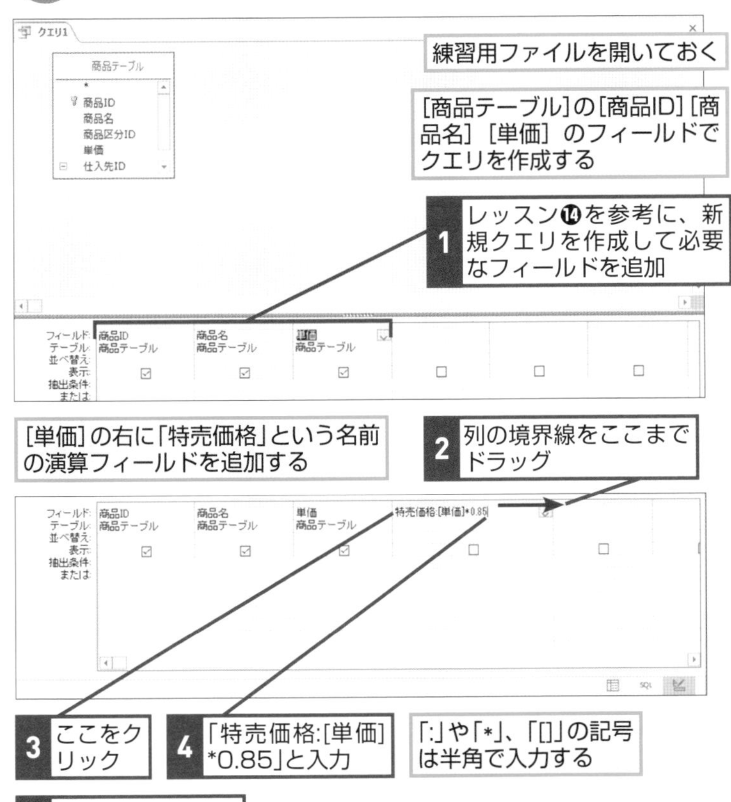

② クエリを実行する

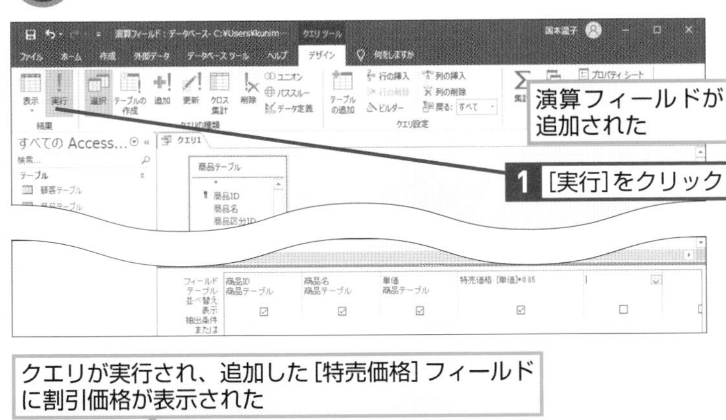

HINT!
デザイングリッドを操作するには

クエリのデザイングリッドは必要に応じて列幅の変更、列の削除、列の移動ができます。手順1の操作2のように、列の右境界線上部にマウスポインターを合わせてドラッグすると列幅を変更できます。また、列セレクター（列の上端灰色の部分）にマウスポインターを合わせてクリックすると、列全体を選択できます。選択時に Delete キーを押すと列が削除されます。また、選択時に列セレクターをドラッグすると、列が移動します。

1 列セレクターにマウスポインターを合わせる

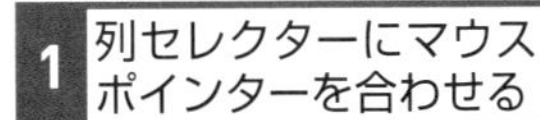

マウスポインターの形が変わった

2 そのままクリック

列全体が選択される

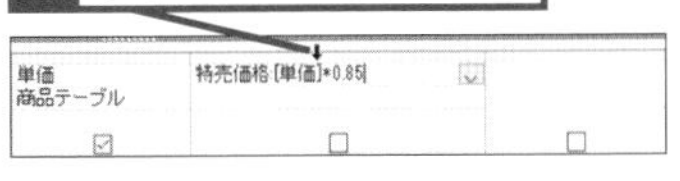

HINT!
割り算に関する演算子

Accessには、割り算を行うための演算子である「/」のほかに、整数商を求めるための「¥」と剰余を求めるための「MOD」（モッド）があります。「¥」や「MOD」を使うと、商品をケース単位で発注するときの数量を求められます。12個で1ケースの商品を50個発注する場合、ケースの発注数は「50¥12」で「4」、単体の発注数は「50 MOD 12」で「2」となります。なお、MOD演算子は数値と演算子の間に半角スペースを入力する必要があるので注意してください。

レッスン

19 データの表示形式を指定するには

データの書式

対応バージョン

365 2019 2016 2013

レッスンで使う練習用ファイル
データの書式.accdb

書式でデータが見やすくなる

クエリのフィールドプロパティにある［書式］では、データシートビューで表示されるデータの表示形式を設定できます。［Before］の表は達成率が小数で表示されているため、データの内容がよく分かりません。しかし、パーセント表示や通貨表示のように、値の意味に合わせて表示形式を変更すればデータの内容や意味がすぐに分かります。フィールドの表示形式をテーブルとは別のものに変更したり、演算フィールドの計算結果に書式が設定されていない場合に適切な表示形式にするときなどに使用しましょう。組み込みの表示形式を使用するだけでなく、書式指定文字を使用することでいろいろな表示形式にすることが可能です。

関連レッスン

▶レッスン14
テーブルから必要なフィールドだけを取り出すには……………………………… p.62

キーワード

演算フィールド	p.292
クエリ	p.292
書式指定文字	p.293
データシートビュー	p.293
フィールドプロパティ	p.295
プロパティシート	p.295

Before

クエリ1

社員名	目標	実績	達成率
田中 裕一	¥145,200	¥200,650	1.3818870523416
南 慶介	¥168,000	¥165,500	0.985119047619048
佐々木 努	¥200,000	¥198,000	0.99
新藤 英子	¥175,000	¥183,500	1.04857142857143
荒井 忠	¥135,500	¥105,000	0.774907749077491
山崎 幸彦	¥186,000	¥178,500	0.959677419354839
戸田 あかね	¥155,000	¥179,500	1.15806451612903
杉山 直美	¥210,000	¥234,000	1.11428571428571
小野寺 久美	¥168,000	¥195,200	1.16190476190476
近藤 俊彦	¥155,000	¥135,500	0.874193548387097
斉藤 由紀子	¥135,000	¥128,500	0.951851851851852
鈴木 隆	¥158,000	¥196,200	1.24177215189873
室井 正二	¥200,000	¥235,000	1.175
曽根 由紀	¥235,000	¥205,000	0.872340425531915
高橋 勇太	¥167,000	¥168,500	1.00898203592814
*	¥0	¥0	

達成率が小数で表示されていて、分かりにくい

→

After

クエリ1

社員名	目標	実績	達成率
田中 裕一	¥145,200	¥200,650	138.19%
南 慶介	¥168,000	¥165,500	98.51%
佐々木 努	¥200,000	¥198,000	99.00%
新藤 英子	¥175,000	¥183,500	104.86%
荒井 忠	¥135,500	¥105,000	77.49%
山崎 幸彦	¥186,000	¥178,500	95.97%
戸田 あかね	¥155,000	¥179,500	115.81%
杉山 直美	¥210,000	¥234,000	111.43%
小野寺 久美	¥168,000	¥195,200	116.19%
近藤 俊彦	¥155,000	¥135,500	87.42%
斉藤 由紀子	¥135,000	¥128,500	95.19%
鈴木 隆	¥158,000	¥196,200	124.18%
室井 正二	¥200,000	¥235,000	117.50%
曽根 由紀	¥235,000	¥205,000	87.23%
高橋 勇太	¥167,000	¥168,500	100.90%
*	¥0	¥0	

適切な表示形式を設定することで、何を表すデータなのかがひと目で分かる

❶ プロパティシートを表示する

レッスン⓮を参考に、[営業成績テーブル]の[社員名][目標][実績]のフィールドで新規クエリを作成しておく

[目標]と[実績]のフィールドを元に「達成率」という演算フィールドを作成する

練習用ファイルを開いておく

1 ここに「達成率:[実績]/[目標]」と入力

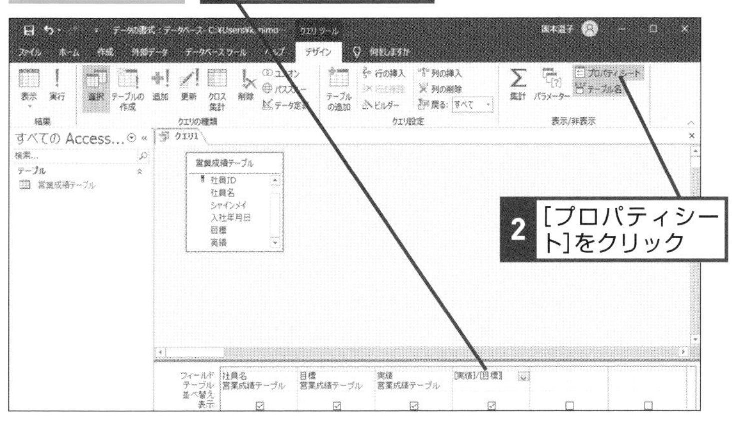
2 [プロパティシート]をクリック

❷ 書式を設定する

[プロパティシート]作業ウィンドウが表示された

1 [書式]をクリック

2 ここをクリック

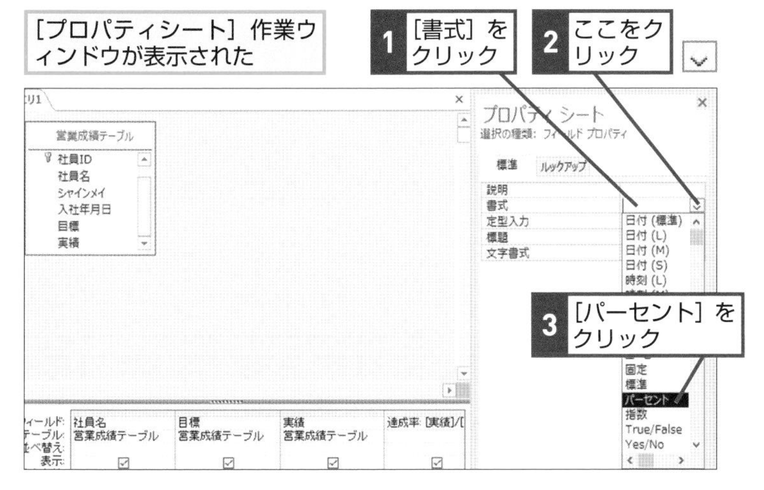
3 [パーセント]をクリック

❸ クエリを実行する

[達成率]フィールドの表示形式が「パーセント」に設定された

1 [実行]をクリック

HINT!
フィールドのプロパティシートを表示するには

クエリのデザイングリッドに追加したフィールドや、演算フィールドを選択してから、[プロパティシート]ボタンをクリックすると、そのフィールドに対応する設定画面が表示されます。これを「プロパティシート」といいます。プロパティシートを表示したまま別のフィールドをクリックすると、そのフィールドの設定内容に切り替わります。なお、フィールドを選択しているときは、プロパティシートの[選択の種類]に「フィールドプロパティ」と表示されます。デザインビュー上部の何もないところをクリックすると、「クエリプロパティ」と表示され、クエリ全体の設定画面に切り替わります。

HINT!
小数点以下のけた数を設定できる

手順3で実行結果を確認した後、小数点以下のけた数を変更したい場合は、デザインビューに表示を切り替えてフィールドのプロパティシートを表示し、[小数点以下表示桁数]に0から15の間で小数部分の表示けた数を指定します。

HINT!
書式指定文字を利用するには

書式指定文字を利用すれば、プロパティシートの[書式]の一覧にない書式も設定できます。例えば、日付を和暦で表示したい場合は、書式指定文字を使用して設定します。詳しくは付録2も参照してください。

レッスン

20 複数のテーブルを組み合わせて表を作成するには

リレーションシップの利用

対応バージョン

レッスンで使う練習用ファイル
リレーションシップの利用.accdb

複数のテーブルにはリレーションシップを設定する

クエリでは、1つのテーブルだけでなく、複数のテーブルを組み合わせて1つの表を作成することができます。複数のテーブルを組み合わせるには、テーブル間にリレーションシップが設定されていることが必要です。リレーションシップが設定されているテーブル同士であれば、見たいフィールドを自由に組み合わせ、参照用の表を簡単に作成できるため、より多くの角度からデータの抽出や分析ができるようになります。クエリにはリレーションシップを活用する機能が多くあります。第1章のレッスン❹とレッスン❺を読んで、リレーションシップについてしっかり復習しておきましょう。

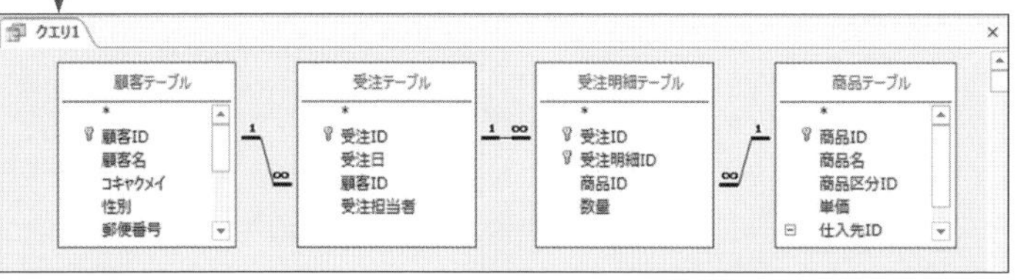

After

リレーションシップが設定された複数のテーブルから、必要なフィールドを組み合わせたデータを表示できる

クエリ1

受注ID	受注日	顧客名	受注明細ID	商品名	単価	数量
1	2020/01/10	武藤 大地	1	アロエジュース	¥1,200	2
16	2020/02/05	伊藤 智成	1	アロエジュース	¥1,200	1
23	2020/02/15	新藤 友康	1	アロエジュース	¥1,200	1
40	2020/03/15	新藤 友康	1	アロエジュース	¥1,200	2
41	2020/03/16	石原 早苗	1	アロエジュース	¥1,200	1
47	2020/03/21	新藤 友康	2	アロエジュース	¥1,200	1
52	2020/03/25	伊勢谷 学	1	アロエジュース	¥1,200	1
55	2020/03/27	佐藤 奈々子	2	アロエジュース	¥1,200	1
7	2020/01/18	赤羽 みどり	3	アロエゼリー	¥600	4
12	2020/01/29	佐藤 奈々子	4	アロエゼリー	¥600	3
32	2020/03/02	石原 早苗	2	アロエゼリー	¥600	2
44	2020/03/18	西村 誠一	1	アロエゼリー	¥600	5
53	2020/03/26	荏田 薫	3	アロエゼリー	¥600	1
56	2020/03/28	石原 早苗	1	アロエゼリー	¥600	3
7	2020/01/18	赤羽 みどり	1	アロエ茶	¥2,000	2
9	2020/01/19	伊勢谷 学	3	アロエ茶	¥2,000	4
13	2020/01/30	青木 早苗	1	アロエ茶	¥2,000	1
15	2020/02/03	荏田 薫	1	アロエ茶	¥2,000	3
18	2020/02/05	上山 浩一郎	1	アロエ茶	¥2,000	2
19	2020/02/07	佐々木 暢子	1	アロエ茶	¥2,000	1
27	2020/02/25	青木 早苗	1	アロエ茶	¥2,000	1
37	2020/03/10	武藤 大地	1	アロエ茶	¥2,000	2

関連レッスン

▶レッスン4
リレーションシップの基本を確認しよう……p.26
▶レッスン5
参照整合性の基本を確認しよう……p.28

キーワード

❶ 新規クエリにテーブルを追加する

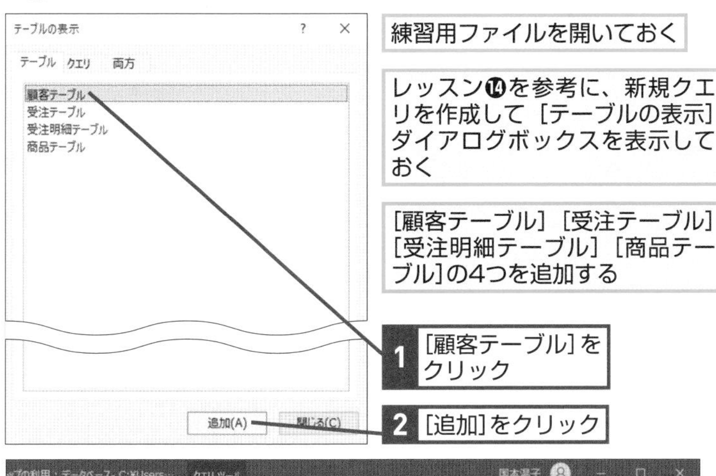

テーブルの表示
テーブル クエリ 両方
顧客テーブル
受注テーブル
受注明細テーブル
商品テーブル
追加(A) 閉じる(C)
練習用ファイルを開いておく
レッスン⓮を参考に、新規クエリを作成して［テーブルの表示］ダイアログボックスを表示しておく
［顧客テーブル］［受注テーブル］［受注明細テーブル］［商品テーブル］の4つを追加する
1 ［顧客テーブル］をクリック
2 ［追加］をクリック

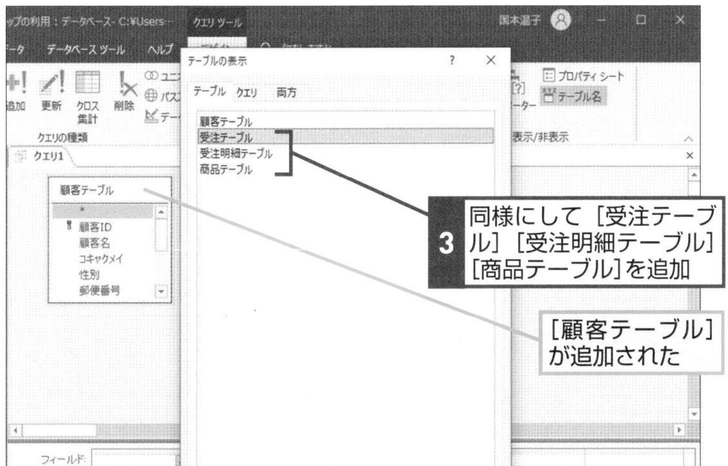

テーブルの表示
顧客テーブル
受注テーブル
受注明細テーブル
商品テーブル
3 同様にして［受注テーブル］［受注明細テーブル］［商品テーブル］を追加
［顧客テーブル］が追加された

❷ テーブルが追加された

テーブルの表示
顧客テーブル
受注テーブル
受注明細テーブル
商品テーブル
必要なテーブルがすべて追加されたので、［テーブルの表示］ダイアログボックスを閉じる
1 ［閉じる］をクリック
追加(A) 閉じる(C)

HINT! 複数のテーブルをまとめて追加するには

［テーブルの表示］ダイアログボックスでテーブルをクリックして選択したら、2つ目以降のテーブルは Ctrl キーを押しながらクリックすると複数のテーブルをまとめて選択できます。

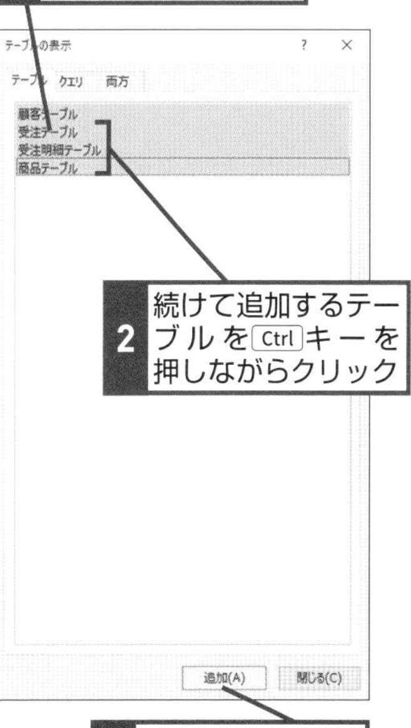

［テーブルの表示］ダイアログボックスを表示しておく
1 追加するテーブルをクリック
テーブルの表示
顧客テーブル
受注テーブル
受注明細テーブル
商品テーブル
2 続けて追加するテーブルを Ctrl キーを押しながらクリック
追加(A) 閉じる(C)
3 ［追加］をクリック

HINT! テーブルを素早く追加できる

［テーブルの表示］ダイアログボックスに表示されたテーブル名をダブルクリックしても追加することができます。素早く追加でき、便利です。

次のページに続く

3 フィールドを追加する

追加されたテーブルから必要なフィールドを追加していく

1 ［受注テーブル］の［受注ID］をダブルクリック

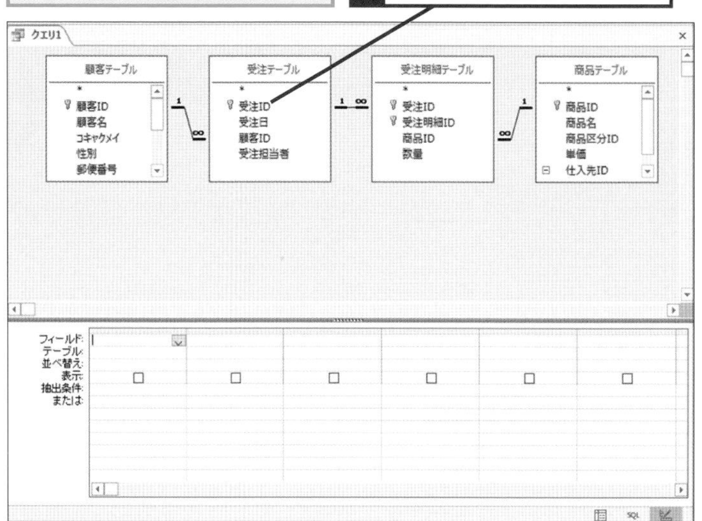

フィールドが追加された

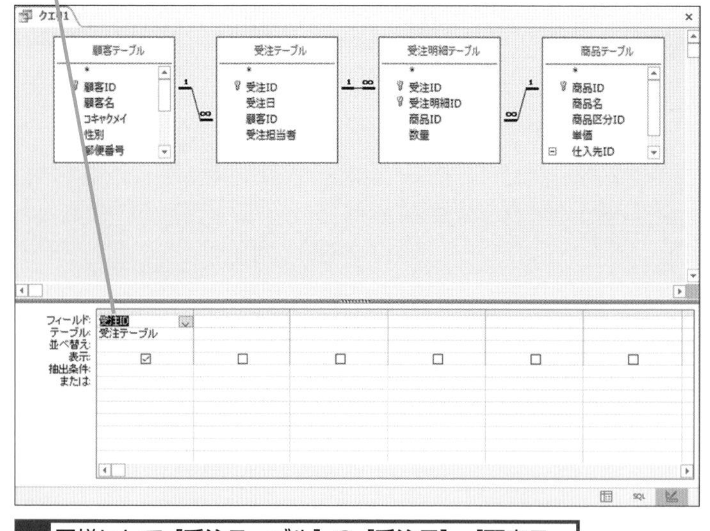

2 同様にして［受注テーブル］の［受注日］、［顧客テーブル］の［顧客名］、［受注明細テーブル］の［受注明細ID］、［商品テーブル］の［商品名］［単価］、［受注明細テーブル］の［数量］の順にフィールドを追加

HINT! リレーションシップを設定していないのに結合線が表示されることもある

ここで追加した4つのテーブルは、リレーションシップウィンドウであらかじめ参照整合性が設定されたリレーションシップが設定されています。そのため、テーブルを追加したときにテーブル間に結合線が表示されます。しかし、リレーションシップを設定していない場合でも、以下の条件を満たしていると、クエリ上で自動的にリレーションシップが設定されます。

- フィールド名が同じ
- 少なくとも一方のフィールドが主キー
- フィールドサイズが同じ（テキスト型は除く）

上記の条件を満たしていない場合は、クエリで自動的にリレーションシップが設定されません。しかし、結合したいフィールド間をドラッグすることにより、クエリ上だけでリレーションシップが設定できます。なお、クエリ上でリレーションシップを設定した場合は、参照整合性の設定は行えません。そのため、結合線に［∞］や［1］は表示されません。

間違った場合は？

手順3で間違ったフィールドを追加してしまったときは、デザイングリッドに表示されたフィールド列をクリックして選択し、［デザイン］タブにある［列の削除］をクリックして削除します。

クエリを実行する

必要なフィールドがすべて追加された

1 [実行]をクリック

実行

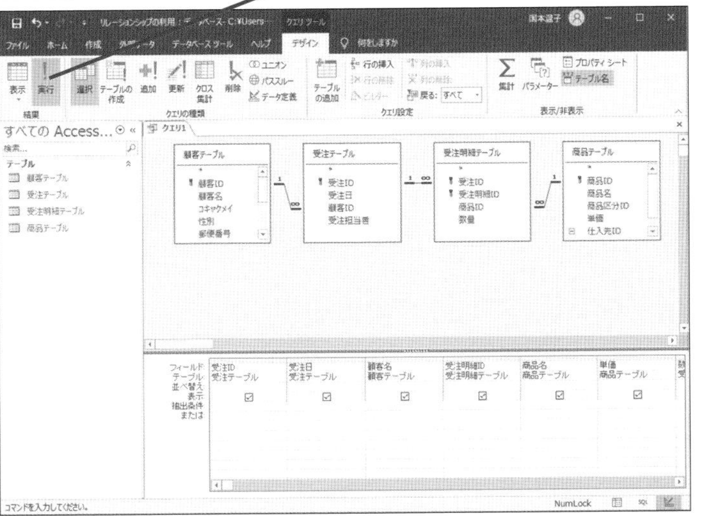

クエリの実行結果を確認する

クエリが実行された

リレーションシップが設定された複数のテーブルから、フィールドを組み合わせて表示できた

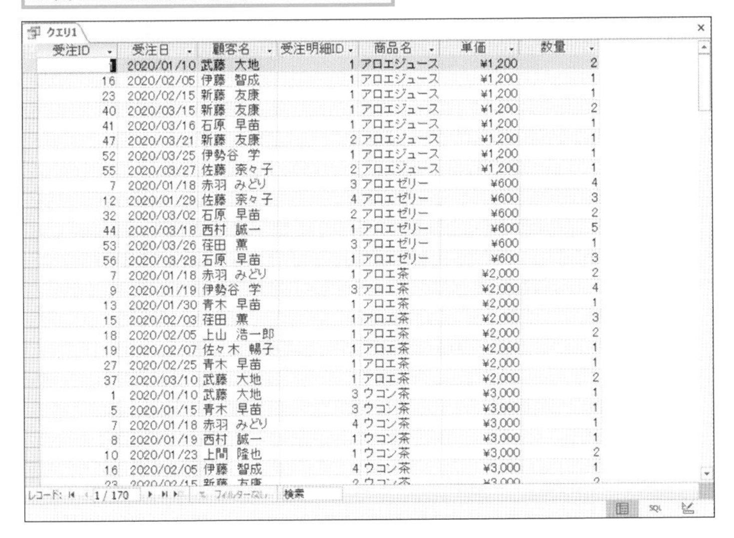

受注ID	受注日	顧客名	受注明細ID	商品名	単価	数量
1	2020/01/10	武藤 大地	1	アロエジュース	¥1,200	2
16	2020/02/05	伊藤 智成	1	アロエジュース	¥1,200	1
23	2020/02/15	新藤 友康	1	アロエジュース	¥1,200	1
40	2020/03/15	新藤 友康	1	アロエジュース	¥1,200	2
41	2020/03/16	石原 早苗	1	アロエジュース	¥1,200	1
47	2020/03/21	新藤 友康	2	アロエジュース	¥1,200	1
52	2020/03/25	伊勢谷 学	1	アロエジュース	¥1,200	1
55	2020/03/27	佐藤 奈々子	2	アロエジュース	¥1,200	1
7	2020/01/18	赤羽 みどり	3	アロエゼリー	¥600	4
12	2020/01/29	佐藤 奈々子	4	アロエゼリー	¥600	3
32	2020/03/02	石原 早苗	2	アロエゼリー	¥600	2
44	2020/03/18	西村 誠一	1	アロエゼリー	¥600	5
53	2020/03/26	荏田 薫	3	アロエゼリー	¥600	1
56	2020/03/28	石原 早苗	1	アロエゼリー	¥600	3
7	2020/01/18	赤羽 みどり	1	アロエ茶	¥2,000	2
9	2020/01/19	伊勢谷 学	3	アロエ茶	¥2,000	4
13	2020/01/30	青木 早苗	1	アロエ茶	¥2,000	1
15	2020/02/03	荏田 薫	1	アロエ茶	¥2,000	3
18	2020/02/05	上山 浩一郎	1	アロエ茶	¥2,000	2
19	2020/02/07	佐々木 暢子	1	アロエ茶	¥2,000	1
27	2020/02/25	青木 早苗	1	アロエ茶	¥2,000	1
37	2020/03/10	武藤 大地	1	アロエ茶	¥2,000	2
1	2020/01/10	武藤 大地	3	ウコン茶	¥3,000	1
5	2020/01/15	青木 早苗	3	ウコン茶	¥3,000	1
7	2020/01/18	赤羽 みどり	4	ウコン茶	¥3,000	1
8	2020/01/19	西村 誠一	1	ウコン茶	¥3,000	1
10	2020/01/23	上間 隆也	1	ウコン茶	¥3,000	2
16	2020/02/05	伊藤 智成	4	ウコン茶	¥3,000	1

レコード: 1 / 170　検索

HINT!

レコードの並び順が変わることもある

複数のテーブルを組み合わせてクエリを実行すると、レコードの並び順が変わったように見えることがあります。これは、一側テーブルの主キー順に表示されるためです。並び順を変更したい場合は、クエリのデザインビューで並べ替えの設定を行うか、データシートビューで並べ替えたいフィールドをクリックして選択し、[ホーム]タブの[昇順]ボタンをクリックします。

ここでは、[顧客名]フィールドを昇順で並べ替える

1 [顧客名]フィールドの列見出しをクリック

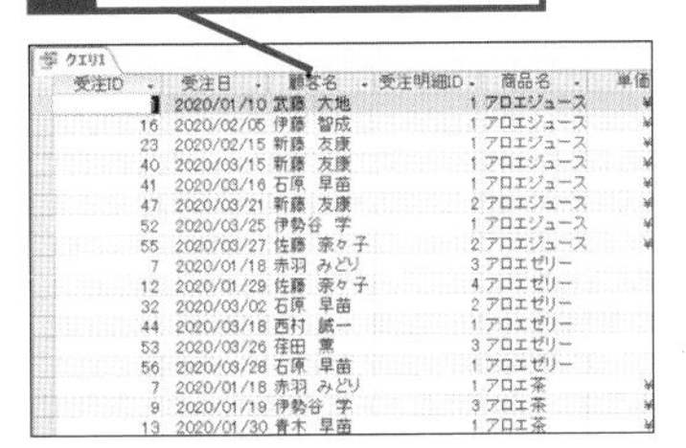

2 [ホーム]タブをクリック

3 [昇順]をクリック

昇順

[顧客名]フィールドの昇順を基準にして、レコードが並べ替えられた

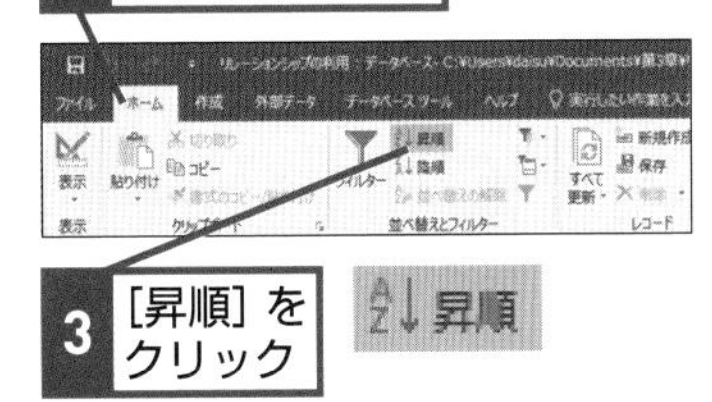

受注ID	受注日	顧客名	受注明細ID	商品名
9	2020/01/19	伊勢谷 学	1	ブルーンエキス
28	2020/02/26	伊勢谷 学	3	青汁
43	2020/03/18	伊勢谷 学	1	カルシウム
43	2020/03/18	伊勢谷 学	3	ビタミンC
9	2020/01/19	伊勢谷 学	3	アロエ茶
52	2020/03/25	伊勢谷 学	3	コエンザイムQ
43	2020/03/18	伊勢谷 学	2	マルチビタミン
52	2020/03/25	伊勢谷 学	1	アロエジュース
9	2020/01/19	伊勢谷 学	2	マルチビタミン
28	2020/02/26	伊勢谷 学	1	ブルーンゼリー
52	2020/03/25	伊勢谷 学	2	羅漢香ゼリー
28	2020/02/26	伊勢谷 学	2	烏龍茶クッキー
16	2020/02/05	伊藤 智成	2	ブルーンエキス
59	2020/03/31	伊藤 智成	1	マルチビタミン
38	2020/03/13	伊藤 智成	1	マルチビタミン
49	2020/03/23	伊藤 智成	3	青汁
16	2020/02/05	伊藤 智成	3	にんにくエキス

20 リレーションシップの利用

レッスン 21

入力した値に対応するデータを表示させるには

オートルックアップクエリ

対応バージョン

365 2019 2016 2013

レッスンで使う練習用ファイル
オートルックアップクエリ.accdb

コードに対応するデータをすぐに参照できる

クエリでは、複数のテーブルを組み合わせて参照用の表を作成するだけでなく、入力用の表も作成できます。オートルックアップクエリは、多側テーブルの結合フィールドと対応する一側テーブルのフィールドから、データが自動参照されます。データを自動参照させることで、内容を確認しながら入力ができるため、入力ミスを防ぐことができます。オートルックアップクエリのポイントとしてデータを入力するのは多側テーブル、参照用に表示するのは一側テーブルであることをしっかり理解しておきましょう。

関連レッスン

▶レッスン4
リレーションシップの基本を確認しよう ……… p.26
▶レッスン20
複数のテーブルを組み合わせて表を作成するには ……… p.78

キーワード

クエリ	p.292
参照整合性	p.292
テーブル	p.293
フィールド	p.294
リレーションシップ	p.295

Before

商品テーブル　商品区分テーブル

商品ID	商品名	商品区分ID	単価	仕入先ID	クリックし
H001	アロエジュース	DR	¥1,200	S002, S004	
H002	アロエゼリー	FB	¥600	S001, S003	
H003	アロエ茶	DR	¥2,000	S003, S005	
H004	ウコン茶	DR	¥3,000	S002	
H005	カルシウム	FN	¥1,800	S001, S002	
H006	コエンザイムQ	FN	¥1,500	S003, S004	
H007	ダイエットクッ	FB	¥5,000	S001	
H008	だったんそば	DR	¥1,500	S002, S005	
H009	にんにくエキス	FN	¥1,700	S002, S003	
H010	ビタミンA	FN	¥1,600	S003	
H011	ビタミンB	FN	¥1,500	S003	
H012	ビタミンC	FN	¥1,200	S003	
H013	プルーンエキス	FN	¥1,400	S001, S004	
H014	プルーンゼリー	FB	¥600	S002, S003	
H015	マルチビタミン	FN	¥1,500	S003	
H016	烏龍茶クッキー	FB	¥4,000	S004, S005	
H017	ローズヒップ茶	DR	¥1,600	S001, S002	
H018	青汁	DR	¥1,800	S002, S004	
H019	鉄分	FN	¥1,800	S002, S003	

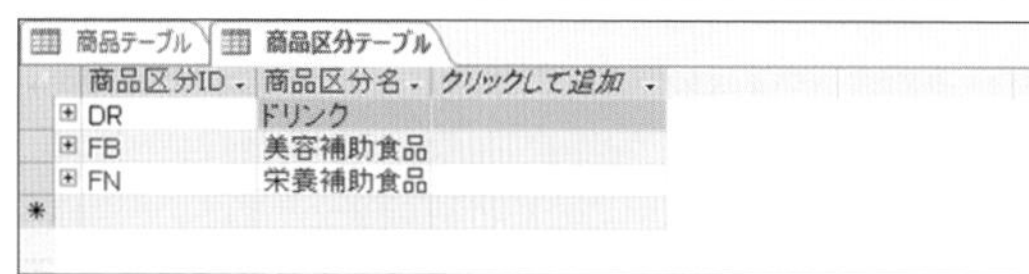

商品テーブル　商品区分テーブル

商品区分ID	商品区分名	クリックして追加
DR	ドリンク	
FB	美容補助食品	
FN	栄養補助食品	

After

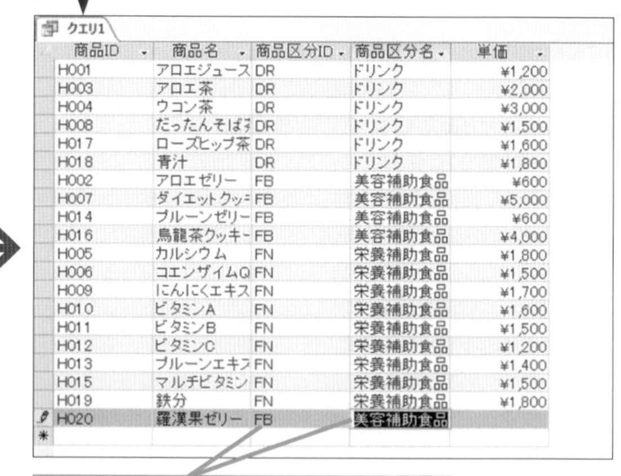

クエリ1

商品ID	商品名	商品区分ID	商品区分名	単価
H001	アロエジュース	DR	ドリンク	¥1,200
H003	アロエ茶	DR	ドリンク	¥2,000
H004	ウコン茶	DR	ドリンク	¥3,000
H008	だったんそば	DR	ドリンク	¥1,500
H017	ローズヒップ茶	DR	ドリンク	¥1,600
H018	青汁	DR	ドリンク	¥1,800
H002	アロエゼリー	FB	美容補助食品	¥600
H007	ダイエットクッ	FB	美容補助食品	¥5,000
H014	プルーンゼリー	FB	美容補助食品	¥600
H016	烏龍茶クッキー	FB	美容補助食品	¥4,000
H005	カルシウム	FN	栄養補助食品	¥1,800
H006	コエンザイムQ	FN	栄養補助食品	¥1,500
H009	にんにくエキス	FN	栄養補助食品	¥1,700
H010	ビタミンA	FN	栄養補助食品	¥1,600
H011	ビタミンB	FN	栄養補助食品	¥1,500
H012	ビタミンC	FN	栄養補助食品	¥1,200
H013	プルーンエキス	FN	栄養補助食品	¥1,400
H015	マルチビタミン	FN	栄養補助食品	¥1,500
H019	鉄分	FN	栄養補助食品	¥1,800
H020	羅漢果ゼリー	FB	美容補助食品	

多側テーブルのデータを入力すると、対応する一側テーブルのデータが自動的に表示される

❶ 新規クエリを作成する

練習用ファイルを開いておく

レッスン⓮を参考に、新規クエリを作成して［テーブルの表示］ダイアログボックスを表示しておく

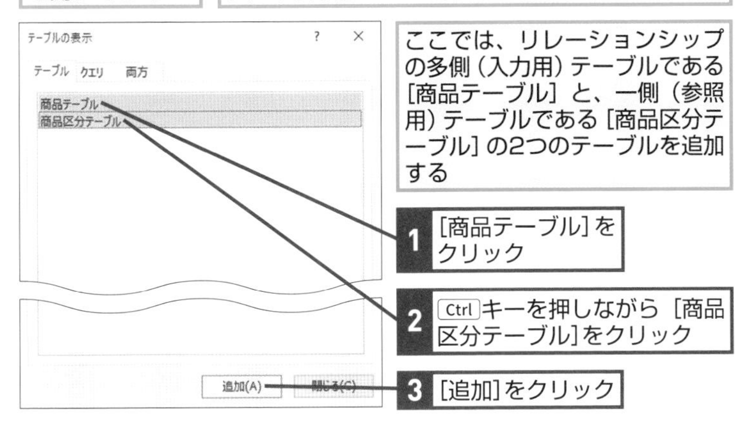

ここでは、リレーションシップの多側（入力用）テーブルである［商品テーブル］と、一側（参照用）テーブルである［商品区分テーブル］の2つのテーブルを追加する

1 ［商品テーブル］をクリック

2 Ctrl キーを押しながら［商品区分テーブル］をクリック

3 ［追加］をクリック

❷ 多側テーブルと一側テーブルが追加された

必要なテーブルがすべて追加されたので、［テーブルの表示］ダイアログボックスを閉じる

1 ［閉じる］をクリック

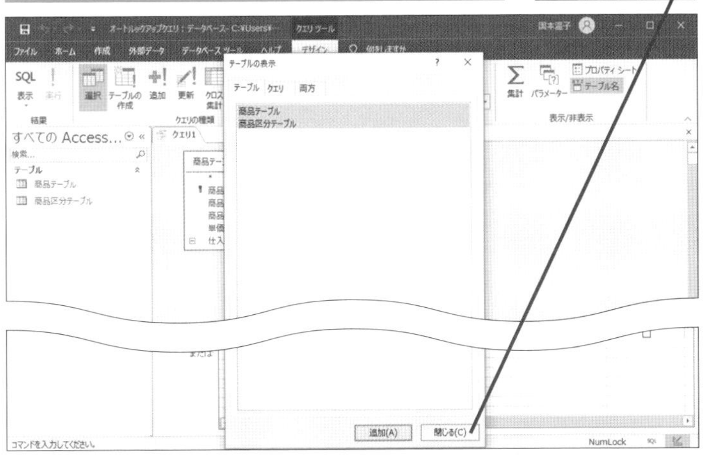

◆多側テーブル
データを入力するためのテーブル

◆一側テーブル
データを参照するためのテーブル

クエリ1

商品テーブル: *, 商品ID, 商品名, 商品区分ID, 単価, 仕入先ID

商品区分テーブル: *, 商品区分ID, 商品区分名

多側テーブルには［∞］と表示されている

一側テーブルには［1］と表示されている

HINT! 「オートルックアップクエリ」とは

「オートルックアップクエリ」とは、一対多の関係にある2つのテーブルを元に作成するクエリにおいて、多側テーブルの結合フィールドにデータを入力すると、対応する一側テーブルのデータが自動表示されるクエリです。一側テーブルのデータを参照しながら、多側テーブルにデータを入力するためのクエリとして使用されます。

HINT! 結合線が表示されていない場合は

入力用である多側テーブルと参照用である一側テーブルを追加しても、結合線が表示されない場合は、リレーションシップが設定されていません。レッスン❺を参考にリレーションシップの設定を行ってください。また、［∞］や［1］の記号が表示されていない場合は、参照整合性が設定されていないか、クエリ上で自動結合された場合です。参照整合性が設定されていなくてもオートルックアップクエリは作成できますが、矛盾のないデータを作成するには、参照整合性の設定をしておいた方がいいでしょう。

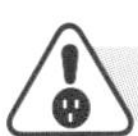

間違った場合は？

追加するテーブルを間違えた場合は、削除したいテーブルのフィールドリストをクリックして選択し、Delete キーを押します。

次のページに続く

③ フィールドを追加する

追加されたテーブルから必要なフィールドを追加していく

1 [商品テーブル]の[商品ID]をダブルクリック

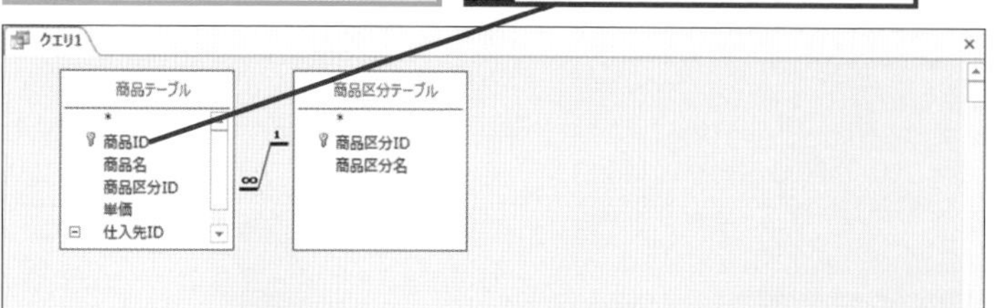

2 同様にして[商品テーブル]の[商品名][商品区分ID]、[商品区分テーブル]の[商品区分名]、[商品テーブル]の[単価]の順にフィールドを追加

フィールドが追加された

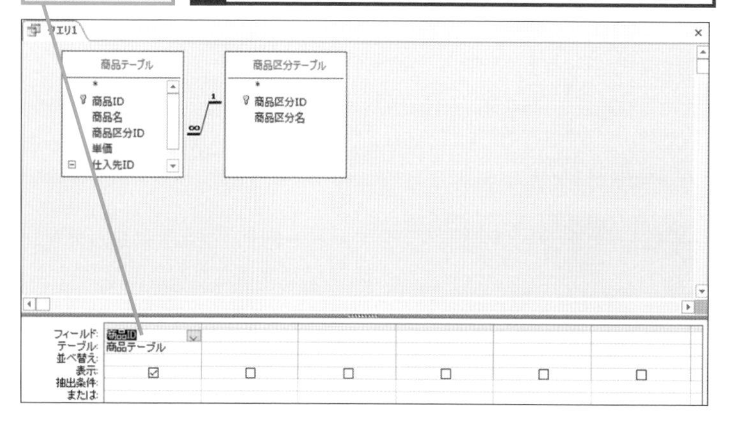

④ クエリを実行する

必要なフィールドがすべて追加されたのでクエリを実行する

1 [実行]をクリック

実行

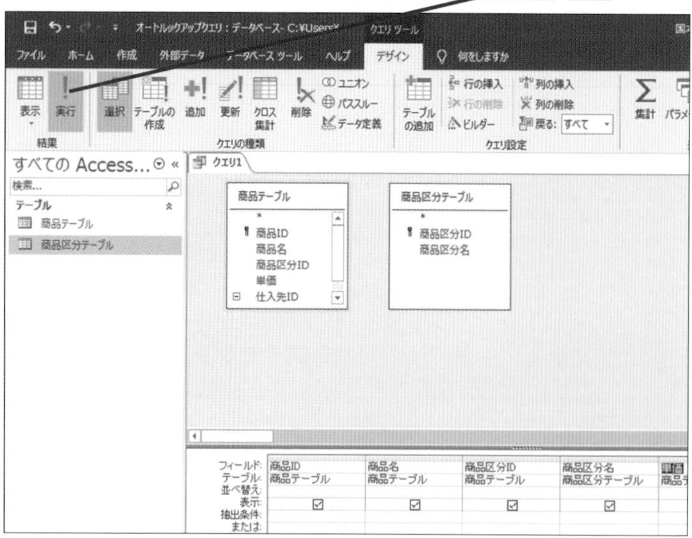

HINT! 結合フィールドは多側テーブルから追加する

このレッスンのクエリでは、[商品テーブル]と[商品区分テーブル]のどちらにも結合フィールドである[商品区分ID]が存在します。両方にあるからといって、[商品区分ID]のフィールドをどちらのフィールドリストから追加してもいいというわけではありません。オートルックアップクエリは、多側テーブルにデータを入力するためのクエリなので、結合フィールドは必ず多側テーブルの[商品テーブル]から追加します。

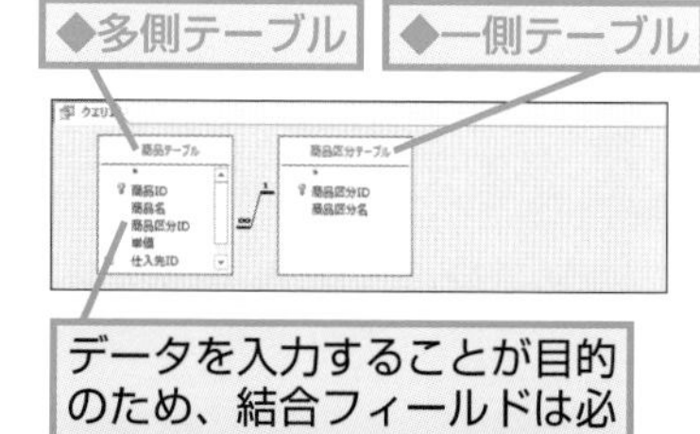

HINT! フィールドを並べ替えるには

手順3で追加するフィールドの順番を間違えた場合は、デザイングリッドでフィールドを並べ替えて調整します。列セレクターにマウスポインターを合わせ ⬇ の形になったらクリックし、そのまま列の上部にマウスポインターを合わせて の形になったら移動先までドラッグします。

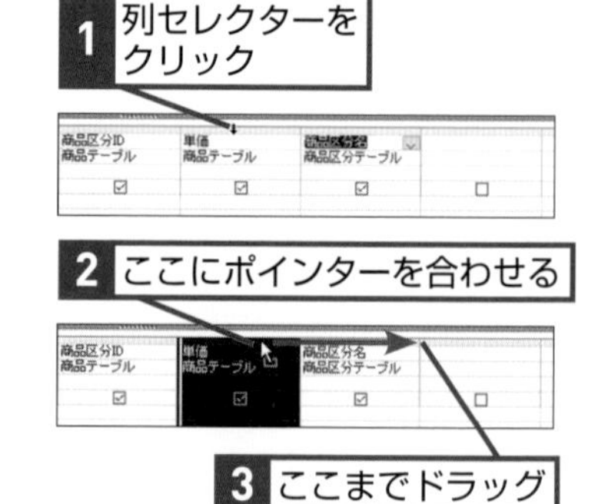

5 クエリの実行結果を確認する

クエリが実行された

1 クエリの結果が正しく表示されていることを確認

商品ID	商品名	商品区分ID	商品区分名	単価
H001	アロエジュース	DR	ドリンク	¥1,200
H003	アロエ茶	DR	ドリンク	¥2,000
H004	ウコン茶	DR	ドリンク	¥3,000
H008	だったんそば	DR	ドリンク	¥1,500
H017	ローズヒップ茶	DR	ドリンク	¥1,600
H018	青汁	DR	ドリンク	¥1,800
H002	アロエゼリー	FB	美容補助食品	¥600
H007	ダイエットクッ	FB	美容補助食品	¥5,000
H014	プルーンゼリー	FB	美容補助食品	¥600
H016	鳥龍茶クッキー	FB	美容補助食品	¥4,000
H005	カルシウム	FN	栄養補助食品	¥1,800
H006	コエンザイムQ	FN	栄養補助食品	¥1,500
H009	にんにくエキス	FN	栄養補助食品	¥1,700
H010	ビタミンA	FN	栄養補助食品	¥1,600
H011	ビタミンB	FN	栄養補助食品	¥1,500
H012	ビタミンC	FN	栄養補助食品	¥1,200
H013	プルーンエキ	FN	栄養補助食品	¥1,400
H015	マルチビタミン	FN	栄養補助食品	¥1,500
H019	鉄分	FN	栄養補助食品	¥1,800

6 追加でデータを入力する

多側テーブルのフィールドにデータを新しく入力して、正しく参照されることを確認する

[商品ID]に「H020」、[商品名]に「羅漢香ゼリー」と入力しておく

1 [商品区分ID]に「FB」と入力

2 Tab キーを押す

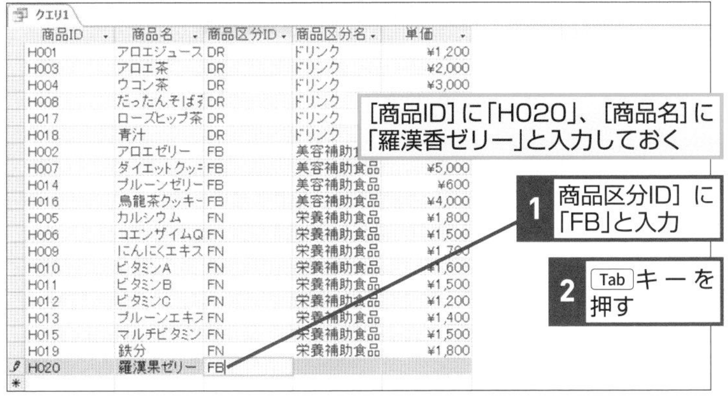

商品ID	商品名	商品区分ID	商品区分名	単価
H001	アロエジュース	DR	ドリンク	¥1,200
H003	アロエ茶	DR	ドリンク	¥2,000
H004	ウコン茶	DR	ドリンク	¥3,000
H008	だったんそば	DR	ドリンク	
H017	ローズヒップ茶	DR	ドリンク	
H018	青汁	DR	ドリンク	
H002	アロエゼリー	FB	美容補助1	
H007	ダイエットクッ	FB	美容補助食品	¥5,000
H014	プルーンゼリー	FB	美容補助食品	¥600
H016	鳥龍茶クッキー	FB	美容補助食品	¥4,000
H005	カルシウム	FN	栄養補助食品	¥1,800
H006	コエンザイムQ	FN	栄養補助食品	¥1,500
H009	にんにくエキス	FN	栄養補助食品	¥1,700
H010	ビタミンA	FN	栄養補助食品	¥1,600
H011	ビタミンB	FN	栄養補助食品	¥1,500
H012	ビタミンC	FN	栄養補助食品	¥1,200
H013	プルーンエキ	FN	栄養補助食品	¥1,400
H015	マルチビタミン	FN	栄養補助食品	¥1,500
H019	鉄分	FN	栄養補助食品	¥1,800
H020	羅漢果ゼリー	FB		

「FB」に対応する[商品区分名]の「美容補助食品」というデータが一側テーブルから自動参照された

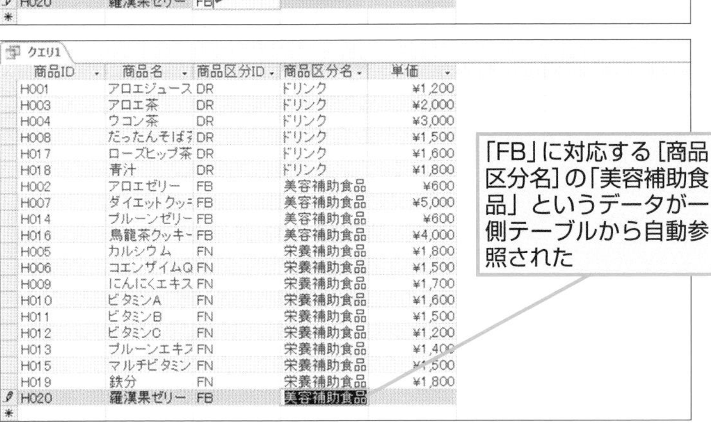

商品ID	商品名	商品区分ID	商品区分名	単価
H001	アロエジュース	DR	ドリンク	¥1,200
H003	アロエ茶	DR	ドリンク	¥2,000
H004	ウコン茶	DR	ドリンク	¥3,000
H008	だったんそば	DR	ドリンク	¥1,500
H017	ローズヒップ茶	DR	ドリンク	¥1,600
H018	青汁	DR	ドリンク	¥1,800
H002	アロエゼリー	FB	美容補助食品	¥600
H007	ダイエットクッ	FB	美容補助食品	¥5,000
H014	プルーンゼリー	FB	美容補助食品	¥600
H016	鳥龍茶クッキー	FB	美容補助食品	¥4,000
H005	カルシウム	FN	栄養補助食品	¥1,800
H006	コエンザイムQ	FN	栄養補助食品	¥1,500
H009	にんにくエキス	FN	栄養補助食品	¥1,700
H010	ビタミンA	FN	栄養補助食品	¥1,600
H011	ビタミンB	FN	栄養補助食品	¥1,500
H012	ビタミンC	FN	栄養補助食品	¥1,200
H013	プルーンエキ	FN	栄養補助食品	¥1,400
H015	マルチビタミン	FN	栄養補助食品	¥1,500
H019	鉄分	FN	栄養補助食品	¥1,800
H020	羅漢果ゼリー	FB	美容補助食品	

HINT! 一側テーブルにないデータは入力できない

オートルックアップクエリでは、一側テーブルに存在しないデータは入力できません。このレッスンのクエリの場合、一側の［商品区分テーブル］に存在しない［商品区分ID］の値を多側の［商品テーブル］の［商品区分ID］のフィールドに入力するとエラーになります。［商品テーブル］に入力したい［商品区分ID］の値は、あらかじめ［商品区分テーブル］の［商品区分ID］のフィールドに入力しておく必要があります。

エラーメッセージが表示されたときは、[OK]をクリックして正しい[商品区分ID]を入力し直す

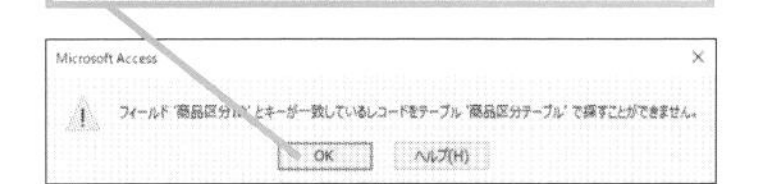

HINT! 参照用のデータは編集しない

オートルックアップクエリでは、一側テーブルのフィールドは参照用です。参照用で表示しているフィールドのデータを変更すると、一側テーブル、すなわち参照用にしている元のデータが書き換わってしまうので、注意してください。例えば、ここでは［商品区分名］は、一側テーブル［商品区分テーブル］から参照しています。このクエリの中で、商品区分名の「美容補助食品」を「補助食品」と変更すると、［商品区分テーブル］の［商品区分名］フィールドの「美容補助食品」が「補助食品」に書き換わってしまいます。

レッスン

22 テーブルやクエリの結果をExcelで利用するには

Excelとの連携

対応バージョン

365 2019 2016 2013

レッスンで使う練習用ファイル
Excelとの連携.accdb

Excelと連携させてデータを活用する

Excelには、豊富なデータ分析機能が用意されています。Accessのデータを Excelと連携して使用できれば、Excelを使って集計したり、グラフを作成したりと、さまざまな形でデータを分析、活用できます。AccessのデータをExcelで使用するには、Accessのデータをエクスポートします。エクスポートの機能によってExcelファイルとしてデータを出力できます。エクスポートしたデータはAccessの元データと関係なく、自由に加工することができます。Accessのデータを有効活用するために、エクスポートを利用しデータを連携させる方法をマスターしましょう。

関連レッスン

▶レッスン19
データの表示形式を
指定するには ································ p.76

キーワード

エクスポート	p.292
クエリ	p.292
テーブル	p.293
デザインビュー	p.294

Before

受注一覧クエリ

受注ID	受注日	顧客名	受注明細ID	商品名	単価	数量
1	2020/01/10	武藤 大地	1	アロエジュース	¥1,200	2
1	2020/01/10	武藤 大地	2	マルチビタミン	¥1,500	2
1	2020/01/10	武藤 大地	3	ウコン茶	¥3,000	1
2	2020/01/12	石原 早苗	1	プルーンゼリー	¥600	1
2	2020/01/12	石原 早苗	2	烏龍茶クッキー	¥4,000	1
2	2020/01/12	石原 早苗	3	ダイエットクッキー	¥5,000	1
3	2020/01/12	西村 誠一	1	青汁	¥1,800	2
3	2020/01/12	西村 誠一	2	にんにくエキス	¥1,700	1
4	2020/01/14	菅原 英子	1	マルチビタミン	¥1,500	1
4	2020/01/14	菅原 英子	2	鉄分	¥1,800	1
4	2020/01/14	菅原 英子	3	カルシウム	¥1,800	1
5	2020/01/15	青木 早苗	1	プルーンエキス	¥1,400	1
5	2020/01/15	青木 早苗	2	青汁	¥1,800	2
5	2020/01/15	青木 早苗	3	ウコン茶	¥3,000	1
6	2020/01/15	武藤 大地	1	青汁	¥1,800	2
6	2020/01/15	武藤 大地	2	だったんそば茶	¥1,500	3
7	2020/01/18	赤羽 みどり	1	アロエ茶	¥2,000	2
7	2020/01/18	赤羽 みどり	2	にんにくエキス	¥1,700	3
7	2020/01/18	赤羽 みどり	3	アロエゼリー	¥600	4
7	2020/01/18	赤羽 みどり	4	ウコン茶	¥3,000	1

クエリの結果をExcel形式で書き出すことができる

After

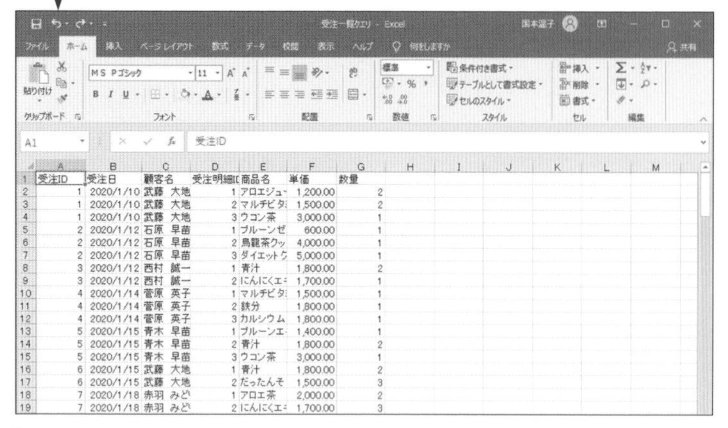

	A	B	C	D	E	F	G
1	受注ID	受注日	顧客名	受注明細IC	商品名	単価	数量
2	1	2020/1/10	武藤 大地	1	アロエジュ-	1,200.00	2
3	1	2020/1/10	武藤 大地	2	マルチビタ	1,500.00	2
4	1	2020/1/10	武藤 大地	3	ウコン茶	3,000.00	1
5	2	2020/1/12	石原 早苗	1	プルーンゼ	600.00	1
6	2	2020/1/12	石原 早苗	2	烏龍茶クッ	4,000.00	1
7	2	2020/1/12	石原 早苗	3	ダイエットク	5,000.00	1
8	3	2020/1/12	西村 誠一	1	青汁	1,800.00	2
9	3	2020/1/12	西村 誠一	2	にんにくエ	1,700.00	1
10	4	2020/1/14	菅原 英子	1	マルチビタ	1,500.00	1
11	4	2020/1/14	菅原 英子	2	鉄分	1,800.00	1
12	4	2020/1/14	菅原 英子	3	カルシウム	1,800.00	1
13	5	2020/1/15	青木 早苗	1	プルーンエ	1,400.00	1
14	5	2020/1/15	青木 早苗	2	青汁	1,800.00	2
15	5	2020/1/15	青木 早苗	3	ウコン茶	3,000.00	1
16	6	2020/1/15	武藤 大地	1	青汁	1,800.00	2
17	6	2020/1/15	武藤 大地	2	だったんそ	1,500.00	3
18	7	2020/1/18	赤羽 みど	1	アロエ茶	2,000.00	2
19	7	2020/1/18	赤羽 みど	2	にんにくエ	1,700.00	3

書き出したファイルをExcelで開いてデータを活用できる

1 書き出すデータを選択する

練習用ファイルを開いておく

1 ［受注一覧クエリ］をクリック

2 ［外部データ］タブをクリック

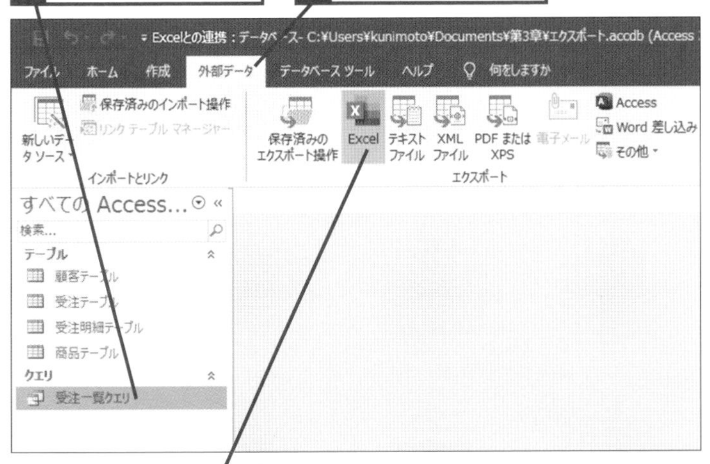

3 ［Excel ］をクリック

2 データ形式と保存場所を設定する

［エクスポート］ダイアログボックスが表示された

ファイル名とファイル形式を確認しておく

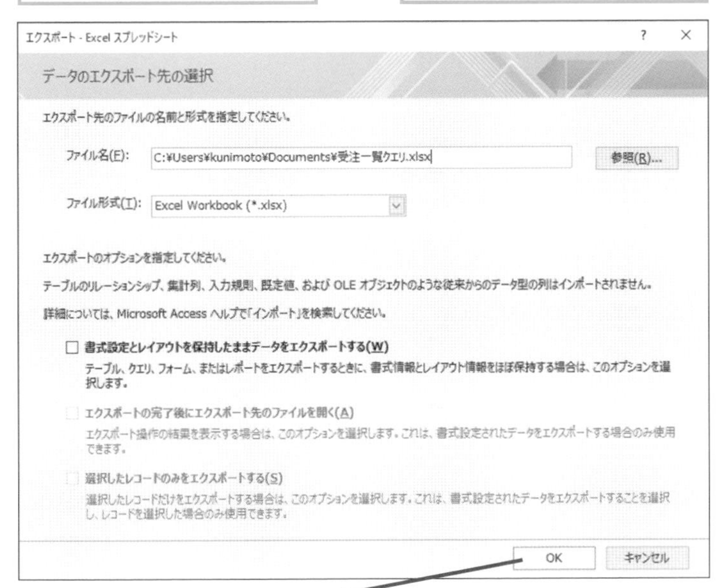

1 ［OK］をクリック

HINT!

コピー、貼り付けでExcelにデータをコピーする

エクスポート以外に、コピー、貼り付けの操作でAccessのデータをExcelにコピーすることもできます。データ件数が少ない場合は、テーブルまたはクエリのデータを手軽にコピーでき便利です。

テーブルまたはクエリを開き、データを選択しておく

1 ［ホーム］タブをクリック

2 ［コピー］をクリック

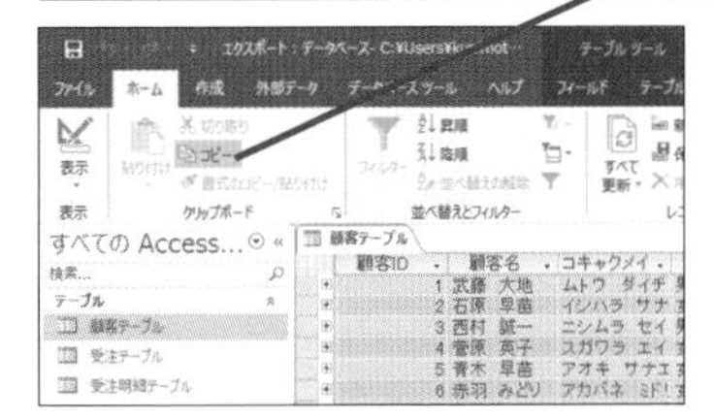

Excelを起動しておく

3 ［ホーム］タブをクリック

4 ［貼り付け］をクリック

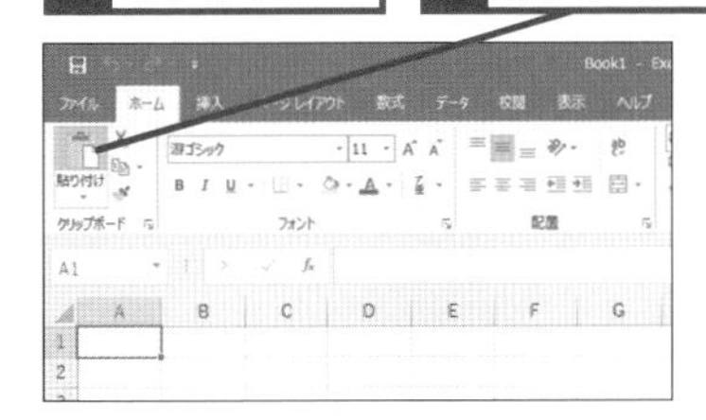

AccessのデータをExcelのワークシートに貼り付けられた

次のページに続く

③ データの書き出しを完了する

データの書き出しが完了した

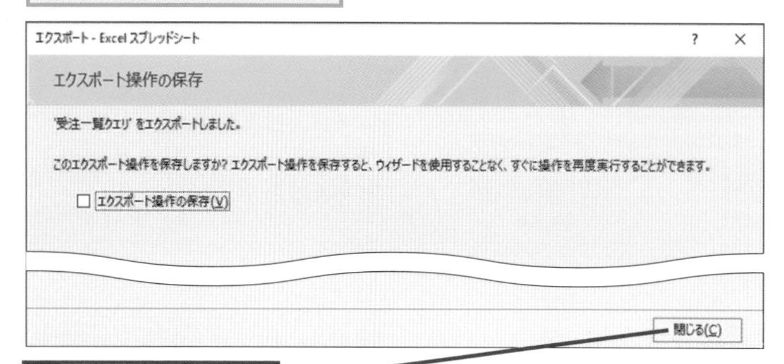

1 [閉じる]をクリック

④ Excelでデータを開く

Excelを起動してエクスポートしたファイルを開く

ファイル名と同名のシートにデータが書き出されている

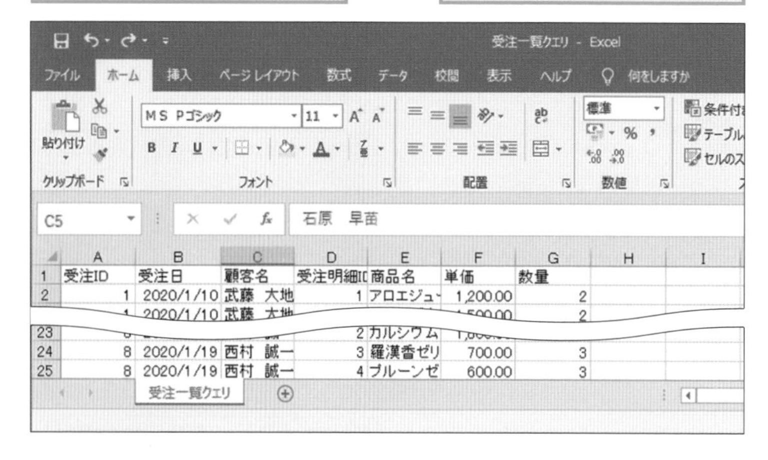

HINT! テキストファイルにエクスポートするには

手順1の画面で［テキストファイル］ボタンをクリックすると、データをテキストファイルにエクスポートできます。この場合、手順2のあと、［テキストエクスポートウィザード］が起動し、エクスポートの形式を選択する画面が表示されます。テキストファイルは、いろいろなアプリで読み込めるファイル形式なので、利用範囲が広がります。

［テキストエクスポートウィザード］で出力形式を設定する

テクニック データを整えてからエクスポートできる

クエリのデータをエクスポートする前に、レッスン⑯を参考にクエリをデザインビューで表示し、並べ替えの設定をしてデータの並びを整えておきましょう。Excelで開いたときにデータが整えられていれば、利用しやすくなります。

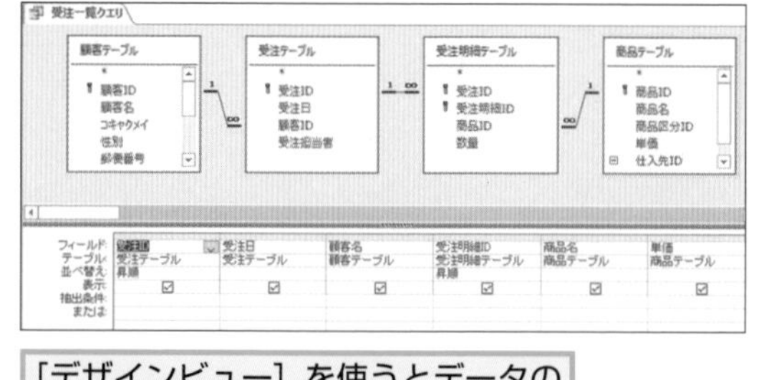

［デザインビュー］を使うとデータの並べ替えが簡単にできる

テクニック Excelからクエリを参照するには

Excelの［データの取り込み］機能を使用すると、ExcelからAccessのクエリに接続して、データを参照することができます。データが元のAccessファイルにつながっているため、常に最新のデータを使って分析作業が行えます。

1 データの取得先を選択する

Excelを起動しておく

1 ［データ］タブをクリック

2 ［データの取得］をクリック

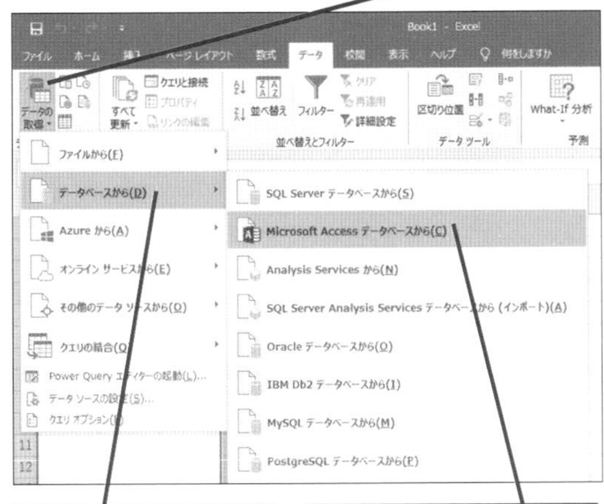

3 ［データベースから］をクリック

4 ［Microsoft Accessデータベースから］をクリック

2 ファイルを選択する

［データの取り込み］ダイアログボックスが表示された

1 Accessのファイルをクリック

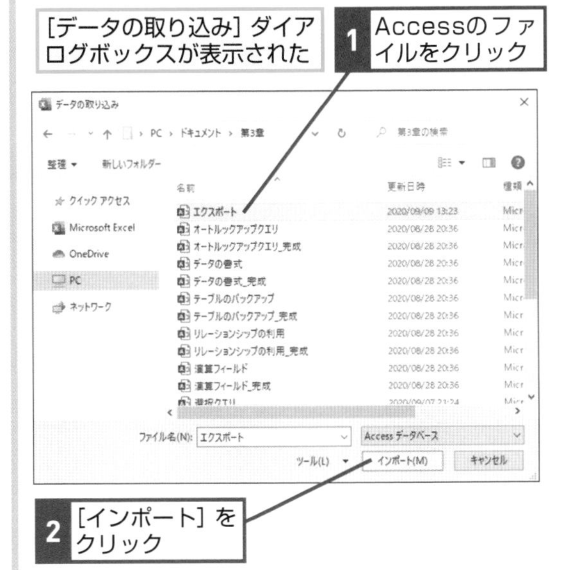

2 ［インポート］をクリック

3 クエリを選択する

［ナビゲーター］ウィンドウが表示された

1 読み込むクエリをクリック

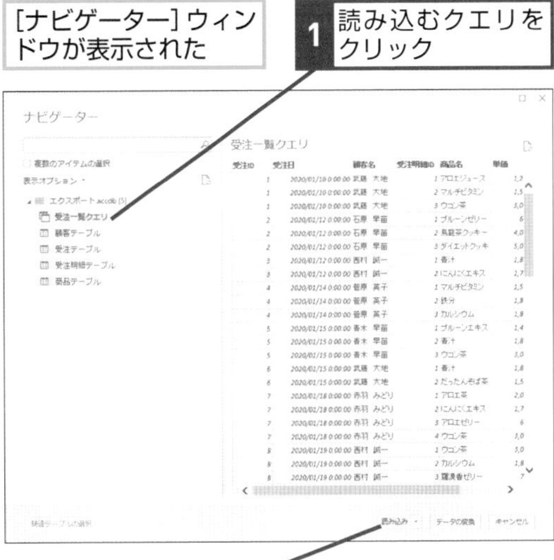

2 ［読み込み］をクリック

4 Excel とクエリが接続された

Excelの新しいワークシートにクエリが読み込まれた

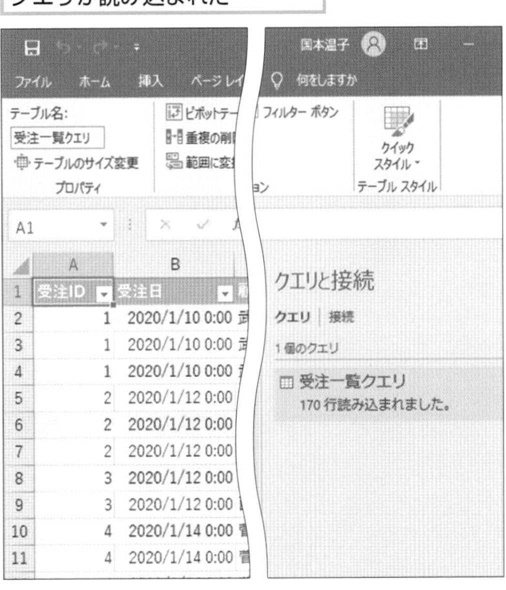

この章のまとめ

●選択クエリで欲しい情報を抽出しよう

クエリを使うと、データベースに格納されている何千、何万件のデータの中から必要な情報を瞬時に取り出せます。クエリはデータを活用するための最も重要なオブジェクトです。その中でも選択クエリは、クエリの基本となります。テーブルから必要なフィールドだけを表示したり、あるフィールドを基準に並べ替えをしてデータの整理を行ったりできるほか、条件を満たすレコードの絞り込みも行えます。あるいは、フィールドの値を元に演算することで、新しいデータを作ることもできます。リレーションシップを設定した複数のテーブルから、フィールドを組み合わせた表を作成するのも選択クエリで行います。また、クエリで抽出したデータをExcelなど別アプリで使用できるようにエクスポートする方法を覚えておくと、データの活用範囲が広がります。

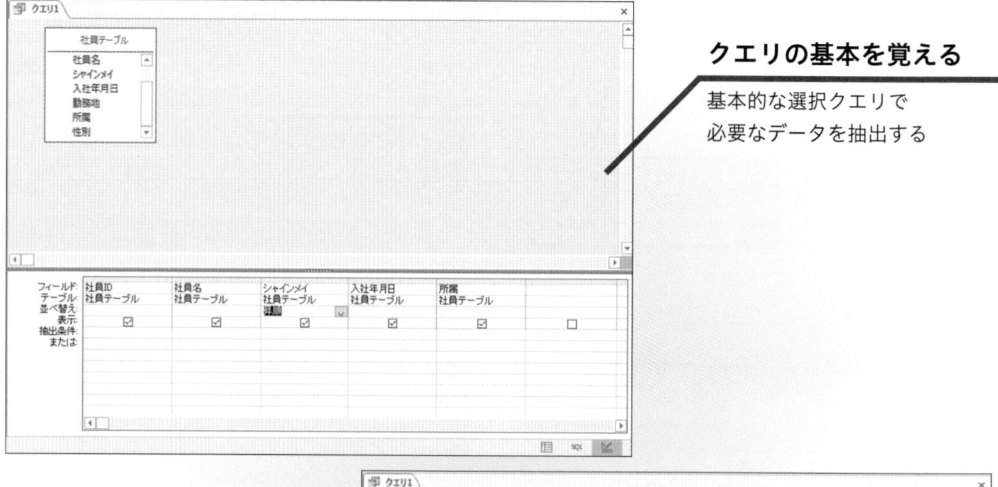

社員ID	社員名	シャインメイ	入社年月日	所属
104203	荒井 忠	アライ タダシ	2009/04/01	総務部
104701	小野寺 久美	オノデラ クミ	2014/04/01	営業部
104801	近藤 俊彦	コンドウ トシヒコ	2015/04/01	企画部
104902	斉藤 由紀子	サイトウ ユキコ	2016/09/01	営業部
103802	佐々木 努	ササキ ツトム	2005/04/01	企画部
104201	新藤 英子	シンドウ エイコ	2009/04/01	営業部
104602	杉山 直美	スギヤマ ナオミ	2013/09/01	企画部
105101	鈴木 隆	スズキ タカシ	2018/04/01	営業部
105201	曽根 由紀	ソネ ユキ	2019/09/01	総務部
105301	高橋 勇太	タカハシ ユウタ	2020/04/01	営業部
103502	田中 裕一	タナカ ユウイチ	2002/10/01	営業部
104402	戸田 あかね	トダ アカネ	2011/09/01	営業部
103801	南 慶介	ミナミ ケイスケ	2005/04/01	総務部
105102	室井 正二	ムロイ ショウジ	2018/04/01	総務部
104301	山崎 幸彦	ヤマザキ ユキヒコ	2010/04/01	企画部

練習問題

1

［第3章］フォルダーにある［練習問題.accdb］を開き、［会員名簿］［通販商品］［売上］の3つのテーブルから、右表のフィールドを順番に追加して選択クエリを作成します。［ID］フィールドで昇順に並べ替えてから、「売上クエリ」という名前で保存しましょう。なお、3つのテーブルは、それぞれリレーションシップが設定されています。

●ヒント：クエリの新規作成画面で3つのテーブルを追加し、表示したいフィールドをデザイングリッドに追加して、［ID］フィールドの［並べ替え］行で［昇順］を選択します。

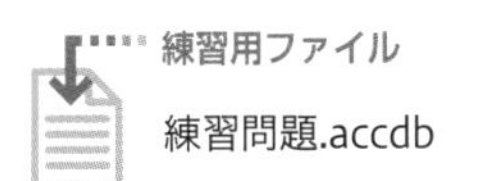

練習問題.accdb

●作成するクエリのフィールド

テーブル名	フィールド名
売上	ID
売上	売上日
会員名簿	会員名
通販商品	商品名
通販商品	価格
売上	個数

3つのテーブルを利用し、上の表にあるフィールドからクエリを作成して「売上クエリ」という名前で保存する

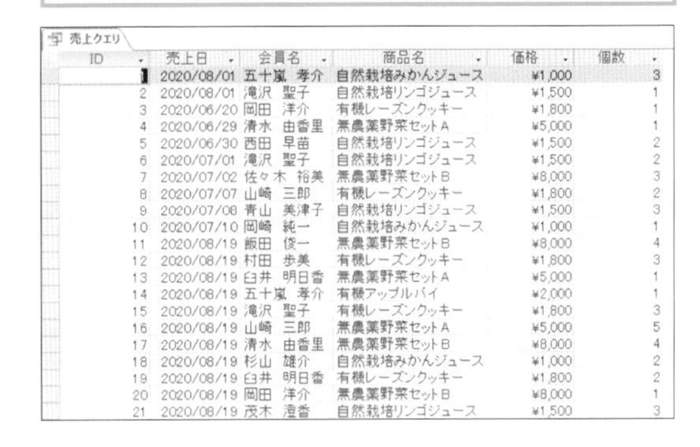

売上クエリ

ID	売上日	会員名	商品名	価格	個数
1	2020/08/01	五十嵐　孝介	自然栽培みかんジュース	¥1,000	3
2	2020/08/01	滝沢　聖子	自然栽培リンゴジュース	¥1,500	1
3	2020/06/20	岡田　洋介	有機レーズンクッキー	¥1,800	1
4	2020/06/29	清水　由香里	無農薬野菜セットA	¥5,000	1
5	2020/06/30	西田　早苗	自然栽培リンゴジュース	¥1,500	2
6	2020/07/01	滝沢　聖子	自然栽培リンゴジュース	¥1,500	2
7	2020/07/02	佐々木　裕美	無農薬野菜セットB	¥8,000	3
8	2020/07/07	山崎　三郎	有機レーズンクッキー	¥1,800	2
9	2020/07/08	青山　美津子	自然栽培リンゴジュース	¥1,500	3
10	2020/07/10	岡崎　純一	自然栽培みかんジュース	¥1,000	1
11	2020/08/19	飯田　俊一	無農薬野菜セットB	¥8,000	4
12	2020/08/19	村田　歩美	有機レーズンクッキー	¥1,800	3
13	2020/08/19	臼井　明日香	無農薬野菜セットA	¥5,000	1
14	2020/08/19	五十嵐　孝介	有機アップルパイ	¥2,000	1
15	2020/08/19	滝沢　聖子	有機レーズンクッキー	¥1,800	3
16	2020/08/19	山崎　三郎	無農薬野菜セットA	¥5,000	5
17	2020/08/19	清水　由香里	無農薬野菜セットB	¥8,000	4
18	2020/08/19	杉山　雄介	自然栽培みかんジュース	¥1,000	2
19	2020/08/19	臼井　明日香	有機レーズンクッキー	¥1,800	2
20	2020/08/19	岡田　洋介	無農薬野菜セットB	¥8,000	1
21	2020/08/19	茂木　澄香	自然栽培リンゴジュース	¥1,500	3

2

［売上クエリ］に［価格］と［個数］から売上金額を表示する［金額］という演算フィールドを作成してみましょう。

●ヒント：演算フィールドは、「フィールド名:式」で作成できます。また、金額は、［価格］×［個数］で求められます。

練習問題1で作成した［売上クエリ］に、売上金額を求めるフィールドを作成する

	売上日	会員名	商品名	価格	個数	金額
1	2020/08/01	五十嵐　孝介	自然栽培みかんジュース	¥1,000	3	¥3,000
2	2020/08/01	滝沢　聖子	自然栽培リンゴジュース	¥1,500	1	¥1,500
3	2020/06/20	岡田　洋介	有機レーズンクッキー	¥1,800	1	¥1,800
4	2020/06/29	清水　由香里	無農薬野菜セットA	¥5,000	1	¥5,000
5	2020/06/30	西田　早苗	自然栽培リンゴジュース	¥1,500	2	¥3,000
6	2020/07/01	滝沢　聖子	自然栽培リンゴジュース	¥1,500	2	¥3,000
7	2020/07/02	佐々木　裕美	無農薬野菜セットB	¥8,000	3	¥24,000
8	2020/07/07	山崎　三郎	有機レーズンクッキー	¥1,800	2	¥3,600
9	2020/07/08	青山　美津子	自然栽培リンゴジュース	¥1,500	3	¥4,500
10	2020/07/10	岡崎　純一	自然栽培みかんジュース	¥1,000	1	¥1,000
11	2020/08/19	飯田　俊一	無農薬野菜セットB	¥8,000	4	¥32,000
12	2020/08/19	村田　歩美	有機レーズンクッキー	¥1,800	3	¥5,400
13	2020/08/19	臼井　明日香	無農薬野菜セットA	¥5,000	1	¥5,000
14	2020/08/19	五十嵐　孝介	有機アップルパイ	¥2,000	1	¥2,000
15	2020/08/19	滝沢　聖子	有機レーズンクッキー	¥1,800	3	¥5,400
16	2020/08/19	山崎　三郎	無農薬野菜セットA	¥5,000	5	¥25,000
17	2020/08/19	清水　由香里	無農薬野菜セットB	¥8,000	4	¥32,000
18	2020/08/19	杉山　雄介	自然栽培みかんジュース	¥1,000	2	¥2,000
19	2020/08/19	臼井　明日香	有機レーズンクッキー	¥1,800	2	¥3,600
20	2020/08/19	岡田　洋介	無農薬野菜セットB	¥8,000	1	¥8,000
21	2020/08/19	茂木　澄香	自然栽培リンゴジュース	¥1,500	3	¥4,500

答えは次のページ

解　答

1

[会員名簿][売上][通販商品]のテーブルから[ID][売上日][会員名][商品名][価格][個数]のフィールドでクエリを作成する

クエリのデザインビューで[会員名簿][売上][通販商品]の3つのテーブルを追加します。続いて、それらのテーブルからデザイングリッドにフィールドを追加します。最後に[ID]フィールドの[並べ替え]行で[昇順]を選択すると、クエリは完成です。「売上クエリ」という名前で保存しましょう。クエリを実行して前ページの結果になるか、確認してください。

1 必要なフィールドを追加

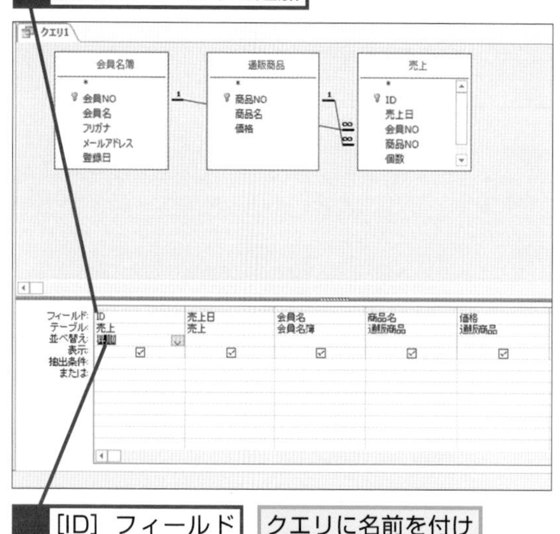

2 [ID]フィールドの[並べ替え]行で[昇順]を選択

クエリに名前を付けて保存する

3 [上書き保存]をクリック

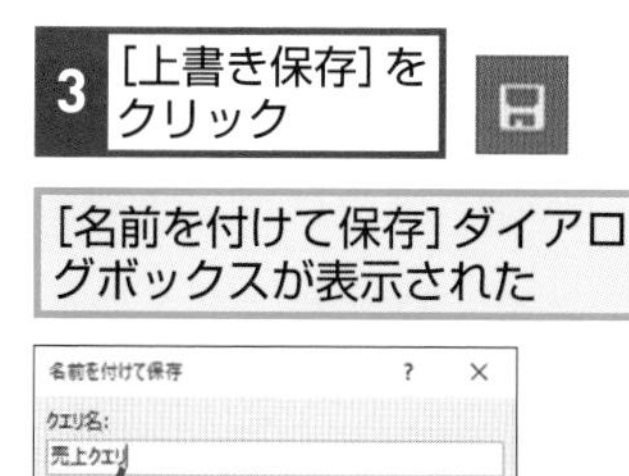

[名前を付けて保存]ダイアログボックスが表示された

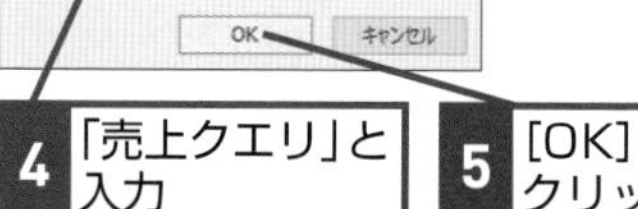

4 「売上クエリ」と入力

5 [OK]をクリック

クエリが保存される

2

練習問題1で保存したクエリに演算フィールドを追加する

練習問題1で作成した[売上クエリ]をデザインビューで開きます。新しい列の[フィールド]行に、「金額:[価格]*[個数]」と入力して、Enterキーを押します。変更を保存するため、クイックアクセスツールバーの[上書き保存]ボタンから、クエリを上書き保存します。

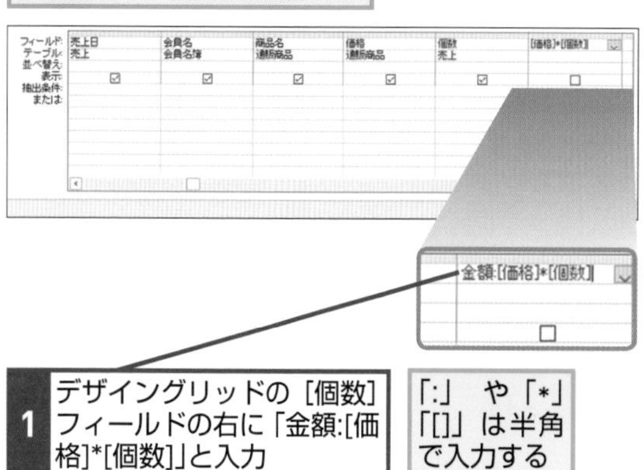

1 デザイングリッドの[個数]フィールドの右に「金額:[価格]*[個数]」と入力

「:」や「*」「[]」は半角で入力する

2 Enterキーを押す

第4章 必要なデータを正確に抽出する

データベースに蓄積されている大量のデータは、必要なデータを取り出すことで有効活用できます。Accessではクエリによってデータを取り出せます。ここでは必要なデータを正確に抽出するために、クエリの抽出条件を設定する方法を説明します。

●この章の内容

レッスン
23 抽出に必要な条件を確認しよう

抽出条件の設定

対応バージョン

365 2019 2016 2013

このレッスンには、練習用ファイルがありません

テーブルから自在にデータを取り出す

テーブルは、「名前」「住所」「生年月日」など、さまざまな種類のフィールドで構成されています。では、このようなテーブルから必要なデータだけを抽出するには、どうしたらいいでしょうか。例えば、「1980年生まれの東京または大阪に住む人」を抽出したい場合、単純な条件だけでは抽出できないように思えます。しかし、複雑な抽出条件であっても、抽出条件の設定方法さえ分かっていれば、1つ1つの抽出条件を組み合わせることで解決できます。この章では、複数の条件を指定する場合のAND条件やOR条件の設定方法、演算子による条件設定、ワイルドカードによるあいまいな条件設定、トップ値によるデータの抽出など、目的のデータを抽出するために利用する機能や演算子などをまとめて紹介します。

関連レッスン

▶レッスン2
クエリでできることを確認しよう ……… p.22

キーワード

AND条件	p.291
OR条件	p.291
演算子	p.292
トップ値	p.294
パラメータークエリ	p.294
ワイルドカード	p.295

●テーブル

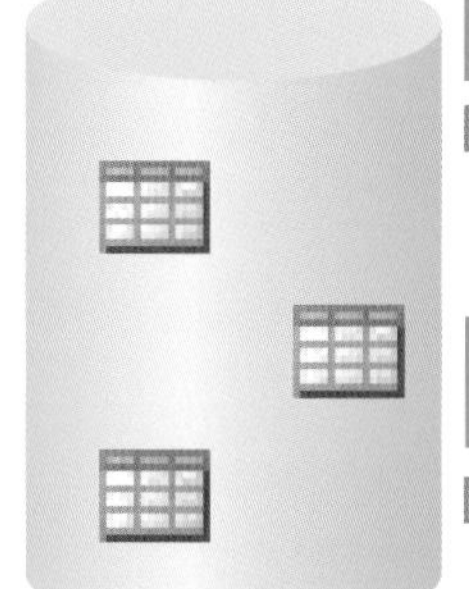

AND条件やOR条件を利用して「男性」かつ「ゴールド」、「大阪府」か「兵庫県」といったレコードを抽出する

氏名	性別	会員種別
山崎　俊明	男	ゴールド
足立　康介	男	ゴールド
大橋　孝雄	男	ゴールド
堀口　慶介	男	ゴールド

氏名	都道府県
吉村　香苗	大阪府
大川　裕也	兵庫県
服部　英之	大阪府
吉原　孝太郎	兵庫県

演算子を使って「～以外」や「～以降」のレコードを抽出する

会員 ID	支払方法
1003	現金振込
1004	代金引換
1006	電子マネー
1012	現金振込

会員 ID	登録日
1043	2020/04/01
1044	2020/04/05
1045	2020/04/15
1046	2020/04/30

ワイルドカードを利用して、「渋谷区」から始まるレコードを抽出する

氏名	住所
山崎　俊明	渋谷区千駄ヶ谷 X-X
角田　壮介	渋谷区西原 X-X
久代　智恵	渋谷区神宮前 X-X

トップ値の機能で、注文実績のトップ5を調べる

会員 ID	注文実績
1035	¥323,300
1024	¥279,700
1033	¥277,200
1004	¥200,000
1037	¥195,300

誰でもデータを取り出せるように入力画面を作る

「目的に応じて、抽出条件を素早く切り替えたい」「Accessに不慣れな人でも、抽出条件を簡単に設定できるようにしたい」……。そんなときは、クエリの実行時に抽出条件を指定できるようにしておくと便利です。「パラメータークエリ」を使用すると、クエリの実行時に入力画面が表示され、条件をその都度指定できます。クエリの抽出条件の設定方法を知らなくても、入力画面の指示に従って条件を入力するだけなので簡単です。パラメータークエリによって誰でも簡単にデータを取り出せるようになり、データベースをより有効に活用できるでしょう。

●パラメータークエリの利用

クエリの実行時に抽出条件を入力できるダイアログボックスを表示できる

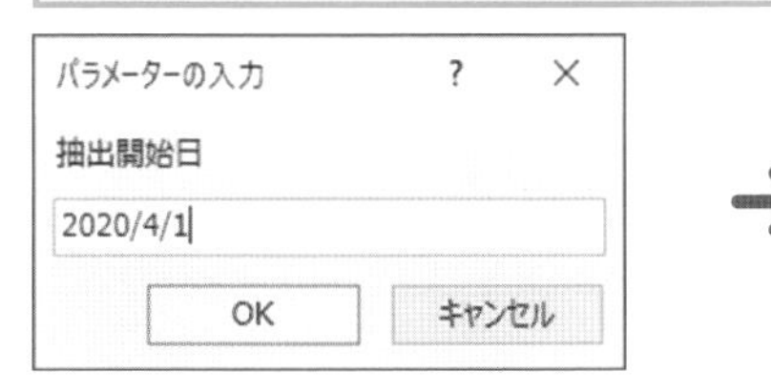

「2020年4月1日以降」という条件を指定する

2020年4月1日以降の登録日が表示される

氏名	登録日
田口　亜美	2020/04/01
松井　和樹	2020/04/05
久代　智恵	2020/04/15
金城　巧	2020/04/30
宮原　浩太	2020/05/07
藤野　梨絵	2020/05/10

HINT!

抽出条件を設定するコツ

抽出条件を設定するには、まず、必要なデータを含むテーブルをクエリのデザインビューに追加して、選択クエリを作成します。次に単純な条件を設定し、正しく抽出されるかどうかを確認します。いくつかの条件を組み合わせてデータを抽出するような場合でも、単純な条件を1つずつ確認しながら設定すると分かりやすいでしょう。

テクニック AND、OR、NOTの範囲をベン図で確認する

AND条件、OR条件、NOT条件は、図にするとイメージしやすくなります。右図では、AとBという2つの条件が円で表されています。それぞれ円の内部が条件成立を表し、円の外部が不成立を表します。
「A And B」というAND条件は、AとB両方の条件が成立する場合に成立します。図では、Aの円とBの円の重なった部分がAND条件の成立する部分です。「A Or B」というOR条件は、AまたはBの少なくとも1つが成立する場合に成立します。図では、グレーの太枠内がOR条件の成立する部分です。「Not A」というNOT条件は、「Aでない」という条件です。図では、Aの円の外部（斜線部分）がNOT条件の成立する部分となります。

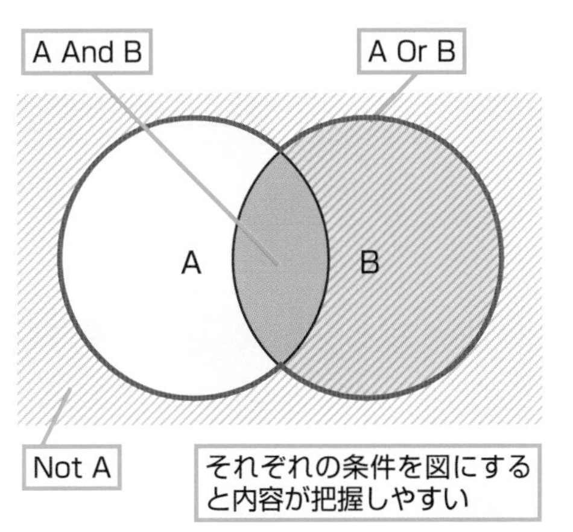

それぞれの条件を図にすると内容が把握しやすい

レッスン

24 「AかつB」のデータを抽出するには

AND条件

対応バージョン

365 2019 2016 2013

レッスンで使う練習用ファイル
AND条件.accdb

複数条件をすべて満たすデータを抽出する

クエリで複数の抽出条件を指定するとき、「条件Aかつ条件B」というように、指定した条件をすべて満たすレコードを抽出する条件設定をAND条件といいます。AND条件を指定するには、デザイングリッドの［抽出条件］行に複数の条件式を設定します。例えば、性別が「男」かつ会員種別が「ゴールド」という条件を設定する場合は、対象となる［性別］フィールドと［会員種別］フィールドの［抽出条件］行に条件式を入力します。
AND条件のポイントは、同じ行に条件式を設定することです。条件が3つ、4つと増えた場合でも、同じ行に抽出条件を設定することで、すべての条件を満たすレコードを抽出できます。

関連レッスン

▶レッスン23
抽出に必要な条件を確認しよう ……… p.94

▶レッスン25
「AまたはB」のデータを抽出するには ……… p.98

キーワード

AND条件	p.291
演算子	p.292
クエリ	p.292
フィールド	p.294

Before

クエリ1

会員ID	氏名	性別	会員種別
1001	山崎　俊明	男	ゴールド
1002	土田　恵美	女	レギュラー
1003	大崎　優子	女	レギュラー
1004	野中　健一	男	ダイヤモンド
1005	大谷　紀香	女	レギュラー
1006	福本　正二	男	レギュラー
1007	吉村　香苗	女	ダイヤモンド
1008	竹内　孝	男	レギュラー
1009	村井　千鶴	女	ゴールド
1010	大川　裕也	男	レギュラー
1011	和田　伸江	女	ゴールド
1012	遠藤　由紀子	女	レギュラー
1013	大橋　由香里	女	ゴールド
1014	足立　康介	男	ゴールド

性別が「男」で、会員種別が「ゴールド」のレコードを抽出したい

After

クエリ1

会員ID	氏名	性別	会員種別
1001	山崎　俊明	男	ゴールド
1014	足立　康介	男	ゴールド
1023	大橋　孝雄	男	ゴールド
1041	堀口　慶介	男	ゴールド
1042	原口　正義	男	ゴールド
1044	松井　和樹	男	ゴールド
1049	坂口　信也	男	ゴールド

［性別］フィールドと［会員種別］フィールドの［抽出条件］行に条件を入力することで、条件を満たすレコードを抽出できる

❶ 1つ目の抽出条件を設定する

練習用ファイルを開いておく

レッスン⓮を参考に、[会員テーブル]で新規クエリを作成して[会員ID][氏名][性別][会員種別]のフィールドを追加しておく

ここでは、性別が「男」かつ会員種別が「ゴールド」のレコードだけを抽出する

1 [性別]フィールドの[抽出条件]行をクリック

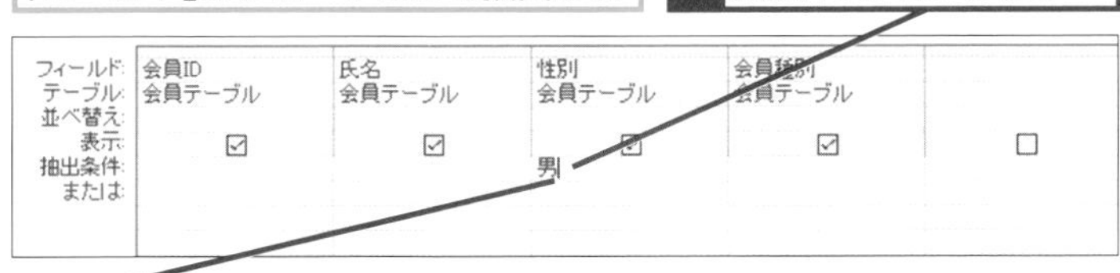

2 「男」と入力　3 Enter キーを押す

❷ 2つ目の抽出条件を設定する

カーソルが[会員種別]フィールドの[抽出条件]行に移動した

1 「ゴールド」と入力　2 Enter キーを押す

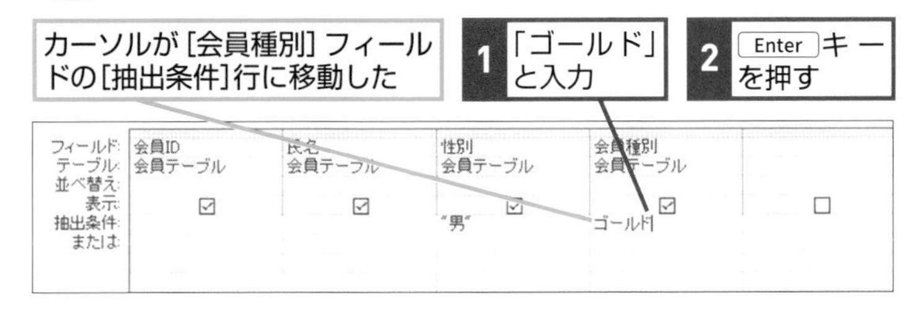

❸ クエリを実行する

AND条件が設定された

1 [実行]をクリック

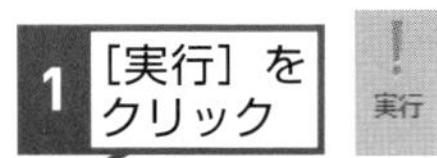

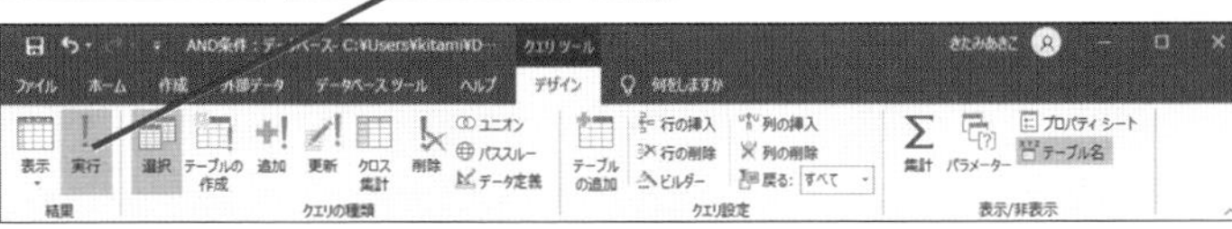

性別が「男」かつ会員種別が「ゴールド」のレコードが抽出された

HINT!

1つのフィールドで複数の条件を設定するには

異なるフィールド間でのAND条件の設定方法はレッスンで紹介した通りですが、1つのフィールドの抽出条件としてAND条件を設定することもできます。例えば、「10000以上50000以下」のように数値の範囲を示したい場合などです。その場合は、And演算子と比較演算子を利用して1つのフィールドに「>=10000 And <=50000」と記述します。なお、比較演算子の詳細はレッスン㉚で解説します。数値の範囲の抽出方法には、Between And演算子を利用する方法もあります。Between And演算子の利用方法は、レッスン㉚を参照してください。

1 [抽出条件]行に「>=10000 And <=50000」と入力

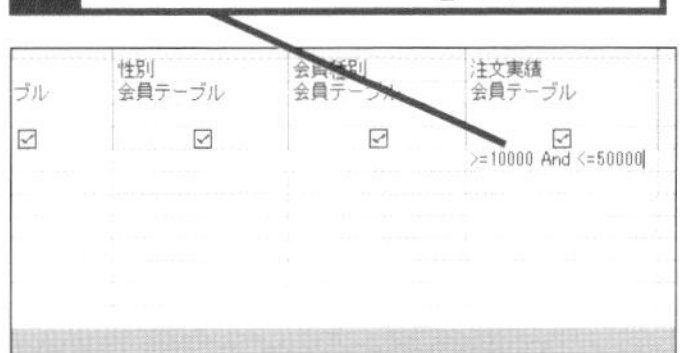

10000以上、かつ50000以下のレコードが抽出される

●And演算子の書式

構文	条件 1 And 条件 2
例	>=10000 And <=50000
説明	10000 以上かつ 50000 以下のレコードを抽出する

間違った場合は？

思い通りの抽出結果が得られなかった場合、抽出条件が間違っているか、条件を同じ行に設定していない可能性があります。デザインビューに切り替えて抽出条件を確認し、設定し直します。

レッスン

25 「AまたはB」のデータを抽出するには

OR条件

対応バージョン

365 2019 2016 2013

レッスンで使う練習用ファイル
OR条件.accdb

複数条件のいずれかを満たすデータを抽出する

複数の抽出条件の組み合わせ方には、前のレッスン㉔で紹介したAND条件のほかに、OR条件があります。OR条件では、「条件Aまたは条件B」のように、指定したうちの少なくとも1つの条件を満たすレコードを抽出できます。OR条件を指定するには、デザイングリッドの［抽出条件］行と［または］行に条件式を設定します。例えば、都道府県が「大阪府」または「兵庫県」という条件を設定する場合は、［都道府県］フィールドの［抽出条件］行に「大阪府」、［または］行に「兵庫県」と入力します。
OR条件を設定する上でのポイントは、異なる行に条件式を設定することです。条件が3つ、4つと増えた場合は、［または］行の下にある行を使用してください。

関連レッスン

キーワード

Before

クエリ1

会員ID	氏名	都道府県	住所
1001	山崎　俊明	東京都	渋谷区千駄ヶ谷X-X
1002	土田　恵美	奈良県	桜井市竜谷X-X
1003	大崎　優子	岩手県	盛岡市中堤町X-X
1004	野中　健一	埼玉県	久喜市本町X-X
1005	大谷　紀香	鳥取県	東伯郡琴浦町倉坂X-X
1006	福本　正二	東京都	調布市菊野台X-X
1007	吉村　香苗	大阪府	箕面市小野原東X-X
1008	竹内　孝	宮崎県	都城市高城町四家X-X
1009	村井　千鶴	東京都	足立区西竹の塚X-X
1010	大川　裕也	兵庫県	神戸市西区櫨谷町池谷X-X
1011	和田　伸江	広島県	安芸郡熊野町新宮X-X
1012	遠藤　由紀子	千葉県	銚子市小畑新町X-X
1013	大橋　由香里	京都府	京都市上京区上立売町X-X
1014	足立　康介	神奈川県	厚木市緑ケ丘X-X

都道府県が「大阪府」または「兵庫県」のレコードを抽出したい

After

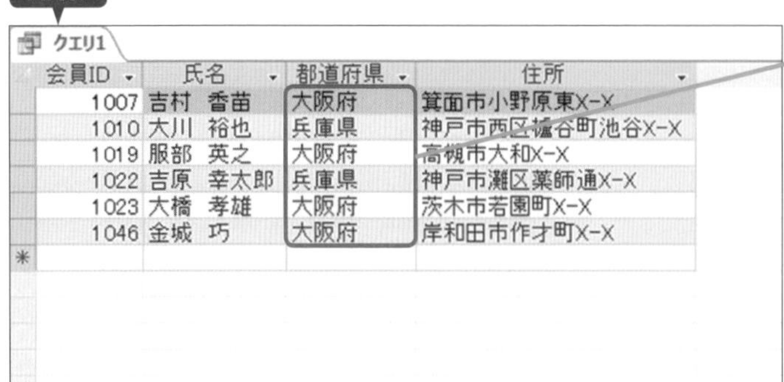

クエリ1

会員ID	氏名	都道府県	住所
1007	吉村　香苗	大阪府	箕面市小野原東X-X
1010	大川　裕也	兵庫県	神戸市西区櫨谷町池谷X-X
1019	服部　英之	大阪府	高槻市大和X-X
1022	吉原　幸太郎	兵庫県	神戸市灘区薬師通X-X
1023	大橋　孝雄	大阪府	茨木市若園町X-X
1046	金城　巧	大阪府	岸和田市作才町X-X

［都道府県］フィールドの［抽出条件］行と［または］行に条件を入力して、複数条件のいずれかを満たすレコードを抽出できる

1 1つ目の抽出条件を設定する

練習用ファイルを開いておく

レッスン⓮を参考に、[会員テーブル] で新規クエリを作成して[会員ID] [氏名] [都道府県] [住所] のフィールドを追加しておく

ここでは、都道府県が「大阪府」または「兵庫県」のレコードだけを抽出する

1 [都道府県] フィールドの[抽出条件]行をクリック

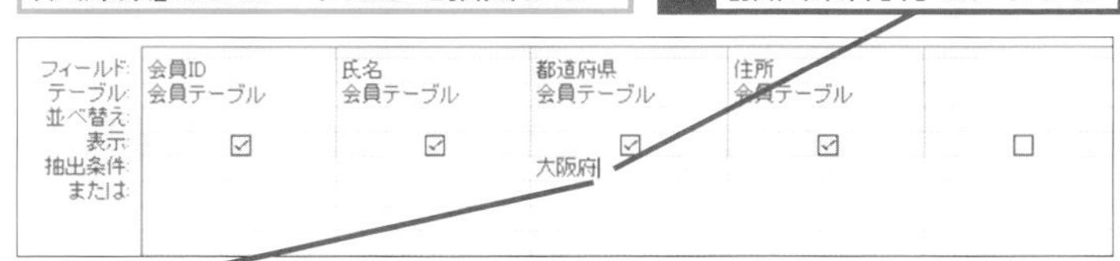

2 「大阪府」と入力

3 Enter キーを押す

2 2つ目の抽出条件を設定する

1 [都道府県] フィールドの[または]行をクリック

2 「兵庫県」と入力

3 Enter キーを押す

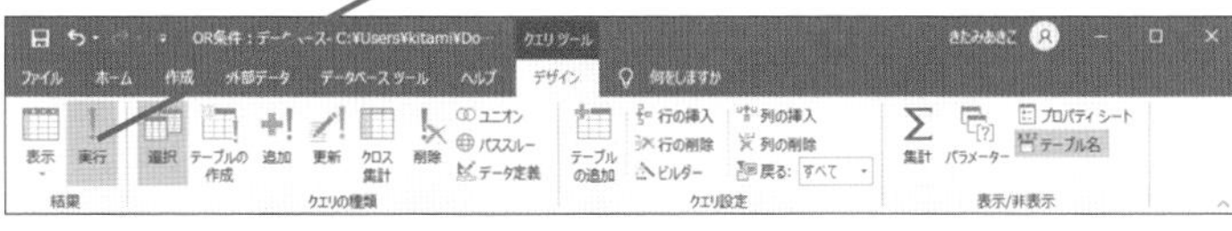

3 クエリを実行する

OR条件が設定された

1 [実行] をクリック

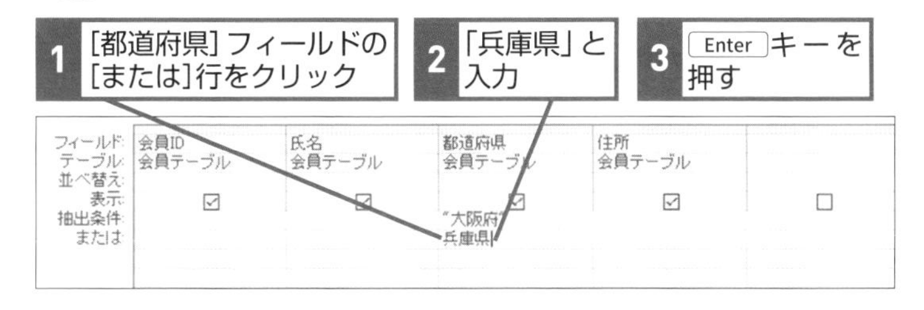

都道府県が「大阪府」または「兵庫県」のレコードが抽出された

会員ID	氏名	都道府県	住所
1007	吉村 香苗	大阪府	箕面市小野原東X-X
1010	大川 裕也	兵庫県	神戸市西区櫨谷町池谷X-X
1019	服部 英之	大阪府	高槻市大和X-X
1022	吉原 幸太郎	兵庫県	神戸市灘区薬師通X-X
1023	大橋 孝雄	大阪府	茨木市若園町X-X
1046	金城 巧	大阪府	岸和田市作才町X-X

HINT!

OR条件の活用法

OR条件を設定する場合は、2つ目の条件を［または］行に設定します。また、［または］行の下にある行を使用すると3つ以上のOR条件を設定できます。なお、「大阪府」または「兵庫県」のような同じフィールドでのOR条件の場合は、Or演算子を使って「"大阪府" Or "兵庫県"」と指定しても構いません。

3つ以上のOR条件も設定できる

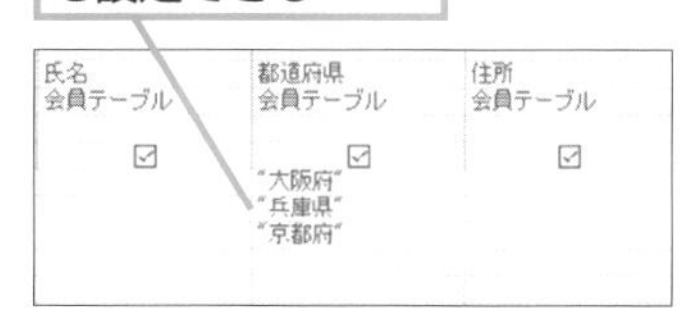

Or演算子を使い、「"大阪府" Or "兵庫県"」のように入力すると、1行でOR条件を設定できる

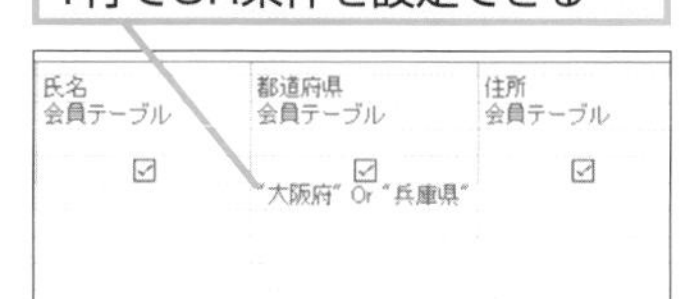

●Or演算子の書式

構文	条件1 Or 条件2
例	" 大阪府 " Or " 兵庫県 "
説明	「大阪府」または「兵庫県」のレコードを抽出する

HINT!

異なるフィールドにOR条件を設定するには

このレッスンでは同じフィールドにOR条件を指定しましたが、異なるフィールドに指定することも可能です。例えば、「ダイヤモンド会員またはクレジットカード会員を抽出したい」というときは、［会員種別］フィールドの［抽出条件］行に「ダイヤモンド」、［支払方法］フィールドの［または］行に「クレジットカード」と入力します。

レッスン

26 複数の条件を組み合わせてデータを抽出するには

組み合わせ条件

対応バージョン

365 2019 2016 2013

レッスンで使う練習用ファイル
組み合わせ条件.accdb

組み合わせ条件で複雑な設定ができる

レッスン㉔で「AかつB」を抽出するAND条件、レッスン㉕で「AまたはB」を抽出するOR条件を紹介しましたが、実際の業務ではさらに複雑な条件でデータを抽出したいこともあります。そんなときのために、AND条件とOR条件を組み合わせた条件設定をマスターしておきましょう。複雑な条件でも、AND条件とOR条件の組み合わせで表現できます。そのためには複数の条件のうち、どれとどれがAND条件の関係にあり、どれとどれがOR条件の関係にあるか、条件の関係を明確にすることが大切です。また、同じ行に入力した条件はAND条件、異なる行に入力した条件はOR条件になることも、きちんと理解しておきましょう。

関連レッスン

▶レッスン24
「AかつB」のデータを
抽出するには ………… p.96

▶レッスン25
「AまたはB」のデータを
抽出するには ………… p.98

キーワード

AND条件	p.291
OR条件	p.291
クエリ	p.292
データ型	p.293

Before

クエリ1

会員ID	氏名	都道府県	DM希望
1001	山崎 俊明	東京都	☑
1002	土田 恵美	奈良県	☑
1003	大崎 優子	岩手県	☑
1004	野中 健一	埼玉県	☐
1005	大谷 紀香	鳥取県	☑
1006	福本 正二	東京都	☑
1007	吉村 香苗	大阪府	☑
1008	竹内 孝	宮崎県	☑
1009	村井 千鶴	東京都	☐
1010	大川 裕也	兵庫県	☑
1011	和田 伸江	広島県	☐
1012	遠藤 由紀子	千葉県	☐
1013	大橋 由香里	京都府	☑
1014	足立 康介	神奈川県	☑

都道府県が「東京都」か「神奈川県」で、[DM希望] にチェックマークが付いているレコードを抽出したい

After

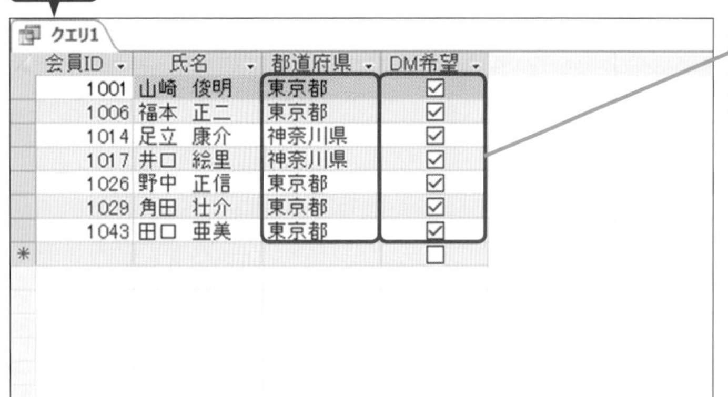

クエリ1

会員ID	氏名	都道府県	DM希望
1001	山崎 俊明	東京都	☑
1006	福本 正二	東京都	☑
1014	足立 康介	神奈川県	☑
1017	井口 絵里	神奈川県	☑
1026	野中 正信	東京都	☑
1029	角田 壮介	東京都	☑
1043	田口 亜美	東京都	☑
*			☐

AND条件とOR条件を組み合わせることで、目的のレコードを抽出できる

第4章 必要なデータを正確に抽出する

① 1つ目の抽出条件を設定する

練習用ファイルを開いておく

レッスン⓮を参考に、[会員テーブル]で新規クエリを作成して[会員ID][氏名][都道府県][DM希望]のフィールドを追加しておく

ここでは、都道府県が「東京都」または「神奈川県」であり、[DM希望]にチェックマークが付いているレコードだけを抽出する

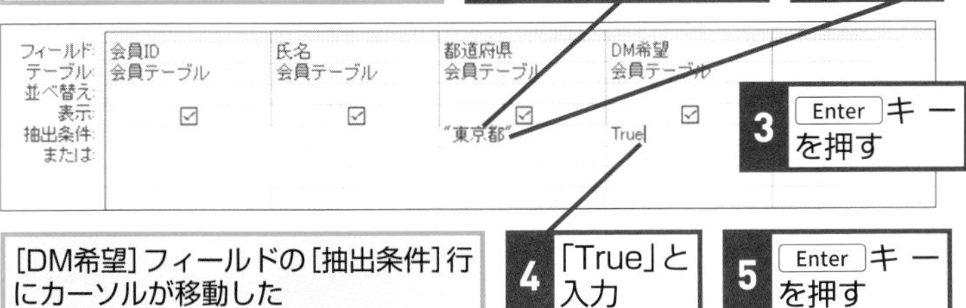

[DM希望]フィールドの[抽出条件]行にカーソルが移動した

4 「True」と入力

5 Enter キーを押す

② OR条件を設定する

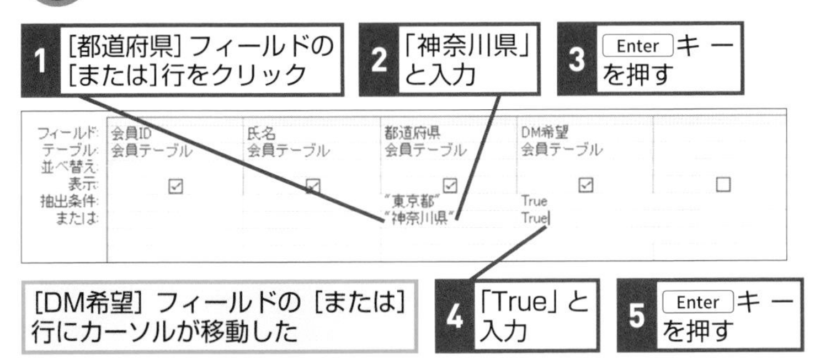

③ クエリを実行する

実行

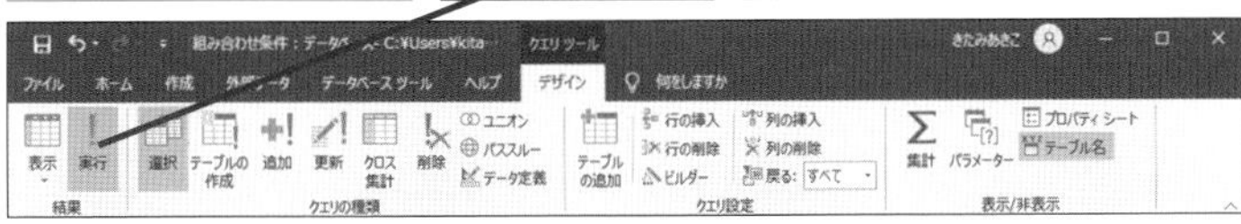

都道府県が「東京都」または「神奈川県」であり、[DM希望]にチェックマークが付いているレコードが抽出された

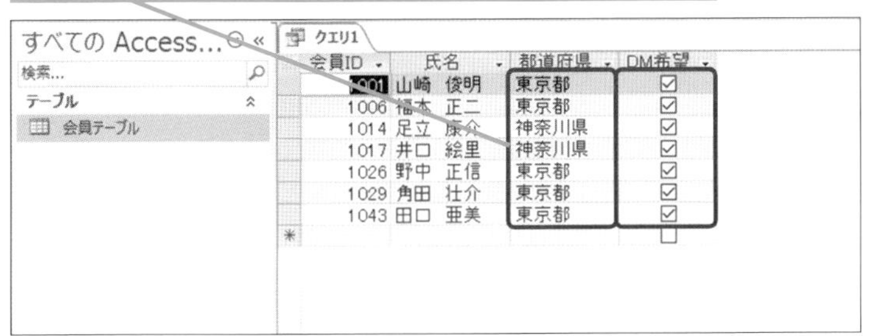

HINT!

Yes/No型のデータの抽出では「True」と「False」で条件を指定できる

Yes/No型のフィールドでチェックマークが付いているレコードを抽出するには、抽出条件として「True」か「Yes」を指定します。反対に、チェックマークが付いていないレコードを抽出するには、「False」か「No」を指定します。

HINT!

条件を言い換えると設定しやすくなる

データの抽出条件が複雑な場合は、条件を「かつ」と「または」を使って言い換えると条件同士の関係を明確にでき、抽出条件の設定に役立ちます。例えば、「東京都と神奈川県に住むDM希望の顧客」という条件の場合は、「東京都または神奈川県に住み、かつDM希望」という意味になります。さらに、「東京都に住み、かつDM希望」または、「神奈川県に住み、かつDM希望」と言い換えられます。

このように言い換えることで、「かつ」でまとめられる条件は同一行に記述し、「または」でつなげる条件は[または]行に記述すると考えると、抽出条件を設定しやすくなります。

レッスン

27 指定した条件以外のデータを抽出するには

Not演算子

対応バージョン

365 2019 2016 2013

レッスンで使う練習用ファイル
Not演算子.accdb

「～でない」という意味を付け加える

いくつかのデータの中から「○○以外」のレコードを抽出したいことがあります。下の[Before]の図を見てください。[支払方法]フィールドに「クレジットカード」「現金振込」「代金引換」「電子マネー」などのデータが入力されています。ここから「クレジットカード」以外のデータを抽出するときに、「現金振込」または「代金引換」または……、と1つ1つのデータを列挙するのは面倒です。こんなときは、抽出条件にNot演算子を使用しましょう。抽出条件の前に半角で「Not 」と記述することで、「～ではない」という意味を付加できます。「Not クレジットカード」と指定するだけで、「現金振込」または「代金引換」または……、の条件を簡潔に記述できるのです。

関連レッスン

▶レッスン24
「AかつB」のデータを
抽出するには ………… p.96

▶レッスン25
「AまたはB」のデータを
抽出するには ………… p.98

キーワード

Not演算子	p.291
演算子	p.292
クエリ	p.292
フィールド	p.294

Before

クエリ1

会員ID	氏名	支払方法
1001	山崎　俊明	クレジットカード
1002	土田　恵美	クレジットカード
1003	大崎　優子	現金振込
1004	野中　健一	代金引換
1005	大谷　紀香	クレジットカード
1006	福本　正二	電子マネー
1007	吉村　香苗	クレジットカード
1008	竹内　孝	クレジットカード
1009	村井　千鶴	クレジットカード
1010	大川　裕也	クレジットカード

なるべく簡単に、支払方法が「クレジットカード」以外のレコードを抽出したい

After

クエリ1

会員ID	氏名	支払方法
1003	大崎　優子	現金振込
1004	野中　健一	代金引換
1006	福本　正二	電子マネー
1012	遠藤　由紀子	現金振込
1017	井口　絵里	代金引換
1025	北村　里香	現金振込
1031	大内　智一	電子マネー
1042	原口　正義	代金引換
1048	藤野　梨絵	現金振込

「Not クレジットカード」という条件を指定して、目的のレコードを抽出できる

●このレッスンで使う演算子

構文	Not 条件
例	Not "クレジットカード"
説明	指定したフィールドが「クレジットカード」ではないレコードを抽出する

このレッスンは動画で見られます　**操作を動画でチェック!**　※詳しくは2ページへ

1 抽出条件を設定する

練習用ファイルを開いておく

レッスン⓮を参考に、[会員] テーブルで新規クエリを作成して[会員ID] [氏名] [支払方法]のフィールドを追加しておく

ここでは、支払方法が「クレジットカードではない」という条件を設定する

1 [支払方法] フィールドの[抽出条件]行をクリック

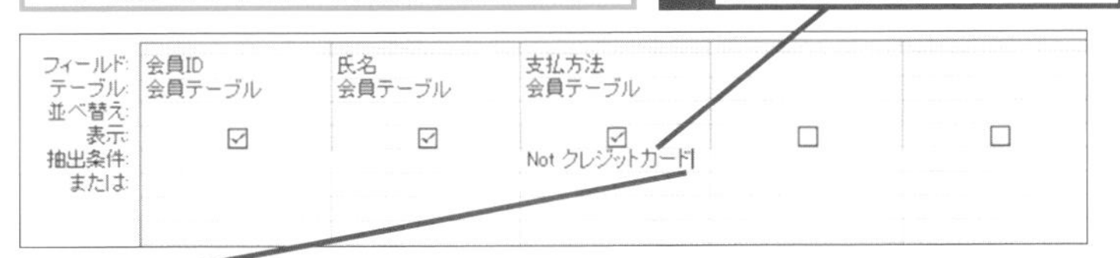

2 「Not クレジットカード」と入力

「Not」と「クレジットカード」の間は半角スペースを入力する

3 Enter キーを押す

2 クエリを実行する

クエリを実行する

1 [実行] をクリック

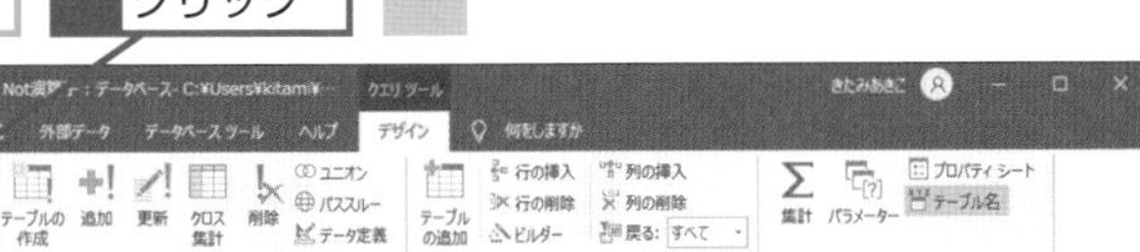

支払方法がクレジットカードではないレコードが抽出された

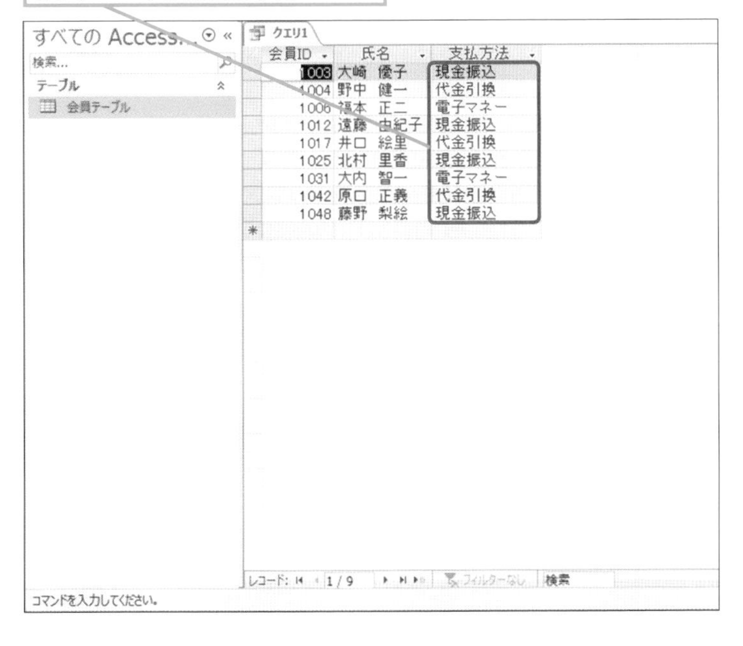

会員ID	氏名	支払方法
1003	大崎 優子	現金振込
1004	野中 健一	代金引換
1006	福本 正二	電子マネー
1012	遠藤 由紀子	現金振込
1017	井口 絵里	代金引換
1025	北村 里香	現金振込
1031	大内 智一	電子マネー
1042	原口 正義	代金引換
1048	藤野 梨絵	現金振込

HINT!

「Not」の代わりに「<>」を使ってもいい

「Not」の代わりに、「<>」を記述しても構いません。「Not "クレジットカード"」の代わりに「<>"クレジットカード"」と入力しても同じ結果となります。「Not」も「<>」も使い方は同じです。なお、Not演算子を使用するときは、Notの後ろに半角スペースを入れる必要がありますが、「<>」を使用するときは、「<>」の後ろに半角スペースを入れる必要がありません。

[抽出条件] 行に「<>"クレジットカード"」と入力しても同様の結果が得られる

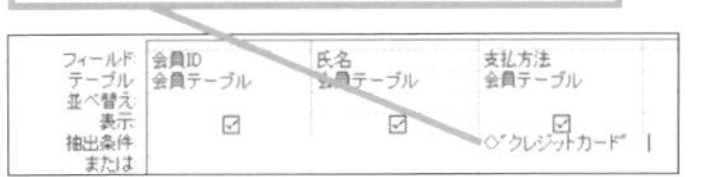

HINT!

演算子は小文字で入力してもいい

And、Or、Not、Between And、Likeなどの演算子は、小文字で入力してもかまいません。Enter キーを押すと、自動的に各単語の先頭文字が大文字に変わります。

間違った場合は？

抽出条件全体が「"」で囲まれた場合は、条件式の設定方法が間違っています。Notが全角でないか、全角のスペースが入力されていないかを確認し、条件を再設定してください。

レッスン

28 空白のデータを抽出するには

Is Null

対応バージョン

365 2019 2016 2013

レッスンで使う練習用ファイル
IsNull.accdb

データが未入力のレコードを抽出できる

入力漏れがないかどうかチェックするときや、未入力のフィールドに後からまとめてデータを入力するときなどに、該当するフィールドが未入力になっているレコードを抽出したいことがあります。そんなときは、「Is Null」という抽出条件を使用して「Null値」を抽出します。Null値とは、フィールドにデータが入力されていない状態のことです。「Is Null」は「Null値」を抽出する条件、と覚えるといいでしょう。なお、見ためは空白でも、長さ0の文字列「""」が入力されている場合もあります。これとの違いも確認しておきましょう。

関連レッスン

キーワード

Before

クエリ1

会員ID	氏名	電話番号
1001	山崎 俊明	03-3936-XXXX
1002	土田 恵美	0744-73-XXXX
1003	大崎 優子	019-665-XXXX
1004	野中 健一	0480-20-XXXX
1005	大谷 紀香	
1006	福本 正二	042-439-XXXX
1007	吉村 香苗	072-796-XXXX
1008	竹内 孝	0986-64-XXXX
1009	村井 千鶴	03-3527-XXXX
1010	大川 裕也	078-321-XXXX

［電話番号］フィールドでデータが入力されていないレコードを抽出したい

After

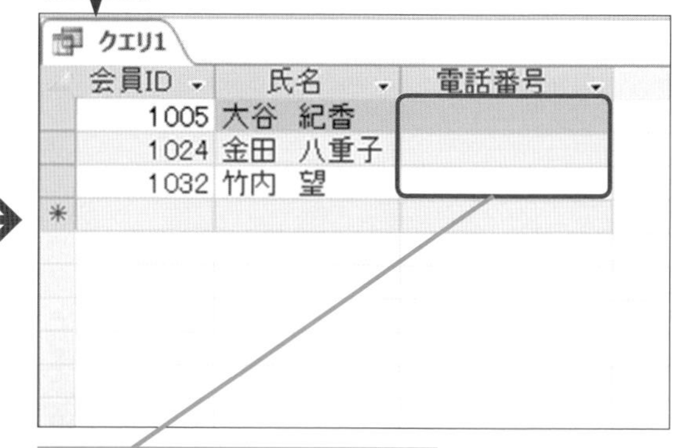

「Is Null」という条件で、データが未入力のレコードを抽出できる

●このレッスンで使う演算子

構文	Is Null
説明	指定したフィールドに何も入力されていないレコードを抽出する

1 抽出条件を設定する

練習用ファイルを開いておく

レッスン⓮を参考に、[会員テーブル]で新規クエリを作成して[会員ID][氏名][電話番号]のフィールドを追加しておく

ここでは、電話番号が未入力のレコードを抽出する

1 [電話番号]フィールドの[抽出条件]行をクリック

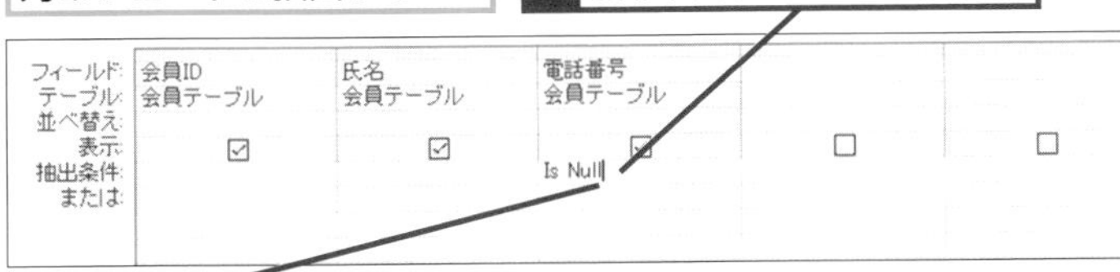

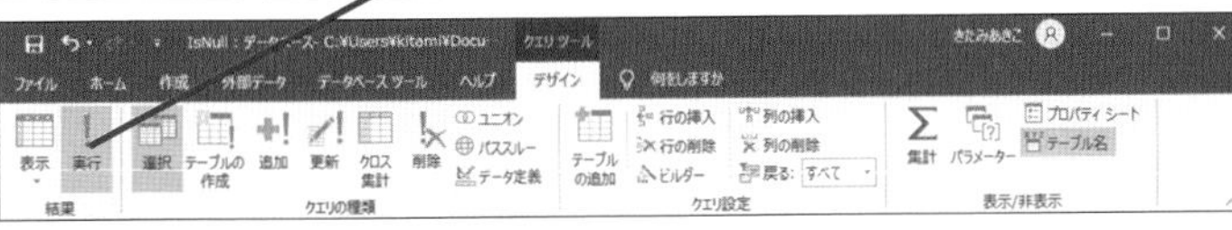

2 「Is Null」と入力

3 Enter キーを押す

2 クエリを実行する

抽出条件が設定された

1 [実行]をクリック

電話番号が未入力のレコードが抽出された

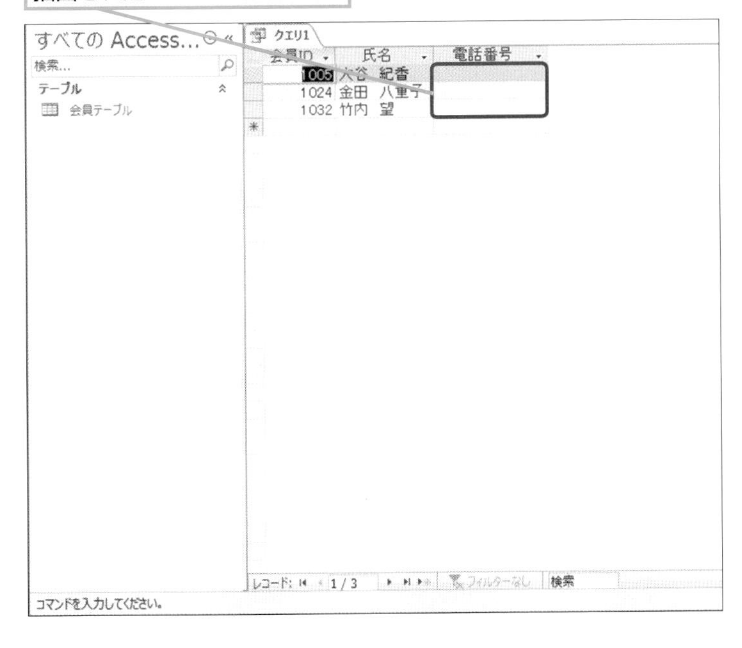

HINT! 長さ0の文字列や空白を抽出するには

Accessでは、データの状態の違いをNull値(未入力)と長さ0の文字列「""」とで区別することがあります。例えば、電話番号を持っていない人の[電話番号]フィールドに「""」(半角のダブルクォーテーション2つ)を入力します。Enterキーを押すと、長さ0の文字列が入力され、「""」は非表示になります。見ためは未入力の場合と同じ空白ですが、「Is Null」で抽出されるデータが電話番号不明、「""」で抽出されるデータが電話番号なし、と区別できます。ちなみに、スペース(空白文字)が入力されている場合も、見ためが空白になります。スペースのデータは、「"　"」という条件で抽出できます。

長さ0の文字列は「""」と入力して抽出する

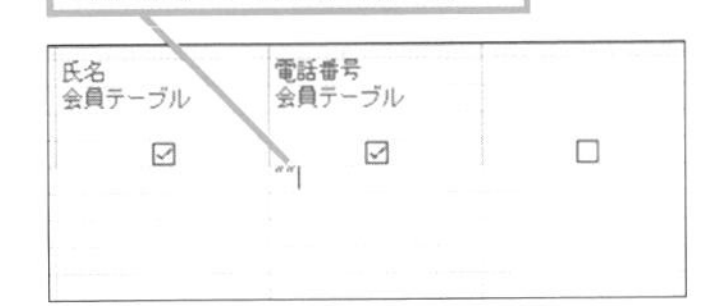

スペースは「"□"」と入力して抽出する

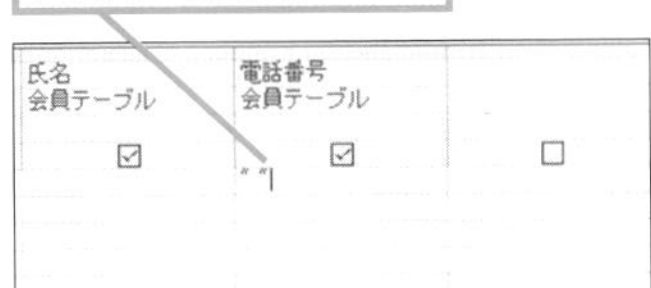

HINT! データが入力されているレコードを抽出するには

入力のチェックをするときには、データが入力されているレコードだけを抽出しておくと効率的な場合もあります。Null値ではないデータを抽出するには、抽出条件に「Is Not Null」と記述します。

レッスン
29 「~以上」や「~以下」のデータを抽出するには

比較演算子

対応バージョン

365 2019 2016 2013

レッスンで使う練習用ファイル
比較演算子.accdb

比較演算子を使って、条件に幅を持たせる

日付や数値のフィールドでは、「○日以降」や「○以上」というように、幅を持たせた条件で抽出したいことがあります。比較演算子を使用すると、そのような抽出条件を指定できます。例えば、「以降」や「以上」を指定するには、半角の「>」と半角の「=」を組み合わせた「>=」という比較演算子を使用します。「大きい」「小さい」といった大小関係のほか、「等しい」「等しくない」などの条件を指定する比較演算子もあります。また、And演算子やOr演算子を組み合わせることで、より複雑な条件設定も可能になります。比較演算子による抽出は利用シーンが多いので、使い方をしっかりマスターしておきましょう。

関連レッスン

▶レッスン30
一定範囲内のデータを
抽出するには p.108
▶レッスン31
特定の文字を含むデータを
抽出するには p.110

キーワード

AND条件	p.291
OR条件	p.291
比較演算子	p.294

Before

クエリ1

会員ID	氏名	登録日
1001	山崎 俊明	2019/09/06
1002	土田 恵美	2019/09/09
1003	大崎 優子	2019/09/16
1004	野中 健一	2019/09/22
1005	大谷 紀香	2019/09/30
1006	福本 正二	2019/10/06
1007	吉村 香苗	2019/10/06
1008	竹内 孝	2019/10/10
1009	村井 千鶴	2019/10/19
1010	大川 裕也	2019/10/28

登録日が「2020年4月1日以降」のレコードを抽出したい

After

クエリ1

会員ID	氏名	登録日
1043	田口 亜美	2020/04/01
1044	松井 和樹	2020/04/05
1045	久代 智恵	2020/04/15
1046	金城 巧	2020/04/30
1047	宮原 浩太	2020/05/07
1048	藤野 梨絵	2020/05/10
1049	坂口 信也	2020/05/16
1050	白井 剛士	2020/05/22
*		

比較演算子と日付を指定して目的のレコードを抽出できる

●このレッスンで使う演算子

例	>=#2020/04/01#
説明	指定したフィールドから「2020年4月1日以降」のレコードを抽出する

●比較演算子の種類

比較演算子	意味
=	等しい
<	より小さい
>	より大きい
<=	以下
>=	以上
<>	等しくない

第4章 必要なデータを正確に抽出する

1 抽出条件を設定する

練習用ファイルを開いておく

レッスン⓮を参考に、[会員テーブル] で新規クエリを作成して[会員ID] [氏名] [登録日]のフィールドを追加しておく

ここでは、登録日が「2020年4月1日以降」のレコードだけを抽出する

1 [登録日] フィールドの[抽出条件]行をクリック

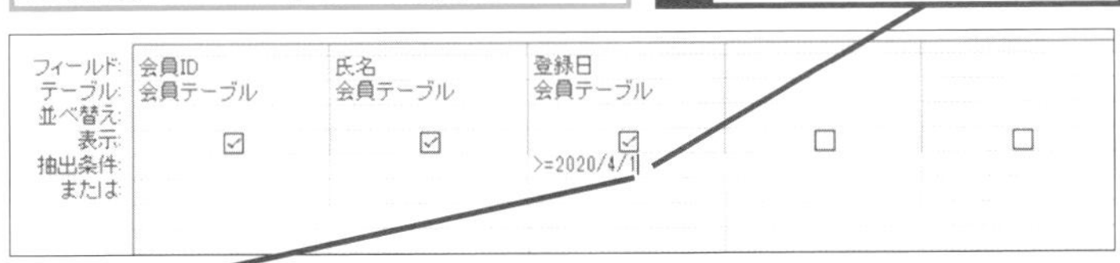

2 「>=2020/4/1」と入力

3 Enter キーを押す

2 クエリを実行する

抽出条件が設定された

1 [実行] をクリック

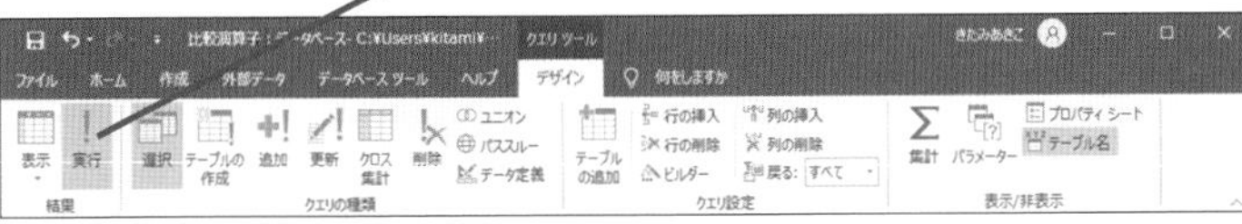

登録日が「2020年4月1日以降」のレコードが抽出された

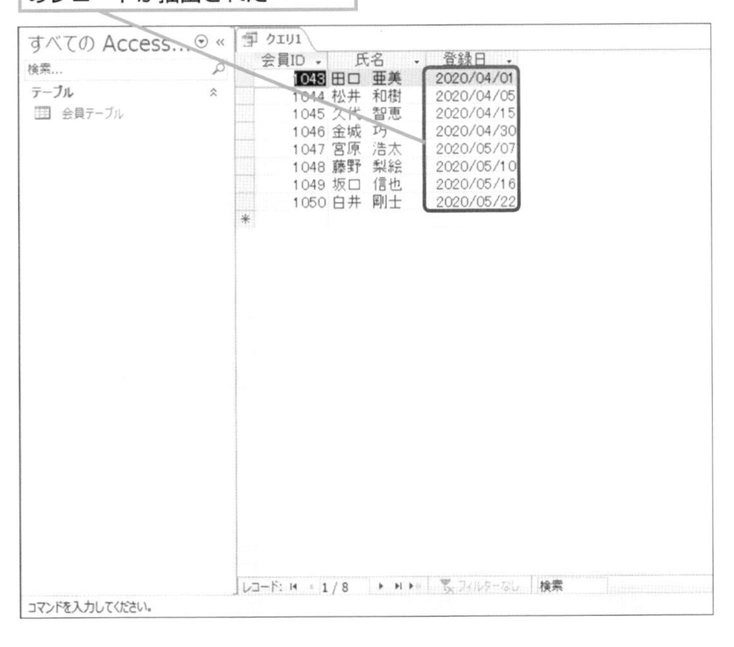

HINT!

And演算子やOr演算子を組み合わせて複雑な条件を設定できる

比較演算子には、And演算子やOr演算子を組み合わせることができます。例えば、「2020年4月1日以降、かつ、2020年5月1日より前」という条件は、And演算子を使って「>=#2020/04/01# And <#2020/05/01#」と記述します。また、「2020年5月1日以降、または、2020年4月1日より前」という条件は、Or演算子を使って「>=#2020/05/01# Or <#2020/04/01#」と記述します。And演算子やOr演算子を比較演算子と組み合わせれば、より複雑な条件を設定できるのです。なお、And演算子やOr演算子の前後には半角のスペースを入力します。

And演算子やOr演算子を組み合わせれば、複雑な条件を設定できる

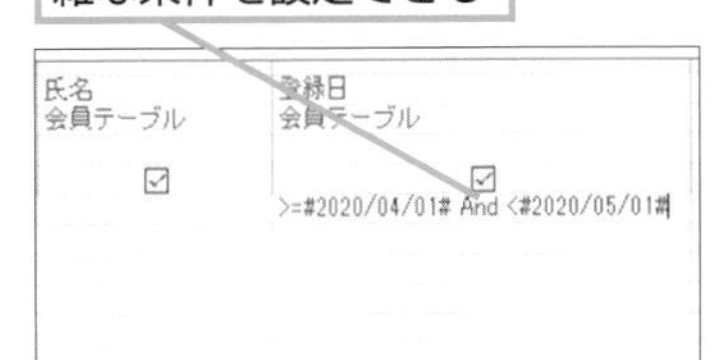

レッスン

30 一定範囲内のデータを抽出するには

Between And演算子

対応バージョン

365 2019 2016 2013

レッスンで使う練習用ファイル
BetweenAnd演算子.accdb

期間や範囲を簡単に指定できる

レッスン㉙で「○以上」や「○より大きい」などの条件に使用する比較演算子を紹介しましたが、「○以上○以下」といった範囲を抽出するなら、Between And演算子が便利です。2つの数値、または2つの日付を指定するだけで、数値や日付の範囲を条件にして簡単に抽出を行えます。けたの大きい数値や日付を指定する場合、条件式が長くなりがちですが、そんなときは次ページのHINT!のように［ズーム］ダイアログボックスを使用してみましょう。広い画面で式全体を見ながら効率よく入力できます。なお、「○以上○以下」ではなく「○以上○未満」という範囲を条件にしたい場合は、レッスン㉙のHINT!を参考に、比較演算子とAnd演算子を組み合わせましょう。

関連レッスン

キーワード

Before

クエリ1

会員ID	氏名	注文実績
1001	山崎　俊明	¥98,900
1002	土田　恵美	¥23,000
1003	大崎　優子	¥49,600
1004	野中　健一	¥200,000
1005	大谷　紀香	¥15,200
1006	福本　正二	¥6,000
1007	吉村　香苗	¥103,200
1008	竹内　孝	¥6,400
1009	村井　千鶴	¥88,500
1010	大川　裕也	¥21,100

注文実績が「10万以上～20万以下」のレコードを抽出したい

After

クエリ1

会員ID	氏名	注文実績
1004	野中　健一	¥200,000
1007	吉村　香苗	¥103,200
1017	井口　絵里	¥100,000
1037	星野　美里	¥195,300
1043	田口　亜美	¥157,400
1047	宮原　浩太	¥114,800
1050	白井　剛士	¥178,600

Between And演算子で「10万以上～20万以下」という範囲のレコードを抽出できる

●このレッスンで使う演算子

構文	Between 条件 1 And 条件 2
例	Between 100000 And 200000
説明	指定したフィールドから「100000 以上～200000 以下」のレコードを抽出する

1 抽出条件を設定する

練習用ファイルを開いておく

レッスン⓮を参考に、[会員テーブル]で新規クエリを作成して［会員ID］［氏名］［注文実績］のフィールドを追加しておく

ここでは、注文実績が「10万以上～20万以下」のレコードを抽出する

1 [注文実績] フィールドの境界線をここまでドラッグ

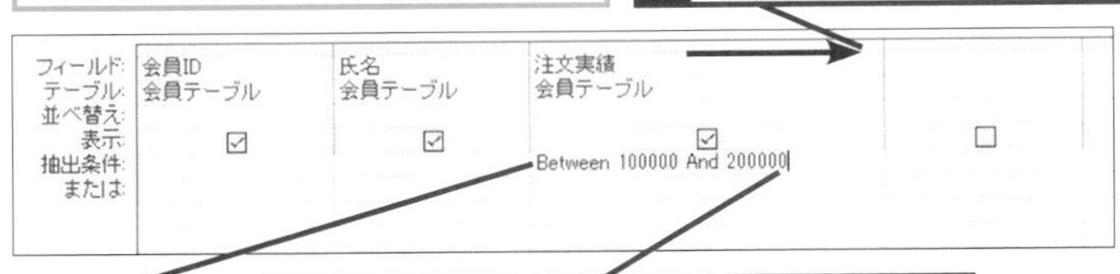

2 ［注文実績］フィールドの［抽出条件］行をクリック

3 「Between 100000 And 200000」と入力

4 Enter キーを押す

2 クエリを実行する

抽出条件が設定された

1 ［実行］をクリック

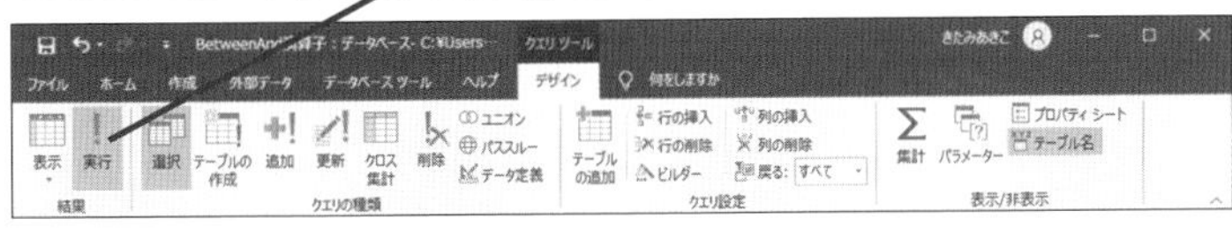

注文実績が「10万以上～20万以下」のレコードが抽出された

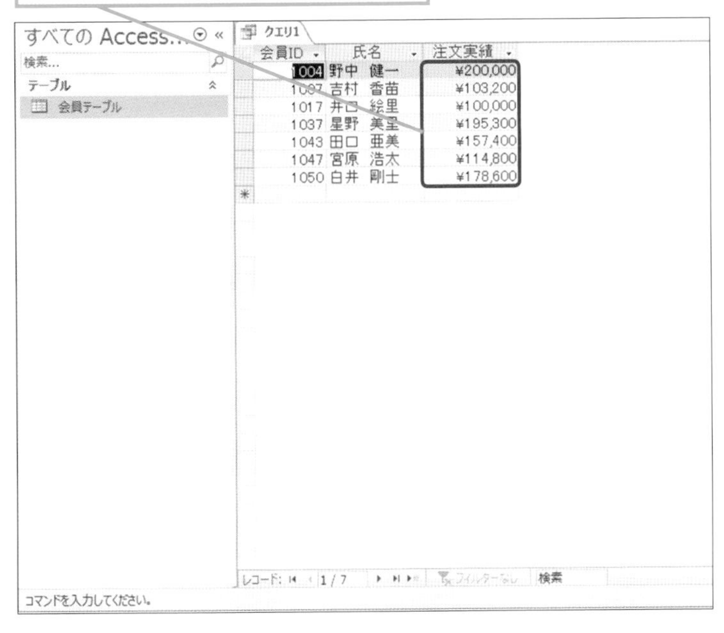

HINT!

指定範囲「以外」を抽出するには

Between And演算子の前にNot演算子を付け加えることで、指定範囲以外のデータを抽出できます。例えば「100000以上200000以下ではない」場合は「Not Between 100000 And 200000」と記述します。

HINT!

［ズーム］ダイアログボックスで入力するには

［ズーム］ダイアログボックスは、演算フィールドを作成する場合や、抽出条件を設定する場合などに入力欄を拡大する画面です。入力欄を拡大することで、数式や抽出条件が入力しやすくなります。［ズーム］ダイアログボックスを表示するには、入力したいフィールドの［抽出条件］行や［フィールド］行をクリックしてカーソルを表示し、Shift + F2 キーを押します。表示した［ズーム］ダイアログボックスに文字列や式を入力し［OK］ボタンをクリックすると、デザイングリッドのカーソルのある欄に式が入力されます。なお、右下の［フォント］ボタンをクリックすると、［ズーム］ダイアログボックスに表示するフォントやフォントサイズを変更できます。

入力欄をクリックしてから Shift + F2 キーを押すと［ズーム］ダイアログボックスが表示され、広い画面で入力できる

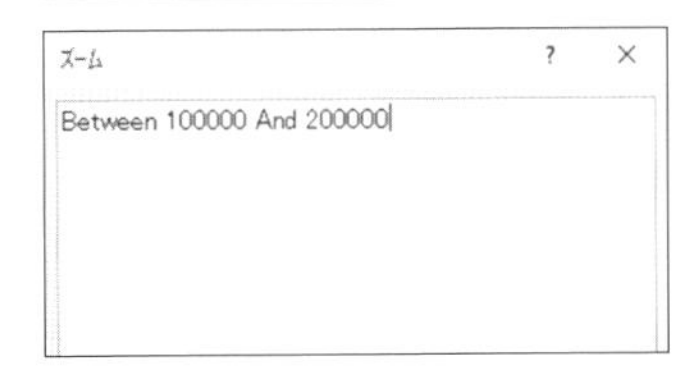

レッスン

31 特定の文字を含むデータを抽出するには

ワイルドカード

対応バージョン

365 2019 2016 2013

レッスンで使う練習用ファイル
ワイルドカード.accdb

ワイルドカードで条件を柔軟に設定できる

番地まで入力されている［住所］フィールドで、「渋谷区」のデータを取り出すにはどうすればいいでしょうか。抽出条件を単に「渋谷区」とすると、「渋谷区」に完全に一致する、という条件を指定したことになり、うまくいきません。「渋谷区で始まる」という意味をもつ抽出条件を指定するには、「任意の文字列」を表す「*」という「ワイルドカード」を組み合わせて、条件を「渋谷区*」と指定します。ワイルドカードを使用することで、「○○で始まる」「○○を含む」「○○で終わる」といった抽出を自由自在に行えます。「*」のほかにも、ワイルドカードには複数の種類があります。それぞれの使い方を理解しておくと、さまざまな文字パターンの抽出に柔軟に対応できるようになります。

関連レッスン

▶レッスン29
「～以上」や「～以下」のデータを抽出するには ………… p.106

▶レッスン30
一定範囲内のデータを抽出するには ………… p.108

キーワード

Like演算子	p.291
クエリ	p.292
フィールド	p.294
ワイルドカード	p.295

Before

クエリ1

会員ID	氏名	住所
1001	山崎 俊明	渋谷区千駄ヶ谷X-X
1002	土田 恵美	桜井市竜谷X-X
1003	大崎 優子	盛岡市中堤町X-X
1004	野中 健一	久喜市本町X-X
1005	大谷 紀香	東伯郡琴浦町倉坂X-X
1006	福本 正二	調布市菊野台X-X
1007	吉村 香苗	箕面市小野原東X-X
1008	竹内 孝	都城市高城町四家X-X
1009	村井 千鶴	足立区西竹の塚X-X
1010	大川 裕也	神戸市西区櫨谷町池谷X-X

住所が「渋谷区」から始まるレコードを抽出する

After

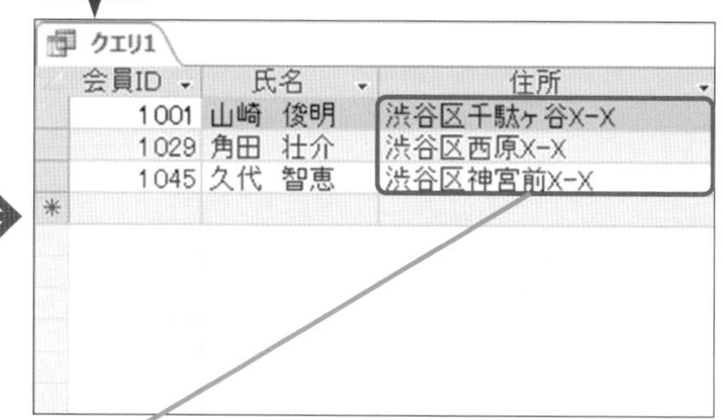

クエリ1

会員ID	氏名	住所
1001	山崎 俊明	渋谷区千駄ヶ谷X-X
1029	角田 壮介	渋谷区西原X-X
1045	久代 智恵	渋谷区神宮前X-X

「*」のワイルドカードを使って「渋谷区」から始まるレコードを抽出できる

●このレッスンで使うワイルドカード

例	渋谷区 *
説明	指定したフィールドの「渋谷区」から始まるレコードを抽出する

●ワイルドカードの種類

ワイルドカード	設定内容
*	0字以上の任意の文字列
?	任意の1文字
#	任意の1けたの数字
[]	[]内のいずれかの文字
[!]	[]内のいずれの文字も含まない
[-]	[]内で指定した文字範囲

第4章 必要なデータを正確に抽出する

1 抽出条件を設定する

練習用ファイルを開いておく

レッスン⓮を参考に、[会員テーブル] で新規クエリを作成して [会員ID] [氏名] [住所] のフィールドを追加しておく

ここでは、住所が「渋谷区」で始まるレコードを抽出する

1 [住所] フィールドの [抽出条件] 行をクリック

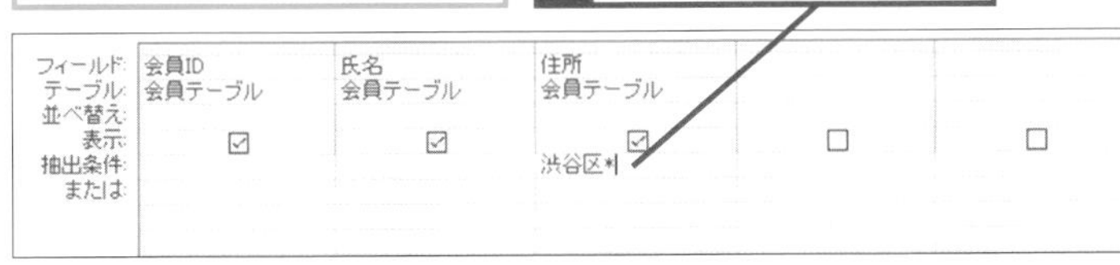

2 「渋谷区*」と入力　3 Enter キーを押す

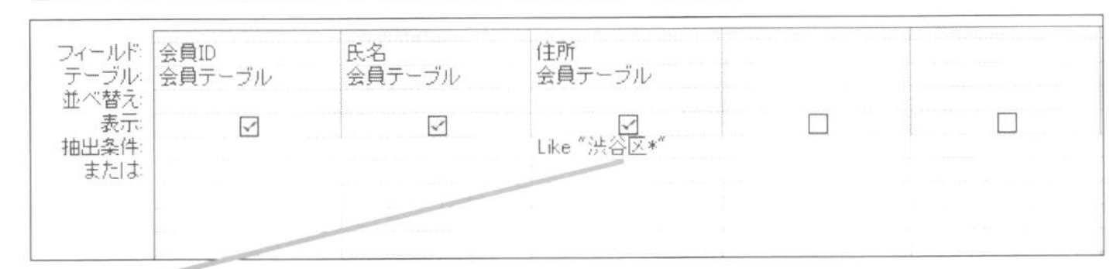

条件式が自動で補われ、「Like "渋谷区*"」と入力された

2 クエリを実行する

1 [実行] をクリック

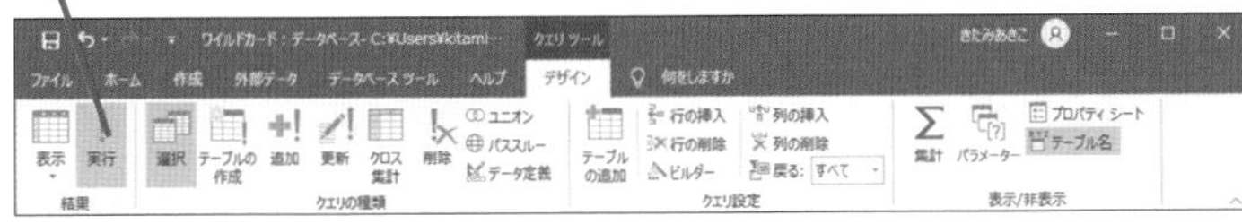

住所が「渋谷区」で始まるレコードが抽出された

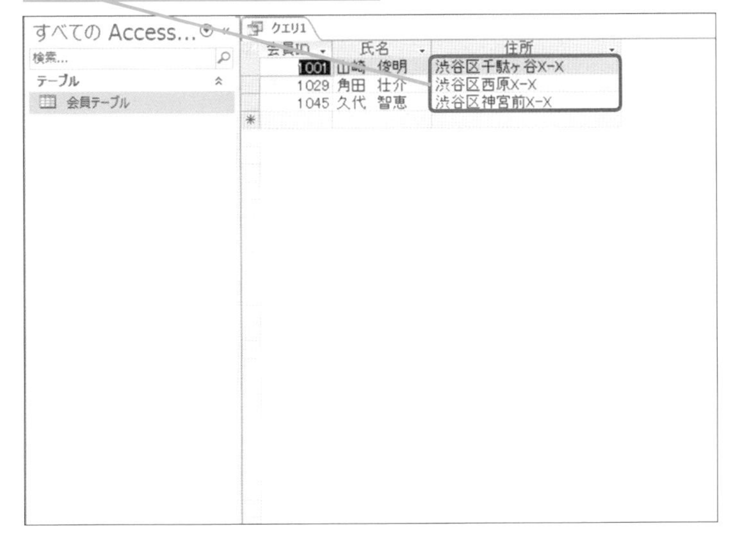

HINT!

ワイルドカードを使い分けよう

前ページの表のように、ワイルドカードには複数の種類があります。以下の使用例を参考に、使い分けてください。なお、ワイルドカードは必ず半角で入力しましょう。文字列とワイルドカードの間にスペースは要りません。

●ワイルドカードの使用例

記述例	抽出結果の例
原*	原、原口
*原	原、田原、小松原
原	原、原口、田原、小松原、河原崎
??原	小松原
営業#課	営業1課、営業2課
?[ae]ll	ball、bell、cell、tall、tell
?[!ae]ll	bull、will
[ア-オ]*	アイバ、イノウエ、ウタダ、オオタ

HINT!

Like演算子って何？

Like演算子は、文字パターンを比較する演算子です。通常、ワイルドカードを使用して抽出条件を入力すると、自動的に条件式の先頭に付加されます。なお、式の内容によっては自動で付加されない場合もあります。その場合は、Like演算子を条件式の先頭に直接入力してください。

HINT!

「*」や「?」などの記号を抽出するには

ワイルドカードとして使用できる「*」や「?」といった記号を抽出条件にするときは、「*[*]*」のように「[]」で囲んで記述します。

レッスン

32 「上位○位」のデータを抽出するには

トップ値

対応バージョン

365 2019 2016 2013

レッスンで使う練習用ファイル
トップ値.accdb

トップ値を使って上位や下位のデータを抽出する

「注文実績の大きいトップ5の優良顧客を調べたい」「売り上げが低迷しているワースト5の商品を洗い出したい」……。そんなときに活躍するのが「トップ値」の機能です。あらかじめレコードを並べ替えておき、トップ値として「5」を指定します。すると、降順（大きい順）に並べ替えていた場合は上位5件、昇順（小さい順）に並べ替えていた場合は下位5件のレコードが抽出されます。並べ替えの順序によって、「上位5件」か「下位5件」が切り替わるというわけです。件数は「5」以外にも自由に指定できます。また、パーセンテージを指定して「上位○%」や「下位○%」を取り出すことも可能です。ここでは、[After] のクエリのように、注文実績の大きいトップ5の顧客を抽出してみます。

関連レッスン

▶レッスン29
「～以上」や「～以下」のデータを抽出するには ………………………… p.106
▶レッスン30
一定範囲内のデータを抽出するには ………………………… p.108

キーワード

クエリ	p.292
トップ値	p.294
フィールド	p.294
レコード	p.295

Before

クエリ1

会員ID	氏名	注文実績
1001	山崎 俊明	¥98,900
1002	土田 恵美	¥23,000
1003	大崎 優子	¥49,600
1004	野中 健一	¥200,000
1005	大谷 紀香	¥15,200
1006	福本 正二	¥6,000
1007	吉村 香苗	¥103,200
1008	竹内 孝	¥6,400
1009	村井 千鶴	¥88,500
1010	大川 裕也	¥21,100
1011	和田 伸江	¥62,300
1012	遠藤 由紀子	¥25,400
1013	大橋 由香里	¥72,700
1014	足立 康介	¥87,300

注文実績の大きい順に上位5件のレコードを抽出したい

After

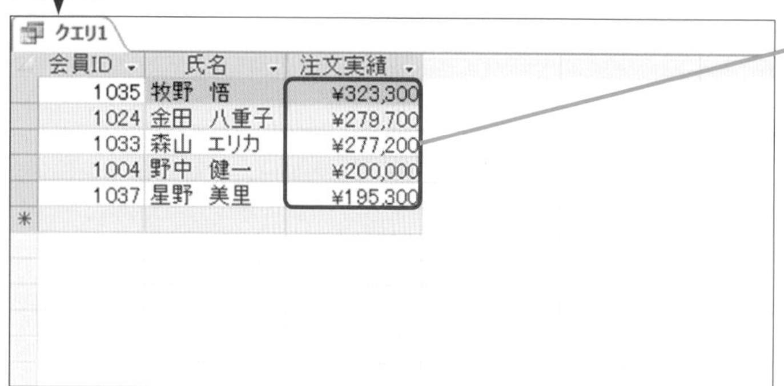

クエリ1

会員ID	氏名	注文実績
1035	牧野 悟	¥323,300
1024	金田 八重子	¥279,700
1033	森山 エリカ	¥277,200
1004	野中 健一	¥200,000
1037	星野 美里	¥195,300

並べ替えとトップ値を指定して上位5件のレコードを抽出できる

1 並べ替えの順番を設定する

練習用ファイルを開いておく

レッスン⓮を参考に、[会員テーブル] で新規クエリを作成して [会員ID] [氏名] [注文実績]のフィールドを追加しておく

ここでは、注文実績の多い順に5つのレコードを抽出する

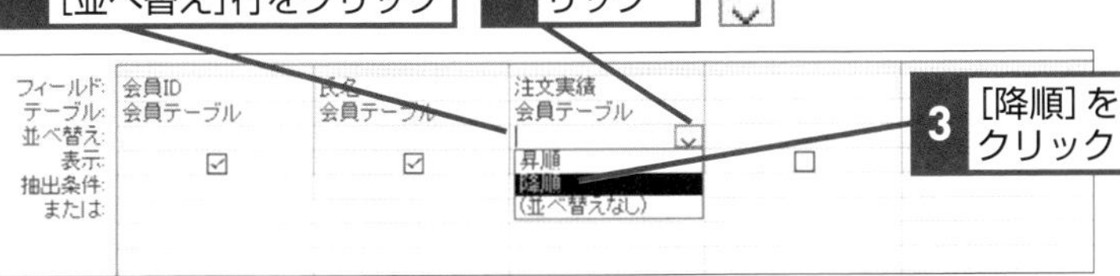

2 トップ値を指定する

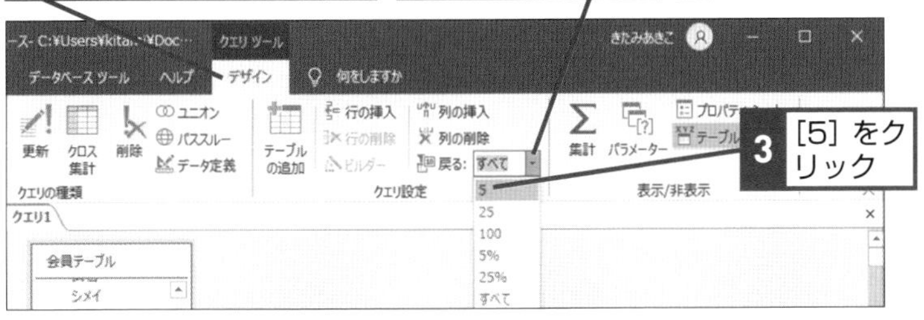

3 クエリを実行する

トップ値が設定された

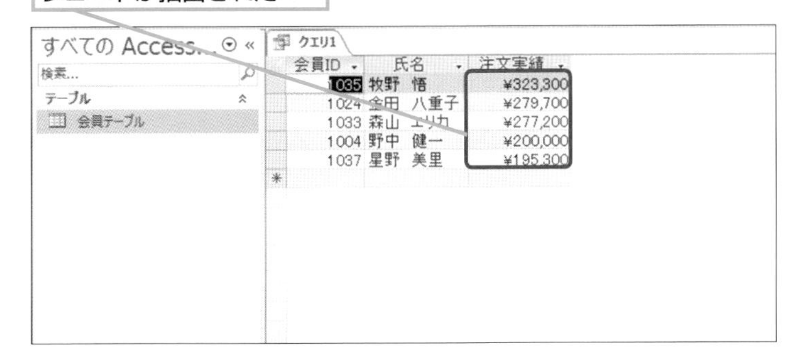

会員ID	氏名	注文実績
1035	牧野 悟	¥323,300
1024	金田 八重子	¥279,700
1033	森山 エリカ	¥277,200
1004	野中 健一	¥200,000
1037	星野 美里	¥195,300

HINT! 一覧にない値を指定するには

「10」や「20%」のようにトップ値の一覧にない値を指定したい場合は、トップ値のボックスに直接入力します。

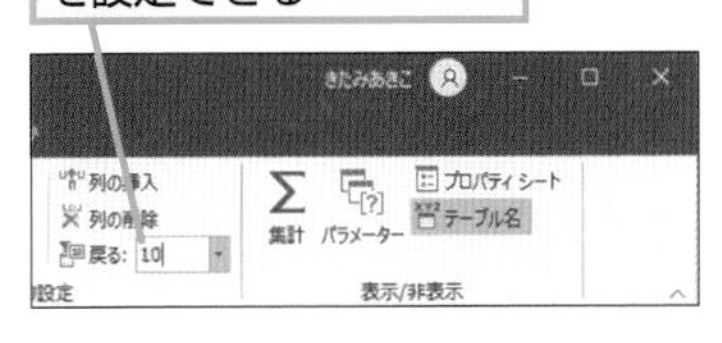

HINT! トップ値を指定する前に並べ替えが必要

トップ値を指定しても、並べ替えを実行しておかないと、単にデータシートの上から順に指定した件数のレコードが抜き出されるだけなので注意してください。大きい順に「○件」「○%」のレコードを抽出するには降順、小さい順に「○件」「○%」のレコードを抽出するなら昇順というように、対象のフィールドを並べ替えましょう。

HINT! トップ値を解除するには

トップ値を解除して、すべてのレコードを表示するには、以下の手順で操作します。

トップ値を指定したクエリをデザインビューで表示しておく

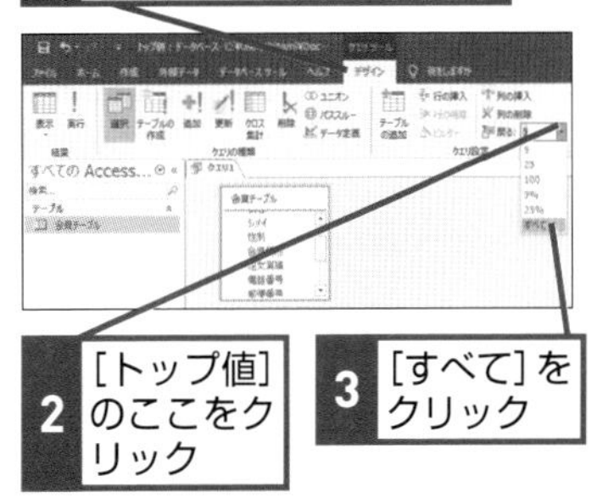

レッスン

33 ほかのテーブルを参照するフィールドでデータを抽出するには

ルックアップフィールドの抽出

対応バージョン

365 2019 2016 2013

レッスンで使う練習用ファイル
ルックアップフィールドの抽出.accdb

関連レッスン

▶レッスン14
テーブルから必要なフィールドだけを取り出すには…… p.62

キーワード

クエリ	p.292
主キー	p.293
テーブル	p.293
フィールド	p.294
ルックアップフィールド	p.295
レコード	p.295

実際に格納されている値を条件にデータを抽出する

存在するはずのデータが抽出されない、というトラブルに見舞われたことはないでしょうか。原因の1つに、該当のフィールドが「ルックアップフィールド」であることが考えられます。[Before]の［企画テーブル］を見てください。［担当者］フィールドは、［担当者テーブル］のデータを元に入力を行うルックアップフィールドです。このようなフィールドに実際に格納されているのは、表示されている「田中」「小林」などのデータではなく、その主キーフィールドの値である「1」や「4」である可能性があります。その場合、抽出条件として「田中」や「小林」を指定しても抽出できません。実際にフィールドに格納されている「1」や「4」などを抽出条件に指定する必要があるのです。ここでは、［After］の図のように、［企画テーブル］の［担当者］フィールドから「小林」（主キーは「4」）を抽出してみましょう。

Before

◆企画テーブル

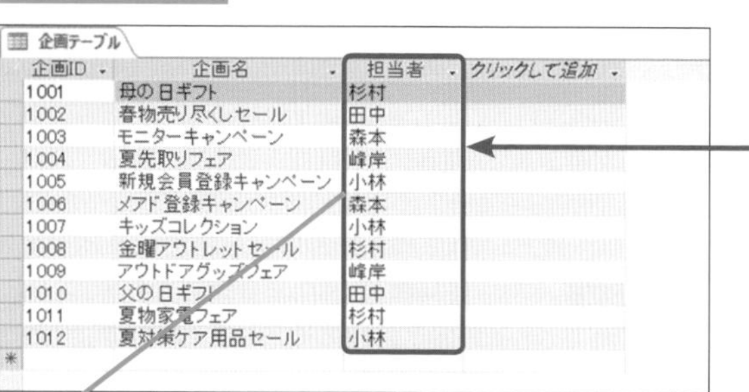

企画テーブル

企画ID	企画名	担当者	クリックして追加
1001	母の日ギフト	杉村	
1002	春物売り尽くしセール	田中	
1003	モニターキャンペーン	森本	
1004	夏先取りフェア	峰岸	
1005	新規会員登録キャンペーン	小林	
1006	メアド登録キャンペーン	森本	
1007	キッズコレクション	小林	
1008	金曜アウトレットセール	杉村	
1009	アウトドアグッズフェア	峰岸	
1010	父の日ギフト	田中	
1011	夏物家電フェア	杉村	
1012	夏対策ケア用品セール	小林	

◆担当者テーブル

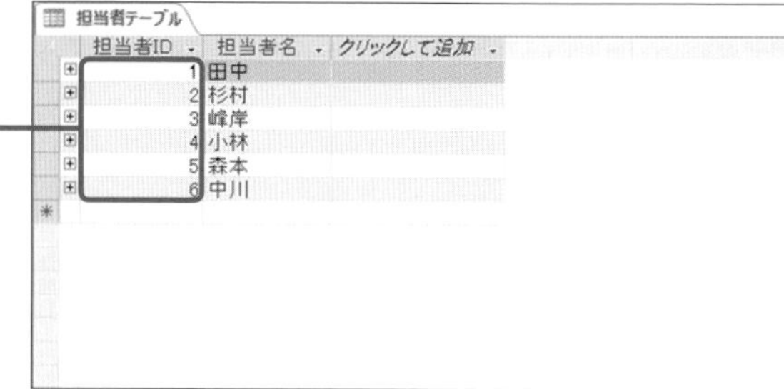

担当者テーブル

担当者ID	担当者名	クリックして追加
1	田中	
2	杉村	
3	峰岸	
4	小林	
5	森本	
6	中川	

ルックアップフィールドに設定された［担当者］フィールドは、［担当者テーブル］の主キーの値が参照されている

After

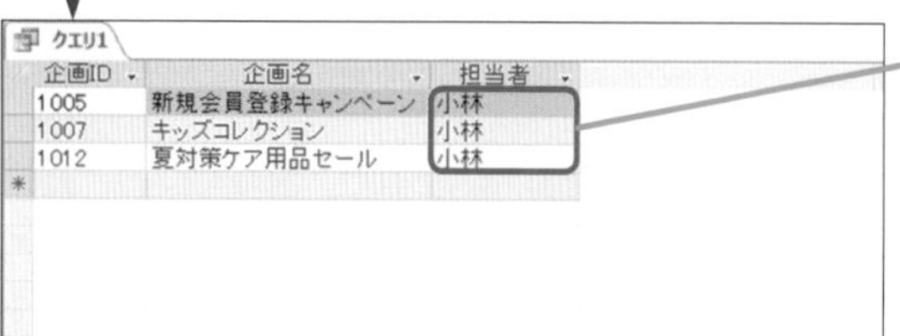

クエリ1

企画ID	企画名	担当者
1005	新規会員登録キャンペーン	小林
1007	キッズコレクション	小林
1012	夏対策ケア用品セール	小林

ルックアップフィールドから「小林」を含むレコードを抽出できる

1 ルックアップフィールドを確認する

練習用ファイルを開き、[担当者テーブル]を開いておく

[担当者テーブル]の「担当者ID」を確認して、抽出に利用する

ここでは「小林」の「担当者ID」を確認する

1 「小林」の「担当者ID」が「4」であることを確認

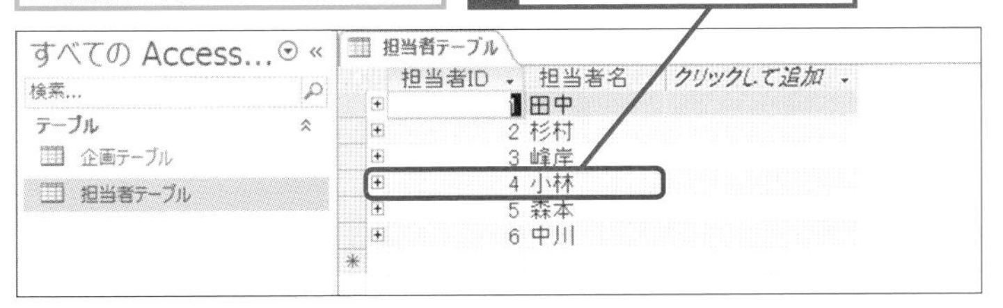

2 抽出条件を設定する

レッスン⓮を参考に、[企画テーブル]で新規クエリを作成して[企画ID][企画名][担当者]のフィールドを追加しておく

ここでは、担当者に「小林」を含むレコードを抽出する

[担当者]のフィールドはルックアップフィールドなので、対応する「担当者ID」を抽出条件として指定する

1 [担当者]フィールドの[抽出条件]行をクリック

2 「4」と入力

3 Enter キーを押す

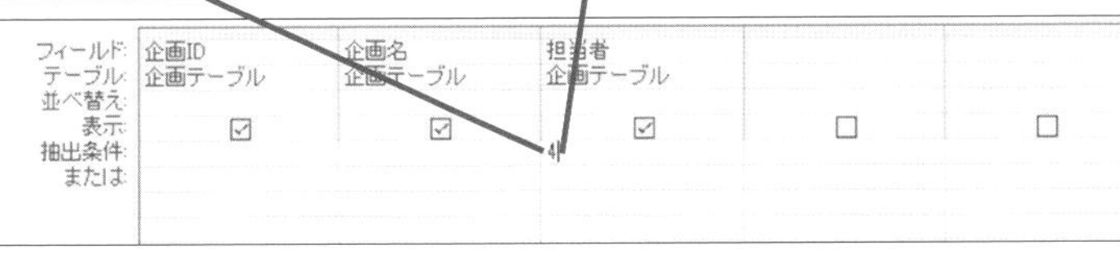

3 クエリを実行する

抽出条件が設定された

1 [実行]をクリック

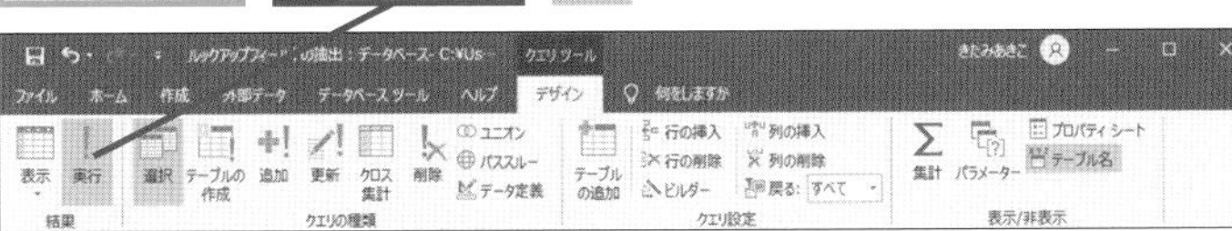

担当者に「小林」を含むレコードが抽出された

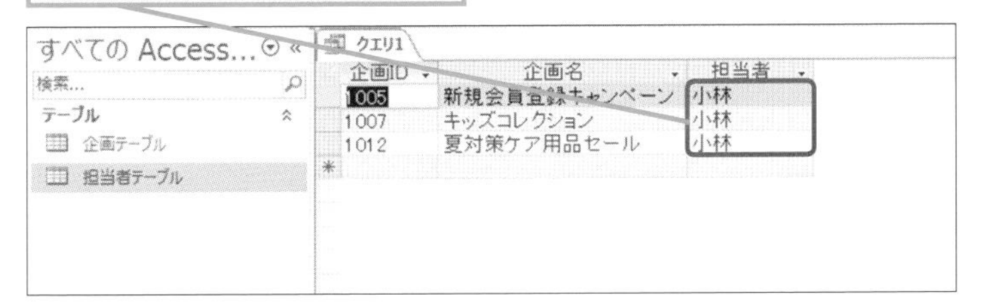

HINT! すべてのフィールドを一度に追加するには

すべてのフィールドを一度に追加したいときは、フィールドリストのタイトルバーをダブルクリックしてすべてのフィールドを選択します。選択範囲内にマウスポインターを合わせ、デザイングリッドにドラッグします。

HINT! 実際に格納されている値を調べるには

ルックアップフィールドに実際に格納されている値を手っ取り早く調べるには、クエリを利用します。「小林」という条件で抽出できれば[担当者名]フィールド、「4」という条件で抽出できれば主キーにあたる[担当者ID]フィールドの値が格納されていると判断できます。

HINT! ルックアップフィールドとは

別のテーブルのデータなどを元に選択肢を表示して、その中からデータを入力するフィールドをルックアップフィールドと呼びます。通常、ドロップダウンリストから入力を行います。

クエリを実行しておく

1 [担当者名]フィールドをクリック

2 ここをクリック

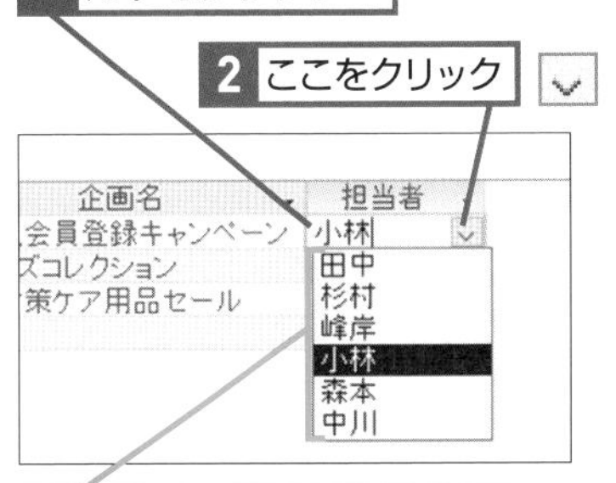

別のテーブルに入力されたデータが表示された

レッスン
34 ダイアログボックスを表示して抽出時に条件を指定するには

パラメータークエリ

対応バージョン

365 2019 2016 2013

レッスンで使う練習用ファイル
パラメータークエリ.accdb

クエリの実行時に抽出条件を指定できる

パラメータークエリを作成すると、クエリの実行時に条件入力用の画面を表示して、その都度必要な条件を指定して抽出が行えます。例えば、[都道府県] フィールドにパラメータークエリを設定した場合、クエリを実行するたびに「東京都」や「神奈川県」など、異なる都道府県を指定できます。その都度必要な条件でデータを抽出できるほか、クエリの使い方が分からない人でも簡単に条件を指定できることがメリットです。ここでは [After] のように抽出開始日の指定画面を表示して、入力された日付以降のレコードを抽出します。パラメータークエリの抽出条件に「以降」を意味する比較演算子を組み合わせることがポイントです。

関連レッスン

▶レッスン23
抽出に必要な条件を
確認しよう ………………………………… p.94

キーワード

After

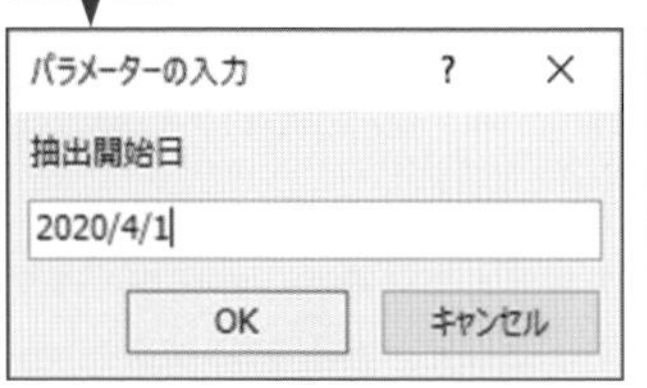

パラメータークエリを設定すると、クエリの実行時に抽出条件を入力するダイアログボックスが表示される

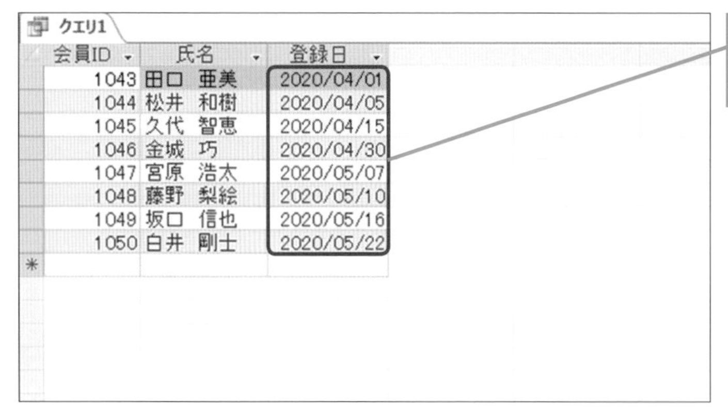
クエリ1

会員ID	氏名	登録日
1043	田口 亜美	2020/04/01
1044	松井 和樹	2020/04/05
1045	久代 智恵	2020/04/15
1046	金城 巧	2020/04/30
1047	宮原 浩太	2020/05/07
1048	藤野 梨絵	2020/05/10
1049	坂口 信也	2020/05/16
1050	白井 剛士	2020/05/22
*		

ダイアログボックスに入力した抽出条件に合致するレコードが抽出される

1 パラメータークエリを設定する

練習用ファイルを開いておく

レッスン⑭を参考に、[会員テーブル]で新規クエリを作成して[会員ID][氏名][登録日]のフィールドを追加しておく

ここでは、[登録日]フィールドで抽出開始日以降の日付を抽出可能にする

1 [登録日]フィールドの[抽出条件]行をクリック

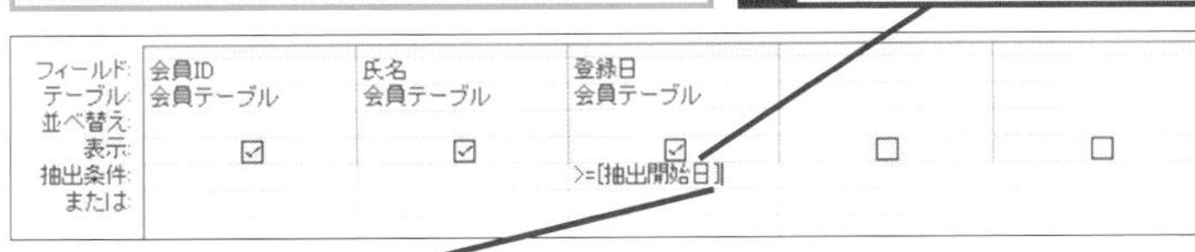

2 「>=[抽出開始日]」と入力

3 Enter キーを押す

2 クエリを実行する

1 [実行]をクリック

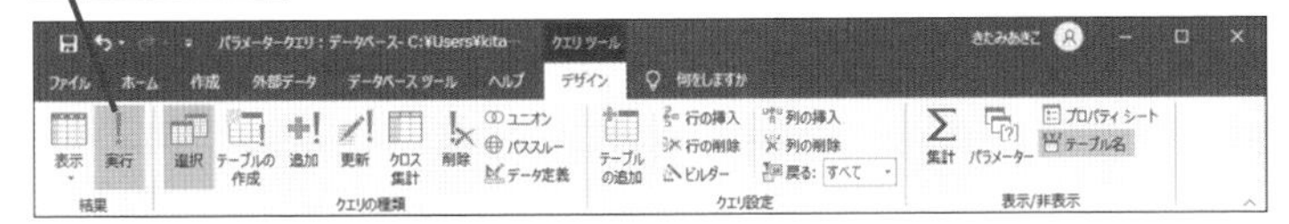

[パラメーターの入力]ダイアログボックスが表示された

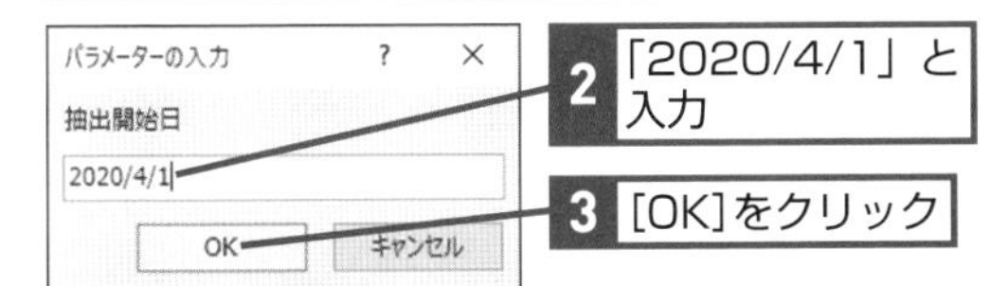

2 「2020/4/1」と入力

3 [OK]をクリック

登録日が「2020年4月1日以降」のレコードが抽出される

HINT! [抽出条件]行にパラメーターを入力する

パラメータークエリは、条件を設定したいフィールドの[抽出条件]行に、ダイアログボックスに表示したい「パラメーター」と呼ばれるメッセージ文を半角の「[]」で囲んで入力します。なお、パラメーターには、フィールド名と同じ文字列は設定できません。また、複数のフィールドにパラメーターを設定した場合は、デザイングリッドの左側に設定したものから順番に[パラメーターの入力]ダイアログボックスが設定した数だけ表示されます。

HINT! あいまいな条件を入力して抽出できるようにするには

[パラメーターの入力]ダイアログボックスにあいまいな条件を入力できるようにするには、抽出条件にワイルドカードと組み合わせて指定します。例えば、「Like "*" & [商品名のキーワード] & "*"」のように記述すると、フィールドのデータと部分一致するレコードを抽出できます。

テクニック 間違ったデータ型を入力できないように設定する

パラメーターを日付のフィールドに設定したとき、以下の手順で[パラメーターの入力]ダイアログボックスに日付以外を入力できないように設定できます。

クエリをデザインビューで表示しておく

1 [クエリツール]の[デザイン]タブをクリック

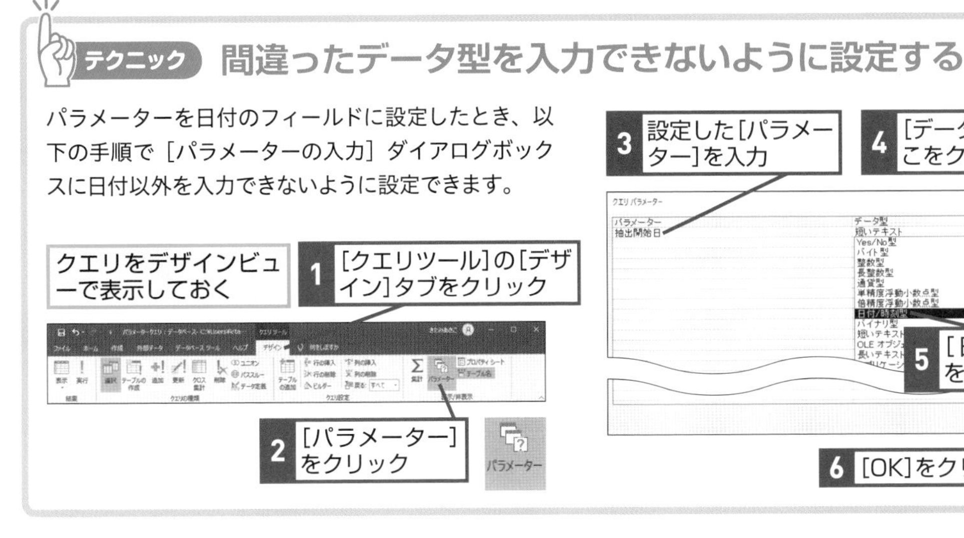

2 [パラメーター]をクリック

3 設定した[パラメーター]を入力

4 [データ型]のここをクリック

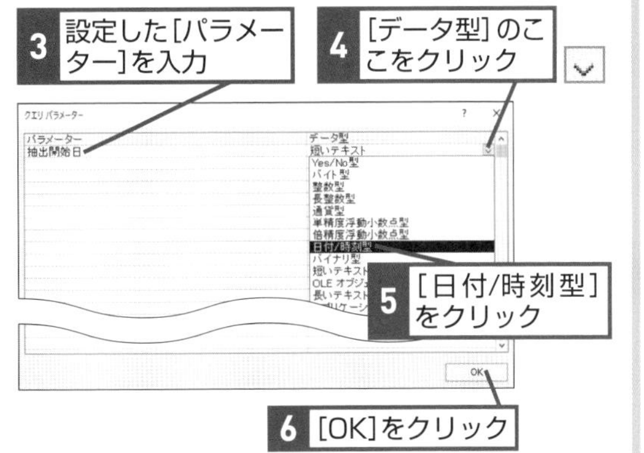

5 [日付/時刻型]をクリック

6 [OK]をクリック

この章のまとめ

●さまざまな抽出条件の設定方法をマスターしよう

テーブルに蓄積されている大量のデータを生きた情報として活用するには、必要なデータを正しく取り出すスキルが必要です。思い通りのデータを抽出するには、抽出条件の設定が重要になります。どんなデータが欲しいのかを明確にし、どのような抽出条件を設定すればそのデータが抽出されるのかを判断することが大切です。複雑に見える条件も、比較演算子やワイルドカード、And演算子、Or演算子などを、順を追って組み合わせていけば設定できます。さらに、第7章や第8章で解説する関数を抽出条件に使用すれば、一歩進んだデータの抽出が行えるようになるでしょう。パラメータークエリを利用して、クエリの実行時にダイアログボックスで抽出条件を指定できるようにすると、クエリを知らない人でも必要なデータを簡単に取り出せるようになります。より使えるクエリにするために、さまざまな抽出条件の設定方法をマスターし、データの有効活用につなげましょう。

いろいろな抽出条件を覚える

AndやOr、比較演算子、ワイルドカード、パラメータークエリ、フォームの利用などで思い通りにレコードを抽出できる

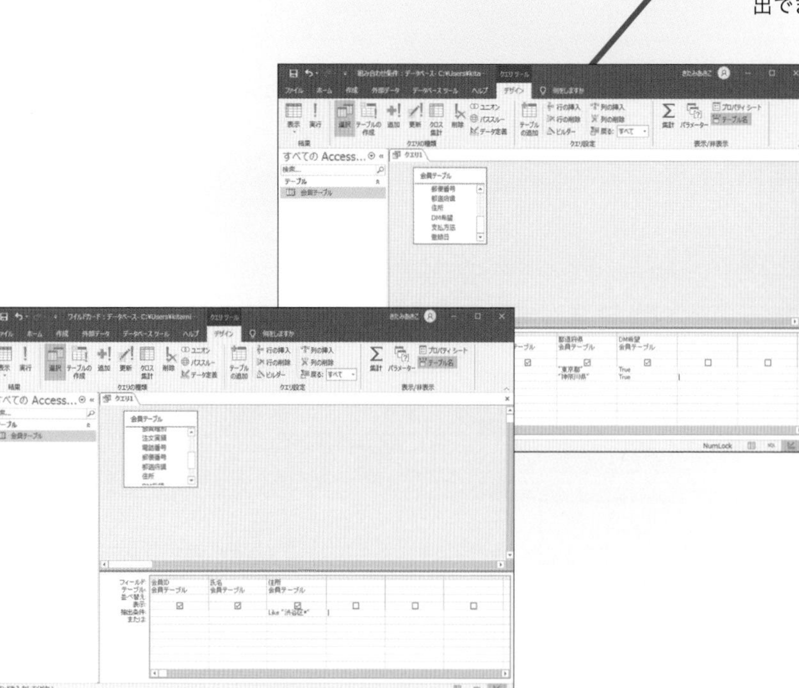

練習問題

1

［売上一覧］クエリを元に新たにクエリを作成し、2020年1月のウコン茶の売り上げデータを抽出してみましょう。なお、実行結果にはすべてのフィールドを表示します。

●ヒント：［受注日］フィールドと［商品名］フィールドにAND条件を設定します。2020年1月は、2020/1/1から2020/1/31までの期間をBetween And演算子を使用して指定します

練習用ファイル

練習問題.accdb

2020年1月のウコン茶の売り上げを抽出する

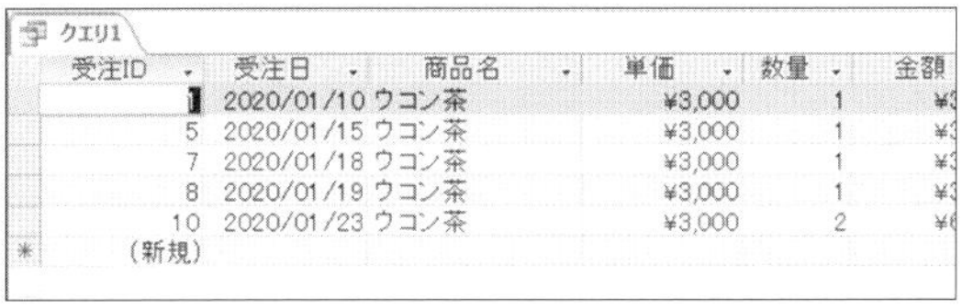

クエリ1

受注ID	受注日	商品名	単価	数量	金額
1	2020/01/10	ウコン茶	¥3,000	1	¥3
5	2020/01/15	ウコン茶	¥3,000	1	¥3
7	2020/01/18	ウコン茶	¥3,000	1	¥3
8	2020/01/19	ウコン茶	¥3,000	1	¥3
10	2020/01/23	ウコン茶	¥3,000	2	¥6
(新規)					

2

練習問題1で作成したクエリを修正して、抽出する期間をクエリの実行時に指定できるようにしてみましょう。なお、商品名の抽出条件は削除します。

●ヒント：開始日と終了日をダイアログボックスで入力できるようにするには、パラメータークエリを使います。Between And演算子とパラメーターを組み合わせて記述します。

パラメータークエリを［抽出条件］行に入力して、クエリの実行時に抽出条件を入力できるようにする

パラメーターの入力 ? ×

開始日

OK キャンセル

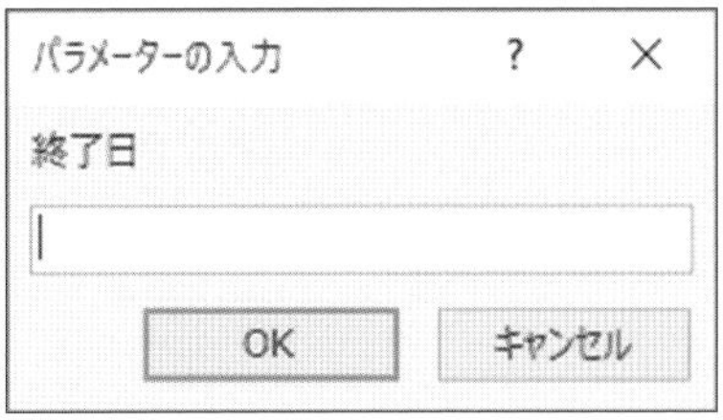

パラメーターの入力 ? ×

終了日

OK キャンセル

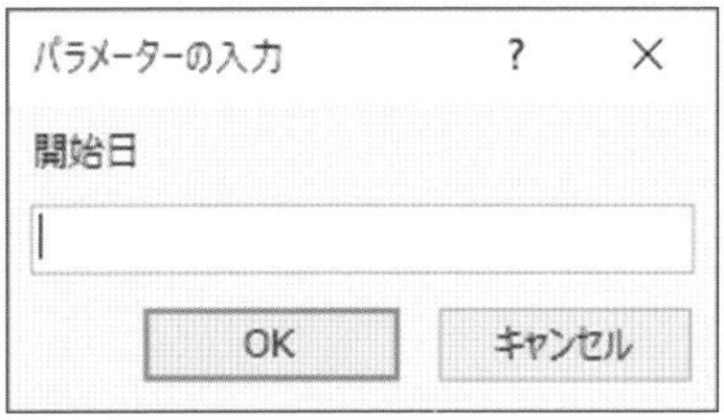

答えは次のページ

解答

1

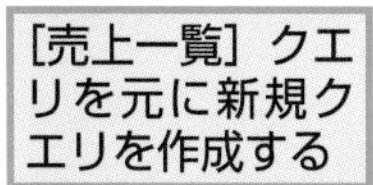

[売上一覧] クエリを元に新規クエリを作成する

[テーブルの表示] ダイアログボックスを表示しておく

1 [クエリ]タブをクリック

2 [売上一覧]クエリをクリック

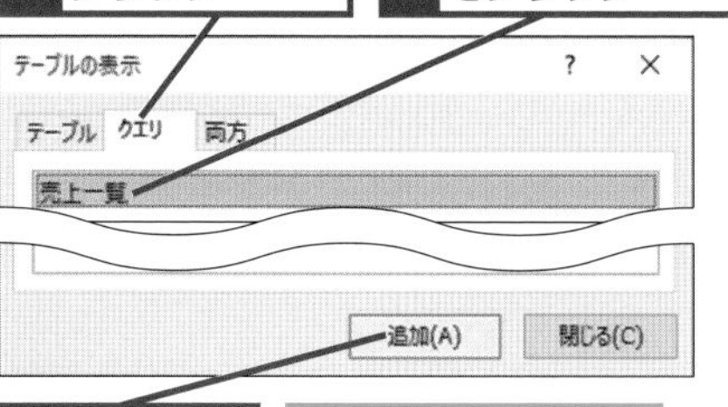

3 [追加] をクリック

すべてのフィールドを追加しておく

4 [受注日] フィールドの境界線をここまでドラッグ

5 [受注日] フィールドの [抽出条件] 行に「Between #2020/01/01# And #2020/01/31#」と入力

「#」は省略しても構わない

[売上一覧] クエリのすべてのフィールドを選択し、デザイングリッドに追加します。[受注日] フィールドの [抽出条件] 行に「Between #2020/01/01# And #2020/01/31#」、[商品名] フィールドの [抽出条件] 行に「"ウコン茶"」と入力して、クエリを実行します。

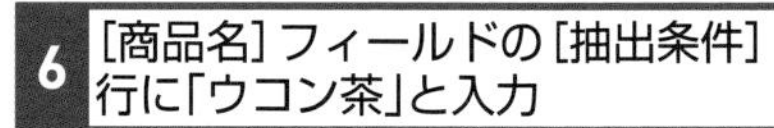

6 [商品名] フィールドの [抽出条件] 行に「ウコン茶」と入力

フィールド:	受注ID	受注日	商品名	単価
テーブル:	売上一覧	売上一覧	売上一覧	売上一覧
並べ替え:				
表示:	☑	☑	☑	☑
抽出条件:		Between #2020/01/01# And #2020/01/31#	ウコン茶	
または:				

7 [実行] をクリック

2020年1月のウコン茶の売り上げが抽出された

クエリ1

受注ID	受注日	商品名	単価	数量	金額
1	2020/01/10	ウコン茶	¥3,000	1	¥3,000
5	2020/01/15	ウコン茶	¥3,000	1	¥3,000
7	2020/01/18	ウコン茶	¥3,000	1	¥3,000
8	2020/01/19	ウコン茶	¥3,000	1	¥3,000
10	2020/01/23	ウコン茶	¥3,000	2	¥6,000
(新規)					

2

練習問題1で作成したクエリをデザインビューで開いておく

1 [商品名]フィールドの[抽出条件]行に入力された文字列を削除

2 [受注日] フィールドの [抽出条件] 行に「Between [開始日] And [終了日]」と入力

練習問題1で作成したクエリをデザインビューで表示します。[商品名] フィールドの [抽出条件] 行に入力した「"ウコン茶"」を削除し、[受注日] フィールドの [抽出条件] 行に入力した「Between #2020/01/01# And #2020/03/31#」を「Between [開始日] And [終了日]」と書き換えてください。

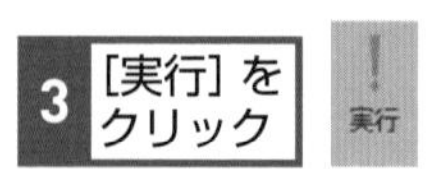

3 [実行] をクリック

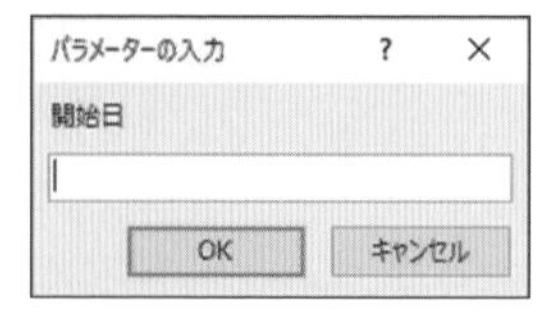

[パラメーターの入力] ダイアログボックスが表示された

第5章 テーブルのデータを操作するクエリを覚える

この章では、アクションクエリ、固有の値、重複クエリ、不一致クエリ、外部結合、ユニオンクエリを説明します。これらは、特殊なクエリですが、実務上よく使われるクエリです。ここでは、これらのクエリの機能と作成手順を覚えましょう。

●この章の内容

レッスン
35 業務に便利なクエリを知ろう

特殊な機能を持つクエリ

対応バージョン

365 2019 2016 2013

このレッスンには、練習用ファイルがありません

アクションクエリでデータを一括操作する

アクションクエリは、テーブルに対して一括操作を行うクエリで、テーブル作成クエリ、更新クエリ、追加クエリ、削除クエリの4種類があります。それぞれのクエリは、条件に一致するレコードに対して一括で処理ができるため、テーブルのメンテナンスに使用される実用的なクエリです。ただし、アクションクエリは、テーブルに対して直接処理を行うため、必要なデータを削除したり、変更したりしてデータを壊してしまう危険性があることも認識する必要があります。こういった場合に備えるため、アクションクエリを実行する前は、テーブルのバックアップを用意しておき、万が一の場合にデータの復旧ができるようにしておきましょう。

関連レッスン

▶レッスン36
クエリの結果を別のテーブルに保存するには ……… p.124

キーワード

アクションクエリ	p.291
更新クエリ	p.292
削除クエリ	p.292
重複クエリ	p.293
追加クエリ	p.293
テーブル作成クエリ	p.294
不一致クエリ	p.295
ユニオンクエリ	p.295

●アクションクエリ

商品ID	商品名
H001	アロエジュース
H002	アロエゼリー
H003	アロエ茶
H004	ウコン茶

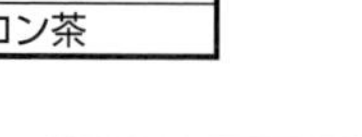

◆テーブル作成クエリ
新しいテーブルを作成する

新テーブルの作成

レコードを一括処理

◆削除クエリ
レコードを削除する

◆更新クエリ
レコードの内容を更新する

◆追加クエリ
レコードを追加する

テクニック アクションクエリは無効モードでは実行できない

Accessのファイルを開くと、メッセージバーに［セキュリティの警告］が表示されることがあります。メッセージバーの表示中は無効モードの状態なので、アクションクエリを実行できません。アクションクエリを実行できるようにするには、右の手順で操作してください。

メッセージバーに［セキュリティの警告］が表示された

1 ［コンテンツの有効化］をクリック

［セキュリティの警告］ダイアログボックスが表示されたら［はい］をクリックする

第5章 テーブルのデータを操作するクエリを覚える

重複や不一致のデータを抽出する

会員名簿で同一人物が重複登録されていないかを調べたい場合は、重複クエリを使います。重複クエリは、テーブルの中のフィールドやフィールドの組み合わせで重複するレコードを表示します。さらに、[固有の値] プロパティを設定すれば、重複レコードのうちの1件だけを表示できます。

また、顧客名簿の中から今月注文していない顧客を調べたい場合は、不一致クエリを使います。不一致クエリは、2つのテーブルを比較して一方にしかないデータを表示します。

重複クエリ、不一致クエリともに、ウィザードを使って作成できるので難しくありません。どのようなデータを表示したいかによって使い分けられるようにしましょう。なお、これらのクエリはともに選択クエリの一種です。アクションクエリのようにデータを書き換えたり、削除したりすることはありません。

●重複クエリ

会員NO	会員名
1	鈴木
2	山崎
3	篠田
4	山崎
5	西村

会員NO	会員名
2	山崎
4	山崎

重複したレコードを抽出する

●不一致クエリ

売上NO	会員NO
1	1
2	2
3	4
4	5

会員NO	会員名
3	篠田

2つのテーブルを比較して、一方にしかないレコードを抽出する

複数のテーブルを1つにまとめる

複数のテーブルを1つにまとめて表示したい場合は、ユニオンクエリを使います。ユニオンクエリは、複数のテーブルのフィールドを結合して1つのフィールドにすることができます。フィールド名や項目数が異なるテーブルでも結合できます。ただし、ユニオンクエリは、「SQLステートメント」というデータベース用のコードを記述して作成します。少しハードルが高いかもしれませんが、実用的なクエリなのでチャレンジしてみましょう。

●ユニオンクエリ

会員NO	会員名
K001	鈴木
K002	山崎
K003	篠田

会員ID	新規会員	フリガナ
N001	金沢	カナザワ
N002	山下	ヤマシタ

会員NO	会員名
K001	鈴木
K002	山崎
K003	篠田
N001	金沢
N002	山下

ユニオンクエリで複数のテーブルを結合する

レッスン 36

クエリの結果を別のテーブルに保存するには

テーブル作成クエリ

対応バージョン

365 2019 2016 2013

レッスンで使う練習用ファイル

テーブル作成クエリ.accdb

クエリの結果から新しいテーブルを作成する

テーブル作成クエリは、選択クエリの実行結果から新しくテーブルを作成できるクエリです。抽出した結果を元のテーブルとは別データとして利用することができます。非常に多くのレコードを持つテーブルで複雑な選択クエリを実行すると、結果が表示されるまでに時間がかかることがあります。頻繁に同じ抽出処理を繰り返す場合は、そのクエリの実行結果をテーブルとして保存しておくと時間が省け、誤操作による元のテーブルのデータ消失を防ぐこともできます。ここでは、[顧客テーブル]からダイレクトメールの送付を希望する顧客を抽出して［DM発送用テーブル］を新しく作成します。

関連レッスン

▶レッスン35
業務に便利なクエリを知ろう p.122

キーワード

Before

顧客テーブル

顧客ID	顧客名	郵便番号	都道府県	住所	電話番号	登録日	DM希望	備
1	武藤 大地	154-0017	東京都	世田谷区世田	03-3429-5xxx	2020/01/10	☑	夜間
2	石原 早苗	182-0011	東京都	調布市深大寺	0424-86-9xxx	2020/01/12	☐	
3	西村 誠一	227-0034	神奈川県	横浜市青葉区	045-962-7xxx	2020/01/12	☑	宅配
4	菅原 英子	156-0042	東京都	世田谷区羽根	03-3327-6xxx	2020/01/14	☐	
5	青木 早苗	186-0011	東京都	国立市谷保x-	042-576-9xxx	2020/01/15	☑	卵アレ
6	赤羽 みどり	213-0013	神奈川県	川崎市高津区	044-877-3xxx	2020/01/18	☑	
7	伊勢谷 学	145-0064	東京都	大田区上池台	03-3729-5xxx	2020/01/19	☐	
8	上間 隆也	359-0024	埼玉県	所沢市下安松	042-944-8xxx	2020/01/23	☐	
9	篠 一良	224-0021	神奈川県	横浜市都筑区	045-913-9xxx	2020/01/26	☑	
10	佐藤 奈々子	216-0005	神奈川県	川崎市宮前区	044-854-2xxx	2020/01/29	☐	
11	大重 聡	170-0002	東京都	豊島区巣鴨x-	03-3918-6xxx	2020/02/01	☑	
12	荏田 薫	133-0044	東京都	江戸川区本一	03-3652-8xxx	2020/02/03	☑	
13	伊藤 智成	189-0023	東京都	東村山市美住	042-392-4xxx	2020/02/05	☐	夜間
14	上山 浩一郎	331-0052	埼玉県	さいたま市西[	048-644-0xxx	2020/02/05	☐	
15	佐々木 暢子	152-0032	東京都	目黒区平町x-	03-3718-3xxx	2020/02/07	☑	
16	園 剛彦	340-0034	埼玉県	草加市氷川町	0489-24-3xxx	2020/02/10	☐	
17	吉武 真理子	166-0003	東京都	杉並区高円寺	03-5377-8xxx	2020/02/12	☐	
18	新藤 友康	167-0032	東京都	杉並区天沼x-	03-3393-5xxx	2020/02/15	☑	
19	金城 芙美子	362-0073	埼玉県	上尾市浅間台	048-773-2xxx	2020/02/18	☑	
20	鈴木 小百合	195-0062	東京都	町田市大蔵町	042-715-7xxx	2020/02/20	☐	
(新規)							☐	

ダイレクトメールを希望する顧客だけのテーブルを作成する

After

クエリ1 DM発送用テーブル

顧客ID	顧客名	郵便番号	都道府県	住所	DM希望
1	武藤 大地	1540017	東京都	世田谷区世田	-1
3	西村 誠一	2270034	神奈川県	横浜市青葉区	-1
5	青木 早苗	1860011	東京都	国立市谷保x-	-1
6	赤羽 みどり	2130013	神奈川県	川崎市高津区	-1
9	篠 一良	2240021	神奈川県	横浜市都筑区	-1
11	大重 聡	1700002	東京都	豊島区巣鴨x-	-1
12	荏田 薫	1330044	東京都	江戸川区本一	-1
15	佐々木 暢子	1520032	東京都	目黒区平町x-	-1
18	新藤 友康	1670032	東京都	杉並区天沼x-	-1
19	金城 芙美子	3620073	埼玉県	上尾市浅間台	-1
(新規)					

クエリの実行結果からあて名ラベルの印刷などに利用できる新しいテーブルを作成できる

1 選択クエリを作成する

練習用ファイルを開いておく

レッスン⓮を参考に、[顧客テーブル] で新規クエリを作成して、[顧客ID] [顧客名] [郵便番号] [都道府県] [住所] [DM希望] のフィールドを追加しておく

ここでは、[DM希望] にチェックマークが付いているレコードを抽出する

1 [DM希望] フィールドの[抽出条件]行をクリック

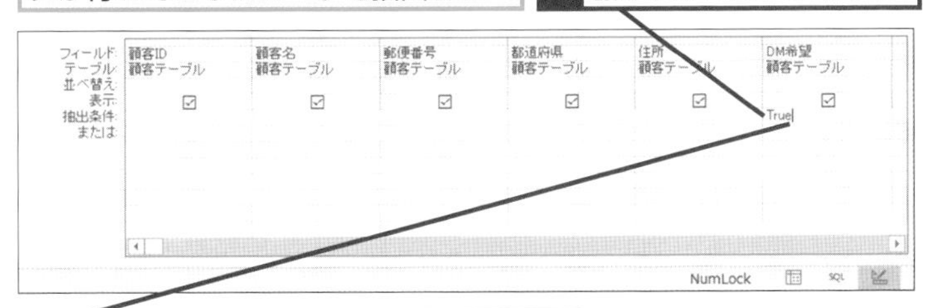

2 「True」と入力　3 Enter キーを押す

2 クエリを実行する

1 [実行] をクリック

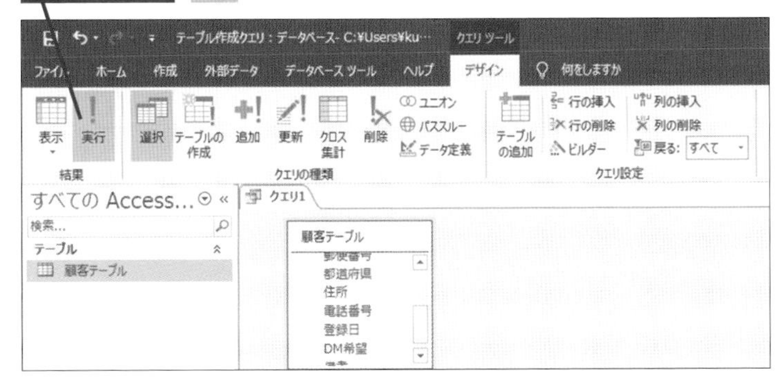

3 クエリの実行結果を確認する

クエリが実行された

1 [DM希望] にチェックマークが付いているレコードが抽出されていることを確認

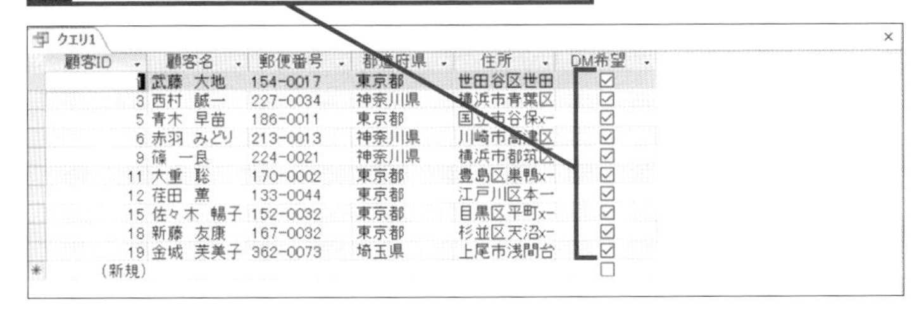

顧客ID	顧客名	郵便番号	都道府県	住所	DM希望
1	武藤 大地	154-0017	東京都	世田谷区世田	☑
3	西村 誠一	227-0034	神奈川県	横浜市青葉区	☑
5	青木 早苗	186-0011	東京都	国立市谷保x-	☑
6	赤羽 みどり	213-0013	神奈川県	川崎市高津区	☑
9	篠 一良	224-0021	神奈川県	横浜市都筑区	☑
11	大重 聡	170-0002	東京都	豊島区巣鴨x-	☑
12	荏田 薫	133-0044	東京都	江戸川区本一	☑
15	佐々木 暢子	152-0032	東京都	目黒区平町x-	☑
18	新藤 友康	167-0032	東京都	杉並区天沼x-	☑
19	金城 芙美子	362-0073	埼玉県	上尾市浅間台	☑
(新規)					☐

HINT! テーブル作成クエリの実行が2回目以降のときは

テーブル作成クエリの実行が2回目以降のときは、すでに同名のテーブルが作成されているため、次のようなメッセージが表示されます。[はい] ボタンをクリックすると、自動的にテーブルが削除されます。テーブルを削除したくない場合は、下のHINT!を参考にテーブル名を変更しておきましょう。

テーブル作成クエリを2回以上実行すると、確認のメッセージが表示される

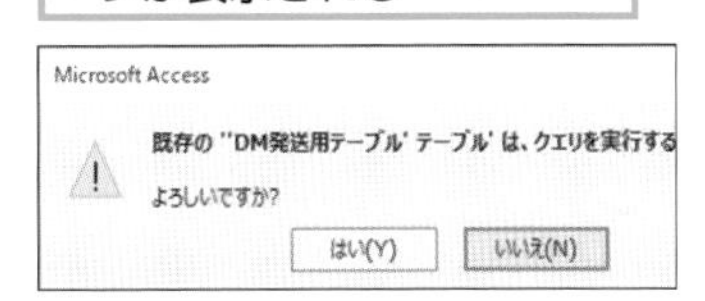

HINT! テーブル名を変更するには

テーブル作成クエリで作成したテーブル名を変更するには、ナビゲーションウィンドウで名前を変更したいテーブルを選択します。次にF2キーを押してテーブル名を編集可能状態にして、名前を変更しましょう。

1 テーブル名をクリック

2 F2 キーを押す

テーブル名が編集可能になった

間違った場合は？

手順3で正しい結果が表示されなかったときは、フィールドや抽出条件の設定が間違っています。[ホーム] タブの [表示] ボタンをクリックしてデザインビューに切り替えてから、再度設定し直しましょう。

次のページに続く

❹ デザインビューに切り替える

クエリの種類を変更するために
デザインビューに切り替える

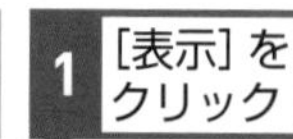

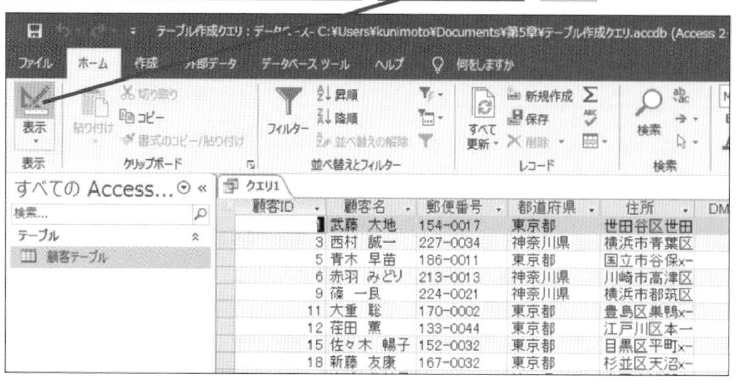

❺ クエリの種類を変更する

デザインビューに切り替わった

クエリの種類をテーブル作成クエリに変更する

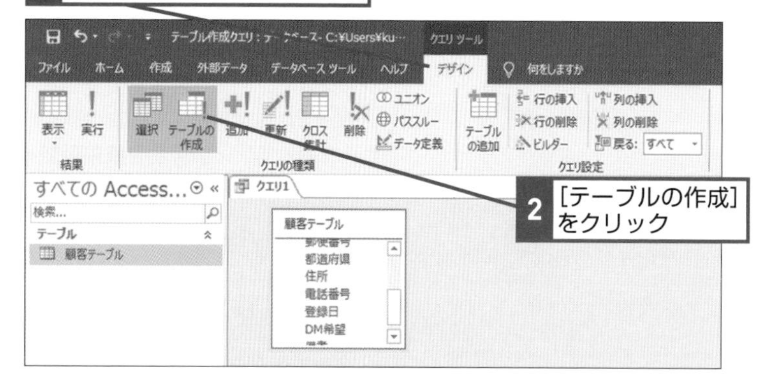

❻ テーブル名を入力する

[テーブルの作成]ダイアログボックスが表示された

テーブル作成クエリで作成するテーブルの名前を入力する

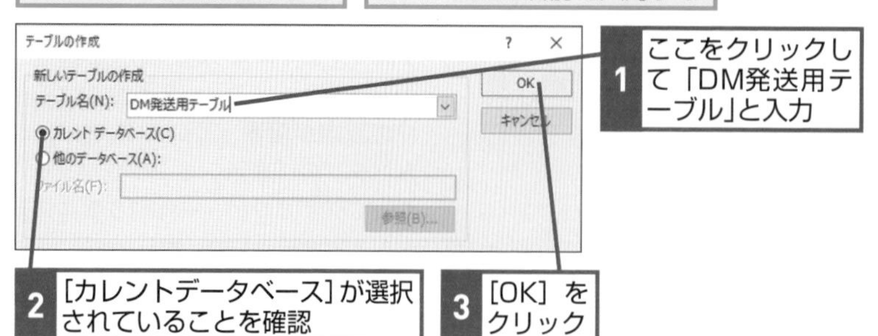

1 ここをクリックして「DM発送用テーブル」と入力
2 [カレントデータベース]が選択されていることを確認
3 [OK]をクリック

HINT!

アクションクエリに変更した後で実行対象のフィールドを確認するには

選択クエリをアクションクエリに変更した後で、実行の対象になるフィールドを確認するには、[表示]ボタンをクリックしてデータシートビューを表示します。

HINT!

テーブル作成クエリで作成するテーブル名を変更するには

手順6でテーブル作成クエリで作成するテーブル名の設定を間違えてしまった場合など、作成するテーブル名を後で変更したい場合があります。テーブル作成クエリで作成するテーブル名を変更するには、クエリのデザインビューで何もないところをクリックし、[プロパティシート]ボタンをクリックして[プロパティシート]作業ウィンドウを表示してください。[追加新規テーブル]でテーブル名を変更した後でテーブル作成クエリを実行すると、[追加新規テーブル]に設定したテーブル名でテーブルが作成されます。

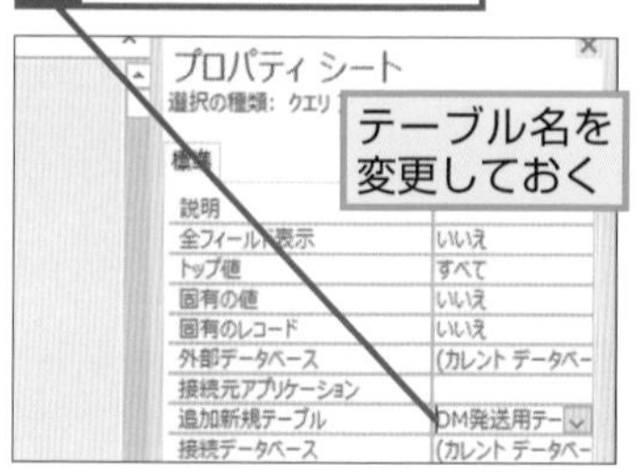

7 テーブル作成クエリを実行する

テーブル作成クエリを実行して正しく動作することを確認する

1 [実行] をクリック

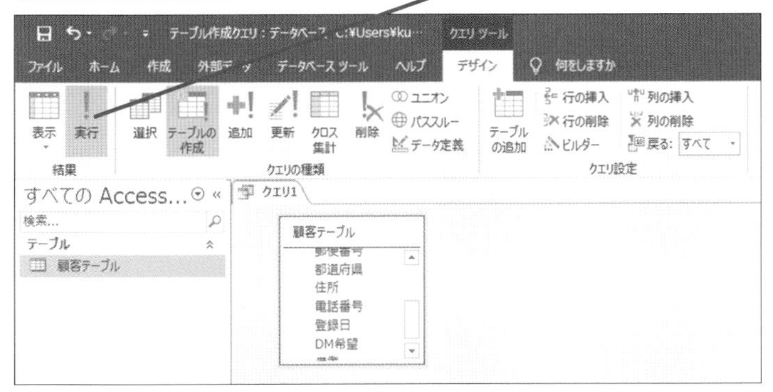

テーブル作成クエリの実行に関する確認のメッセージが表示された

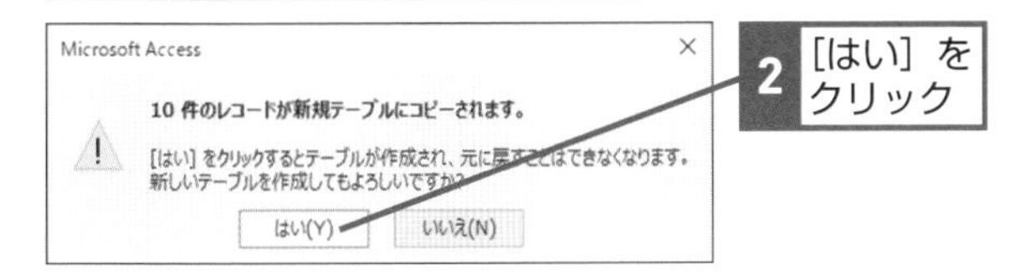

2 [はい] をクリック

8 クエリで作成されたテーブルを確認する

テーブル作成クエリが実行され、テーブルが新規作成された

1 [DM発送用テーブル] をダブルクリック

2 テーブルの内容が手順3で確認した選択クエリの実行結果と同じことを確認

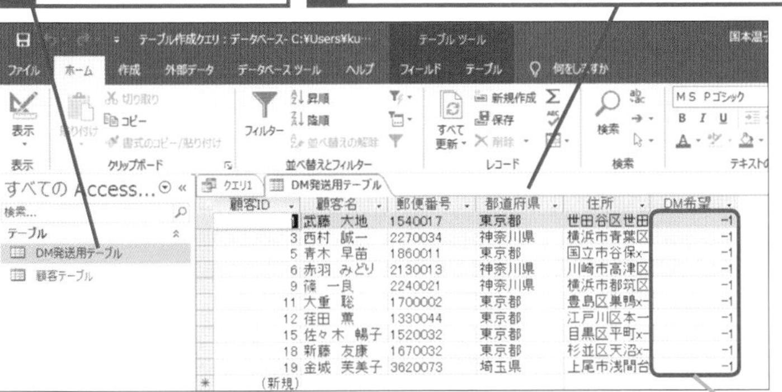

Yes/No型のフィールドは、Trueの場合「-1」、Falseの場合は「0」と表示される

HINT!

テーブルの詳細設定は引き継がれない

手順8ではYes/No型の［DM希望］フィールドで、Trueは「-1」、Falseは「0」と表示されます。このように、テーブル作成クエリで作成されたテーブルには、元になるテーブルの主キーや書式、定型入力などのフィールドプロパティの設定は引き継がれません。Yes/No型のフィールドを元のテーブルのようにチェックボックスにしたい場合は、作成したテーブルのデザインビューで[DM希望］フィールドを選び、フィールドプロパティの［ルックアップ］タブをクリックして、［表示コントロール］で［チェックボックス］を選択しましょう。

手順8で作成されたテーブルをデザインビューで表示しておく

1 [DM希望] をクリック

2 [ルックアップ] タブをクリック

3 [表示コントロール] のここをクリック

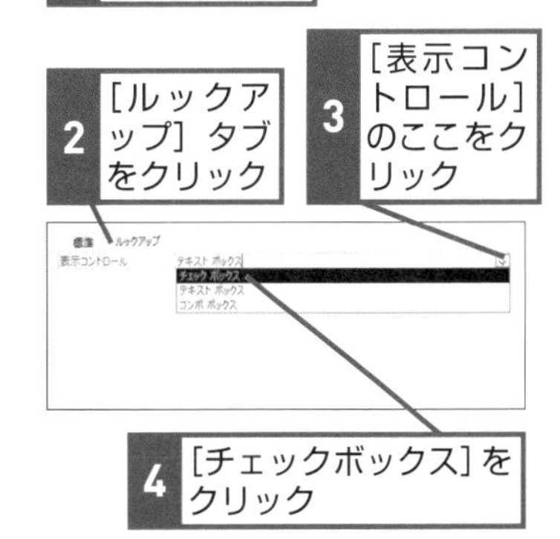

4 [チェックボックス] をクリック

HINT!

作成済みのアクションクエリを修正したいときは

作成済みのアクションクエリを修正する場合は、ナビゲーションウィンドウに表示されたクエリを右クリックし、メニューから［デザインビュー］をクリックしてデザインビューで開きます。ダブルクリックして開くとアクションクエリが実行されてしまうので注意が必要です。

レッスン

37 不要なデータを削除するには

削除クエリ

対応バージョン

365 2019 2016 2013

レッスンで使う練習用ファイル
削除クエリ.accdb

不要なデータをテーブルから一括で削除できる

削除クエリは、条件に一致したレコードをテーブルからまとめて削除するクエリです。「生産が終了した商品のレコードをまとめて削除したい」というときに役立ちます。削除クエリで削除したレコードは元に戻せないので、あらかじめ削除するレコードが正しく抽出できているかを選択クエリで確認し、必ずテーブルのバックアップを取っておきましょう。また、リレーションシップが設定されている一側テーブルのレコードを削除するときは、多側テーブルに対応するレコードが入力されていないかを確認します。入力されていた場合、それらを連鎖削除によって削除してもいいかどうかを確認し、必要な処理を行ってからクエリを実行しましょう。

関連レッスン

▶レッスン35
業務に便利なクエリを知ろう ····· p.122
▶レッスン36
クエリの結果を別のテーブルに保存するには ····························· p.124

キーワード

削除クエリ	p.292
選択クエリ	p.293
フィールド	p.294
リレーションシップ	p.295

Before

商品テーブル

商品ID	商品名	商品区分ID	単価	生産終了	クリックして追加
H001	アロエジュース	DR	¥1,200	☐	
H002	アロエゼリー	FB	¥600	☑	
H003	アロエ茶	DR	¥2,000	☐	
H004	ウコン茶	DR	¥3,000	☐	
H005	カルシウム	FN	¥1,800	☐	
H006	コエンザイムQ	FN	¥1,500	☑	
H007	ダイエットクッ	FB	¥5,000	☐	
H008	だったんそば茶	DR	¥1,500	☑	
H009	にんにくエキス	FN	¥1,700	☐	
H010	ビタミンA	FN	¥1,600	☐	
H011	ビタミンB	FN	¥1,500	☐	
H012	ビタミンC	FN	¥1,200	☐	
H013	プルーンエキス	FN	¥1,400	☐	
H014	プルーンゼリー	FB	¥600	☐	

生産が終了した商品を一括で削除したい

After

商品テーブル

商品ID	商品名	商品区分ID	単価	生産終了	クリックして追加
H001	アロエジュース	DR	¥1,200	☐	
H003	アロエ茶	DR	¥2,000	☐	
H004	ウコン茶	DR	¥3,000	☐	
H005	カルシウム	FN	¥1,800	☐	
H007	ダイエットクッ	FB	¥5,000	☐	
H009	にんにくエキス	FN	¥1,700	☐	
H010	ビタミンA	FN	¥1,600	☐	
H011	ビタミンB	FN	¥1,500	☐	
H012	ビタミンC	FN	¥1,200	☐	
H013	プルーンエキス	FN	¥1,400	☐	
H014	プルーンゼリー	FB	¥600	☐	
H015	マルチビタミン	FN	¥1,500	☐	

[生産終了]にチェックマークが付いていたレコードを削除できる

❶ 選択クエリを作成する

練習用ファイルを開いておく

レッスン⓮を参考に、[商品テーブル] で新規クエリを作成しておく

ここでは、[生産終了] にチェックマークが付いているレコードを抽出する

1 [*] フィールドをダブルクリック

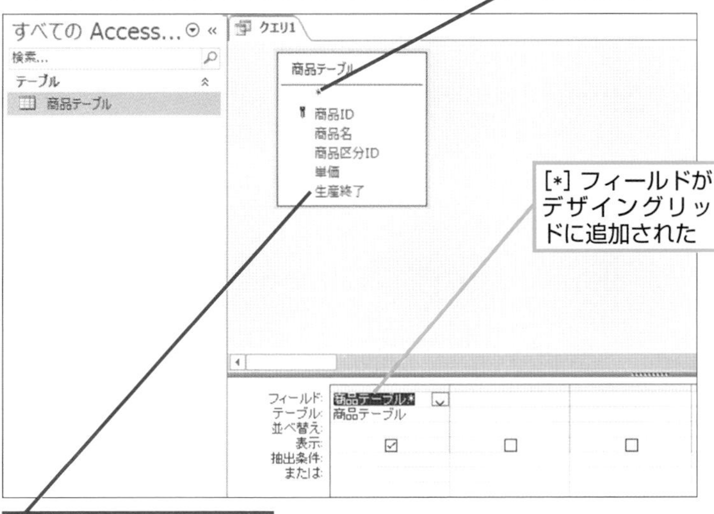

[*] フィールドがデザイングリッドに追加された

2 [生産終了] フィールドをダブルクリック

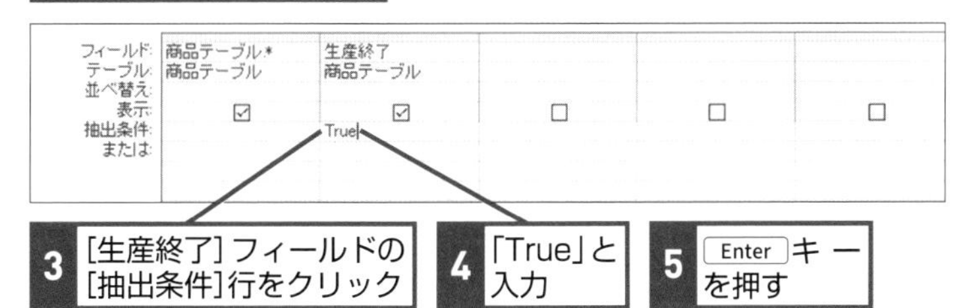

3 [生産終了] フィールドの [抽出条件] 行をクリック

4 「True」と入力

5 Enter キーを押す

❷ クエリを実行する

1 [実行] をクリック

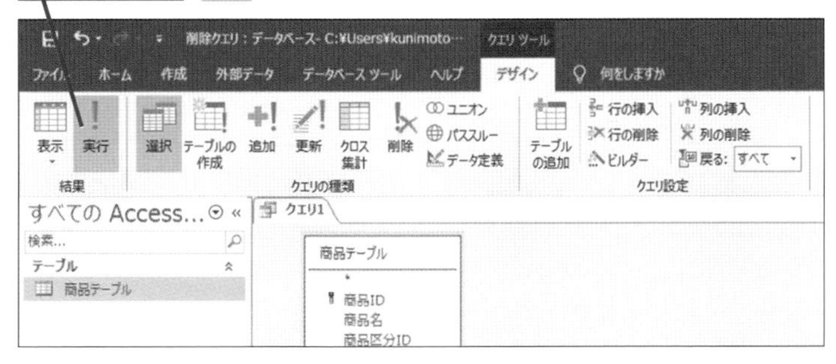

HINT!

元のテーブルを確認し、バックアップを取っておく

削除クエリを実行すると、削除したデータを元に戻せません。間違えて削除してしまった場合にデータを復旧できるよう、元のテーブルを確認し、レッスン⓭を参考にバックアップを取っておきましょう。

HINT!

なぜ [*] を追加するの？

削除クエリでは、条件に一致するレコードを一括で削除します。デザインビューで条件を設定するためのフィールドを追加するだけで、条件に一致するレコードを削除できます。レッスンでは、条件を設定する [生産終了] フィールドに加えて、[*] も追加しています。条件を設定するフィールドだけではどのレコードが削除されるか確認ができないため、[*] を追加して、データシートビューですべてのフィールドを表示し、レコードの確認ができるようにしています。

手順1で [生産終了] フィールドだけを追加してクエリを実行すると、削除するレコードの詳細が分からない

クエリ1

生産終了

次のページに続く

3 クエリの実行結果を確認する

クエリが実行された

1 [生産終了] にチェックマークが付いているレコードが抽出されていることを確認

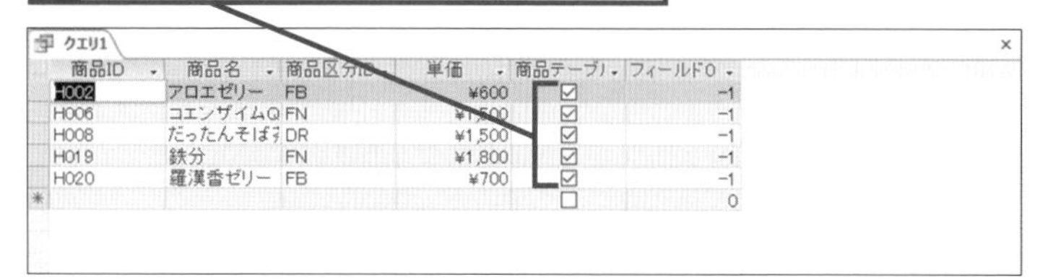

4 デザインビューに切り替える

クエリの種類を変更するためにデザインビューに切り替える

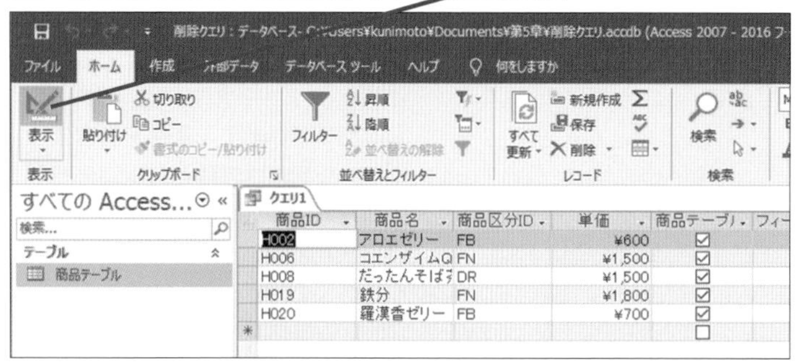

5 クエリの種類を変更する

デザインビューに切り替わった

クエリの種類を削除クエリに変更する

1 [クエリツール] の [デザイン] タブをクリック

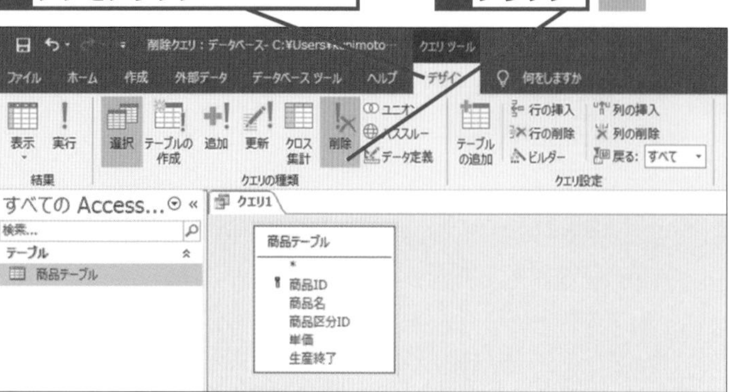

HINT! [生産終了] フィールドの右側にあるフィールドは何？

手順3で、データシートビューを表示したときに、[生産終了] フィールドの右側に [フィールド0] というフィールドが表示されています。これは、デザインビューで条件設定用に追加した [生産終了] フィールドに当たります。デザインビューでは、すべてのフィールドを含む [*] を追加しているため、[*] に含まれている [生産終了] と、条件設定用に追加した [生産終了] フィールドが重複しています。そのため、データシートビューで表示すると、一方のフィールドの表示が [フィールド0] と別のフィールド名に変更されて表示されます。また、書式も解除されているため、「Yes」を表す「-1」がそのままデータとして表示されます。

HINT! リレーションシップが設定されたテーブルで削除クエリを実行するときは

テーブル間でリレーションシップが設定されており、レコードを削除するテーブルが一側テーブルの場合、多側テーブルに対応するレコードが入力されていると、レコードを削除できません。このような場合は、リレーションシップの連鎖削除の設定を行うことで、多側テーブルの対応するレコードを同時に削除することが可能です。ただし、連鎖削除によって多側テーブルのレコードを削除する場合は、すでに発生している売り上げデータなどの情報が削除されることもあります。連鎖削除の設定自体が適切であるかどうか、削除される多側テーブルのレコードが必要でないかを再度確認しておきましょう。

6 削除クエリを実行する

クエリの種類が削除クエリに変更された

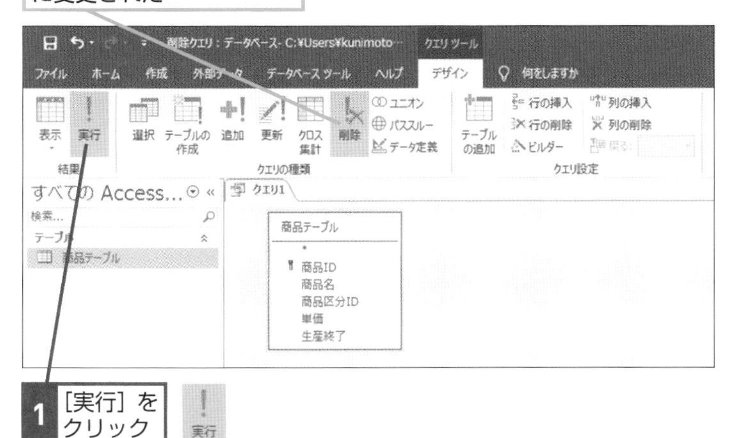

1 [実行] をクリック

実行

削除クエリの実行に関する確認のメッセージが表示された

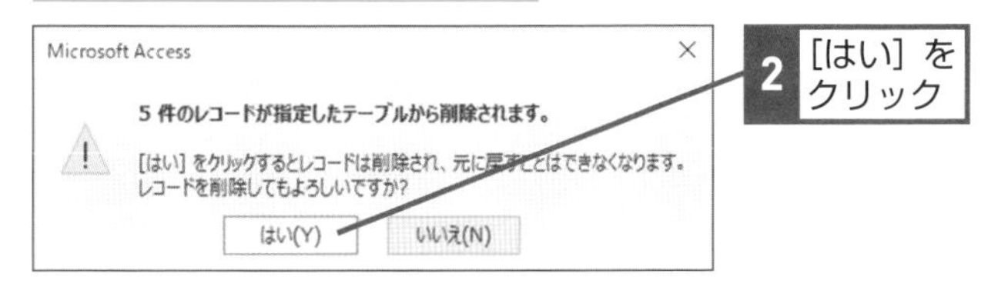

Microsoft Access
5 件のレコードが指定したテーブルから削除されます。
[はい] をクリックするとレコードは削除され、元に戻すことはできなくなります。
レコードを削除してもよろしいですか?
はい(Y)
いいえ(N)

2 [はい] をクリック

7 削除されたレコードを確認する

削除クエリが実行され、テーブルのレコードが削除された

レコードが削除されたテーブルを確認する

1 [商品テーブル] をダブルクリック

2 手順3で抽出結果に表示されたレコードが削除されていることを確認

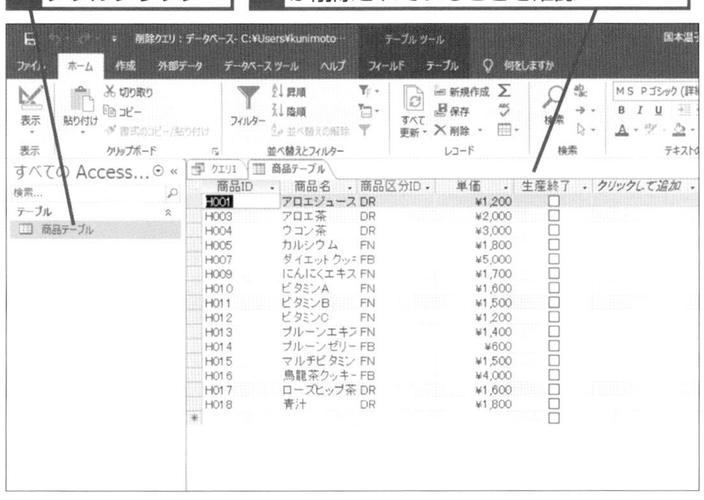

HINT!

レコードが削除されないときは

手順6で、[キー違反] のエラーが発生し、レコードが削除できないことがあります。これは、リレーションシップが設定されており、参照整合性が設定されている一側テーブルのレコードを削除するときに発生します。また、ほかのユーザーによってテーブルが使用されている場合は [ロック違反] のエラーが発生してレコードを削除できないことがあります。下のエラーメッセージが表示された場合、[はい] ボタンをクリックすると、エラーが発生していない部分だけが実行され、[いいえ] ボタンをクリックすると、削除クエリの実行がキャンセルされます。

リレーションシップが設定されている一側テーブルのレコードを削除しようとすると、[キー違反] エラーを示すメッセージが表示されることがある

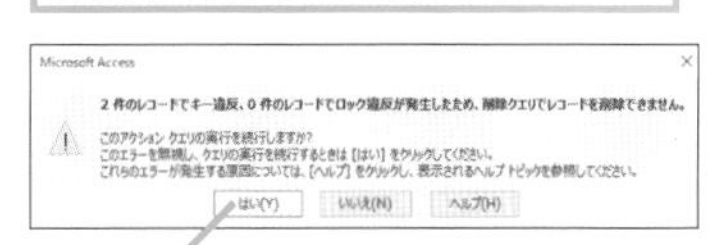

[はい] をクリックすると、エラーの発生していないレコードだけが削除される

[いいえ] をクリックすると、クエリの実行をキャンセルできる

間違った場合は？

手順5で[クロス集計]ボタンをクリックしてしまったときは、アスタリスクを利用して追加したフィールドでは集計ができない旨のメッセージがダイアログボックスに表示されます。[OK] ボタンをクリックし、[削除] ボタンをクリックし直してください。

37 削除クエリ

レッスン

38 条件に一致したデータをまとめて更新するには

更新クエリ

対応バージョン

365 2019 2016 2013

レッスンで使う練習用ファイル

更新クエリ.accdb

所属名やコードをまとめて更新する

更新クエリは、「条件に一致するデータ」をまとめて新しいデータに変更するクエリです。例えば、大阪にある部署の名前が「営業部」から「関西営業部」と変わったときでも、勤務地を大阪に限定して、まとめて部署名を変更できます。ただし、更新クエリを実行してレコードを更新した場合は、データを元に戻せません。そのため、あらかじめテーブルをバックアップしておく必要があります。また、リレーションシップが設定されている一側テーブルのフィールドを更新するときは、多側テーブルに対応するレコードが入力されていないか、連鎖更新によってそれらのデータが更新されても問題がないかをよく確認してから、クエリを実行してください。

関連レッスン

▶レッスン35
業務に便利なクエリを知ろう ····· p.122

▶レッスン37
不要なデータを削除するには ····· p.128

キーワード

更新クエリ	p.292
選択クエリ	p.293
フィールド	p.294
リレーションシップ	p.295
レコード	p.295

Before

社員テーブル

社員ID	社員名	シャインメイ	入社年月日	勤務地	所属	性別	クリックして追加
103502	田中 裕一	タナカ ユウイ	2002/10/01	大阪	営業部	1	
103801	南 慶介	ミナミ ケイス	2005/04/01	東京	総務部	1	
103802	佐々木 努	ササキ ツトム	2005/04/01	東京	企画部	1	
104201	新藤 英子	シンドウ エイ	2009/04/01	名古屋	営業部	2	
104203	荒井 忠	アライ タダシ	2009/04/01	福岡	総務部	1	
104301	山崎 幸彦	ヤマザキ ユキ	2010/04/01	名古屋	企画部	1	
104402	戸田 あかね	トダ アカネ	2011/09/01	大阪	営業部	2	
104602	杉山 直美	スギヤマ ナオ	2013/09/01	大阪	企画部	2	
104701	小野寺 久美	オノデラ クミ	2014/04/01	東京	営業部	2	
104801	近藤 俊彦	コンドウ トシヒ	2015/04/01	福岡	企画部	1	
104902	斉藤 由紀子	サイトウ ユキ	2016/09/01	名古屋	営業部	2	
105101	鈴木 隆	スズキ タカシ	2018/04/01	名古屋	営業部	1	

勤務地の情報を参考に、変更があった部署名のみ、レコードを更新したい

After

社員テーブル

社員ID	社員名	シャインメイ	入社年月日	勤務地	所属	性別	クリックして追加
103502	田中 裕一	タナカ ユウイ	2002/10/01	大阪	関西営業部	1	
103801	南 慶介	ミナミ ケイス	2005/04/01	東京	総務部	1	
103802	佐々木 努	ササキ ツトム	2005/04/01	東京	企画部	1	
104201	新藤 英子	シンドウ エイ	2009/04/01	名古屋	営業部	2	
104203	荒井 忠	アライ タダシ	2009/04/01	福岡	総務部	1	
104301	山崎 幸彦	ヤマザキ ユキ	2010/04/01	名古屋	企画部	1	
104402	戸田 あかね	トダ アカネ	2011/09/01	大阪	関西営業部	2	
104602	杉山 直美	スギヤマ ナオ	2013/09/01	大阪	関西企画部	2	
104701	小野寺 久美	オノデラ クミ	2014/04/01	東京	営業部	2	
104801	近藤 俊彦	コンドウ トシヒ	2015/04/01	福岡	企画部	1	
104902	斉藤 由紀子	サイトウ ユキ	2016/09/01	名古屋	営業部	2	
105101	鈴木 隆	スズキ タカシ	2018/04/01	名古屋	営業部	1	

部署名が変わった大阪のみ、まとめてレコードを更新できる

1 選択クエリを作成する

練習用ファイルを開いておく

レッスン⓮を参考に、[社員テーブル]で新規クエリを作成して［所属］と［勤務地］のフィールドを追加しておく

ここでは、勤務地が「大阪」のレコードを抽出する

1 ［勤務地］フィールドの［抽出条件］行をクリック

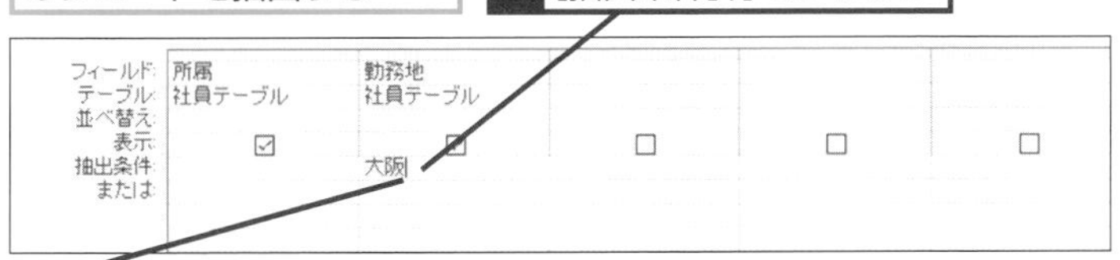

2 「大阪」と入力 3 Enter キーを押す

2 クエリを実行する

1 ［実行］をクリック

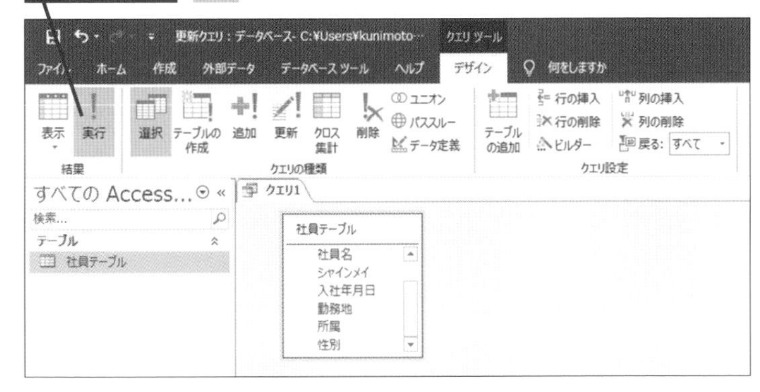

3 クエリの実行結果を確認する

クエリが実行された

1 ［勤務地］が「大阪」のレコードが抽出されていることを確認

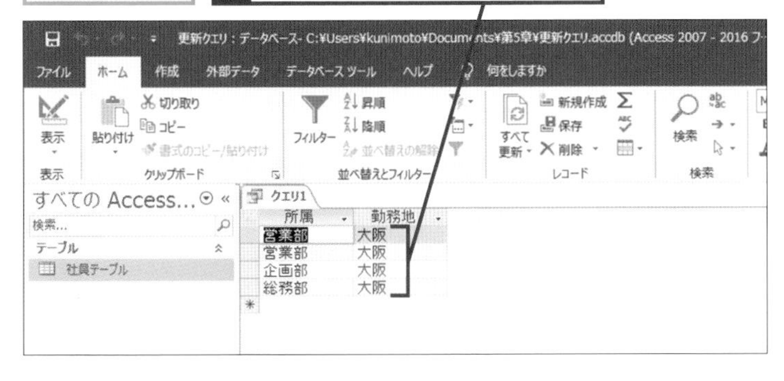

HINT! 元のテーブルを確認し、バックアップを取っておく

更新クエリを実行すると、更新したデータを元に戻せません。間違えて更新してしまった場合にデータを復旧できるように、元のテーブルを確認し、バックアップを取っておきましょう。テーブルのバックアップ方法は、レッスン⓭で解説しています。

HINT! すべてのレコードのデータを変更するには

条件に一致したレコードではなく、すべてのレコードに対してデータを変更する場合は、抽出条件を設定するためのフィールドを追加する必要はありません。例えば、ここでは抽出条件として［勤務地］フィールドに「大阪」という条件を設定していますが、この条件を設定しなければ、全レコードが更新対象となります。

間違った場合は？

手順3で更新するレコードが抽出されなかった場合は、抽出条件が間違っている可能性があります。［ホーム］タブの［表示］ボタンをクリックしてデザインビューに切り替え、抽出条件を再度設定し直しましょう。

次のページに続く

4 デザインビューに切り替える

クエリの種類を変更するためにデザインビューに切り替える

1 ［表示］をクリック

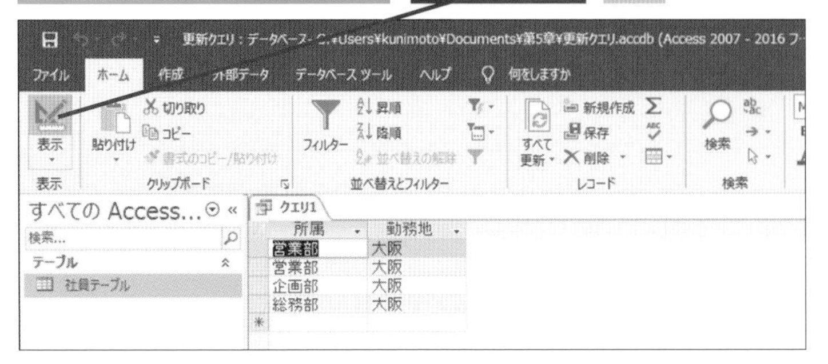

5 クエリの種類を変更する

デザインビューに切り替わった

クエリの種類を更新クエリに変更する

1 ［クエリツール］の［デザイン］タブをクリック

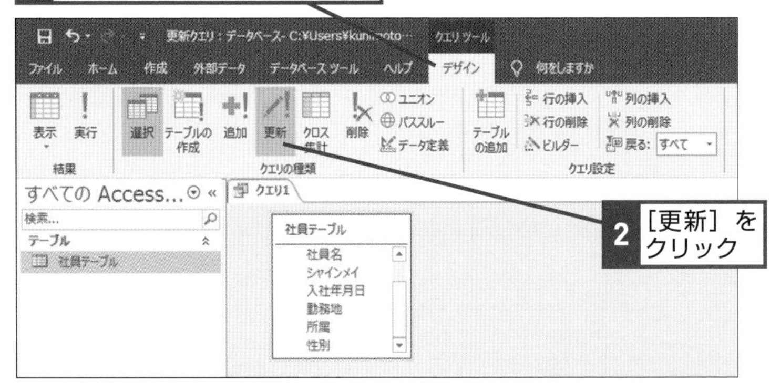

2 ［更新］をクリック

6 更新内容を入力する

クエリが更新クエリに変更され、［レコードの更新］行が表示された

1 ［所属］フィールドの［レコードの更新］行をクリック

［"文字列"&［フィールド名］］と入力して、文字列とレコードを結合できる

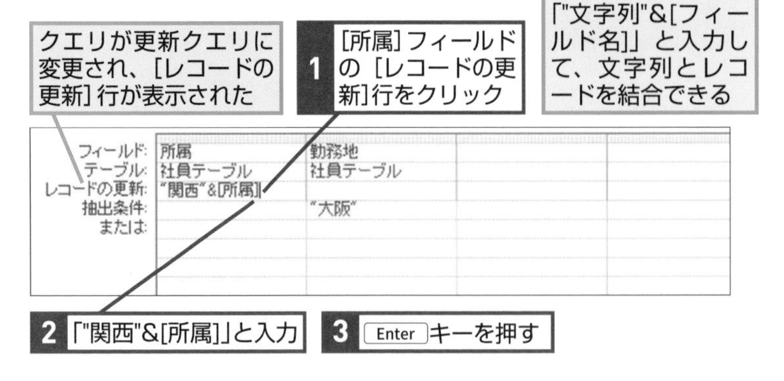

2 ［"関西"&［所属］］と入力

3 Enter キーを押す

HINT! フィールドのデータを一括で削除するには

削除クエリでは、条件に一致するレコードを削除しますが、更新クエリを使用すると、フィールドのデータだけを一括で削除できます。フィールドのデータを一括で削除するには、データを削除したいフィールドの［レコードの更新］行に、「Null」と入力します。

［レコードの更新］行に「Null」と入力すれば、データを一括で削除できる

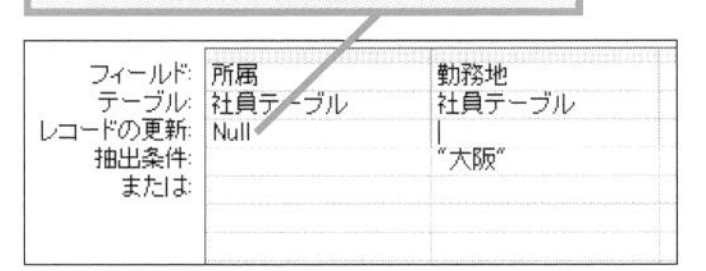

HINT! リレーションシップが設定されたテーブルに更新クエリを実行する場合は

テーブル間でリレーションシップが設定されており、レコードを更新するテーブルが一側テーブルの場合、多側テーブルに対応するレコードが入力されていると、レコードの更新ができません。このような場合は、リレーションシップの連鎖更新の設定を行うことで、多側テーブルの対応するレコードとともにデータの更新が可能です。

HINT! 文字列とデータを連結するには

手順6では、「"関西"&［所属］」と入力していますが、これは［所属］フィールドのデータの先頭に「関西」という文字列を追加するための式です。文字列とフィールドのデータを組み合わせてひと続きの文字列にするには、「"文字列"&［フィールド名］」のように、「&」を使って文字列とフィールド名を連結させます。

7 更新クエリを実行する

更新クエリを実行して正しく動作することを確認する

1 [実行] をクリック

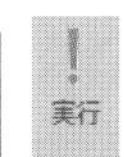

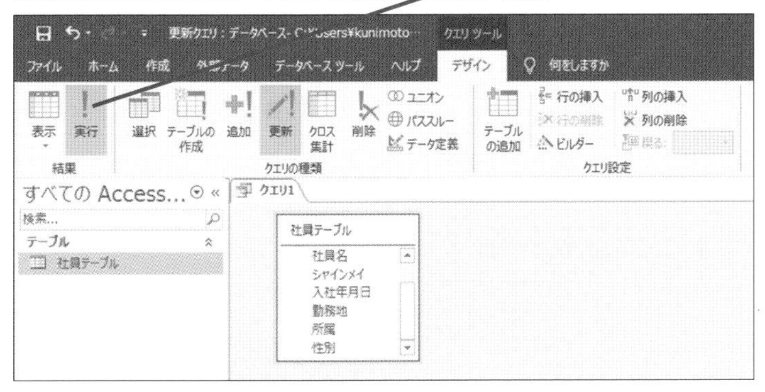

更新クエリの実行に関する確認のメッセージが表示された

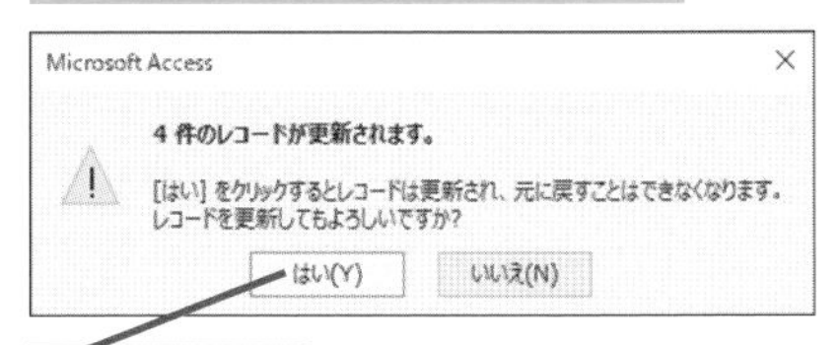

2 [はい] をクリック

8 更新されたレコードを確認する

更新クエリが実行され、テーブルのデータが更新された

1 [社員テーブル] をダブルクリック

2 手順3で抽出結果に表示されたレコードが更新されていることを確認

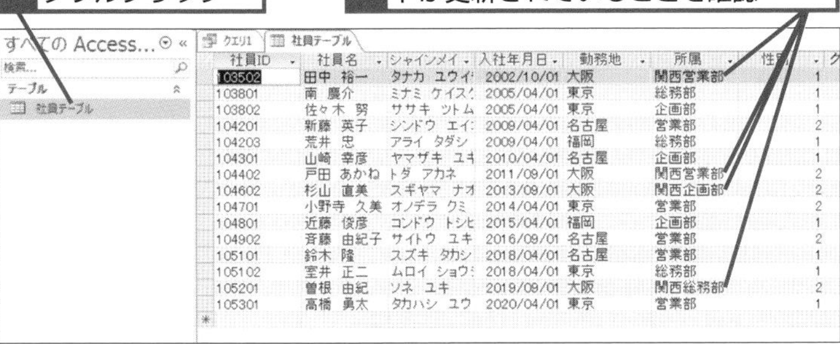

社員ID	社員名	シャインメイ	入社年月日	勤務地	所属	性別
103502	田中 裕一	タナカ ユウイ	2002/10/01	大阪	関西営業部	1
103801	南 慶介	ミナミ ケイス	2005/04/01	東京	総務部	1
103802	佐々木 努	ササキ ツトム	2005/04/01	東京	企画部	1
104201	新藤 英子	シンドウ エイ	2009/04/01	名古屋	営業部	2
104203	荒井 忠	アライ タダシ	2009/04/01	福岡	総務部	1
104301	山崎 幸彦	ヤマザキ ユキ	2010/04/01	名古屋	企画部	1
104402	戸田 あかね	トダ アカネ	2011/09/01	大阪	関西営業部	2
104602	杉山 直美	スギヤマ ナオ	2013/09/01	大阪	関西企画部	2
104701	小野寺 久美	オノデラ クミ	2014/04/01	東京	営業部	2
104801	近藤 俊彦	コンドウ トシヒ	2015/04/01	福岡	企画部	1
104902	斉藤 由紀子	サイトウ ユキ	2016/09/01	名古屋	営業部	2
105101	鈴木 隆	スズキ タカシ	2018/04/01	名古屋	営業部	1
105102	室井 正二	ムロイ ショウ	2018/04/01	東京	総務部	1
105201	曽根 由紀	ソネ ユキ	2019/09/01	大阪	関西総務部	2
105301	高橋 勇太	タカハシ ユウ	2020/04/01	東京	営業部	1

HINT! 更新クエリは何度も実行しない

更新クエリを何度も実行すると、その都度、指定したフィールドのデータが更新されてしまいます。レッスンで作成している更新クエリを何度も実行すると「関西関西関西総務部」のように、更新されたデータに対して、さらに更新を行ってしまいます。元に戻すための更新クエリを作成してもいいですが、式が複雑になります。バックアップを使って更新前の状態に戻し、1回だけ更新クエリを実行し直すのがいいでしょう。

間違った場合は？

手順7の下の画面で［いいえ］ボタンをクリックしてしまったときは、更新クエリが実行されません。再度［実行］ボタンをクリックして、確認の画面で［はい］ボタンをクリックしてください。

レッスン **39**

別テーブルにあるデータと一致するものを更新するには

別テーブルを参照した更新クエリ

対応バージョン

365 2019 2016 2013

レッスンで使う練習用ファイル
別テーブルを参照した
更新クエリ.accdb

関連レッスン

▶レッスン35
業務に便利なクエリを知ろう ····· p.124

▶レッスン38
条件に一致したデータをまとめて
更新するには ······························ p.132

別テーブルのフィールドのデータに置き換える

更新クエリでは、テーブルのフィールドの値を別テーブルのフィールドの値に一括で書き換えることもできます。このとき、2つのテーブルにリレーションシップが設定されている必要があります。例えば、［社員テーブル］と［異動社員テーブル］が［社員ID］フィールドを結合フィールドとしてリレーションシップが設定されている場合、［社員テーブル］で、異動の対象となっている社員の新しい［勤務地］と［所属］の値を［異動社員テーブル］の［異動先勤務地］と［異動先所属］フィールドの値に一括で変更できます。このように、部署名などの変更があり、別テーブルで新旧の対応表が作成されているような場合は、更新クエリを使って、対応表のテーブルを参照させて、一括で新しいデータに書き換えられます。

Before

［社員ID］フィールドを結合フィールドとしてリレーションシップが設定されている

社員テーブル

社員ID	社員名	シャインメイ	入社年月日	勤務地	所属
103502	田中 裕一	タナカ ユウイ	2002/10/01	大阪	営業部
103801	南 慶介	ミナミ ケイス	2005/04/01	東京	総務部
103802	佐々木 努	ササキ ツトム	2005/04/01	東京	企画部
104201	新藤 英子	シンドウ エイ	2009/04/01	名古屋	営業部
104203	荒井 忠	アライ タダシ	2009/04/01	福岡	総務部
104301	山崎 幸彦	ヤマザキ ユキ	2010/04/01	名古屋	企画部
104402	戸田 あかね	トダ アカネ	2011/09/01	大阪	営業部
104602	杉山 直美	スギヤマ ナオ	2013/09/01	大阪	企画部
104701	小野寺 久美	オノデラ クミ	2014/04/01	東京	営業部
104801	近藤 俊彦	コンドウ トシヒ	2015/04/01	福岡	企画部
104902	斉藤 由紀子	サイトウ ユキ	2016/09/01	名古屋	営業部
105101	鈴木 隆	スズキ タカシ	2018/04/01	名古屋	営業部
105102	室井 正二	ムロイ ショウ	2018/04/01	東京	総務部
105201	曽根 由紀	ソネ ユキ	2019/09/01	大阪	総務部
105301	高橋 勇太	タカハシ ユウ	2020/04/01	東京	営業部

［異動社員テーブル］にあるデータで［社員テーブル］のデータを更新したい

異動社員テーブル

社員ID	社員名	異動先勤務	異動先所属	クリックして追加
103802	佐々木 努	仙台	総務部	
104203	荒井 忠	仙台	企画部	
104301	山崎 幸彦	仙台	総務部	
104701	小野寺 久美	仙台	経理部	
105201	曽根 由紀	仙台	企画部	

After

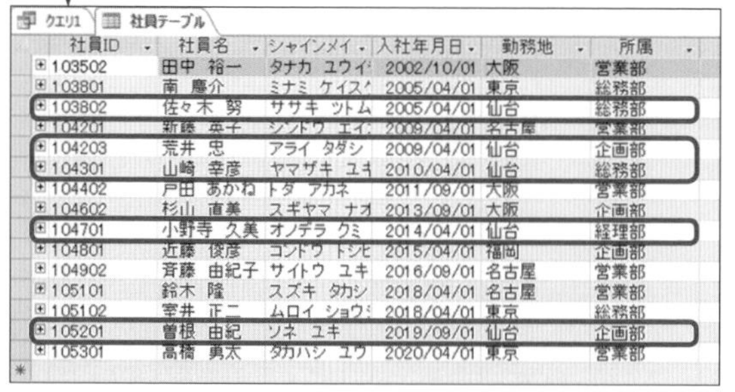

クエリ1 社員テーブル

社員ID	社員名	シャインメイ	入社年月日	勤務地	所属
103502	田中 裕一	タナカ ユウイ	2002/10/01	大阪	営業部
103801	南 慶介	ミナミ ケイス	2005/04/01	東京	総務部
103802	佐々木 努	ササキ ツトム	2005/04/01	仙台	総務部
104201	新藤 英子	シンドウ エイ	2009/04/01	名古屋	営業部
104203	荒井 忠	アライ タダシ	2009/04/01	仙台	企画部
104301	山崎 幸彦	ヤマザキ ユキ	2010/04/01	仙台	総務部
104402	戸田 あかね	トダ アカネ	2011/09/01	大阪	営業部
104602	杉山 直美	スギヤマ ナオ	2013/09/01	大阪	企画部
104701	小野寺 久美	オノデラ クミ	2014/04/01	仙台	経理部
104801	近藤 俊彦	コンドウ トシヒ	2015/04/01	福岡	企画部
104902	斉藤 由紀子	サイトウ ユキ	2016/09/01	名古屋	営業部
105101	鈴木 隆	スズキ タカシ	2018/04/01	名古屋	営業部
105102	室井 正二	ムロイ ショウ	2018/04/01	東京	総務部
105201	曽根 由紀	ソネ ユキ	2019/09/01	仙台	企画部
105301	高橋 勇太	タカハシ ユウ	2020/04/01	東京	営業部

［異動社員テーブル］にあるフィールドの値を指定することで、レコードを一括で更新できる

❶ 選択クエリを実行する

練習用ファイルを開いておく

レッスン⓮を参考に、[異動社員テーブル] [社員テーブル] で新規クエリを作成して、[社員テーブル] の[勤務地] [所属]のフィールドを追加しておく

1 [実行] をクリック

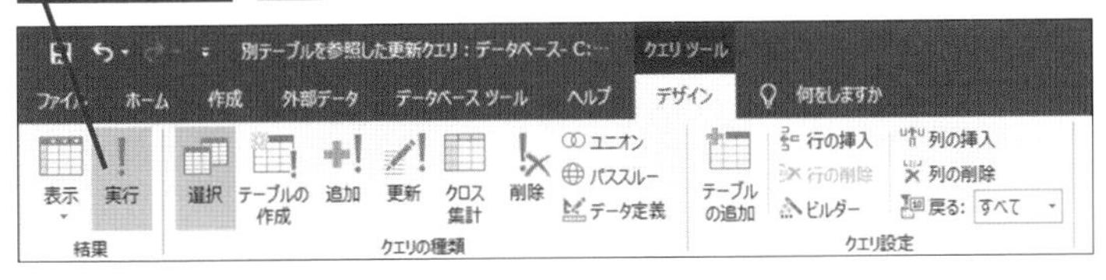

❷ クエリの実行結果を確認する

クエリが実行された

1 [異動社員テーブル] と [社員テーブル] の [社員ID] フィールドの値が同じレコードのうち、[勤務地]と[所属]のフィールドが抽出されていることを確認

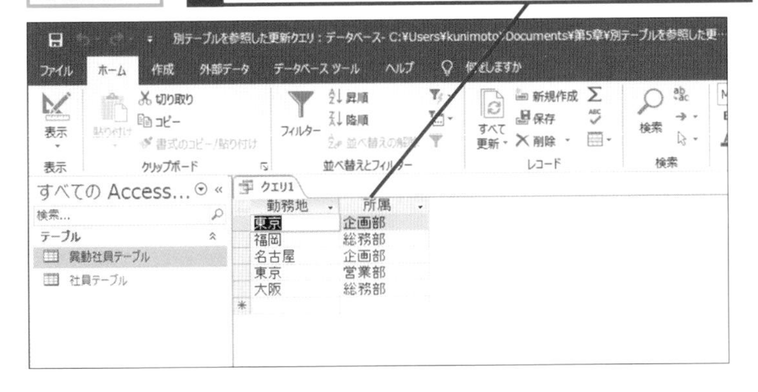

❸ デザインビューに切り替える

クエリの種類を変更するためにデザインビューに切り替える

1 [表示] をクリック

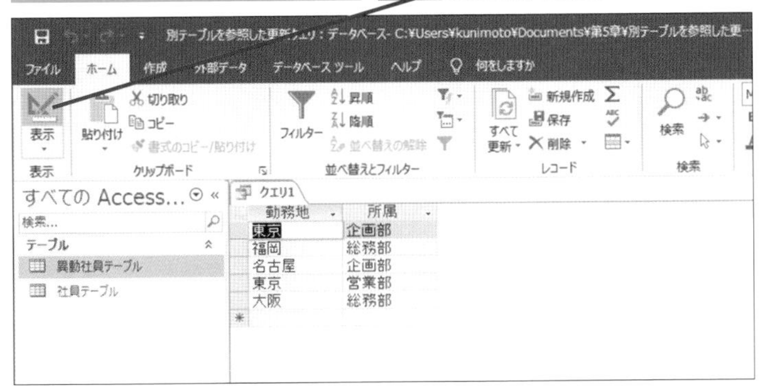

HINT! 2つのテーブルでリレーションシップを設定する

別テーブルの対応するデータを参照する場合は、テーブル間にリレーションシップが設定されている必要があります。そのため、2つのテーブルに [社員ID] フィールドのように共通のフィールドが必要になるので、参照するテーブルの作成時に共通するフィールドを持たせておきます。あらかじめリレーションシップが設定されていなくても、クエリでテーブルを追加すると、共通するフィールドが自動結合されます。自動結合されない場合は、フィールド間でドラッグして結合してください。なお、リレーションシップについてはレッスン❹を参照してください。

HINT! データが正しく抽出されているかを確認するには

手順2では、[社員テーブル] の [勤務地] と [所属] のフィールドだけが表示されているのでデータが正しく抽出されているかが分かりません。更新する社員名や社員IDを確認したいときは、手順1でクエリを実行する前にデザイングリッドに [社員ID] や [社員名] フィールドを追加して実行してください。

間違った場合は？

手順2で更新するフィールドが表示されなかった場合は、追加したフィールドが間違っている可能性があります。[ホーム] タブの [表示] ボタンをクリックしてデザインビューに切り替え、フィールドを再度設定し直しましょう。

次のページに続く

4 クエリの種類を変更する

デザインビューに切り替わった

クエリの種類を更新クエリに変更する

1 ［クエリツール］の［デザイン］タブをクリック

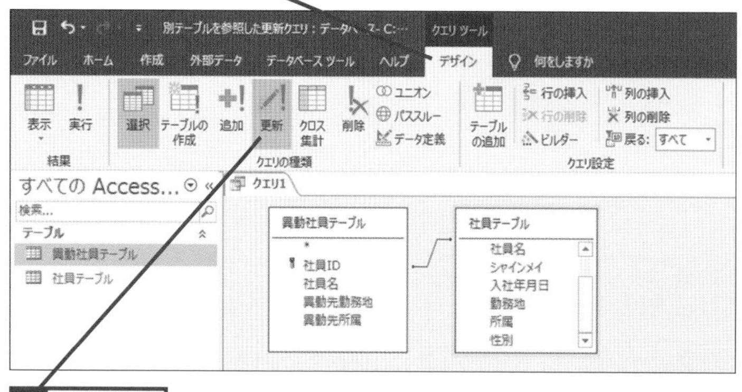

2 ［更新］をクリック

5 更新内容を入力する

クエリの種類が変更され、［レコードの更新］行が表示された

［社員テーブル］の［勤務地］と［所属］フィールドを［異動社員テーブル］にある［異動先勤務地］と［異動先所属］フィールドのデータで更新する

1 ［勤務地］フィールドの［レコードの更新］行をクリック

2 「[異動先勤務地]」と入力

フィールド:	勤務地	所属		
テーブル:	社員テーブル	社員テーブル		
レコードの更新:	[異動先勤務地]			
抽出条件:				
または:				

3 ［所属］フィールドの［レコードの更新］行をクリック

4 「[異動先所属]」と入力

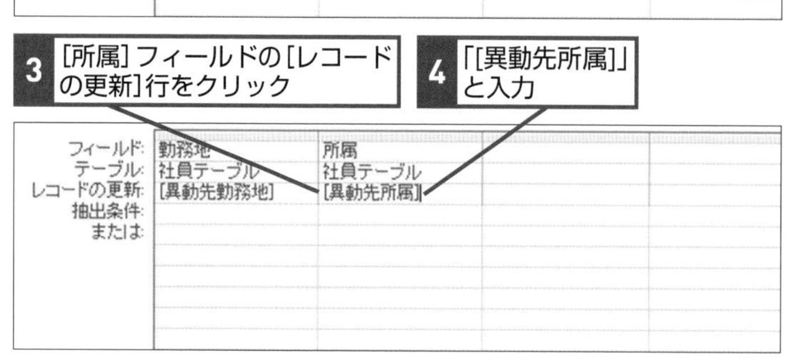

フィールド:	勤務地	所属		
テーブル:	社員テーブル	社員テーブル		
レコードの更新:	[異動先勤務地]	[異動先所属]		
抽出条件:				
または:				

5 Enter キーを押す

HINT!

更新先と参照先のフィールド名が同じときは

更新するテーブルのフィールド名と参照するテーブルのフィールド名が同じ場合は、参照するテーブルのテーブル名も指定する必要があります。その場合は、「[テーブル名]![フィールド名]」と記述します。なお、参照式の「!」は「～の中の」という意味になります。

フィールド名が同じ場合は、「[テーブル名]![フィールド名]」の形式で入力する

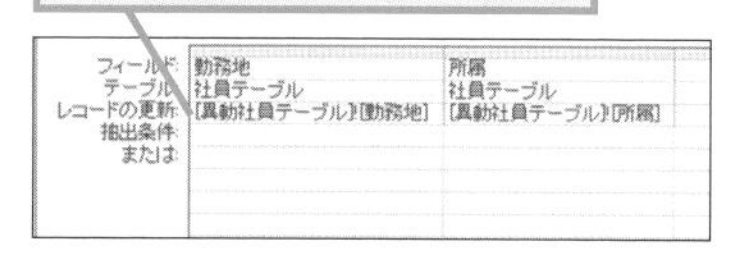

フィールド:	勤務地	所属
テーブル:	社員テーブル	社員テーブル
レコードの更新:	[異動社員テーブル]![勤務地]	[異動社員テーブル]![所属]
抽出条件:		
または:		

間違った場合は？

手順5で［レコードの更新］行に入力するフィールド名を間違えてしまったときは、更新クエリの実行後に「クエリには、出力フィールドが1つ以上必要です。」というメッセージが表示されます。［OK］ボタンをクリックし、クエリを保存せずに閉じて手順1から操作をやり直してください。

6 更新クエリを実行する

更新クエリを実行して正しく動作することを確認する

1 [実行] をクリック

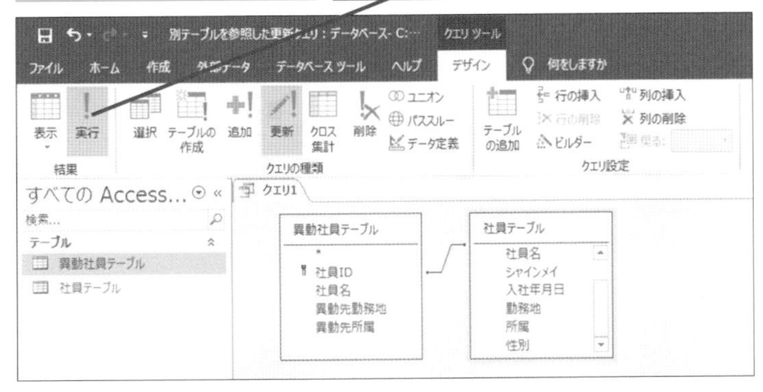

更新クエリの実行に関する確認のメッセージが表示された

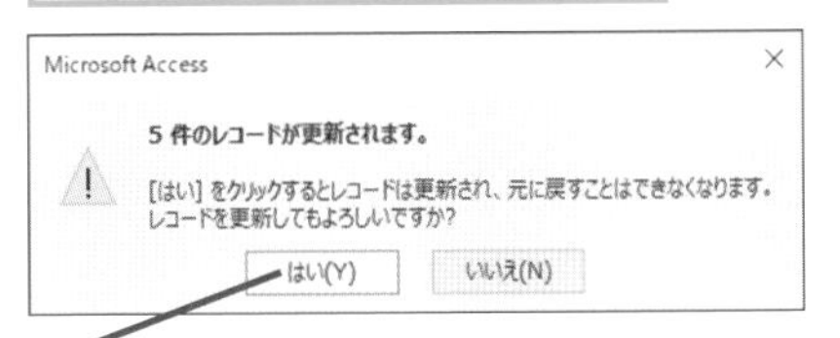

2 [はい] をクリック

7 更新されたレコードを確認する

更新クエリが実行され、テーブルのデータが更新された

1 [社員テーブル] をダブルクリック

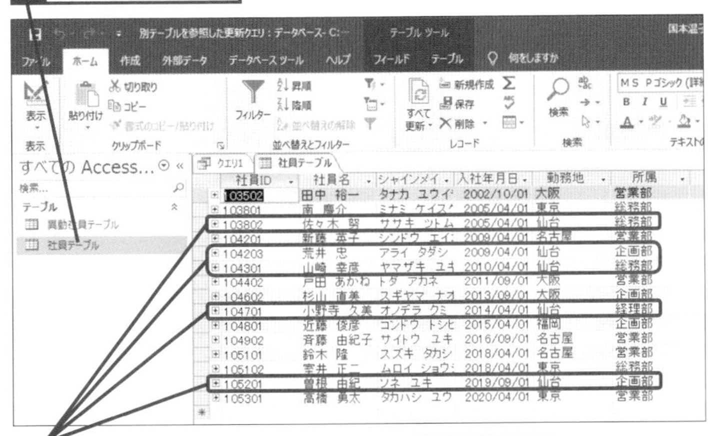

2 [社員テーブル] のデータが [異動社員テーブル] のデータを元に更新されていることを確認

HINT!

式ビルダーで参照先のフィールド名を設定できる

別テーブルのフィールド名を参照するときは、[式ビルダー] ダイアログボックスを使用すると、入力の手間が省けるため間違いを防げます。式ビルダーには、[テーブル] [クエリ] [関数] [演算子] など、さまざまな選択肢があります。最初は少し使いづらく感じるかもしれませんが、慣れればとても便利に利用できます。

1 式を入力するフィールドの [レコードの更新] 行をクリック

2 [ビルダー] をクリック

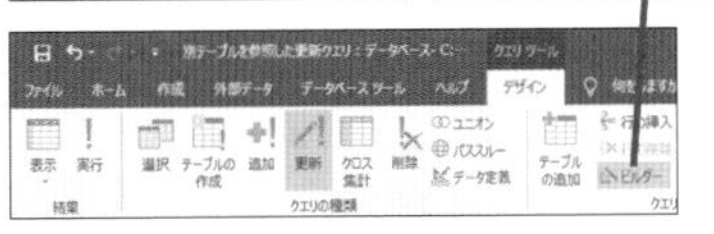

[式ビルダー] ダイアログボックスが表示された

3 ファイル名をダブルクリック

4 [テーブル] をダブルクリック

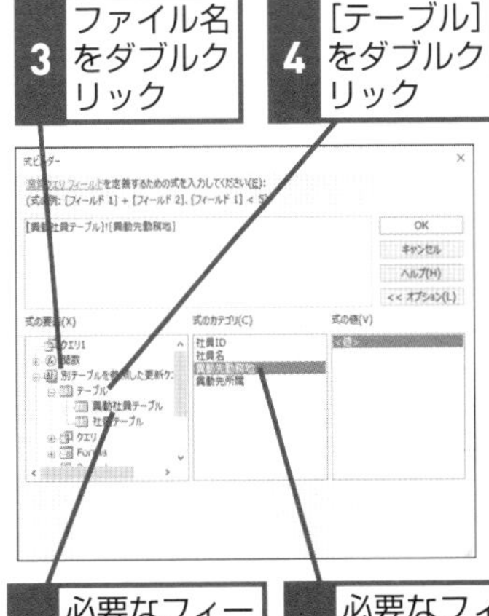

5 必要なフィールドを含むテーブル名をクリック

6 必要なフィールド名をダブルクリック

7 [OK] をクリック

フィールド名を入力できる

レッスン
40 テーブルにデータをまとめて追加するには

追加クエリ

対応バージョン

365 2019 2016 2013

レッスンで使う練習用ファイル
追加クエリ.accdb

関連レッスン

▶レッスン35
業務に便利なクエリを知ろう p.122

キーワード

処理が終了したデータの履歴を別テーブルで保管する

追加クエリは、指定したテーブルに別のテーブルやクエリからレコードを一括で追加するクエリです。例えば、下の図のように、[商品テーブル] で [生産終了] にチェックマークが付いた商品を、[生産終了商品テーブル] にまとめて追加できます。このように追加クエリは、条件に一致するレコードをまとめて別テーブルに追加できるため、処理が終了したデータを履歴として保存しておきたいときに役立ちます。なお、追加クエリでは、レコードの追加時にキー違反や型変換エラー、入力規則違反などのエラーが発生しやすいので、事前に追加先や追加元テーブルのデータのほか、データ型などを確認してから実行するようにしましょう。

Before

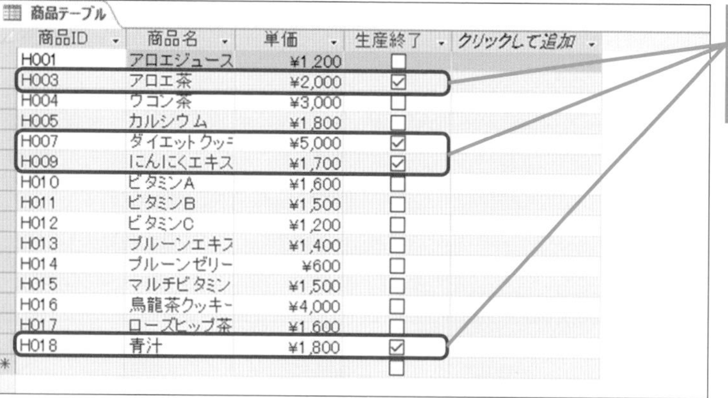

商品テーブル
商品ID
商品名
単価
生産終了
クリックして追加
H001
アロエジュース
¥1,200
H003
アロエ茶
¥2,000
H004
ウコン茶
¥3,000
H005
カルシウム
¥1,800
H007
ダイエットクッキ
¥5,000
H009
にんにくエキス
¥1,700
H010
ビタミンA
¥1,600
H011
ビタミンB
¥1,500
H012
ビタミンC
¥1,200
H013
プルーンエキス
¥1,400
H014
プルーンゼリー
¥600
H015
マルチビタミン
¥1,500
H016
烏龍茶クッキー
¥4,000
H017
ローズヒップ茶
¥1,600
H018
青汁
¥1,800
生産が終了した商品のレコードを別テーブルに追加して保管したい

After

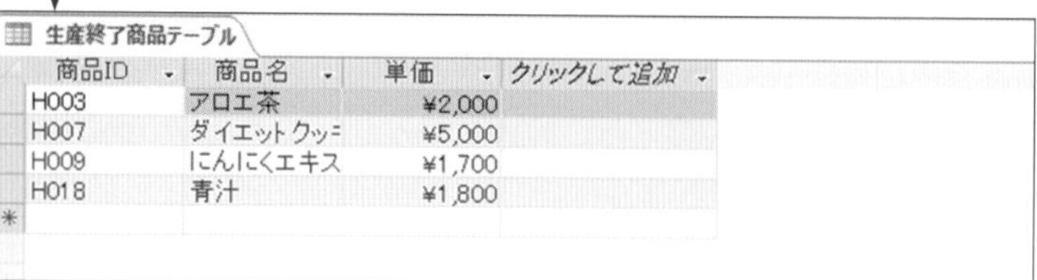

第5章 テーブルのデータを操作するクエリを覚える

このレッスンは動画で見られます　操作を動画でチェック！▸▸ ※詳しくは2ページへ

1 選択クエリを作成する

練習用ファイルを開いておく

レッスン⓮を参考に、［商品テーブル］で新規クエリを作成して、［商品ID］［商品名］［単価］［生産終了］のフィールドを追加しておく

ここでは、［生産終了］にチェックマークが付いているレコードを抽出する

1 ［生産終了］フィールドの［抽出条件］行をクリック

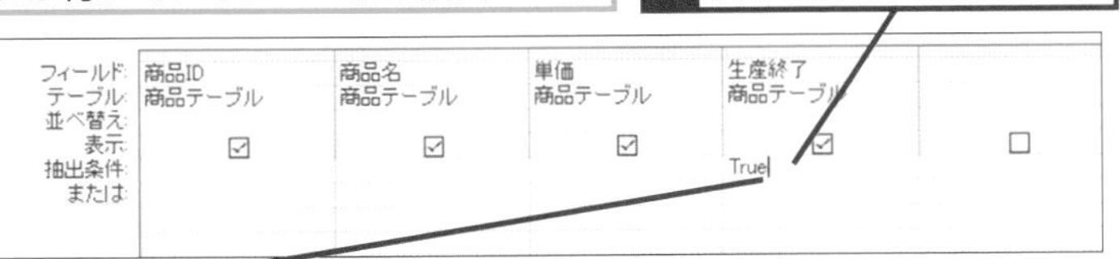

2 「True」と入力　3 Enter キーを押す

2 クエリの種類を変更する

クエリの種類を追加クエリに変更する

1 ［クエリツール］の［デザイン］タブをクリック

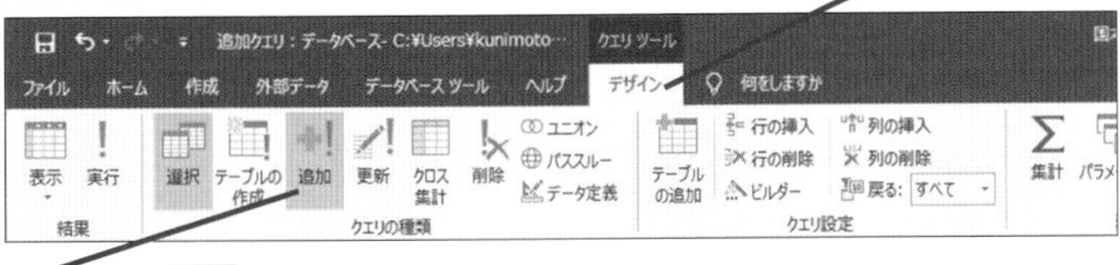

2 ［追加］をクリック

3 追加先のテーブルを設定する

［追加］ダイアログボックスが表示された

1 ［カレントデータベース］をクリック

2 ［テーブル名］のここをクリック

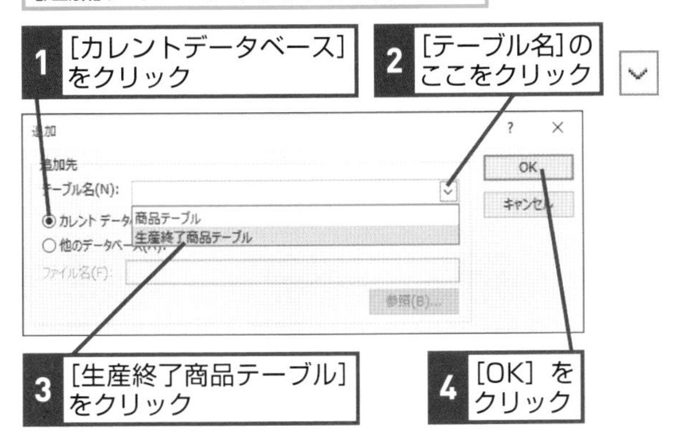

3 ［生産終了商品テーブル］をクリック

4 ［OK］をクリック

HINT! データが消失することがある

追加クエリを実行したときに、追加先テーブルのテキスト型のフィールドのフィールドサイズよりも、追加するフィールドの文字長の方が長い場合は、その分のデータが消失して追加されます。また、数値型フィールドのフィールドサイズが異なる場合も、その上限値を超えると、データが消失してしまいます。このときエラーメッセージは表示されません。追加クエリを実行する前に必ずフィールドサイズを確認しましょう。フィールドサイズを確認する方法は、レッスン⓫で解説しています。

HINT! なぜ［カレントデータベース］を選択するの？

手順3の［追加］ダイアログボックスに表示される［カレントデータベース］とは、現在開いているデータベースを指します。ここでは、現在開いているデータベースの［生産終了商品テーブル］にレコードを追加するために［カレントデータベース］を選択しています。なお、ほかのAccessファイルにあるテーブルに追加したい場合は、［他のデータベース］を選択し、［参照］ボタンをクリックして追加先のデータベースファイルの保存場所を指定します。

間違った場合は？

手順1でデザイングリッドに追加するフィールドを間違えた場合は、間違えたフィールドのフィールドセレクターをクリックして Delete キーを押して削除し、追加し直します。

次のページに続く

追加クエリを実行する

［レコードの追加］行に追加先のテーブルと同名のフィールド名が表示され、追加先のテーブルが設定された

追加クエリを実行して正しく動作することを確認する

1 ［実行］をクリック

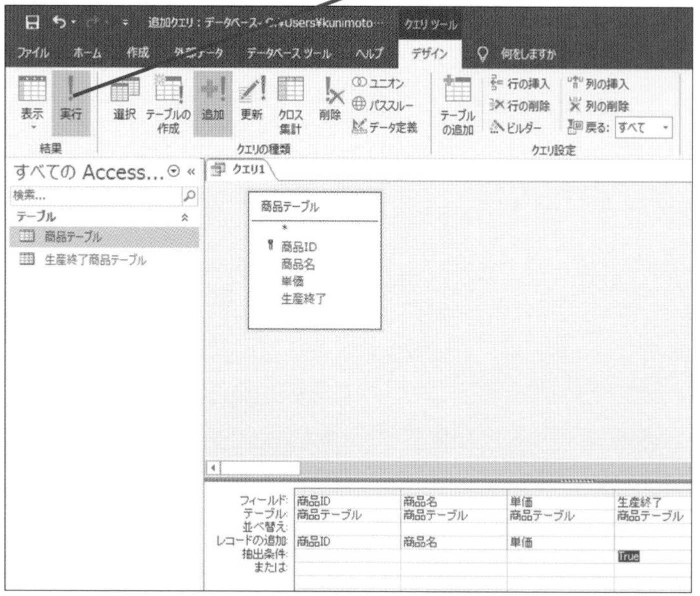

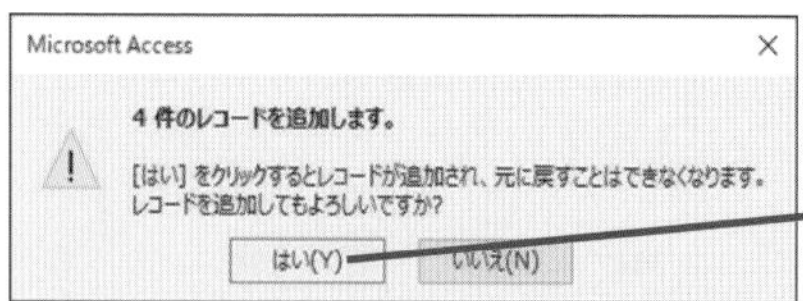

追加クエリの実行に関する確認のメッセージが表示された

2 ［はい］をクリック

5 テーブルに追加されたレコードを確認する

追加クエリが実行され、データが手順3で指定したテーブルに追加された

1 ［生産終了商品テーブル］をダブルクリック

2 テーブルにデータが追加されていることを確認

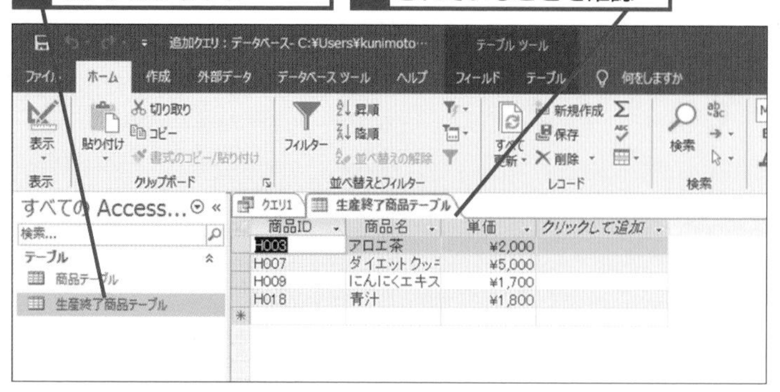

HINT! 追加するテーブル名を変更するには

追加先のテーブル名が変更されたときや、データを管理するテーブルが別テーブルに変更されたときなど、追加クエリを作成した後で追加先のテーブル名を変更したい場合は、［プロパティシート］作業ウィンドウの［追加新規テーブル］から追加先にしたいテーブル名を変更できます。

1 ［クエリツール］の［デザイン］タブをクリック

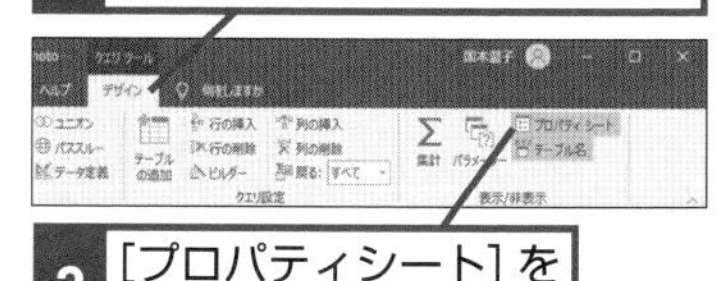

2 ［プロパティシート］をクリック

［プロパティシート］作業ウィンドウが表示された

3 ［追加新規テーブル］のここをクリック

4 追加先のテーブルをクリック

HINT! 追加先のテーブルにほかのフィールドがあるときは

追加先テーブルに［レコードの追加］行で指定した以外のフィールドがある場合は、そのフィールドの値はNull値になります。その中でオートナンバー型のフィールドがある場合は、自動的に連番が振られます。

テクニック 追加クエリの実行時によくあるエラーを知ろう

追加クエリを実行してテーブルにレコードを追加するときに、いくつかの理由でエラーが発生し、メッセージが表示されることがあります。発生するエラーの種類と原因は、左下の表の通りです。
エラーが発生したとき、表示されるメッセージで、どのエラーが何個発生したかを確認してください。確認後、［はい］ボタンか［いいえ］ボタンをクリックして処理の続行または中止を選択します。ここで［はい］ボタンをクリックすると、エラーが発生していない部分のみが実行され、エラーが発生している部分はNull値になります。［いいえ］ボタンをクリックすると、追加クエリの実行がキャンセルされます。

種類	原因
型変換エラー	追加先と追加元のデータ型が異なる場合
キー違反	主キーや固有のインデックスが設定されているフィールドで重複が発生した場合
ロック違反	追加先テーブルがデザインビューまたは別のユーザーによって開かれている場合
入力規則違反	追加先テーブルの入力規則が設定されているフィールドに、入力規則に違反する値を追加しようとした場合

エラーの内容と発生個数を確認する

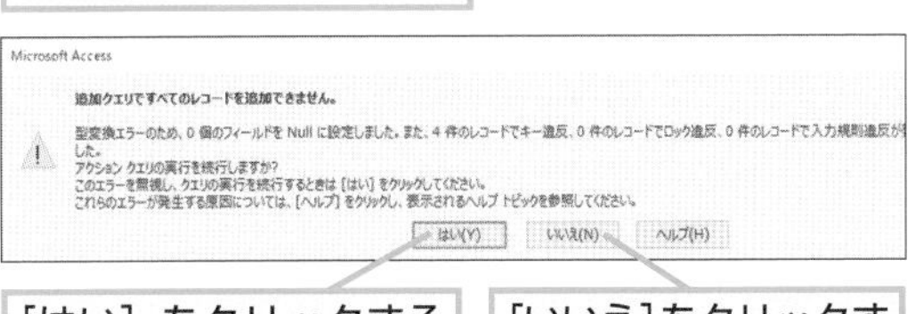

［はい］をクリックするとエラーの発生していない部分が実行される

［いいえ］をクリックすると追加クエリの実行がキャンセルされる

テクニック 追加先テーブルのフィールド名が表示されない場合がある

手順4のように、追加先のフィールド名が［レコードの追加］行に自動的に表示されるのは、追加先テーブルと追加元テーブルで、同じフィールド名が使用されているためです。追加先テーブルと追加元テーブルでフィールド名が異なる場合は、［レコードの追加］行に何も表示されません。その場合は、［レコードの追加］行の をクリックして、一覧から追加先とするフィールド名を選択してください。

追加元テーブルと追加先テーブルのフィールド名が異なる場合は、フィールド名が表示されない

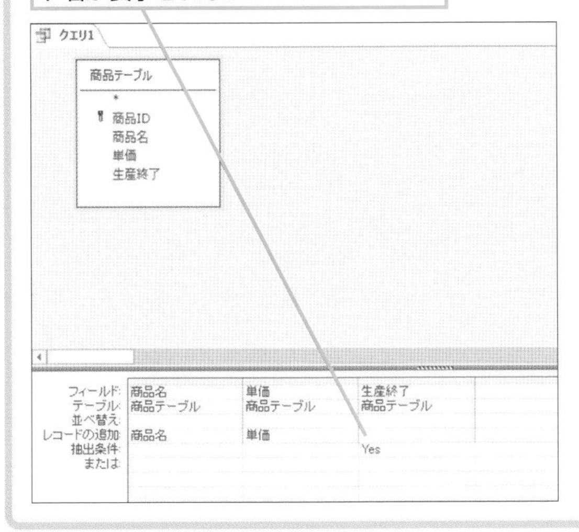

1 ［商品ID］フィールドの［レコードの追加］行をクリック

2 ここをクリック

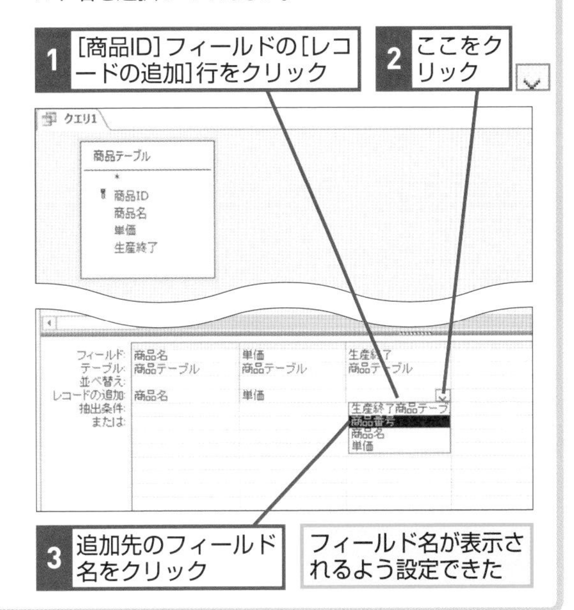

3 追加先のフィールド名をクリック

フィールド名が表示されるよう設定できた

レッスン

41 重複データの中の1件のみを表示するには

固有の値

対応バージョン

365 2019 2016 2013

レッスンで使う練習用ファイル
固有の値.accdb

同じデータが複数あった場合1件だけ表示できる

例えば、顧客情報を管理している［顧客テーブル］の［都道府県］フィールドのデータを使って顧客の居住する都道府県一覧を作成したい場合、選択クエリで［顧客テーブル］の中から［都道府県］フィールドだけを追加してクエリを実行すると、「東京都」や「神奈川県」などの値が複数表示されます。この重複する値を1件だけ表示させれば居住都道府県一覧が作成できます。このようにフィールドまたはフィールドの組み合わせの中で、同じデータが複数あるとき、1件だけ表示させたい場合は、［プロパティシート］作業ウィンドウで［固有の値］を［はい］に設定します。同じデータが何度も表示されるようなフィールドを使って、重複のないデータの一覧を表示したいときに利用するといいでしょう。

関連レッスン

▶レッスン42
重複したデータを
抽出するには ……………… p.146

キーワード

選択クエリ	p.293
フィールド	p.294
フィールドプロパティ	p.295
プロパティシート	p.295
レコード	p.295

Before

［顧客テーブル］の［都道府県］フィールドを選択クエリで抽出すると、重複データが表示される

After

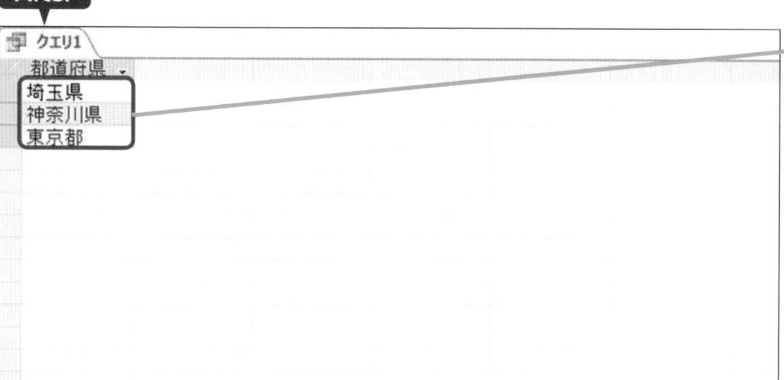

［固有の値］を［はい］にすると、重複を含まない都道府県の一覧を表示できる

❶ 選択クエリを作成する

練習用ファイルを開いておく

レッスン⓮を参考に、[顧客テーブル]で新規クエリを作成して[都道府県]フィールドを追加しておく

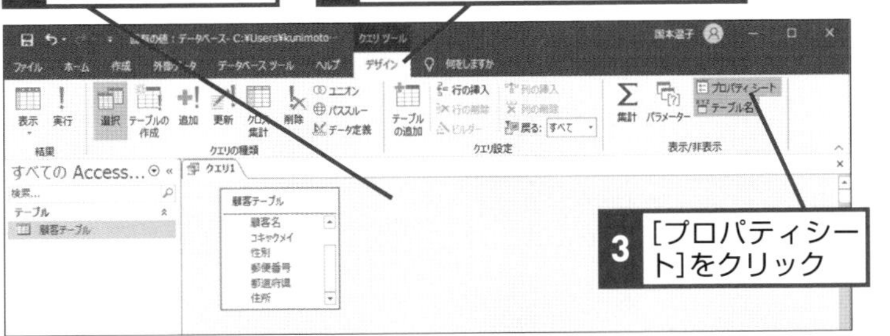
1 画面の何もないところをクリック
2 [クエリツール]の[デザイン]タブをクリック
3 [プロパティシート]をクリック

❷ [固有の値]の設定を有効にする

[プロパティシート]作業ウィンドウが表示された

重複データが1件だけ表示されるようにする

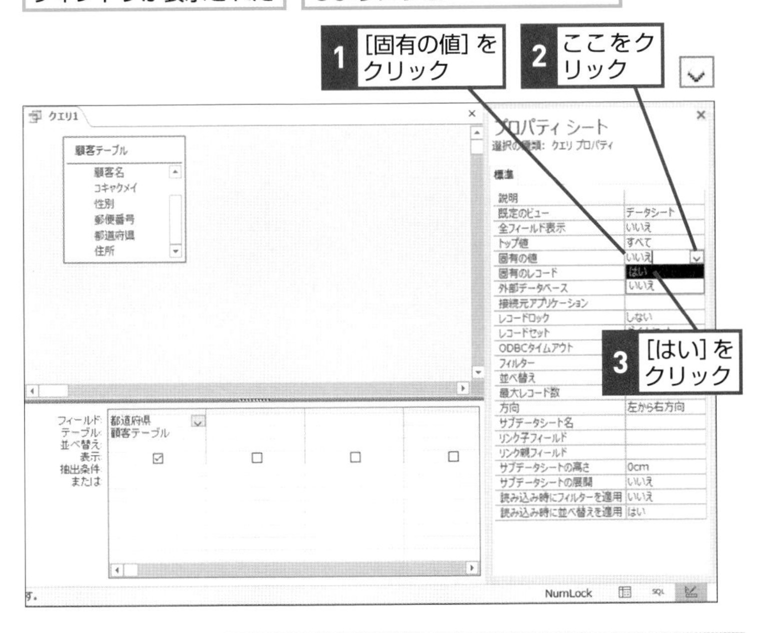
1 [固有の値]をクリック
2 ここをクリック
3 [はい]をクリック

❸ クエリを実行する

[固有の値]が設定された

1 [実行]をクリック

[都道府県]フィールドで、重複のない一覧が表示される

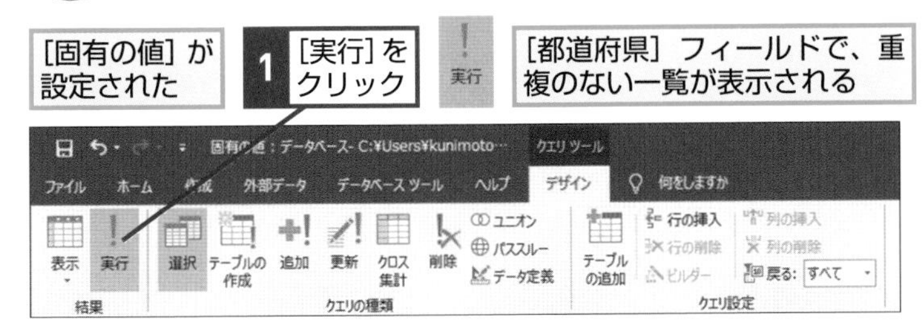

HINT!

[固有の値]と[固有のレコード]の違いは

手順2で[固有の値]を[はい]にすると、クエリのデザイングリッドに追加したフィールドに同じ値があった場合に1つだけ表示します。一方、[固有のレコード]を[はい]にすると、デザイングリッドに追加していないフィールドも含めて、すべてのフィールドの値で同じものがあった場合に1つだけ表示します。[固有のレコード]を[はい]にすると[固有の値]は自動的に[いいえ]になります。逆に[固有の値]を[はい]にすると[固有のレコード]は自動的に[いいえ]になります。

[固有のレコード]を[はい]に設定すると、すべてのフィールドで同じ値がある場合に1つだけ表示できる

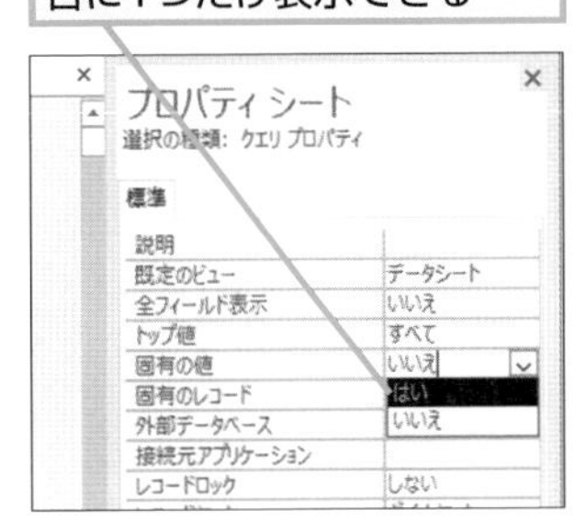

間違った場合は？

手順2の[選択の種類]に[クエリプロパティ]ではなく[フィールドプロパティ]が表示された場合は、画面の何もないところをクリックすれば[クエリプロパティ]に切り替わります。

レッスン 42

重複したデータを抽出するには

重複クエリ

対応バージョン

365 2019 2016 2013

レッスンで使う練習用ファイル

重複クエリ.accdb

重複入力されたデータのチェックに利用できる

フィールドやフィールドの組み合わせで重複するデータがあった場合、そのレコードを抽出するには、重複クエリを使います。例えば、会員名簿で二重に登録されている会員のレコードをチェックしたいときなどに利用するといいでしょう。会員の氏名とメールアドレスが同じ場合に同一人物と見なすとすれば、重複クエリで［会員名］フィールドと［メールアドレス］フィールドの組み合わせで重複を調べ、重複登録しているレコードを一覧表示します。重複クエリは、［重複クエリウィザード］を使って画面の指示に従って操作すれば、簡単に作成できます。

関連レッスン

▶レッスン41
重複データの中の1件のみを表示するには ･････････････････ p.144

キーワード

重複クエリ	p.293
フィールド	p.294
レコード	p.295

Before

会員名簿テーブル

会員NO	会員名	フリガナ	メールアドレス	登録日	クリック
1	鈴木 慎吾	スズキ シンゴ	s_suzuki@xxx.xx	2018/01/10	
2	山崎 祥子	ヤマザキ ショウコ	yamazaki@xxx.xx	2018/05/06	
3	篠田 由香里	シノダ ユカリ	shinoda@xxx.xxx	2018/09/12	
4	西村 由紀	ニシムラ ユキ	nishimura@xxx.xx	2018/12/13	
5	赤木 浩二	アカギ コウジ	akagi@xxxx.xxx	2019/03/01	
6	杉崎 裕也	スギサキ ユウヤ	yuya@xxxx.xx	2019/07/21	
7	飯田 駿	イイダ シュン	ida@xxxx.xx	2019/07/29	
8	城島 保美	ジョウジマ ヤスミ	jojima@xxxx.xx	2019/08/22	
9	徳山 三郎	トクヤマ サブロウ	tokuyama@xx.xx	2019/08/24	
10	佐々木 由実	ササキ ユミ	sasaki@xxx.xx	2019/09/01	
11	小山 純一	コヤマ ジュンイチ	koyama@xxx.xx	2019/09/05	
12	榎本 すみか	エノモト スミカ	enomoto@xxx.xx	2019/10/03	
13	田中 健一郎	タナカ ケンイチロウ	k_tanaka@xxx.xx	2019/11/16	
14	杉崎 裕也	スギサキ ユウヤ	yuya@xxxx.xx	2019/12/04	
15	白川 栞	シラカワ シオリ	sirakawa@xxxx.xx	2019/12/27	
16	斉藤 雄介	サイトウ ユウスケ	saito@xxxx.xx	2020/01/13	
17	山崎 祥子	ヤマザキ ショウコ	yamazaki@xxx.xx	2020/02/13	
18	青木 豊美	アオキ トヨミ	aoki@xxx.xx	2020/03/04	
19	五十嵐 耕介	イガラシ コウスケ	igarasi@xxxx.xx	2020/04/12	
20	小山 純一	コヤマ ジュンイチ	koyama@xxx.xx	2020/05/08	
21	西村 由紀	ニシムラ ユキ	yuki_n@xxx.xxx	2020/05/18	
(新規)					

［会員名］と［メールアドレス］フィールドの組み合わせで、重複しているレコードを調べる

After

会員名簿テーブルの重複レコード

会員名	メールアドレス	会員NO
山崎 祥子	yamazaki@xxx.xx	17
山崎 祥子	yamazaki@xxx.xx	2
小山 純一	koyama@xxx.xx	20
小山 純一	koyama@xxx.xx	11
杉崎 裕也	yuya@xxxx.xx	14
杉崎 裕也	yuya@xxxx.xx	6
		(新規)

重複クエリでテーブル内の重複レコードを調べられる

1 [新しいクエリ] ダイアログボックスを表示する

練習用ファイルを開いておく

[会員名簿テーブル] の [会員名] と [メールアドレス] のフィールドが重複しているレコードを調べる

[クエリウィザード] で重複クエリを作成する

1 [作成] タブをクリック

2 [クエリウィザード] をクリック

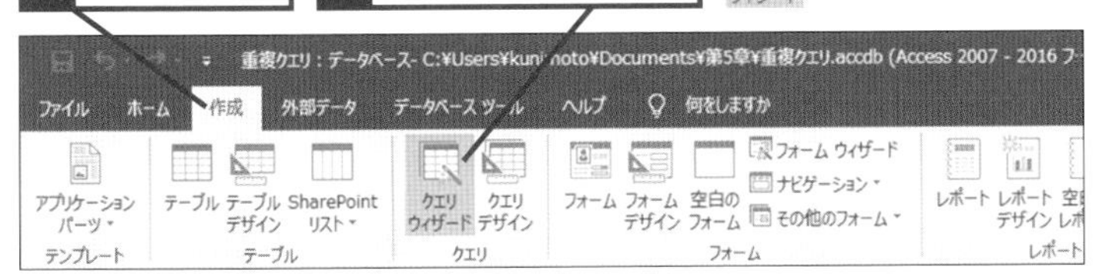

2 [重複クエリウィザード] を起動する

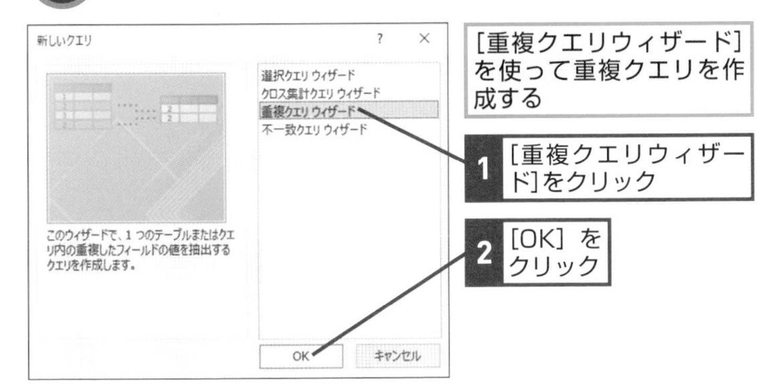

[重複クエリウィザード] を使って重複クエリを作成する

1 [重複クエリウィザード]をクリック

2 [OK] をクリック

3 重複を調べるテーブルを選択する

[重複クエリウィザード] が起動した

重複するレコードを調べるテーブルを選択する

1 [テーブル] をクリック

2 [会員名簿テーブル] をクリック

3 [次へ] をクリック

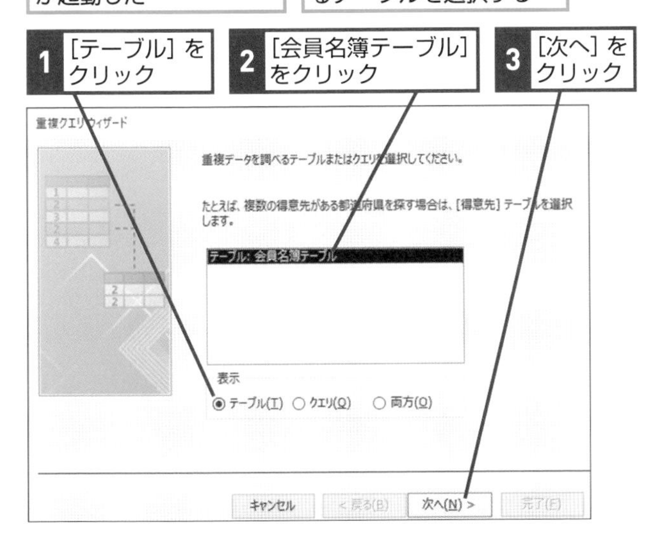

クエリウィザードって何？

クエリウィザードとは、画面に表示される指示に従って順番に設定するだけでクエリを作成できる機能です。設定が難しいクエリを、簡単な操作で作成できるので有効に活用しましょう。

クエリの結果からでも重複を調べられる

手順3の画面の［表示］で［クエリ］をクリックすると、クエリの一覧を表示できます。クエリを選択すると、クエリの実行結果の中から重複データを調べられます。

[重複クエリウィザード] を起動しておく

1 [クエリ] をクリック

2 重複するレコードを調べるクエリをクリック

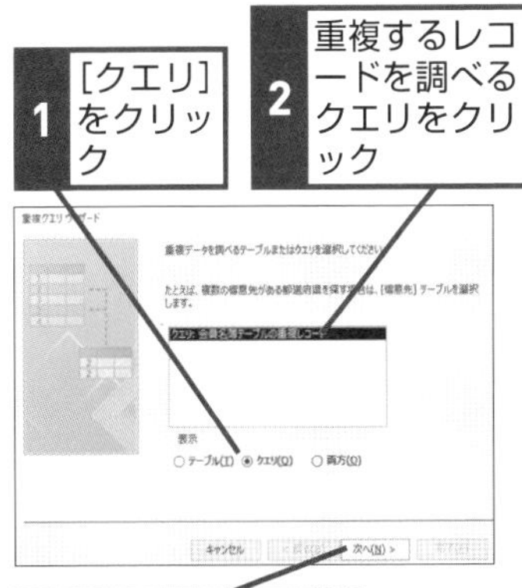

3 [次へ]をクリック

画面の案内に従って操作を進めれば、クエリの実行結果から重複データを調べられる

間違った場合は？

手順3で［重複クエリウィザード］以外のウィザードが起動した場合は、手順2で間違ったウィザードを選択しています。［キャンセル］ボタンをクリックして手順1からやり直しましょう。

次のページに続く

重複を調べるフィールドを選択する

[会員名簿テーブル] にあるフィールドが表示された

重複を調べるフィールドを選択する

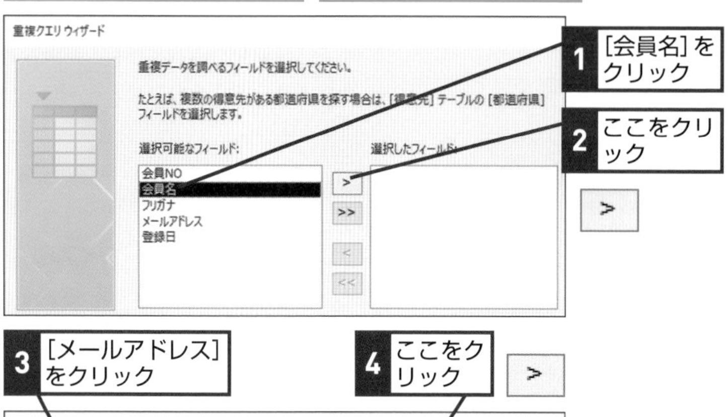

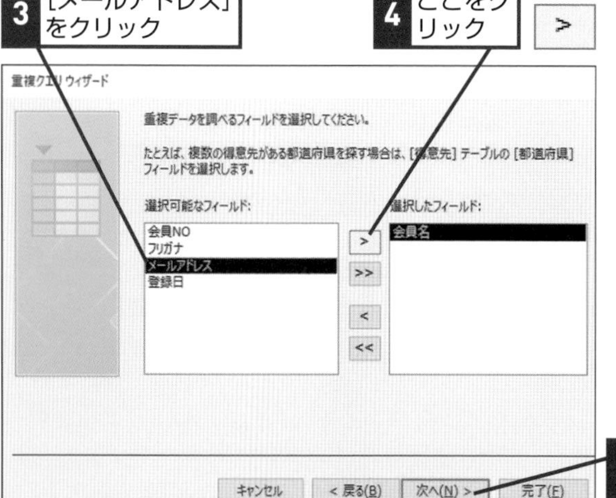

5 表示用のフィールドを選択する

重複を調べるフィールドが選択された

クエリの実行結果に表示するフィールドを追加する

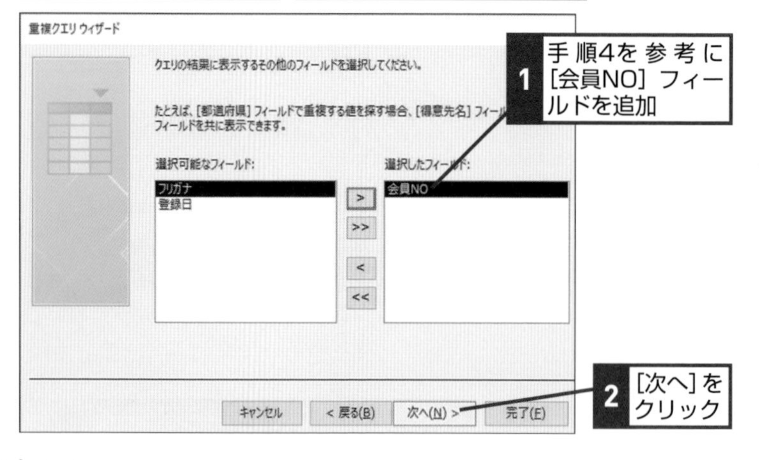

HINT!

表示用フィールドはどんなときに選択するの？

表示用フィールドは、重複データを調べるフィールドに加えて表示したいフィールドがある場合に選択します。手順5で表示用のフィールドを選択しなかった場合は、見つかった重複データの件数が表示されます。

表示用のフィールドを選択しなかった場合は、重複データの件数が表示される

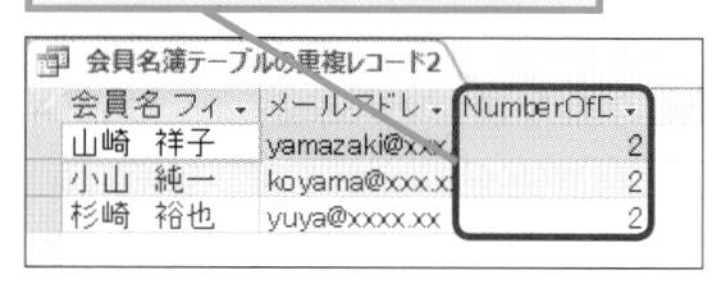

会員名簿テーブルの重複レコード2

会員名 フィ	メールアドレ	NumberOfD
山崎 祥子	yamazaki@xxx	2
小山 純一	koyama@xxx.x	2
杉崎 裕也	yuya@xxxx.xx	2

間違った場合は？

フィールドを間違えて追加した場合は、間違えたフィールドをクリックして選択し、< をクリックします。また、選択するテーブルまたはクエリを間違えた場合は、[戻る] ボタンをクリックして前画面から設定し直します

6 クエリを実行する

クエリの実行結果に表示するフィールドが追加された

自動でクエリ名が入力された

ここでは、自動で入力されたクエリ名を変更せずに操作を進める

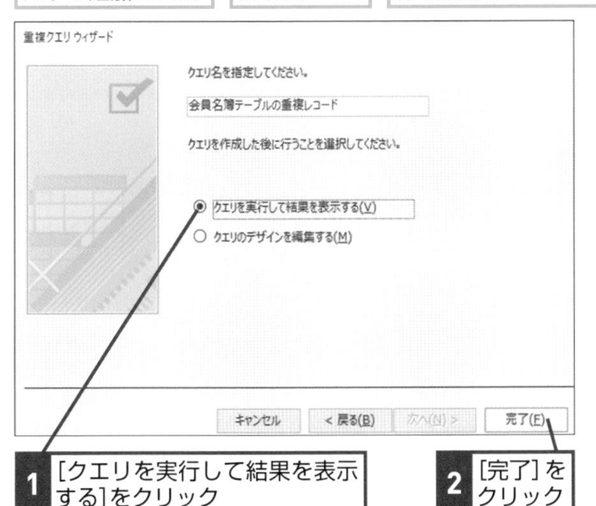

1 [クエリを実行して結果を表示する]をクリック

2 [完了]をクリック

7 重複したレコードが表示された

重複クエリが作成され、実行結果が表示された

1 重複しているレコードが表示されたことを確認

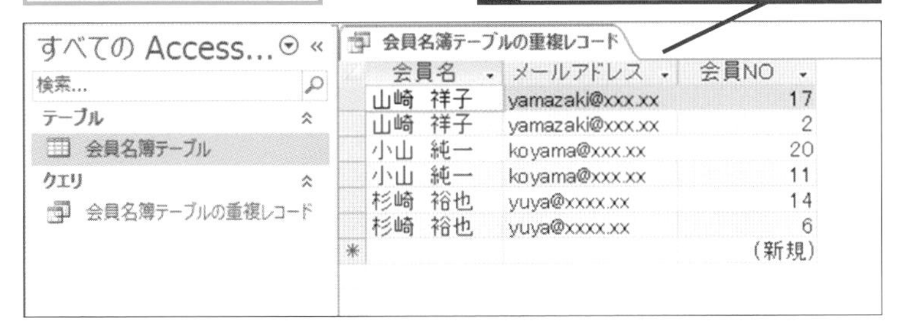

会員名	メールアドレス	会員NO
山崎　祥子	yamazaki@xxx.xx	17
山崎　祥子	yamazaki@xxx.xx	2
小山　純一	koyama@xxx.xx	20
小山　純一	koyama@xxx.xx	11
杉崎　裕也	yuya@xxxx.xx	14
杉崎　裕也	yuya@xxxx.xx	6
*		(新規)

HINT!

重複クエリの設定をやり直すには

手順6の画面で［完了］ボタンをクリックする前に、重複を調べるフィールドや、表示するフィールドなどの設定を確認、変更したい場合、［戻る］ボタンをクリックします。

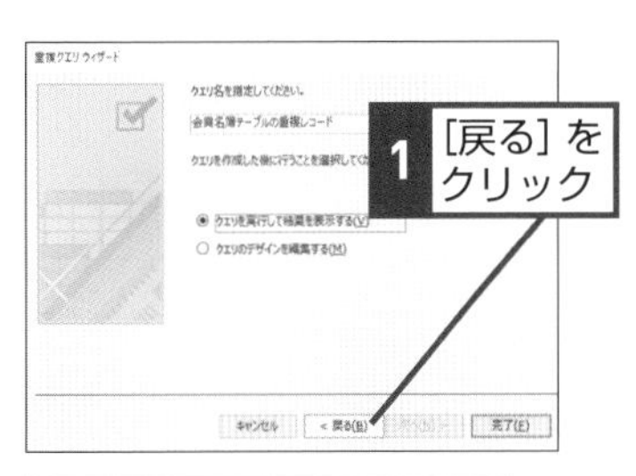

1つ前の画面が表示された

フィールドが正しく選択されていることを確認する

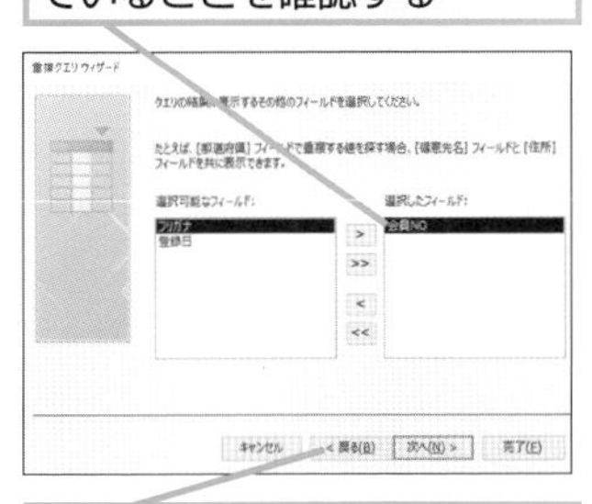

［戻る］をクリックして、さらに1つ前の画面を表示できる

HINT!

作成済みの重複クエリを設定し直したいときは

重複クエリをデザインビューでみると、抽出条件にSQLステートメントという特別な言語を使っています（レッスン㊺を参照）。そのため、簡単に修正ができません。重複クエリを修正したいときは、クエリウィザードを使って再度作り直した方が効率的です。

レッスン

43 2つのテーブルで一致しないデータを抽出するには

不一致クエリ

対応バージョン

365 2019 2016 2013

レッスンで使う練習用ファイル
不一致クエリ.accdb

一方のテーブルにしかないデータを調べられる

会員名簿から「商品を購入していない会員」を調べたいというときでも、売り上げを記録したテーブルと名簿のテーブルがあれば、それらを簡単に比較できます。下の例を見てください。[Before]の左は、会員全員のレコードが記録されているテーブルです。右のテーブルには、商品の売上日と購入者の会員番号が記録されています。2つのテーブルには、「共通の会員番号」を[会員NO]フィールドに入力しています。そのため、不一致クエリを利用して[会員NO]フィールドの値を比較すれば、一方にしかないデータを簡単に抽出できるのです。不一致クエリを利用して、販売促進や営業活動などに役立つ情報を取り出しましょう。

関連レッスン

▶レッスン**42**
重複したデータを抽出するには ………… p.146

▶レッスン**44**
一方のテーブルのレコードをすべて表示するには ………… p.154

キーワード

テーブル	p.293
フィールド	p.294
不一致クエリ	p.295

Before

会員名簿テーブル

会員NO	会員名	フリガナ	メールアドレス	登録日	クリッ
1	鈴木 慎吾	スズキ シンゴ	s_suzuki@xxx.xx	2018/01/10	
2	山崎 祥子	ヤマザキ ショウコ	yamazaki@xxx.xx	2018/05/06	
3	篠田 由香里	シノダ ユカリ	shinoda@xxx.xxx	2018/09/12	
4	西村 由紀	ニシムラ ユキ	nishimura@xxx.xx	2018/12/13	
5	赤木 浩二	アカギ コウジ	akagi@xxxx.xxx	2019/03/01	
6	杉崎 裕也	スギサキ ユウヤ	yuya@xxxx.xx	2019/07/21	
7	飯田 駿	イイダ シュン	ida@xxxx.xx	2019/07/29	
8	城島 保美	ジョウジマ ヤスミ	jojima@xxxx.xx	2019/08/22	
9	徳山 三郎	トクヤマ サブロウ	tokuyama@xx.xx	2019/08/24	
10	佐々木 由実	ササキ ユミ	sasaki@xxx.xx	2019/09/01	
11	小山 純一	コヤマ ジュンイチ	koyama@xxx.xx	2019/09/05	
12	榎本 すみか	エノモト スミカ	enomoto@xxx.xx	2019/10/03	
13	田中 健一郎	タナカ ケンイチロウ	k_tanaka@xxx.xx	2019/11/16	
14	白川 栞	シラカワ シオリ	sirakawa@xxxx.xx	2019/12/27	
15	斉藤 雄介	サイトウ ユウスケ	saito@xxxx.xx	2020/01/13	
16	青木 豊美	アオキ トヨミ	aoki@xxx.xx	2020/03/04	
17	五十嵐 耕介	イガラシ コウスケ	igarasi@xxxx.xx	2020/04/12	
18	西村 由紀	ニシムラ ユキ	yuki_n@xxx.xxx	2020/05/18	
(新規)					

会員全員のレコードが入力されているテーブルと購入者の会員番号を入力したテーブルがある

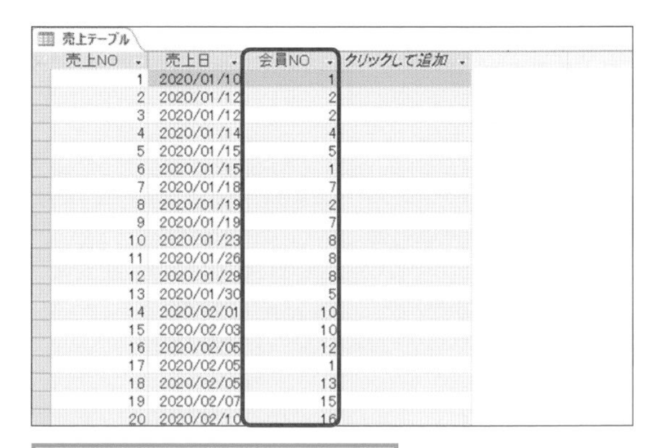

売上テーブル

売上NO	売上日	会員NO	クリックして追加
1	2020/01/10	1	
2	2020/01/12	2	
3	2020/01/12	2	
4	2020/01/14	4	
5	2020/01/15	5	
6	2020/01/15	1	
7	2020/01/18	7	
8	2020/01/19	2	
9	2020/01/19	7	
10	2020/01/23	8	
11	2020/01/26	8	
12	2020/01/29	8	
13	2020/01/30	5	
14	2020/02/01	10	
15	2020/02/03	10	
16	2020/02/05	12	
17	2020/02/05	1	
18	2020/02/05	13	
19	2020/02/07	15	
20	2020/02/10	16	

[会員NO] フィールドを比較して、商品を購入していない会員だけを調べたい

After

会員名簿テーブルと売上テーブルとの差分

会員NO	会員名	メールアドレス	登録日
3	篠田 由香里	shinoda@xxx.xxx	2018/09/12
6	杉崎 裕也	yuya@xxxx.xx	2019/07/21
9	徳山 三郎	tokuyama@xx.xx	2019/08/24
11	小山 純一	koyama@xxx.xx	2019/09/05
(新規)			

不一致クエリで2つのテーブルを比較すれば、一方にしかないデータ(商品を購入していない会員)を抽出できる

1 [新しいクエリ] ダイアログボックスを表示する

練習用ファイルを開いておく

[クエリウィザード] を利用して、不一致クエリを作成する

1 [作成] タブをクリック

2 [クエリウィザード] をクリック

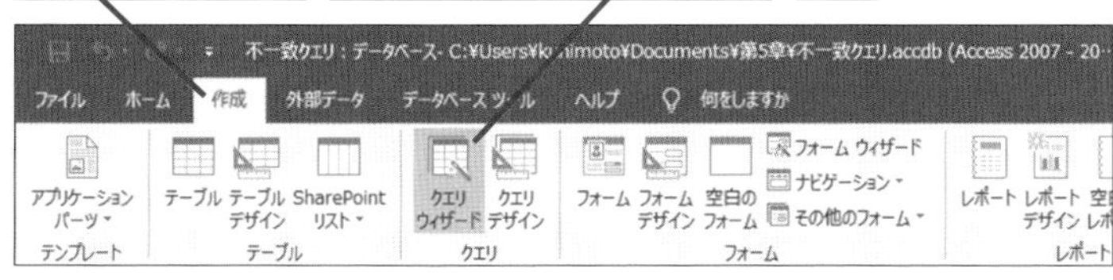

2 [不一致クエリウィザード] を起動する

[新しいクエリ] ダイアログボックスが表示された

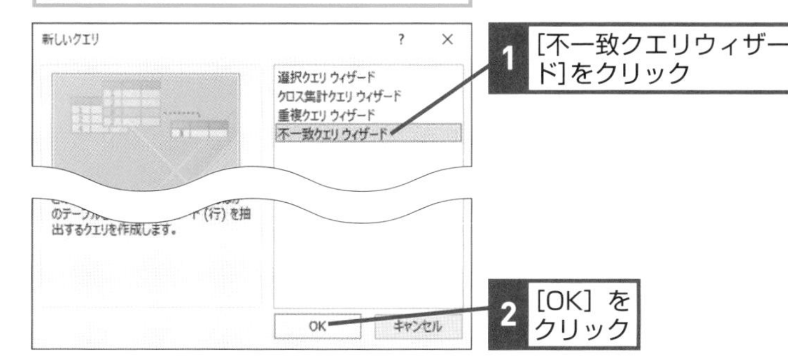

1 [不一致クエリウィザード]をクリック

2 [OK] をクリック

3 レコードを抽出するテーブルを選択する

[不一致クエリウィザード] が起動した

レコードの比較元となるテーブルを選択する

1 [テーブル] をクリック

2 [会員名簿テーブル] をクリック

3 [次へ] をクリック

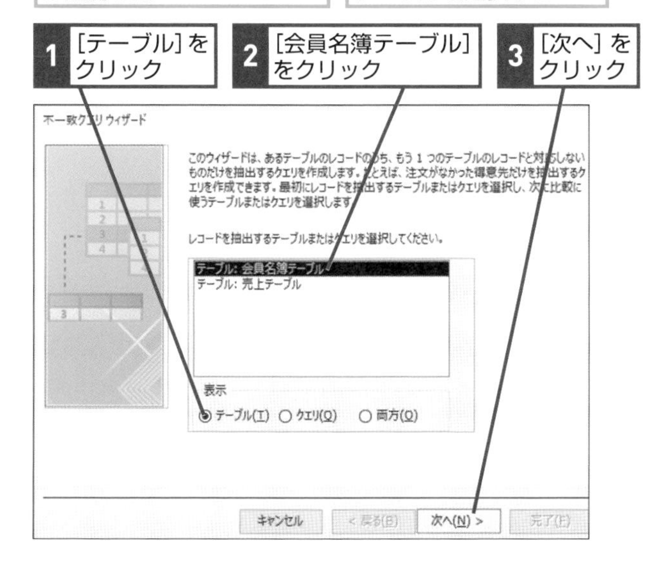

HINT!

クエリを比較することもできる

[不一致クエリウィザード] では、テーブルだけでなくクエリを指定することもできます。手順3の画面の[表示] で [クエリ] をクリックすると、クエリの一覧を表示できます。

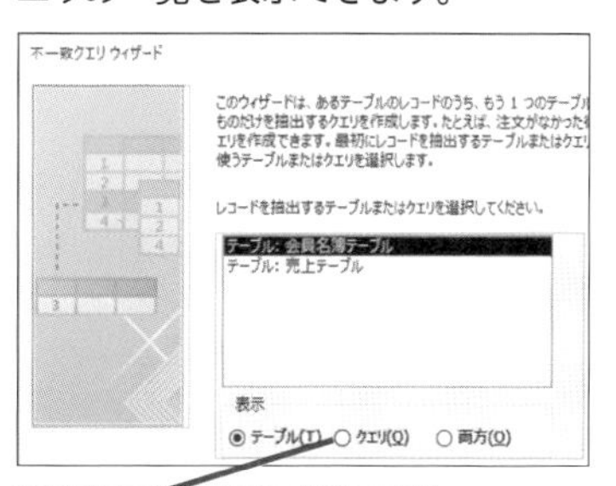

1 [クエリ]をクリック

クエリの一覧が表示された

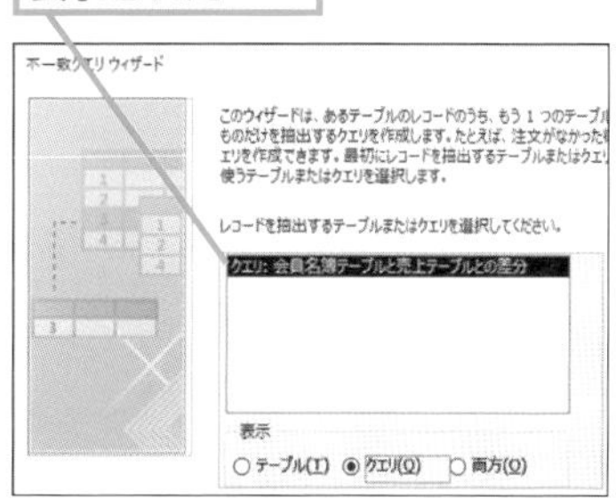

間違った場合は？

手順3で [不一致クエリウィザード] 以外のウィザードが起動した場合は、手順2で異なるウィザードを選択しています。[キャンセル] ボタンをクリックしてウィザードを中止し、手順1から操作をやり直しましょう。

次のページに続く

4 比較に使うテーブルを選択する

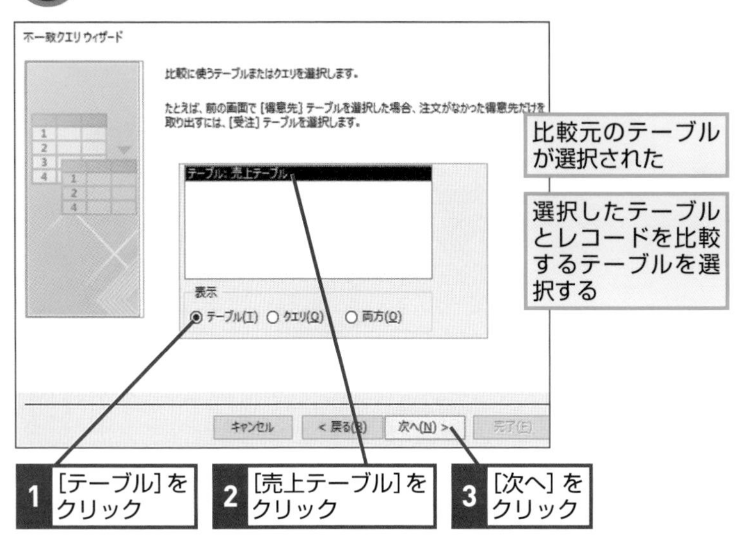
不一致クエリ ウィザード
比較に使うテーブルまたはクエリを選択します。
たとえば、前の画面で [得意先] テーブルを選択した場合、注文がなかった得意先だけを取り出すには、[受注] テーブルを選択します。
テーブル: 売上テーブル
表示
テーブル(T) クエリ(Q) 両方(O)
キャンセル
< 戻る(B)
次へ(N) >
完了(F)
比較元のテーブルが選択された
選択したテーブルとレコードを比較するテーブルを選択する
1 [テーブル]をクリック
2 [売上テーブル]をクリック
3 [次へ]をクリック

5 比較するフィールドを選択する

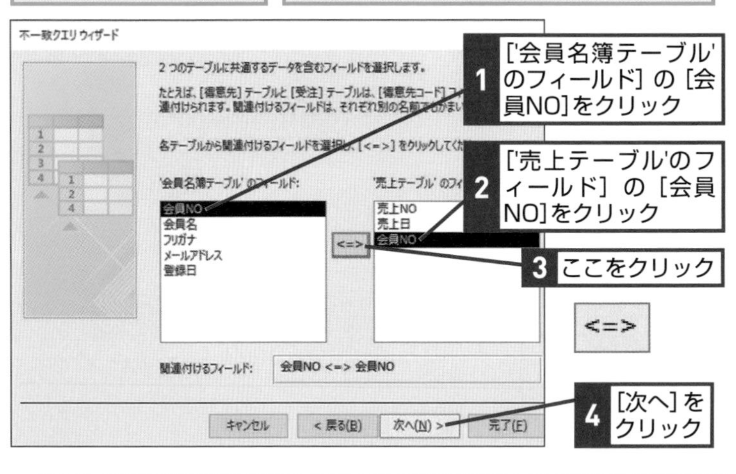
2つのテーブルで比較するフィールドを選択する
ここでは、2つのテーブルに共通する[会員NO]フィールドを指定する
不一致クエリ ウィザード
2 つのテーブルに共通するデータを含むフィールドを選択します。
'会員名簿テーブル' のフィールド:
会員NO
会員名
フリガナ
メールアドレス
登録日
売上NO
売上日
会員NO
関連付けるフィールド:
会員NO <=> 会員NO
キャンセル
< 戻る(B)
次へ(N) >
完了(F)
1 ['会員名簿テーブル'のフィールド]の[会員NO]をクリック
2 ['売上テーブル'のフィールド]の[会員NO]をクリック
3 ここをクリック
<=>
4 [次へ]をクリック

6 クエリの結果に表示するフィールドを選択する

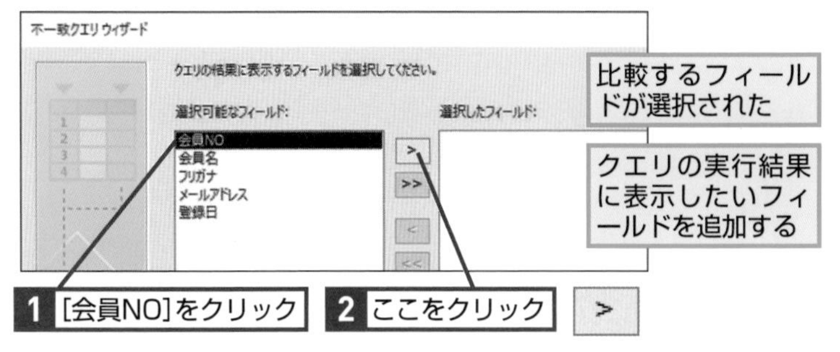
不一致クエリ ウィザード
クエリの結果に表示するフィールドを選択してください。
選択可能なフィールド:
選択したフィールド:
会員NO
会員名
フリガナ
メールアドレス
登録日
比較するフィールドが選択された
クエリの実行結果に表示したいフィールドを追加する
1 [会員NO]をクリック
2 ここをクリック
>

HINT!

不一致クエリでは共通するフィールドを比較する

不一致クエリでは、共通するフィールドを使って2つのテーブルを比較します。そのため、手順5では必ず共通するデータを持つフィールドを指定します。関係のないフィールドを指定すると正しい結果が得られません。

間違った場合は？

手順6で間違ったフィールドを追加した場合は、追加したフィールドをクリックして選択し、< をクリックして削除します。

7 続けてフィールドを選択する

[会員NO] フィールドが追加された

1 同様にして[会員名][メールアドレス][登録日]のフィールドを追加

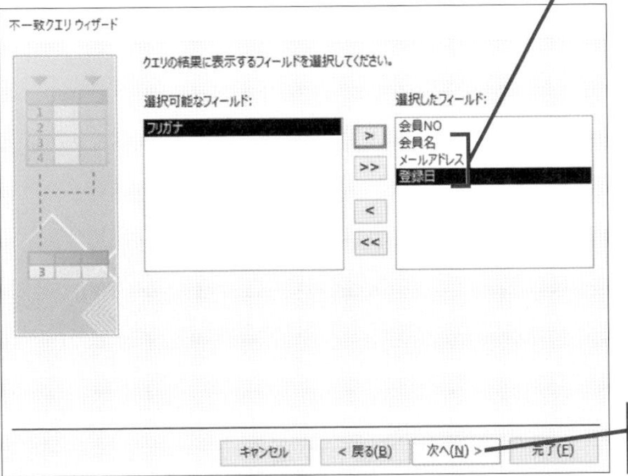

2 [次へ] をクリック

8 クエリを実行する

クエリの実行結果に表示するフィールドが選択された

ここでは自動で入力されたクエリ名を変更せずに操作を進める

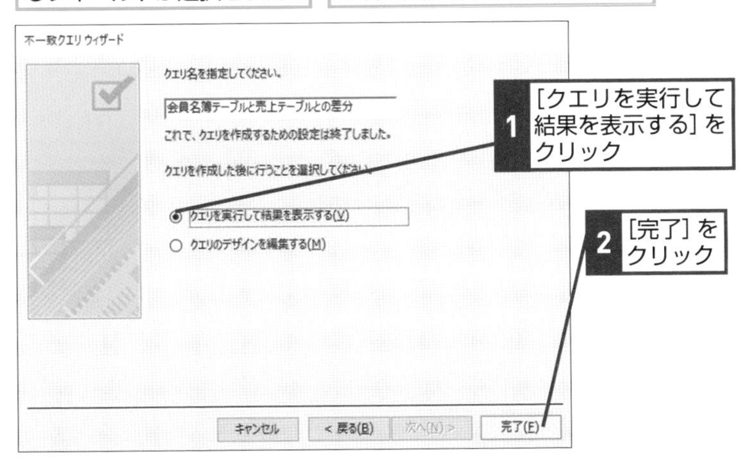

1 [クエリを実行して結果を表示する] をクリック

2 [完了] をクリック

9 不一致クエリの実行結果が表示された

不一致クエリが作成され、実行結果が表示された

1 2つのテーブルで一致していないレコードが表示されたことを確認

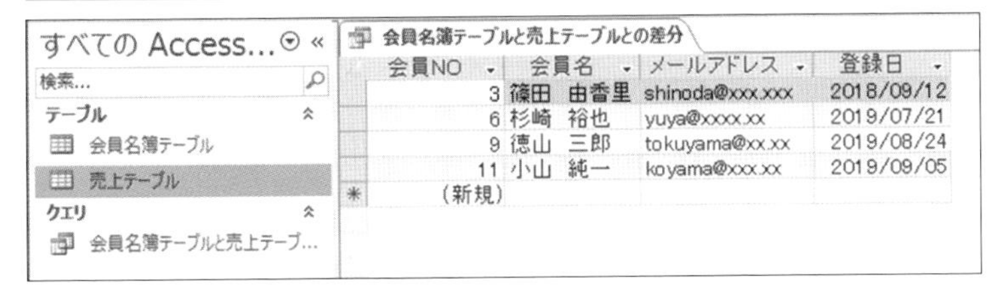

会員NO	会員名	メールアドレス	登録日
3	篠田 由香里	shinoda@xxx.xxx	2018/09/12
6	杉崎 裕也	yuya@xxxx.xx	2019/07/21
9	徳山 三郎	tokuyama@xx.xx	2019/08/24
11	小山 純一	koyama@xxx.xx	2019/09/05
(新規)			

HINT!

2つのテーブル間には自動的にリレーションシップが設定される

作成された不一致クエリをデザインビューで表示すると、[会員名簿テーブル]と[売上テーブル]にリレーションシップが設定されており、結合線で結ばれていることが分かります。これは左外部結合と呼ばれるリレーションシップの1つで、共通するフィールド（結合フィールド）で互いに結び付くことができるレコードに加えて、一側テーブルである［会員名簿テーブル］のすべてのレコードが表示されるようになっています。さらに、［売上テーブル］の［会員NO］フィールドの抽出条件に「Is Null」と入力されているため、［会員名簿テーブル］にあって、［売上テーブル］にないレコード、すなわち、購入実績のない顧客が抽出されます。なお外部結合については、レッスン㊹を参照してください。

不一致クエリの対象のテーブルは左外部結合で結ばれる

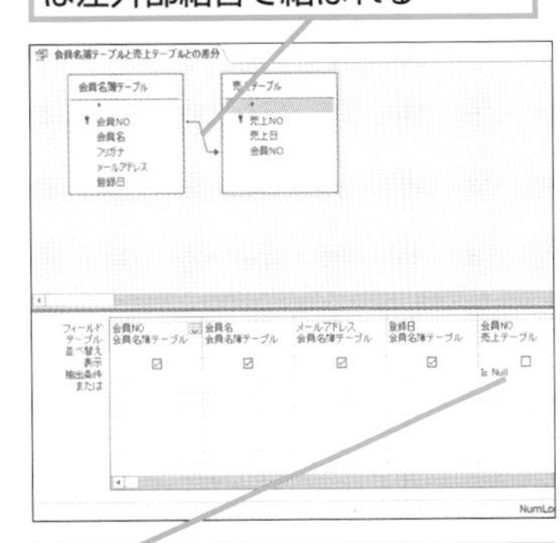

[会員NO] フィールドの [抽出条件]行に「Is Null」と入力される

レッスン
44 一方のテーブルのレコードをすべて表示するには

外部結合

対応バージョン

365 2019 2016 2013

レッスンで使う練習用ファイル
外部結合.accdb

リレーションシップの結合の種類を理解しよう

2つのテーブルを元にクエリで1つの表を作成するには、結合フィールドを介してレコードを結合します。2つのテーブルのレコードには、結合フィールドの共通の値によって互いに結び付くことができるレコード、多側テーブルと結び付くことができない一側テーブルのレコード、一側テーブルと結び付くことができない多側テーブルのレコードの3種類あります。これら3種類のレコードのうち、クエリにどのレコードを表示するかを指定するための設定を「結合の種類」といいます。結合の種類には、「内部結合」「左外部結合」「右外部結合」の3種類があります。

関連レッスン

▶レッスン43
2つのテーブルで一致しないデータを抽出するには……p.150
▶レッスン45
複数のテーブルを1つのテーブルにまとめるには……p.158

キーワード

テーブル	p.293
リレーションシップ	p.295
レコード	p.295

◆一側テーブル

役職コード	役職
A	部長
B	課長
C	主任
D	アシスタント

◆多側テーブル

社員 NO	社員名	役職コード
1001	田中	A
1002	南	B
1003	佐々木	C
1004	新藤	
1005	岡田	

結合フィールドによって2つのテーブルをつなぎ合わせ、結合の種類を変更して必要なデータを表示する

◆内部結合
結合フィールドの共通の値によって互いに結び付くことのできるレコードだけが表示される

役職コード	役職	社員 NO	社員名
A	部長	1001	田中
B	課長	1002	南
C	主任	1003	佐々木

結合の種類を指定しなければ内部結合になる

◆左外部結合
一側テーブルのすべてのレコードが表示される

役職コード	役職	社員 NO	社員名
A	部長	1001	田中
B	課長	1002	南
C	主任	1003	佐々木
D	アシスタント		

一側テーブルのすべてのレコードを表示し、対応する多側テーブルのレコードを確認できる

◆右外部結合
多側テーブルのすべてのレコードが表示される

役職	社員 NO	社員名	役職コード
部長	1001	田中	A
課長	1002	南	B
主任	1003	佐々木	C
	1004	新藤	
	1005	岡田	

多側テーブルのすべてのレコードを表示し、対応する一側テーブルのレコードのみ表示できる

外部結合すれば一方のテーブルのレコードをすべて表示できる

前ページの内部結合の図のように、結合の種類が初期設定の内部結合のままだと、結合フィールドである［役職コード］フィールドに共通のデータが入力されているレコードだけがクエリに表示されます。［社員テーブル］で役職のない社員も含めてすべてのレコードを表示したいときは、［社員テーブル］が多側テーブルであることから、リレーションシップの結合の種類を右外部結合に変更します。結合の種類を変更するには、クエリで追加した2つのテーブルを結ぶ結合線をダブルクリックし、表示される［結合プロパティ］ダイアログボックスで設定します。

●社員テーブル

◆多側テーブル

Before

社員テーブル

社員ID	社員名	シャインメイ	役職コード	所属	クリックして追加
103502	田中 裕一	タナカ ユウイチ	A	営業部	
103801	南 慶介	ミナミ ケイスケ	B	総務部	
103802	佐々木 努	ササキ ツトム	C	企画部	
104201	新藤 英子	シンドウ エイコ	B	営業部	
104203	荒井 忠	アライ タダシ	A	総務部	
104301	山崎 幸彦	ヤマザキ ユキヒコ	B	企画部	
104402	戸田 あかね	トダ アカネ	C	営業部	
104602	杉山 直美	スギヤマ ナオミ	C	企画部	
104701	小野寺 久美	オノデラ クミ	C	営業部	
104801	近藤 俊彦	コンドウ トシヒコ		企画部	
104902	斉藤 由紀子	サイトウ ユキコ		営業部	
105101	鈴木 隆	スズキ タカシ		営業部	
105102	室井 正二	ムロイ ショウジ		総務部	
105201	曽根 由紀	ソネ ユキ		総務部	
105301	高橋 勇太	タカハシ ユウタ		営業部	

●役職テーブル

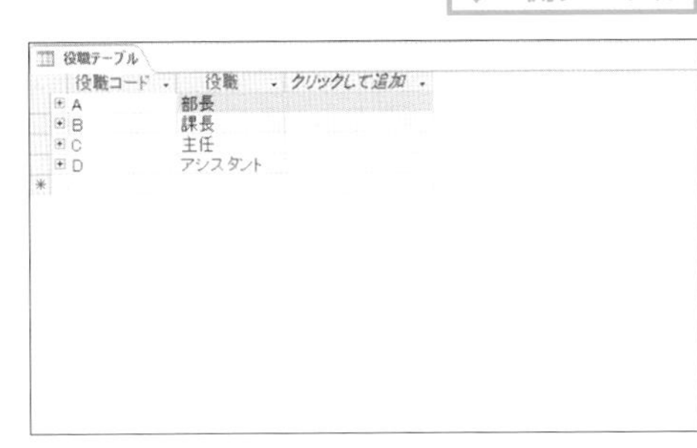

役職テーブル

役職コード	役職	クリックして追加
A	部長	
B	課長	
C	主任	
D	アシスタント	

多側テーブルである［社員テーブル］と一側テーブルである［役職テーブル］を右外部結合で結合する

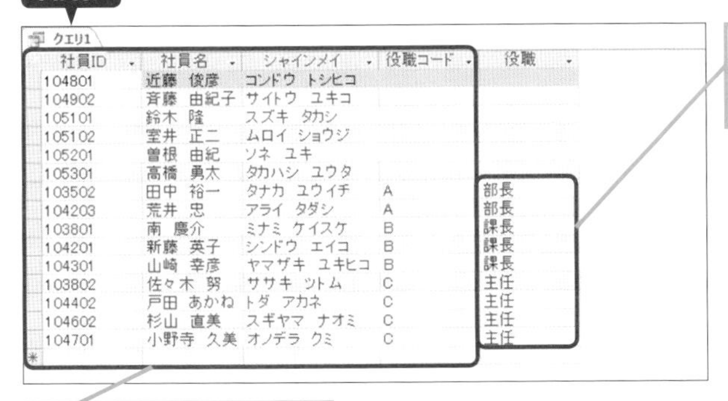

クエリ1

社員ID	社員名	シャインメイ	役職コード	役職
104801	近藤 俊彦	コンドウ トシヒコ		
104902	斉藤 由紀子	サイトウ ユキコ		
105101	鈴木 隆	スズキ タカシ		
105102	室井 正二	ムロイ ショウジ		
105201	曽根 由紀	ソネ ユキ		
105301	高橋 勇太	タカハシ ユウタ		
103502	田中 裕一	タナカ ユウイチ	A	部長
104203	荒井 忠	アライ タダシ	A	部長
103801	南 慶介	ミナミ ケイスケ	B	課長
104201	新藤 英子	シンドウ エイコ	B	課長
104301	山崎 幸彦	ヤマザキ ユキヒコ	B	課長
103802	佐々木 努	ササキ ツトム	C	主任
104402	戸田 あかね	トダ アカネ	C	主任
104602	杉山 直美	スギヤマ ナオミ	C	主任
104701	小野寺 久美	オノデラ クミ	C	主任

多側テーブルに対応する一側テーブルのレコードが表示される

多側テーブルのすべてのレコードが表示される

次のページに続く

1 [結合プロパティ] ダイアログボックスを表示する

練習用ファイルを開いておく

[クエリ1] をデザインビューで表示しておく

右外部結合を利用して [社員テーブル] と [役職テーブル] を比較し、全社員の社員名を表示し、対応する役職名を表示する

1 結合線の斜めの部分をダブルクリック

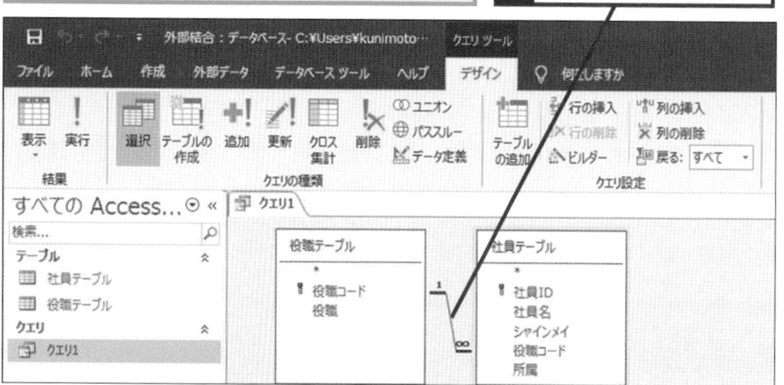

2 結合の種類を設定する

[結合プロパティ]ダイアログボックスが表示された

右外部結合を設定する

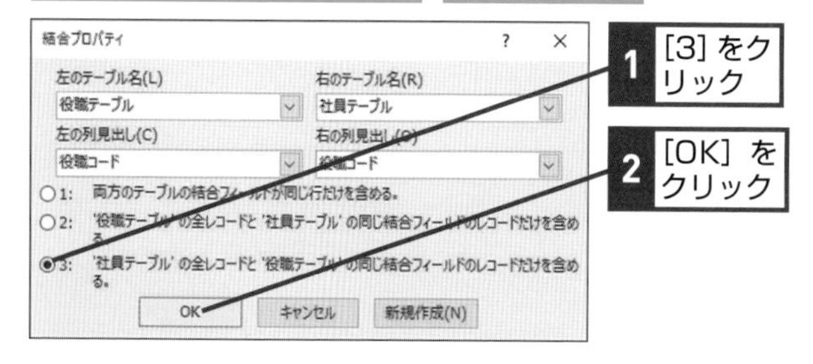

1 [3] をクリック

2 [OK] をクリック

3 右外部結合が設定された

多側テーブルから一側テーブルに向かう矢印が表示された

右外部結合では、結合線が多側テーブルから一側テーブルに向かう矢印になる

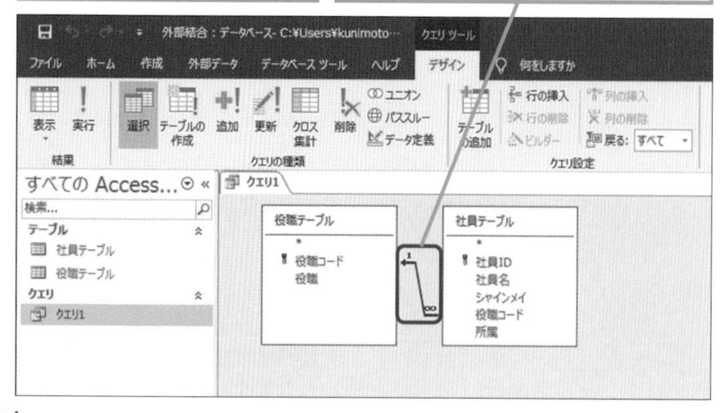

HINT! 左外部結合を設定するには

左外部結合を設定する場合は、[結合プロパティ] ダイアログボックスで、[2] をクリックして選択し、[OK] ボタンをクリックします。左外部結合が設定されると、クエリのデザインビューの結合線が一側テーブルから多側テーブルに向かう矢印で表示されます。左外部結合に設定を変更すると、[役職テーブル] と [社員テーブル] を比較して、全役職の一覧を表示し、対応する社員を表示します。結果、社員が割り当てられていない役職を確認できます。

[結合プロパティ]ダイアログボックスを表示しておく

1 [2]をクリック

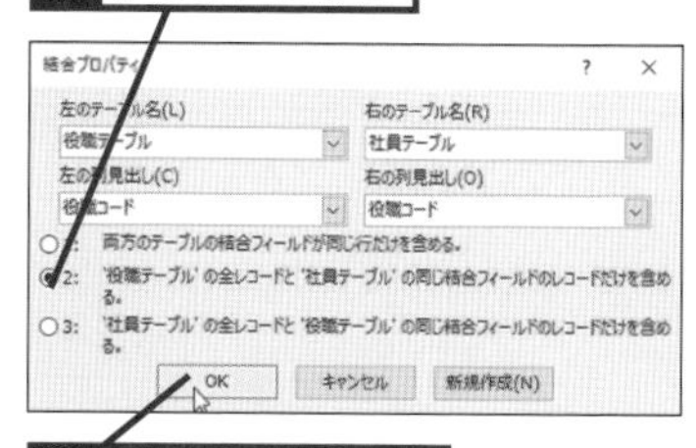

2 [OK]をクリック

左外部結合が設定される

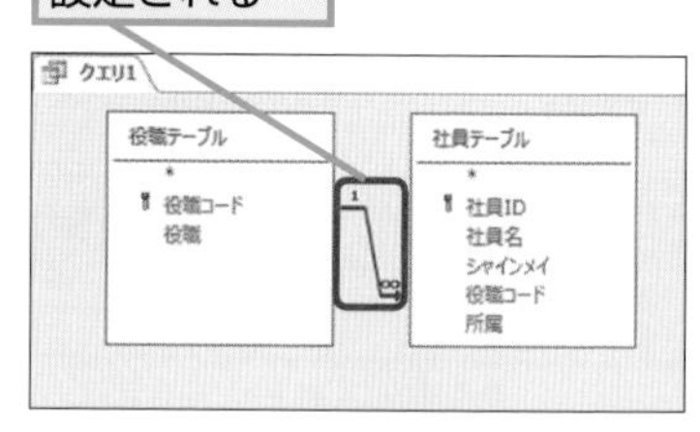

間違った場合は？

手順3で結合線の矢印の向きが異なる場合は、結合の種類の選択が間違っています。手順1から操作をやり直しましょう。

4 クエリを実行する

右外部結合が設定されたのでクエリを実行する

1 [実行]をクリック

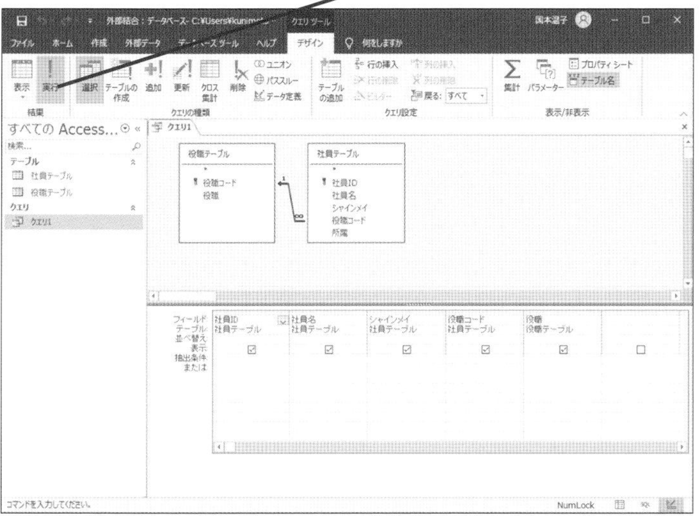

5 クエリの実行結果を確認する

クエリが実行された

1 多側の社員テーブルの全社員のレコードが表示されていることを確認

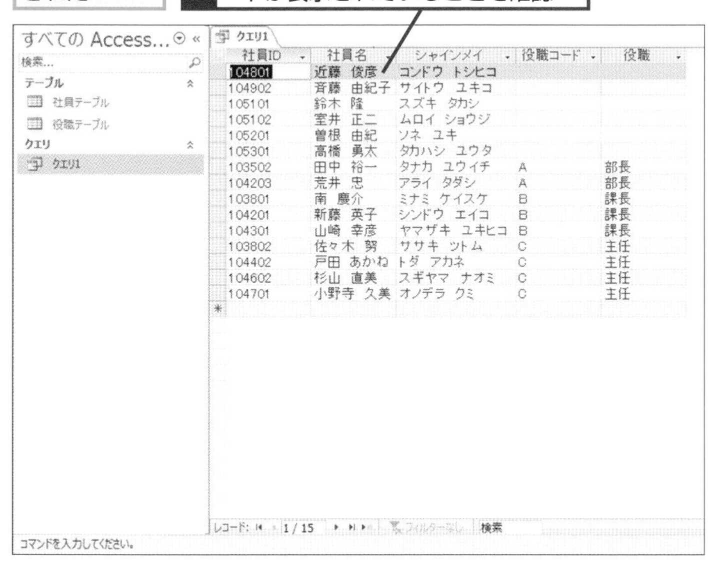

HINT!
どの結合の種類を選べばいいか分からないときは

「左」と「右」や、「一側」と「多側」を意識し過ぎると、どの結合の種類を選べばいいか混乱してしまいます。結合の種類を選ぶときは、[結合プロパティ]ダイアログボックスに表示される説明文をよく読み、適切な選択肢を選ぶといいでしょう。

結合するテーブルに合わせた説明文が表示される

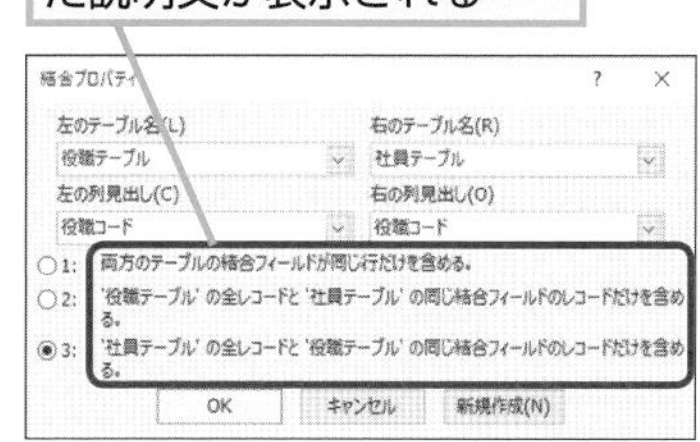

レッスン
45
複数のテーブルを1つのテーブルにまとめるには

ユニオンクエリ

対応バージョン

365 2019 2016 2013

レッスンで使う練習用ファイル
ユニオンクエリ.accdb

ユニオンクエリで複数のテーブルを1つにまとめる

ユニオンクエリは、複数のテーブルやクエリのフィールドを1つに統合するクエリです。各テーブルのフィールド名やデータ型などが異なっていても統合できます。ただし、ユニオンクエリは、ほかのクエリのようにデザインビューで設定できないため、SQLビューを表示して、SQLという専門的な言語を使って直接SQLステートメント（SQLで記述された命令文）を記述して作成します。

関連レッスン

▶レッスン43
2つのテーブルで一致しない
データを抽出するには……………… p.150
▶レッスン44
一方のテーブルのレコードを
すべて表示するには…………………… p.154

キーワード

SQL	p.291
SQLステートメント	p.291
テーブル	p.293
フィールド	p.294
ユニオンクエリ	p.295
レコード	p.295

Before

［会員］テーブルは5つのフィールドで構成されている

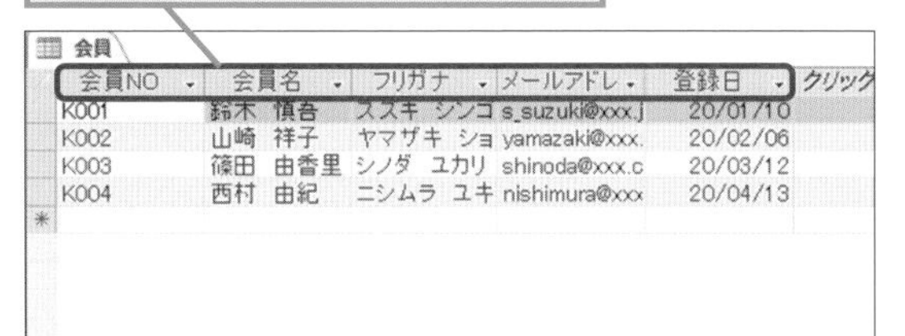
会員

会員NO	会員名	フリガナ	メールアドレ	登録日	クリック
K001	鈴木 慎吾	スズキ シンゴ	s_suzuki@xxx.j	20/01/10	
K002	山崎 祥子	ヤマザキ ショ	yamazaki@xxx.	20/02/06	
K003	篠田 由香里	シノダ ユカリ	shinoda@xxx.c	20/03/12	
K004	西村 由紀	ニシムラ ユキ	nishimura@xxx	20/04/13	

［新規会員］テーブルは4つのフィールドで構成されている

新規会員

会員ID	会員名	Eメール	入会日	クリックして追加
N001	金沢 紀子	kanazawa@xxx	2020/05/01	
N002	山下 雄介	yamasita@xxx.	2020/05/03	
N003	渡辺 友和	watanabe@xx›	2020/05/06	

After

クエリ1

会員NO	会員名	メールアドレ	登録日
K001	鈴木 慎吾	s_suzuki@xxx.j	2020/01/10
K002	山崎 祥子	yamazaki@xxx.	2020/02/06
K003	篠田 由香里	shinoda@xxx.c	2020/03/12
K004	西村 由紀	nishimura@xxx	2020/04/13
N001	金沢 紀子	kanazawa@xxx	2020/05/01
N002	山下 雄介	yamasita@xxx.	2020/05/03
N003	渡辺 友和	watanabe@xx›	2020/05/06

フィールド名やフィールドの数が異なるテーブルのレコードを1つのテーブルにまとめられる

ユニオンクエリの構文と記述例

ユニオンクエリは、以下のようなSQLステートメントを使って記述します。SELECT、FROM、UNIONといった予約語の役割を確認しましょう。なお、結合するテーブルのフィールドの数は各テーブルで同数にします。例えば、[会員] テーブルと [新規会員] テーブルを結合する場合、それぞれのテーブルから同数のフィールドを指定します。最後に半角の「;」(セミコロン) を記述してSQLステートメントを終了します。

HINT!

SQLステートメントを記述するときの注意点

SQLステートメントでは、「SELECT」、「FROM」、「UNION」のようにあらかじめ意味が決められているものがあります。これを予約語といいます。SQLステートメントを記述するときは、「SELECT」のような予約語と文字の間は、必ず半角のスペースを空けます。全角スペースやスペースがない場合は、エラーになってしまうので注意しましょう。また、SQLステートメントを終了する場合は、必ず半角の「;」(セミコロン) を記述します。

●ユニオンクエリでよく使う予約語

予約語	役割
SELECT	指定したフィールドでテーブルまたはクエリからレコードを取り出す
FROM	レコードを取り出すテーブルまたはクエリを指定する
UNION	テーブルまたはクエリを結合する

●ユニオンクエリの構文

```
SELECT テーブル名 1. フィールド名 1, テーブル名 1. フィールド名 2……↵
FROM テーブル名 1 ↵
UNION SELECT テーブル名 2. フィールド名 1, テーブル名 2. フィールド名 2……↵
FROM テーブル名 2;
```

●構文の使用例

予約語とテーブル名の間は半角スペースを入れる

テーブル名とフィールド名の間には「.」(ピリオド)を入力する

続けてフィールド名を指定するときは「,」(カンマ)を入力する

```
① SELECT 会員 . 会員 NO, 会員 . 会員名 , 会員 . メールアドレス , 会員 . 登録日 ↵
② FROM 会員 ↵
③ UNION SELECT 新規会員 . 会員 ID, 新規会員 . 会員名 , 新規会員 .E メール , 新規会員 . 入会日 ↵
④ FROM 新規会員 ;
```

SQLステートメントを終了するときは「;」(セミコロン)を入力する

次の予約語を入力するときは改行する

●構文の意味

① [会員NO] [会員名] [メールアドレス] [登録日] のフィールドを
② [会員] テーブルから選択し、
③ [会員ID] [会員名] [Eメール] [入会日] のフィールドを
④ [新規会員] テーブルから選択して結合する

次のページに続く

1 新規クエリを作成する

練習用ファイルを開いておく

ここでは、テーブルを追加せずに新規クエリを作成する

1 [作成] タブをクリック

2 [クエリデザイン] をクリック

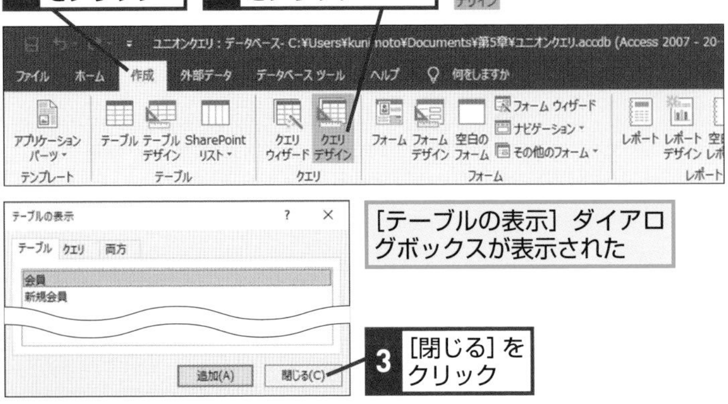

[テーブルの表示] ダイアログボックスが表示された

3 [閉じる] をクリック

2 クエリの種類を変更する

新規クエリが作成された

クエリの種類をユニオンクエリに変更する

1 [クエリツール] の [デザイン] タブをクリック

2 [ユニオン] をクリック

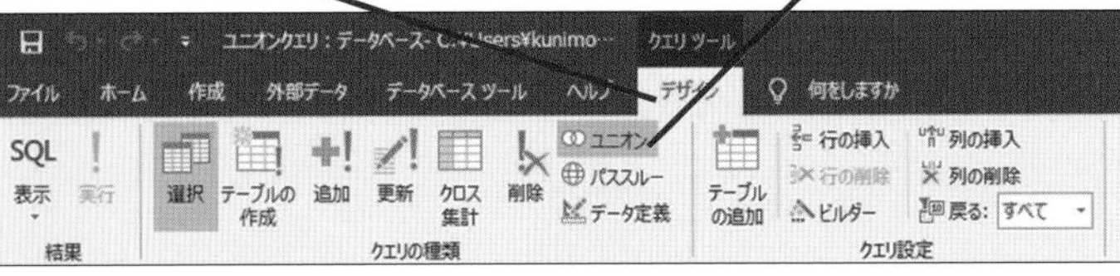

3 SQLステートメントを入力する

SQLビューに切り替わった

1 以下のようにSQLステートメントを入力

```
SELECT 会員.会員NO,会員.会員名,会員.メールアドレス,会員.登録日↵
FROM 会員↵
UNION SELECT 新規会員.会員ID,新規会員.会員名,新規会員.Eメール,新規会員.入会日↵
FROM 新規会員;
```

テーブル名、フィールド名以外は半角で入力する

クエリ1

```
SELECT 会員.会員NO, 会員.会員名, 会員.メールアドレス, 会員.登録日
FROM 会員
UNION SELECT 新規会員.会員ID, 新規会員.会員名, 新規会員.Eメール, 新規会員.入会日
FROM 新規会員;
```

HINT! ユニオンクエリからデータの変更はできない

ユニオンクエリの実行結果は、参照用であるためデータの変更ができません。データを変更する場合は、それぞれのテーブルで行います。ユニオンクエリの結果を元にテーブル作成クエリを実行すれば、新規テーブルが作成でき、結合したテーブルでデータを修正できます。

HINT! テーブル名やフィールド名を角かっこで囲む場合もある

通常は、テーブル名やフィールド名はそのまま記述することができますが、テーブル名やフィールド名にスペースが含まれていたり、SELECTやFROMのような予約語と同じだったりする場合は、「[]」(角かっこ)で囲んで記述します。

4 ユニオンクエリを実行する

SQLステートメントが入力された

ユニオンクエリを実行して正しく動作することを確認する

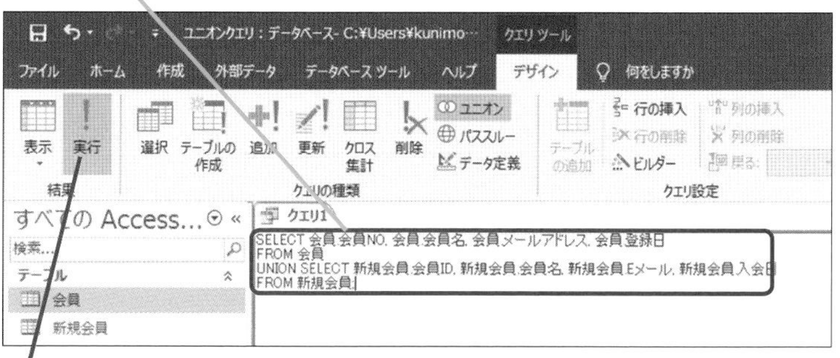

1 [実行] をクリック

実行

ユニオンクエリが実行され、[会員] テーブルから選択した4つのフィールドと [新規会員] テーブルから選択した4つのフィールドが結合される

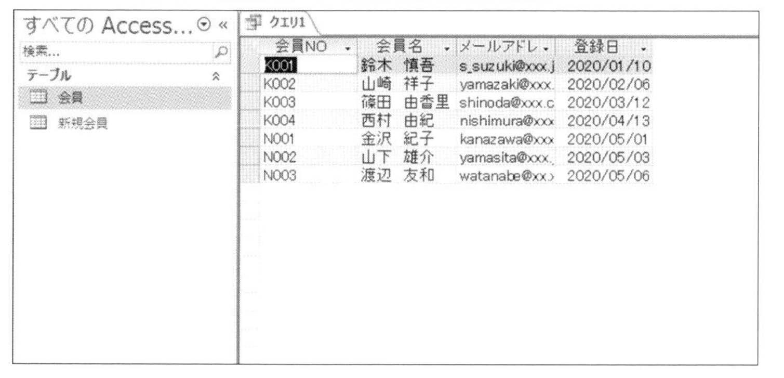

会員NO	会員名	メールアドレ	登録日
K001	鈴木 慎吾	s_suzuki@xxx.j	2020/01/10
K002	山崎 祥子	yamazaki@xxx.	2020/02/06
K003	篠田 由香里	shinoda@xxx.c	2020/03/12
K004	西村 由紀	nishimura@xxx	2020/04/13
N001	金沢 紀子	kanazawa@xxx	2020/05/01
N002	山下 雄介	yamasita@xxx.	2020/05/03
N003	渡辺 友和	watanabe@xx›	2020/05/06

HINT!

2つのテーブルで重複するレコードがあるときは

ユニオンクエリは、テーブルを1つにまとめたとき重複するレコードがあると、重複部分を自動的に削除して表示します。重複するレコードも含めてすべてのレコードを表示するには、「UNION」に続けて「ALL」を付けて「UNION ALL」と記述します。

間違った場合は？

ユニオンクエリを実行したときにエラーメッセージが表示されたときは、SQLステートメントの記述が間違っている可能性があります。[はい] ボタンをクリックしてエラーメッセージを閉じて、SQLステートメントを入力し直しましょう。

テクニック SELECT句のテーブル名は省略できる

手順3では、SELECT句とUNION SELECT句で、「テーブル名.フィールド名」と指定していますが、それぞれ1つのテーブルから取り出しているため、テーブル名を省略して次のように記述することもできます。本書では、Accessで自動生成されるSQLステートメントに記述方法を合わせているため、テーブル名も指定しています。

赤線部分のテーブル名は省略して記述できる

```
SELECT 会員.会員NO, 会員.会員名, 会員.メールアドレス, 会員.登録日
FROM 会員
UNION SELECT 新規会員.会員ID, 新規会員.会員名, 新規会員.Eメール, 新規会員.入会日
FROM 新規会員;
```

この章のまとめ

●テーブル操作に役立つクエリを覚えてステップアップしよう

アクションクエリ、重複クエリ、不一致クエリ、ユニオンクエリは、選択クエリほど頻繁に利用されませんが、業務に役立つ便利なクエリです。アクションクエリは、テーブルのデータをメンテナンスする上でとても重要です。テーブル作成クエリ、更新クエリ、削除クエリそれぞれのアクションクエリの特徴を理解し、作成方法をマスターしましょう。また、重複クエリ、不一致クエリは、デザインビューから作成しようとすると設定が複雑ですが、ウィザードを使えば簡単に作成できます。ユニオンクエリは、SQLを使用して記述するため、少しハードルが高いですが、デザインビューでは設定できない複雑なクエリの作成が可能です。また、リレーションシップの結合で、内部結合、左外部結合、右外部結合のそれぞれの内容と設定方法を覚えておくと、いろいろな形でレコードを表示できるようになります。この章で紹介したクエリを覚えれば、Accessのスキルをワンステップ引き上げることができます。

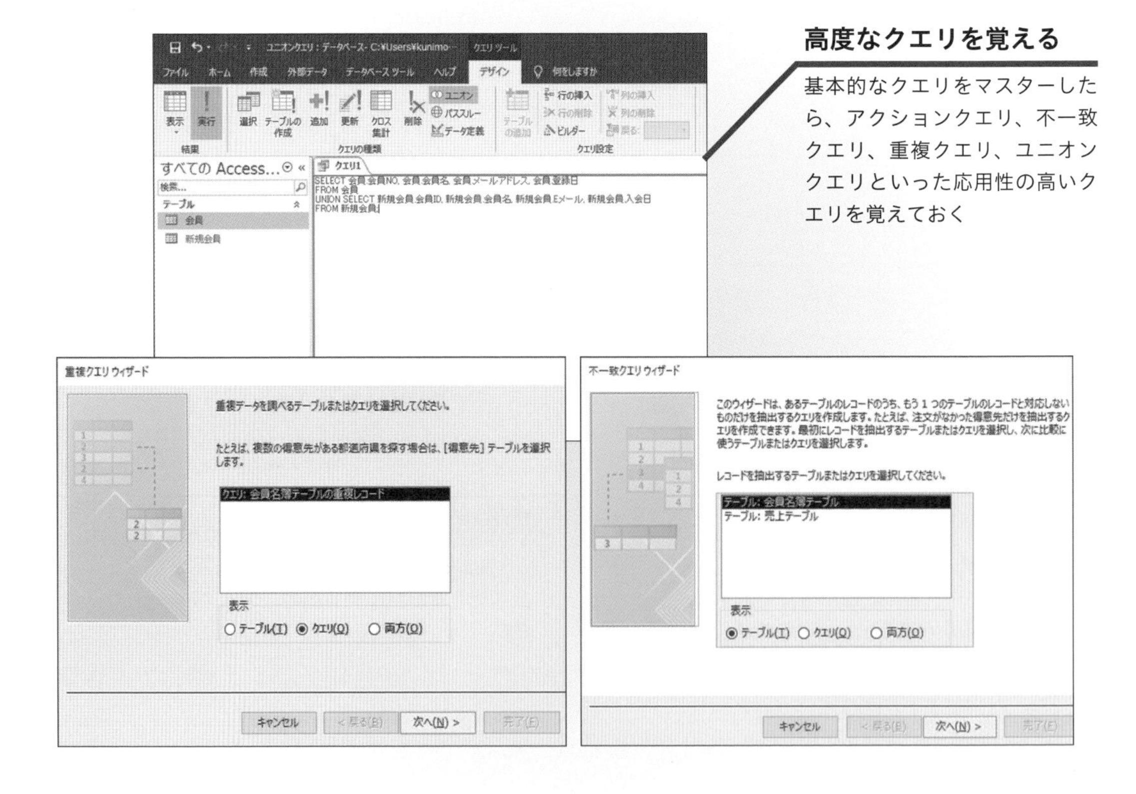

練習問題

1

［第5章］フォルダーの［練習問題.accdb］を開き、［商品テーブル］の［価格］フィールドの値を20%引きの金額に変更するためのクエリを作成してみましょう。

●ヒント：更新クエリを使ってデータを更新します。

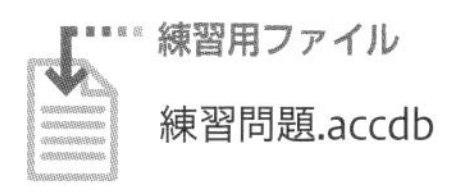

[価格] フィールドのデータを一括で更新する

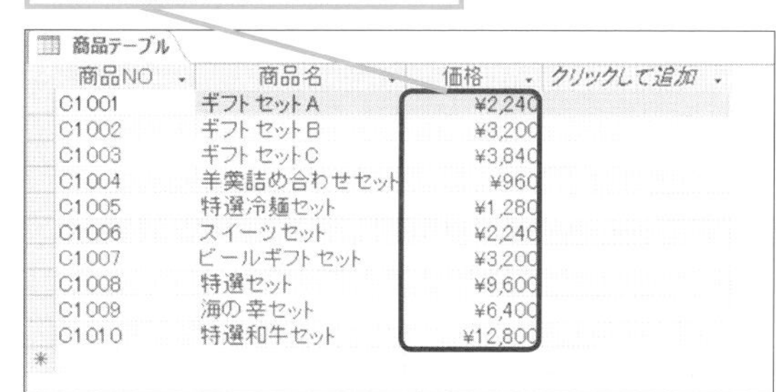

商品テーブル

商品NO	商品名	価格	クリックして追加
C1001	ギフトセットA	¥2,240	
C1002	ギフトセットB	¥3,200	
C1003	ギフトセットC	¥3,840	
C1004	羊羹詰め合わせセット	¥960	
C1005	特選冷麺セット	¥1,280	
C1006	スイーツセット	¥2,240	
C1007	ビールギフトセット	¥3,200	
C1008	特選セット	¥9,600	
C1009	海の幸セット	¥6,400	
C1010	特選和牛セット	¥12,800	

2

［商品2019］テーブルの［商品NO］［商品名］［単価］のフィールドと［商品2020］テーブルの［商品ID］［商品名］［参考価格］のフィールドを結合して1つにまとめて表示するクエリを作成してみましょう。

●ヒント：ユニオンクエリを使ってテーブルを結合します。

2つのテーブルのデータを結合する

クエリ1

商品NO	商品名	単価
1	スマートフォン:	¥15,000
2	タブレット（B）	¥45,000
3	タブレット（R）	¥45,000
P001	スマートフォン:	¥9,800
P002	スマートフォン:	¥10,000
P003	タブレット（ホワ	¥40,000

答えは次のページ

解　答

1

練習用ファイルを開いておく

[商品テーブル] で新規クエリを作成し、[価格] フィールドを追加しておく

1 [クエリツール] の [デザイン] タブをクリック

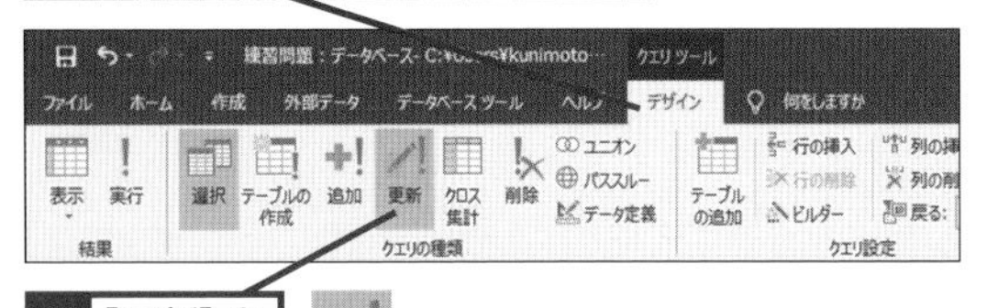

2 [更新] をクリック

更新

更新クエリに変更された

3 [価格] フィールドの [レコードの更新] 行に「[価格]*0.8」と入力

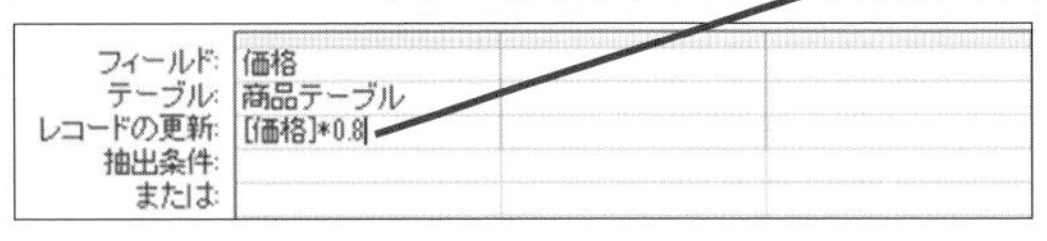

[商品テーブル] で新しくクエリを作成して、[価格] フィールドをデザイングリッドに追加します。続いて、[更新] ボタンをクリックしてクエリの種類を更新クエリに変更しましょう。[価格] フィールドの [レコードの更新] 行に「[価格]*0.8」と入力したら、[実行] ボタンをクリックし、更新クエリを実行します。

4 [実行] をクリック

レコードの更新に関するメッセージが表示された

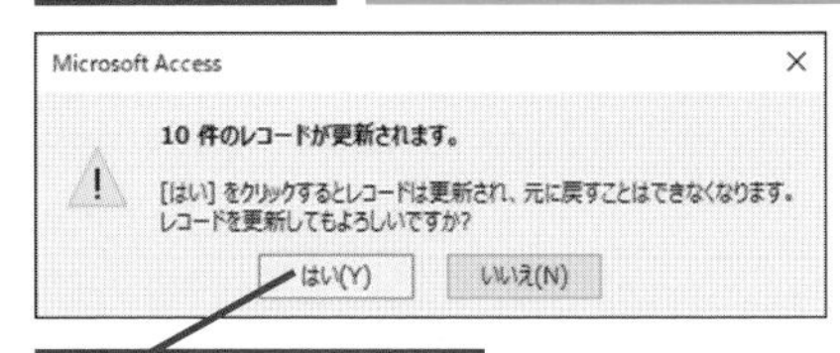

5 [はい] をクリック

2

練習用ファイルを開いておく

新規クエリを作成し、[テーブルの表示] ダイアログボックスを表示しておく

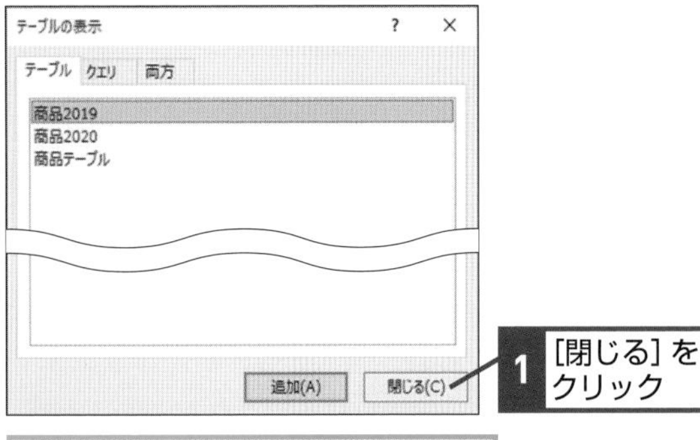

1 [閉じる] をクリック

作成されたクエリの種類をユニオンクエリに変更する

2 [クエリ] ツールの [デザイン] タブをクリック

3 [ユニオン] をクリック

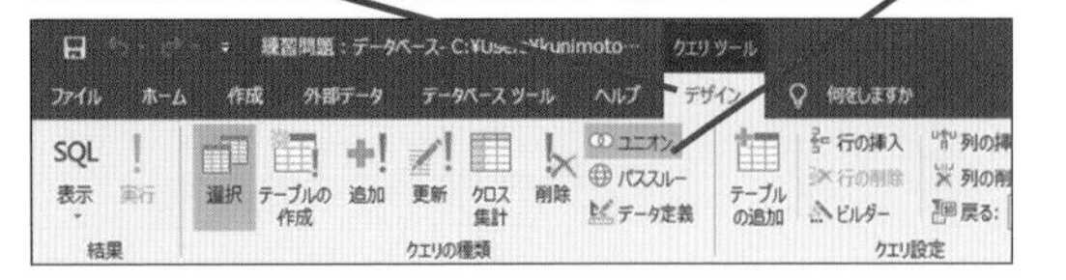

レッスン㊺を参考にSQLビューを表示します。SQLステートメントを正しく記述し、[実行] ボタンをクリックしてユニオンクエリを実行し、結合した表を表示します。

SQLビューに切り替わった

4 [以下のSQLステートメントを記述

```
SELECT 商品 2019. 商品 NO, 商品 2019. 商品名, 商品 2019. 単価
FROM 商品 2019
UNION  SELECT 商品 2020. 商品 ID, 商品 2020. 商品名, 商品 2020. 参考価格
FROM 商品 2020;
```

クエリ1

```
SELECT 商品2019.商品NO, 商品2019.商品名, 商品2019.単価
FROM 商品2019
UNION SELECT 商品2020.商品ID, 商品2020.商品名, 商品2020.参考価格
FROM 商品2020;
```

クエリを実行しておく

第6章 データの集計や分析にクエリを使う

Accessにはデータを集計するための手段として、選択クエリの集計機能を使用する方法やクロス集計クエリを使用する方法が用意されています。この章では、これらの方法を使ってデータを集計する手順を解説します。データを集計して、いろいろな角度からデータを見てみましょう。

●この章の内容

レッスン

46 データを集めて分析するクエリを確認しよう

集計

対応バージョン

365 2019 2016 2013

このレッスンには、練習用ファイルがありません

集計クエリはデータ分析の基本

データベースに蓄積したデータを元にデータ分析を行って、業務に生かしたいことがあります。そのようなときに活躍するのが「集計クエリ」です。集計クエリとは、同じ種類のレコードをグループ化して集計を行うクエリのことです。例えば、どの商品がどれだけ売れたかを調べるには、[商品] フィールドをグループ化して [数量] を合計します。商品ごとの売上数を集計することで、売れ筋商品や売れ行きの悪い商品がひと目で分かります。さらに、商品ごとや地域ごとという具合に複数のフィールドを段階的にグループ化すれば、より詳細にデータを分析できるのです。集計クエリは、データ分析に欠かせない基本機能といえるでしょう。本書ではレッスン㊼～㊽で解説します。

関連レッスン

▶レッスン47
合計」「平均」「最大」「最小」などのデータを集計するには……………… p.168

▶レッスン51
クロス集計表を作成するには…… p.180

キーワード

クエリ	p.292
クロス集計	p.292
クロス集計クエリ	p.292
フィールド	p.294
フォーム	p.295

テーブルから商品名と数量を抜き出しただけでは、どの商品がどれだけ売れたのかが分かりづらい

クエリ1

商品名	数量
ラビットフード	2
成犬用フード	2
猫砂(パルプ)	1
猫砂(木製)	1
ペットシーツ大	1
ミックスフード	2
子犬用フード	1
成犬用フード	1
グリルフィッシュ	1
チキンジャーキー	1
煮干しふりかけ	1
グリルフィッシュ	2
子猫用フード	1
ラビットフード	2
グリルフィッシュ	3
はぶらしガム	2
子犬用フード	3
ペットシーツ小	4
子猫用フード	1
子猫用フード	1
チキンジャーキー	1
ペットシーツ小	3
猫砂(パルプ)	3
煮干しふりかけ	5
成犬用フード	3

→

集計クエリを使えばどの商品がどれだけ売れたのかがひと目で分かる

クエリ1

商品名	数量の合計
グリルフィッシュ	93
チキンジャーキー	109
はぶらしガム	99
ペットシーツ小	116
ペットシーツ大	130
ミックスフード	91
ラビットフード	58
子犬用フード	113
子猫用フード	89
煮干しふりかけ	97
小動物用トイレ砂	69
成犬用フード	136
成猫用フード	94
猫砂(パルプ)	100
猫砂(木製)	36

クロス集計クエリで2段階の集計が見やすくなる

Accessの集計機能には、集計クエリのほかに「クロス集計クエリ」があります。クロス集計クエリは、段階的にグループ化を行った集計クエリを2次元の表として見やすく表示するクエリのことです。例えば、[商品名] と [地域] の2フィールドをグループ化して売上金額を集計する場合、通常の集計クエリでは、商品と地域、金額が縦に1列ずつ並びます。これを、商品名は縦方向のまま地域を横方向に組み直したものが、クロス集計表です。商品名と地域が縦横に整理されて並ぶので、目的のデータが探しやすくなります。また、商品ごとの売り上げの傾向や、地域ごとの売り上げの傾向も把握しやすくなります。クロス集計クエリを作成することで、データ分析の効率も上がるのです。

HINT!

集計結果をフォームやレポートに活用できる

集計クエリとクロス集計クエリを保存しておけば、最新のデータを常に同じ体裁で、繰り返し集計できて便利です。集計クエリやクロス集計クエリを元にフォームを作成すれば、集計結果をより見やすく表示できます。また、レポートを作成して、見栄えがするように集計結果を印刷すれば、報告書の資料としても役に立つでしょう。

◆2段階の集計クエリ
商品名と地域、金額が縦1列に並んでいるので、各地域で何がどれだけ売れているのかが分からない

クエリ1

商品名	地域	金額の合計
グリルフィッシュ	首都圏	¥12,600
グリルフィッシュ	西日本	¥29,400
グリルフィッシュ	東日本	¥13,800
チキンジャーキー	首都圏	¥31,500
チキンジャーキー	西日本	¥30,800
チキンジャーキー	東日本	¥14,000
はぶらしガム	首都圏	¥20,500
はぶらしガム	西日本	¥14,500
はぶらしガム	東日本	¥14,500
ペットシーツ小	首都圏	¥103,500
ペットシーツ小	西日本	¥98,900
ペットシーツ小	東日本	¥64,400
ペットシーツ大	首都圏	¥124,800
ペットシーツ大	西日本	¥98,400
ペットシーツ大	東日本	¥88,800
ミックスフード	首都圏	¥25,000
ミックスフード	西日本	¥12,000
ミックスフード	東日本	¥8,500
ラビットフード	首都圏	¥10,500
ラビットフード	西日本	¥17,500
ラビットフード	東日本	¥12,600
子犬用フード	首都圏	¥81,000
子犬用フード	西日本	¥61,200
子犬用フード	東日本	¥61,200
子猫用フード	首都圏	¥34,500

クエリ1

商品名	首都圏	西日本	東日本
グリルフィッシュ	¥12,600	¥29,400	¥13,800
チキンジャーキー	¥31,500	¥30,800	¥14,000
はぶらしガム	¥20,500	¥14,500	¥14,500
ペットシーツ小	¥103,500	¥98,900	¥64,400
ペットシーツ大	¥124,800	¥98,400	¥88,800
ミックスフード	¥25,000	¥12,000	¥8,500
ラビットフード	¥10,500	¥17,500	¥12,600
子犬用フード	¥81,000	¥61,200	¥61,200
子猫用フード	¥34,500	¥40,500	¥58,500
煮干しふりかけ	¥17,600	¥12,000	¥9,200
小動物用トイレ砂	¥42,000	¥33,000	¥28,500
成犬用フード	¥194,300	¥142,100	¥58,000
成猫用フード	¥95,000	¥90,000	¥50,000
猫砂(パルプ)	¥114,400	¥52,000	¥93,600
猫砂(木製)	¥27,200	¥14,400	¥16,000

◆クロス集計クエリ
どの地域で商品がどれだけ売れているのかが、ひと目で分かる

レッスン

47 「合計」「平均」「最大」「最小」などのデータを集計するには

グループ集計

対応バージョン

365 2019 2016 2013

レッスンで使う練習用ファイル
グループ集計.accdb

同じフィールドのデータをグループ化して集計できる

テーブルに蓄積したデータをそのまま眺めていても、データの変化や傾向は分かりません。しかしクエリを使ってグループ集計を行うと、いろいろなことが見えてきます。集計によって、商品の売り上げの傾向が分かったり、支店別の売り上げを比較できたりします。集計方法も、合計や平均、最大値、最小値など多彩です。大切なことは、どの項目をグループ化して、どのような計算を行えば自分に必要な情報が得られるのかを具体的にイメージすることです。このレッスンでは、商品ごとの売上数を比較するために、［商品名］フィールドでグループ化を行い、［数量］フィールドで合計を求めます。グループ化するフィールドと集計するフィールドを明確にできれば、自在に集計を行い、データの分析ができるようになるでしょう。

関連レッスン

▶レッスン46
データを集めて分析するクエリを確認しよう ……… p.166
▶レッスン48
複数のフィールドでグループ化するには ……… p.172

キーワード

グループ集計	p.292
選択クエリ	p.293
テーブル	p.293
デザインビュー	p.294
フィールド	p.294

Before

商品ごとの売上数を知りたい

クエリ1

商品名	数量
ラビットフード	2
成犬用フード	2
猫砂(パルプ)	1
猫砂(木製)	1
ペットシーツ大	1
ミックスフード	2
子犬用フード	1
成犬用フード	1
グリルフィッシュ	1
チキンジャーキー	1
煮干しふりかけ	1
グリルフィッシュ	2
子猫用フード	1
ラビットフード	2
グリルフィッシュ	3
はぶらしガム	2
子犬用フード	3
ペットシーツ小	4
子猫用フード	1
子猫用フード	1
チキンジャーキー	1
ペットシーツ小	3
猫砂(パルプ)	3
煮干しふりかけ	5
成犬用フード	3

集計方法を［合計］にすることで、商品ごとの売上数がひと目で分かる

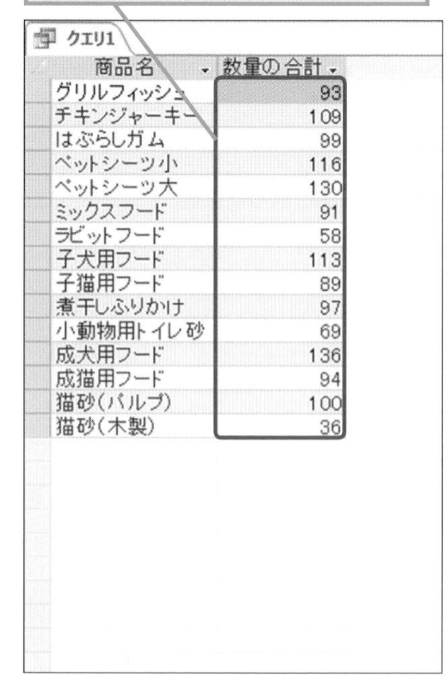
クエリ1

商品名	数量の合計
グリルフィッシュ	93
チキンジャーキー	109
はぶらしガム	99
ペットシーツ小	116
ペットシーツ大	130
ミックスフード	91
ラビットフード	58
子犬用フード	113
子猫用フード	89
煮干しふりかけ	97
小動物用トイレ砂	69
成犬用フード	136
成猫用フード	94
猫砂(パルプ)	100
猫砂(木製)	36

1 選択クエリを作成する

練習用ファイルを開いておく

レッスン⓮を参考に、[テーブルの表示] ダイアログボックスを表示しておく

ここでは [受注詳細クエリ] から新規クエリを作成する

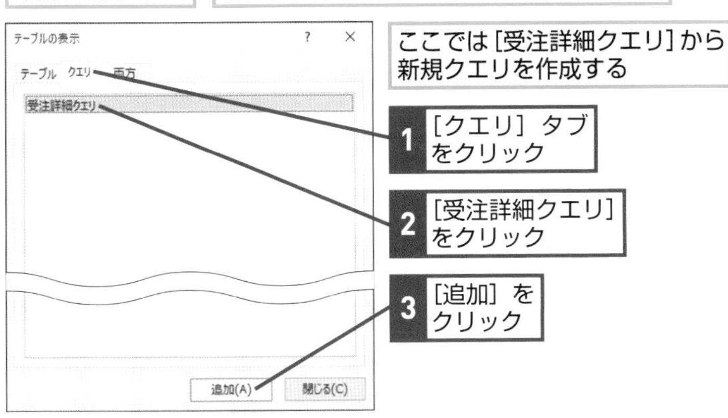

1 [クエリ] タブをクリック

2 [受注詳細クエリ] をクリック

3 [追加] をクリック

[閉じる] をクリックして [テーブルの表示] ダイアログボックスを閉じておく

4 [商品名] と [数量] のフィールドを追加

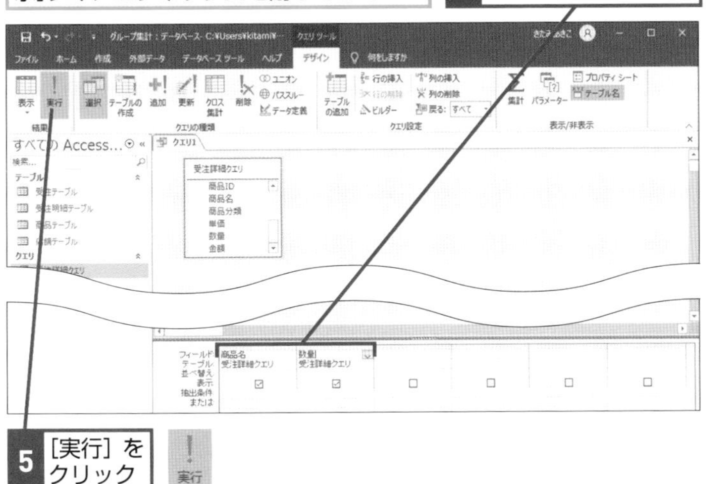

5 [実行] をクリック

2 デザインビューに切り替える

選択クエリが実行された

1 追加したフィールドが正しく表示されていることを確認

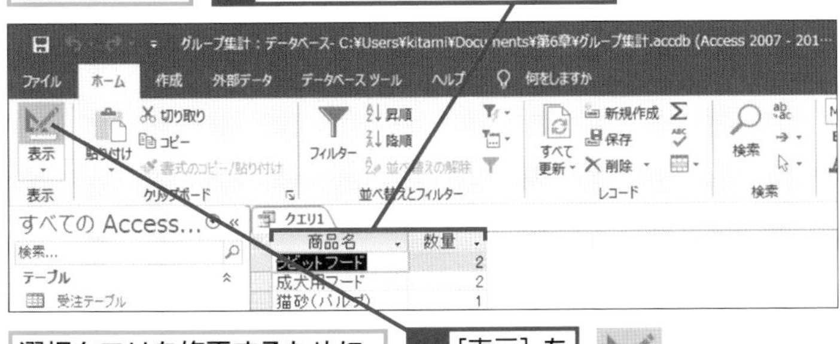

選択クエリを修正するために、デザインビューに切り替える

2 [表示] をクリック

HINT! 集計結果は編集できない

集計クエリでは、一般の選択クエリとは異なり、データシートビューではデータを編集できません。新しいレコードを挿入したり、レコードを削除したりすることもできません。データを追加したり、修正したりする必要が生じたときは、元のテーブルを開いて、追加や修正の作業を行いましょう。

HINT! 複数のテーブルを使用して集計することもできる

クエリで集計するとき、テーブルを元に集計することも、クエリを元に集計することもできます。また、複数のテーブルを元に集計を行うこともできます。このレッスンでは、クエリを元に集計を行います。

複数のテーブルを使用して集計クエリを作成できる

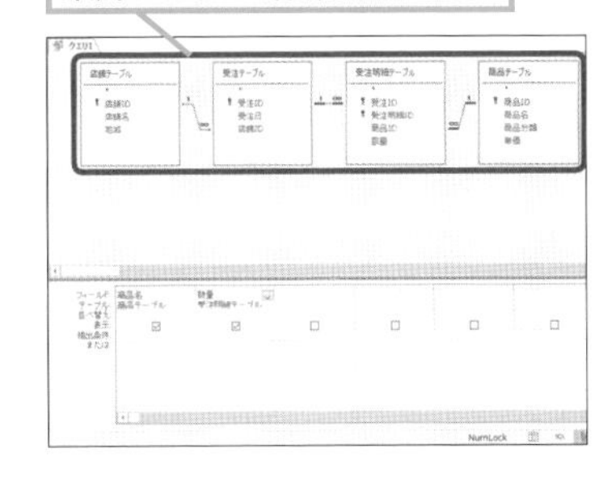

間違った場合は？

手順2で必要なフィールドが表示されなかった場合は、フィールドの指定が間違っています。[ホーム] タブの [表示] ボタンをクリックして、デザインビューに切り替えてからフィールドを追加し直しましょう。

次のページに続く

3 ［集計］行を表示する

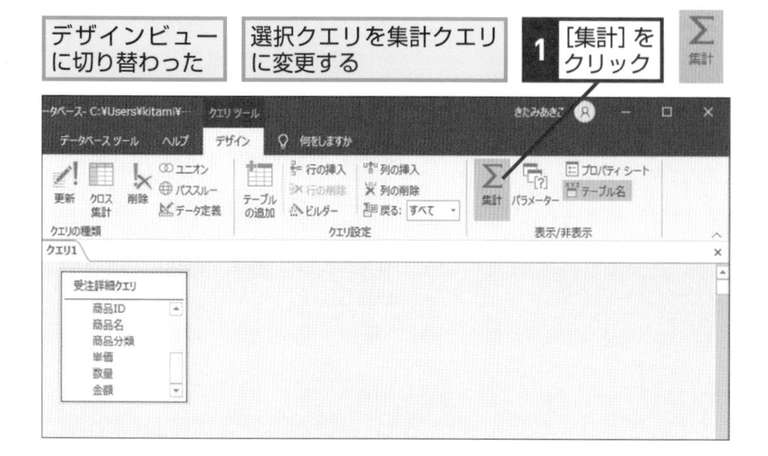

4 集計方法を設定する

選択クエリが集計クエリに変更され、［集計］行が表示された

ここでは、商品ごとに数量の合計を求める

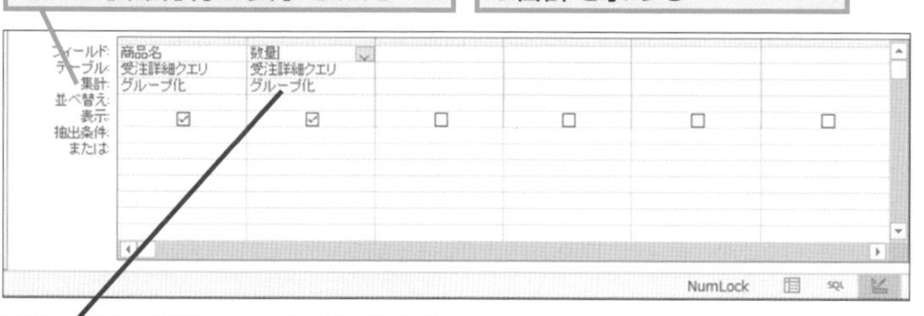

1 ［集計］行に［グループ化］と表示されていることを確認

［数量］フィールドの集計方法を［合計］に変更する

2 ［数量］フィールドの［集計］行をクリック

3 ここをクリック

4 ［合計］をクリック

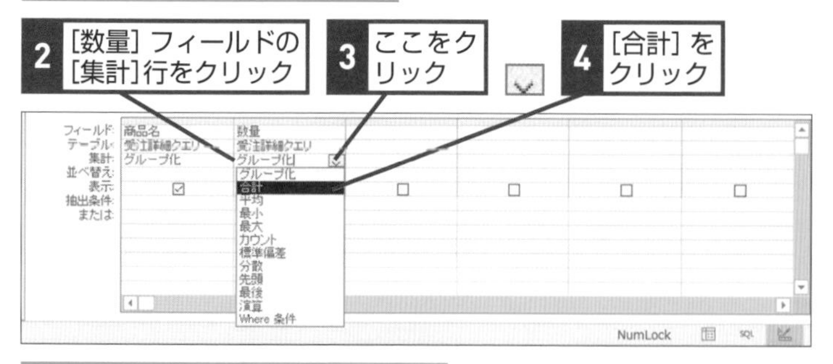

プロパティシートが表示されたときは、［プロパティシート］の右に表示された［閉じる］をクリックしておく

HINT! 選択クエリを作成してから集計クエリに変更する

集計クエリは、ほかの多くのクエリと同様、選択クエリから作成します。ただし、集計クエリはあくまで選択クエリの一種で、「集計クエリ」という名前のクエリの分類があるわけではありません。

クエリの種類が［選択］に設定されている

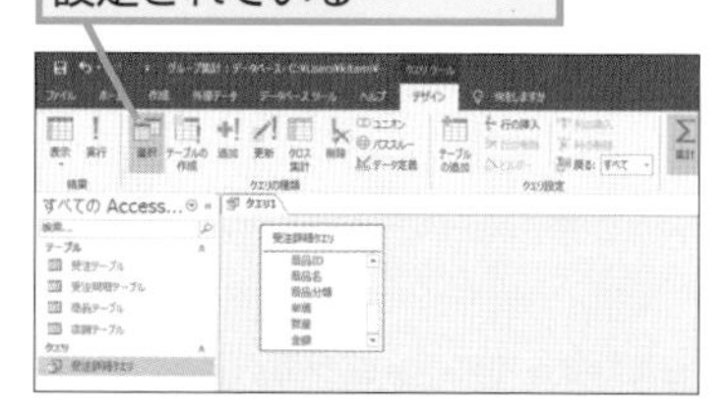

HINT! 集計を解除するには

集計を解除してすべてのレコードを表示するには、デザインビューで［クエリツール］の［デザイン］タブにある［集計］ボタンをクリックして集計行を非表示にします。

HINT! 集計するフィールドの名前を変更するには

集計するフィールドには、「数量の合計」のような名前が自動的に設定されます。フィールド名を変更するときは、デザイングリッドの［フィールド］に「別名:フィールド名」の形式で名前を入力しましょう。下の例では、フィールド名が「合計数量」に変更されます。

フィールド名の前に名前と「:」を入力すると、フィールド名を変更できる

商品名	合計数量: 数量
受注詳細クエリ	受注詳細クエリ
グループ化	合計
☑	☑

5 クエリを実行する

集計方法が変更された

クエリを実行して正しく集計できることを確認する

1 [実行]をクリック

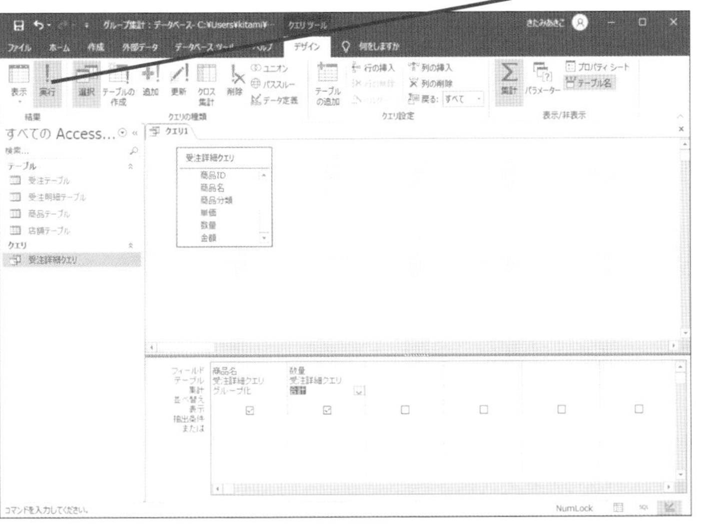

HINT!

平均やデータ数も集計できる

手順4の操作4のリストには、[合計]のほかにも、[平均][最小][最大][カウント]などの集計方法が用意されており、目的に応じて利用できます。ただし、フィールドのデータ型によって使用できる集計方法は異なります。例えばテキスト型のフィールドで[合計]を選択すると、エラーになるので注意しましょう。なお[カウント]では入力されたデータ数だけがカウントされ、Null値（データが入力されていない空白のフィールド）は除外されます。

6 グループ化された集計結果が表示された

クエリが実行された

1 [数量の合計]フィールドに商品の合計数が表示されていることを確認

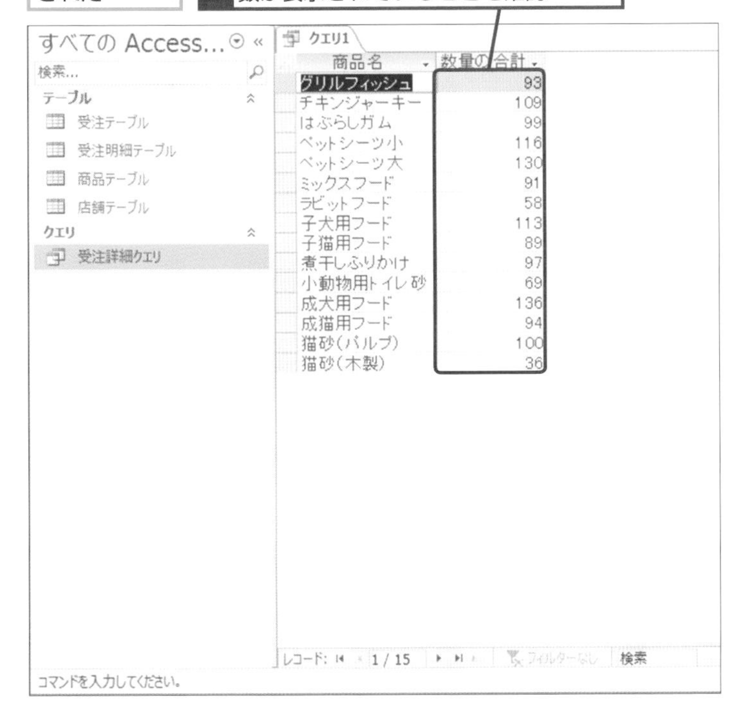

HINT!

商品名を商品ID順に並べるには

「商品を商品ID順に並べて集計したい」というときは、デザインビューで[商品ID]フィールドを追加し、その[並べ替え]行で[昇順]を選択します。クエリの結果に商品IDを表示する必要がない場合は、[表示]をクリックしてチェックマークをはずしておくといいでしょう。

1 [商品ID]フィールドの[並べ替え]行で[昇順]を選択

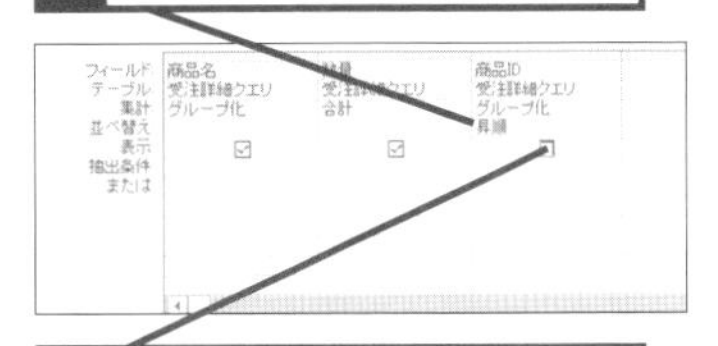

2 [表示]をクリックしてチェックマークをはずす

クエリを実行すると、非表示にした[商品ID]フィールドの昇順でレコードが並べ替えられる

レッスン
48 複数のフィールドでグループ化するには

複数レベル

対応バージョン

365 2019 2016 2013

レッスンで使う練習用ファイル
複数レベル.accdb

優先順位を決めて複数項目でグループ化しよう

レッスン㊼では商品ごとの売上数を求めましたが、地域ごとや商品ごとなど、複数の項目で集計したいこともあるでしょう。クエリでは、グループ集計を行うときにグループ化するフィールドを複数指定できます。その際のポイントは、グループ化の優先順位を考えることです。例えば、地域と商品をグループ化して売り上げを集計する場合、地域を優先すれば「各地域でどの商品で売れているか」、商品を優先すれば「各商品がどの地域で売れているか」を、より鮮明にできます。このレッスンでは、地域を優先して、地域と商品分類でグループ化して売上金額を集計します。グループ化の優先順位を意識して集計を行い、効果的なデータ分析を実現しましょう。

関連レッスン

▶レッスン46
データを集めて分析するクエリを確認しよう …… p.166
▶レッスン47
「合計」「平均」「最大」「最小」などのデータを集計するには …… p.168

キーワード

クエリ	p.292
グループ集計	p.292
フィールド	p.294
レコード	p.295

Before

クエリ1

地域	商品分類	金額
首都圏	フード	¥1,400
首都圏	フード	¥5,800
首都圏	衛生	¥2,600
首都圏	衛生	¥1,600
首都圏	衛生	¥2,400
西日本	フード	¥1,000
西日本	フード	¥1,800
西日本	フード	¥2,900
西日本	おやつ	¥600
西日本	おやつ	¥700
東日本	おやつ	¥400
東日本	おやつ	¥1,200
東日本	フード	¥1,500
西日本	フード	¥1,400
西日本	おやつ	¥1,800
首都圏	おやつ	¥1,000
首都圏	フード	¥5,400
首都圏	衛生	¥9,200
首都圏	フード	¥1,500
東日本	フード	¥1,500
東日本	おやつ	¥700
東日本	衛生	¥6,900
東日本	衛生	¥7,800
首都圏	おやつ	¥2,000
首都圏	フード	¥8,700

どの地域で何がどれだけ売れているかを調べたい

After

クエリ1

地域	商品分類	金額の合計
首都圏	おやつ	¥82,200
首都圏	フード	¥440,300
首都圏	衛生	¥411,900
西日本	おやつ	¥86,700
西日本	フード	¥363,300
西日本	衛生	¥296,700
東日本	おやつ	¥51,500
東日本	フード	¥248,800
東日本	衛生	¥291,300

各地域で売れている商品がひと目で分かる

❶ ［集計］行を表示する

練習用ファイルを開いておく

レッスン㊼を参考に、［受注詳細クエリ］から新規クエリを作成して［地域］［商品分類］［金額］のフィールドを追加しておく

左のグループが優先的に集計されるため、フィールドを追加するときは順番に注意する

1 ［集計］をクリック

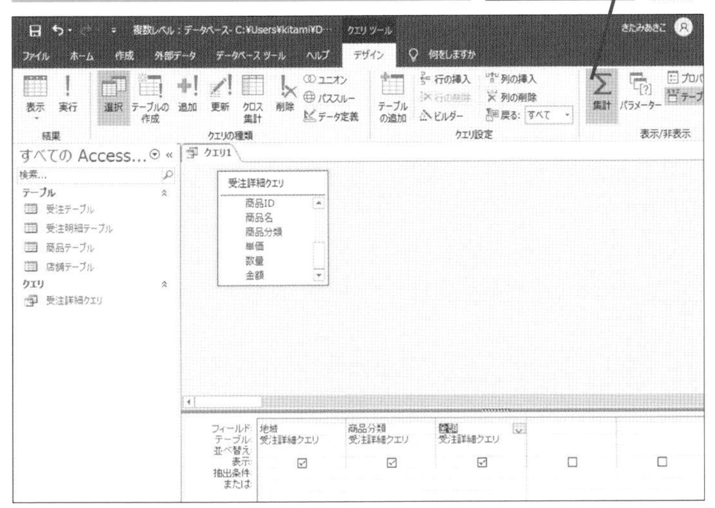

❷ 集計方法を設定する

［集計］行が表示された

ここでは、地域ごと、かつ商品分類ごとの金額を集計する

1 ［集計］行に［グループ化］と表示されていることを確認

2 ［金額］フィールドの［集計］行をクリック

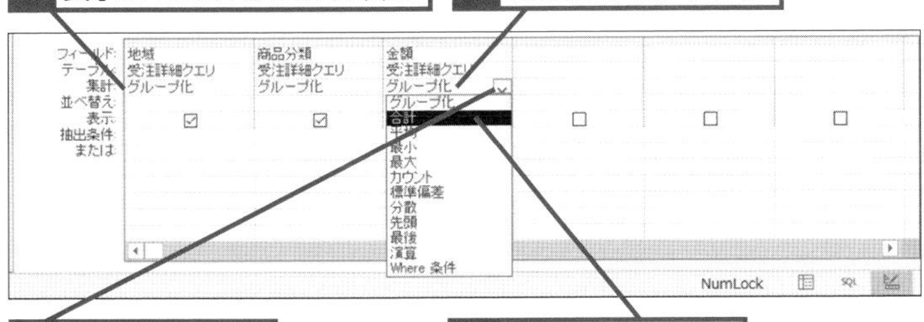

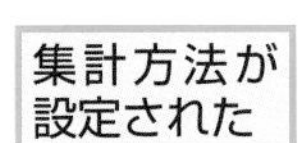

3 ここをクリック

4 ［合計］をクリック

❸ クエリを実行する

集計方法が設定された

1 ［実行］をクリック

設定した集計方法でクエリの実行結果が表示される

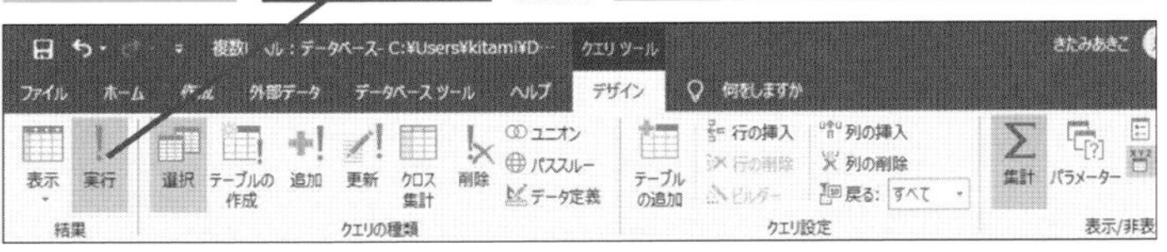

HINT! グループ化を指定しないとレコード全体が集計される

レッスンで解説しているクエリのようにグループ化するフィールドは複数指定できますが、まったく指定しないこともできます。グループ化するフィールドをクエリに追加せずに、集計するフィールドだけを追加すると、全レコードの集計値が求められます。

集計するフィールドだけをクエリに追加すると、レコード全体が集計される

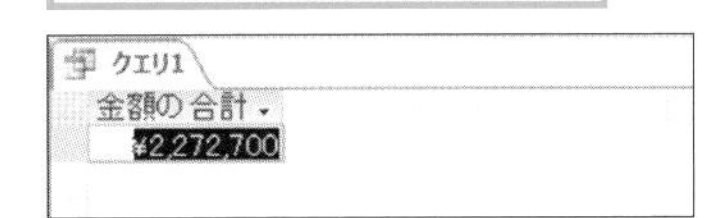

HINT! 集計するフィールドも複数指定できる

集計クエリでは、グループ化を行うフィールドだけでなく、合計や平均などの集計を行うフィールドも複数指定できます。

HINT! 左のグループ化が優先される

フィールドが複数ある場合は、デザイングリッドの左に配置したフィールドのグループ化が優先されます。例えばこのレッスンのクエリのように［地域］、［商品分類］の順に配置すると、地域ごとに各商品の売上金額を集計できます。また［商品分類］、［地域］の順に配置すると、商品分類ごとに各地域の売上金額を集計できます。

レッスン

49 演算フィールドを使って集計するには

演算フィールドの集計

対応バージョン

365 2019 2016 2013

レッスンで使う練習用ファイル
演算フィールドの集計.accdb

計算結果を集計できる

クエリでグループ集計を行うとき、集計に使用できるのはフィールドに入力されたデータだけではありません。フィールドのデータを使って計算した結果に対しても、集計を行うことができます。このレッスンでは、［単価］フィールドと［数量］フィールドを掛け合わせて金額を計算し、その金額の値を集計します。あらかじめ計算を行った別のクエリを用意しておかなくても、その場で計算した値を集計できるので便利です。このような四則演算の計算はもちろん、関数を使用して得た結果に対しても集計を行えます。データを加工して集計することで、自分に必要なデータをすぐに求められます。

関連レッスン

▶レッスン47
「合計」「平均」「最大」「最小」などのデータを集計するには……p.168

▶レッスン48
複数のフィールドでグループ化するには……p.172

キーワード

演算子	p.292
演算フィールド	p.292
関数	p.292
選択クエリ	p.293

Before

クエリ1

店舗ID	店舗名	合計金額
1	東京本店	¥1,400
1	東京本店	¥5,800
2	横浜店	¥2,600
2	横浜店	¥1,600
2	横浜店	¥2,400
3	大阪店	¥1,000
3	大阪店	¥1,800
13	神戸店	¥2,900
13	神戸店	¥600
13	神戸店	¥700
6	札幌店	¥400
6	札幌店	¥1,200
6	札幌店	¥1,500
10	福岡店	¥1,400
10	福岡店	¥1,800
1	東京本店	¥1,000

各店舗の売上合計を求めたい

After

クエリ1

店舗ID	店舗名	合計金額
1	東京本店	¥285,900
2	横浜店	¥249,200
3	大阪店	¥226,300
4	浦和店	¥144,000
5	名古屋店	¥238,500
6	札幌店	¥124,600
7	宇都宮店	¥125,400
8	水戸店	¥65,100
9	松山店	¥60,300
10	福岡店	¥86,000
11	仙台店	¥155,000
12	船橋店	¥82,100
13	神戸店	¥135,600
14	池袋店	¥173,200
15	盛岡店	¥121,500

算術演算子を利用して、売上金額の合計を表示できる

●このレッスンで使う演算子

構文	演算フィールド名:[フィールド名]*[フィールド名]
例	合計金額:[単価]*[数量]
説明	［単価］と［数量］を掛けて売上金額を求め、［合計金額］フィールドに表示する。［合計金額］を［合計］で集計すると、売上金額の合計が表示される

❶ 選択クエリを作成する

練習用ファイルを開いておく

レッスン㊼を参考に、[受注詳細クエリ]から新規クエリを作成して、[店舗ID]と[店舗名]のフィールドを追加しておく

[合計金額]フィールドを追加して、[単価]と[数量]のフィールドを掛け合わせる式を入力する

1 列の境界線をここまでドラッグ

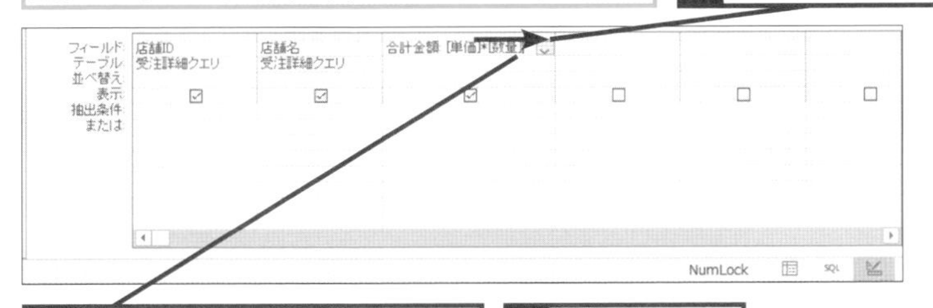

2 ここに「合計金額:[単価]*[数量]」と入力

3 Enter キーを押す

❷ [集計]行を表示する

集計を行うために[集計]行を表示する

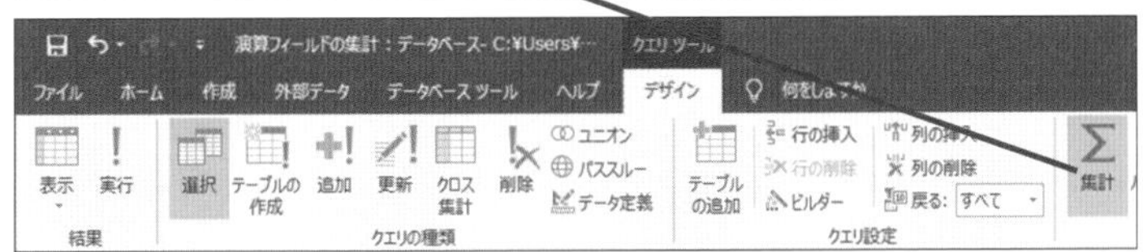

❸ 集計方法を設定してクエリを実行する

[集計]行が表示された

1 [集計]行に[グループ化]と表示されていることを確認

2 [合計金額]フィールドの[集計]行をクリック

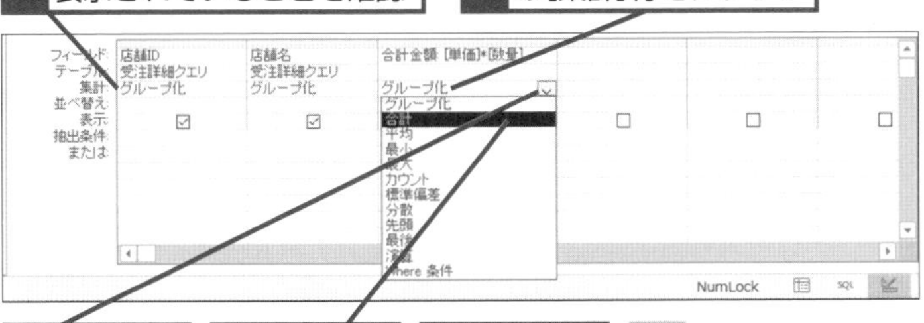

3 ここをクリック

4 [合計]をクリック

5 [実行]をクリック

実行

[合計金額]フィールドに[単価]と[数量]のフィールドの数値を掛け合わせて合計した値が表示される

HINT!

自動的にSum関数が設定される

クエリを保存していったん閉じ再び開くと、演算フィールドは「合計金額: Sum([単価]*[数量])」に、[集計]は[演算]に変わります。Accessでは、演算フィールドに対して集計を行うと、集計関数が自動的に設定されます。下表は、演算の種類と集計関数の対応をまとめたものです。例えば、[集計]行で[平均]を選択すると、演算フィールドにAvg関数が設定されます。

保存済みのクエリをデザインビューで開くと、演算フィールドの内容が自動的に変更される

●演算フィールドの集計に使用する関数

演算の種類	関数
合計	Sum
平均	Avg
最小	Min
最大	Max
カウント	Count

間違った場合は？

手順1で「指定した式の構文が正しくありません。」と表示されたときは、[OK]ボタンをクリックし、「:」(コロン)の代わりに「;」(セミコロン)を入力していないか、また、「*」(アスタリスク)が全角でないか確認してください。

レッスン

50 条件に一致したデータを集計するには

Where条件

対応バージョン

365 2019 2016 2013

レッスンで使う練習用ファイル
Where条件.accdb

必要なデータを抽出してから集計できる

データを集計して分析を行うとき、データベースに含まれるすべてのデータを対象に集計すると、意図と異なる結果になることがあります。例えば最近の商品の売れ行きを調べたいときに、これまで蓄積したすべての売り上げデータを集計しても意味がありません。そのようなときは、最近の売り上げデータを抽出してから集計を行いましょう。集計クエリでは、「Where条件」という抽出条件を設定することにより、必要なデータを対象に集計を行えます。集計対象を限定すれば、ターゲットを絞ったデータ分析が可能になります。

関連レッスン

▶レッスン47
「合計」「平均」「最大」「最小」などのデータを集計するには……………… p.168

キーワード

Where条件	p.291
演算子	p.292
トップ値	p.294
パラメータークエリ	p.294
比較演算子	p.294

Before

クエリ1

店舗ID	店舗名	金額の合計
1	東京本店	¥285,900
2	横浜店	¥249,200
3	大阪店	¥226,300
4	浦和店	¥144,000
5	名古屋店	¥238,500
6	札幌店	¥124,600
7	宇都宮店	¥125,400
8	水戸店	¥65,100
9	松山店	¥60,300
10	福岡店	¥86,000
11	仙台店	¥155,000
12	船橋店	¥82,100
13	神戸店	¥135,600
14	池袋店	¥173,200
15	盛岡店	¥121,500

過去すべての受注額ではなく、2020年からの受注額だけを集計したい

After

クエリ1

店舗ID	店舗名	金額の合計
1	東京本店	¥54,800
2	横浜店	¥81,800
3	大阪店	¥57,100
4	浦和店	¥33,600
5	名古屋店	¥46,500
6	札幌店	¥21,500
7	宇都宮店	¥26,400
8	水戸店	¥7,100
9	松山店	¥16,300
10	福岡店	¥10,100
11	仙台店	¥35,400
12	船橋店	¥10,000
13	神戸店	¥29,300
14	池袋店	¥42,700
15	盛岡店	¥26,800

「2020年1月1日以降」という条件に当てはまるレコードだけを集計できる

●このレッスンで使う演算子

構文	比較演算子
例	>=2020/01/01
説明	指定したフィールドから「2020年1月1日以降」のレコードを抽出する

●比較演算子の種類

比較演算子	説明
=	等しい
<	より小さい
>	より大きい
<=	以下
>=	以上
<>	等しくない

1 抽出条件を設定する

練習用ファイルを開いておく

レッスン㊼を参考に、[受注詳細クエリ] から新規クエリを作成して、[店舗ID] [店舗名] [金額] [受注日]のフィールドを追加しておく

ここでは、[受注日] の日付が「2020年1月1日」以降のレコードで金額の合計を表示する

[受注日] フィールドに抽出条件を設定する

1 [受注日] フィールドの[抽出条件]行をクリック

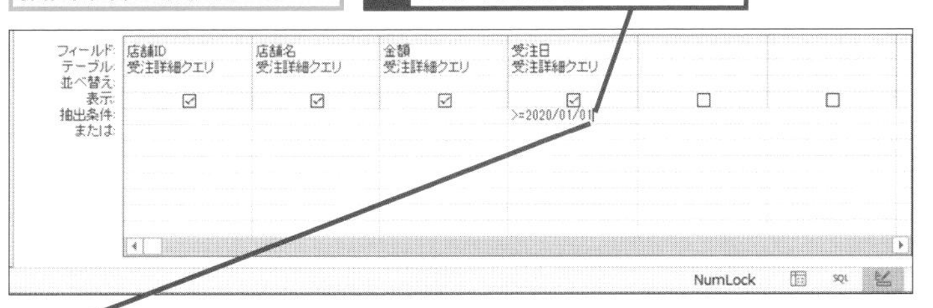

2 「>=2020/01/01」と入力

3 Enter キーを押す

2 [集計] 行を表示する

抽出条件が設定された

設定した条件に一致するデータを集計するために[集計]行を表示する

1 [集計] をクリック

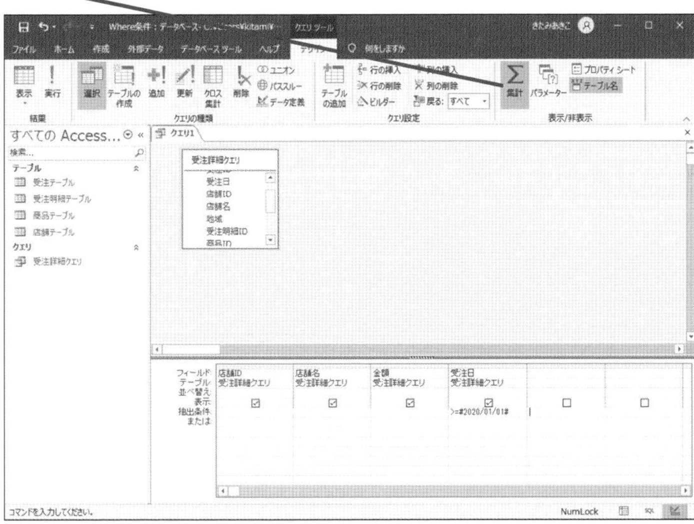

HINT! 数値や文字列を条件にできる

ここでは、日付／時刻型のフィールドに抽出条件を設定しましたが、数値型や短いテキストのフィールドにも抽出条件を設定できます。レッスン㉙で解説した比較演算子を使って抽出するレコードの範囲を指定したり、レッスン㉜で解説したワイルドカードを使ってあいまいな条件を指定したりすることも可能です。

HINT! 集計結果を対象に抽出を行うには

このレッスンでは、抽出条件に一致したレコードを対象に集計を行っていますが、すべてのレコードを対象に集計を行い、結果のレコードから特定のレコードだけを抽出することもできます。その場合、[グループ化]や[合計]を設定したフィールドの[抽出条件] 行に抽出条件を入力します。

受注金額の合計が20万円より大きい店舗のみを抽出する

1 [金額] フィールドの [集計] 行で[合計]を選択

2 [金額] フィールドの [抽出条件]行をクリック

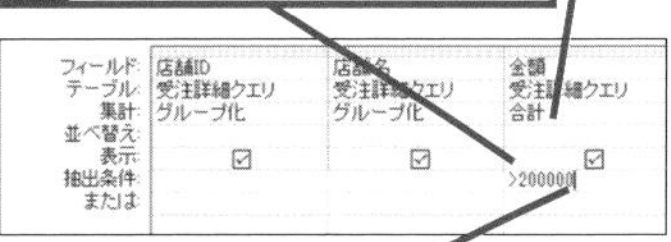

3 「>200000」と入力

4 [実行]をクリック

受注金額の合計が20万円より大きい店舗のみが表示された

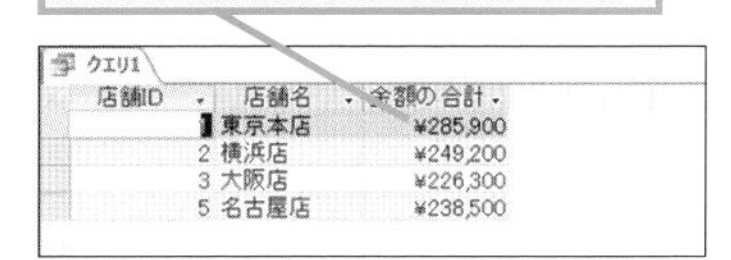

店舗ID	店舗名	金額の合計
1	東京本店	¥285,900
2	横浜店	¥249,200
3	大阪店	¥226,300
5	名古屋店	¥238,500

次のページに続く

❸ 集計方法を設定する

[集計]行が表示された

ここでは、[金額]フィールドの集計方法を[合計]に設定する

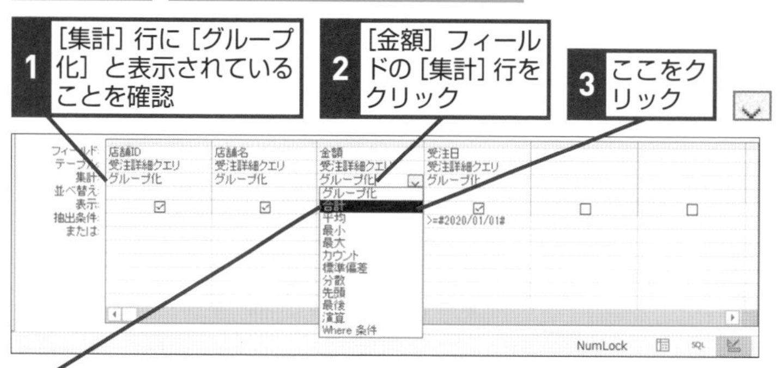

4 [合計]をクリック

❹ Where条件を設定する

集計方法が設定された

手順1で設定した抽出条件を満たすレコードだけを抽出するために、[受注日] フィールドにWhere条件を設定する

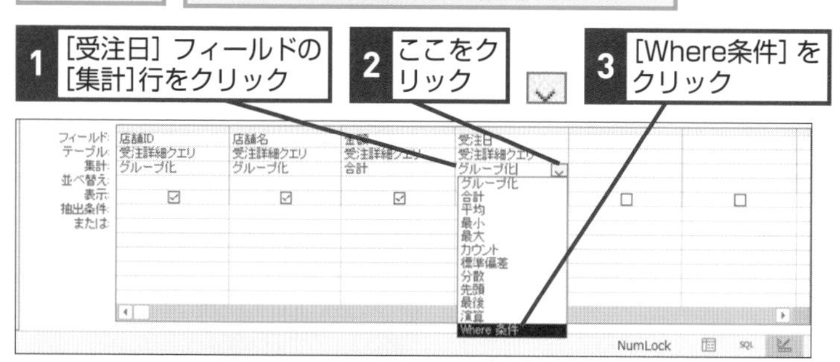

Where条件が設定された

4 [表示] のチェックマークがはずれていることを確認

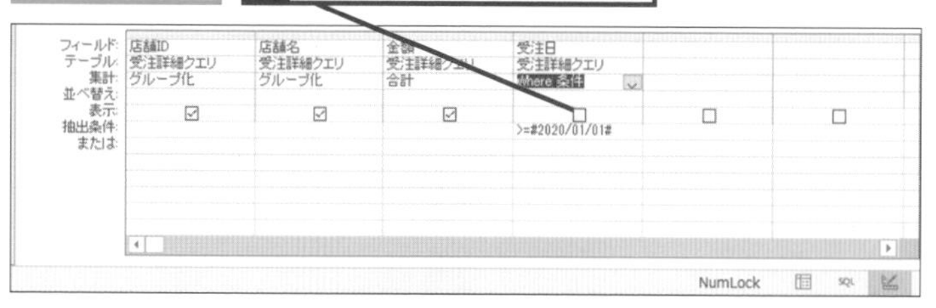

HINT! パラメータークエリも集計できる

集計する時点で抽出条件を指定したいときは、パラメータークエリを元に集計を行います。その場合、手順2で抽出条件を「>=2020/01/01」と入力する代わりに、「>= [いつから？]」のようにメッセージを「[]」で囲んで入力します。このクエリを元に手順3以降の操作を行うと、クエリを実行するときにダイアログボックスが表示されて、その場で抽出条件を指定できます。パラメータークエリについては、レッスン㉞で詳しく解説しています。

クエリを実行してから抽出条件を指定できる

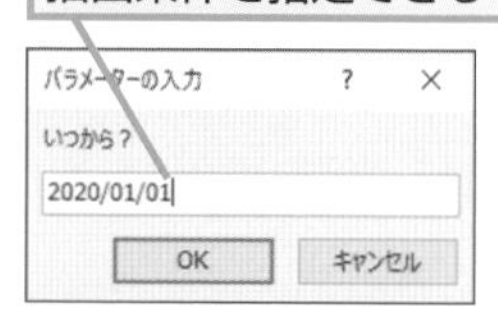

HINT! Where条件って何？

Where条件は、集計対象のレコードを絞り込むための抽出条件で、通常、集計クエリに表示するフィールド以外のフィールドに設定します。Where条件を設定したフィールドは、自動的に [表示] のチェックマークがはずれ、データシートビューには表示されません。

HINT! 集計表に表示される項目を抽出するには

グループ化するフィールドでデータを抽出したい場合は、そのフィールドの [抽出条件] 行に抽出条件を入力します。例えば、このレッスンのクエリの場合、[店舗ID] フィールドの [抽出条件] 行に「>=10」を入力すれば、店舗IDが10以上の店舗だけを集計表に表示できます。

5 クエリを実行する

集計方法とWhere条件が設定された

1 [実行] をクリック

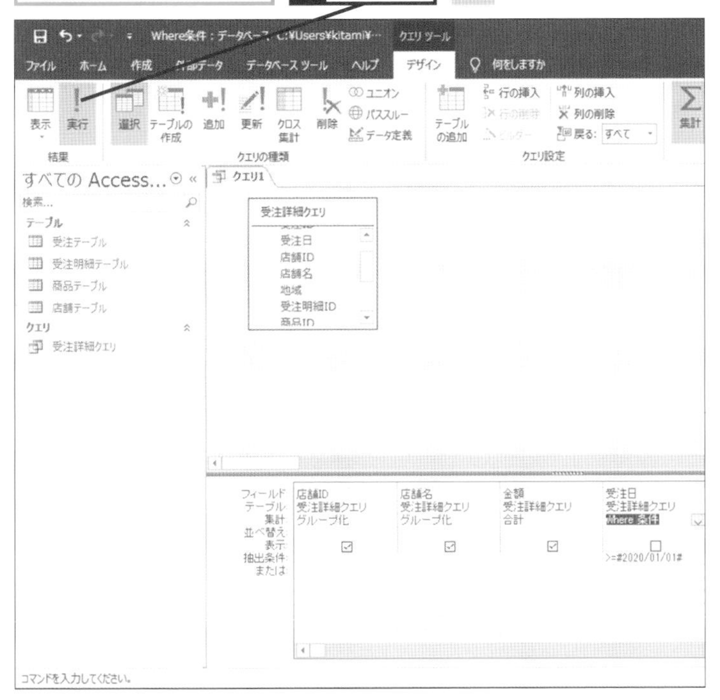

6 Where条件で抽出された集計結果が表示された

クエリが実行された

1 設定した集計方法とWhere条件でクエリの実行結果が表示されていることを確認

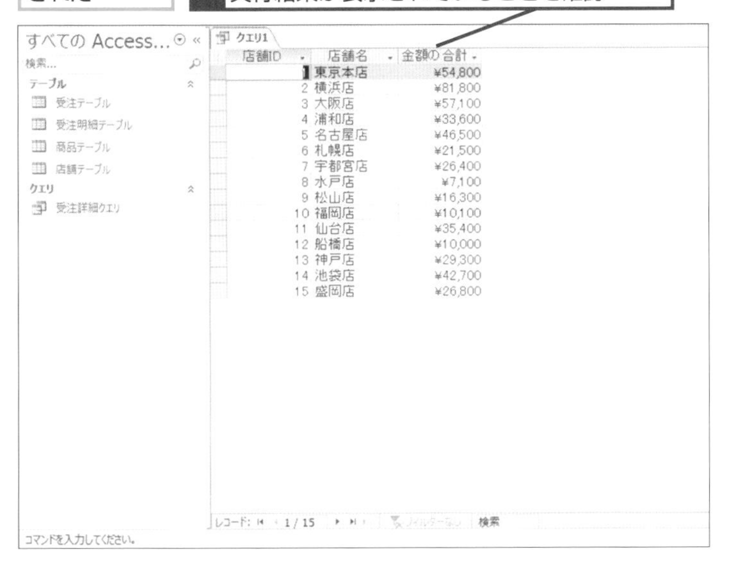

店舗ID	店舗名	金額の合計
1	東京本店	¥54,800
2	横浜店	¥81,800
3	大阪店	¥57,100
4	浦和店	¥33,600
5	名古屋店	¥46,500
6	札幌店	¥21,500
7	宇都宮店	¥26,400
8	水戸店	¥7,100
9	松山店	¥16,300
10	福岡店	¥10,100
11	仙台店	¥35,400
12	船橋店	¥10,000
13	神戸店	¥29,300
14	池袋店	¥42,700
15	盛岡店	¥26,800

HINT!

集計結果からトップ5を抽出するには

レッスン㉜で［トップ値］について解説しましたが、集計クエリでも［トップ値］を使用した抽出を実行できます。［トップ値］を使用すると、「金額の合計」が大きいレコードを5件抽出して、売上成績のいい店舗トップ5を表示できます。

受注金額の合計が多い順に5つの店舗を抽出する

1 ［金額］フィールドの［並べ替え］行で［降順］を選択

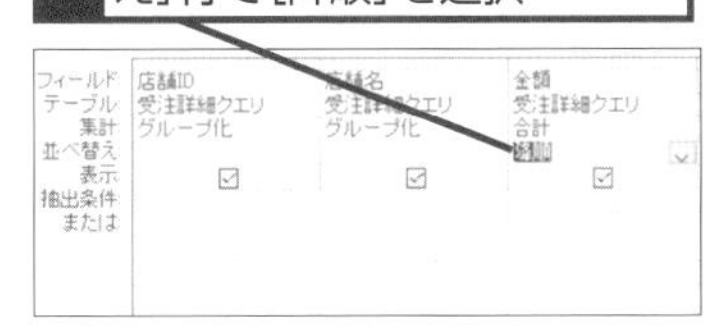

2 ［クエリツール］の［デザイン］タブをクリック

3 ［トップ値］のここをクリック

4 ［5］をクリック

5 ［実行］をクリック

受注金額の合計が多い、5つの店舗が表示された

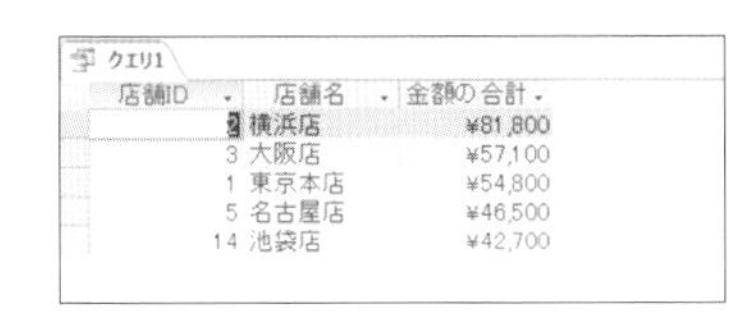

店舗ID	店舗名	金額の合計
2	横浜店	¥81,800
3	大阪店	¥57,100
1	東京本店	¥54,800
5	名古屋店	¥46,500
14	池袋店	¥42,700

レッスン
51 クロス集計表を作成するには

クロス集計

対応バージョン

365 2019 2016 2013

レッスンで使う練習用ファイル
クロス集計.accdb

行と列に項目を配置して見やすい集計表を作ろう

選択クエリの集計機能を使って集計を行うと、集計結果が縦方向に表示されます。しかし、項目数が多いと集計表が縦長になり、見づらくなります。下の[Before]の表を見てください。[商品名]と［地域］の2フィールドで集計したクエリですが、集計結果が縦に1列ずつ並んでいるので目的のデータをすぐに探せません。こんなときは､集計クエリをクロス集計クエリに変換してみましょう。クロス集計クエリとは、グループ化したフィールドのうち1つを列見出しに表示して、行と列のクロスする部分に集計結果を表示する二次元の集計表です。集計結果をクロス集計表で表示することにより、データが格段に見やすくなります。集計クエリから簡単にクロス集計クエリを作成できるので、ぜひ試してみましょう。

関連レッスン

▶レッスン46
データを集めて分析するクエリを確認しよう p.166

▶レッスン52
日付を月でまとめて集計するには p.186

キーワード

クロス集計	p.292
クロス集計クエリ	p.292
デザインビュー	p.294
プロパティシート	p.295

Before

商品名と地域が縦に並んでいて、どの地域で何が売れているのかが分かりにくい

クエリ1

商品名	地域	金額の合計
グリルフィッシュ	首都圏	¥12,600
グリルフィッシュ	西日本	¥29,400
グリルフィッシュ	東日本	¥13,800
チキンジャーキー	首都圏	¥31,500
チキンジャーキー	西日本	¥30,800
チキンジャーキー	東日本	¥14,000
はぶらしガム	首都圏	¥20,500
はぶらしガム	西日本	¥14,500
はぶらしガム	東日本	¥14,500
ペットシーツ小	首都圏	¥103,500
ペットシーツ小	西日本	¥98,900
ペットシーツ小	東日本	¥64,400
ペットシーツ大	首都圏	¥124,800
ペットシーツ大	西日本	¥98,400
ペットシーツ大	東日本	¥88,800
ミックスフード	首都圏	¥25,000
ミックスフード	西日本	¥12,000
ミックスフード	東日本	¥8,500
ラビットフード	首都圏	¥10,500
ラビットフード	西日本	¥17,500
ラビットフード	東日本	¥12,600
子犬用フード	首都圏	¥81,000
子犬用フード	西日本	¥61,200
子犬用フード	東日本	¥61,200
子猫用フード	首都圏	¥34,500

After

地域を列見出しに表示することで、何がどこで売れているのかがすぐ分かる

クエリ1

商品名	首都圏	西日本	東日本
グリルフィッシュ	¥12,600	¥29,400	¥13,800
チキンジャーキー	¥31,500	¥30,800	¥14,000
はぶらしガム	¥20,500	¥14,500	¥14,500
ペットシーツ小	¥103,500	¥98,900	¥64,400
ペットシーツ大	¥124,800	¥98,400	¥88,800
ミックスフード	¥25,000	¥12,000	¥8,500
ラビットフード	¥10,500	¥17,500	¥12,600
子犬用フード	¥81,000	¥61,200	¥61,200
子猫用フード	¥34,500	¥40,500	¥58,500
煮干しふりかけ	¥17,600	¥12,000	¥9,200
小動物用トイレ砂	¥42,000	¥33,000	¥28,500
成犬用フード	¥194,300	¥142,100	¥58,000
成猫用フード	¥95,000	¥90,000	¥50,000
猫砂(パルプ)	¥114,400	¥52,000	¥93,600
猫砂(木製)	¥27,200	¥14,400	¥16,000

① ［集計］行を表示する

練習用ファイルを開いておく

レッスン㊼を参考に、［受注詳細クエリ］から新規クエリを作成して、［商品名］［地域］［金額］のフィールドを追加しておく

最初に集計クエリを作成してからクロス集計クエリに変更する

1 ［集計］をクリック

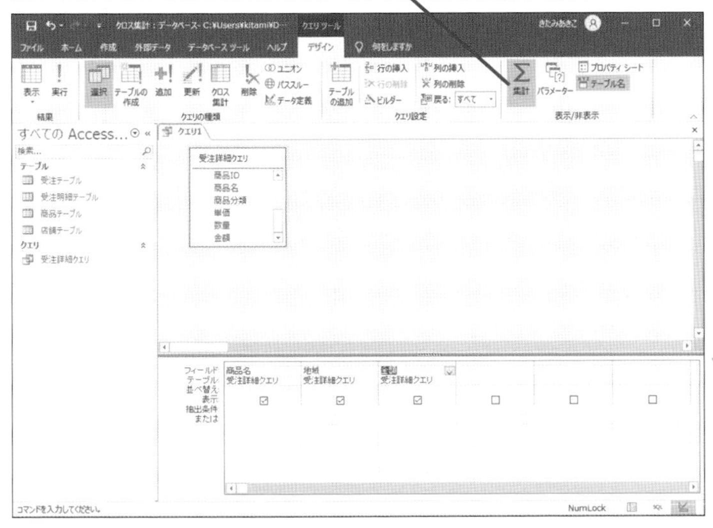

② 集計方法を設定する

［集計］行が表示された

ここでは、商品名ごと、かつ地域ごとの金額を集計する

1 ［集計］行に［グループ化］と表示されていることを確認

2 ［金額］フィールドのここをクリックして［合計］を選択

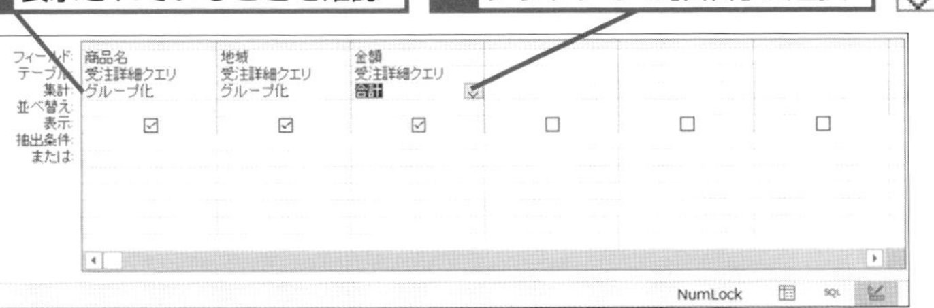

③ クエリを実行する

クエリを実行して正しい結果が得られるかを確認する

1 ［実行］をクリック

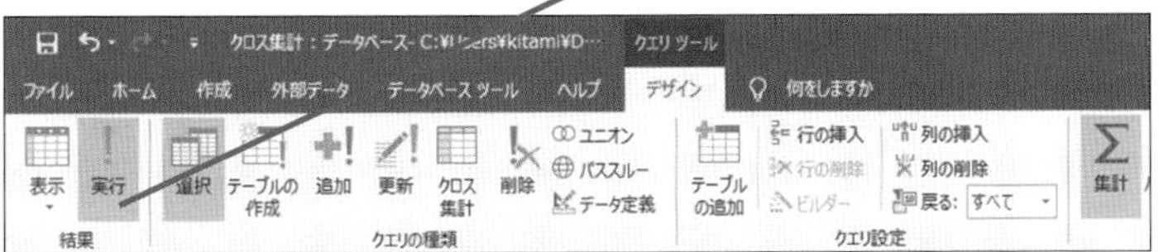

HINT! クロス集計って何？

2つのフィールドをグループ化して、そのうち1つを縦軸に、もう1つを横軸に配置して集計を行うことを「クロス集計」といいます。クロス集計を行うと、集計結果を二次元の表に見やすくまとめることができます。

HINT! 複数のテーブルを元にクロス集計できる

デザインビューからクロス集計クエリを作成するとき、テーブルを元に作成することも、クエリを元に作成することもできます。また、複数のテーブルを元に作成することもできます。

複数のテーブルを使って集計することもできる

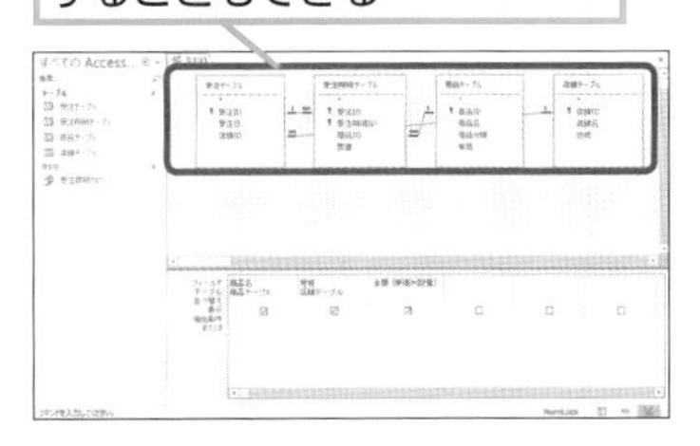

次のページに続く

デザインビューに切り替える

クエリが実行された

1 集計クエリの結果が正しく表示されていることを確認

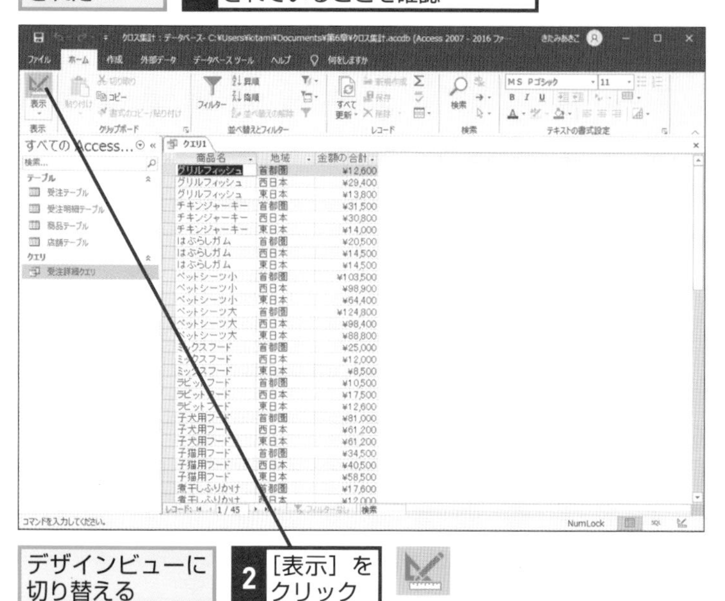

デザインビューに切り替える

2 ［表示］をクリック

5 ［行列の入れ替え］行を表示する

デザインビューに切り替わった
1
［クロス集計］をクリック

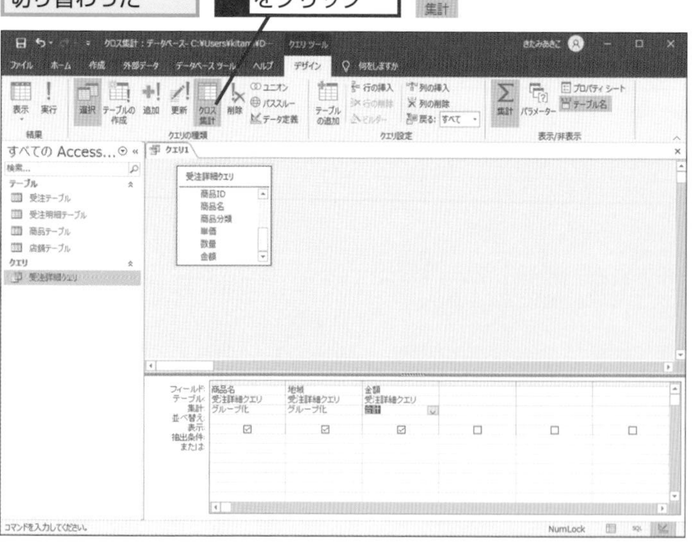

HINT! 条件に一致したデータだけをクロス集計するには

条件に一致したデータだけをクロス集計したいときは、レッスン㊿を参考に抽出条件となるフィールドに［Where条件］を設定します。ただし、クロス集計クエリの場合、いろいろな制限があるため、複雑な抽出条件を設定するとエラーになることがあります。そのような場合は、あらかじめ集計したいレコードを抽出する選択クエリを作成しておき、そのクエリを元にクロス集計クエリを作成するといいでしょう。

HINT! 行見出しや列見出しの項目を絞り込むには

行見出しや列見出しに表示される項目に抽出条件を設定したいときは、デザインビューで対象のフィールドの［抽出条件］行に抽出条件を入力します。また、列見出しの場合は、184ページのHINT!で紹介する［クエリ列見出し］を使用しても、表示するデータを指定できます。その場合、「"西日本","東日本"」のように、列見出しに表示する項目を「,」（カンマ）で区切って入力します。

間違った場合は？

手順4で合計が計算できなかった場合は、集計方法の選択を間違えています。［ホーム］タブの［表示］ボタンをクリックしてデザインビューに切り替え、手順2から操作をやり直しましょう。

6 行見出しを設定する

集計クエリがクロス集計クエリに変更された

行見出しを設定する

1 [商品名]フィールドの[行列の入れ替え]行をクリック

2 ここをクリック

3 [行見出し]をクリック

7 列見出しを設定する

行見出しが設定された

続いて列見出しを設定する

1 [地域]フィールドの[行列の入れ替え]行をクリック

2 ここをクリック

3 [列見出し]をクリック

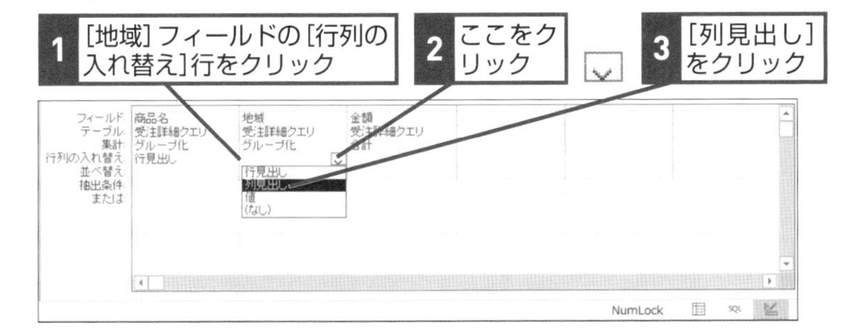

8 集計するフィールドを設定する

列見出しが設定された

続いて集計するフィールドを設定する

1 [金額]フィールドの[行列の入れ替え]行をクリック

2 ここをクリック

3 [値]をクリック

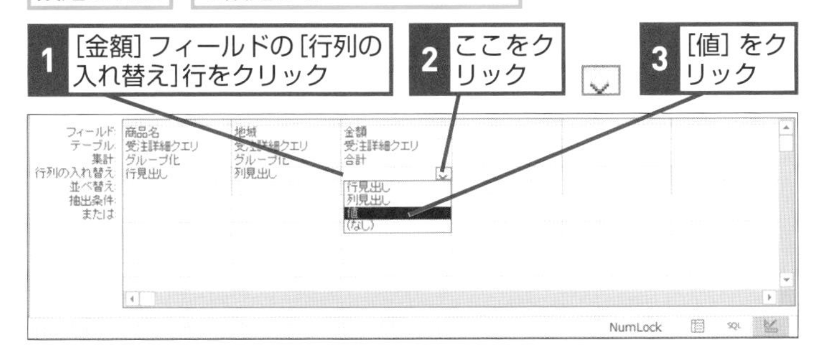

HINT! 行見出しは複数指定できる

クロス集計クエリでは、[行見出し][列見出し][値]を最低1つずつ指定する必要があります。[行見出し]は複数のフィールドに設定できますが、[列見出し]と[値]は1つのフィールドにしか設定できません。

HINT! 空欄に0を表示するには

クロス集計クエリでは、集計対象のデータがない項目は空欄になります。空欄に0を表示したいときは、[書式]プロパティを使用します。レッスン⑲を参考に[金額]フィールドを選択してプロパティシートを表示し、[書式]プロパティに「¥¥#,##0;¥¥-#,##0;¥¥0;¥¥0」と入力します。書式は「正の数値の書式」「負の数値の書式」「0の書式」「Null値の書式」を「;」(セミコロン)で区切って指定できるので、4番目のNull値の書式欄に「¥¥0」と指定すると、空欄に「¥0」を表示できます。なお、「¥」「#」などの書式指定文字については、付録2を参照してください。

次のページに続く

9 クエリを実行する

クロス集計クエリが作成された

1 [実行]をクリック

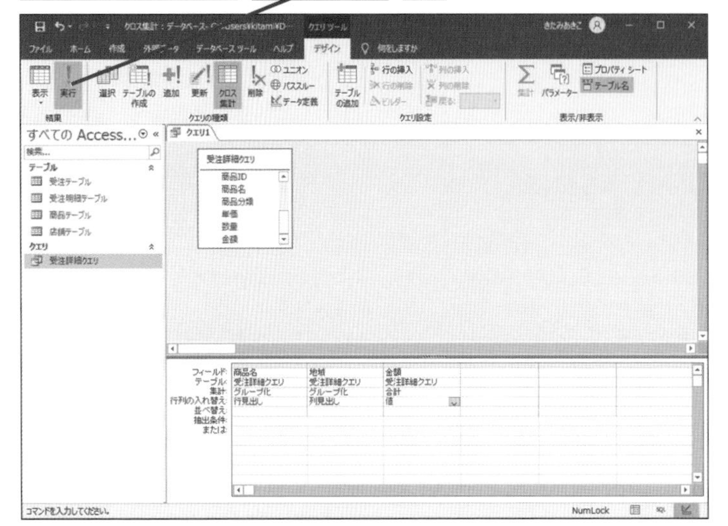

10 クロス集計クエリの実行結果が表示された

クエリが実行された

1 設定したフィールドでクロス集計されていることを確認

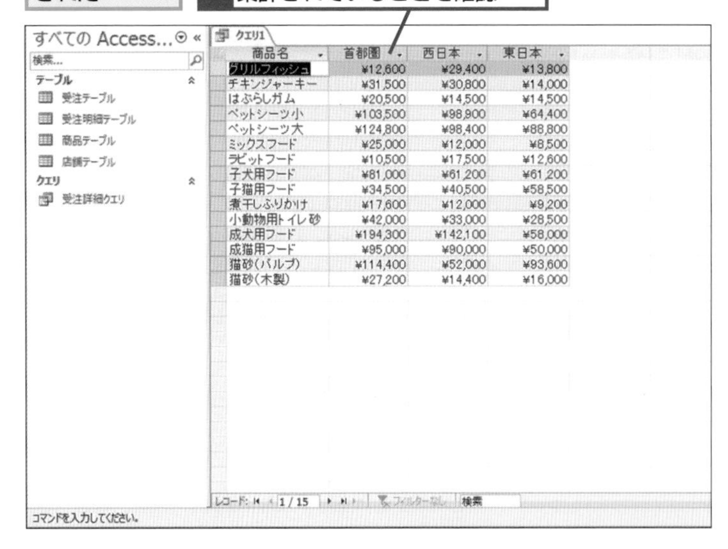

商品名	首都圏	西日本	東日本
グリルフィッシュ	¥12,600	¥29,400	¥13,800
チキンジャーキー	¥31,500	¥30,800	¥14,000
はぶらしガム	¥20,500	¥14,500	¥14,500
ペットシーツ小	¥103,500	¥98,900	¥64,400
ペットシーツ大	¥124,800	¥98,400	¥88,800
ミックスフード	¥25,000	¥12,000	¥8,500
ラビットフード	¥10,500	¥17,500	¥12,600
子犬用フード	¥81,000	¥61,200	¥61,200
子猫用フード	¥34,500	¥40,500	¥58,500
煮干しふりかけ	¥17,600	¥12,000	¥9,200
小動物用トイレ砂	¥42,000	¥33,000	¥28,500
成犬用フード	¥194,300	¥142,100	¥58,000
成猫用フード	¥95,000	¥90,000	¥50,000
猫砂(パルプ)	¥114,400	¥52,000	¥93,600
猫砂(木製)	¥27,200	¥14,400	¥16,000

HINT! 列見出しの順序を指定するには

クエリのプロパティシートの［クエリ列見出し］を使用すると、クロス集計クエリの列見出しに表示するデータの順番を指定したり、表示するデータを絞り込んだりすることができます。

レッスン⑲を参考に、クエリのプロパティシートを表示しておく

1 ［クエリ列見出し］のここをクリック

2 ["首都圏","東日本","西日本"」と入力

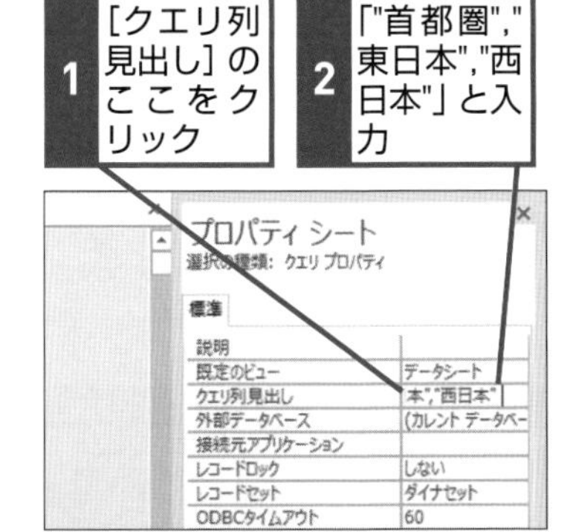

3 [実行]をクリック

列見出しの順番が変わった

商品名	首都圏	東日本	西日本
グリルフィッシュ	¥12,600	¥13,800	¥29,400
チキンジャーキー	¥31,500	¥14,000	¥30,800
はぶらしガム	¥20,500	¥14,500	¥14,500
ペットシーツ小	¥103,500	¥64,400	¥98,900
ペットシーツ大	¥124,800	¥88,800	¥98,400
ミックスフード	¥25,000	¥8,500	¥12,000
ラビットフード	¥10,500	¥12,600	¥17,500
子犬用フード	¥81,000	¥61,200	¥61,200
子猫用フード	¥34,500	¥58,500	¥40,500
煮干しふりかけ	¥17,600	¥9,200	¥12,000
小動物用トイレ砂	¥42,000	¥28,500	¥33,000
成犬用フード	¥194,300	¥58,000	¥142,100
成猫用フード	¥95,000	¥50,000	¥90,000
猫砂(パルプ)	¥114,400	¥93,600	¥52,000

HINT! 縦計や横計は表示できないの？

クロス集計クエリには、縦計（列ごとの合計）を表示する機能はありません。横計（行ごとの合計）は、215ページのHINT!で解説する手順で表示できます。

テクニック [クロス集計クエリウィザード]を利用してもいい

このレッスンでは、選択クエリを元にクロス集計クエリを作成する方法を紹介しましたが、[クロス集計クエリウィザード] を使用しても作成ができます。ウィザードの説明に沿って操作すればいいので簡単です。ただし、[クロス集計クエリウィザード] では、複数のテーブルにあるフィールドを利用できません。あらかじめ複数のテーブルを元にした選択クエリを作成しておき、その選択クエリを元にウィザードでクロス集計クエリを作成しましょう。また、ウィザードでは行見出しに指定できるフィールドが3つまでに制限されるので注意してください。

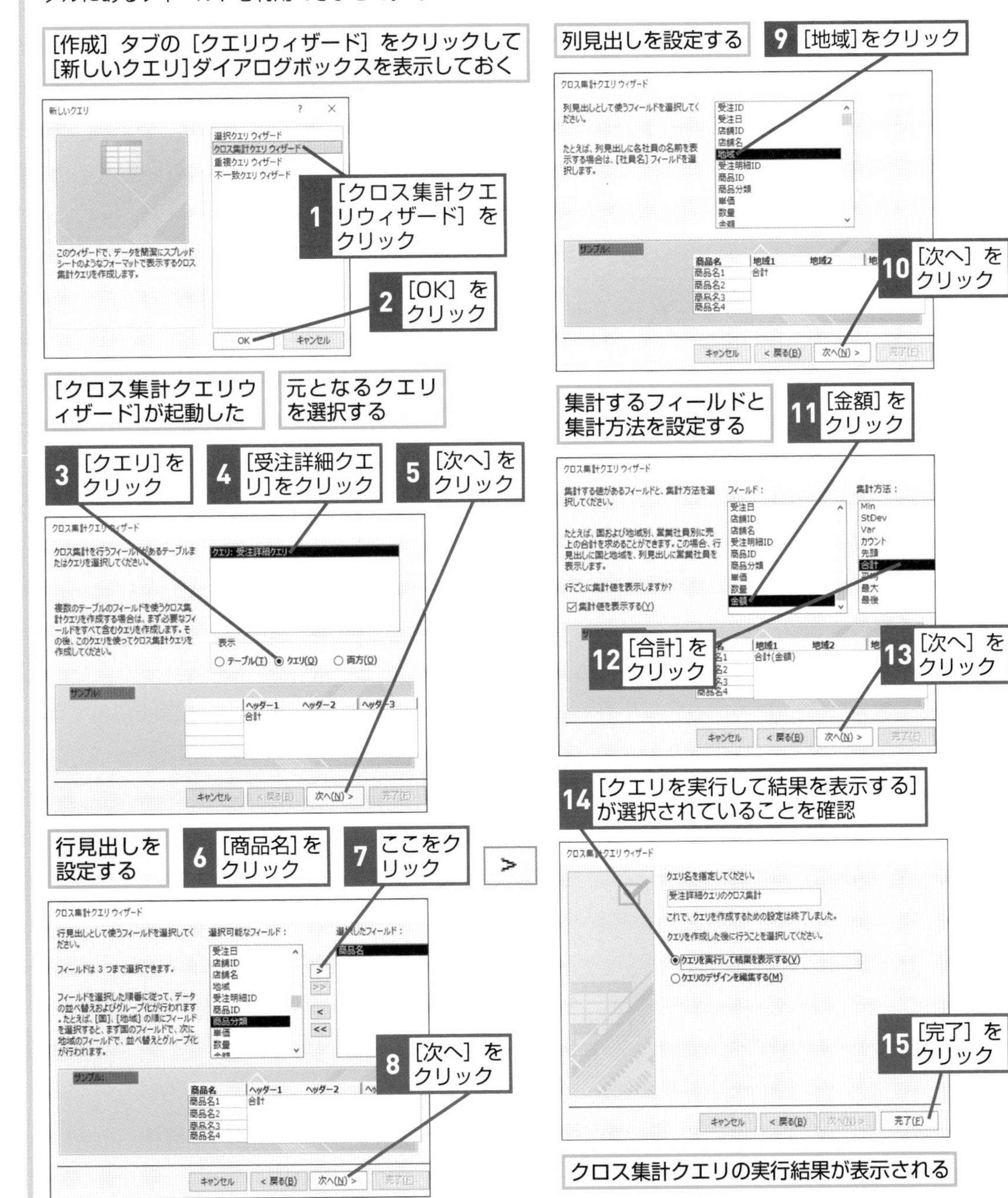

[作成] タブの [クエリウィザード] をクリックして[新しいクエリ]ダイアログボックスを表示しておく
1 [クロス集計クエリウィザード] をクリック
2 [OK] をクリック
[クロス集計クエリウィザード]が起動した
元となるクエリを選択する
3 [クエリ]をクリック
4 [受注詳細クエリ]をクリック
5 [次へ]をクリック
行見出しを設定する
6 [商品名]をクリック
7 ここをクリック
>
8 [次へ] をクリック
列見出しを設定する
9 [地域]をクリック
10 [次へ] をクリック
集計するフィールドと集計方法を設定する
11 [金額] をクリック
12 [合計] をクリック
13 [次へ] をクリック
14 [クエリを実行して結果を表示する] が選択されていることを確認
15 [完了] をクリック
クロス集計クエリの実行結果が表示される

レッスン 52

日付を月でまとめて集計するには

日付のグループ化

対応バージョン

365 2019 2016 2013

レッスンで使う練習用ファイル
日付のグループ化.accdb

グループ化する日付の単位を変更できる

日付データをそのままグループ化すると、日単位でグループ化されます。ところが関数を使って日付から「年」や「月」の情報を取り出せば、「月単位」や「年単位」でグループ化できるようになります。データの変化や傾向を把握しやすくするために、集計する日付の単位を大きくしてみましょう。このレッスンではFormat関数を利用し、日付から年や月の情報を取り出して集計します。Accessには、日付から情報を取り出す関数がいろいろ用意されています。日付を扱う関数は第8章で詳しく解説するので、時間を軸として集計を行うときには、それらの関数を活用しましょう。

関連レッスン

▶レッスン47
「合計」「平均」「最大」「最小」などのデータを集計するには……p.168
▶レッスン51
クロス集計表を作成するには……p.180

キーワード

関数	p.292
グループ集計	p.292
書式指定文字	p.293

Before

1日ごとの受注金額は分かるが、月ごとの受注金額が分からない

クエリ1

受注日	おやつ	フード	衛生
2019/04/01		¥7,200	¥6,600
2019/04/02		¥2,800	
2019/04/03	¥1,300	¥2,900	
2019/04/05	¥3,400	¥2,900	
2019/04/06	¥1,000	¥6,900	¥9,200
2019/04/07	¥700	¥1,500	¥14,700
2019/04/08	¥2,000	¥19,200	
2019/04/09	¥3,200	¥1,800	¥16,900
2019/04/10	¥500	¥15,900	
2019/04/12	¥3,600	¥12,100	¥2,400
2019/04/14	¥400	¥4,000	
2019/04/15	¥2,800	¥500	¥3,000
2019/04/18	¥1,200	¥7,900	¥2,400
2019/04/19	¥500	¥15,100	¥7,600
2019/04/23	¥1,200		¥3,900
2019/04/26	¥2,800	¥3,700	
2019/04/29	¥1,200	¥700	¥7,400
2019/04/30	¥700		¥5,000
2019/05/01			¥9,600
2019/05/03	¥1,200	¥4,700	
2019/05/05		¥26,000	¥15,900
2019/05/07		¥2,900	¥5,200
2019/05/10			¥9,400
2019/05/11	¥2,000	¥1,800	
2019/05/12	¥400	¥3,600	¥13,000
2019/05/15		¥1,500	¥2,400
2019/05/18		¥9,900	
2019/05/20	¥4,000		
2019/05/21	¥700	¥2,900	¥2,400

レコード: 1 / 220　フィルターなし　検索

→

After

年月ごとにグループ化し、商品分類を列見出しに表示することで、受注金額の推移がひと目で分かる

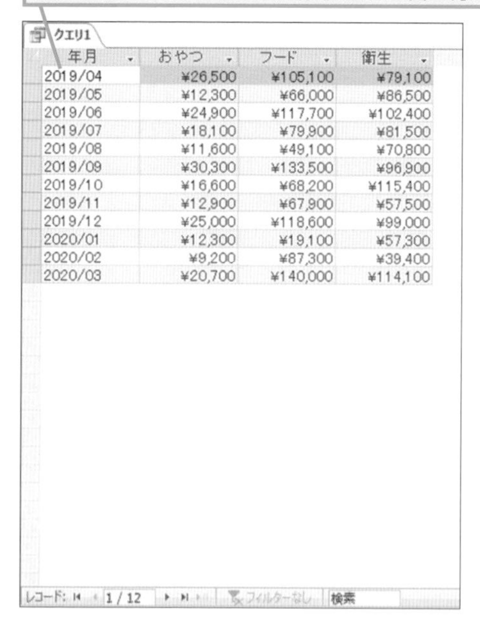

クエリ1

年月	おやつ	フード	衛生
2019/04	¥26,500	¥105,100	¥79,100
2019/05	¥12,300	¥66,000	¥86,500
2019/06	¥24,900	¥117,700	¥102,400
2019/07	¥18,100	¥79,900	¥81,500
2019/08	¥11,600	¥49,100	¥70,800
2019/09	¥30,300	¥133,500	¥96,900
2019/10	¥16,600	¥68,200	¥115,400
2019/11	¥12,900	¥67,900	¥57,500
2019/12	¥25,000	¥118,600	¥99,000
2020/01	¥12,300	¥19,100	¥57,300
2020/02	¥9,200	¥87,300	¥39,400
2020/03	¥20,700	¥140,000	¥114,100

レコード: 1 / 12　フィルターなし　検索

1 関数を入力する

練習用ファイルを開いておく

レッスン㊼を参考に、[受注詳細クエリ]で新規クエリを作成しておく

Format関数を使って［受注日］フィールドから年月を取り出す

1 列の境界線をここまでドラッグ

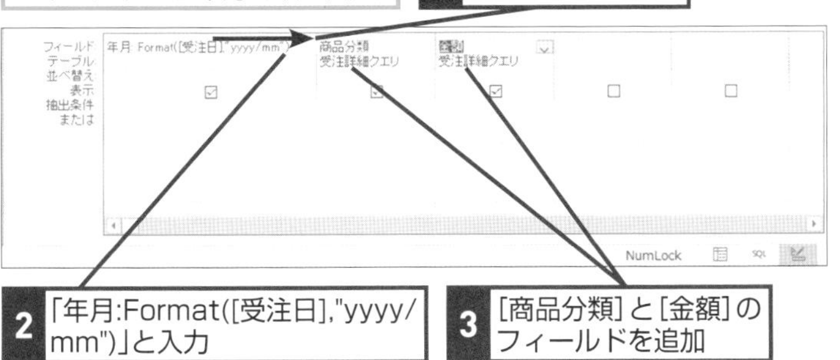

2 「年月:Format([受注日],"yyyy/mm")」と入力

3 [商品分類]と[金額]のフィールドを追加

2 ［集計］行を表示する

Format関数が入力された

最初に集計クエリを作成してからクロス集計クエリに変更する

1 [集計]をクリック

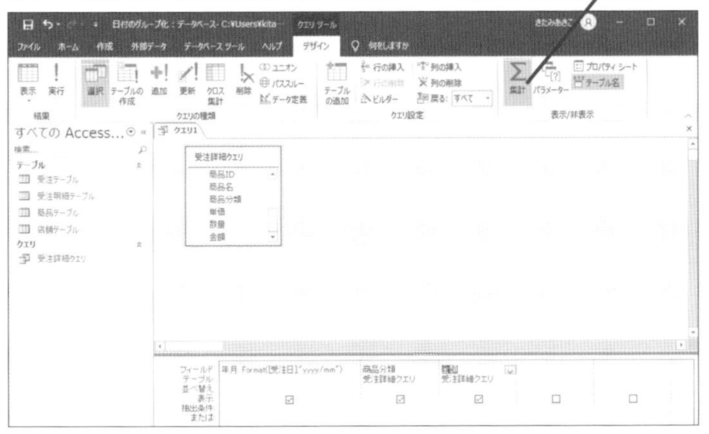

3 集計方法を設定する

［集計］行が表示された

ここでは、年月ごとに商品分類別の金額を集計する

1 ［金額］フィールドの［集計］行をクリック

2 ここをクリック

3 ［合計］をクリック

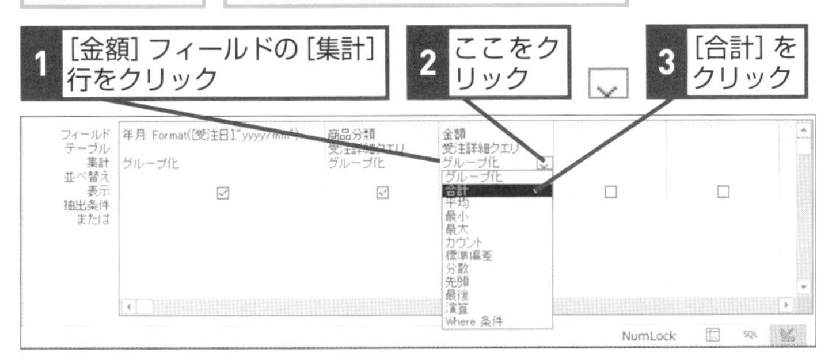

HINT!

Format関数って何？

Format関数は「Format([フィールド名],書式)」の構文で、フィールドのデータを指定した書式に変換した結果を返す関数です。［書式］の引数には、付録2で紹介する書式指定文字を指定できます。このレッスンでは、［書式］に「yyyy/mm」と指定して［受注日］フィールドの年と月を取り出しています。Format関数の詳細については、レッスン㊻を参照してください。

●日付のグループ化の単位と書式指定文字

演算の種類	書式
年	yyyy
四半期	q
月	mm
週	ww

HINT!

Year関数やMonth関数、DatePart関数も使用できる

日付データをグループ化するとき、Year関数、Month関数、DatePart関数も使用できます。Year関数は日付から［年］を、Month関数は日付から［月］を取り出す関数で、レッスン㊵とレッスン㊶で解説します。またDatePart関数を利用すると、日付から取り出す単位を自由に指定できますが、詳しくはレッスン㊷を参照してください。

次のページに続く

4 クエリを実行する

クエリを実行して正しい結果が得られるかを確認する

1 [実行]をクリック

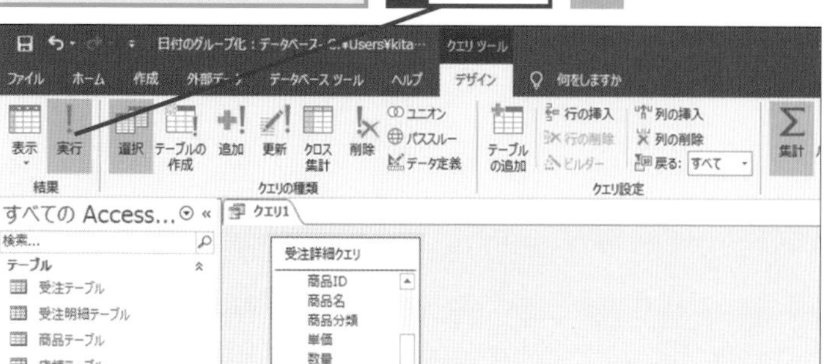

5 デザインビューに切り替える

クエリが実行された

1 集計クエリの結果が正しく表示されていることを確認

デザインビューに切り替える

2 [表示]をクリック

6 [行列の入れ替え] 行を表示する

1 [クロス集計]をクリック

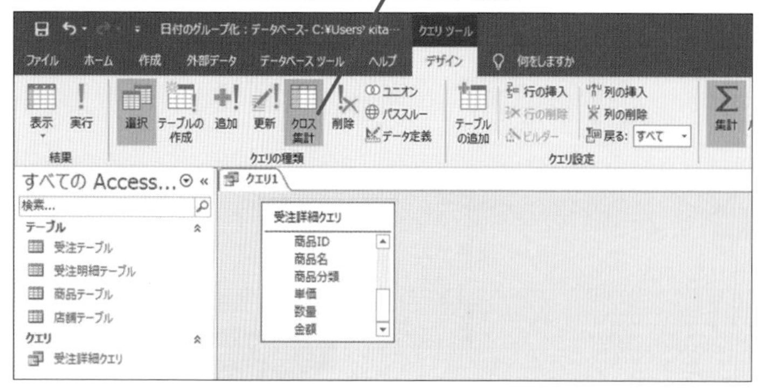

HINT! データが複数年にわたる場合は「年」と「月」でグループ化する

数年分のデータがある場合、Format関数やMonth関数を使って[月]だけを取り出してグループ化すると、異なる年のデータも同じ月と見なされてしまいます。複数年にわたるデータを月ごとにグループ化するときは、このレッスンで行ったように「年」と「月」の両方を取り出してグループ化しましょう。

HINT! 行見出しと列見出しを入れ替えることもできる

手順7で、[年月] フィールドで [列見出し] を選択し、[商品分類] フィールドで [行見出し] を選択すると、行見出しと列見出しを入れ替えた二次元集計表ができます。

手順6までの操作を実行しておく

1 [年月] フィールドの[行列の入れ替え] 行で [列見出し] を選択

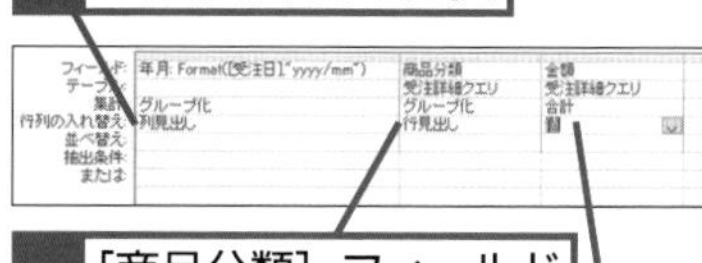

2 [商品分類] フィールドの [行列の入れ替え] 行で [行見出し] を選択

3 [金額] フィールドの [行列の入れ替え] 行で [値] を選択

4 [実行] をクリック

年月が列に表示された

商品分類	2019/04	2019/05	2019/06	20
おやつ	¥26,500	¥12,300	¥24,900	
フード	¥105,100	¥66,000	¥117,700	
衛生	¥79,100	¥86,500	¥102,400	

7 [行列の入れ替え] を設定する

集計クエリがクロス集計クエリに変更された

レッスン57を参考に [行見出し] [列見出し] [値]を設定する

1 [年月] フィールドの [行列の入れ替え] 行をクリックして[行見出し]を選択

2 [商品分類] フィールドの [行列の入れ替え] 行をクリックして[列見出し]を選択

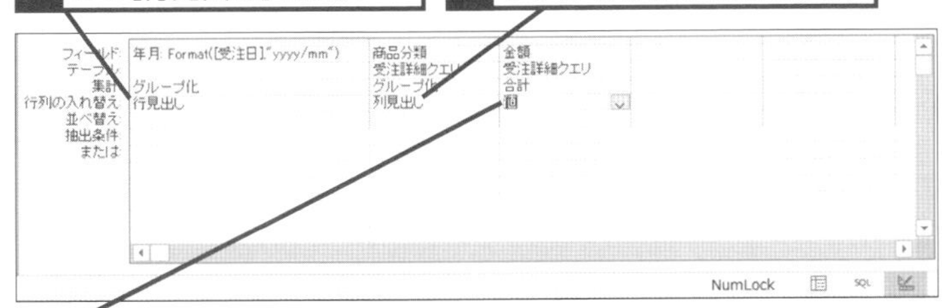

3 [金額] フィールドの [行列の入れ替え] 行をクリックして[値]を選択

8 クエリを実行する

クロス集計クエリが作成された

1 [実行] をクリック

9 日付でグループ化された集計結果が表示された

クエリが実行された

1 設定したフィールドでクロス集計されていることを確認

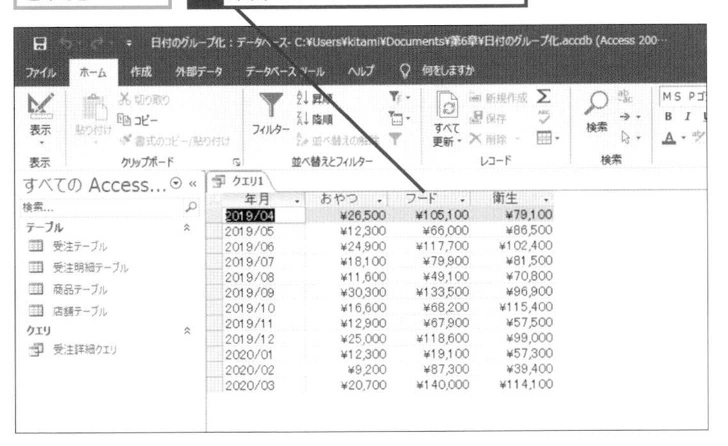

年月	おやつ	フード	衛生
2019/04	¥26,500	¥105,100	¥79,100
2019/05	¥12,300	¥66,000	¥86,500
2019/06	¥24,900	¥117,700	¥102,400
2019/07	¥18,100	¥79,900	¥81,500
2019/08	¥11,600	¥49,100	¥70,800
2019/09	¥30,300	¥133,500	¥96,900
2019/10	¥16,600	¥68,200	¥115,400
2019/11	¥12,900	¥67,900	¥57,500
2019/12	¥25,000	¥118,600	¥99,000
2020/01	¥12,300	¥19,100	¥57,300
2020/02	¥9,200	¥87,300	¥39,400
2020/03	¥20,700	¥140,000	¥114,100

HINT!

行ごとに集計値を表示するには

クロス集計クエリでは、行ごとに集計値を表示できます。行ごとの集計値を表示するには、[行列の入れ替え] 行で [値] を設定したのと同じフィールドをクエリに追加して、追加したフィールドの [行列の入れ替え] 行で [行見出し] を設定します。クエリを実行すると、行ごとの集計値は行見出しと値の間の列に表示されます。行ごとの集計値を右端の位置に表示したい場合は、データシートビューで列を移動しましょう。フィールドセレクター (以下の手順では、[金額の合計] と表示されている部分) をクリックして列全体を選択してから、フィールドセレクターを右にドラッグすると、列全体を移動できます。

ここでは行ごとの金額を合計して集計値を表示する

1 [金額] のフィールドを追加

2 [金額] フィールドの [集計] 行で [合計] を選択

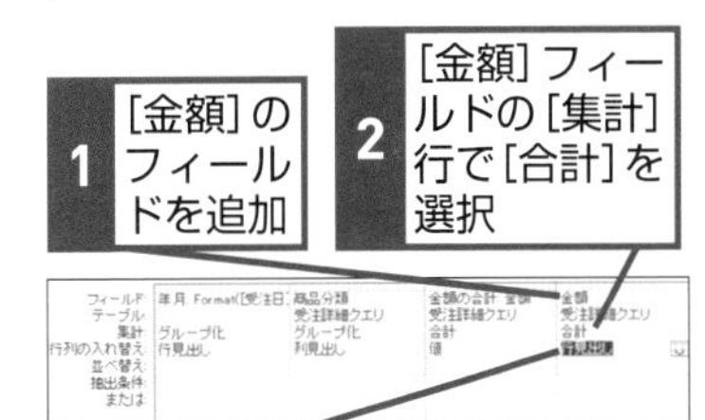

3 [金額] フィールドの [行列の入れ替え] 行で [行見出し] を選択

4 [実行]をクリック

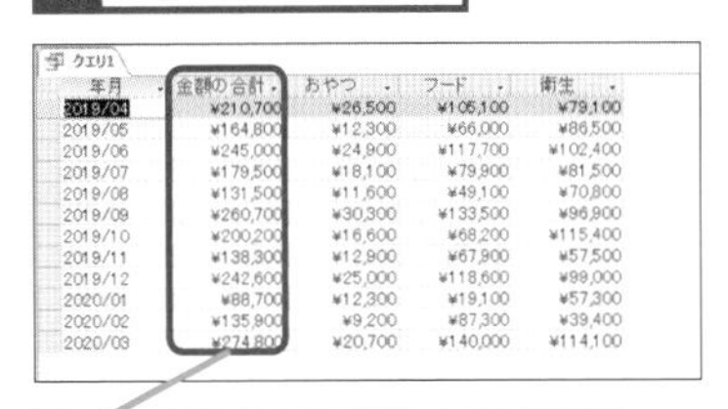

行ごとの集計値が表示された

レッスン
53 数値を一定の幅で区切って表示するには

数値のグループ化

対応バージョン

365 2019 2016 2013

レッスンで使う練習用ファイル
数値のグループ化.accdb

数値を自由に区切ってグループ化できる

数値を一定の範囲に区切って集計したいことがあります。しかし、単に数値のフィールドをグループ化しても、同じ数値同士だけしかまとめられません。例えば、下の［Before］のクエリは［単価］フィールドをグループ化したクロス集計クエリで、「¥400」「¥500」など、同じ単価ごとにグループ化されています。これを、［After］のように「0-499」「500-999」と500円単位でまとめるには、Partition関数を使います。この関数は、数値を一定の範囲ずつ区切った中で、どの範囲に含まれるかを調べる関数です。「商品の価格帯別」「顧客の年代別」など、さまざまな場面で役に立つので、覚えておくといいでしょう。

関連レッスン

▶レッスン51
クロス集計表を作成するには……p.180
▶レッスン52
日付を月でまとめて集計するには……p.186

キーワード

関数	p.292
クロス集計クエリ	p.292
選択クエリ	p.293
デザインビュー	p.294

Before

各地域でどの価格帯の商品がよく売れたのかを調べたい

クエリ1

単価	首都圏	西日本	東日本
¥400	44	30	23
¥500	91	53	46
¥600	21	49	23
¥700	60	69	38
¥1,500	51	49	58
¥1,600	17	9	10
¥1,800	45	34	34
¥2,300	45	43	28
¥2,400	52	41	37
¥2,500	38	36	20
¥2,600	44	20	36
¥2,900	67	49	20

500円ごとの価格帯にグループ化し、地域ごとの売れ数を調べられる

クエリ1

価格帯	首都圏	西日本	東日本
0: 499	44	30	23
500: 999	172	171	107
1500:1999	113	92	102
2000:2499	97	84	65
2500:2999	149	105	76

●このレッスンで使う関数

構文	Partition(数値 , 最小値 , 最大値 , 間隔)
例	Partition([単価],0,2999,500)
説明	［単価］フィールドに表示されている値を、最小値を「0」、最大値を「2999」として、「500」ずつ区切って表示する

① 関数を入力する

練習用ファイルを開いておく

レッスン㊶を参考に、[受注詳細クエリ]から新規クエリを作成しておく

Partition関数を使って［単価］の価格帯ごとに集計する

1 列の境界線をここまでドラッグ

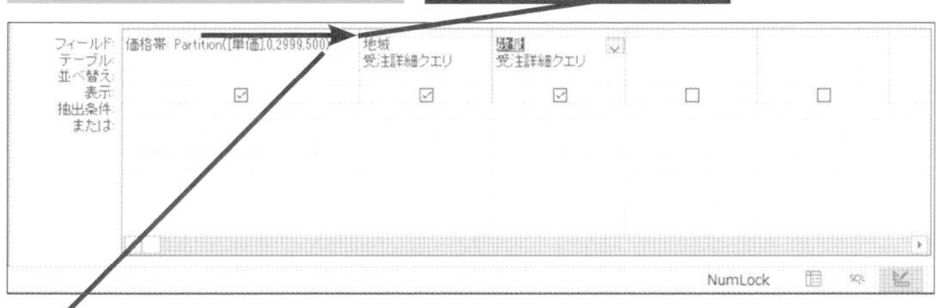

2 「価格帯:Partition([単価],0,2999,500)」と入力

3 ［地域］と［数量］のフィールドを追加

② ［集計］行を表示する

Partition関数が入力された

最初に集計クエリを作成してからクロス集計クエリに変更する

1 ［集計］をクリック

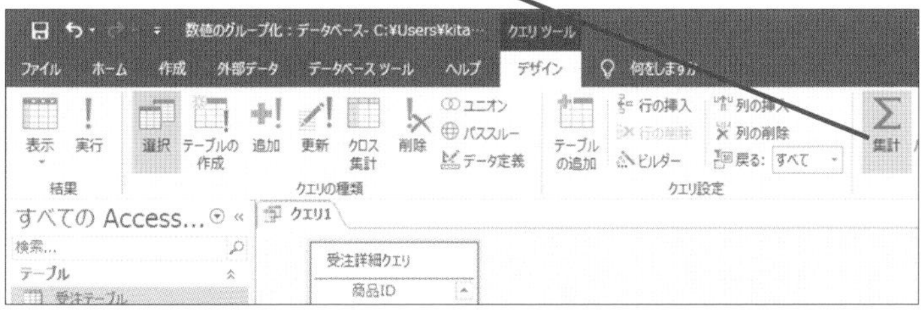

③ 集計方法を設定する

［集計］行が表示された

ここでは、価格帯別の地域ごとの数量を集計する

1 ［集計］行に［グループ化］と表示されていることを確認

2 ［数量］フィールドの［集計］行をクリック

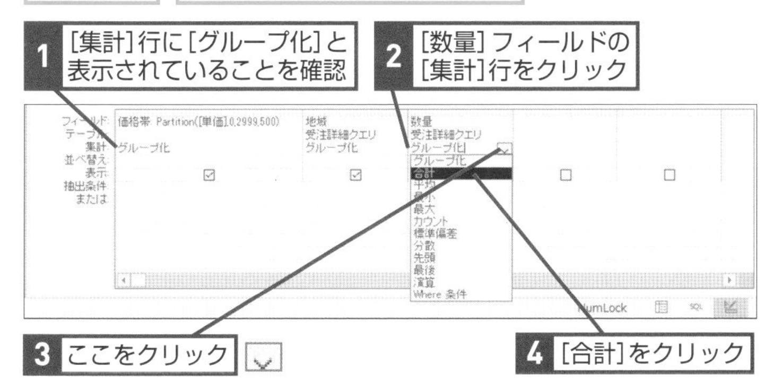

3 ここをクリック

4 ［合計］をクリック

HINT! Partition関数って何？

Partition関数は「Partition(数値,最小値,最大値,間隔)」の構文で、[数値]が含まれる範囲を返す関数です。「Partition([単価],0,2999,500)」とすると、0から2999までの範囲を500ずつ区切った中で、［単価］がどこに含まれるかを求められます。例えば［単価］が1200なら、関数の結果は「1000：1499」となります。

HINT! Windowsの機能で画面を拡大するには

画面の表示を拡大すれば、デザイングリッドに関数や数値を入力しやすくなります。［Windows］+［+］キーを押すと、Windowsの拡大鏡というアプリが起動し、画面の表示が大きくなります。［Windows］+［+］キー（拡大）や［Windows］+［-］キー（縮小）を押して表示倍率を変更しましょう。なお、［Windows］+［Esc］キーを押すと、拡大鏡を終了できます。

HINT! 選択クエリから直接クロス集計クエリにしてもいい

レッスン㊶～㊸では、選択クエリから集計クエリを作成した後、クロス集計クエリに変更する方法でクロス集計クエリを作成しました。集計クエリの結果を確認することで、クロス集計クエリをイメージしやすくなるからです。慣れてきたら選択クエリから直接クロス集計クエリに変換して構いません。選択クエリをクロス集計クエリに変換すると、クエリのデザイングリッドに[集計]行と[行列の入れ替え]行が追加されるので、それぞれ適切に設定しましょう。

次のページに続く

4 クエリを実行する

クエリを実行して正しい結果が得られるかを確認する

1 [実行] をクリック

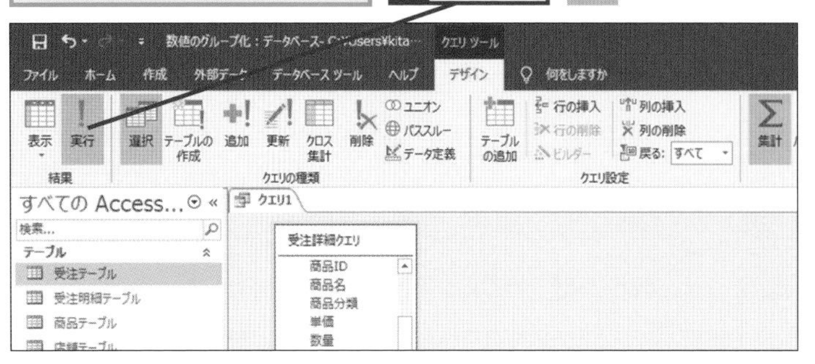

5 デザインビューに切り替える

クエリが実行された

1 集計クエリの結果が正しく表示されていることを確認

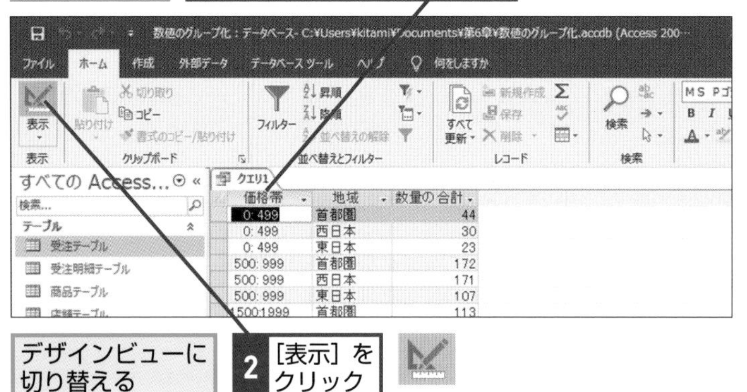

デザインビューに切り替える

2 [表示] をクリック

6 [行列の入れ替え] 行を表示する

デザインビューに切り替わった

1 [クロス集計] をクリック

HINT!

区切りの記号を「:」から「～」に変えるには

Partition関数の戻り値は、「500:999」のように2つの数値を「:」で区切った形式になります。区切りの記号を変更したいときは、Replace関数を組み合わせて使用しましょう。例えば「:」の代わりに「～」を使うときは、「Replace(Partition([単価],0,2999,500),":"," ～ ")」とします。数値の間に「～」を入れれば、範囲を表す数値であることがより伝わりやすくなります。Replace関数は特定の文字列を別の文字列に置換する関数で、レッスン59で詳しく解説します。

区切りの記号を「:」から「～」に変更できる

価格帯	首都圏	西日本	東日本
0 ～ 499	44	30	23
500 ～ 999	172	171	107
1500 ～1999	113	92	102
2000 ～2499	97	84	65
2500 ～2999	149	105	76

間違った場合は？

手順5で価格帯が正しく表示されなかった場合は、Partition関数の式が間違っています。[ホーム]タブの[表示] ボタンをクリックしてデザインビューに切り替えてから式を入力し直してください。

7 ［行列の入れ替え］を設定する

集計クエリがクロス集計クエリに変更された

レッスン㊶を参考に［行見出し］［列見出し］［値］を設定する

1 ［価格帯］フィールドの［行列の入れ替え］行をクリックして［行見出し］を選択

2 ［地域］フィールドの［行列の入れ替え］行をクリックして［列見出し］を選択

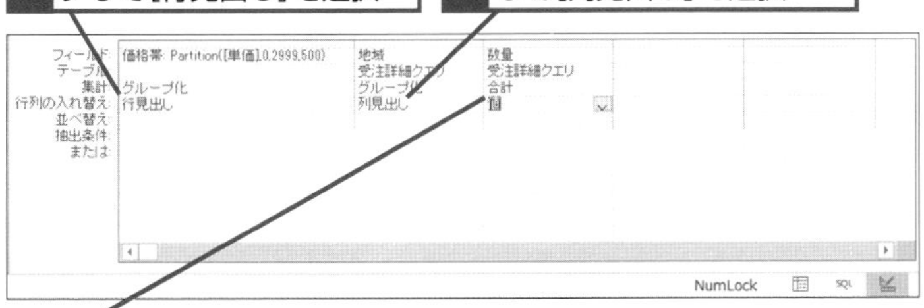

3 ［数量］フィールドの［行列の入れ替え］行をクリックして［値］を選択

8 クエリを実行する

クロス集計クエリが作成された

1 ［実行］をクリック

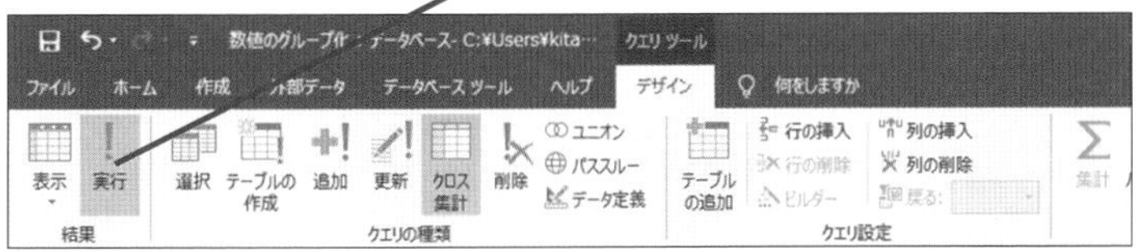

9 数値でグループ化された集計結果が表示された

クエリが実行された

1 設定したフィールドでクロス集計されていることを確認

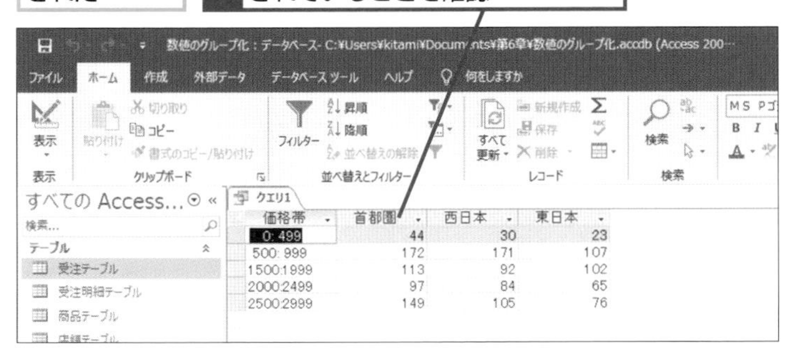

HINT!

文字列の一部をグループ化することもできる

レッスン㊷とレッスン㊸では、関数を使用して日付や数値を任意の単位に変換してグループ化しましたが、テキスト型のデータの一部分でグループ化することもできます。その場合、Left関数、Mid関数、Right関数など、文字列から一部の文字列を取り出す関数を利用します。例えばLeft関数を使用すると、文字列の先頭から何文字かを取り出してグループ化ができます。これらの関数については、レッスン㊺とレッスン㊻で詳しく解説します。

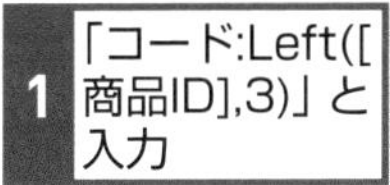

ここでは、商品IDごとの金額を集計する

商品IDの先頭3文字を抜き出してグループ化する

新規クエリを作成して［受注詳細クエリ］を追加しておく

1 「コード:Left([商品ID],3)」と入力

2 ［金額］のフィールドを追加

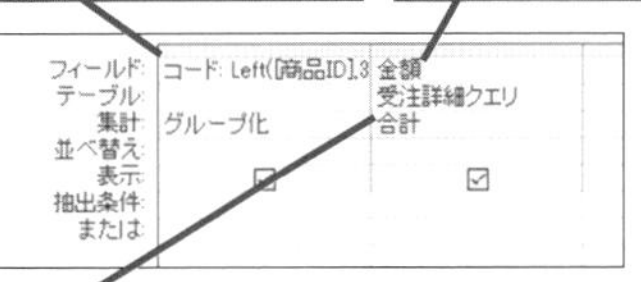

3 ［金額］フィールドの［集計］行で［合計］を選択

4 ［実行］をクリック

商品IDの先頭3文字だけを抜き出してグループ化できた

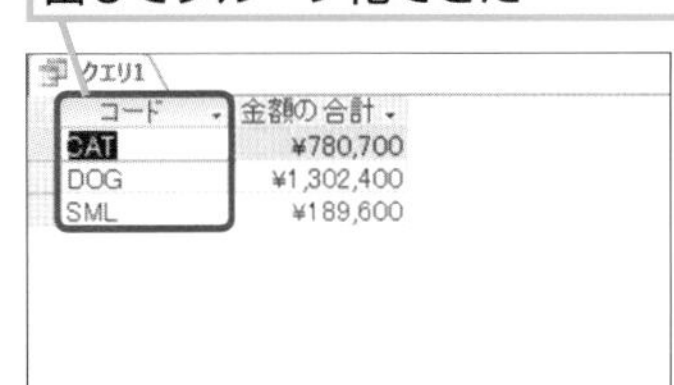

53 数値のグループ化

この章のまとめ

●クエリを使ってデータを自在に集計しよう

この章では、クエリで集計を行う手段として、選択クエリの集計機能を使用する方法とクロス集計クエリを使用する方法を解説しました。集計は、定型的な業務においても、またデータ分析においても欠かせない機能です。作成したクエリを保存しておけば、いつでも同じ内容で集計を実行できます。「○年○月以降」という抽出条件を設定すれば、その時点の最新のデータだけを対象に集計することも可能です。商品ごとの売り上げを集計して月次報告する、支店別に月々の売り上げを集計して年度末の決算を行う、といった定型的な業務に役立ちます。
また、季節と商品の売れ行きの関係や、顧客の年齢による商品の好みの違いを調べるといったデータ分析を行うときにも、集計機能が活躍します。特にクロス集計クエリでは、「月」と「商品」、「年齢」と「商品」など、2項目を縦軸と横軸に並べた集計ができるので、データの傾向をつかむのに最適です。データをただ蓄積するだけでなく、有効な情報として活用するために集計機能を利用しましょう。

データを抽出して集計する

集計クエリやクロス集計クエリを使って抽出したデータをより活用できる

クエリ1

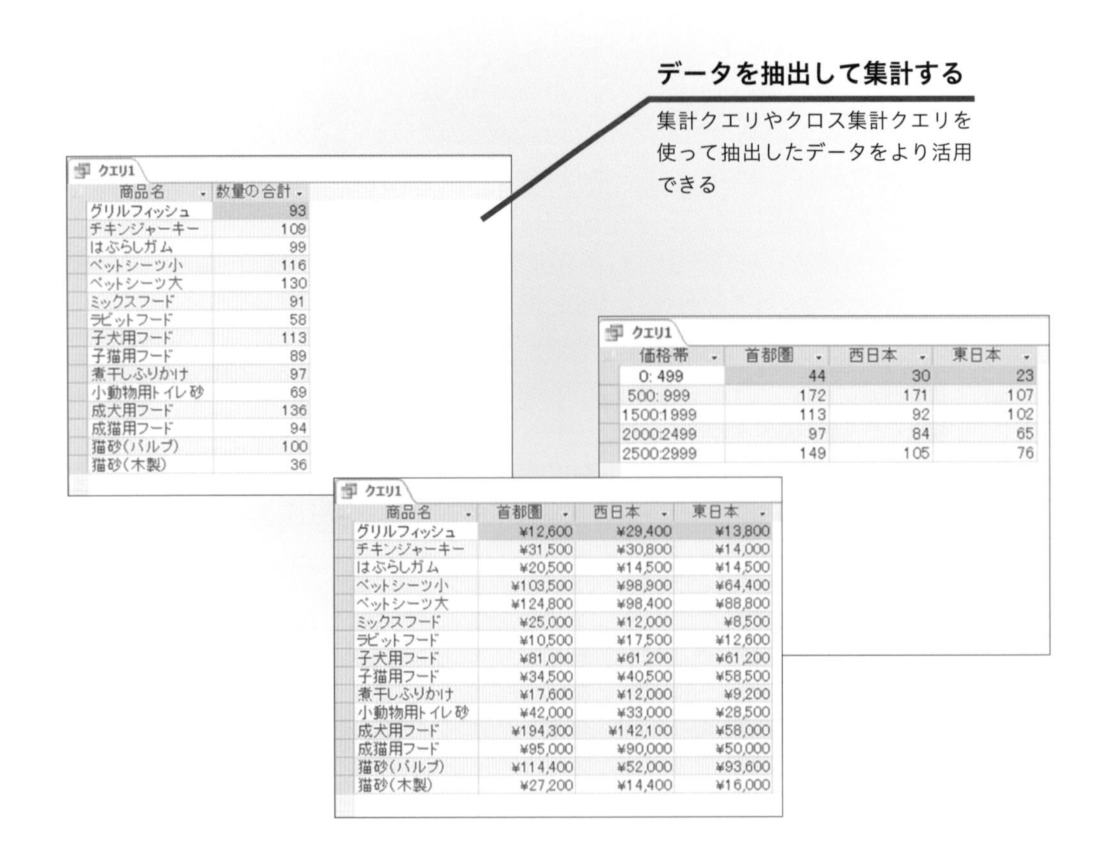

商品名	数量の合計
グリルフィッシュ	93
チキンジャーキー	109
はぶらしガム	99
ペットシーツ小	116
ペットシーツ大	130
ミックスフード	91
ラビットフード	58
子犬用フード	113
子猫用フード	89
煮干しふりかけ	97
小動物用トイレ砂	69
成犬用フード	136
成猫用フード	94
猫砂(パルプ)	100
猫砂(木製)	36

クエリ1

価格帯	首都圏	西日本	東日本
0: 499	44	30	23
500: 999	172	171	107
1500:1999	113	92	102
2000:2499	97	84	65
2500:2999	149	105	76

クエリ1

商品名	首都圏	西日本	東日本
グリルフィッシュ	¥12,600	¥29,400	¥13,800
チキンジャーキー	¥31,500	¥30,800	¥14,000
はぶらしガム	¥20,500	¥14,500	¥14,500
ペットシーツ小	¥103,500	¥98,900	¥64,400
ペットシーツ大	¥124,800	¥98,400	¥88,800
ミックスフード	¥25,000	¥12,000	¥8,500
ラビットフード	¥10,500	¥17,500	¥12,600
子犬用フード	¥81,000	¥61,200	¥61,200
子猫用フード	¥34,500	¥40,500	¥58,500
煮干しふりかけ	¥17,600	¥12,000	¥9,200
小動物用トイレ砂	¥42,000	¥33,000	¥28,500
成犬用フード	¥194,300	¥142,100	¥58,000
成猫用フード	¥95,000	¥90,000	¥50,000
猫砂(パルプ)	¥114,400	¥52,000	¥93,600
猫砂(木製)	¥27,200	¥14,400	¥16,000

第7章

文字列データを操作する関数を覚える

Accessには、文字列データを操作するための関数が豊富に用意されています。この章ではそのような関数を利用して、データベースに含まれる文字列データを加工する方法を解説します。文字列を自在に操れるようになれば、データベースの活用の幅が広がります。

●この章の内容

レッスン
54 関数で文字列を加工するには

文字列操作関数

対応バージョン

365 2019 2016 2013

このレッスンには、練習用ファイルがありません

関数を使って文字列を操作できる

関数とは、与えられたデータを加工してその結果を返す仕組みです。関数に与えるデータを「引数」、返される結果を「戻り値」と呼びます。この章で解説する文字列を操作する関数を使うと、テーブルに保存された文字列データから、新しい別のデータを作成できます。例えば、「東京都世田谷区……」という住所から「東京都」だけを取り出して、都道府県のフィールドを作成するとか、「株式会社○○」の形式で入力されている会社名から「(株) ○○」と省略形の名称を作成するのも、関数を使えば簡単にできます。ここでは、文字列を操作する関数を使って、文字列の取り出し、検索や置換、変換など、データをいろいろな形に加工できることを確認しましょう。

関連レッスン

▶レッスン6
クエリに使える関数の基本を知ろう ……… p.32
▶レッスン63
関数で日付や数値を加工するには ……… p.215

キーワード

関数	p.292
式ビルダー	p.293
引数	p.294
戻り値	p.295

●文字列の一部を取り出す関数

先頭から指定した分の文字列を抜き出す

仕入先コード
CHB-CL-001

→

地区コード
CHB

文字列の途中にある文字列を抜き出す

仕入先コード
CHB-CL-001

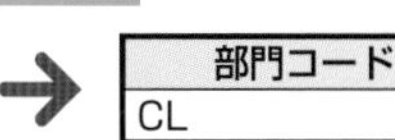

部門コード
CL

●文字列を加工する関数

文字列の全角と半角を統一する

タントウシャメイ
ﾐﾂｲ ｻﾄｼ

→

担当者カナ
ミツイ　サトシ

文字列の前後にある空白を削除する

備考
□衣料品

→

空白処理
衣料品

●文字列の検索や置換を行う関数

文字列に含まれる空白を検索して文字列を抜き出す

担当者名
君島　陽介

→

姓
君島

特定の文字列を置換する

仕入先名
株式会社宝田化学

会社名
(株) 宝田化学

入力された文字列に応じて抜き出す文字列を変更する

住所
東京都世田谷区…
神奈川県横浜市…
埼玉県所沢市…

都道府県名
東京都
神奈川県
埼玉県

HINT!

文字列関数で使う主な引数の入力例

関数ごとに指定する種類の引数が決まっています。文字列を操作する関数の引数には、主に文字列データか、数値データを指定します。文字列データの代わりにテキスト型のフィールド名を指定したり、数値データの代わりに数値型のフィールド名を指定したりしても構いません。フィールド名、文字列、数値は、それぞれ以下の決まりに従って入力します。

●主な引数の入力例

引数	入力例
フィールド名	[顧客名]
数値	12
文字列	"Access"

関数の入力方法を知ろう

関数の入力方法は、デザイングリッドに直接入力する方法と、[式ビルダー] ダイアログボックスを利用して入力する方法があります。本書では、基本的に関数を直接入力していますが、関数の構文や引数の値が分からない場合は、[式ビルダー] ダイアログボックスを利用すると便利です。[式ビルダー]ダイアログボックスは、[クエリツール] の [デザイン] タブにある [ビルダー] ボタンをクリックして表示します。[式ビルダー]ダイアログボックスを使って関数を入力する手順については、レッスン㊷のHINT!を参照してください。

●関数を直接入力する

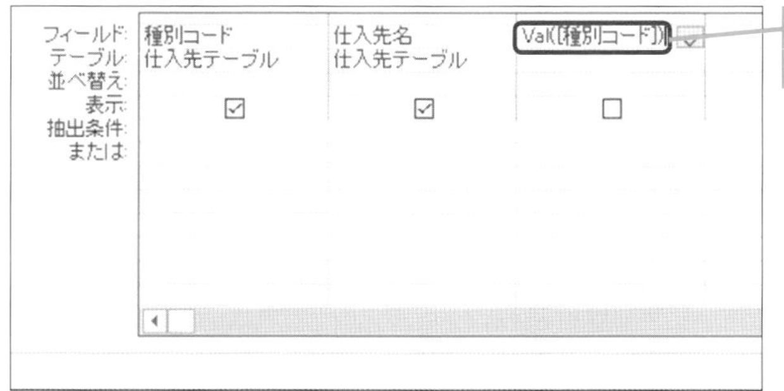

デザイングリッドの[フィールド]行に関数を直接入力できる

● [式ビルダー] ダイアログボックスを利用する

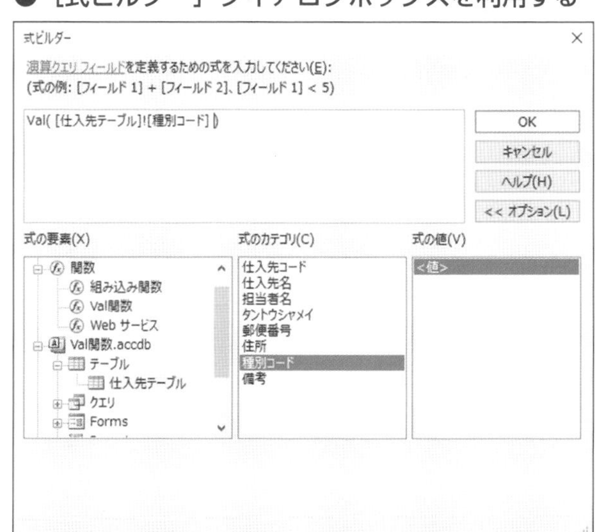

[クエリツール] の [デザイン] タブにある [ビルダー] をクリックすると、[式ビルダー] ダイアログボックスが表示される

関数の構文や引数が分からなくても入力できる

レッスン

55 文字列の先頭から文字を抜き出すには

Left関数

対応バージョン

365 2019 2016 2013

レッスンで使う練習用ファイル

Left関数.accdb

文字列の先頭から数文字を抜き出せる

文字列の先頭から数文字を抜き出すには、Left関数を使います。例えば、仕入先コードや社員コードなどには、コードの先頭何文字かに分類を示すための記号が付加されていることがあります。そういったコードの場合、Left関数を使うと、先頭にある分類を示す文字列を取り出せます。このように、Left関数は、文字列を分解したいときに役立ちます。ここでは、[仕入先テーブル] の「地区-部門-連番」から構成されている [仕入先コード] のフィールドからLeft関数で「地区」を表すコードを抜き出してみましょう。

関連レッスン

▶レッスン56
文字列の途中から文字を
抜き出すには ……………………… p.200
▶レッスン57
氏名を姓と名に分けて
表示するには ……………………… p.202

キーワード

関数	p.292
クエリ	p.292
フィールド	p.294

Before

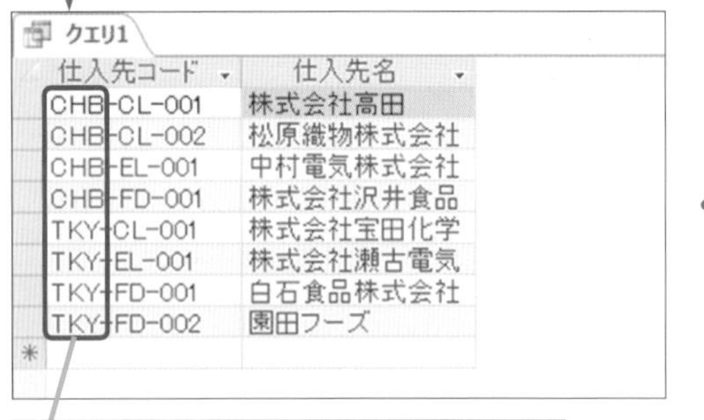

[仕入先コード] フィールドにある「地区」を表すコードを抜き出したい

After

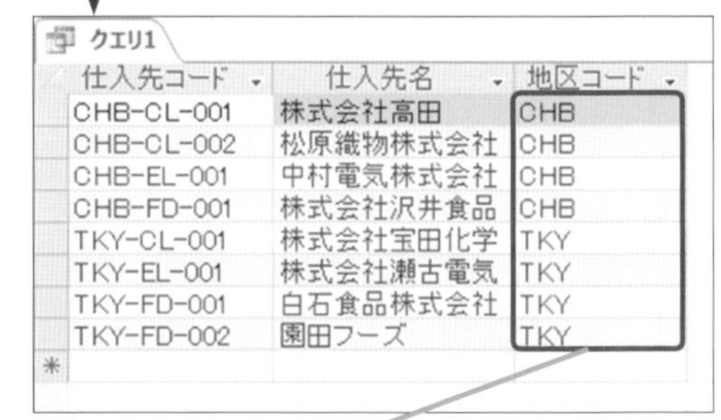

Left関数で先頭の文字数を指定して、「地区」コードのみを取り出せる

●Left関数の書式

構文	Left(文字列 , 文字数)
例	Left([仕入先コード],3)
説明	[仕入先コード] フィールドの左側から3 文字目までを抜き出す

文字列データを操作する関数を覚える 第7章

1 Left関数を入力する

練習用ファイルを開いておく

レッスン⓮を参考に、［仕入先テーブル］で新規クエリを作成して、［仕入先コード］と［仕入先名］のフィールドを追加しておく

ここでは、［地区コード］フィールドを追加し、［仕入先コード］フィールドから先頭の3文字を抜き出す

1 列の境界線をここまでドラッグ

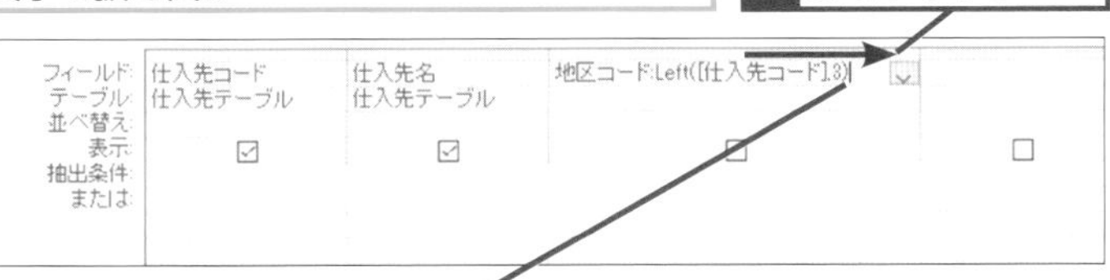

2 「地区コード:Left([仕入先コード],3)」と入力

3 Enter キーを押す

2 クエリを実行する

Left関数が入力された

1 ［実行］をクリック

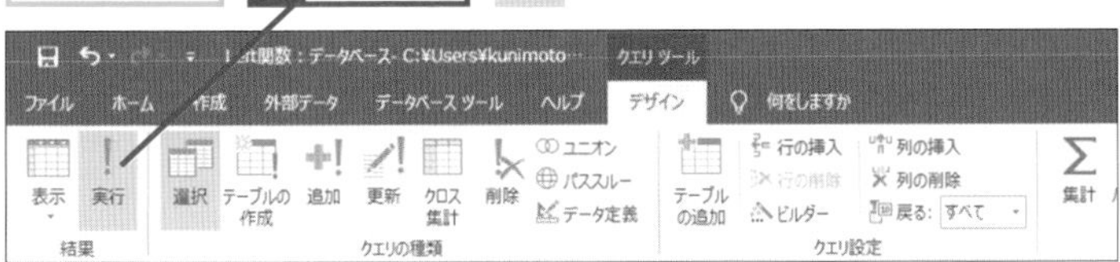

3 先頭から数文字分が抜き出された

クエリが実行された

1 ［仕入先コード］フィールドから文字列が抜き出されていることを確認

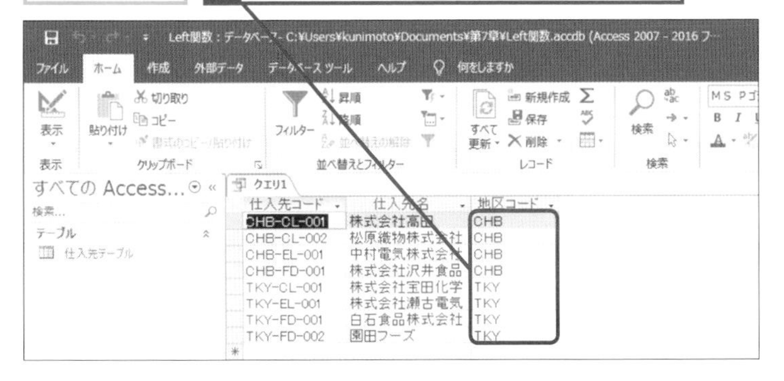

HINT! 文字列の右側から文字を抜き出すには

Right関数を使用すると、文字列の右端から指定した文字数分の文字列を抜き出せます。

●Right関数の書式

構文	Right(文字列 , 文字数)
例	Right([仕入先コード],3)
説明	［仕入先コード］フィールドの右側から3文字目までを抜き出す

HINT! 文字列の文字数を調べるには

フィールドに入力された文字列の文字数を調べるには、Len関数を使用します。入力されているデータの文字数に合わせてフィールドサイズを変更したいときなどに、文字数を調べる手段として利用できます。

●Len関数の書式

構文	Len(文字列)
例	Len([担当者名])
説明	［担当者名］フィールドの文字数を調べる

間違った場合は？

クエリの実行後に正しい結果が表示されなかったときは、手順1で入力した式が間違っています。例えば、関数名の入力ミス、文字数を示す数字の間違い、「仕入先コード」を「仕入れ先コード」と入力してしまうなど、文字を抜き出すフィールド名が正しくない、記号が半角で入力されていない、といったことが考えられます。

文字列の途中から文字を抜き出すには

Mid関数

対応バージョン

365 2019 2016 2013

レッスンで使う練習用ファイル
Mid関数.accdb

文字列を抜き出す位置を自由に指定できる

「文字列の中の3文字目から2文字だけ取り出したい」というように、文字列の途中から指定した文字を抜き出す場合は、Mid関数を使います。商品番号や仕入先コードなどをコードで管理する場合、複数のコードを組み合わせて1つのコードとして扱う場合があります。そういったコードも、Mid関数を使えば簡単に分解できます。文字列を抜き出す開始位置と文字数の指定ができるので、Left関数より柔軟に使用できるところがメリットです。レッスン㊺で紹介したLeft関数と併せて使い方を覚えておきましょう。

関連レッスン

▶レッスン55
文字列の先頭から文字を抜き出すには ……………… p.198
▶レッスン57
氏名を姓と名に分けて表示するには ……………… p.202

キーワード

関数	p.292
クエリ	p.292
引数	p.294

Before

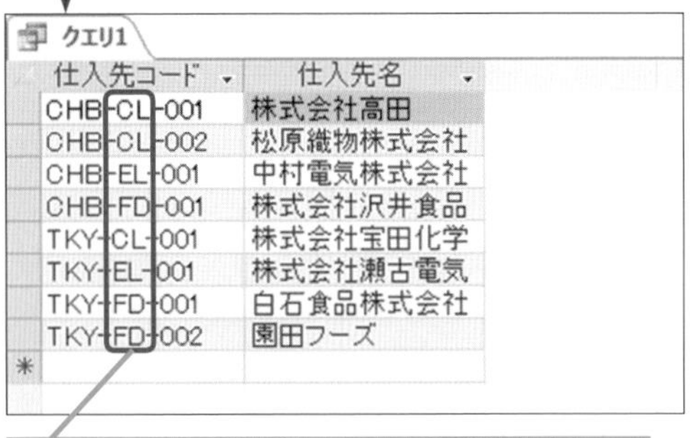

［仕入先コード］フィールドにある「CL」や「EL」といった「部門」を表すコードを抜き出したい

After

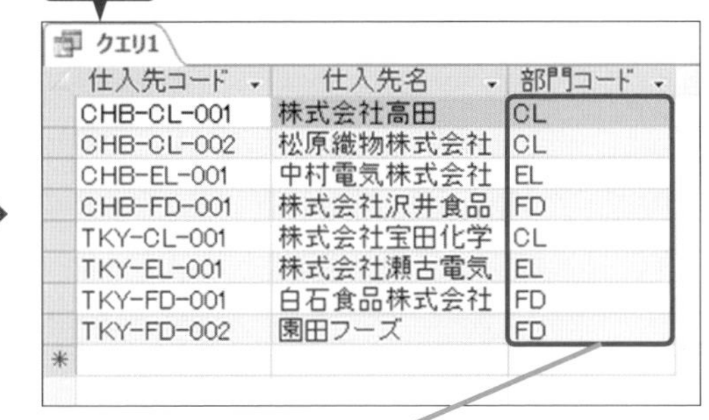

Mid関数で先頭から5文字目、2文字分を指定して「部門」コードのみを取り出せる

●Mid関数の書式

構文	Mid(文字列 , 開始位置 , 文字数)
例	Mid([仕入先コード],5,2)
説明	[仕入先コード] フィールドの左側から 5 文字目を起点にして 2 文字分を抜き出す（[文字数] の引数は省略可）

Mid関数を入力する

練習用ファイルを開いておく

レッスン⓮を参考に、[仕入先テーブル] で新規クエリを作成して、[仕入先コード] と [仕入先名]のフィールドを追加しておく

ここでは、[部門コード] フィールドを追加し、[仕入先コード] フィールドの先頭から5文字目、2文字分を取り出す

1 列の境界線をここまでドラッグ

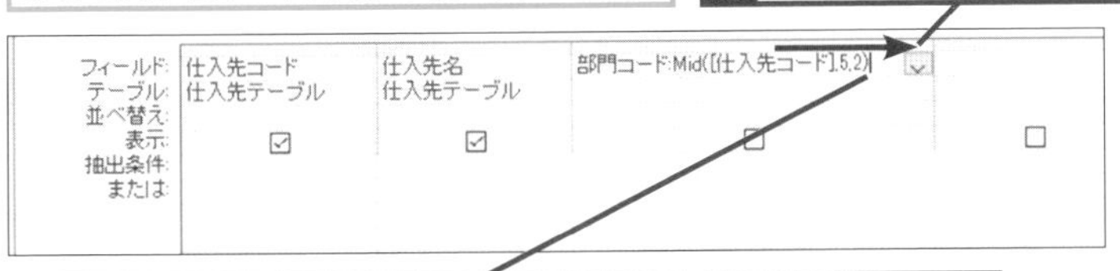

2 「部門コード:Mid([仕入先コード],5,2)」と入力

3 Enter キーを押す

② クエリを実行する

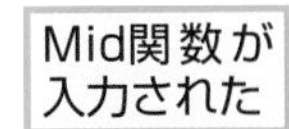

実行

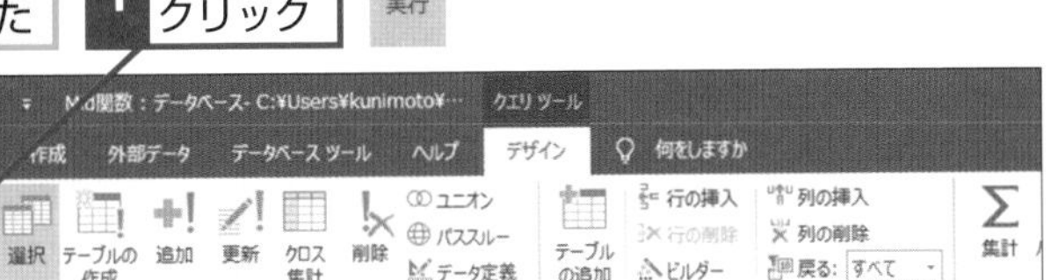

③ 文字列の途中から文字が抜き出された

クエリが実行された

1 [仕入先コード] フィールドから文字列が抜き出されていることを確認

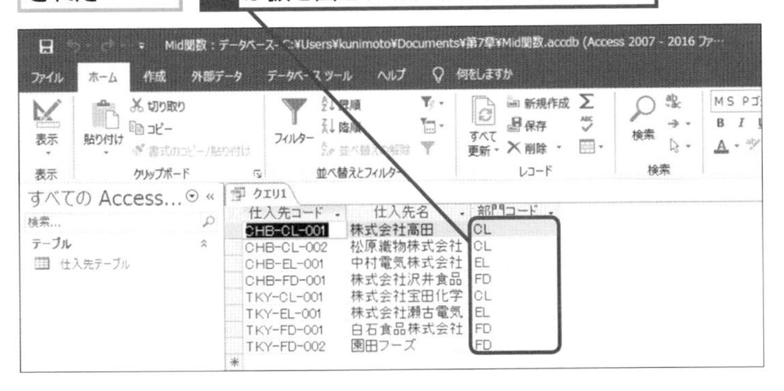

HINT! [文字数] の引数を省略したときは

手順1で [文字数] の引数を省略すると、「CL-001」といったように、「5文字目以降の文字」がすべて抜き出されます。

HINT! 日付データでは使用しないようにする

日付データは、使用しているWindowsの設定によって表示形式が変わります。そのため、Left関数やMid関数で年や月を抜き出そうとしても、環境によって結果が変わります。日付データを分割したいときは、Left関数やMid関数ではなく、Year関数、Month関数、Day関数など日付データ用の適切な関数を使用しましょう。日付を操作する関数については、第8章で詳しく解説しています。

HINT! 元の文字列の文字数が足りない場合は

Left関数やMid関数では、フィールドにある文字数が引数で指定した文字数より少ないときに、最大限抜き出せる分だけを抜き出します。このレッスンの例で [仕入先コード] フィールドに5文字しか入力されていないときは、「C」や「E」などの5文字目だけが抜き出され、4文字しか入力されていない場合は長さ0の文字列「""」が返されます。また、[仕入先コード] に何も入力されていない場合は、関数の結果はNullになります。

間違った場合は？

クエリの実行後に正しい結果が表示されなかったときは、手順1で入力した式が間違っています。正しい式を入力し直しましょう。

レッスン

57 氏名を姓と名に分けて表示するには

InStr関数

対応バージョン

365 2019 2016 2013

レッスンで使う練習用ファイル

InStr関数.accdb

区切り文字を手がかりに文字列を抜き出せる

「山田　太郎」のように、姓と名の間にスペースが入力されていると、スペースの前が姓、スペースの後が名となります。スペースの位置が分かれば、Left関数やMid関数を使って「山田」や「太郎」を別々に取り出すことが可能です。スペースの位置を調べるには、InStr関数を使います。InStr関数は、文字列の中から特定の文字を検索し、見つかった文字の先頭の位置を返します。例えば、メールアドレスの「@」の前の部分と後ろの部分を別々に取り出すなど、文字数が決まっていないデータを抜き出すときに使用すると便利です。

関連レッスン

▶レッスン55
文字列の先頭から文字を抜き出すには……p.198
▶レッスン56
文字列の途中から文字を抜き出すには……p.200

キーワード

関数	p.292
クエリ	p.292
引数	p.294

Before

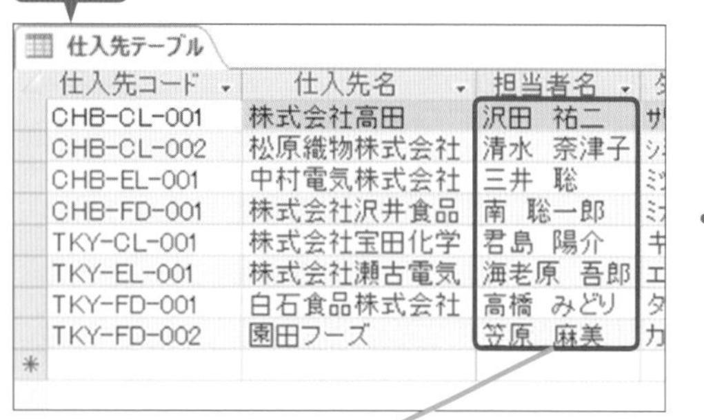

仕入先コード	仕入先名	担当者名
CHB-CL-001	株式会社高田	沢田　祐二
CHB-CL-002	松原織物株式会社	清水　奈津子
CHB-EL-001	中村電気株式会社	三井　聡
CHB-FD-001	株式会社沢井食品	南　聡一郎
TKY-CL-001	株式会社宝田化学	君島　陽介
TKY-EL-001	株式会社瀬古電気	海老原　吾郎
TKY-FD-001	白石食品株式会社	高橋　みどり
TKY-FD-002	園田フーズ	笠原　麻美

姓と名をスペースで区切ったフィールドから姓だけを抜き出したい

After

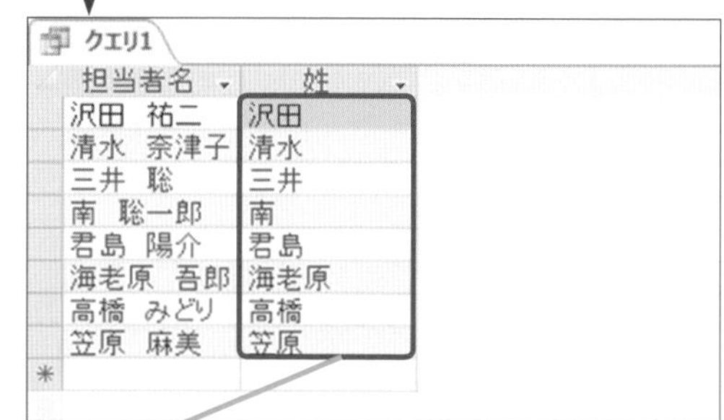

担当者名	姓
沢田　祐二	沢田
清水　奈津子	清水
三井　聡	三井
南　聡一郎	南
君島　陽介	君島
海老原　吾郎	海老原
高橋　みどり	高橋
笠原　麻美	笠原

Left関数とInStr関数を組み合わせることで、スペースの前の姓だけを取り出せる

●InStr関数の書式

構文	InStr(開始位置 , 文字列 , 検索文字列 , 比較モード)
例	InStr([担当者名]," □ ")
説明	[担当者名] フィールドで空白が左側から数えて何文字目にあるかを調べる（「開始位置」と「比較モード」の引数は省略可）

このレッスンは動画で見られます 操作を動画でチェック！ ※詳しくは2ページへ

1 InStr関数を入力する

練習用ファイルを開いておく

レッスン⑭を参考に、[仕入先テーブル]で新規クエリを作成して[担当者名]フィールドを追加しておく

ここでは［姓］フィールドを追加し、［担当者名］フィールドから姓を抜き出す

1 列の境界線をここまでドラッグ

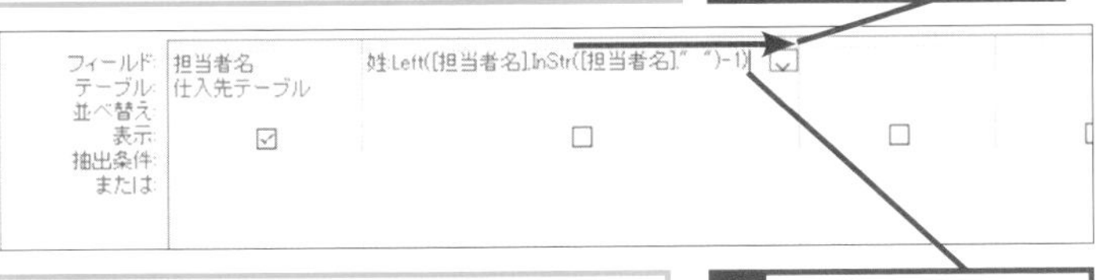

［担当者名］フィールドに入力されている空白の位置を調べるので、InStr関数の[検索文字列]にスペース(□)を指定する

2 「姓:Left([担当者名],InStr([担当者名],"□")-1)」と入力

3 Enter キーを押す

2 クエリを実行する

InStr関数が入力された

1 ［実行］をクリック

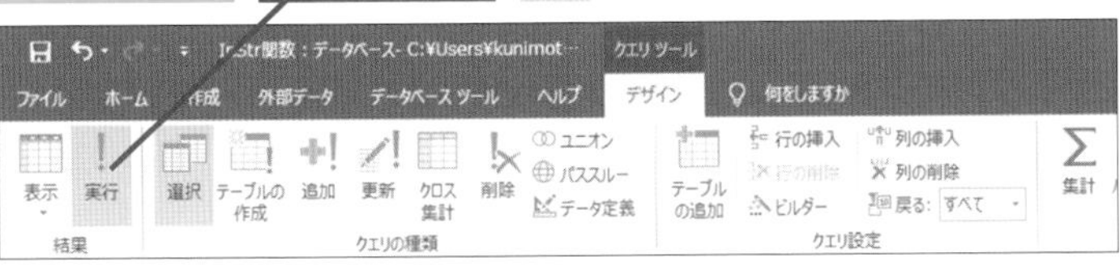

3 スペースの左側の文字列が抜き出された

クエリが実行された

1 ［担当者名］フィールドから姓が抜き出されていることを確認

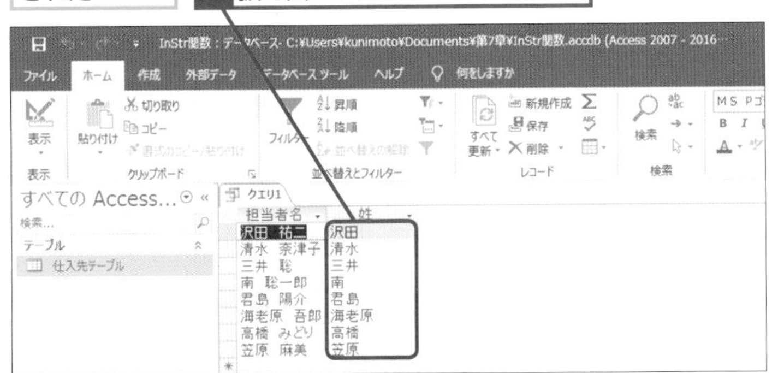

HINT!
関数の引数として関数を指定できる

関数は、関数の中の引数としても利用できます。ここでは、InStr関数をLeft関数の引数として利用しています。［担当者名］フィールドの中で空白の位置を調べ、その位置から1を引いた文字数が、先頭から取り出したい文字数になります。

HINT!
氏名から名を抜き出すには

空白で区切られた氏名から名だけを抜き出すには、「Mid([担当者名],InStr([担当者名],"□")+1)」のようにして、空白の次の文字以降を抜き出します。

HINT!
［比較モード］とは？

文字を検索するとき、全角と半角、ひらがなとカタカナを区別するかどうかによって結果が変わります。区別するかどうかは、InStr関数の4番目の引数［比較モード］に下表の定数を使用して指定します。バイナリモードでは、全角と半角、大文字と小文字、ひらがなとカタカナを区別しますが、テキストモードでは区別しません。省略した場合は、Accessの設定に従います。なお、［比較モード］を指定する場合は、1番目の引数［開始位置］も同時に指定する必要があります。

●［比較モード］に設定する値

定数	意味
0	バイナリモードの比較を行う
1	テキストモードの比較を行う
2	Access の設定に従う

レッスン

58 文字の種類を変換するには

StrConv関数

対応バージョン

365 2019 2016 2013

レッスンで使う練習用ファイル

StrConv関数.accdb

データの表記を統一してデータベースを整える

複数の人でデータを入力すると、データが全角で入力されていたり、半角で入力されていたりするなど、表記がバラバラで統一されていないということがよく起こります。そのままだと、見づらいだけでなく、並べ替えや抽出が正常にできないなど、うまく処理が行えず、いろいろな不具合が発生する可能性があります。StrConv関数を使えば、表記を統一してデータベースを整えられます。StrConv関数は、大文字から小文字への変換や全角から半角への変換など、文字列の文字種を変換できる関数です。ここでは、全角文字と半角文字が混在している［タントウシャメイ］フィールドの文字列をすべて全角カタカナに表記を統一してみましょう。

Before

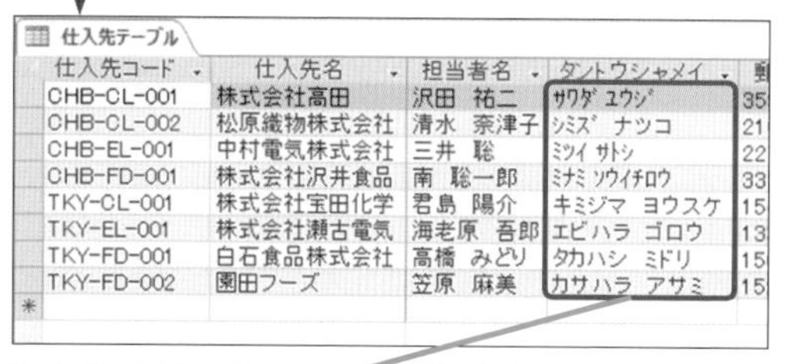

担当者のフリガナが全角や半角で入力されてしまっている

After

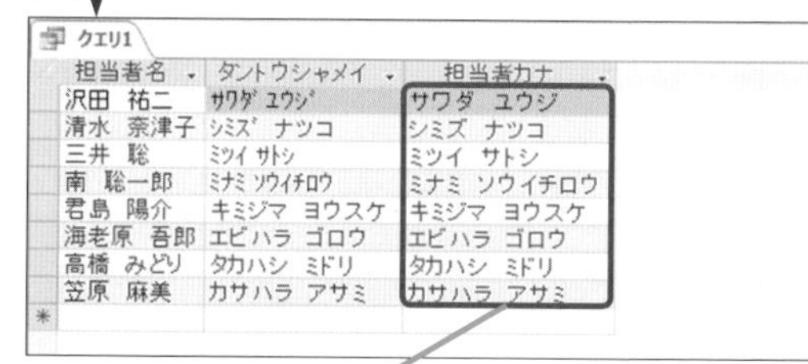

StrConv関数を使って、フリガナを全角や半角に統一できる

●StrConv関数の書式

構文	StrConv(文字列 , 変換形式)
例	StrConv([タントウシャメイ],4)
説明	［タントウシャメイ］フィールドを半角文字から全角文字に変換する

●引数［変換形式］に設定する値

定数	意味
1	アルファベットを大文字に変換
2	アルファベットを小文字に変換
3	単語の先頭を大文字に変換
4	半角文字を全角文字に変換
8	全角文字を半角文字に変換
16	ひらがなをカタカナに変換
32	カタカナをひらがなに変換

関連レッスン

▶レッスン59
特定の文字列をほかの文字列に置換するには……p.206
▶レッスン60
余分な空白を取り除くには……p.208

キーワード

関数	p.292
クエリ	p.292
テーブル	p.293
引数	p.294

① StrConv関数を入力する

練習用ファイルを開いておく

レッスン⑭を参考に、[仕入先テーブル] で新規クエリを作成して、[担当者名] と [タントウシャメイ]のフィールドを追加しておく

ここでは、[担当者カナ] フィールドを追加し、[タントウシャメイ] フィールドの文字を全角に変換する

1 列の境界線をここまでドラッグ

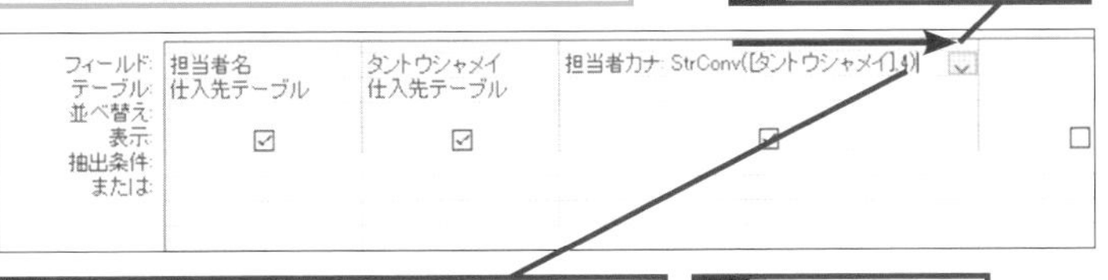

2 「担当者カナ:StrConv([タントウシャメイ],4)」と入力

3 Enter キーを押す

② クエリを実行する

StrConv関数が入力された

1 [実行] をクリック

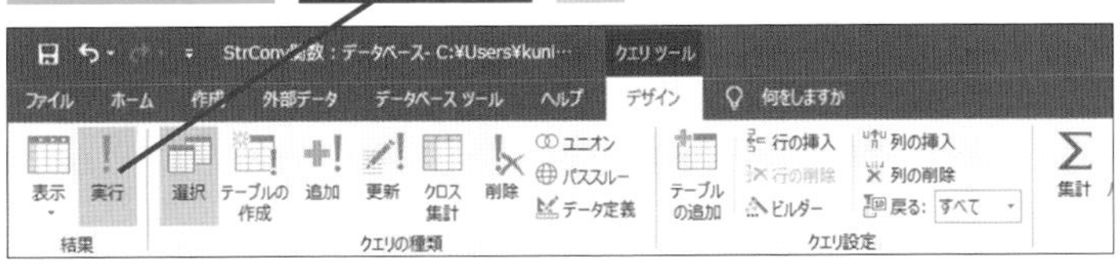

③ 半角文字が全角文字に統一された

[タントウシャメイ] フィールドの文字が全角に変更され、[担当者カナ]フィールドに表示された

[担当者カナ] フィールドの列幅を広げる

1 ここにマウスポインターを合わせる

マウスポインターの形が変わった

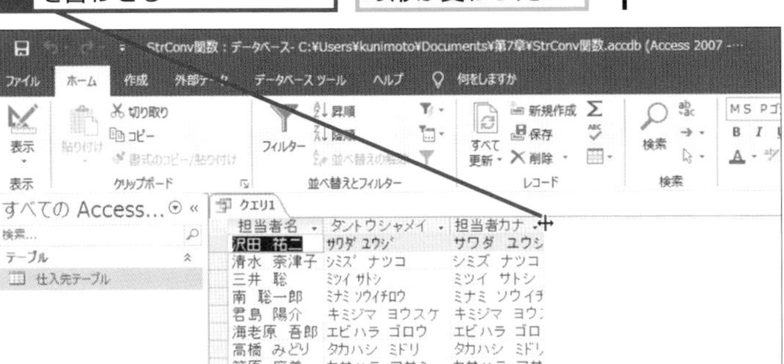

2 そのままダブルクリック

[担当者カナ] フィールドの列幅が広がる

HINT!

テーブルのデータ自体を統一するには

このレッスンでは、選択クエリ上でデータを全角文字に統一したため、[仕入先テーブル] の [タントウシャメイ] フィールドのデータは元の文字種のままです。テーブルのデータ自体を全角に統一したいときは、レッスン㊳を参考に更新クエリを使用してデータを書き換えます。

HINT!

全角ひらがなを半角カタカナに変換するには

StrConv関数の引数[変換形式]には、互いに矛盾しない定数同士なら「+」で組み合わせて指定できます。そのため、全角ひらがなを半角カタカナにする場合は、「StrConv ([フィールド名],8+16)」 のように入力すれば、ひらがなからカタカナへの変換と全角から半角への変換を同時に行えます。

間違った場合は？

手順1で引数 [文字列] に「担当者名」と入力してクエリを実行すると、[担当者名] フィールドにある「沢田　祐二」や「清水　奈津子」といったレコードが抜き出されてしまいます。[クエリツール] の [デザイン] タブにある [表示] ボタンをクリックしてデザインビューに切り替え、引数に「タントウシャメイ」を指定し直してから、クエリを実行しましょう。

レッスン

59 特定の文字列をほかの文字列に置換するには

Replace関数

対応バージョン

365 2019 2016 2013

レッスンで使う練習用ファイル
Repracе関数.accdb

関連レッスン

▶レッスン58
文字の種類を変換するには……… p.204

▶レッスン60
余分な空白を取り除くには……… p.208

キーワード

関数	p.292
引数	p.294
フィールド	p.294
フィールドプロパティ	p.295

データはそのままで文字の置換ができる

テーブル内の文字列を別の文字列に置換したいとき、[ホーム]タブの[置換]ボタンを使えば一気にデータを書き換えられます。しかし、この場合はテーブルのデータ自体が置き換わってしまいます。データを置き換えるのではなく、一時的に表示を変更したい場合は、Replace関数を使いましょう。Replace関数は、特定の文字列の表示を別の文字列に置き換えます。例えば、レポートを印刷するとき、「株式会社」を「(株)」と置き換えて会社名を短くし、用紙内にきれいに収めたいというときに役立ちます。

Before

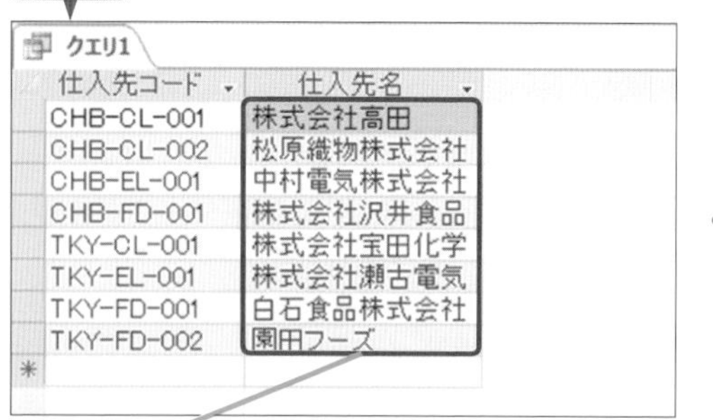

クエリ1

仕入先コード	仕入先名
CHB-CL-001	株式会社高田
CHB-CL-002	松原織物株式会社
CHB-EL-001	中村電気株式会社
CHB-FD-001	株式会社沢井食品
TKY-CL-001	株式会社宝田化学
TKY-EL-001	株式会社瀬古電気
TKY-FD-001	白石食品株式会社
TKY-FD-002	園田フーズ

テーブルのデータには変更を加えず、「株式会社」を「(株)」に置き換えたい

After

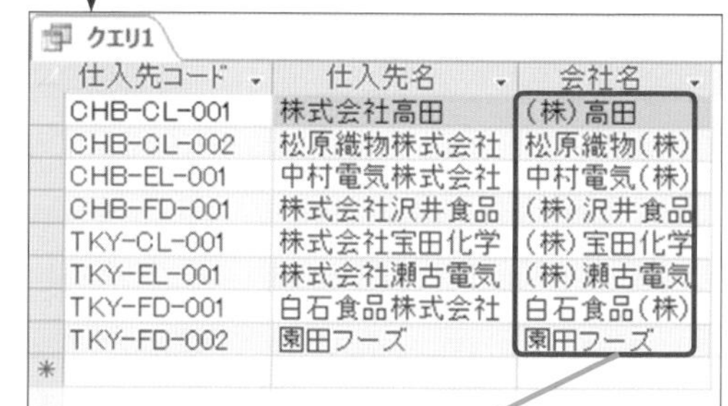

クエリ1

仕入先コード	仕入先名	会社名
CHB-CL-001	株式会社高田	(株)高田
CHB-CL-002	松原織物株式会社	松原織物(株)
CHB-EL-001	中村電気株式会社	中村電気(株)
CHB-FD-001	株式会社沢井食品	(株)沢井食品
TKY-CL-001	株式会社宝田化学	(株)宝田化学
TKY-EL-001	株式会社瀬古電気	(株)瀬古電気
TKY-FD-001	白石食品株式会社	白石食品(株)
TKY-FD-002	園田フーズ	園田フーズ

Replace関数を使えば、「株式会社」を「(株)」に置き換えて表示できる

●Replace関数の書式

構文	Replace(文字列,検索文字列,置換文字列,開始位置,置換回数,比較モード)
例	Replace([仕入先名],"株式会社","(株)")
説明	[仕入先名]フィールドにある「株式会社」の文字列を「(株)」に置換する(「開始位置」と「置換回数」、「比較モード」の引数は省略可)

※引数[比較モード]の設定値はレッスン㊼のHINT!「[比較モード]とは?」を参照

1 Replace関数を入力する

練習用ファイルを開いておく

レッスン⓮を参考に、[仕入先テーブル] で新規クエリを作成して、[仕入先コード] と[仕入先名]のフィールドを追加しておく

ここでは、[会社名] フィールドを追加し、「株式会社」を「(株)」に置換する

1 列の境界線をここまでドラッグ

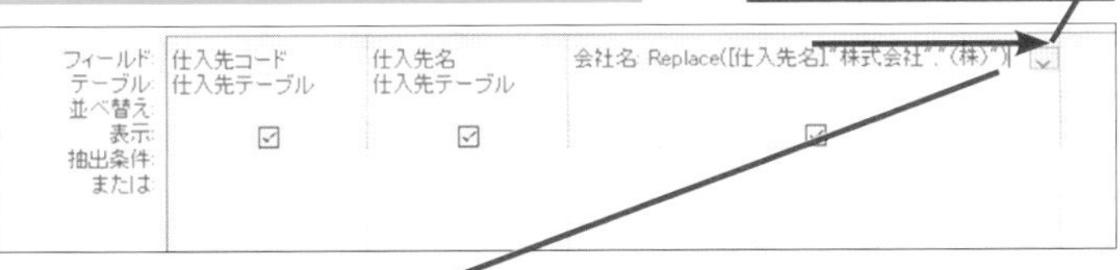

2 「会社名:Replace([仕入先名],"株式会社","（株）")」と入力

3 Enter キーを押す

2 クエリを実行する

Replace関数が入力された

1 [実行]をクリック

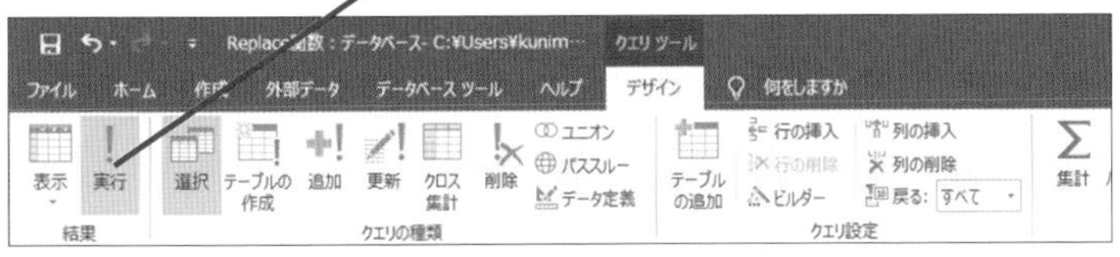

3 文字列が置換された

[仕入先名]フィールドの「株式会社」が「(株)」に置換され、[会社名]フィールドに表示された

[会社名] フィールドの列幅を広げる

1 ここにマウスポインターを合わせる

マウスポインターの形が変わった

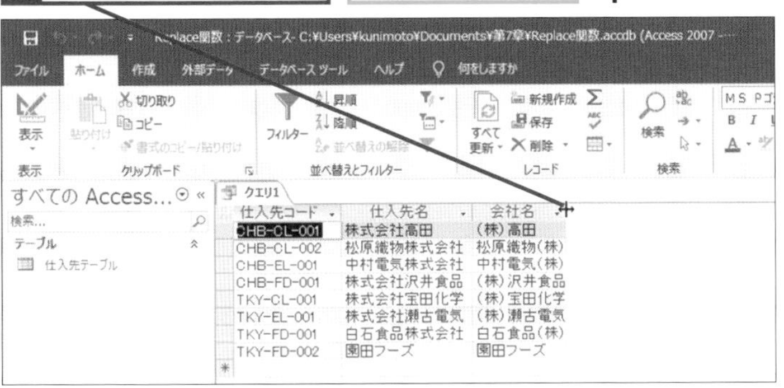

仕入先コード	仕入先名	会社名
CHB-CL-001	株式会社高田	(株)高田
CHB-CL-002	松原織物株式会社	松原織物(株)
CHB-EL-001	中村電気株式会社	中村電気(株)
CHB-FD-001	株式会社沢井食品	(株)沢井食品
TKY-CL-001	株式会社宝田化学	(株)宝田化学
TKY-EL-001	株式会社瀬古電気	(株)瀬古電気
TKY-FD-001	白石食品株式会社	白石食品(株)
TKY-FD-002	園田フーズ	園田フーズ

2 そのままダブルクリック

[会社名] フィールドの列幅が広がる

HINT! 「有限会社」も「(有)」に置換するには

[仕入先名] に含まれる「株式会社」は「(株)」、「有限会社」は「(有)」と置き換えるには、Replace関数を入れ子構造にして「Replace(Replace([仕入先名],"株式会社","（株）"),"有限会社","（有）")」のようにします。

間違った場合は？

手順1で閉じかっこの「)」を入力せずにクエリを実行すると、注意を促すメッセージが表示されます。[OK]ボタンをクリックし、閉じかっこを入力してからクエリを実行してください。

HINT! 一部の文字列を削除するには

Replace関数の引数 [置換文字列] に長さ0の文字列「""」を指定すると、引数 [検索文字列] に指定した文字列を削除できます。例えば「Replace([仕入先名],"株式会社","")」とすると、[仕入先名] フィールドから「株式会社」の文字列を削除できます。

HINT! 置換後のフィールドに置換前と同じ名前を表示するには

「仕入先名:Replace([仕入先名],"株式会社","(株)")」と入力するとエラーになります。演算フィールドには、演算に使用するフィールドと同じ名前を付けられないからです。フィールドの見出しに同じ名前を表示するには、演算フィールドに「会社名」などの仮の名前を付けておき、フィールドプロパティの[標題]に「仕入先名」と設定して表示を変更するといいでしょう。

レッスン
60 余分な空白を取り除くには

Trim関数

対応バージョン

365 2019 2016 2013

レッスンで使う練習用ファイル
Trim関数.accdb

関連レッスン

▶レッスン58
文字の種類を変換するには p.204
▶レッスン59
特定の文字列をほかの文字列に
置換するには p.206

キーワード

関数	p.292
引数	p.294
フィールド	p.294

余分な空白を削除してデータを整えよう

フィールドの結合やデータのインポートなどによって、データの前後に余分な空白が挿入されてしまうことがあります。そのままにしておくと、見にくいだけでなく、データの並べ替えや抽出がうまくいかなくなる可能性もあり、トラブルの原因になりかねません。そんなときは、Trim関数を使ってデータの前後にある空白を削除しましょう。ここでは、[仕入先テーブル] の [備考] フィールドのデータの前後にある空白を削除します。

Before

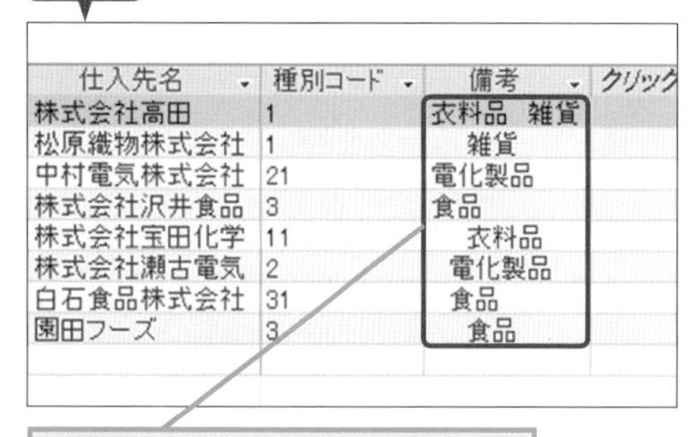

[備考] フィールドの文字の前後に挿入されている、空白を削除したい

After

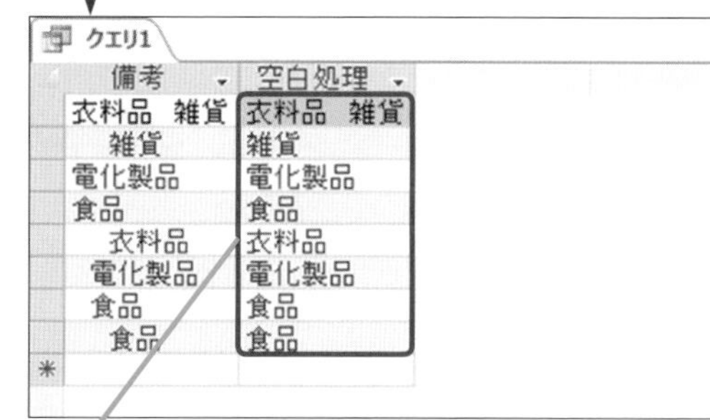

Trim関数で余計な空白を削除したレコードを抽出できる

●Trim関数の書式

構文	Trim(文字列)
例	Trim([備考])
説明	[備考] フィールドの文字列の先頭と末尾から空白を削除する

文字列データを操作する関数を覚える 第7章

1 Trim関数を入力する

練習用ファイルを開いておく

レッスン⓮を参考に、[仕入先テーブル]で新規クエリを作成して [備考] フィールドを追加しておく

ここでは [空白処理] フィールドを追加し、[備考] フィールドにある文字の前後の空白を削除する

1 列の境界線をここまでドラッグ

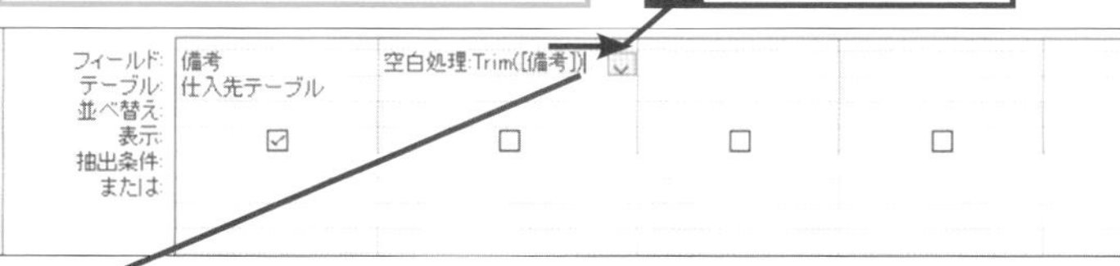

2 「空白処理:Trim([備考])」と入力

3 Enter キーを押す

2 クエリを実行する

Trim関数が入力された

1 [実行]をクリック

実行

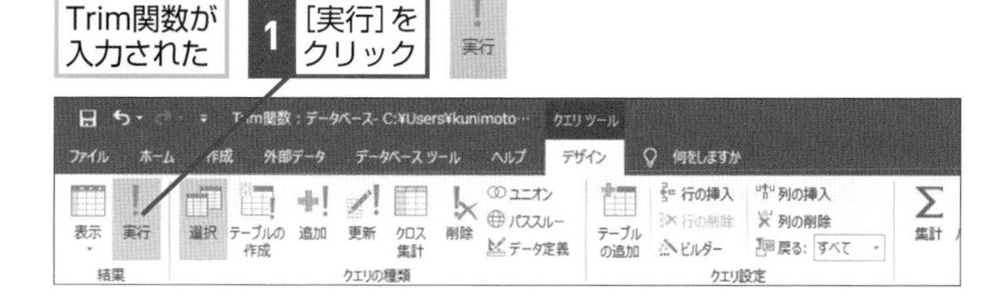

3 文字の前後にあった空白が削除された

クエリが実行された

1 余分な空白が削除されていることを確認

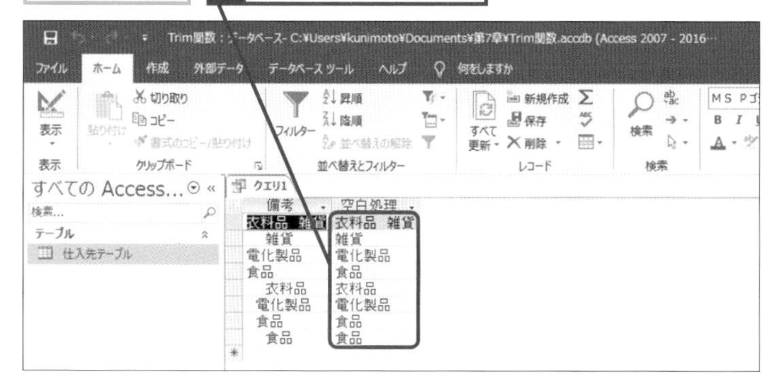

HINT!

前後の空白を別々に削除するには

Trim関数の仲間にLTrim関数とRTrim関数があります。LTrim関数は、「LTrim(文字列)」の構文で、文字列の先頭の空白だけを取り除く関数です。また、RTrim関数は、「RTrim(文字列)」の構文で、文字列の末尾の空白だけを取り除く関数です。余分な空白の位置に応じて、Trim関数、LTrim関数、RTrim関数を使い分けましょう。

●LTrim関数の書式

構文	LTrim(文字列)
例	LTrim([備考])
説明	[備考] フィールドの文字列の先頭の空白を削除する

●RTrim関数の書式

構文	RTrim(文字列)
例	RTrim([備考])
説明	[備考] フィールドの文字列の末尾の空白を削除する

間違った場合は？

クエリの実行後に正しい結果が表示されなかったときは、手順1で入力した式が間違っています。正しい式を入力し直しましょう。

レッスン
61 条件によって処理を分けるには

IIf関数

対応バージョン
365 2019 2016 2013

レッスンで使う練習用ファイル
IIf関数.accdb

条件によって取り出す文字を変えられる

条件を満たす場合と満たさない場合で表示するデータを切り替えたいことがあります。IIf関数は、条件式を満たすか否かによって戻り値を切り替える関数です。引数［真の場合］には条件を満たすとき、引数［偽の場合］には条件を満たさないときに返る値を指定します。例えば、［住所］の中から都道府県名だけを取り出したいとき、4文字目が「県」の場合は先頭から4文字抜き出し、そうでない場合は先頭から3文字抜き出すことで、都道府県名だけを取り出せます。ここでは、引数［条件式］にMid関数を使って4文字目が「県」かどうかを調べ、引数［真の場合］と引数［偽の場合］にLeft関数を使って先頭から文字列を抜き出しています。このように、IIf関数を用いて引数に関数を組み合わせることで、条件によって行う処理を切り替えることが可能になり、応用範囲が広がります。

関連レッスン

▶レッスン55
文字列の先頭から文字を抜き出すには …… p.198
▶レッスン56
文字列の途中から文字を抜き出すには …… p.200

キーワード

関数	p.292
クエリ	p.292
テーブル	p.293
引数	p.294
フィールド	p.294

Before

郵便番号	住所	種別コード
3590024	埼玉県所沢市下安松x-x	1
2160005	神奈川県川崎市宮前区土橋x-x	1
2270037	神奈川県横浜市青葉区緑山x-x	21
3310052	埼玉県さいたま市西区三橋x-x	3
1540017	東京都世田谷区世田谷x-x	11
1330044	東京都江戸川区本一色x-x	2
1560042	東京都世田谷区羽根木x-x	31
1520032	東京都目黒区平町x-x	3

［住所］フィールドから都道府県名を抜き出したい

After

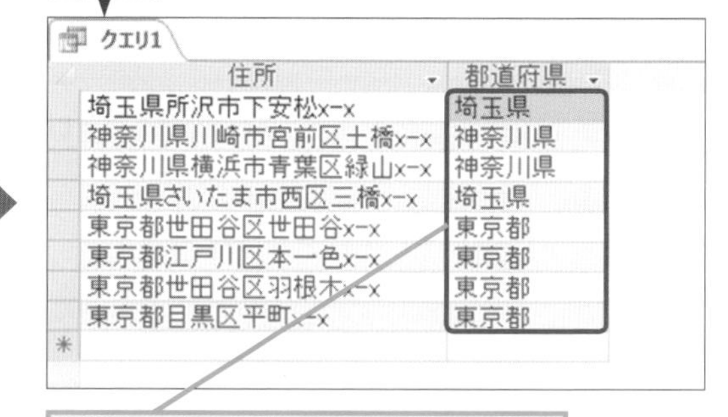

クエリ1
住所
都道府県
埼玉県所沢市下安松x-x
埼玉県
神奈川県川崎市宮前区土橋x-x
神奈川県
神奈川県横浜市青葉区緑山x-x
神奈川県
埼玉県さいたま市西区三橋x-x
埼玉県
東京都世田谷区世田谷x-x
東京都
東京都江戸川区本一色x-x
東京都
東京都世田谷区羽根木x-x
東京都
東京都目黒区平町x-x
東京都

IIf関数を使えば、都道府県名の4文字目に「県」の文字があるかどうかを判定して、都道府県名を取り出せる

●IIf関数の書式

構文	IIf(条件式 , 真の場合 , 偽の場合)
例	IIf(Mid([住所],4,1)=" 県 ",Left([住所],4),Left([住所],3))
説明	[住所] フィールドの 4 文字目が「県」であるかどうかを調べ、「県」であるなら［住所］フィールドの先頭から 4 文字、「県」でないなら先頭から 3 文字を抜き出す

❶ IIf関数を入力する

練習用ファイルを開いておく

レッスン⓮を参考に、[仕入先テーブル]で新規クエリを作成して[住所]フィールドを追加しておく

ここでは[都道府県]フィールドを追加し、[住所]フィールドから都道府県名を取り出す

1 列の境界線をここまでドラッグ

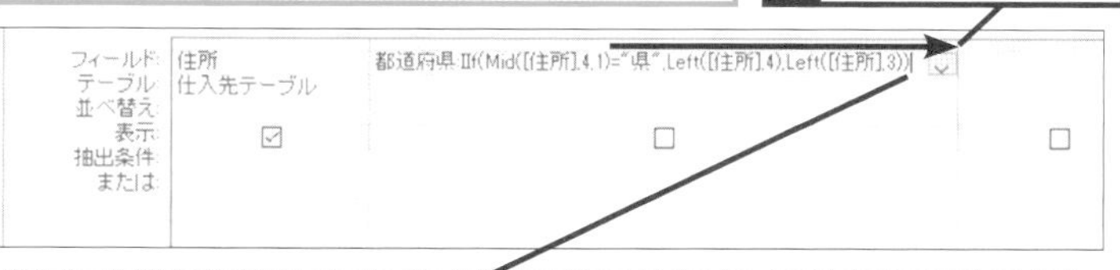

2 「都道府県:IIf(Mid([住所],4,1)="県",Left([住所],4),Left([住所],3))」と入力

3 Enter キーを押す

❷ クエリを実行する

IIf関数が入力された

1 [実行]をクリック

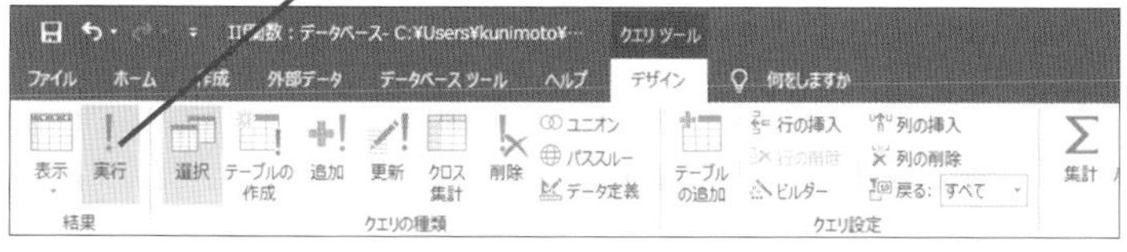

❸ IIf関数の条件に一致した文字が抜き出された

クエリが実行された

1 [住所]フィールドから都道府県名が抜き出されていることを確認

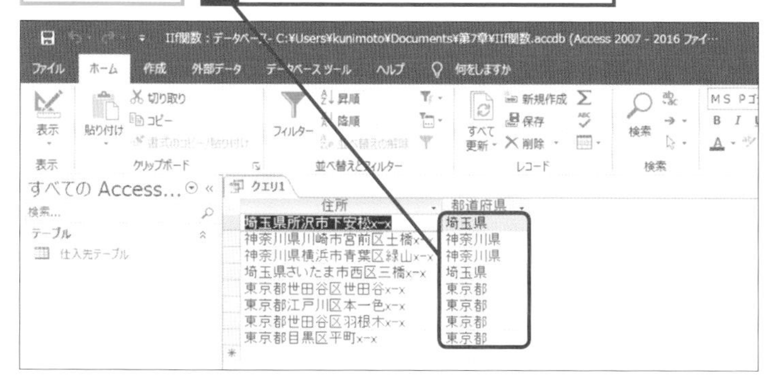

HINT! IIf関数で3つの条件を設定するには

IIf関数を単独で使うと、条件で切り替えることのできる値は「真の場合」と「偽の場合」の2通りになります。3つの値を切り替えて表示したいときは、IIf関数を入れ子にして使用します。例えば、[評価]の値が80以上のときに「◎」、60以上80未満のときに「○」、60未満のときに「×」と表示するには、「IIf([評価]>=80,"◎",IIf([評価]>=60,"○","×"))」と記述します。

HINT! 住所から都道府県名を取り出す考え方

都道府県名は、「神奈川県」「和歌山県」「鹿児島県」の4文字の県以外はすべて3文字です。従って4文字目が「県」である場合は先頭から4文字目、そのほかの場合は先頭から3文字目までが都道府県名と考えられます。ここではMid関数を使用して住所の4文字目を取り出し、IIf関数を使用して条件判定を行い、Left関数を使用して住所から都道府県名を取り出しました。ここから都道府県名を除いた住所を取り出すには、「Replace([住所],[都道府県],"")」のように[住所]フィールドから都道府県名を削除します。

間違った場合は？

クエリの実行後に正しい結果が表示されなかったときは、手順1で入力した式が間違っています。正しい式を入力し直しましょう。

レッスン 62

テキスト型の数値を小さい順に並べ替えるには

Val関数

対応バージョン

365 2019 2016 2013

レッスンで使う練習用ファイル

Val関数.accdb

関連レッスン

▶レッスン19
データの表示形式を指定するには …… p.76

▶レッスン70
数値や日付の書式を変更して表示するには …… p.230

キーワード

関数	p.292
式ビルダー	p.293
データ型	p.293

「数字」を「数値」に変換する

数字が入力されているテキスト型のフィールドで並べ替えをしようとすると、数値の大小による並べ替えができません。例えば、文字列の「1」「2」「11」を昇順で並べ替えると「1」「11」「2」の順に並べ替わり、数値の昇順とは異なる結果になってしまいます。そのような場合は、Val関数を使って文字列の数字を数値に変換してから並べ替えを行えばうまくいきます。Val関数の引数に指定した文字列が数値と見なされれば、その数値が返りますが、数値と見なされない場合は、0が返ります。入力されている値が数値と見なされることが前提であることも注意点として覚えておきましょう。

Before

［種別コード］フィールドがテキスト型に設定されているため、数値の昇順で並べ替えができない

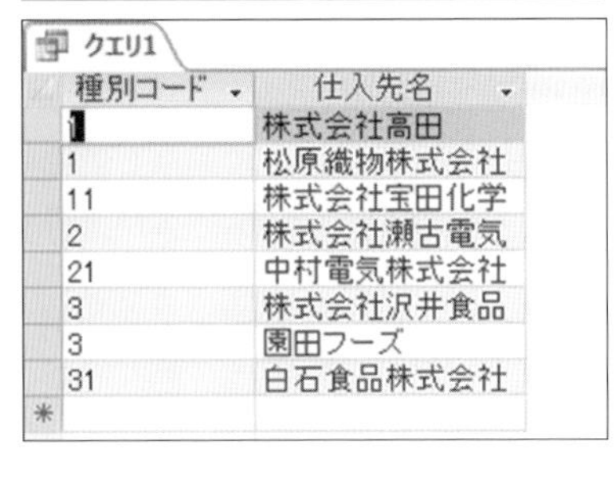

クエリ1

種別コード	仕入先名
1	株式会社高田
1	松原織物株式会社
11	株式会社宝田化学
2	株式会社瀬古電気
21	中村電気株式会社
3	株式会社沢井食品
3	園田フーズ
31	白石食品株式会社

After

Val関数を使ってテキスト型のフィールドを数値型に変換すると、コードなどの数字を正しく並べ替えられるようになる

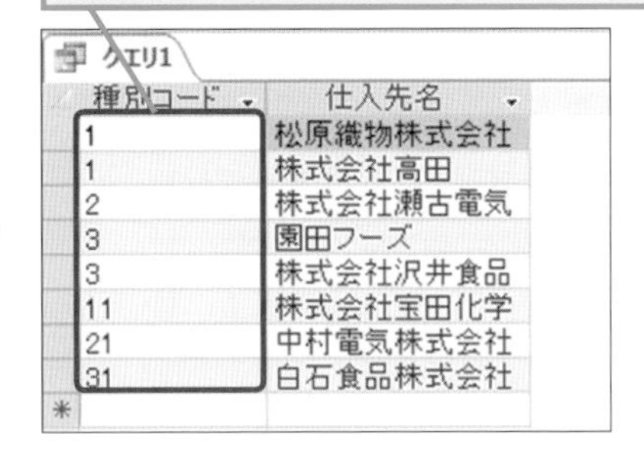

クエリ1

種別コード	仕入先名
1	松原織物株式会社
1	株式会社高田
2	株式会社瀬古電気
3	園田フーズ
3	株式会社沢井食品
11	株式会社宝田化学
21	中村電気株式会社
31	白石食品株式会社

●Val関数の書式

構文	Val(文字列)
例	Val([種別コード])
説明	テキスト型のフィールドである［種別コード］を数値型のフィールドに変換する

1 Val関数を入力する

練習用ファイルを開いておく

レッスン⓮を参考に、[仕入先テーブル]で新規クエリを作成して、[種別コード]と[仕入先名]のフィールドを追加しておく

ここでは[種別コード]フィールドのレコードを数値型に変換して、レコードを昇順に並べ替える

1 「Val([種別コード])」と入力

2 Enter キーを押す

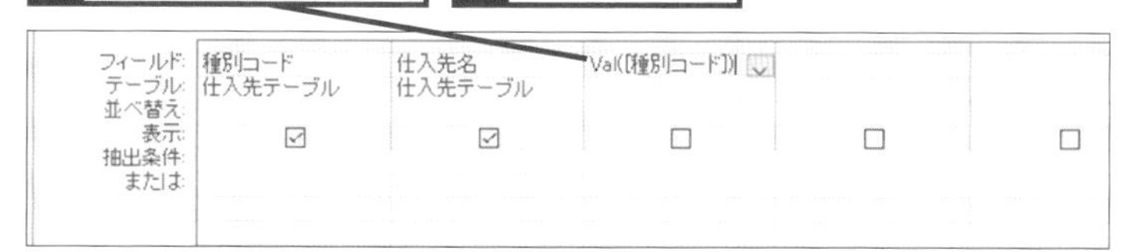

2 並べ替えを設定する

Val関数が入力され、自動的に「式1:」という文字列が追加された

1 [並べ替え]行をクリックして[昇順]を選択

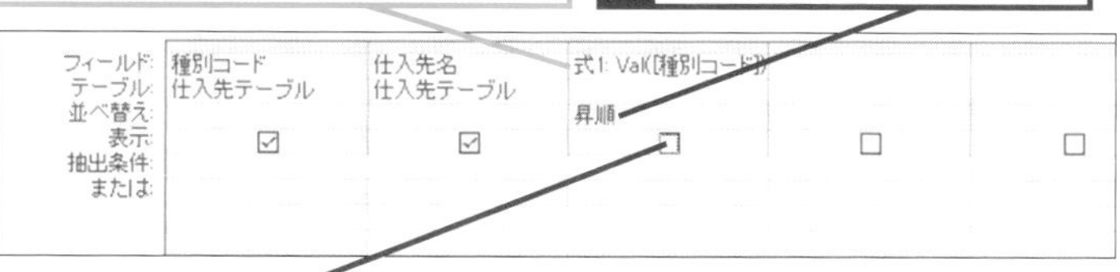

フィールドを非表示にする

2 [表示]行をクリックしてチェックマークをはずす

3 フィールドのデータ型を変換して並べ替えられた

フィールドが非表示になった

1 [実行]をクリック

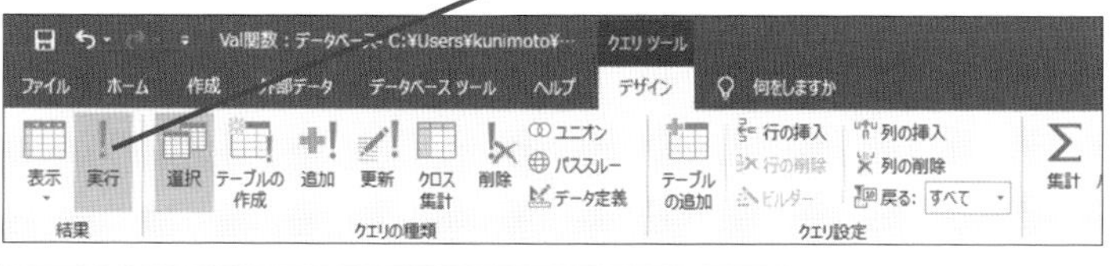

[種別コード]フィールドを数値に変換した値を基準として、昇順でレコードが並べ替えられた

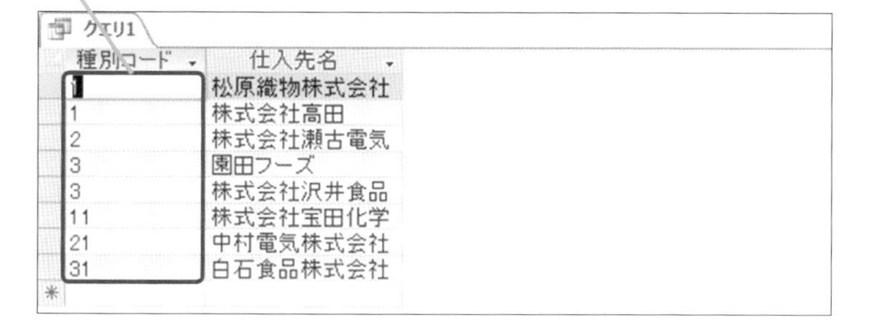

種別コード	仕入先名
1	松原織物株式会社
1	株式会社高田
2	株式会社瀬古電気
3	園田フーズ
3	株式会社沢井食品
11	株式会社宝田化学
21	中村電気株式会社
31	白石食品株式会社

HINT!

関数を式ビルダーで入力するには

式ビルダーは、関数の入力に不慣れな場合に使用すると便利です。式ビルダーで関数を選択するときは、左の[式の要素]で[関数]-[組み込み関数]を選択すると、関数の選択ができます。また、[ファイル名]-[テーブル]-[テーブル名]を選択すると、フィールドの選択ができます。

139ページのHINT!を参考に[式ビルダー]ダイアログボックスを表示しておく

1 [関数]-[組み込み関数]-[変換]の順に選択

2 [Val]をダブルクリック

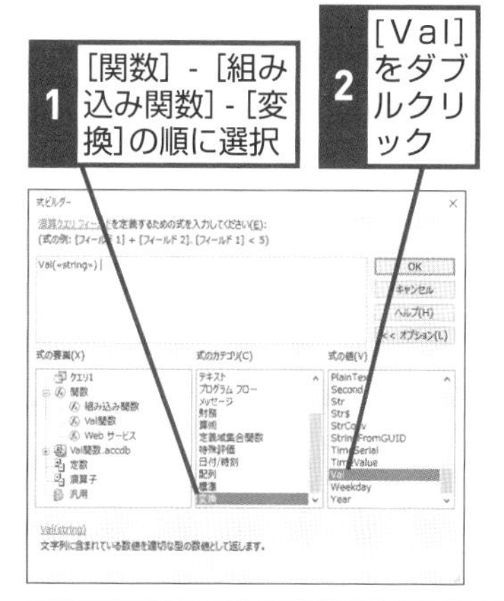

引数を入力する

3 「<<string>>」をクリックして選択

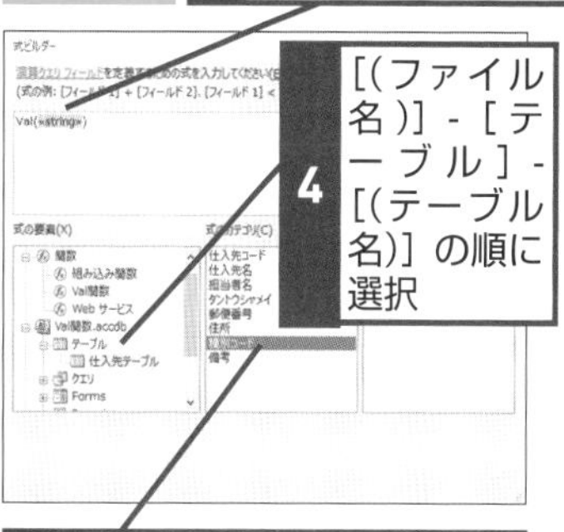

4 [(ファイル名)]-[テーブル]-[(テーブル名)]の順に選択

5 引数に指定するフィールド名をダブルクリック

関数が入力された

6 [OK]をクリック

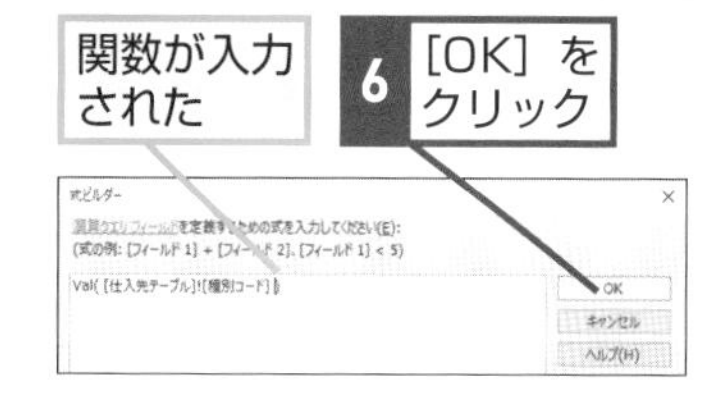

この章のまとめ

●関数を使って文字列を自在に加工しよう

クエリを使用すると、データベースに蓄積されたデータの中から必要なフィールドや必要なレコードを自由に取り出すことができます。ただし取り出されるデータは、テーブルに入力したときのままのデータです。クエリ単独の機能では、入力したデータを別の形に変更できません。テーブルに入力したときとは異なる形でデータを取り出したいときは、関数を使用します。Accessには数多くの関数が用意されています。この章では、文字列の操作を中心に、関数の使い方を解説しました。文字列を操作する関数を使用すると、文字列データから一部の文字列を取り出したり、別の文字列に置き換えたり、文字種を変更したりすることができます。クエリ単独の機能では実現できない、データの加工を自由に行えるのです。データの加工のテクニックは、データベースをより便利に活用することにつながります。蓄積したデータを有効に活用するために、積極的に関数を使ってみましょう。

文字列データを操作する

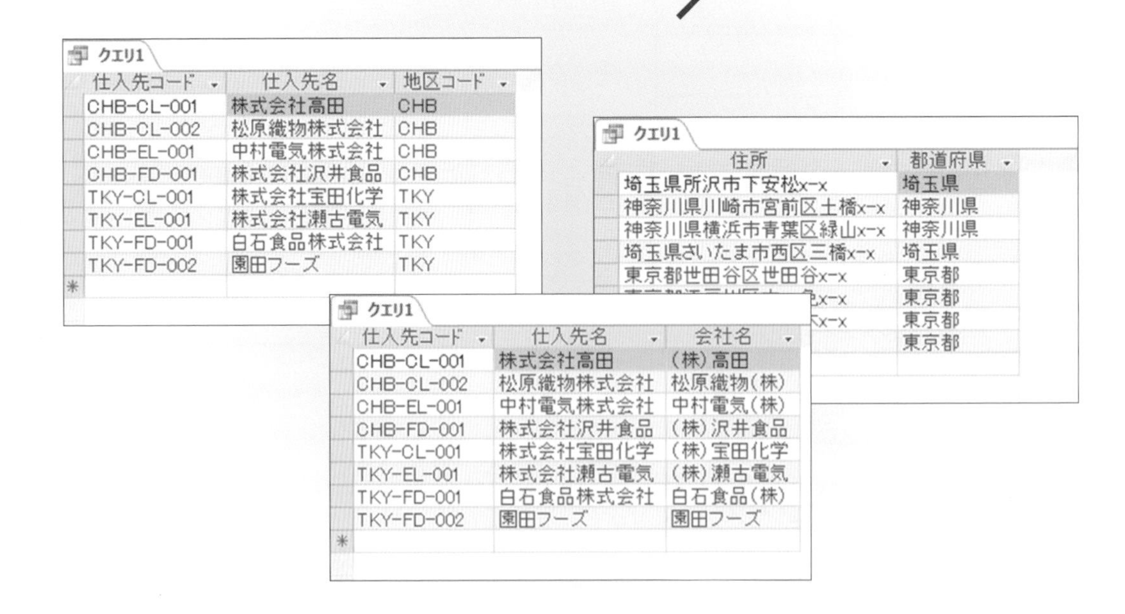
空白の削除や文字種の変更など、
文字列の加工が簡単にできる
クエリ1
クエリ1
クエリ1

仕入先コード	仕入先名	地区コード
CHB-CL-001	株式会社高田	CHB
CHB-CL-002	松原織物株式会社	CHB
CHB-EL-001	中村電気株式会社	CHB
CHB-FD-001	株式会社沢井食品	CHB
TKY-CL-001	株式会社宝田化学	TKY
TKY-EL-001	株式会社瀬古電気	TKY
TKY-FD-001	白石食品株式会社	TKY
TKY-FD-002	園田フーズ	TKY

住所	都道府県
埼玉県所沢市下安松x-x	埼玉県
神奈川県川崎市宮前区土橋x-x	神奈川県
神奈川県横浜市青葉区緑山x-x	神奈川県
埼玉県さいたま市西区三橋x-x	埼玉県
東京都世田谷区世田谷x-x	東京都
[illegible]	東京都
[illegible]	東京都
[illegible]	東京都

仕入先コード	仕入先名	会社名
CHB-CL-001	株式会社高田	(株)高田
CHB-CL-002	松原織物株式会社	松原織物(株)
CHB-EL-001	中村電気株式会社	中村電気(株)
CHB-FD-001	株式会社沢井食品	(株)沢井食品
TKY-CL-001	株式会社宝田化学	(株)宝田化学
TKY-EL-001	株式会社瀬古電気	(株)瀬古電気
TKY-FD-001	白石食品株式会社	白石食品(株)
TKY-FD-002	園田フーズ	園田フーズ

第8章 日付や数値を操作する関数を覚える

データベースに蓄積したデータを分析するとき、日付データや数値データは重要な分析対象となります。これらのデータを必要な形に加工することができる関数は、データ分析の過程でいろいろな役割を果たします。この章では、日付データや数値データを扱う関数を紹介します。

●この章の内容

関数で日付や数値を加工するには

日付や数値を操作する関数

対応バージョン

365 2019 2016 2013

このレッスンには、
練習用ファイルがありません

日付や数値を関数で操作できる

Accessには、日付や数値を操作する関数が豊富に用意されています。日付を操作する関数を使うと、日付から年や月などの要素を取り出したり、年齢計算や月末日算出などの日付計算を行ったりすることができます。関数を利用した処理の例については、下の例を参照してください。また、数値処理関数を使うと、端数を切り捨てたり、平均を求めたりするなど、さまざまな処理を実行できます。目的や用途に応じて関数を使い分ければ、日付データや数値データを自由に操作できるようになるでしょう。

関連レッスン

▶レッスン6
クエリに使える関数の
基本を知ろう ································ p.32
▶レッスン54
関数で文字列を加工するには····· p.196

キーワード

●日付の一部を取り出す関数

生年月日のデータから「年」のデータを取り出す

生年月日
1972/05/07

→

誕生年
1972

生年月日のデータから「月」のデータを取り出す

生年月日
1972/05/07

→

誕生月
5

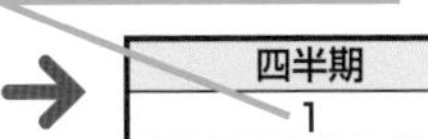

受注日のデータを四半期単位に変換する

受注日
2020/01/25

→

四半期
1

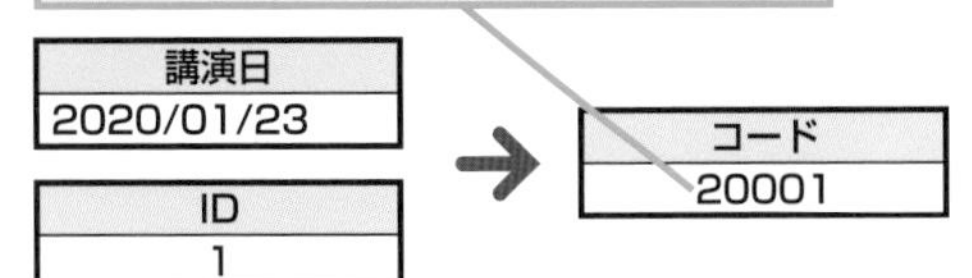

[講演日] フィールドから「年」を取り出して[ID]フィールドの数値と結合する

講演日
2020/01/23

ID
1

→

コード
20001

●日付を元に計算を行う関数

講演日の日付から1カ月前の日付を算出する

講演日
2020/01/23

→

受付開始日
2019/12/23

生年月日のデータから年齢を算出する

生年月日
1972/05/07

→

年齢
48

講演日の日付から月末日を算出する

講演日
2020/01/23

→

講演料支払日
2020/01/31

●数値を元に計算を行う関数

受講料から割引料金を算出して四捨五入する

受講料
¥2,500

→

会員料金
¥833

受講料の平均値を算出して平均以上のレコードを表示する

受講料
¥2,500
¥5,000
¥2,000
...

→

平均以上
¥5,000
¥6,000
...

引数に決められた値を指定する

関数の中には、引数として、決められた設定値を指定しなければならないものがあります。次ページ以降で紹介するDatePart関数、DateAdd関数、DateDiff関数は、［単位］という共通の引数を持っており、左下の表にある設定値を指定します。また、Format関数では、引数に「書式指定文字」と呼ばれる記号を利用して実行する処理を指定します。引数の指定方法は各レッスンで解説しますが、ここでは右下の表に示した設定値があることを頭に入れておき、実際に該当の関数を使用するときに、このページを参照してください。

HINT!

関数の引数が分からないときは

関数の引数を覚えていないときは、式ビルダーを使うと便利です。まず、クエリのデザインビューで関数を入力する［フィールド］欄にカーソルを表示し、［クエリツール］の［デザイン］タブにある［ビルダー］ボタンをクリックして［式ビルダー］ダイアログボックスを表示します。［関数］-［組み込み関数］を選択すると［式のカテゴリ］に関数の分類が一覧表示されます。項目を選んで表示された目的の関数をダブルクリックすると、関数の構文がテキストボックスに入力されるので、そこに引数を入力しましょう。レッスン㉜のHINT!も参照してください。

●引数［単位］の主な設定値

設定値	設定内容
yyyy	年
q	四半期
m	月
y	年間通算日
d	日
w	週日
ww	週
h	時
n	分
s	秒

●日付／時刻型の主な書式指定文字

書式指定文字	設定内容
:	時刻の区切り記号を表示する
/	日付の区切り記号を表示する
dd	日付を2けたで表示する
ddd	曜日を英語3文字の省略形で表示する
dddd	曜日を英語で表示する
aaa	曜日を漢字1文字で表示する
aaaa	曜日を漢字3文字で表示する
mm	月を2けたで表示する
mmm	月を英語3文字の省略形で表示する
mmmm	月を英語で表示する
q	四半期のどれに属するかを表示する
ggg	年号を漢字で表示する
ee	和暦を2けたで表示する
yy	西暦を下2けたで表示する
yyyy	西暦を4けたで表示する
hh	時間を2けたで表示する
nn	分を2けたで表示する
ss	秒を2けたで表示する
AM/PM	時刻に大文字のAMまたはPMを付けて表示する

レッスン

64 日付から「年」を求めるには

Year関数

対応バージョン

365 2019 2016 2013

レッスンで使う練習用ファイル
Year関数.accdb

日付の分解は日付操作の基本

テーブルに入力されている日付から「年」を取り出して表示したいことがあります。例えば、［生年月日］フィールドを元に「誕生年」を表示したり、［入社年月日］フィールドから「入社年」を求めたりするときです。そんなときは、Year関数を使用すると、引数に［日付］を指定するだけで、簡単に「年」を取り出せます。このレッスンでは、下の［After］のように、誕生年を求めます。年月日から年だけを取り出すことによって、何年の生まれなのかが分かりやすくなります。日付を分解するテクニックは日付操作の基本なので、ぜひマスターしてください。

関連レッスン

▶レッスン63
関数で日付や数値を加工するには……p.216
▶レッスン65
日付から「月」を求めるには……p.220
▶レッスン66
日付から「四半期」を求めるには……p.222

キーワード

関数	p.292
クエリ	p.292
引数	p.294

Before

コキャクメイ	性別	生年月日	クリ
キタガワ ナツキ	男	1972/05/07	
サトウ マオ	女	1991/12/20	
モトミヤ ケンジ	男	1982/05/19	
ハラダ マリコ	女	1973/08/03	
ヨシムラ エイジ	男	1993/07/11	
オオカワ ケイコ	女	1964/11/08	
コンドウ ヨウスケ	男	1978/06/27	
カミムラ ユウキ	男	1965/03/06	
コバヤシ サトシ	男	1993/12/10	
フジムラ マナ	女	1984/11/15	

［生年月日］フィールドから、「1972」や「1991」といった「年」だけを取り出したい

→

After

顧客名	生年月日	誕生年
北川 夏樹	1972/05/07	1972
佐藤 真央	1991/12/20	1991
本宮 健二	1982/05/19	1982
原田 真理子	1973/08/03	1973
吉村 英二	1993/07/11	1993
大川 恵子	1964/11/08	1964
近藤 陽介	1978/06/27	1978
上村 祐樹	1965/03/06	1965
小林 聡	1993/12/10	1993
藤村 茉奈	1984/11/15	1984

［誕生年］フィールドに、生年月日の「年」だけを取り出して表示できる

●Year関数の書式

構文	Year(日付)
例	Year([生年月日])
説明	［生年月日］フィールドから「年」を抜き出して表示する

❶ Year関数を入力する

練習用ファイルを開いておく

レッスン⓮を参考に、[顧客テーブル]で新規クエリを作成して[顧客ID] [顧客名] [生年月日]フィールドを追加しておく

ここでは、[誕生年]フィールドを追加して、[生年月日]フィールドの日付を引数に指定する

1 列の境界線をここまでドラッグ

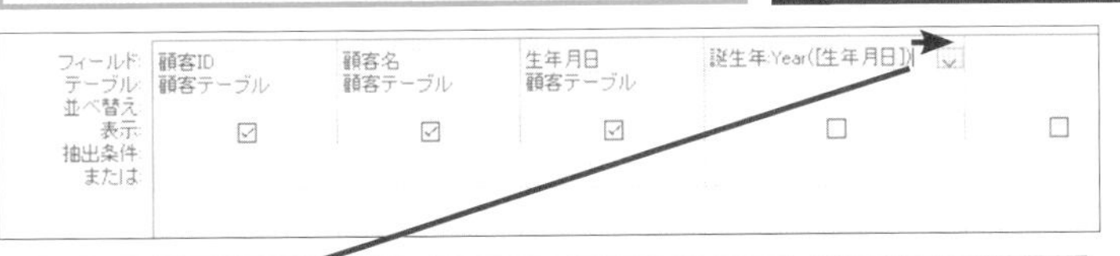

2 「誕生年:Year([生年月日])」と入力

フィールド名以外は半角英数で入力する

3 Enter キーを押す

❷ クエリを実行する

Year関数が入力された

1 [実行]をクリック

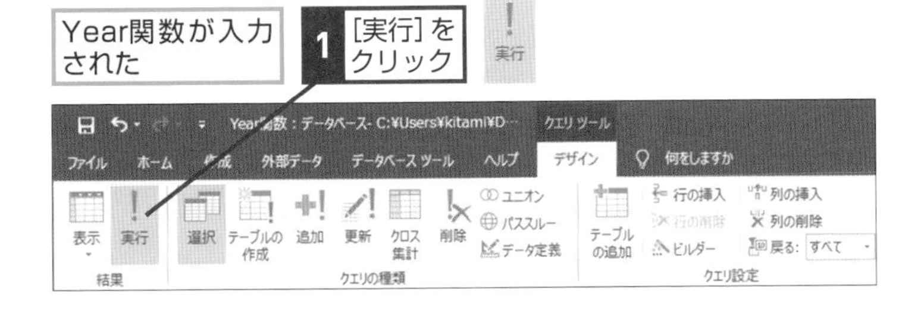

❸ 日付データから「年」が抜き出された

クエリが実行された

1 [生年月日]フィールドから「年」が抜き出されていることを確認

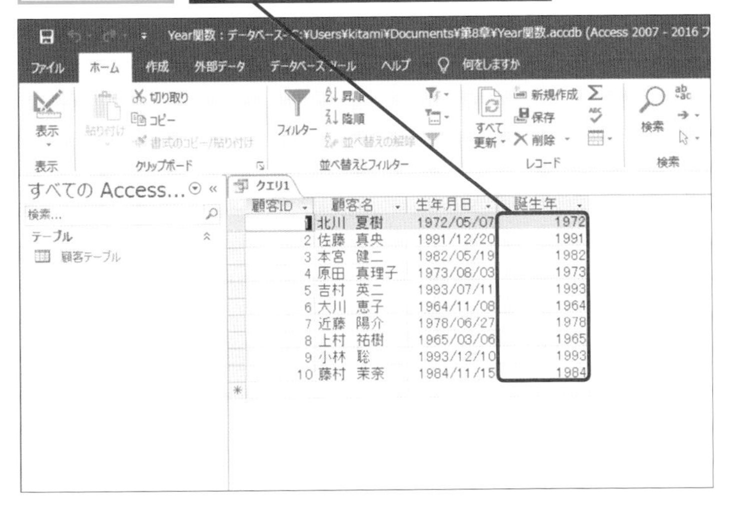

HINT! 日付から「日」を抜き出すには

Day関数を使用すると、日付から「日」を抜き出せます。例えば[生年月日]フィールドに「1984/11/10」が入力されているとき、「Day([生年月日])」の結果は「10」となります。

「Day([生年月日])」と入力して「日」を抜き出せる

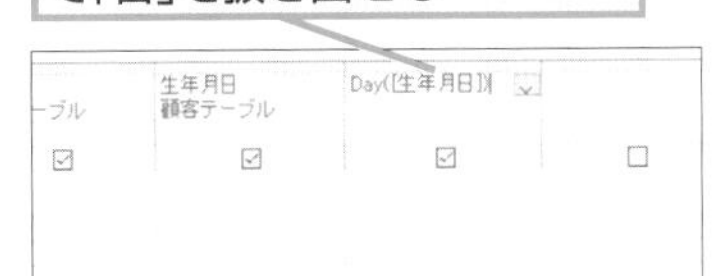

●Day関数の書式

構文	Day(日付)
例	Day([生年月日])
説明	[生年月日]フィールドから「日」を抜き出して表示する

HINT! 時刻も分解できる

Hour関数、Minute関数、Second関数を使用すると、時刻からそれぞれ「時」「分」「秒」を取り出せます。時、分、秒を別の列に表示した表を作成したいときなどに利用できます。例えば[受付時]に「12:34:56」が入力されている場合、「hour([受付時])」の結果は「12」となります。

●Hour関数の書式

構文	Hour(時刻)
例	Hour([受付時])
説明	[受付時]フィールドから「時」を抜き出して表示する

間違った場合は？

手順3で正しい結果が表示されなかったときは、入力した関数が間違っています。デザイングリッドに正しい関数を入力し直してから、クエリを実行してください。

レッスン

65 日付から「月」を求めるには

Month関数

対応バージョン

365 2019 2016 2013

レッスンで使う練習用ファイル
Month関数.accdb

日付から「月」だけを取り出して処理できる

前のレッスンでは日付から「年」を取り出すYear関数を紹介しましたが、Month関数を使用すれば、同様に引数に［日付］を指定するだけで簡単に「月」を取り出せます。クエリで月のフィールドを作成しておくと、データを利用しやすくなります。例えば［生年月日］のフィールドから月を取り出して［誕生月］のフィールドを作成しておけば、抽出条件として月の数値を指定するだけで今月が誕生月の人を簡単に抽出できます。レッスン69で解説するように、Month関数は「先月15日」や「翌月10日」を求めるときにも使えます。いろいろなシーンで役に立つ重要な関数といえます。

関連レッスン

▶レッスン63
関数で日付や数値を加工するには……p.216
▶レッスン64
日付から「年」を求めるには……p.218
▶レッスン66
日付から「四半期」を求めるには……p.222

キーワード

引数 p.294
戻り値 p.295

Before

顧客名	生年月日
北川 夏樹	1972/05/07
佐藤 真央	1991/12/20
本宮 健二	1982/05/19
原田 真理子	1973/08/03
吉村 英二	1993/07/11
大川 恵子	1964/11/08
近藤 陽介	1978/06/27
上村 祐樹	1965/03/06
小林 聡	1993/12/10
藤村 茉奈	1984/11/15

［生年月日］フィールドから、「5」や「12」といった「月」だけを抽出したい

After

顧客名	生年月日	誕生月
北川 夏樹	1972/05/07	5
佐藤 真央	1991/12/20	12
本宮 健二	1982/05/19	5
原田 真理子	1973/08/03	8
吉村 英二	1993/07/11	7
大川 恵子	1964/11/08	11
近藤 陽介	1978/06/27	6
上村 祐樹	1965/03/06	3
小林 聡	1993/12/10	12
藤村 茉奈	1984/11/15	11

［誕生月］フィールドに、生年月日の「月」だけを取り出して表示できる

●Month関数の書式

構文	Month(日付)
例	Month([生年月日])
説明	［生年月日］フィールドから「月」を抜き出して表示する

1 Month関数を入力する

練習用ファイルを開いておく

レッスン⑭を参考に、[顧客テーブル]で新規クエリを作成して[顧客ID][顧客名][生年月日]のフィールドを追加しておく

ここでは、[誕生月]フィールドを追加して、[生年月日]フィールドの日付を引数に指定する

1 列の境界線をここまでドラッグ

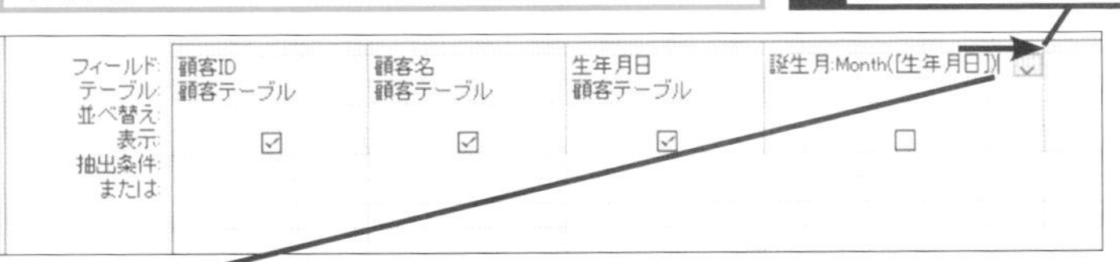

2 「誕生月:Month([生年月日])」と入力

3 Enterキーを押す

2 クエリを実行する

Month関数が入力された

1 [実行]をクリック

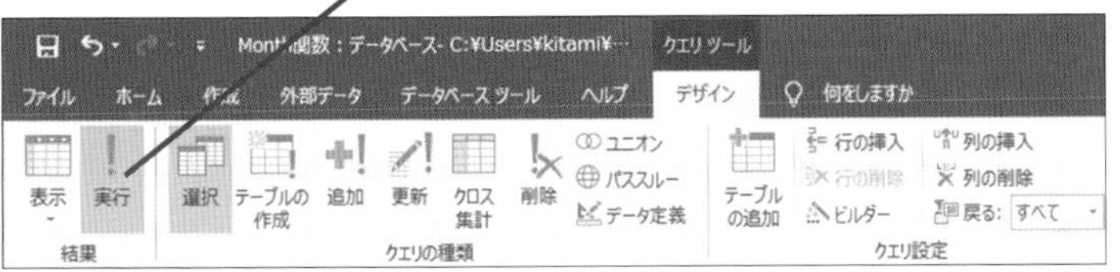

3 日付データから「月」が抜き出された

クエリが実行された

1 [生年月日]フィールドから「月」が抜き出されていることを確認

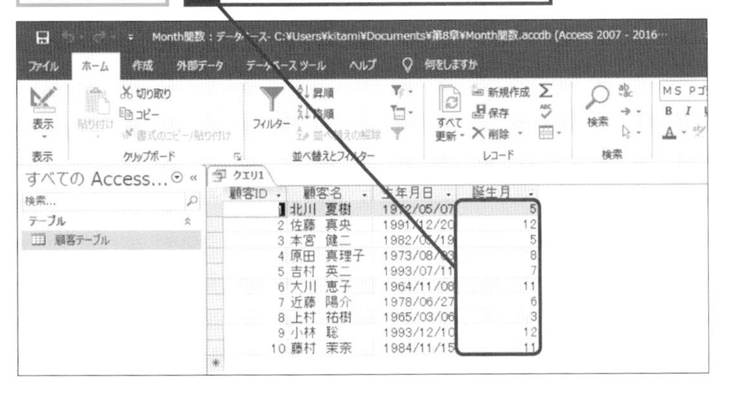

顧客ID	顧客名	生年月日	誕生月
1	北川 夏樹	1992/05/07	5
2	佐藤 真央	1991/12/20	12
3	本宮 健二	1982/05/19	5
4	原田 真理子	1973/08/03	8
5	吉村 英二	1993/07/11	7
6	大川 恵子	1964/11/08	11
7	近藤 陽介	1978/06/27	6
8	上村 祐樹	1965/03/06	3
9	小林 聡	1993/12/10	12
10	藤村 茉奈	1984/11/15	11

HINT!

現在の日付や時刻を求めるには

Date関数、Time関数、Now関数を使用すると、Windowsの内蔵時計を基準に、それぞれ「現在の日付」「現在の時刻」「現在の日付と時刻」を求められます。いずれも引数は不要ですが、「()」は省略せずに入力します。これらの関数をYear関数やMonth関数と組み合わせて利用すると、現在の年や月が分かります。例えば現在の年を調べるには、「Year(Date())」とします。

HINT!

Format関数とはどう違うの？

Year関数やMonth関数、Day関数の戻り値は数値です。レッスン⑳で解説するFormat関数でも日付から「年」「月」「日」を取り出せますが、Format関数の戻り値は文字列です。取り出したデータを元に並べ替えを行ったり、四則演算などに使用したりする場合は、データを数値として取り出せるYear関数、Month関数、Day関数を使用し、「年月」や「月日」など2つの要素を同時に取り出したいときに、Format関数を使用するといいでしょう。

HINT!

今月が誕生日のレコードを抽出するには

[誕生月]フィールドの[抽出条件]行に「Month(Date())」と入力してクエリを実行すると、クエリを実行した日で、その月の誕生日に該当するレコードを抽出できます。

レッスン
66 日付から「四半期」を求めるには

DatePart関数

対応バージョン

365 2019 2016 2013

レッスンで使う練習用ファイル
DatePart関数.accdb

日付の単位を変換して表示できる

DatePart関数は、オールマイティーな日付分解用の関数です。[単位]と[日付]の2つの引数を指定すれば、日付から指定した単位の要素を取り出せます。引数[単位]には、217ページで紹介した設定値を指定します。「年」「月」「日」のような単純な数値だけでなく、「四半期」や「週」など、算出が難しい情報も取り出せるのが特徴です。四半期単位や週単位で売り上げデータを集計したいときなどに欠かせません。このレッスンでは、下図のように、[受注日]フィールドの日付から四半期を求めます。日付からさまざまな情報を取り出して、いろいろな角度からデータを分析するために、DatePart関数を活用してみましょう。

関連レッスン

▶レッスン63
関数で日付や数値を加工するには……p.216
▶レッスン64
日付から「年」を求めるには……p.218
▶レッスン65
日付から「月」を求めるには……p.220

キーワード

関数	p.292
クエリ	p.292
戻り値	p.295

Before

受注先	受注日	受注金額	クリッ
平和ハウス	2020/01/25	¥1,500,000	
青空建設	2020/02/10	¥200,000	
青空建設	2020/03/14	¥650,000	
緑工務店	2020/04/01	¥2,000,000	
平和ハウス	2020/05/18	¥550,000	
青空建設	2020/07/20	¥350,000	
緑工務店	2020/08/10	¥300,000	
平和ハウス	2020/09/12	¥1,000,000	
青空建設	2020/10/20	¥1,800,000	
緑工務店	2020/12/03	¥800,000	

[受注日]フィールドの日付を利用して、受注日がどの四半期に該当するのかを確認したい

After

受注内容	受注日	四半期
新築内装工事	2020/01/25	1
クロス張替	2020/02/10	1
フローリング張替	2020/03/14	1
新築内装工事	2020/04/01	2
家具造作	2020/05/18	2
クロス張替	2020/07/20	3
壁面塗装	2020/08/10	3
フローリング張替	2020/09/12	3
新築内装工事	2020/10/20	4
クロス張替	2020/12/03	4

DatePart関数で、[単位]の引数に四半期の書式指定文字を指定すれば、日付に該当する四半期が分かる

●DatePart関数の書式

構文	DatePart(単位 , 日時 , 週の最初の曜日 , 年の最初の週)
例	DatePart("q",[受注日])
説明	[受注日]フィールドから四半期の情報を取り出して表示する([週の最初の曜日]と[年の最初の週]の引数は省略可)

※引数[単位]の設定値はレッスン㊳を参照

1 DatePart関数を入力する

練習用ファイルを開いておく

レッスン⑭を参考に、[受注テーブル] で新規クエリを作成して[ID] [受注内容] [受注日]のフィールドを追加しておく

ここでは、[四半期] フィールドを追加して、[受注日] フィールドの日付から四半期を求める

1 列の境界線をここまでドラッグ

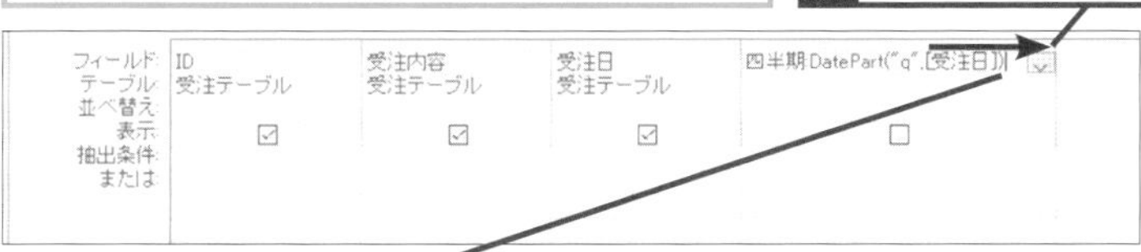

2 「四半期:DatePart("q",[受注日])」と入力

3 Enter キーを押す

2 クエリを実行する

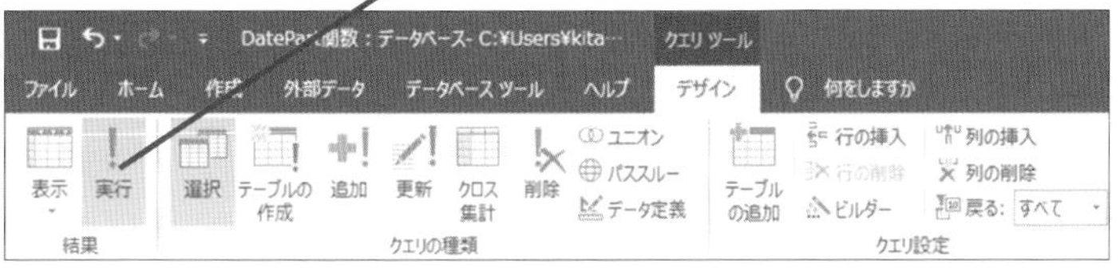

3 日付データが四半期単位に変換された

クエリが実行された

1 [受注日] フィールドの日付が四半期ごとに表示されたことを確認

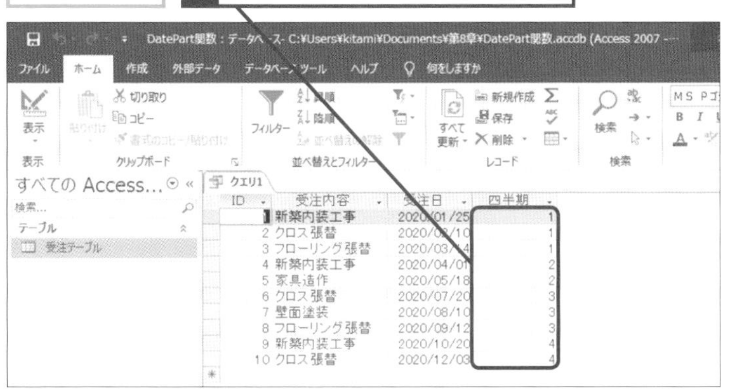

ID	受注内容	受注日	四半期
1	新築内装工事	2020/01/25	1
2	クロス張替	2020/02/10	1
3	フローリング張替	2020/03/14	1
4	新築内装工事	2020/04/01	2
5	家具造作	2020/05/18	2
6	クロス張替	2020/07/20	3
7	壁面塗装	2020/08/10	3
8	フローリング張替	2020/09/12	3
9	新築内装工事	2020/10/20	4
10	クロス張替	2020/12/03	4

HINT!

Year関数やMonth関数と同じように使える

DatePart関数の引数［単位］に「yyyy」を指定したときの戻り値は、Year関数の戻り値と同じです。同様に、引数［単位］の指定に「m」と入力するとMonth関数、「d」と入力するとDay関数、「w」と入力するとWeekday関数と同じ戻り値が得られます。引数［単位］の設定値については、レッスン㊸も参考にしてください。

HINT!

「週」を取り出すには

DatePart関数の引数［単位］に「ww」を指定すると、日付データから「週」を取り出すことができます。戻り値は、「週の最初の曜日」と「年の最初の週」の引数によって変わります。「週の最初の曜日」と「年の最初の週」の引数を省略した場合は、日曜日を週の第1日目、1月1日を含む週をその年の第1週として計算されます。

HINT!

データを四半期ごとに集計するときの注意点

DatePart関数を使用して日付データから「四半期」の情報を取り出し、取り出した「四半期」をグループ化して売り上げなどのデータを集計できます。ただし、数年分のデータがある場合は、異なる年のデータも同じグループにまとめられてしまうので注意が必要です。複数年にわたるデータを四半期ごとにグループ化したいときは、日付から「年」も取り出して「年」と「四半期」の2つのフィールドでグループ化しましょう。

レッスン

67 「1カ月前」の日付を求めるには

DateAdd関数

対応バージョン

365 2019 2016 2013

レッスンで使う練習用ファイル
DateAdd関数.accdb

日付の加減算が簡単にできる

「開催日の1カ月前を受付開始日に設定したい」「販売日の1年後を保証期限としたい」……。そんなときに活躍するのが、DateAdd関数です。引数に［単位］［時間］［日時］の3つを指定して、日時から指定した単位の時間を加減算できます。「10日後」や「10日前」のような日単位の計算なら、「日付+10」や「日付-10」のような単純な四則演算で求められますが、月単位や年単位の計算となると四則演算では歯が立ちません。加減算する日付の単位を自由に指定できるDateAdd関数を使用しましょう。ここでは下図のように、［講演日］フィールドの1カ月前の日付を求めます。［After］のように、年をまたぐ場合でも正しい日付が表示されます。

関連レッスン

▶レッスン63
関数で日付や数値を加工するには……p.216

▶レッスン68
生年月日から年齢を求めるには……p.226

▶レッスン69
日付から月末日を求めるには……p.228

キーワード

関数	p.292
クエリ	p.292

Before

講師	講演日	受講料	申込
沢田 太郎	2020/01/23	¥2,500	
三井 幸一	2020/02/15	¥5,000	
中曽根 健二	2020/04/10	¥2,000	
南 将太	2020/04/21	¥6,000	
松原 ゆきえ	2020/05/06	¥4,000	
水戸 孝	2020/05/16	¥5,500	
鈴木 真理	2020/07/04	¥3,000	
近藤 圭佑	2020/09/12	¥7,000	
大久保 勉	2020/09/28	¥5,500	
仲間 愛子	2020/10/15	¥3,500	
高橋 三郎	2020/10/26	¥4,000	
青木 享子	2020/11/14	¥3,000	

［講演日］フィールドの日付を利用して、1カ月前の日付を講演の受付開始日にしたい

After

講演日	受付開始日
2020/01/23	2019/12/23
2020/02/15	2020/01/15
2020/04/10	2020/03/10
2020/04/21	2020/03/21
2020/05/06	2020/04/06
2020/05/16	2020/04/16
2020/07/04	2020/06/04
2020/09/12	2020/08/12
2020/09/28	2020/08/28
2020/10/15	2020/09/15
2020/10/26	2020/09/26
2020/11/14	2020/10/14

DateAdd関数で、「月」から1を引いた1カ月前の日付を表示できる

●DateAdd関数の書式

構文	DateAdd(単位 , 時間 , 日時)
例	DateAdd("m",-1,[講演日])
説明	［講演日］フィールドから月を抜き出して 1 を引いて表示する

※引数［単位］の設定値はレッスン㉝を参照

1 DateAdd関数を入力する

練習用ファイルを開いておく

レッスン⓮を参考に、[講演会テーブル]で新規クエリを作成して [ID] [テーマ] [講演日]のフィールドを追加しておく

ここでは、[受付開始日] フィールドを追加して、[講演日] フィールドにある日付の1カ月前を求める

1 列の境界線をここまでドラッグ

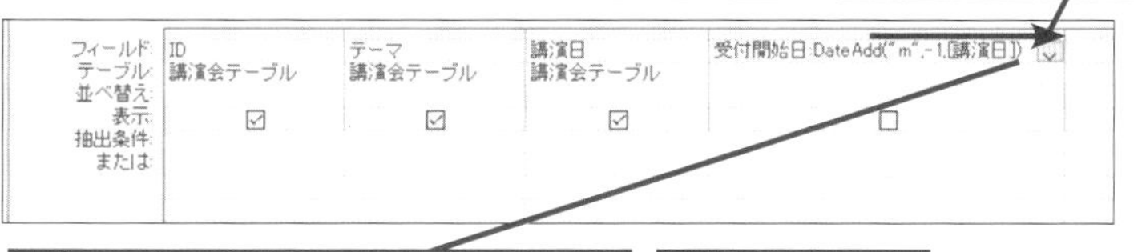

2 「受付開始日:DateAdd("m",-1,[講演日])」と入力

3 Enter キーを押す

2 クエリを実行する

DateAdd関数が入力された

1 [実行] をクリック

3 1カ月前の日付が表示された

クエリが実行された

1 [講演日] フィールドに入力されている1カ月前の日付が表示されていることを確認

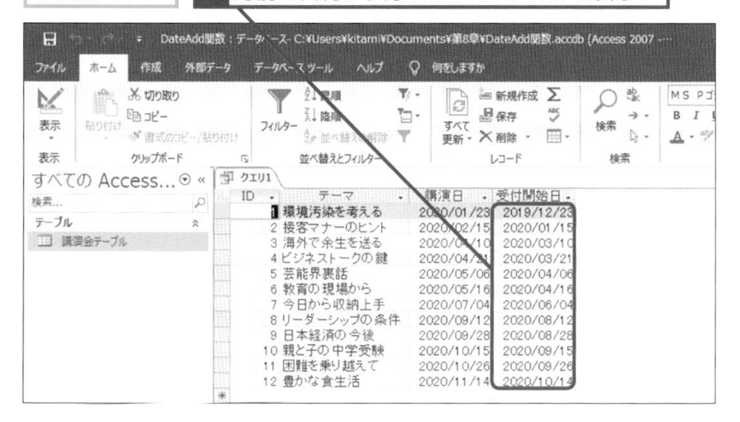

HINT! いろいろな単位で時間の加減算ができる

DateAdd関数の引数［単位］の設定値を変えることで、いろいろな単位の時間の加減算ができます。引数［単位］には、年単位の加減算では「yyyy」、月単位では「m」、週単位では「ww」、日単位では「d」を指定します。［単位］に「y」や「w」を指定したときの戻り値は、「d」を指定したときと同じです。引数［単位］の設定値については、レッスン63も参考にしてください。

HINT! 加算は正、減算は負の［時間］を指定する

DateAdd関数で時間を加算するか減算するかは、引数［時間］の正負によって決まります。［時間］に正の数値を指定すると加算、負の数値を指定すると減算になります。例えば［単位］に「"m"」を指定した場合、［時間］を「1」とすると「1カ月後」、「-1」とすると「1カ月前」が求められます。

間違った場合は？

クエリの実行後に「構文が正しくありません。」とメッセージが表示されたときは、［OK］ボタンをクリックし、「,」（カンマ）などの抜けがないか確認してください。手順3で正しい結果が表示されなかったときは、入力した関数の式が間違っています。デザインビューを表示して、引数［単位］に「"m"」、引数［時間］に「-1」、引数［日時］に「[講演日]」を正しく指定したかどうか確認しましょう。

レッスン

68 生年月日から年齢を求めるには

DateDiff関数

対応バージョン

365 2019 2016 2013

レッスンで使う練習用ファイル

DateDiff関数.accdb

IIf関数と組み合わせて年齢を計算できる

売り上げデータを分析する際に、顧客の年齢によって購入品や購入額にどのような傾向があるか調べたいことがあります。2つの日付の間隔を求めるDateDiff関数をうまく使えば、年齢を求めることができます。実際に、この関数の引数［単位］に「"yyyy"」を指定すると、［日時1］から［日時2］までの年の間隔が求められます。ただし、正確な年数が求められるわけではなく、単に［日時1］と［日時2］の間に「1月1日」が何回あるかが調べられるだけです。正確な年齢を求めるには、IIf関数を組み合わせて、本日が誕生日より前なのか、後なのかによって式を変える必要があります。式は長くなりますが、正確な計算を行うための公式と考え、機械的にフィールド名を当てはめて利用しましょう。

関連レッスン

▶レッスン61
条件によって処理を分けるには……p.210

▶レッスン70
数値や日付の書式を変更して表示するには……p.230

キーワード

［ズーム］ダイアログボックス p.293

フィールド p.294

Before

コキャクメイ	性別	生年月日	クリ
キタガワ ナツキ	男	1972/05/07	
サトウ マオ	女	1991/12/20	
モトミヤ ケンジ	男	1982/05/19	
ハラダ マリコ	女	1973/08/03	
ヨシムラ エイジ	男	1993/07/11	
オオカワ ケイコ	女	1964/11/08	
コンドウ ヨウスケ	男	1978/06/27	
カミムラ ユウキ	男	1965/03/06	
コバヤシ サトシ	男	1993/12/10	
フジムラ マナ	女	1984/11/15	

［生年月日］フィールドの日付から、年齢を求めたい

After

顧客名	生年月日	年齢
北川 夏樹	1972/05/07	48
佐藤 真央	1991/12/20	28
本宮 健二	1982/05/19	38
原田 真理子	1973/08/03	47
吉村 英二	1993/07/11	27
大川 恵子	1964/11/08	55
近藤 陽介	1978/06/27	42
上村 祐樹	1965/03/06	55
小林 聡	1993/12/10	26
藤村 茉奈	1984/11/15	35

IIf関数やDateDiff関数を使って、正しい年齢を求められる

●DateDiff関数の書式

構文	DateDiff(単位 , 日時 1, 日時 2, 週の最初の曜日 , 年の最初の週)
例	IIf(Format([生年月日],"mm/dd")>Format(Date(),"mm/dd"),DateDiff("yyyy",[生年月日],Date())-1,DateDiff("yyyy",[生年月日],Date()))
説明	［生年月日］フィールドと本日の日付をFormat関数で「mm/dd」形式にして比較し、［生年月日］の方が大きいなら［生年月日］と本日の「年」の間隔から1を引いた値を、そうでないなら［生年月日］と本日の「年」の間隔の値を求める（［週の最初の曜日］と［年の最初の週］の引数は省略可）

1 DateDiff関数を入力する

練習用ファイルを開いておく

レッスン⑭を参考に、[顧客テーブル]で新規クエリを作成して[顧客ID][顧客名][生年月日]のフィールドを追加しておく

ここでは、[年齢]フィールドを追加し、[生年月日]フィールドの日付と本日の日付を比較して、年齢を求める

1 新しいフィールドをクリックして Shift + F2 キーを押す

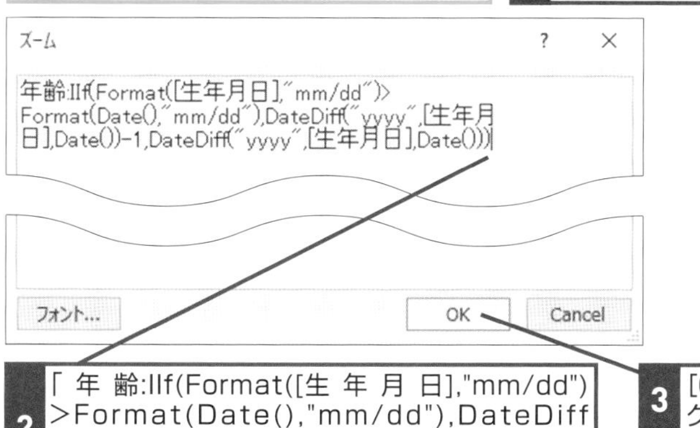

2 「年齢:IIf(Format([生年月日],"mm/dd")>Format(Date(),"mm/dd"),DateDiff("yyyy",[生年月日],Date())-1,DateDiff("yyyy",[生年月日],Date()))」と入力

3 [OK]をクリック

2 クエリを実行する

DateDiff関数が入力された

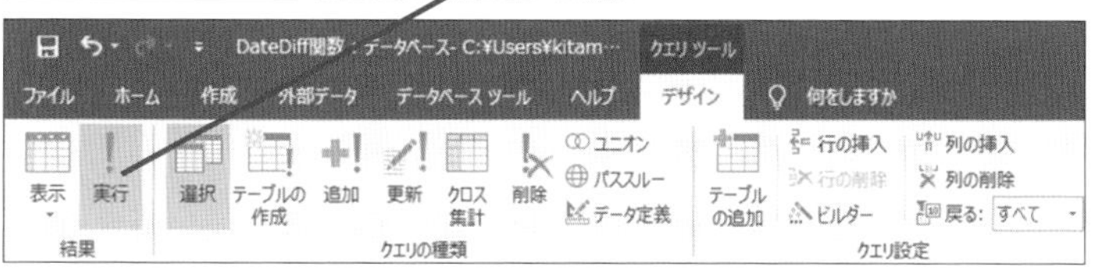

3 日付データから年齢が算出された

クエリが実行された

1 [生年月日]フィールドの日付から年齢が求められたことを確認

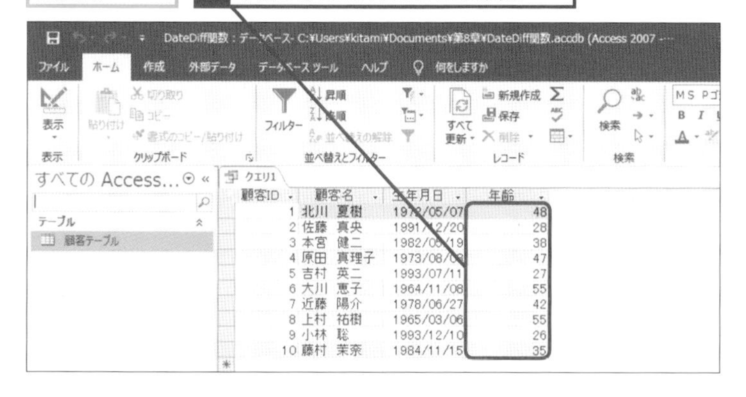

DateDiff関数 : データベース- C:¥Users¥kitami¥Documents¥第8章¥DateDiff関数.accdb (Access 2007 -…
すべての Access…
テーブル
顧客テーブル
クエリ1
顧客ID
顧客名
生年月日
年齢
1 北川 夏樹 1972/05/07 48
2 佐藤 真央 1991/12/20 28
3 本宮 健二 1982/05/19 38
4 原田 真理子 1973/08/03 47
5 吉村 英二 1993/07/11 27
6 大川 恵子 1964/11/08 55
7 近藤 陽介 1978/06/27 42
8 上村 祐樹 1965/03/06 55
9 小林 聡 1993/12/10 26
10 藤村 茉奈 1984/11/15 35

HINT! 1月1日の個数をカウントする

DateDiff関数の引数[単位]に「yyyy」を指定して計算すると、2つの日付の間にある1月1日の数が返されます。従って、例えば「2020/12/31」と「2021/1/1」の間の年数も1と数えられます。同様に、引数[単位]に月を数える「m」を指定すると月初日(1日)の数が、日を数える「d」を指定すると午前0時の数が返されます。

HINT! 文字が見にくいときはフォントサイズを拡大しよう

[ズーム]ダイアログボックスの文字が見にくいときは、右下にある[フォント]ボタンをクリックして、フォントの設定画面を表示しましょう。標準のフォントサイズは9ポイントですが、大きいサイズを選択すると、文字が見やすくなります。

HINT! 年齢計算の考え方

[生年月日]フィールドの日付を元に年齢を計算するには、生年月日の月日が本日の月日より後かどうかを判定し、後なら誕生日前なので DateDiff関数で求めた年数から1を引きます。ここでは生年月日から月日を抜き出すためにFormat関数を、条件を判定するためにIIf関数を使用しています。

間違った場合は?

手順1で閉じかっこ「)))」の入力を間違えてクエリを実行すると、「閉じかっこがありません」といったメッセージが表示されます。[OK]ボタンをクリックし、関数を入力したフィールドを[ズーム]ダイアログボックスで表示して、閉じかっこを正しく入力してからクエリを実行してください。

レッスン

69 日付から月末日を求めるには

DateSerial関数

対応バージョン

365 2019 2016 2013

レッスンで使う練習用ファイル
DateSerial関数.accdb

数値から日付データを組み立てられる

業務の中で「今月末日」や「翌月10日」などの日付を求めたいことがあります。例えば、毎月末日を締日、翌月10日を支払日とする場合などです。そのようなときには、基準となる日付から「年」と「月」を取り出し、目的の「日」と組み合わせて日付データを作成します。DateSerial関数を使えば、引数に［年］［月］［日］の3つの数値を指定して、簡単に日付データを作成できます。しかも、引数に指定した数値をそのまま日付に変換できないときは、自動的に繰り上げたり繰り下げたりして計算してくれるので便利です。例えば、［月］に「13」を指定すると、翌年の1月の日付が求められます。このレッスンでは月末日を求めますが、考え方を理解できれば、さまざまな場面で応用できるでしょう。

関連レッスン

▶レッスン63
関数で日付や数値を加工するには ………… p.216
▶レッスン67
「1カ月前」の日付を求めるには ………… p.224
▶レッスン68
生年月日から年齢を求めるには ………… p.226

キーワード

関数 p.292
クエリ p.292

Before

講師	講演日	受講料	申
沢田 太郎	2020/01/23	¥2,500	
三井 幸一	2020/02/15	¥5,000	
中曽根 健二	2020/04/10	¥2,000	
南 将太	2020/04/21	¥6,000	
松原 ゆきえ	2020/05/06	¥4,000	
水戸 孝	2020/05/16	¥5,500	
鈴木 真理	2020/07/04	¥3,000	
近藤 圭佑	2020/09/12	¥7,000	
大久保 勉	2020/09/28	¥5,500	
仲間 愛子	2020/10/15	¥3,500	
高橋 三郎	2020/10/26	¥4,000	
青木 享子	2020/11/14	¥3,000	

［講演日］フィールドの日付を利用して、月末の日付を求めたい

After

講演日	講演料支払
2020/01/23	2020/01/31
2020/02/15	2020/02/29
2020/04/10	2020/04/30
2020/04/21	2020/04/30
2020/05/06	2020/05/31
2020/05/16	2020/05/31
2020/07/04	2020/07/31
2020/09/12	2020/09/30
2020/09/28	2020/09/30
2020/10/15	2020/10/31
2020/10/26	2020/10/31
2020/11/14	2020/11/30

DateSerial関数の引数［日］に「0」を指定することで、翌月の1日前（月末日）を求められる

●DateSerial関数の書式

構文	DateSerial(年 , 月 , 日)
例	DateSerial(Year([講演日]),Month([講演日])+1,0)
説明	［講演日］フィールドから「年」と「月」を Year 関数と Month 関数で抜き出し、「月」に 1 を足して翌月とし、「日」に 0 を指定して講演月の月末日を表示する

DateSerial関数を入力する

練習用ファイルを開いておく

レッスン⓮を参考に、[講演会テーブル]で新規クエリを作成して[ID][テーマ][講演日]のフィールドを追加しておく

ここでは、[講演料支払日]フィールドを追加し、[講演日]フィールドの日付から月末日を求める

1 列の境界線をここまでドラッグ

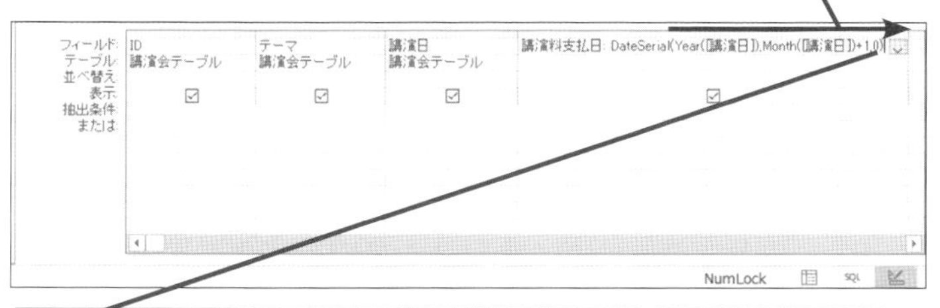

2 「講演料支払日:DateSerial(Year([講演日]),Month([講演日])+1,0)」と入力

3 Enter キーを押す

2 クエリを実行する

DateSerial関数が入力された

1 [実行]をクリック

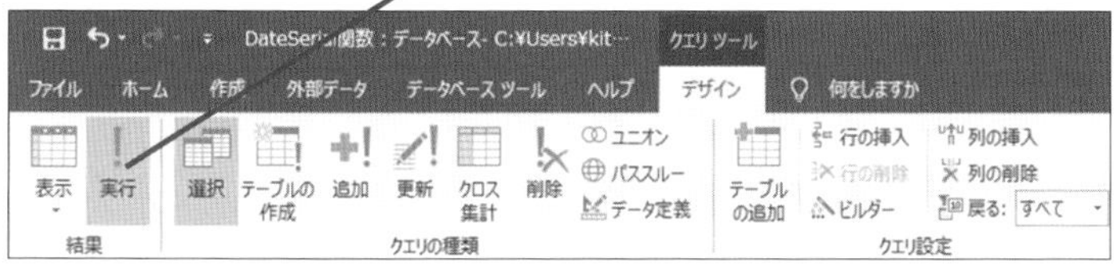

3 月末の日付が算出された

クエリが実行された

1 [講演日]フィールドの日付から月末の日付が求められたことを確認

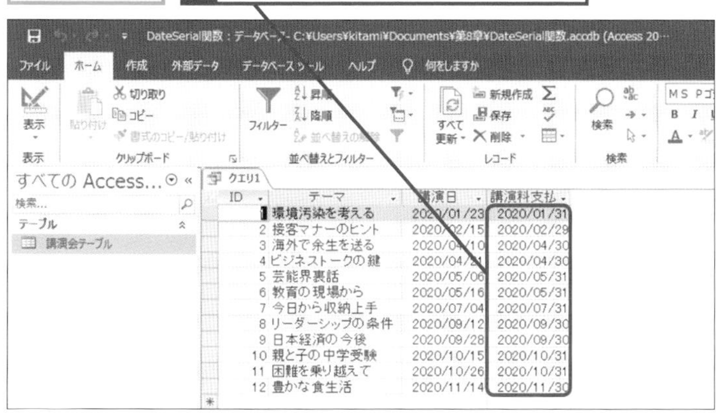

ID	テーマ	講演日	講演料支払
1	環境汚染を考える	2020/01/23	2020/01/31
2	接客マナーのヒント	2020/02/15	2020/02/29
3	海外で余生を送る	2020/04/10	2020/04/30
4	ビジネストークの鍵	2020/04/21	2020/04/30
5	芸能界裏話	2020/05/06	2020/05/31
6	教育の現場から	2020/05/16	2020/05/31
7	今日から収納上手	2020/07/04	2020/07/31
8	リーダーシップの条件	2020/09/12	2020/09/30
9	日本経済の今後	2020/09/28	2020/09/30
10	親と子の中学受験	2020/10/15	2020/10/31
11	困難を乗り越えて	2020/10/26	2020/10/31
12	豊かな食生活	2020/11/14	2020/11/30

HINT!

月末日を求める考え方

今月末を求めるには、翌月1日の1日前の日付を計算します。まずYear関数とMonth関数を使用して基準の日付から「年」と「月」を取り出します。取り出した「年」はそのまま使用します。翌月を得るために「月」に1を加えます。「日」に1を指定すると翌月1日の日付が得られ、0を指定するとその前日、つまり今月末の日付が得られます。

HINT!

8けたの数字を日付に変換するには

「20201010」のような8けたの数字を「2020/10/10」のような日付に変換するには、まずLeft関数、Mid関数、Right関数を使用して「年」「月」「日」の数字をそれぞれ取り出します。これらをDateSerial関数の引数に指定すれば、8けたの数字を日付のデータに変換できます。

8けたの数字の必要な部分をLeft関数、Mid関数、Right関数などの文字列操作関数で抜き出して、DateSerial関数で日付に変換する

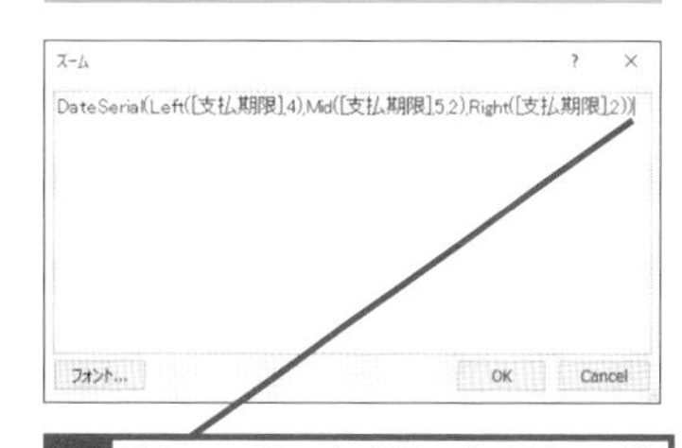

1 「DateSerial(Left([支払期限],4),Mid([支払期限],5,2),Right([支払期限],2))」と入力

間違った場合は？

手順3で正しい結果が表示されなかったときは、入力した関数が間違っています。デザイングリッドに正しい関数を入力し直してから、あらためてクエリを実行してください。

レッスン

70 数値や日付の書式を変更して表示するには

Format関数

対応バージョン

365 2019 2016 2013

レッスンで使う練習用ファイル

Format関数.accdb

数値や日付を必要な形式で表示できる

レッスン⑲で解説したように、[プロパティシート] の [書式] を使用すると、データの見ためを変更できます。ただし、見ためを変更したデータ同士を結合したいときには、[書式] の設定では太刀打ちできません。下の図を見てください。[Before] の [講演日] フィールドの「年」2けたと、3けたにそろえた [ID] フィールドの数値を結合して、[After] のような [コード] フィールドを作成しています。このように、データそのものを目的の形式に変換するには、Format関数を使用します。引数に [データ] と [書式] の2つを指定して、データを思い通りの形式に加工する関数です。ポイントは、引数 [書式] の指定方法です。書式指定文字を上手に組み合わせて、データを思い通りに加工しましょう。

関連レッスン

キーワード

Before

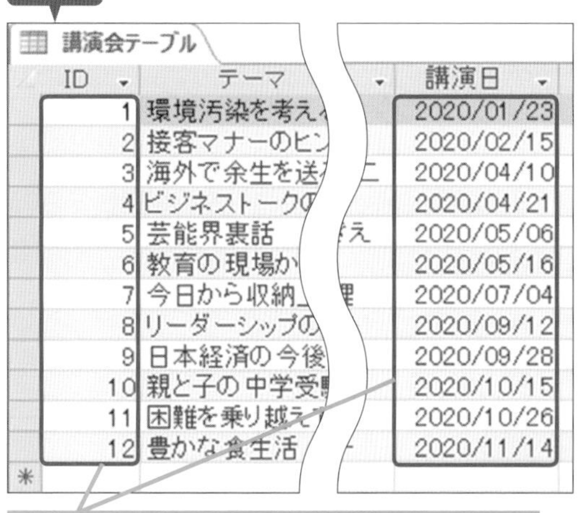

[ID] フィールドの数値と [講演日] フィールドの年2けたを結合したい

After

講演日	コード
2020/01/23	20001
2020/02/15	20002
2020/04/10	20003
2020/04/21	20004
2020/05/06	20005
2020/05/16	20006
2020/07/04	20007
2020/09/12	20008
2020/09/28	20009
2020/10/15	20010
2020/10/26	20011
2020/11/14	20012

Format関数で、コード番号の値と西暦を加工して結合できる

●Format関数の書式

構文	Format(データ , 書式 , 週の最初の曜日 , 年の最初の週)
例	Format([講演日],"yy")
説明	[講演日] フィールドを「yy」形式に変換して表示する([週の最初の曜日] と [年の最初の週] の引数は省略可)

※引数 [書式] の設定値はレッスン㊸を参照

1 Format関数を入力する

練習用ファイルを開いておく

レッスン⓮を参考に、[講演会テーブル]で新規クエリを作成して[ID][テーマ][講演日]のフィールドを追加しておく

ここでは、[コード]フィールドを追加し、[ID]フィールドを3けたの数字、[講演日]フィールドを2けたの日付の形式に変換してから結合する

1 列の境界線をここまでドラッグ

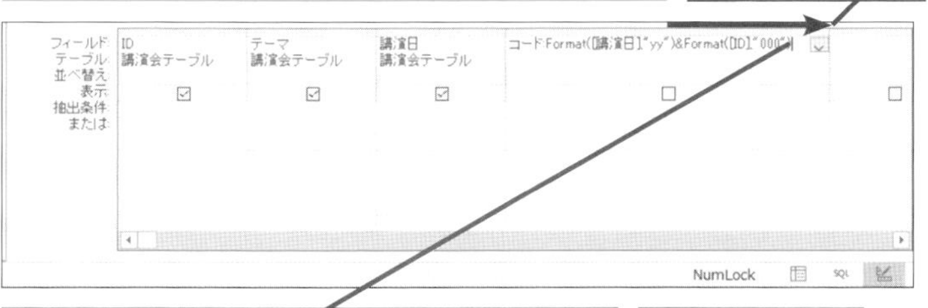

2 「コード:Format([講演日],"yy") & Format([ID],"000")」と入力

3 Enter キーを押す

2 クエリを実行する

Format関数が入力された

1 [実行]をクリック

3 フィールドを変換して結合できた

クエリが実行された

1 [講演日]と[ID]のフィールドから5けたのコードが作成されていることを確認

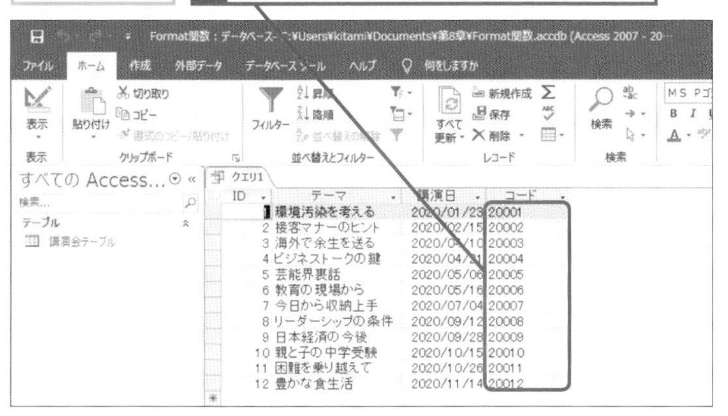

HINT! 日付の書式指定文字

このレッスンで使用した「yy」は、西暦を2けたで表示する書式指定文字です。このほかにも「yyyy」(4けたの西暦)、「mm」(2けたの月)、「m」(1けたまたは2けたの月)、「dd」(2けたの日)、「d」(1けたまたは2けたの日)などの書式指定文字がよく使用されます。また、曜日を求めたいときには「aaa」(「水」の形式で表示)や「aaaa」(「水曜日」の形式で表示)などの書式指定文字を使用します。書式指定文字については、レッスン㊸でも詳しく解説しています。

HINT! 日付の要素も文字列として返される

Format関数の戻り値は文字列です。従って、例えば書式指定文字「m」を使用して日付から取り出した「月」で並べ替えを行うと、「1、10、11、12、2、3、……」の順にレコードが並んでしまいます。月だけを取り出すなら、戻り値が数値となるため正しく並べ替えを行えるMonth関数を使用するといいでしょう。もしくは、書式指定文字「mm」を使用すれば月が「01、02、03、……」と2けたで取り出されるので、正しく並べ替えが行えます。

HINT! 数値の書式指定文字

「Format([ID],"000")」の「000」は、IDが3けたに満たないときに先頭に「0」を補って表示する書式指定文字です。数値1けたを表す書式指定文字には「0」のほかに「#」があり、「#」は「指定したけたに満たないときに「0」を補わない」という違いがあります。

レッスン
71 数値を四捨五入するには
Int関数

対応バージョン

365 2019 2016 2013

レッスンで使う練習用ファイル
Int関数.accdb

小数点以下の端数を正しく処理しよう

値引きや消費税などの計算をするときに、小数点以下に端数が出ることがあります。求めた値をただ単に表示するだけの場合は、[プロパティシート] の [書式] や [小数点以下表示桁数] を使用して、端数を隠せばいいでしょう。しかし、求めた値を使用して金額計算などを行う場合、隠した端数も計算の対象になります。そのため、見ためと実際の計算結果が合わないことになりかねません。そんなときは、Int関数を使用して、データの端数を実際に取り除きましょう。Int関数は引数に指定した [数値] の切り捨てを行う関数ですが、式を工夫すれば四捨五入にも使えます。ここでは [After] のように、正規受講料の3分の1を四捨五入した金額を求めます。

関連レッスン

▶レッスン63
関数で日付や数値を加工するには ……… p.216

▶レッスン72
未入力のフィールドに計算結果を表示するには ……… p.234

キーワード

関数	p.292
クエリ	p.292
プロパティシート	p.295

Before

講演日	受講料	申込数	キャンセ
2020/01/23	¥2,500	90	
2020/02/15	¥5,000	49	
2020/04/10	¥2,000	28	
2020/04/21	¥6,000	46	
2020/05/06	¥4,000	90	
2020/05/16	¥5,500	76	
2020/07/04	¥3,000	37	
2020/09/12	¥7,000	31	
2020/09/28	¥5,500	66	
2020/10/15	¥3,500	64	
2020/10/26	¥4,000	92	
2020/11/14	¥3,000	41	

[受講料] フィールドの金額を3分の1にして、端数を切り捨てて四捨五入したい

After

受講料	会員料金
¥2,500	833
¥5,000	1667
¥2,000	667
¥6,000	2000
¥4,000	1333
¥5,500	1833
¥3,000	1000
¥7,000	2333
¥5,500	1833
¥3,500	1167
¥4,000	1333
¥3,000	1000

「833.3333」という数値から端数の「.3333」を除き、四捨五入できる

●Int関数の書式

構文	Int(数値)
例	Int([受講料]/3+0.5)
説明	[受講料] フィールドを 3 で割り、0.5 足した値の整数部分を取り出す

1 Int関数を入力する

練習用ファイルを開いておく

レッスン⑭を参考に、[講演会テーブル] で新規クエリを作成して [ID] [テーマ] [受講料] のフィールドを追加しておく

ここでは、[会員料金] フィールドを追加し [受講料] フィールドの金額を3で割って四捨五入する

1 列の境界線をここまでドラッグ

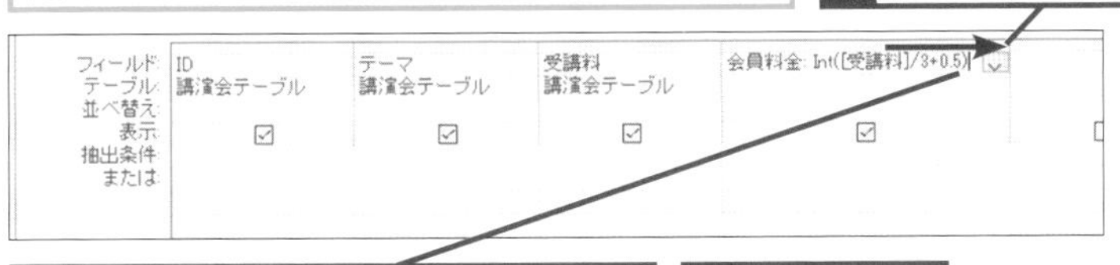

2 「会員料金:Int([受講料]/3+0.5)」と入力

3 Enter キーを押す

2 クエリを実行する

Int関数が入力された

1 [実行] をクリック

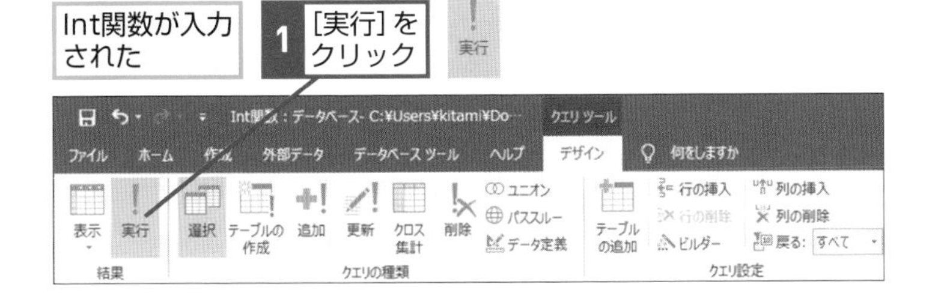

3 フィールドの数値が四捨五入された

クエリが実行された

1 [会員料金] フィールドに [受講料] フィールドの1/3で四捨五入された金額が表示されたことを確認

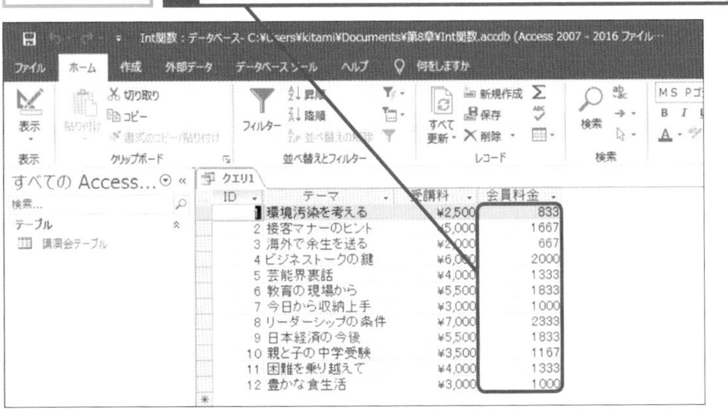

ID	テーマ	受講料	会員料金
1	環境汚染を考える	¥2,500	833
2	接客マナーのヒント	¥5,000	1667
3	海外で余生を送る	¥2,000	667
4	ビジネストークの鍵	¥6,000	2000
5	芸能界裏話	¥4,000	1333
6	教育の現場から	¥5,500	1833
7	今日から収納上手	¥3,000	1000
8	リーダーシップの条件	¥7,000	2333
9	日本経済の今後	¥5,500	1833
10	親と子の中学受験	¥3,500	1167
11	困難を乗り越えて	¥4,000	1333
12	豊かな食生活	¥3,000	1000

HINT!

四捨五入の考え方

Int関数は引数が正の数の場合、小数点以下の数値を取り除いた整数を返します。従って、四捨五入したい数値に0.5を加えてから、Int関数で小数点以下を取り除けば、四捨五入した数値が返ります。なお、小数第2位で四捨五入するには、「Int（数値*10+0.5）/10」のように、10倍した数値を四捨五入して、その結果を10で割ります。また反対に、1の位を四捨五入して数値を切りよく10の単位で表示するには、「Int（数値/10+0.5）*10」のように、10で割った数値を四捨五入して、その結果に10を掛けます。

HINT!

数値の端数を切り上げるには

数値の小数部を切り捨てるには「Int（数値）」としますが、小数部を切り上げるには、どのけたで切り上げたいかによって式が変わります。例えば、2.1や2.2のように小数第1位に数値があるときに3に切り上げたい場合は、「Int（数値+0.9）」とします。この場合、小数第2位以下は無視され、例えば、数値が2.01ならば結果は2になります。2.01や2.02のように小数第2位に数値があるときも3に切り上げたい場合は、「Int（数値+0.99）」とします。同様に加える数値を0.999、0.9999……と変えることによって、切り上げたいけた数に合わせることができます。

間違った場合は？

手順3で正しい結果が表示されなかったときは、入力した関数が間違っています。デザイングリッドに正しい関数を入力し直してから、あらためてクエリを実行してください。

レッスン

72 未入力のフィールドに計算結果を表示するには

Nz関数

対応バージョン

365 2019 2016 2013

レッスンで使う練習用ファイル

Nz関数.accdb

未入力によるトラブルを未然に防ぐ

計算の元になるフィールドにデータが入力されていないと、計算されなかったり、エラーが発生したりすることがあります。例えば、下の［Before］のクエリの場合、［申込数］フィールドから［キャンセル数］フィールドを引いて［実質数］を計算していますが、［キャンセル数］が未入力の場合は［実質数］に何も表示されません。このようなときは、Nz関数を使用して対処しましょう。Nz関数は、指定したデータがNull値（データが入力されていないフィールドの値）のときに、Null値を別の値に置き換える関数です。Nz関数を使用して、Null値を0に置き換えて［申込数］から引けば、［After］のクエリのように、どのレコードにもきちんと計算結果が表示されます。

関連レッスン

キーワード

Before

申込数	キャンセル数	実質数
90	1	89
49	4	45
28		
46	3	43
90		
76	2	74
37		
31		
66	3	63
64	1	63
92	2	90
41		

［キャンセル数］フィールドに数値が入力されていないので、実質数が求められない

→

After

申込数	キャンセル数	実質数
90	1	89
49	4	45
28		28
46	3	43
90		90
76	2	74
37		37
31		31
66	3	63
64	1	63
92	2	90
41		41

Nz関数でデータが入力されていないフィールドを「0」に置き換えられるので、実質数を計算できる

●Nz関数の書式

構文	Nz(式 , 変換値)
例	Nz([キャンセル数],0)
説明	［キャンセル数］フィールドにデータが入力されている場合はそのデータを、入力されていない場合は「0」に置き換えて表示する（［変換値］の引数は省略可）

1 Nz関数を入力する

練習用ファイルを開いておく

レッスン⑭を参考に、[講演会テーブル]で新規クエリを作成して[ID][テーマ][申込数][キャンセル数]のフィールドを追加しておく

ここでは、[実質数]フィールドを追加し、申し込み数からキャンセル数を引いた数値を求める

Nz関数でデータが入力されていないフィールドのレコードを「0」に変換する

1 列の境界線をここまでドラッグ

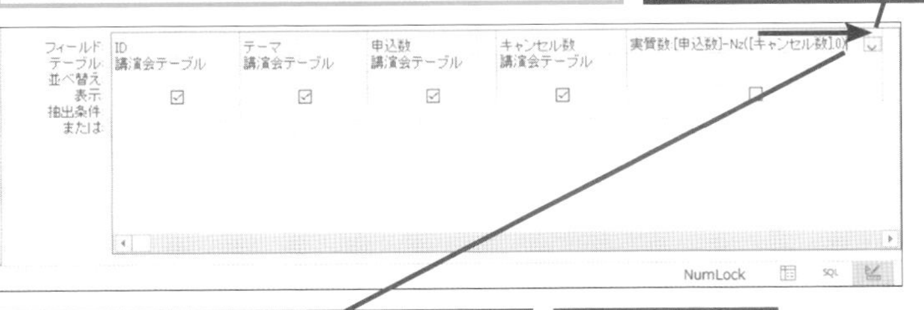

2 「実質数:[申込数]-Nz([キャンセル数],0)」と入力

3 Enter キーを押す

2 クエリを実行する

Nz関数が入力された

1 [実行]をクリック

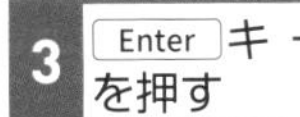

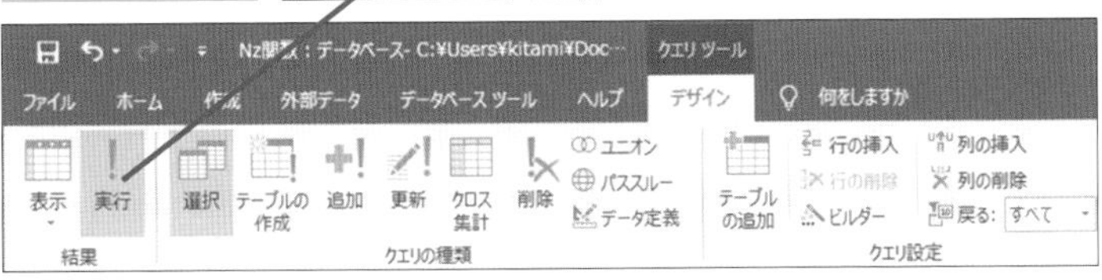

3 未入力のフィールドを含めた計算結果が算出された

クエリが実行された

1 [実質数]フィールドに申し込み数の実数がすべて表示された

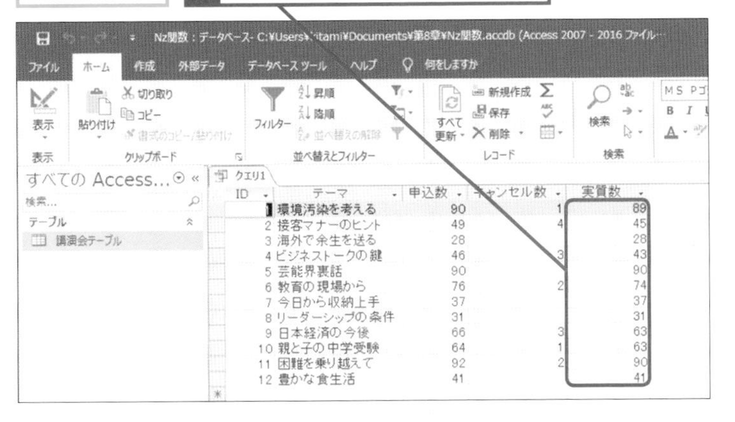

Null値と長さ0の文字列を区別するには

Nz関数で、[変換値]の引数を省略した場合、変換値は自動的に長さ0の文字列に設定されます。しかし、データが入力されていないNull値のフィールドと、長さ0の文字列「""」が入力されているフィールドは、見ためで区別できません。そのような場合は、Nz関数とIIf関数を組み合わせると、Null値と長さ0の文字列を区別できます。例えば、[摘要]というフィールドにおいて、未入力の場合に「(未入力)」、長さ0の文字列の場合に「(長さ0)」、それ以外のときは入力されているデータを表示するには、「IIf([摘要]="","(長さ0)",Nz([摘要],"(未入力)"))」と指定します。

Null値と長さ0の文字列を区別できる

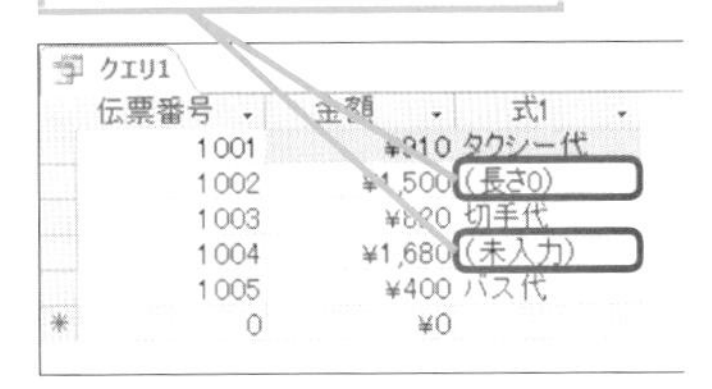

HINT! Nz関数を使用しないと計算結果が表示されない

Nz関数を使用せずに「実質数:[申込数]-[キャンセル数]」と入力した場合は、[キャンセル数]フィールドにデータが入力されていないレコードの[実質数]は計算されません。

間違った場合は？

手順3で正しい結果が表示されなかったときは、入力した関数が間違っています。デザイングリッドに正しい関数を入力し直してから、あらためてクエリを実行してください。

レッスン
73 平均以上のデータを抽出するには

DAvg関数

対応バージョン

365 2019 2016 2013

レッスンで使う練習用ファイル
DAvg関数.accdb

平均値を求めて抽出を行う

平均以上のデータを抽出するには、クエリの抽出条件として平均値の数値を指定しなければなりません。そのためには、まず平均値を求める必要があります。第5章で解説した集計クエリを使用すれば平均値を求められますが、それを別のクエリの抽出条件として設定することは困難です。抽出条件として平均値を設定するときは、DAvg関数を使用しましょう。引数にフィールド名とテーブル名を指定すると、指定したテーブルのフィールドから平均値を計算できます。その際、一般的な関数と違い、引数のフィールド名とテーブル名を半角の「"」(ダブルクォーテーション)で囲むことに注意しましょう。

関連レッスン

▶レッスン63
関数で日付や数値を加工するには ………… p.216
▶レッスン74
クエリに累計を表示するには ….. p.238
▶レッスン75
クエリに順位を表示するには ….. p.240

キーワード

関数	p.292
クエリ	p.292
テーブル	p.293

Before

クエリ1

ID	テーマ	受講料
1	環境汚染を考える	¥2,500
2	接客マナーのヒント	¥5,000
3	海外で余生を送る	¥2,000
4	ビジネストークの鍵	¥6,000
5	芸能界裏話	¥4,000
6	教育の現場から	¥5,500
7	今日から収納上手	¥3,000
8	リーダーシップの条件	¥7,000
9	日本経済の今後	¥5,500
10	親と子の中学受験	¥3,500
11	困難を乗り越えて	¥4,000
12	豊かな食生活	¥3,000

受講料の平均値を求め、平均より受講料が高い講演会を調べたい

After

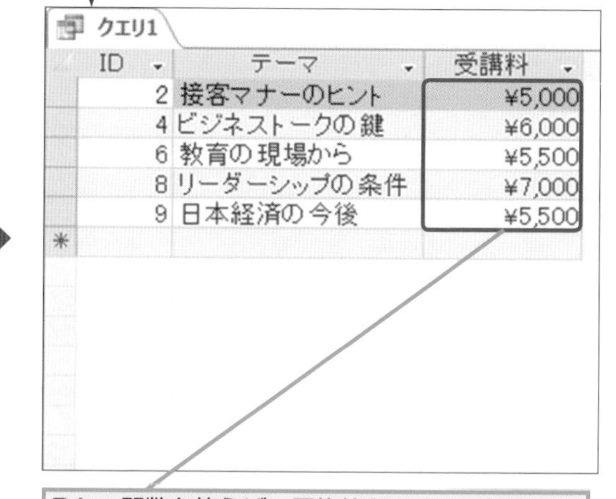
クエリ1

ID	テーマ	受講料
2	接客マナーのヒント	¥5,000
4	ビジネストークの鍵	¥6,000
6	教育の現場から	¥5,500
8	リーダーシップの条件	¥7,000
9	日本経済の今後	¥5,500

DAvg関数を使えば、平均値をクエリの抽出条件にして、平均以上のレコードを抽出できる

●DAvg関数の書式

構文	DAvg(フィールド名 , テーブル名かクエリ名 , 条件式)
例	DAvg(" 受講料 "," 講演会テーブル ")
説明	[講演会テーブル] の [受講料] フィールドから平均値を求める([条件式]の引数は省略可)

1 DAvg関数を入力する

練習用ファイルを開いておく

レッスン⑭を参考に、［講演会テーブル］で新規クエリを作成して［ID］［テーマ］［受講料］のフィールドを追加しておく

ここでは、［受講料］フィールドが平均以上のレコードを抽出する

1 ［受講料］フィールドの境界線をここまでドラッグ

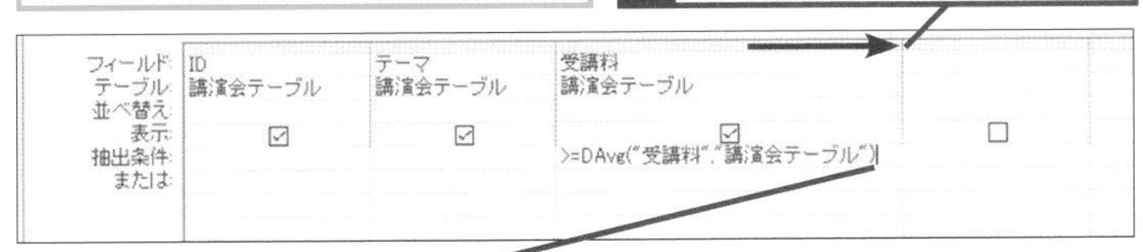

2 ［受講料］フィールドの［抽出条件］行に「>=DAvg("受講料","講演会テーブル")」と入力

3 Enter キーを押す

2 クエリを実行する

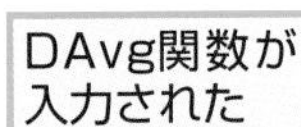
DAvg関数が入力された

1 ［実行］をクリック

3 平均値を上回るレコードが抽出された

クエリが実行された

1 ［受講料］フィールドが平均以上のレコードだけが抽出されていることを確認

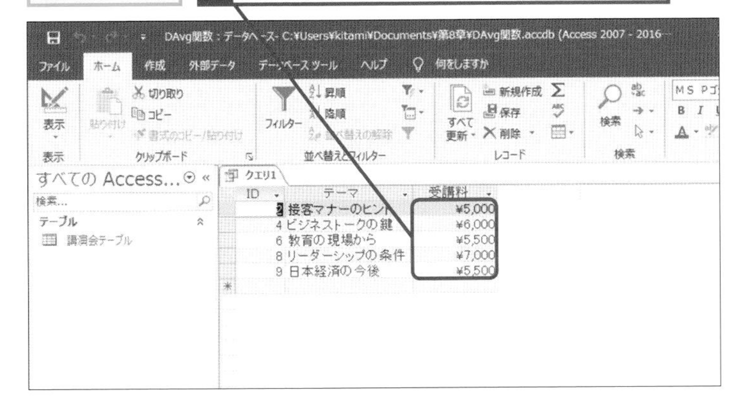

HINT!

平均値を求める2つの関数の違いを知ろう

Accessには平均値を求める関数として、このレッスンで紹介したDAvg関数のほかにAvg関数が用意されています。Avg関数は「Avg(フィールド名)」の構文で、クエリの元になるテーブルに含まれているフィールドの平均値を求める関数です。レッスン㉟のHINT!で紹介したように、集計クエリの演算フィールドで平均を計算するときなどに使用します。DAvg関数と違い、クエリの抽出条件には使用できないので注意しましょう。

●Avg関数の書式

構文	Avg(フィールド名)
例	Avg(［受講料］)
説明	［受講料］フィールドの平均値を求める

HINT!

条件に合ったデータを抽出して平均値を求めるには

DAvg関数の引数［条件式］を使用すると、計算の対象となるレコードを抽出してから平均を求めることができます。引数［条件式］を入力するとき、日付データなら「#」で、文字列データなら「'」で囲んで指定します。

●［条件式］の例

例	抽出されるレコード
"申込数>=50"	［申込数］フィールドの値が50以上
"講演日<#2020/4/1#"	［講演日］フィールドが2020/4/1より前
"会場='大ホール'"	［会場］フィールドの値が「大ホール」に等しい

レッスン

74 クエリに累計を表示するには

DSum関数

対応バージョン

365 2019 2016 2013

レッスンで使う練習用ファイル
DSum関数.accdb

クエリに累計を表示できる

レコードごとに累計を表示するには、DSum関数を利用します。この関数は、引数にフィールド名、テーブル名、条件式の3つを指定して、テーブルから条件に合致したレコードを抜き出し、指定したフィールドの合計を求める関数です。ここでは、下の[Before]の図のように、[ID]フィールドの昇順で並べられているクエリで、[申込数]フィールドの累計を求めます。ポイントは、レコードの並べ替えの基準となっている[ID]フィールドを条件式に利用することです。「"ID<=" & [ID]」のように式を組み立てると、クエリの1行目から現在のレコードまでを取り出して合計できます。慣れないと難しいかもしれませんが、この条件式を公式として利用してみてください。

関連レッスン

▶レッスン63
関数で日付や数値を加工するには ………… p.216
▶レッスン73
平均以上のデータを抽出するには ………… p.236
▶レッスン75
クエリに順位を表示するには ………… p.240

キーワード

データ型 p.293
引数 p.294

Before

クエリ1

ID	テーマ	申込数
1	環境汚染を考える	90
2	接客マナーのヒント	49
3	海外で余生を送る	28
4	ビジネストークの鍵	46
5	芸能界裏話	90
6	教育の現場から	76
7	今日から収納上手	37
8	リーダーシップの条件	31
9	日本経済の今後	66
10	親と子の中学受験	64
11	困難を乗り越えて	92
12	豊かな食生活	41

各講演への申し込み数を上から順番に足していって、申し込み数の累計を確認したい

After

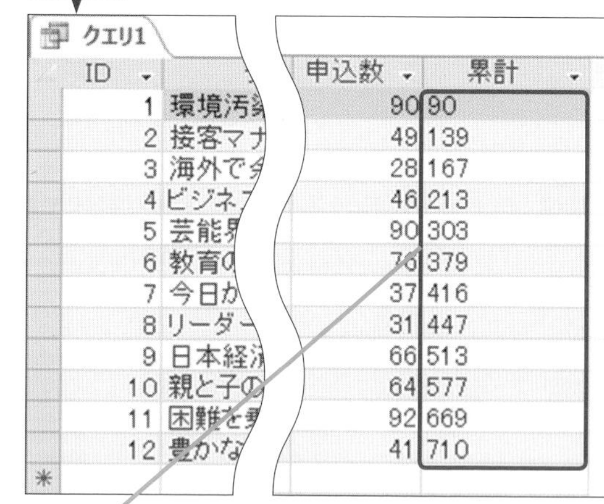

クエリ1

ID	テ	申込数	累計
1	環境汚染	90	90
2	接客マナ	49	139
3	海外で余	28	167
4	ビジネス	46	213
5	芸能界	90	303
6	教育の	76	379
7	今日か	37	416
8	リーダー	31	447
9	日本経済	66	513
10	親と子の	64	577
11	困難を乗	92	669
12	豊かな	41	710

[ID]フィールドを利用して、申し込み数の累計を求められる

●DSum関数の書式

構文	DSum(フィールド名 , テーブル名かクエリ名 , 条件式)
例	DSum(" 申込数 "," 講演会テーブル ","ID<=" & [ID])
説明	現在のレコードまでのすべてのレコードの[申込数]フィールドの合計を表示する

1 並べ替えを設定する

練習用ファイルを開いておく

レッスン⓮を参考に、[講演会テーブル] で新規クエリを作成して [ID] [テーマ] [申込数]のフィールドを追加しておく

ここでは、[ID] のフィールドを昇順で並べ替える

1 [ID] フィールドの [並べ替え] 行をクリックして[昇順]を選択

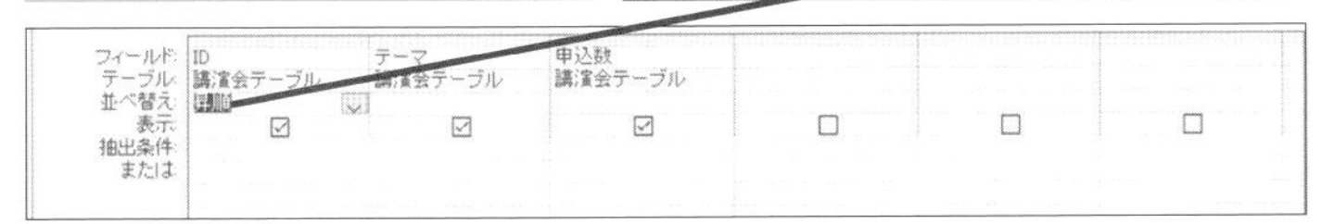

フィールド:
テーブル:
並べ替え:
表示:
抽出条件:
または:
ID
講演会テーブル
昇順
テーマ
講演会テーブル
申込数
講演会テーブル

2 DSum関数を入力する

並べ替えが設定された

ここでは、[累計] フィールドを追加して、[申込数] フィールドの累計を求める

1 列の境界線をここまでドラッグ

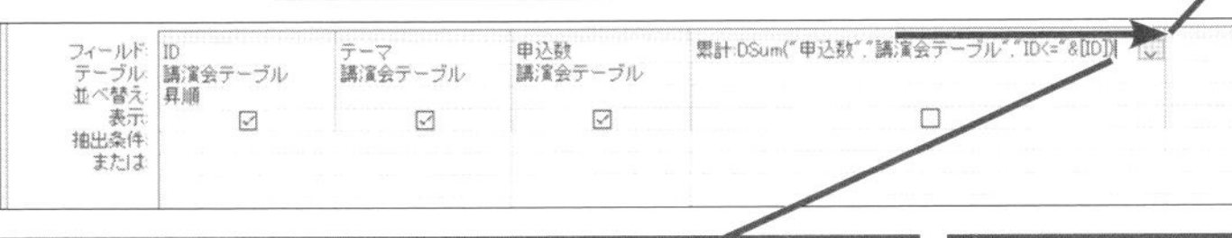

2 「累計:DSum("申込数","講演会テーブル","ID<=" & [ID])」と入力

3 Enter キーを押す

3 レコードごとの累計が表示された

DSum関数が入力された

1 [実行] をクリック

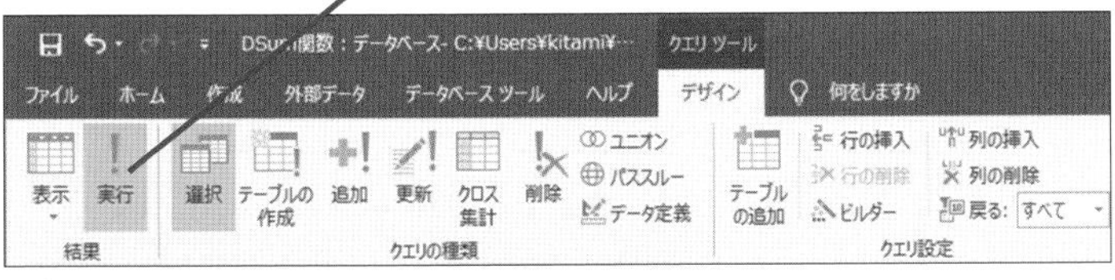

[累計] フィールドに [申込数] フィールドの累計が表示された

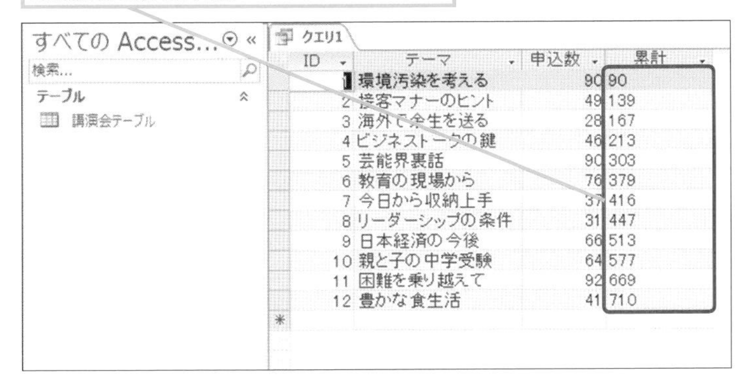

HINT!

条件式には並べ替えの基準にするフィールドを指定する

累計を計算するには、並べ替えの基準である[ID]フィールドを使用して、条件式を「"ID<=" & [ID]」のように指定します。すると、例えば [ID] が「3」のレコードの条件式は「"ID<=3"」となり、[ID] が3以下のレコードの[申込数]が合計されます。なお、このテクニックは重複のないフィールドを基準に並べ替えたときに有効です。並べ替えの基準にするフィールドに同じデータが複数存在する場合、正しい累計数を求められません。

HINT!

文字列や日付で並べ替えるときは

テキスト型や日付／時刻型のフィールドを基準に並べ替えて累計を計算する場合、各データが「'」や「#」で囲まれるように、条件式を以下のように作成します。

●並べ替えるフィールドのデータ型による条件式

データ型	条件式
テキスト型	"フィールド名<='"&[フィールド名]&"'"
日付／時刻型	"フィールド名<=#"&[フィールド名]&"#"

HINT!

累計を数値として表示するには

DSum関数の戻り値は文字列となり、データシートに左ぞろえで表示されます。これを数値として右ぞろえで表示するには、「DSum("申込数",…)*1」のように戻り値に1を掛けます。数値の大きさは変わりませんが、1を掛けることによって計算結果が数値となります。

レッスン

75 クエリに順位を表示するには

DCount関数

対応バージョン

365 2019 2016 2013

レッスンで使う練習用ファイル
DCount関数.accdb

クエリに順位を表示できる

クエリに順位を表示するには、DCount関数を使用します。この関数はデータ数を数えるための関数ですが、条件式の書き方を工夫することによって、順位付けに利用できます。ここでは下の［After］のように、［申込数］の多い順に順位を表示します。順位を求めるには、現在のレコードの［申込数］より多い［申込数］を持つレコードの数を数えます。現在のレコードの［申込数］はレコードごとに異なるので、条件式もレコードごとに切り替わるように「"申込数>" & [申込数]」のように作成します。別のテーブルで順位を付けたいときも、この条件式に目的のフィールド名を当てはめて利用するといいでしょう。

関連レッスン

▶レッスン63
関数で日付や数値を加工するには ………… p.216
▶レッスン73
平均以上のデータを抽出するには ………… p.236
▶レッスン74
クエリに累計を表示するには ….. p.238

キーワード

関数	p.292
レコード	p.295

Before

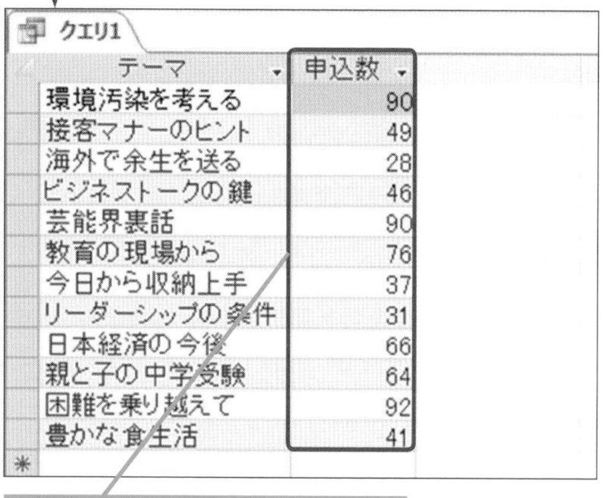

クエリ1

テーマ	申込数
環境汚染を考える	90
接客マナーのヒント	49
海外で余生を送る	28
ビジネストークの鍵	46
芸能界裏話	90
教育の現場から	76
今日から収納上手	37
リーダーシップの条件	31
日本経済の今後	66
親と子の中学受験	64
困難を乗り越えて	92
豊かな食生活	41

申し込み数が多い順に表示して、順位を付けたい

→

After

クエリ1

テーマ	申込数	順位
困難を乗り越えて	92	1
芸能界裏話	90	2
環境汚染を考える	90	2
教育の現場から	76	4
日本経済の今後	66	5
親と子の中学受験	64	6
接客マナーのヒント	49	7
ビジネストークの鍵	46	8
豊かな食生活	41	9
今日から収納上手	37	10
リーダーシップの条件	31	11
海外で余生を送る	28	12

［申込数］フィールドの順位を求め、高い順に表示できる

●DCount関数の書式

構文	DCount(フィールド名 , テーブル名かクエリ名 , 条件式)
例	DCount(" 申込数 "," 講演会テーブル "," 申込数 >" & [申込数])+1
説明	［講演会テーブル］のレコードのうち、現在のレコードより大きいレコードをカウントして 1 を足す

1 並べ替えを設定する

練習用ファイルを開いておく

レッスン⑭を参考に、[講演会テーブル]で新規クエリを作成して［テーマ］［申込数］のフィールドを追加しておく

ここでは、［申込数］のフィールドを降順で並べ替える

1 ［申込数］フィールドの［並べ替え］行をクリックして［降順］を選択

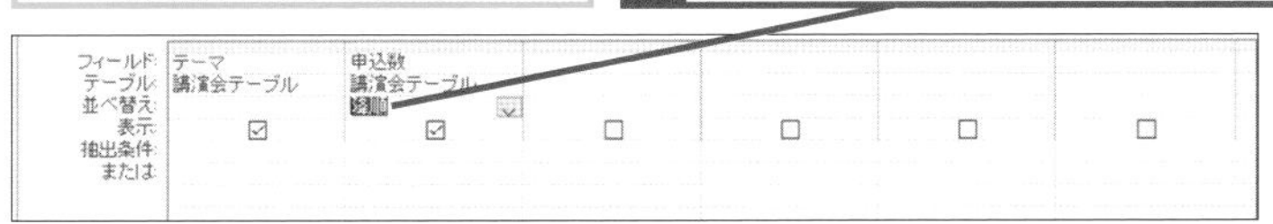

2 DCount関数を入力する

並べ替えが設定された

ここでは、［順位］フィールドを追加して、［申込数］フィールドの大きい順に順位を付ける

1 列の境界線をここまでドラッグ

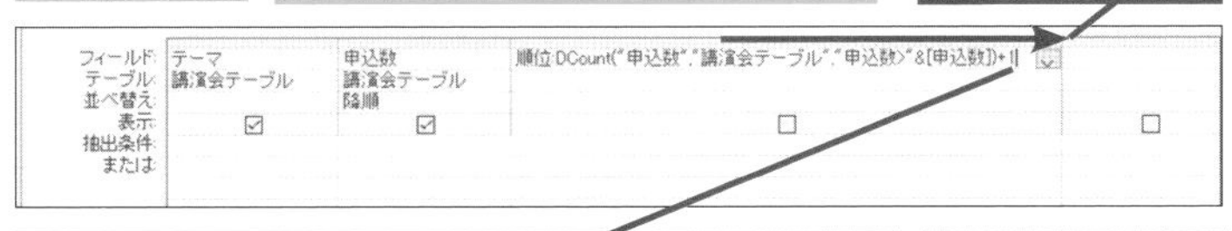

2 「順位:DCount("申込数","講演会テーブル","申込数>" & [申込数])+1」と入力

3 Enter キーを押す

3 レコードに順位が付けられた

DCount関数が入力された

1 ［実行］をクリック

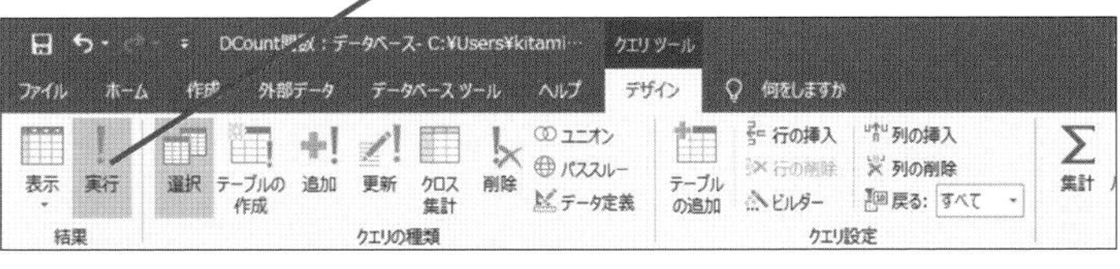

［申込数］フィールドの大きい順に順位が付けられた

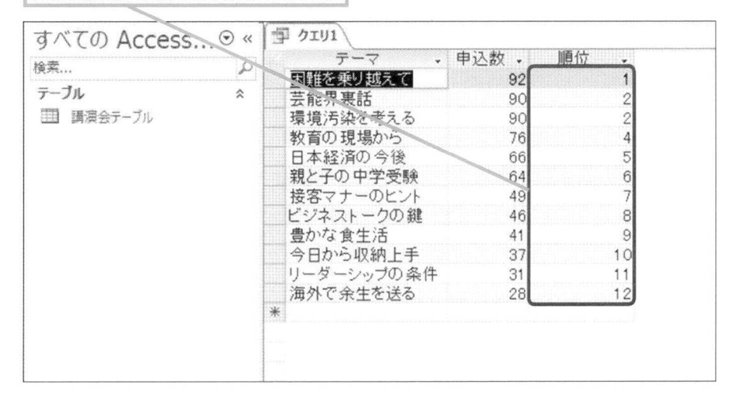

テーマ	申込数	順位
困難を乗り越えて	92	1
芸能界裏話	90	2
環境汚染を考える	90	2
教育の現場から	76	4
日本経済の今後	66	5
親と子の中学受験	64	6
接客マナーのヒント	49	7
ビジネストークの鍵	46	8
豊かな食生活	41	9
今日から収納上手	37	10
リーダーシップの条件	31	11
海外で余生を送る	28	12

HINT!

全レコード数を求めるには

DCount関数の引数［フィールド名］に「*」を指定すると、テーブルやクエリに含まれるすべてのレコードの数を求められます。例えば［講演会テーブル］の全レコード数を求めるには、「DCount("*","講演会テーブル")」とします。

HINT!

カウント対象のレコードを条件式に指定して順位を求める

順位を計算するには、順位付けの対象にするフィールドを条件式に指定します。条件式「"申込数>"&［申込数］」は、［申込数］フィールドの値が現在のレコードの［申込数］フィールドの値より大きいレコードをカウントの対象にするという意味です。このままだと、順位が0から始まってしまうため、DCount関数の戻り値に1を加えています。DCount関数の戻り値は文字列ですが、1を加えることによって、結果は数値になります。

間違った場合は？

手順3で正しい結果が表示されなかったときは、入力した関数が間違っています。デザイングリッドに正しい関数を入力し直してから、あらためてクエリを実行してください。

この章のまとめ

●関数を使って日付や数値を自在に加工しよう

この章では、日付からいろいろな要素を取り出す関数、日付を元に計算を行う関数、数値を元に計算を行う関数を解説しました。データベースに蓄積したデータを整理するとき、特定の時間の枠組みの中で範囲を区切ってデータを整理したいことがあります。日付から要素を取り出す関数を使用すると、テーブルに入力されている日付を元に、「年」「四半期」「月」「週」など、いろいろな範囲でデータを区切ることができます。日付データを年単位や月単位で区切ることのできるこれらの関数は、データを時系列に並べてその変化を分析したいときに、とりわけ重要な役目を果たします。また、データを処理する上で、日付や数値を元に計算を行う関数も重要です。テーブルに入力された日付や数値から1カ月後の日付を計算したり、端数処理した消費税額を求めたりするなど、関数で日付や数値を思い通りの形に加工できるのです。目的に合わせて、いろいろな関数を使ってみましょう。

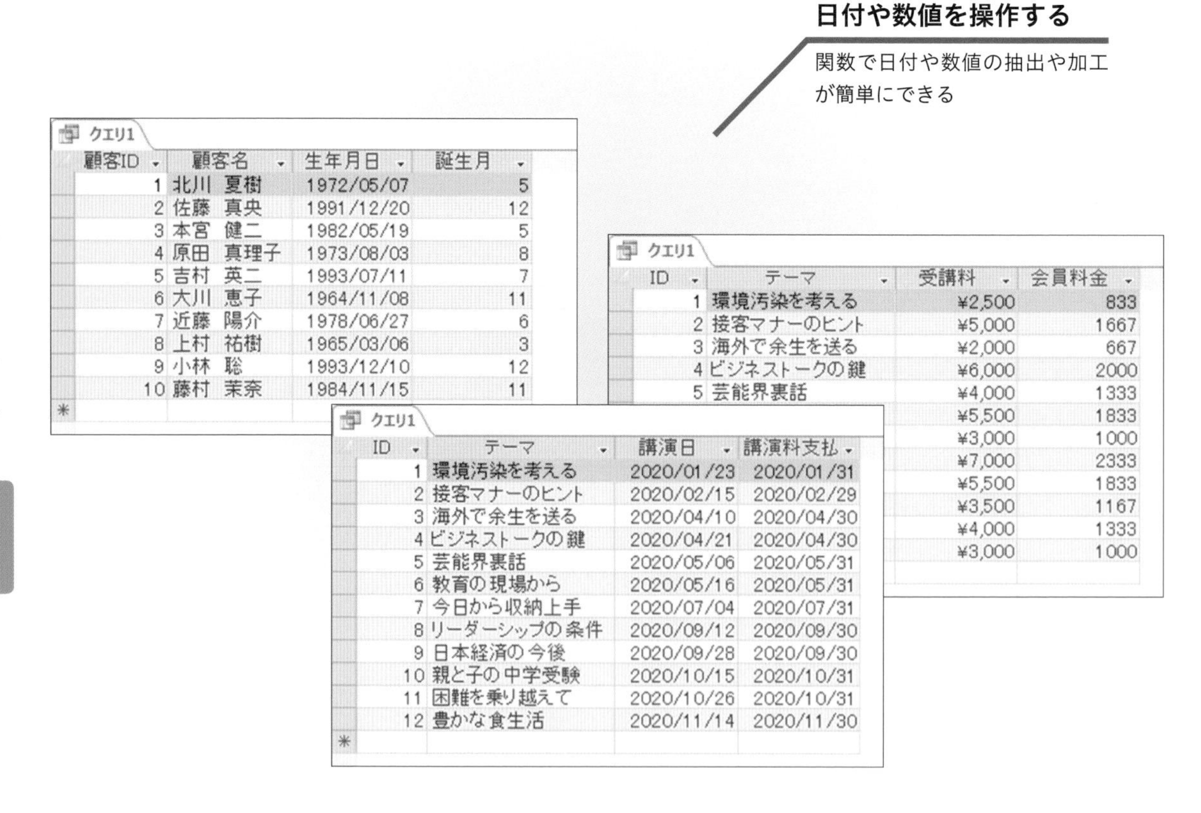
日付や数値を操作する
関数で日付や数値の抽出や加工が簡単にできる
クエリ1

顧客ID	顧客名	生年月日	誕生月
1	北川 夏樹	1972/05/07	5
2	佐藤 真央	1991/12/20	12
3	本宮 健二	1982/05/19	5
4	原田 真理子	1973/08/03	8
5	吉村 英二	1993/07/11	7
6	大川 恵子	1964/11/08	11
7	近藤 陽介	1978/06/27	6
8	上村 祐樹	1965/03/06	3
9	小林 聡	1993/12/10	12
10	藤村 茉奈	1984/11/15	11

クエリ1

ID	テーマ	受講料	会員料金
1	環境汚染を考える	¥2,500	833
2	接客マナーのヒント	¥5,000	1667
3	海外で余生を送る	¥2,000	667
4	ビジネストークの鍵	¥6,000	2000
5	芸能界裏話	¥4,000	1333
		¥5,500	1833
		¥3,000	1000
		¥7,000	2333
		¥5,500	1833
		¥3,500	1167
		¥4,000	1333
		¥3,000	1000

クエリ1

ID	テーマ	講演日	講演料支払
1	環境汚染を考える	2020/01/23	2020/01/31
2	接客マナーのヒント	2020/02/15	2020/02/29
3	海外で余生を送る	2020/04/10	2020/04/30
4	ビジネストークの鍵	2020/04/21	2020/04/30
5	芸能界裏話	2020/05/06	2020/05/31
6	教育の現場から	2020/05/16	2020/05/31
7	今日から収納上手	2020/07/04	2020/07/31
8	リーダーシップの条件	2020/09/12	2020/09/30
9	日本経済の今後	2020/09/28	2020/09/30
10	親と子の中学受験	2020/10/15	2020/10/31
11	困難を乗り越えて	2020/10/26	2020/10/31
12	豊かな食生活	2020/11/14	2020/11/30

第9章 レポートで抽出結果を見やすくまとめる

レポートを使うと、クエリの抽出結果を見やすくレイアウトを整えて印刷できます。ここでは、まずレポートの概要、基本的な作成と修正方法を説明しています。次に、実用的な請求書を作成しながらレポートの編集や詳細な設定方法を説明しています。手順通り操作するだけでレポートへの理解が深まります。

●この章の内容

レッスン

76 レポートの特徴を理解しよう

レポート

対応バージョン

365 2019 2016 2013

このレッスンには、練習用ファイルがありません

レポートの用途はデータの印刷

レポートを使用すると、テーブルのデータやクエリの結果をさまざまなレイアウトで印刷できます。データの一覧を単純に印刷するだけでなく、データをグループ化したり、集計したりして、見栄えのいい印刷物を作成することができます。また、レポートは元となるテーブルやクエリと連結しているため、データの変更があっても作り直す必要はありません。常に最新のデータで印刷されます。ここでは、「顧客住所一覧」と2019年10月より実施された消費税の改正（軽減税率制度）に対応した「請求書」の作成を例に、レポートの作成と編集方法を一通り紹介しています。

関連レッスン

▶レッスン78
レポートを自動作成するには ····· p.248
▶レッスン81
請求書の原型を作成しよう ········· p.260

キーワード

●見栄えを整えたレポートを作成

顧客住所クエリ

顧客ID	顧客名	コキャクメイ	郵便番号	都道府県	住所
1	武藤 大地	ムトウ ダイチ	154-0017	東京都	世田谷区世田谷x-x
2	石原 早苗	イシハラ サナエ	182-0011	東京都	調布市深大寺北町x-x
3	西村 誠一	ニシムラ セイイチ	227-0034	神奈川県	横浜市青葉区桂台x-x
4	菅原 英子	スガワラ エイコ	156-0042	東京都	世田谷区羽根木x-x
5	青木 早苗	アオキ サナエ	186-0011	東京都	国立市谷保x-x
6	赤羽 みどり	アカバネ ミドリ	213-0013	神奈川県	川崎市高津区末長x-x
7	伊勢谷 学	イセヤ マナブ	145-0064	東京都	大田区上池台x-x
8	上間 隆也	ウエマ タカヤ	359-0024	埼玉県	所沢市下安松x-x
9	篠 一良	シノ カズヨシ	224-0021	神奈川県	横浜市都筑区北山田x-x
10	佐藤 奈々子	サトウ ナナコ	216-0005	神奈川県	川崎市宮前区土橋x-x
11	大重 聡	オオシゲ サトシ	170-0002	東京都	豊島区巣鴨x-x
12	荏田 薫	エダ カオル	133-0044	東京都	江戸川区本一色x-x
13	伊藤 智成	イトウ トモナリ	189-0023	東京都	東村山市美住町x-x
14	上山 浩一郎	カミヤマ コウイチロウ	331-0052	埼玉県	さいたま市西区三橋x-x
15	佐々木 暢子	ササキ ノブコ	152-0032	東京都	目黒区平町x-x
16	園 剛彦	ソノ タケヒコ	340-0034	埼玉県	草加市氷川町x-x
17	吉武 真理子	ヨシタケ マリコ	166-0003	東京都	杉並区高円寺南x-x
18	新藤 友康	シンドウ トモヤス	167-0032	東京都	杉並区天沼x-x
19	金城 美美子	カネシロ フミコ	362-0073	埼玉県	上尾市浅間台x-x
20	鈴木 小百合	スズキ サユリ	195-0062	東京都	町田市大蔵町x-x
(新規)					

顧客住所一覧

テーブルやクエリの最新データを使って見栄えのいい印刷物を手早く作成できる

●レイアウトを工夫したレポートを作成

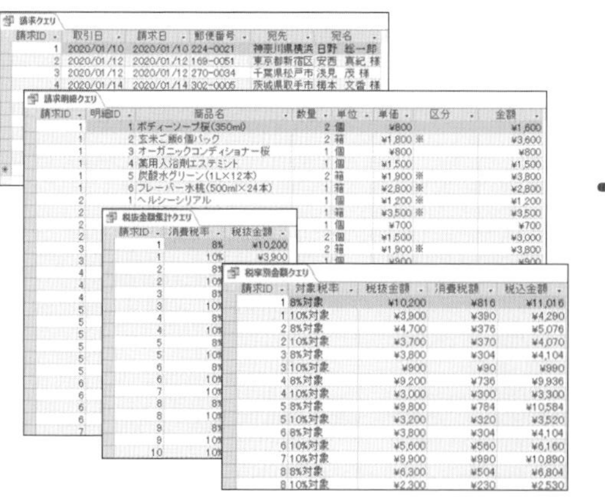

税率別金額クエリ

請求ID	対象税率	税抜金額	消費税額	税込金額
1	8%対象	¥10,200	¥816	¥11,016
1	10%対象	¥3,900	¥390	¥4,290
2	8%対象	¥4,700	¥376	¥5,076
2	10%対象	¥3,700	¥370	¥4,070
3	8%対象	¥3,800	¥304	¥4,104
3	10%対象	¥900	¥90	¥990
4	8%対象	¥9,200	¥736	¥9,936
4	10%対象	¥3,000	¥300	¥3,300
5	8%対象	¥9,800	¥784	¥10,584
5	10%対象	¥3,200	¥320	¥3,520
6	8%対象	¥3,800	¥304	¥4,104
6	10%対象	¥5,600	¥560	¥6,160
7	10%対象	¥9,900	¥990	¥10,890
8	8%対象	¥6,300	¥504	¥6,804
8	10%対象	¥2,300	¥230	¥2,530

請求書

複数のクエリを組み合わせて、実用的な請求書を作成できる

HINT!

レポート用のクエリを用意する

レポートを作成する前に、どのような内容をレポートで印刷したいかを検討しましょう。検討できたら、クエリを用意します。クエリのデザインビューで、テーブルやテーブルの組み合わせから印刷したいフィールドを追加し､必要に応じて演算フィールドを設定します。あらかじめ印刷したいフィールドをまとめたクエリを用意しておけば、レポートを効率的に作成できます。

レポートを作成するには

レポートを一から作成するのは大変手間がかかります。「オートレポート」機能を使うと、ボタンをクリックするだけでテーブルやクエリを元に一覧表のレポートを自動作成できます。また、「レポートウィザード」機能を使うと、設定画面の指示に従って選択するだけで、グループ化、集計、並べ替えなどの設定をしたレポートを作成できます。

●オートレポート

顧客ID	顧客名	コキャクメイ	郵便番号	都道府県	住所
1	武藤 大地	ムトウ ダイチ	154-0017	東京都	世田谷
2	石原 早苗	イシハラ サナエ	182-0011	東京都	調布市
3	西村 誠一	ニシムラ セイイチ	227-0034	神奈川県	横浜市
4	菅原 英子	スガワラ エイコ	156-0042	東京都	世田谷
5	青木 早苗	アオキ サナエ	186-0011	東京都	国立市
6	赤羽 みどり	アカバネ ミドリ	213-0013	神奈川県	川崎市
7	伊勢谷 学	イセヤ マナブ	145-0064	東京都	大田区
8	上間 隆也	ウエマ タカヤ	359-0024	埼玉県	所沢市
9	篠 一良	シノ カズヨシ	224-0021	神奈川県	横浜市
10	佐藤 奈々子	サトウ ナナコ	216-0005	神奈川県	川崎市
11	大重 聡	オオシゲ サトシ	170-0002	東京都	豊島区
12	荏田 薫	エダ カオル	133-0044	東京都	江戸川
13	伊藤 智成	イトウ トモナリ	189-0023	東京都	東村山
14	上山 浩一郎	カミヤマ コウイチロウ	331-0052	埼玉県	さいたま

クリックだけでスピーディーにレポートを作成できる

●レポートウィザード

設定画面の指示に従って選択するだけでレポートを作成できる

レッスン
77 レポートのビューを確認しよう

ビューの種類、切り替え

対応バージョン

365 2019 2016 2013

レッスンで使う練習用ファイル
ビュー切替.accdb

ビューの違いを理解して使い分ける

レポートには、レポートビュー、印刷プレビュー、レイアウトビュー、デザインビューの4章類のビューがあります。レポートビューは、印刷するデータを画面上で確認するためのビューで、複数ページにわたるデータは、ページで区切られずひと続きで表示されます。印刷プレビューは、印刷イメージが確認できるビューで、ページごとにデータは区切られます。レイアウトビューとデザインビューは、レポートのデザインを編集するためのビューです。レイアウトビューはレイアウトの調整、デザインビューはより詳細な編集に向いています。

関連レッスン

▶レッスン79
レポートを修正するには ………… p.250

キーワード

クエリ	p.292
デザインビュー	p.294
ナビゲーションウィンドウ	p.294
レポート	p.295

顧客住所レポート

顧客住所一覧

顧客ID	顧客名	コキャクメイ	郵便番号	都道府県
1	武藤 大地	ムトウ ダイチ	154-0017	東京都
2	石原 早苗	イシハラ サナエ	182-0011	東京都
3	西村 誠一	ニシムラ セイイチ	227-0034	神奈川県
4	菅原 英子	スガワラ エイコ	156-0042	東京都

◆レポートビュー
レポートをダブルクリックすると表示されるビューで、印刷するデータを確認できる

顧客住所レポート

顧客住所一覧

顧客ID	顧客名	コキャクメイ	郵便番号	都道府
1	武藤 大地	ムトウ ダイチ	154-0017	東京都
2	石原 早苗	イシハラ サナエ	182-0011	東京都
3	西村 誠一	ニシムラ セイイチ	227-0034	神奈川

◆印刷プレビュー
レポートを印刷した際のイメージを確認できる

顧客住所レポート

顧客住所一覧

顧客ID	顧客名	コキャクメイ	郵便番号	都道府県
1	武藤 大地	ムトウ ダイチ	154-0017	東京都
2	石原 早苗	イシハラ サナエ	182-0011	東京都
3	西村 誠一	ニシムラ セイイチ	227-0034	神奈川県
4	菅原 英子	スガワラ エイコ	156-0042	東京都

◆レイアウトビュー
レポートのデータを表示しながらレイアウトの編集ができる

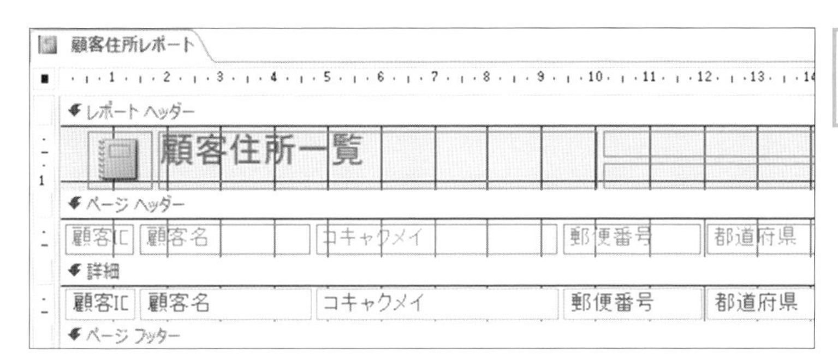

◆デザインビュー
レポートの詳細なデザインの編集ができる

❶ ビューを変更する

練習用ファイルを開いておく

1 [顧客住所レポート] をダブルクリック

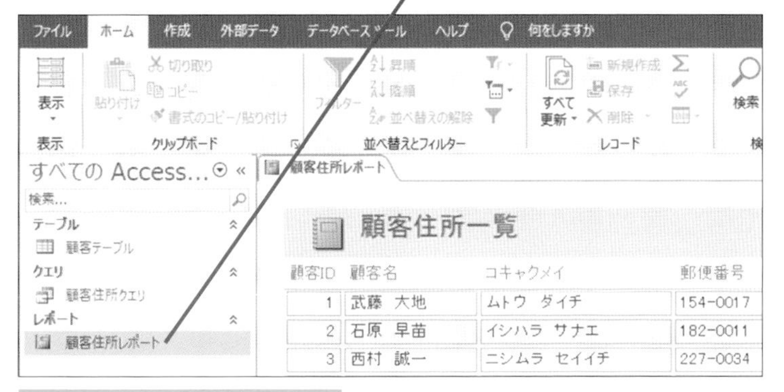

レポートビューで表示された

レイアウトビューに表示が変更された

HINT!

右クリックで目的のビューを表示する

ナビゲーションウィンドウでレポートをダブルクリックすると、初期設定ではレポートビューで開きます。レポートビュー以外のビューを直接開きたい場合は、レポートを右クリックして、ショートカットメニューから目的のビューをクリックします。

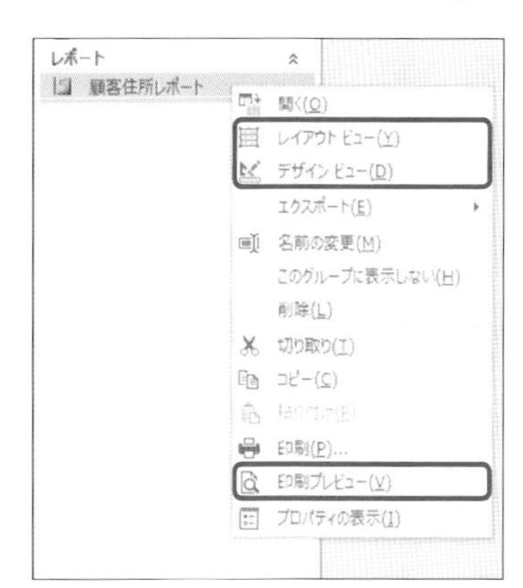

HINT!

ショートカットキーでビューを切り替える

レポートが開いている状態で、Ctrl+.（ピリオド）キーを押すと、レポートビュー、印刷プレビュー、デザインビューの順番に切り替えることができます。

レッスン

78 レポートを自動作成するには

オートレポート

対応バージョン

365 2019 2016 2013

レッスンで使う練習用ファイル
オートレポート.accdb

オートレポートで瞬時に作成

オートレポートは、ナビゲーションウィンドウで選択しているテーブルまたはクエリのすべてフィールドを配置した表形式のレポートを作成する機能です。[レポート]ボタンをクリックするだけで、タイトルやページ番号などが配置されたレポートを瞬時に作成できます。

関連レッスン

▶レッスン79
レポートを修正するには ………… p.250

キーワード

クエリ	p.292
テーブル	p.293
ナビゲーションウィンドウ	p.294
レポート	p.295

Before

ボタンをクリックするだけでレポートが作成できる

After

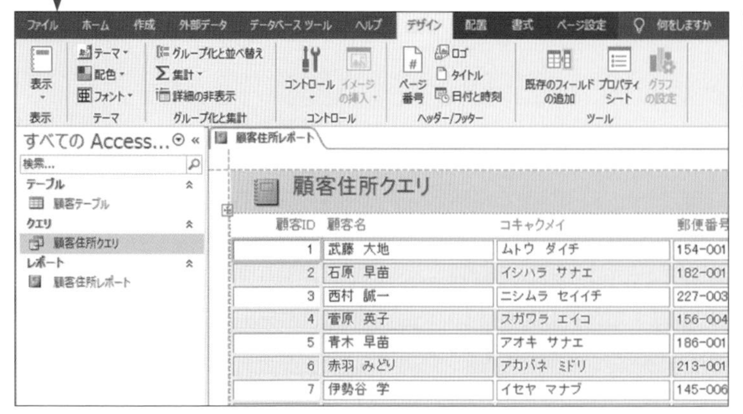

すべてのフィールドを配置した表形式のレポートが作成される

1 レポートを作成する

練習用ファイルを開いておく

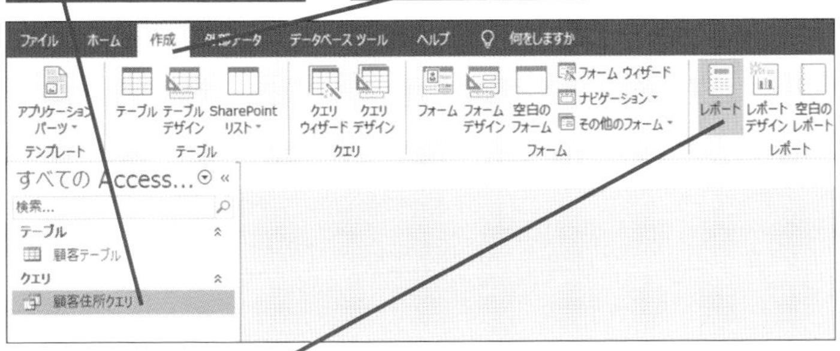

2 レポートを保存する

レポートが表示された

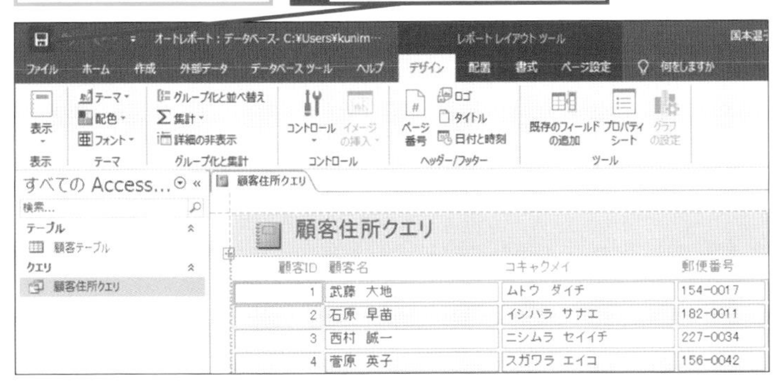

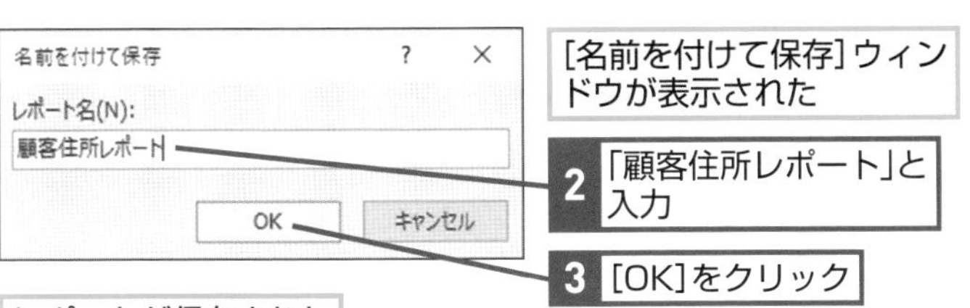

レポートが保存された

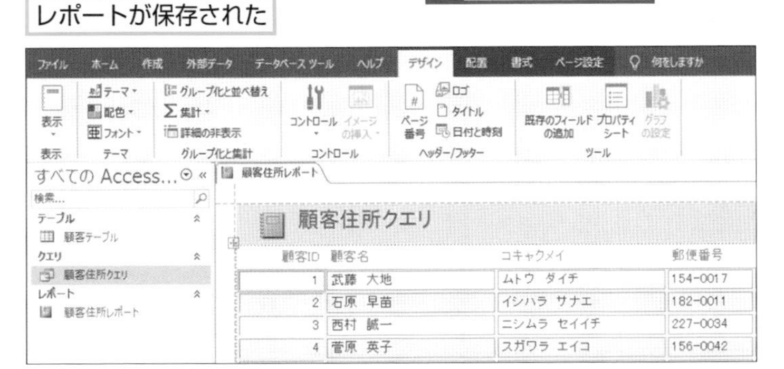

HINT! 作成直後はレイアウトビューが表示される

オートレポートでレポートを作成すると、自動的にレイアウトビューで表示されます。そのため、続けてレイアウト調整にスムーズに移行できます。

HINT! オートレポートで自動設定される内容

オートレポートでは、上部にアイコン、タイトル、作成日時、下部にレコード件数、ページ番号が自動的に設定されます。タイトル文字にはデータ元となったテーブル名やクエリ名が設定されます。必要に応じて変更してください。

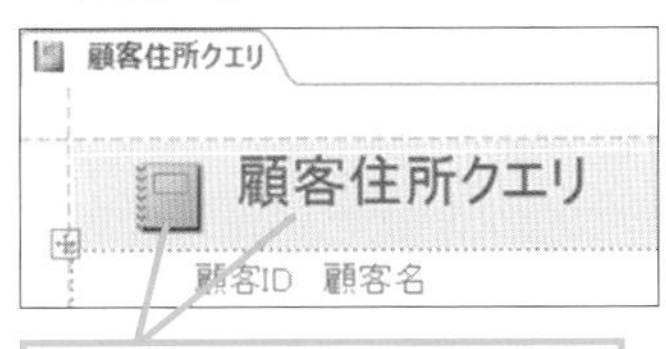

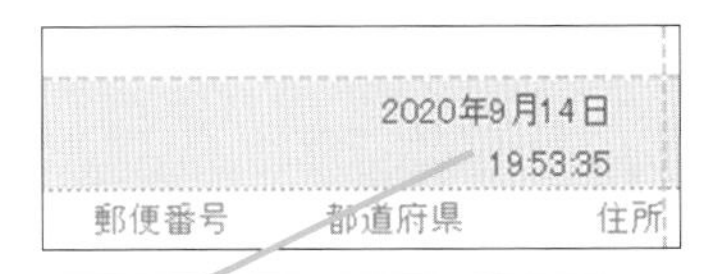

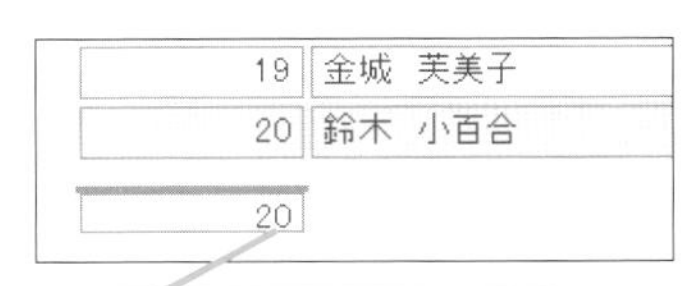

レポートを修正するには

レイアウトの調整

対応バージョン

365 2019 2016 2013

レッスンで使う練習用ファイル
レイアウトの調整.accdb

レイアウトビューとデザインビューで修正する

レポートのデザインを変更するには、レイアウトビューまたはデザインビューで行います。レイアウトビューは、データが表示された状態で編集できるため、データを確認しながら列の幅や行の高さの調整ができます。一方、デザインビューではデータは表示されませんが、レポートに配置されている部品（コントロール）や領域（セクション）などについて細かい調整や設定ができます。編集内容によって、2つのビューを使い分けましょう。

関連レッスン

▶レッスン81
請求書の原型を作成しよう….. p.260

キーワード

Before

顧客住所レポート

顧客住所クエリ

2020年9月14日
20:09:58

顧客ID	顧客名	コキャクメイ	郵便番号	都道府県	住所
1	武藤 大地	ムトウ ダイチ	154-0017	東京都	世田
2	石原 早苗	イシハラ サナエ	182-0011	東京都	調布
3	西村 誠一	ニシムラ セイイチ	227-0034	神奈川県	横浜
4	菅原 英子	スガワラ エイコ	156-0042	東京都	世田
5	青木 早苗	アオキ サナエ	186-0011	東京都	国立
6	赤羽 みどり	アカバネ ミドリ	213-0013	神奈川県	川崎
7	伊勢谷 学	イセヤ マナブ	145-0064	東京都	大田
8	上間 隆也	ウエマ タカヤ	359-0024	埼玉県	所沢
9	篠 一良	シノ カズヨシ	224-0021	神奈川県	横浜
10	佐藤 奈々子	サトウ ナナコ	216-0005	神奈川県	川崎
11	大重 聡	オオシゲ サトシ	170-0002	東京都	豊島

［住所］から別のページにはみ出してしまった

After

顧客住所レポート

顧客住所一覧

2020年9月23日
15:49:09

顧客ID	顧客名	コキャクメイ	郵便番号	都道府県	住所
1	武藤 大地	ムトウ ダイチ	154-0017	東京都	世田谷区世田谷x-x
2	石原 早苗	イシハラ サナエ	182-0011	東京都	調布市深大寺北町x-x
3	西村 誠一	ニシムラ セイイチ	227-0034	神奈川県	横浜市青葉区桂台x-x
4	菅原 英子	スガワラ エイコ	156-0042	東京都	世田谷区羽根木x-x
5	青木 早苗	アオキ サナエ	186-0011	東京都	国立市谷保x-x
6	赤羽 みどり	アカバネ ミドリ	213-0013	神奈川県	川崎市高津区末長x-x
7	伊勢谷 学	イセヤ マナブ	145-0064	東京都	大田区上池台x-x
8	上間 隆也	ウエマ タカヤ	359-0024	埼玉県	所沢市下安松x-x
9	篠 一良	シノ カズヨシ	224-0021	神奈川県	横浜市都筑区北山田x-x
10	佐藤 奈々子	サトウ ナナコ	216-0005	神奈川県	川崎市宮前区土橋x-x
11	大重 聡	オオシゲ サトシ	170-0002	東京都	豊島区巣鴨x-x

横幅が用紙の中に収まった

1 行の幅を変更する

1 ［顧客ID］列内でクリック

レッスン⑦を参考に練習用ファイルのレポートをレイアウトビュー表示しておく

2 ここにマウスカーソルを合わせる

マウスカーソルの形が変わった

顧客住所レポート

顧客住所クエリ　2020年9月14日 20:12:24

顧客ID	顧客名	コキャクメイ	郵便番号	都道府県	住所
1	武藤 大地	ムトウ ダイチ	154-0017	東京都	世田谷区
2	石原 早苗	イシハラ サナエ	182-0011	東京都	調布市深
3	西村 誠一	ニシムラ セイイチ	227-0034	神奈川県	横浜市青
4	菅原 英子	スガワラ エイコ	156-0042	東京都	世田谷区
5	青木 早苗	アオキ サナエ	186-0011	東京都	国立市谷
6	赤羽 みどり	アカバネ ミドリ	213-0013	神奈川県	川崎市高
7	伊勢谷 学	イセヤ マナブ	145-0064	東京都	大田区上
8	上間 隆也	ウエマ タカヤ	359-0024	埼玉県	所沢市下
9	篠 一良	シノ カズヨシ	224-0021	神奈川県	横浜市都
10	佐藤 奈々子	サトウ ナナコ	216-0005	神奈川県	川崎市宮

3 左にドラッグ

列の幅が変わった

顧客住所レポート

顧客住所クエリ　2020年9月14日 20:12:24

顧客ID	顧客名	コキャクメイ	郵便番号	都道府県	住所
1	武藤 大地	ムトウ ダイチ	154-0017	東京都	世田谷区世田
2	石原 早苗	イシハラ サナエ	182-0011	東京都	調布市深大寺
3	西村 誠一	ニシムラ セイイチ	227-0034	神奈川県	横浜市青葉区
4	菅原 英子	スガワラ エイコ	156-0042	東京都	世田谷区羽根
5	青木 早苗	アオキ サナエ	186-0011	東京都	国立市谷保x-x
6	赤羽 みどり	アカバネ ミドリ	213-0013	神奈川県	川崎市高津区
7	伊勢谷 学	イセヤ マナブ	145-0064	東京都	大田区上池台
8	上間 隆也	ウエマ タカヤ	359-0024	埼玉県	所沢市下安松
9	篠 一良	シノ カズヨシ	224-0021	神奈川県	横浜市都筑区
10	佐藤 奈々子	サトウ ナナコ	216-0005	神奈川県	川崎市宮前区

マウスボタンを離すと列の幅が決定される

4 同様の手順でほかの列の幅も変更する

顧客住所レポート

顧客住所一覧　2020年9月23日 15:51:42

顧客ID	顧客名	コキャクメイ	郵便番号	都道府県	住所
1	武藤 大地	ムトウ ダイチ	154-0017	東京都	世田谷区世田谷x-x
2	石原 早苗	イシハラ サナエ	182-0011	東京都	調布市深大寺北町x-x
3	西村 誠一	ニシムラ セイイチ	227-0034	神奈川県	横浜市青葉区桂台x-x
4	菅原 英子	スガワラ エイコ	156-0042	東京都	世田谷区羽根木x-x
5	青木 早苗	アオキ サナエ	186-0011	東京都	国立市谷保x-x
6	赤羽 みどり	アカバネ ミドリ	213-0013	神奈川県	川崎市高津区末長x-x
7	伊勢谷 学	イセヤ マナブ	145-0064	東京都	大田区上池台x-x
8	上間 隆也	ウエマ タカヤ	359-0024	埼玉県	所沢市下安松x-x
9	篠 一良	シノ カズヨシ	224-0021	神奈川県	横浜市都筑区北山田x-x
10	佐藤 奈々子	サトウ ナナコ	216-0005	神奈川県	川崎市宮前区土橋x-x
11	大重 聡	オオシゲ サトシ	170-0002	東京都	豊島区巣鴨x-x
12	荏田 薫	エダ カオル	133-0044	東京都	江戸川区本一色x-x
13	伊藤 智成	イトウ トモナリ	189-0023	東京都	東村山市美住町x-x

HINT! ロゴやタイトルを変更する

レポート上部に自動で挿入されたロゴやタイトルを変更するには、［デザイン］タブの［ロゴ］ボタン、［タイトル］ボタンをクリックします。

［デザイン］タブの［ロゴ］や［タイトル］で変更できる

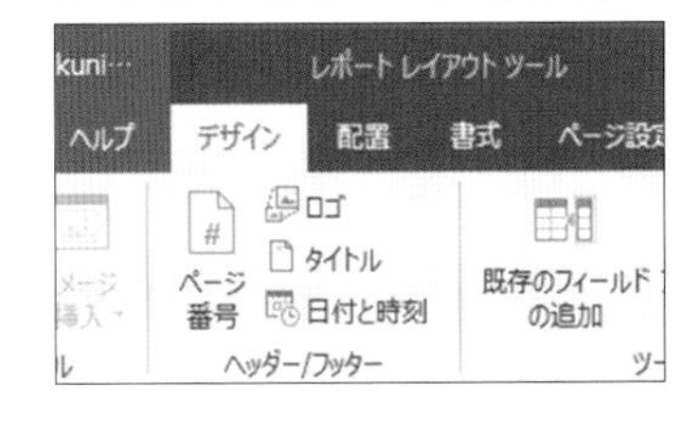

HINT! 余白の点線を目安に調整する

レイアウトビューでは、データが印刷される領域と余白の境界に点線が表示されます。列をページ内に収めるには、右余白との境界線を目安に領域内に収まるように調整してください。

各要素をこの線よりも左に配置する

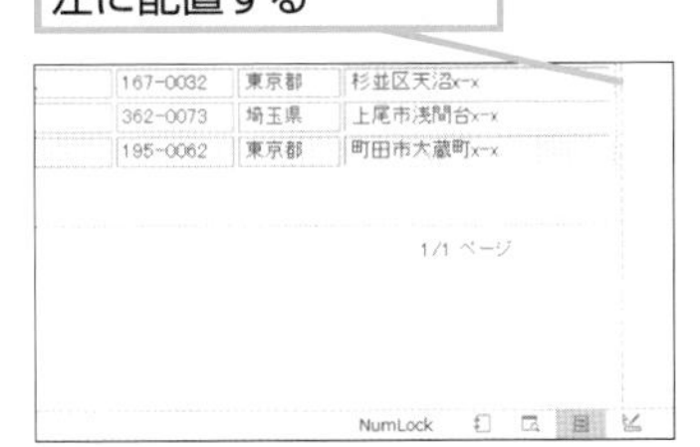

次のページに続く

2 デザインを修正する

レッスン㉗を参考に［デザインビュー］を表示しておく

ここでは、コントロールの位置とレポートの幅を調整する

1 ここをクリック

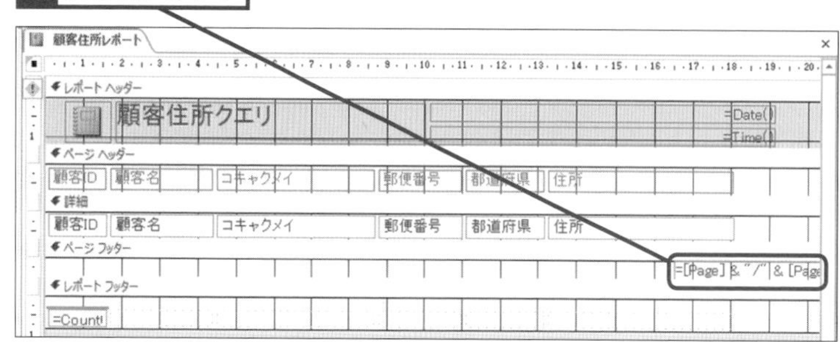

2 左にドラッグ

コントロールの右側がほかのセクションとそろった

3 ここをクリック

4 エラー表示をクリック

5 ［余分な空白をレポートから削除する］をクリック

レポート右側の余分な空白部分が削除された

HINT! デザインビューに表示されている四角い枠って何？

デザインビュー上に配置された四角い枠などの部品のことを「コントロール」といいます。コントロールにはさまざまな種類があります。主なものに、データを表示する「テキストボックス」や任意の文字を表示する「ラベル」があります。

HINT! コントロールの移動とサイズ変更

コントロールをクリックして選択し、左上角の灰色のハンドル（移動ハンドル）または、辺上の何もないところをドラッグすると移動できます。角と辺の中央に表示される黄色いハンドル（サイズ変更ハンドル）をドラッグするとサイズ変更できます。

サイズ変更ハンドルをドラッグする

HINT! エラー表示を利用して修正する

レポートに何らかのエラーがあると、該当する箇所に緑色のエラーインジケーターが表示されます。ポイントすると表示されるエラー表示をクリックすると、エラーの内容や対処方法がメニューで表示されます。メニューをクリックしてエラーに対処することができます。

テクニック デザインビューの構成を理解しよう

レポートのデザインビューでは、レポートが複数の領域に分けられています。この領域のことを「セクション」といいます。ここでは、セクションを含めたデザインビューの構成を確認してください。

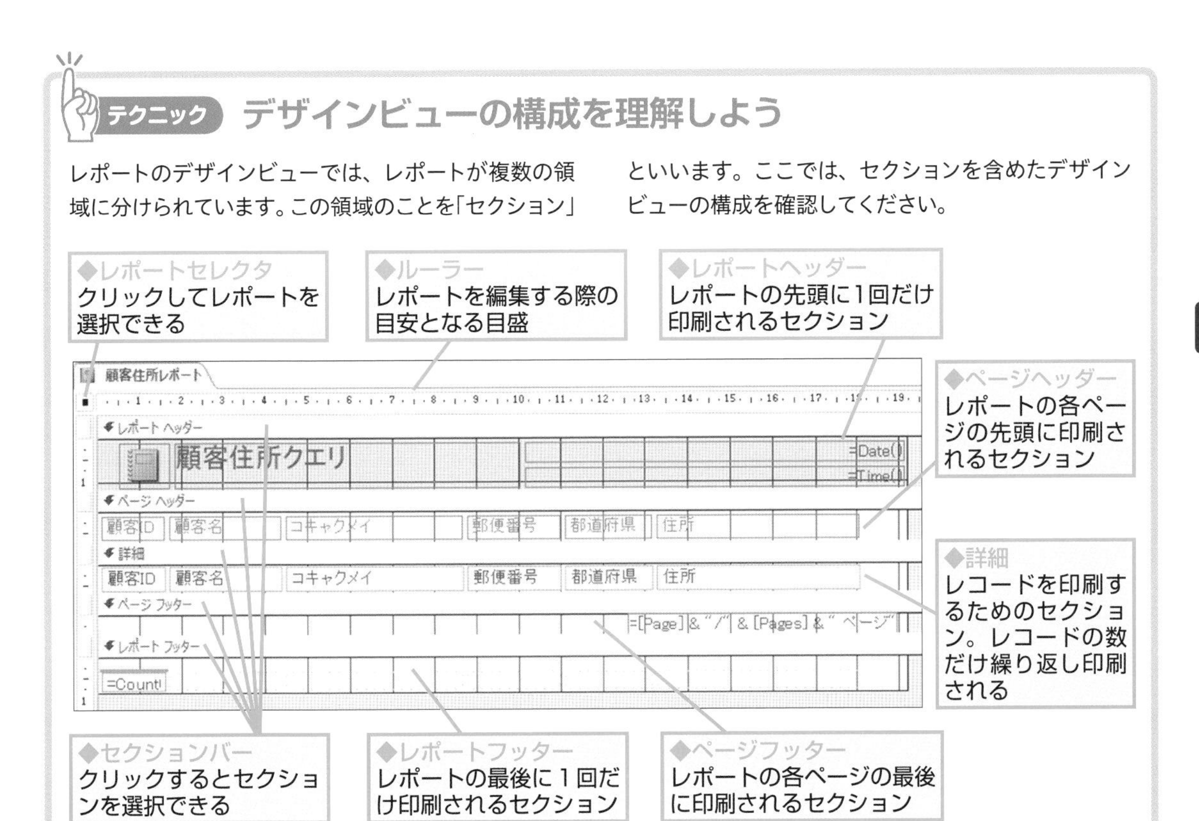

3 印刷プレビューを確認する

HINT! 印刷前にページ移動ボタンで各ページを確認

印刷プレビューの画面左下にページ移動ボタンが表示されます。ページが複数ある場合は、［次のページ］ボタン、［前のページ］ボタンをクリックしてページを移動し、データが途中で途切れていないか、余分なページがないかなど確認してください。

HINT! PDFファイルで印刷時のデータを残しておく

レポートはテーブルやクエリと連結しているため常に最新のデータが表示されます。印刷時の内容を残したい場合は、手順3で［PDFまたはXPS］ボタンをクリックして、PDFファイルで保存しておきましょう。

レッスン
80 請求書を印刷する準備をしよう

クエリの準備

対応バージョン

365 2019 2016 2013

レッスンで使う練習用ファイル
クエリの準備.accdb

作成する請求書をイメージしよう

本文レッスン⑳～⑮では、請求書を印刷するためのレポートを作成します。スムーズに操作するには、元となるテーブルの構成を把握しておくことがポイントです。また、コントロールをどのように配置すれば目的どおりの請求書に仕上がるか、イメージしておくことも大切です。下図を参考に、テーブルやレポートの内容を確認しておきましょう。

関連レッスン

▶レッスン81
請求書の原型を作成しよう…… p.260

キーワード

クエリ	p.292
コントロール	p.292
テーブル	p.293
リレーションシップ	p.295
レポート	p.295

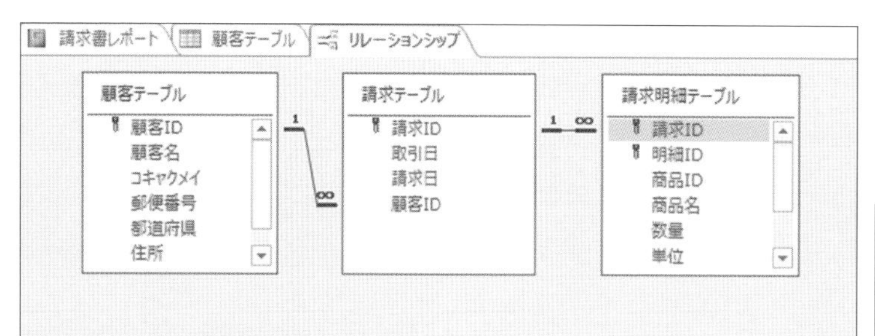

リレーションシップが設定された3つのテーブルからクエリを作成し、それを元に請求書レポートを作成する

印刷プレビューで作成する請求書をイメージしておく

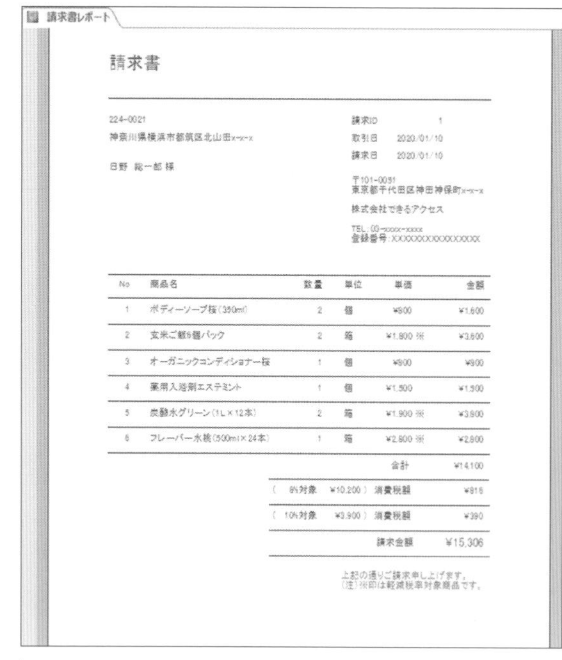

デザインビューを印刷プレビューと対比しながらコントロールの配置を決める

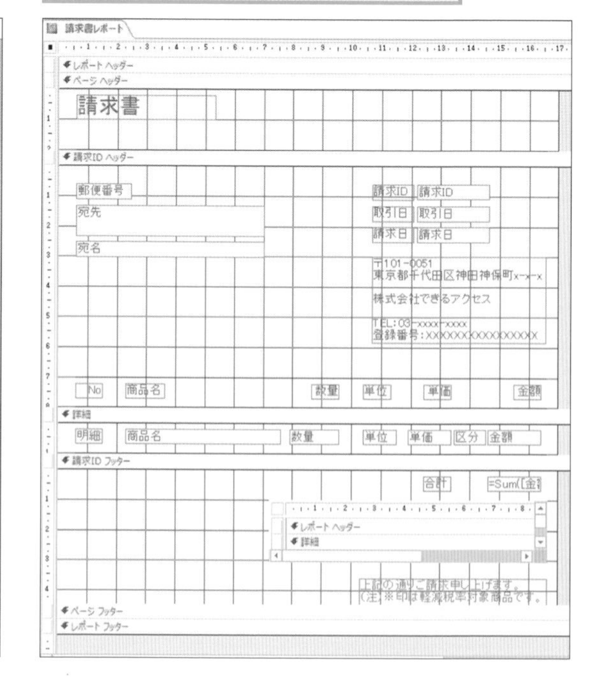

レポートの元になるクエリを作成しよう

請求書を作成する準備として、このレッスンでは下図のような4つのクエリを作成します。254ページで紹介した[顧客テーブル]「請求テーブル」「請求明細テーブル」を元にクエリを作成して、宛先や宛名の書式を整えたり、金額や消費税などを計算しておきます。請求書に必要なデータをあらかじめクエリで用意しておくことで、レポートの作成を円滑に行えます。

●請求書の元になるクエリを作成する

◆請求クエリ
請求書の上部に宛名や日付を表示するためのクエリ

請求クエリ

請求ID	取引日	請求日	郵便番号	宛先	宛名
1	2020/01/10	2020/01/10	224-0021	神奈川県横浜	日野　総一郎
6	2020/01/15	2020/01/15	224-0021	神奈川県横浜	日野　総一郎
2	2020/01/12	2020/01/12	169-0051	東京都新宿区	安西　真紀様
3	2020/01/12	2020/01/12	270-0034	千葉県松戸市	浅見　茂様
8	2020/01/19	2020/01/19	270-0034	千葉県松戸市	浅見　茂様
4	2020/01/14	2020/01/14	302-0005	茨城県取手市	梅本　文香様
5	2020/01/15	2020/01/15	142-0063	東京都品川区	増山　真理子
7	2020/01/18	2020/01/18	213-0032	神奈川県川崎	丸太　秀美様

◆請求明細クエリ
請求書に明細データを表示するためのクエリ

請求明細クエリ

請求ID	明細ID	商品名	数量	単位	単価	区分
1	1	ボディーソープ桜(350ml)	2	個	¥800	
1	2	玄米ご飯6個パック	2	箱	¥1,800	※
1	3	オーガニックコンディショナー桜	1	個	¥800	
1	4	薬用入浴剤エステミント	1	個	¥1,500	
1	5	炭酸水グリーン(1L×12本)	2	箱	¥1,900	※
1	6	フレーバー水桃(500ml×24本)	1	箱	¥2,800	※
2	1	ヘルシーシリアル	1	個	¥1,200	※
2	2	玄米ご飯24個パック	1	箱	¥3,500	※
2	3	自然派洗濯用せっけん向日葵	1	個	¥700	
2	4	薬用入浴剤エステミント	2	個	¥1,500	

◆税抜金額集計クエリ
[税率別金額クエリ]の元になるクエリ

税抜金額集計クエリ

請求ID	消費税率	税抜金額
1	8%	¥10,200
1	10%	¥3,900
2	8%	¥4,700
2	10%	¥3,700
3	8%	¥3,800
3	10%	¥900
4	8%	¥9,200
4	10%	¥3,000
5	8%	¥9,800
5	10%	¥3,200
6	8%	¥3,800

◆税率別金額クエリ
請求書の下部に税率別の金額を表示するためのクエリ

税率別金額クエリ

請求ID	対象税率	税抜金額	消費税額	税込金額
1	8%対象	¥10,200	¥816	¥11,016
1	10%対象	¥3,900	¥390	¥4,290
2	8%対象	¥4,700	¥376	¥5,076
2	10%対象	¥3,700	¥370	¥4,070
3	8%対象	¥3,800	¥304	¥4,104
3	10%対象	¥900	¥90	¥990
4	8%対象	¥9,200	¥736	¥9,936
4	10%対象	¥3,000	¥300	¥3,300
5	8%対象	¥9,800	¥784	¥10,584
5	10%対象	¥3,200	¥320	¥3,520
6	8%対象	¥3,800	¥304	¥4,104

次のページに続く

❶「請求クエリ」を作成する

[請求クエリ]を作成する

レッスン⑳を参考に、[顧客テーブル]と[請求テーブル]から新規クエリを作成しておく

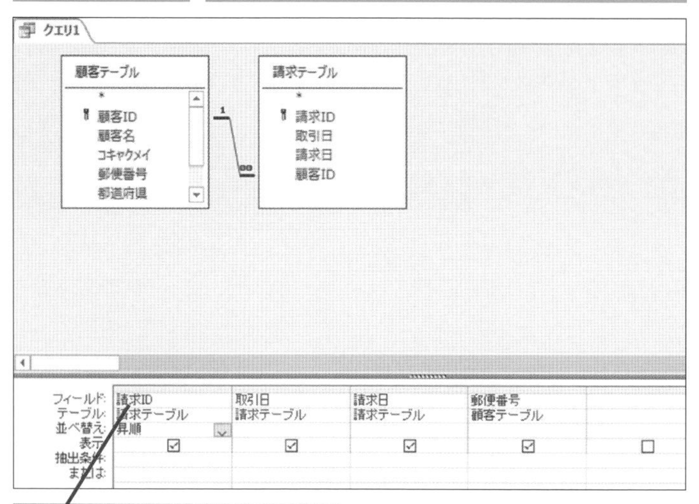

1 レッスン⑭を参考に必要なフィールドを追加

❷「請求クエリ」に演算フィールドを追加する

演算フィールドを追加する

1 「宛先: [都道府県] & [住所]」と入力

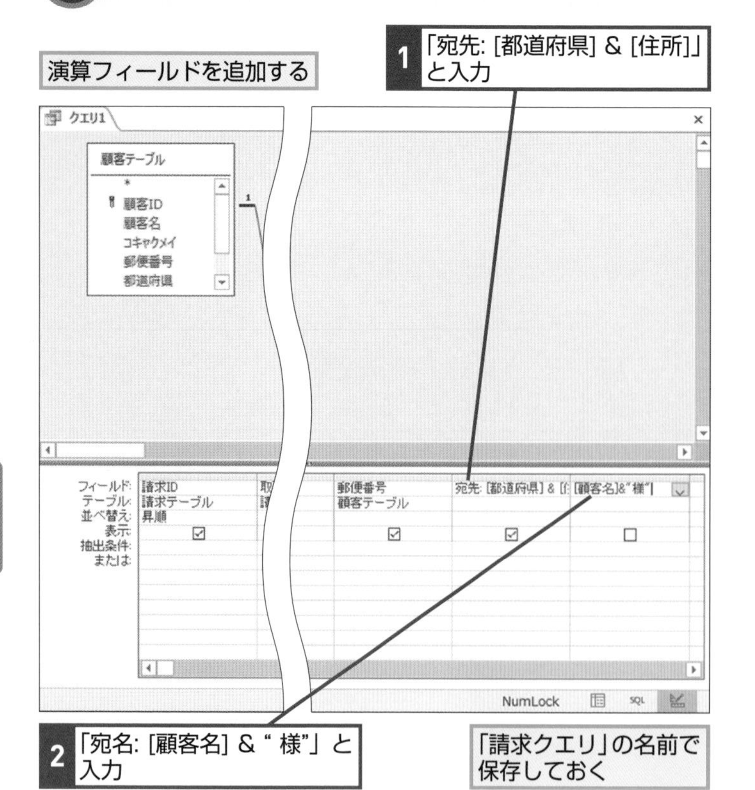

2 「宛名: [顧客名] & " 様"」と入力

「請求クエリ」の名前で保存しておく

HINT! リレーションシップがクエリに引き継がれる

リレーションシップが設定された2つのテーブルをクエリに追加すると、リレーションシップが引き継がれます。手順1のように2つのテーブルのレコードが結合フィールドで結ばれて表示されます。

HINT! 請求書の上部に表示するデータを用意する

[請求クエリ]では、請求書の上部に表示する宛先、請求番号、日付などのデータを用意します。

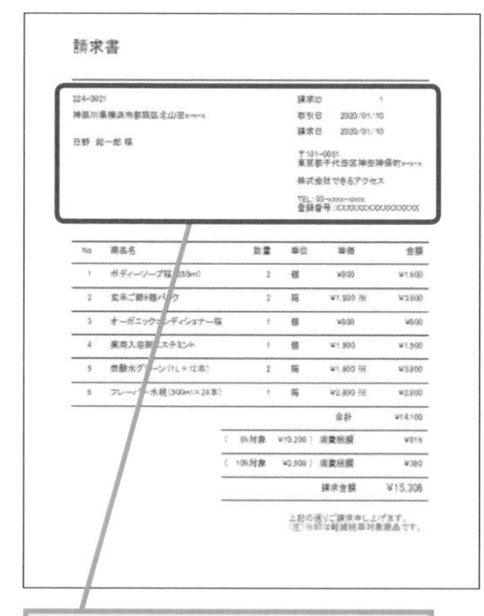

クエリでこの部分のデータを用意する

● [請求クエリ]のフィールド

フィールド	テーブル
請求ID	請求テーブル
取引日	請求テーブル
請求日	請求テーブル
郵便番号	顧客テーブル
宛先	(演算)
宛名	(演算)

3 「請求明細クエリ」を作成する

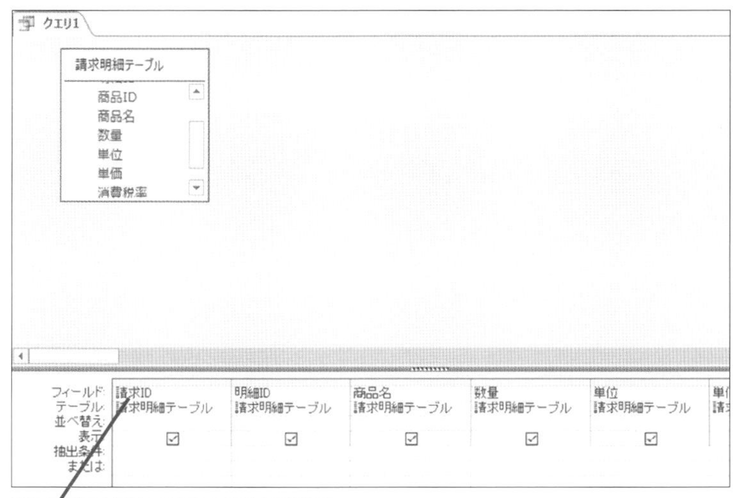

4 「請求明細クエリ」に演算フィールドを追加する

HINT!

請求書の明細行に表示するデータを用意する

[請求明細クエリ] では、請求書の明細行に表示する販売データを用意します。

● [請求明細クエリ] のフィールド

フィールド	テーブル
請求ID	請求明細テーブル
明細ID	請求明細テーブル
商品名	請求明細テーブル
数量	請求明細テーブル
単位	請求明細テーブル
単価	請求明細テーブル
区分	(演算)
金額	(演算)

HINT!

軽減税率のレコードに「※」印を表示する

手順4の [区分] フィールドでは、IIf関数を使用して [税区分] フィールドの値が「軽減税率」の場合に「※」、そうでない場合は空白としました。この章で作成する請求書では、軽減税率の単価の横に[区分]フィールドを配置して、軽減税率の商品に「※」印を表示します。

5 「税抜金額集計クエリ」を作成する

［税抜金額集計クエリ］を作成する

レッスン⑭を参考に、［請求明細テーブル］から新規クエリを作成しておく

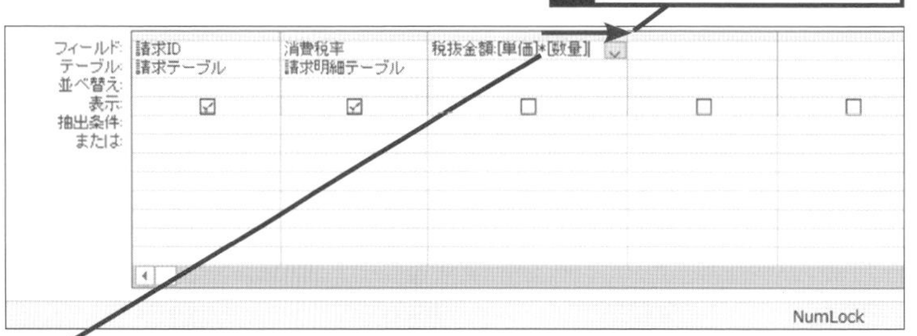

6 ［集計］行を表示する

集計を行うために［集計］行を表示する

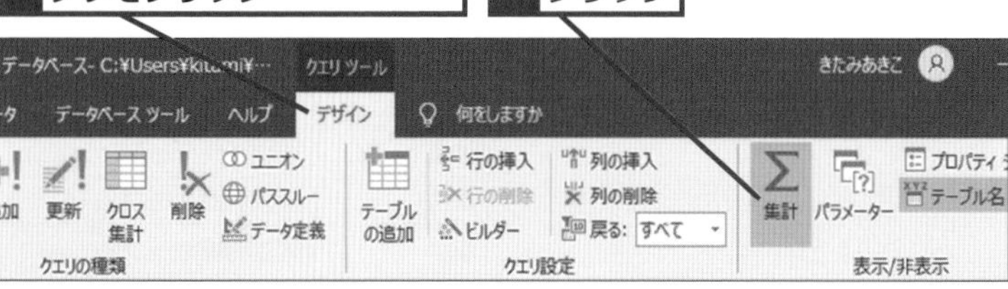

7 集計方法を設定してクエリを実行する

［集計］行が表示された

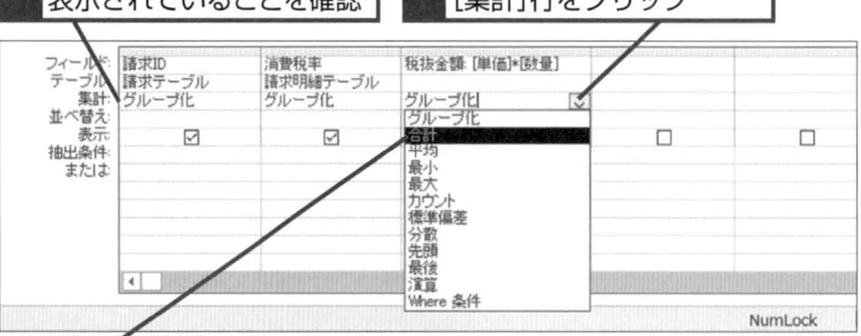

「税抜金額集計クエリ」の名前で保存しておく

HINT!

請求ID、消費税率ごとに税抜金額を集計する

［税抜金額集計クエリ］では、［請求明細テーブル］に保存されている販売データの金額を集計するクエリです。「［単価］（税抜単価）×［数量］」の式で税抜金額を求め、求めた税抜金額を請求IDごと、消費税率ごとに集計します。

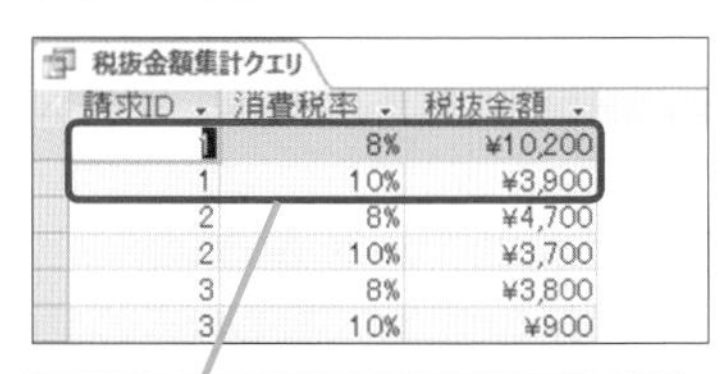

税抜金額集計クエリ

請求ID	消費税率	税抜金額
1	8%	¥10,200
1	10%	¥3,900
2	8%	¥4,700
2	10%	¥3,700
3	8%	¥3,800
3	10%	¥900

［請求ID］が「1」の請求書では、消費税が8%の売上が10,200円、10%の売上が3,900円であることがわかる

●［税抜金額集計クエリ］のフィールド

フィールド	テーブル
請求ID	請求明細テーブル
消費税率	請求明細テーブル
税抜金額	（演算）

8 「税率別金額クエリ」を作成する

[税率別金額クエリ]を作成する

レッスン⓮を参考に、[税抜金額集計クエリ]から新規クエリを作成しておく

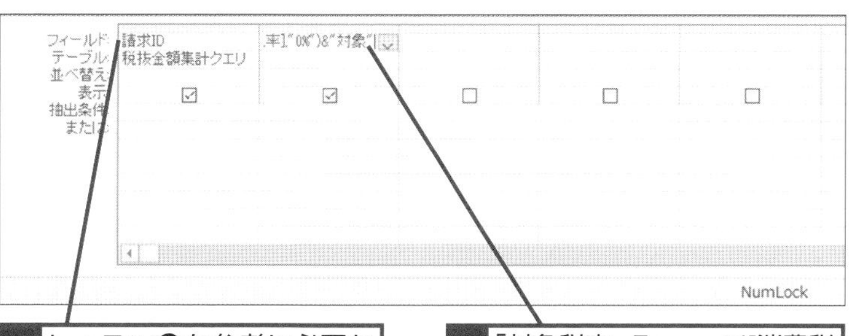

1 レッスン⓮を参考に必要なフィールドを追加

2 「対象税率: Format([消費税率],"0%") & "対象"」と入力

9 「税率別金額クエリ」に演算フィールドを追加する

1 レッスン⓮を参考に［税抜金額］のフィールドを追加

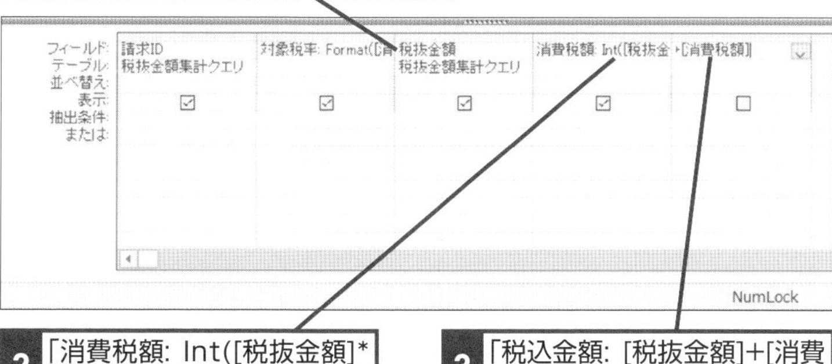

2 「消費税額: Int([税抜金額]*[消費税率])」と入力

3 「税込金額: [税抜金額]+[消費税額]」と入力

「税率別金額クエリ」の名前で保存しておく

HINT! 請求ID、消費税率ごとに消費税と税込金額を計算する

［税率別金額クエリ］では、258ページで作成した［税抜金額集計クエリ］を元に、請求ID、消費税率ごとに消費税と税込金額を計算します。

● ［税率別金額クエリ］のフィールド

フィールド	テーブル
請求ID	税抜金額集計クエリ
対象税率	（演算）
税抜金額	税抜金額集計クエリ
消費税額	（演算）
税込金額	（演算）

HINT! 請求書の集計行に表示するデータを用意する

［税率別金額クエリ］で計算した金額データは、請求書の集計行に表示します。

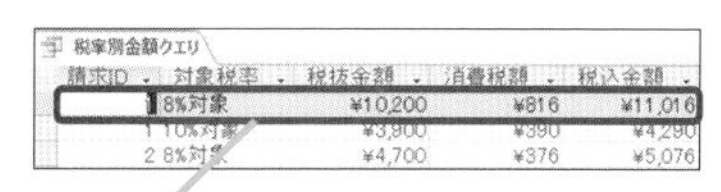

［請求ID］ごとに金額が計算される

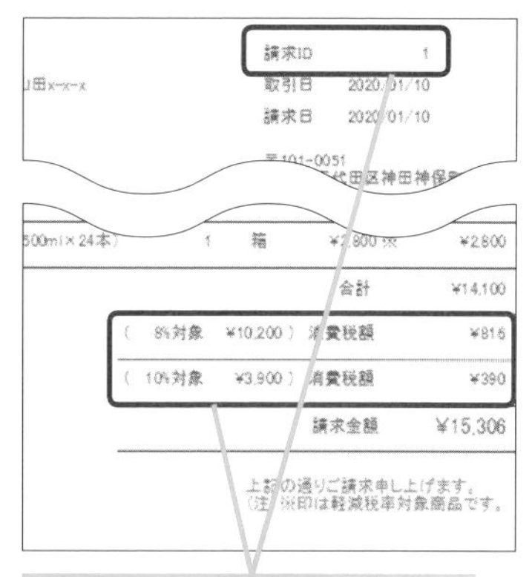

請求書ごとに請求IDと金額が表示される

レッスン
81 請求書の原型を作成しよう

レポートウィザード

対応バージョン

365 2019 2016 2013

レッスンで使う練習用ファイル
レポートウィザード.accdb

複雑な設定もウィザードを使えば簡単

請求書は、明細データの表の上に宛先や請求日などの情報を配置した複雑な構造をしています。レポートウィザードを使用すれば、このような複雑な構造のレポートも、画面の指示に従って操作するだけで作成できます。レポートに表示するフィールドや、レポートの構造などを選択肢から選ぶだけなので簡単です。作成されるレポートは、文字が途切れていたり余計な書式が付いていたりしますが、レッスン㊷以降で調整していきます。まずはこのレッスンで、請求書の原型となるレポートを作成しましょう。

関連レッスン

▶レッスン82
請求書のエリアごとのレイアウトを整えよう……p.266

キーワード

ウィザード	p.292
クエリ	p.292
フィールド	p.294
レコード	p.295
レポート	p.295

ウィザードを使ってレポートの項目を設定する

請求書の原型が作成できる

レポートで抽出結果を見やすくまとめる 第9章

1 レポートウィザードを起動する

練習用ファイルを開いておく

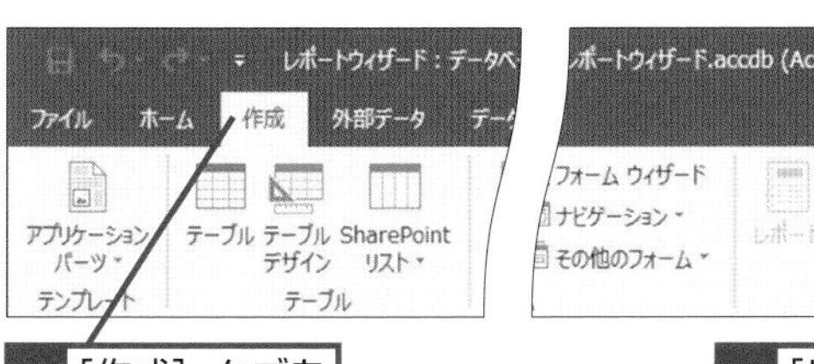

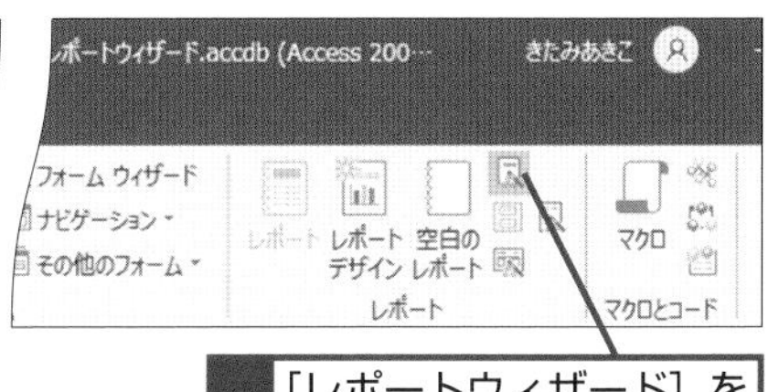

1 [作成] タブをクリック

2 [レポートウィザード] をクリック

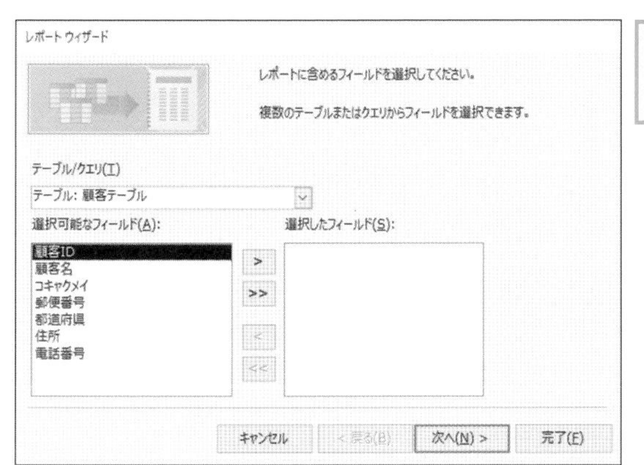

[レポートウィザード] 画面が表示された

HINT!
[レポートウィザード] とは

[レポートウィザード] は、レポートを作成する方法の1つです。表示される画面の指示に従ってレポートに配置するフィールドや表示方法、並べ替え順序、集計方法などを指定するだけで、簡単にレポートを作成できます。

2 レポートの元になるクエリを選択する

1 ここをクリック

2 [クエリ：請求クエリ] をクリック

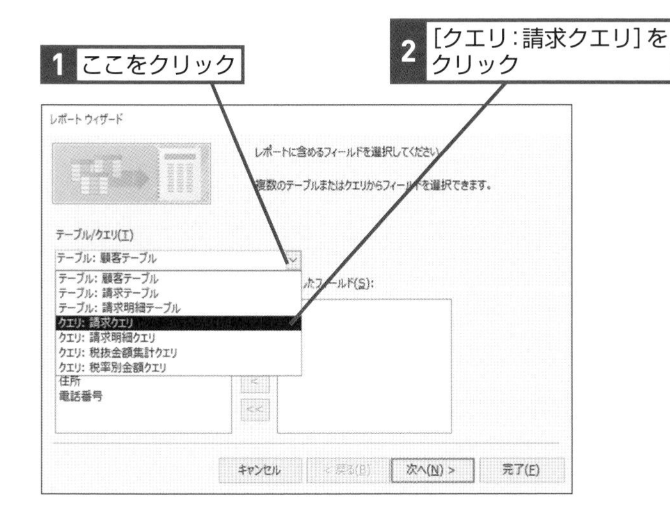

HINT!
元になるクエリを選択する

ここでは、レッスン⑳で作成した [請求クエリ] と [請求明細クエリ] を元に請求書の原型となるレポートを作成します。レポートウィザードの最初の画面ではレポートに配置するフィールドを指定しますが、一度に2つのクエリを指定できません。そこで、まず [請求クエリ] のフィールドを指定し、次に [請求明細クエリ] のフィールドを指定するという順序で操作します。

次のページに続く

3 フィールドを追加する

[請求クエリ] のフィールドが表示された

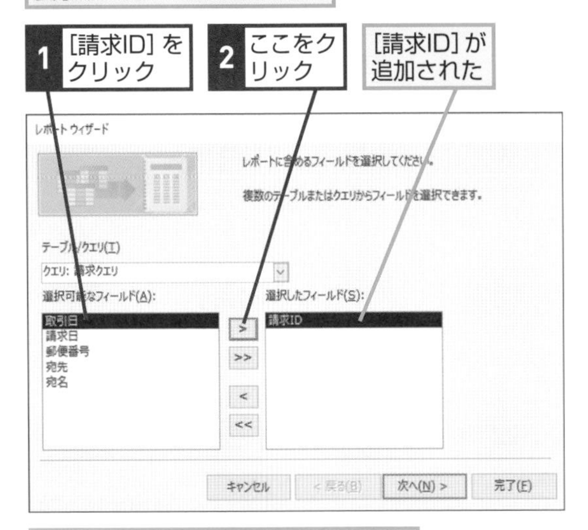

同様の手順ですべてのフィールドを追加しておく

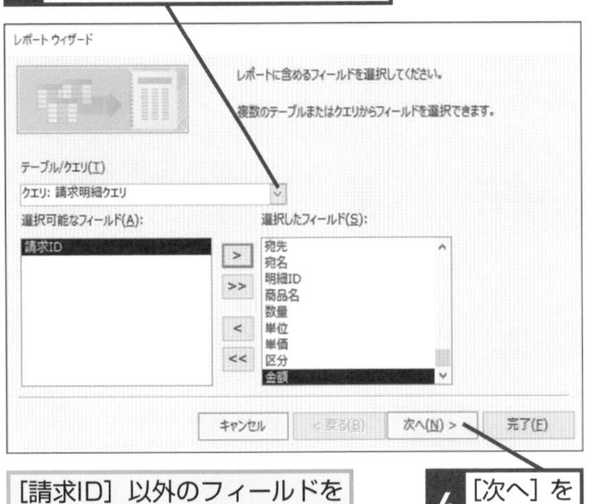

[請求ID] 以外のフィールドを追加しておく

4 [次へ] をクリック

HINT!

フィールドをダブルクリックしても追加できる

手順3の操作1 ～ 2の代わりに [選択可能なフィールド] に入っている [請求ID] をダブルクリックすると、[選択したフィールド] 欄に素早く追加できます。

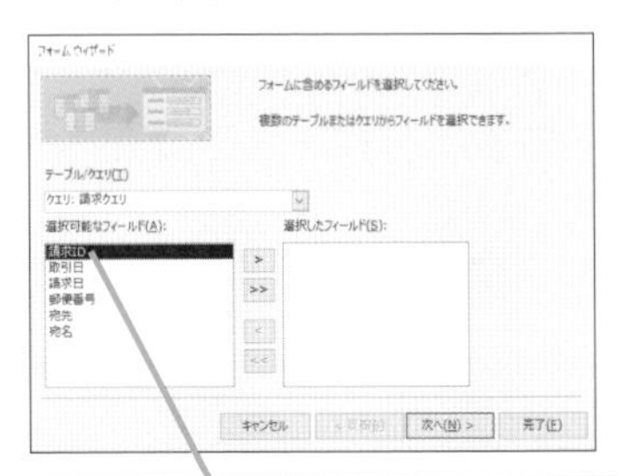

HINT!

[>>] ボタンで全フィールドを追加できる

手順3の画面で [>>] ボタンをクリックすると、[選択可能なフィールド] 欄にある全フィールドを [選択したフィールド] 欄に追加できます。

間違った場合は？

手順3で間違って [請求明細クエリ] の [請求ID] フィールドを [選択したフィールド] 欄に追加してしまった場合は、追加した [請求明細クエリ.請求ID] を選択して [<] ボタンをクリックします。

4 データの表示方法を確認する

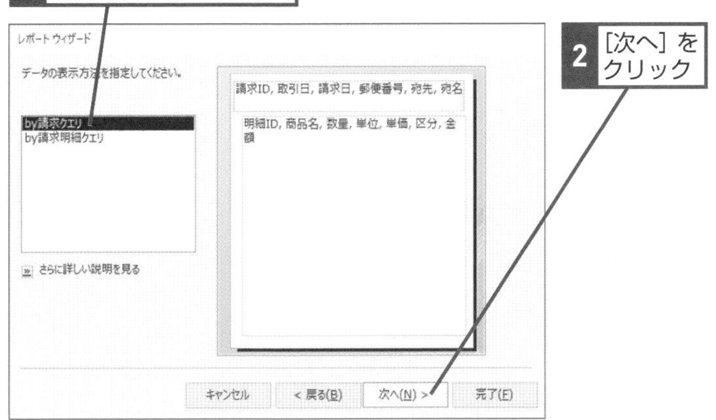

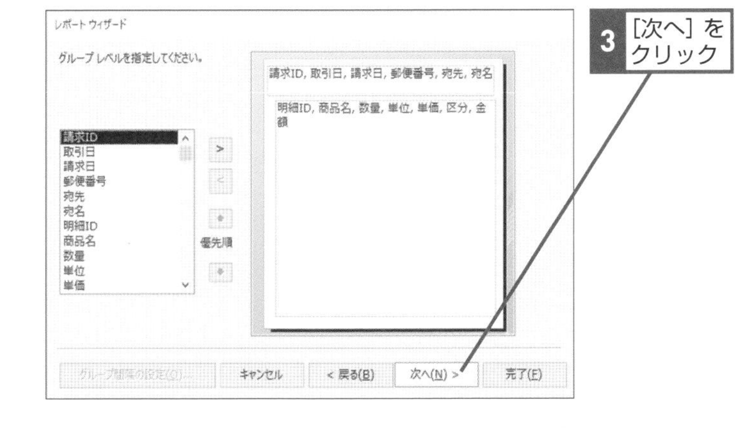

5 データの並べ替え順序を指定する

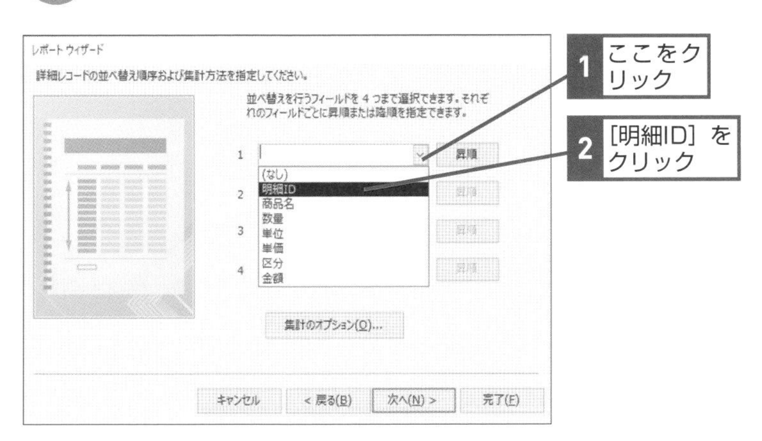

HINT! データの表示方法とは？

手順4の操作1の画面でデータの表示方法として［by請求クエリ］を指定すると、［請求クエリ］のレコードでグループ化されたレポートを作成できます。［請求クエリ］と［請求明細クエリ］は一対多の関係にあるので、［請求クエリ］の1レコードに対して［請求明細］クエリの複数のレコードが表示されるレポートになります。なお、単一のテーブルやクエリからレポートを作成する場合、この画面は表示されません。

HINT! データの並べ替え順序とは？

手順5では、［請求明細クエリ］のレコードをどのような順序で表示するかを指定します。

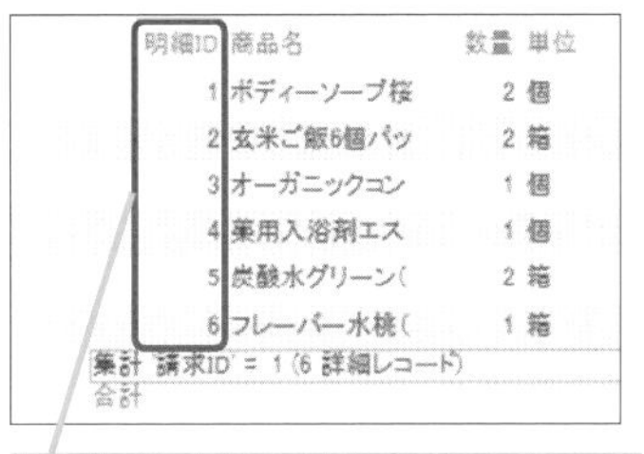

次のページに続く

6 集計のオプションを設定する

1 [集計のオプション] をクリック

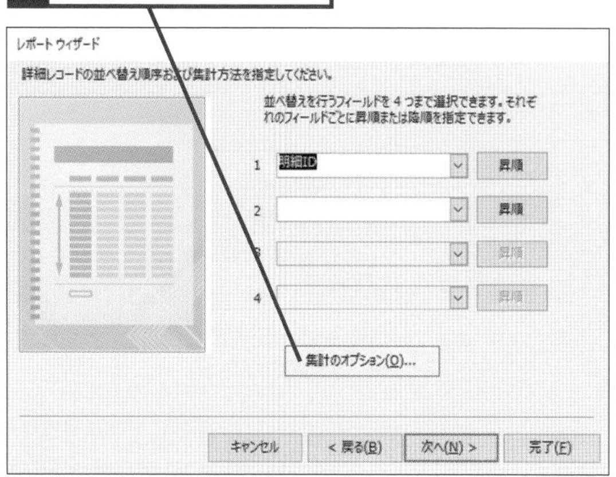

2 ここをクリックしてチェックマークを付ける

3 [OK]をクリック

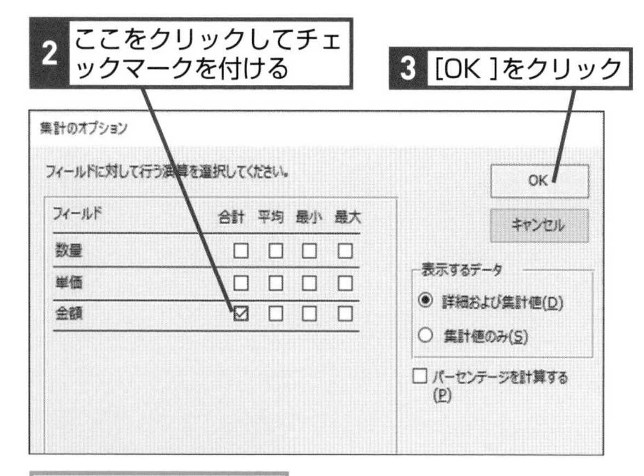

上の画面に戻るので[次へ]をクリックする

7 レポートの印刷形式を設定する

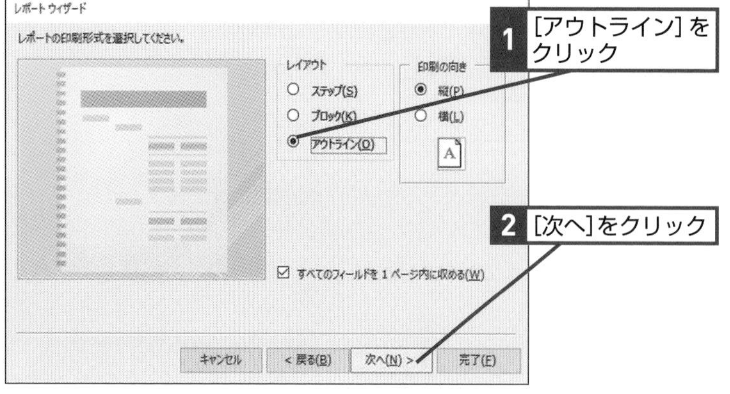

1 [アウトライン] をクリック

2 [次へ]をクリック

HINT! 集計のオプションって何？

手順6の操作2の画面には、[請求明細クエリ] に含まれる数値型や通貨型のフィールドが一覧表示されます。[金額] フィールドの [合計] にチェックマークを付けると、レポートに [金額] フィールドの合計値を表示できます。

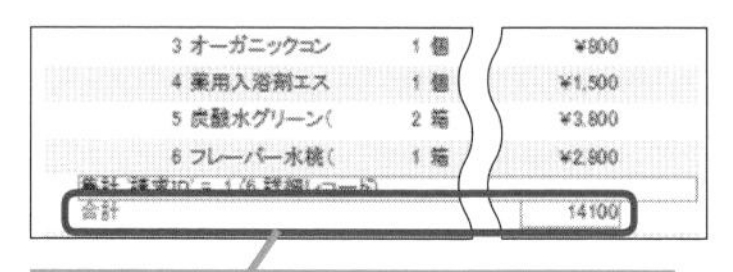

手順6の操作によりレポートに[金額]の合計を表示できる

HINT! [アウトライン] を選ぶとどうなるの？

手順7では、一側のレコードと多側のレコードのレイアウトを指定します。[アウトライン] を選択すると、レポートの上部に一側にあたる [請求クエリ] のレコードが表示されます。さらにその下に、多側にあたる[請求明細クエリ] のフィールド名とレコードが表形式で表示されます。

[請求クエリ]のレコード

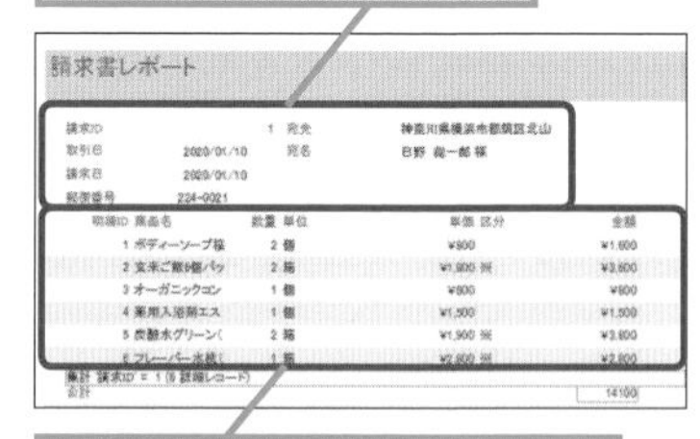

[請求明細クエリ]のレコード

8 レポート名を指定する

1 [請求書レポート] と入力

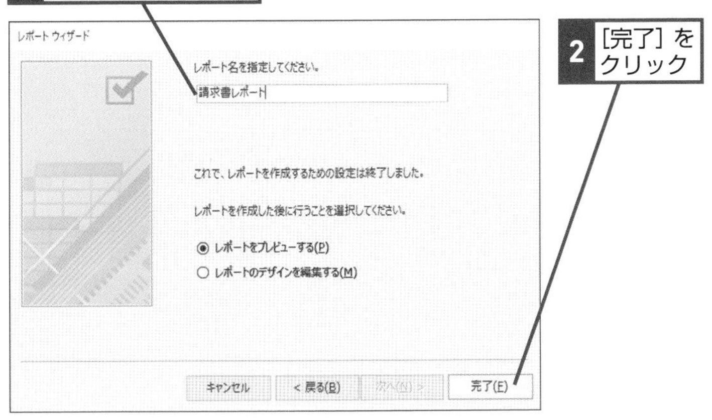

2 [完了] をクリック

9 印刷プレビューを確認する

印刷プレビューが表示された

請求書レポート

請求書レポート

請求ID	1	宛先	神奈川県横浜市都筑区北山
取引日	2020/01/10	宛名	日野 総一郎 様
請求日	2020/01/10		
郵便番号	224-0021		

明細ID	商品名	数量	単位	単価	区分	金額
1	ボディーソープ桜	2	個	¥800		¥1,600
2	玄米ご飯6個パッ	2	箱	¥1,800	※	¥3,600
3	オーガニックコン	1	個	¥800		¥800
4	薬用入浴剤エス	1	個	¥1,500		¥1,500
5	炭酸水グリーン(	2	箱	¥1,900	※	¥3,800
6	フレーバー水桃(	1	箱	¥2,800	※	¥2,800

集計 '請求ID' = 1 (6 詳細レコード)
合計 14100

請求ID	2	宛先	東京都新宿区西早稲田x-x-
取引日	2020/01/12	宛名	安西 真紀 様
請求日	2020/01/12		
郵便番号	169-0051		

明細ID	商品名	数量	単位	単価	区分	金額
1	ヘルシーシリアル	1	個	¥1,200	※	¥1,200
2	玄米ご飯24個パ	1	箱	¥3,500	※	¥3,500

レイアウトが崩れている部分などを確認する

HINT! 改ページの設定が必要

レポートウィザードで作成されるレポートには、複数の請求書が連続して表示されます。次のレッスンで、各請求書が別々の用紙に印刷されるように、改ページを設定します。

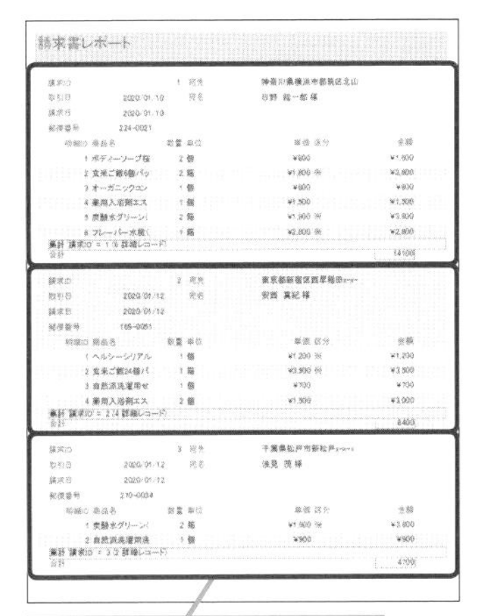

複数の請求書が連続して表示される

HINT! 縞模様の解除が必要

レポートウィザードで作成されるレポートには、1レコード間隔で縞模様のグレーの色が付きます。見た目が不自然なので、次のレッスンで解除します。

レッスン

82 請求書のエリアごとのレイアウトを整えよう

ヘッダーとフッター

対応バージョン

365 2019 2016 2013

レッスンで使う練習用ファイル
ヘッダーとフッター .accdb

セクションごとの書式やサイズを整える

レポートウィザードで作成したレポートを請求書として使用するには、いくつかの調整が必要です。[Before］のレポートを見てください。レポートウィザードで作成した直後のレポートです。複数の請求書が連続して表示されています。また、余計な縞模様が設定されています。このレッスンでは、改ページの設定や縞模様の解除、不要なデータの削除などを行って、[After］の状態になるように修正します。改ページや縞模様の設定は、セクション単位で行います。どのセクションに対してどのような設定を行えばいいのか、全体の構成を意識しながら設定していきましょう。

関連レッスン

▶レッスン81
請求書の原型を作成しよう….. p.260

キーワード

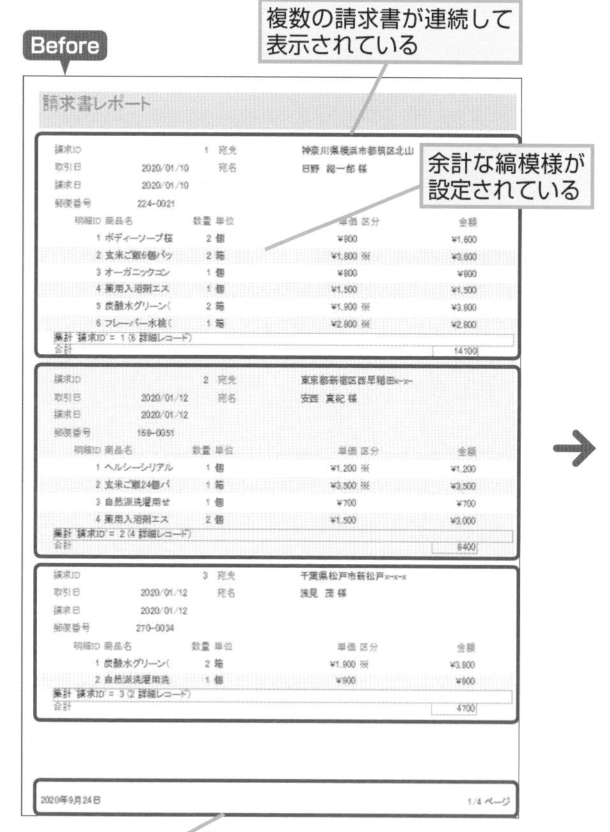
Before
複数の請求書が連続して表示されている
請求書レポート
余計な縞模様が設定されている
不要な印刷日やページ番号が表示されている

After

1件の請求書を1枚で印刷できるようになった

縞模様を解除できた

ヘッダーを調整する

1 ページヘッダーの幅を変更する

練習用ファイルを開いておく

レッスン⑰を参考に［請求書レポート］をデザインビューで表示しておく

1 ここをクリック

マウスポインターの形が変わった

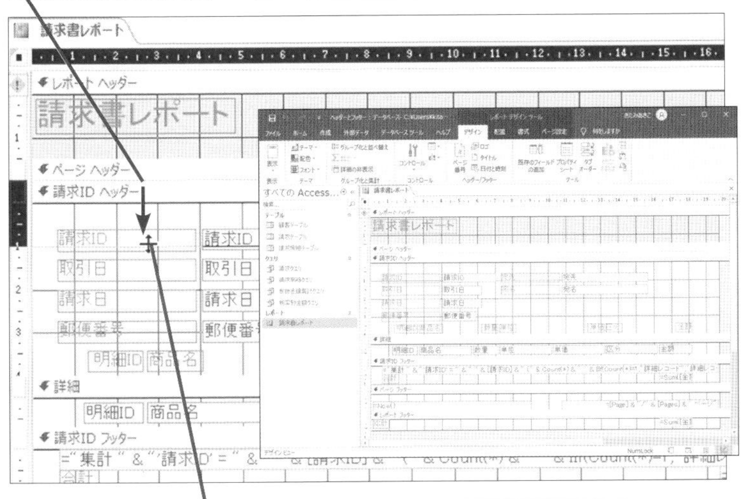

2 ここまでドラッグ

ページヘッダーの高さが変わった

2 ［請求書レポート］の文字を変更する

1 ここをクリック

ラベルが選択された

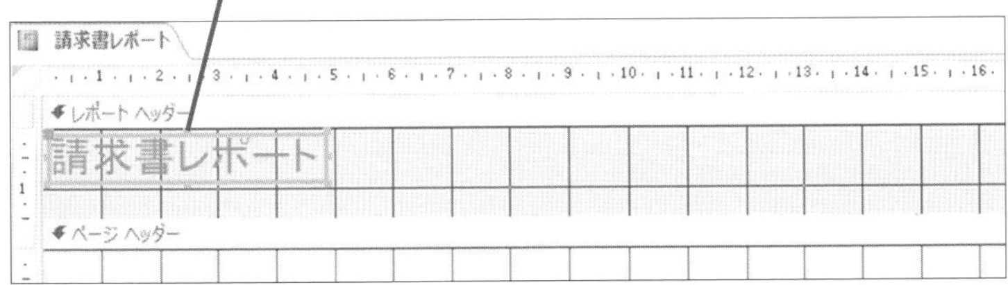

2 ここをクリック

ラベルの文字にマウスポインターが移動した

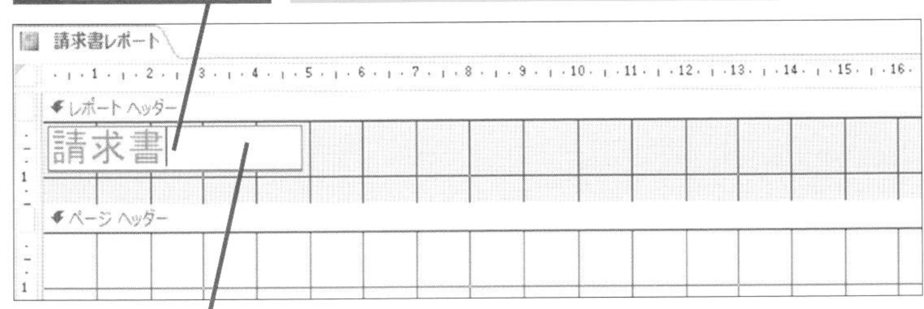

3 Delete キーで「レポート」を削除

ラベル以外をクリックして選択を解除しておく

HINT!

［請求書レポート］のヘッダーとフッターのセクション構成

完成した［請求書レポート］は、次のセクションから構成されます。

［レポートヘッダー］はレポートの1ページ目の先頭に1回表示される

［ページヘッダー］は各ページの先頭に1回表示される

［請求IDヘッダー］は請求IDごとに1回表示される

［詳細］は請求IDごとに明細レコードの数だけ表示される

［請求IDフッター］は請求IDごとに1回表示される

［ページフッター］は各ページの末尾に1回表示される

［レポートフッター］はレポートの最終ページに1回表示される

次のページに続く

3 ラベルを移動する

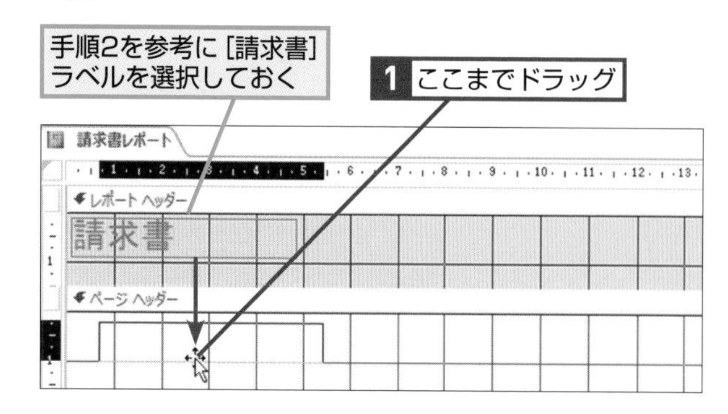

2 手順1を参考に［レポートヘッダー］の高さを縮める

請求書レポート
レポート ヘッダー
ページ ヘッダー
請求書

HINT!
「請求書」のタイトルをページヘッダーに移動する

レポートヘッダーは1枚目の請求書にしか表示されません。ここではすべての請求書に「請求書」の文字を表示したいので、手順3で「請求書」のラベルをレポートヘッダーからページヘッダーへ移動しました。コントロールをドラッグすれば、セクションをまたいで移動できます。

フッターを調整する

4 ［請求 ID フッター］のテキストボックスを削除する

1 [="集 計" & "'請 求ID' = " & " " & [請 求ID] & " (" & Count(*) & " " & IIf(Count(*)=1,"詳細レコード","詳細レコード") & ")"]テキストボックスをクリック

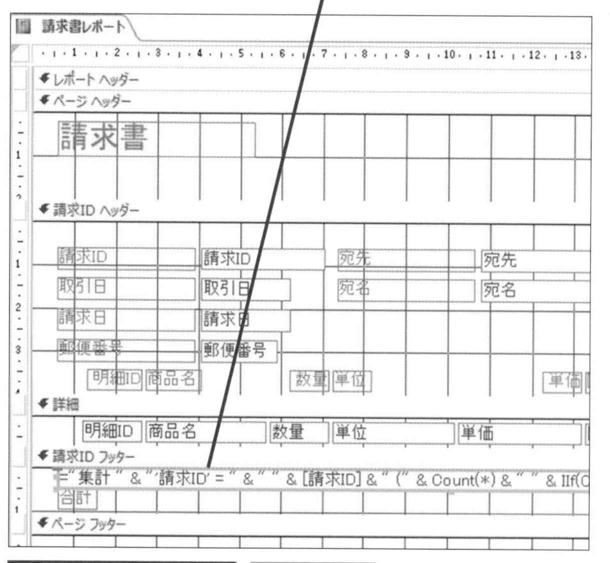

2 Delete キーを押す　削除された

HINT!
コントロールの選択と削除

コントロールをクリックすると、コントロールが選択されてオレンジ色の枠で囲まれます。その状態で Delete キーを押すと、コントロールを削除できます。

5 ほかのフッターのコントロールを削除する

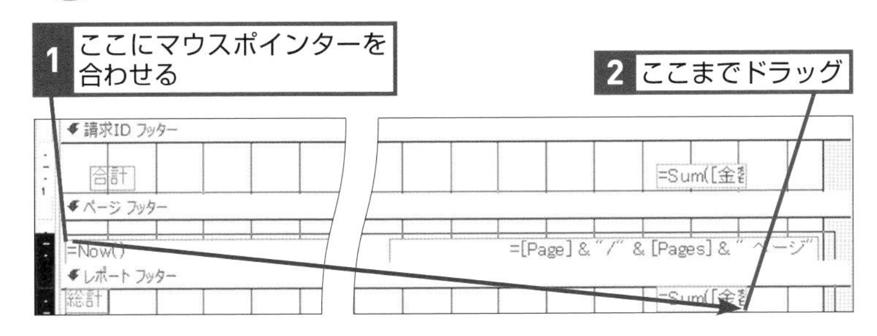

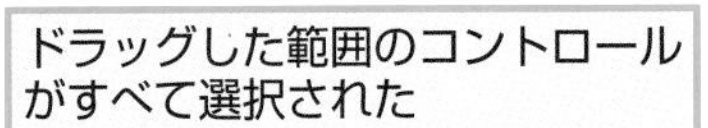

ドラッグした範囲のコントロールがすべて選択された

3 Delete キーを押す

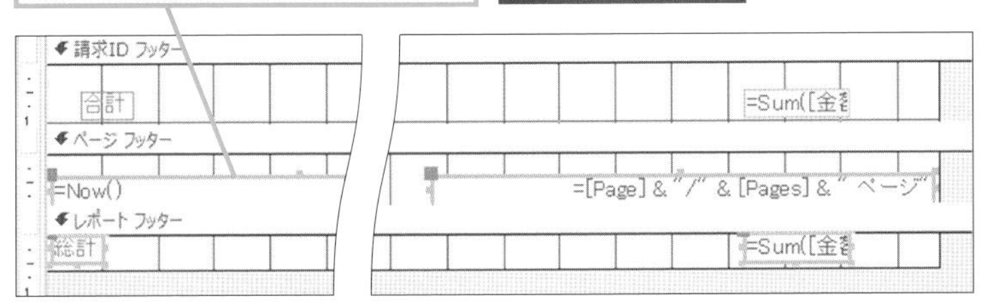

コントロールが削除された

請求ID フッター
合計
ページ フッター
レポート フッター
NumLock

4 手順1 を参考に［ページフッター］［レポートフッター］の高さを縮める

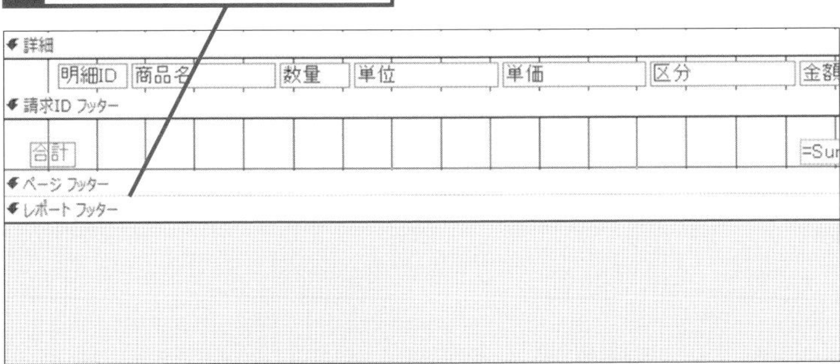

HINT!
複数のコントロールを選択するには

コントロールを囲むようにマウスをドラッグすると、複数のコントロールを選択できます。ドラッグした範囲にコントロール全体が含まれていなくても、一部が含まれていれば選択されます。

HINT!
セクションの高さの変更

セクションの下端にマウスポインターを合わせると‡の形になります。その状態で上下にドラッグすると、セクションの高さを変更できます。コントロールが配置されていないセクションでは、セクションの領域が見えなくなるまで上方向にドラッグすると、セクションの高さが「0」になり、そのセクションを非表示にできます。

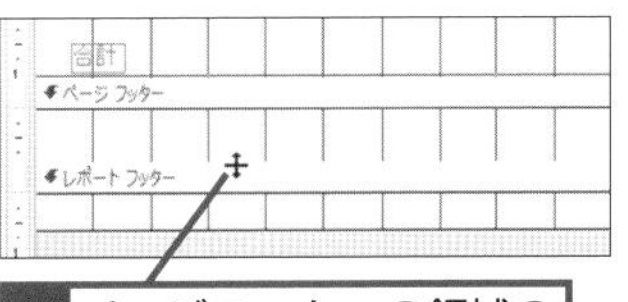

1 ページフッターの領域の下端にマウスポインターを合わせる

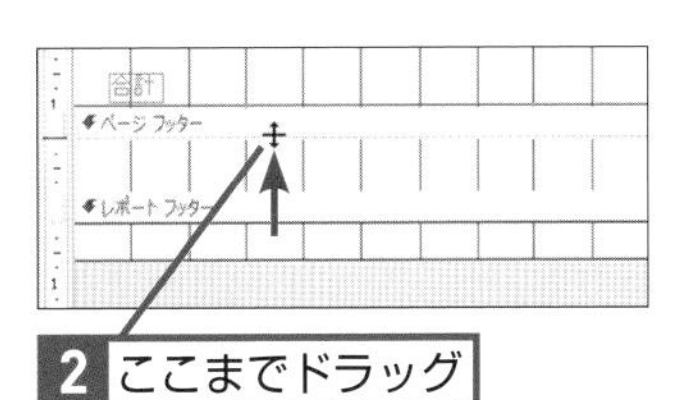

2 ここまでドラッグ

ページフッターが非表示になった

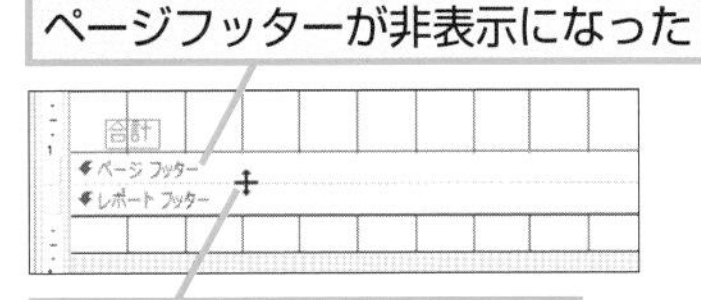

ここにマウスポインターを合わせて下方向にドラッグすると、ページフッターの領域を再表示できる

次のページに続く

6 改ページを設定する

1 [請求ID フッター]のセクションバーをダブルクリック

[プロパティシート]が表示された

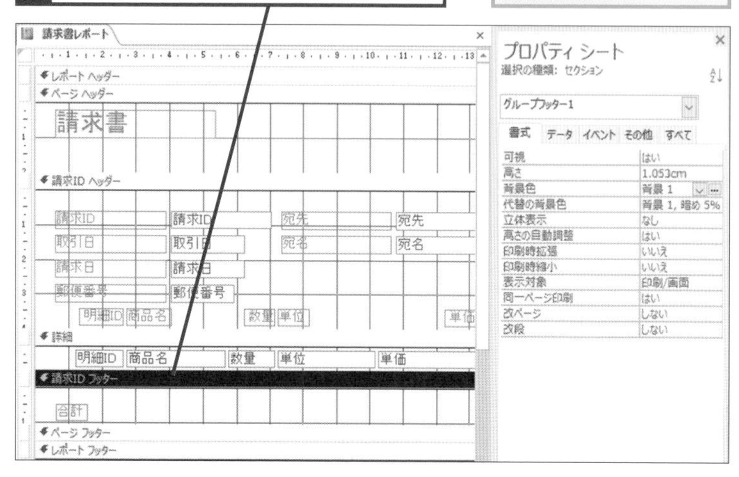

2 [書式]タブをクリック

3 [改ページ] のここをクリック

4 [カレントセクションの後]をクリック

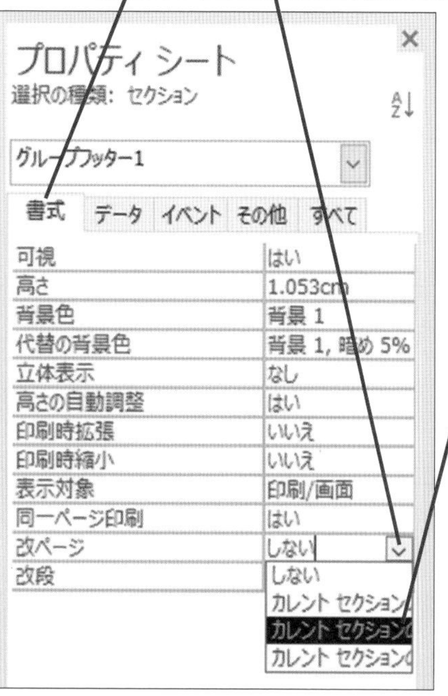

5 [閉じる]をクリック

プロパティ シート
選択の種類: セクション

グループフッター1

HINT! [請求IDフッター] の末尾で改ページする

266ページの [Before] のレポートでは、複数の請求書が連続して表示されています。請求書ごとにページを分けるには、請求書の一番下のセクションである [請求IDフッター] の末尾で改ページする必要があります。[請求IDフッター] の [改ページ] プロパティで [カレントセクションの後] を選択すると、末尾で改ページできます。

HINT! プロパティシートの表示方法

セクションバーをダブルクリックすると、そのセクションの設定を行うためのプロパティシートが表示されます。もしくは、セクションバーをクリックして、[デザイン] タブの [プロパティシート] ボタンをクリックするか Alt + Enter キーを押しても表示できます。

HINT! 選択肢が見づらいときは

プロパティシートの中央の境界線をドラッグすると、列の幅を変更できます。選択肢の文字全体が見えるように調整して、間違えないように選択しましょう。

境界線をドラッグすると列の幅を変更できる

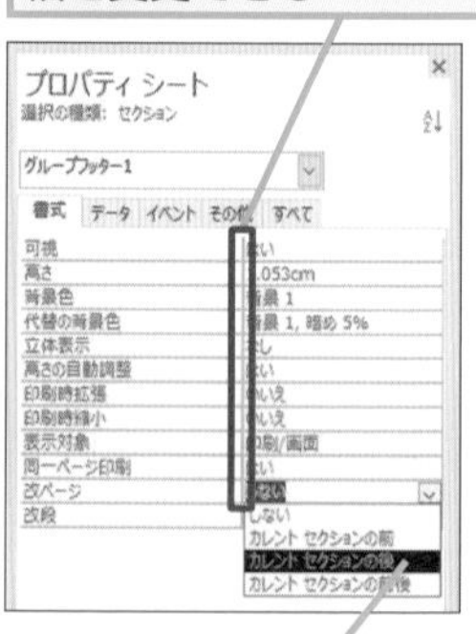

[カレントセクションの後] を選択する

セクションの色を解除する

7 セクションの色を削除する

1 [請求IDヘッダー]のセクションバーをクリック

2 [書式]タブをクリック

3 [交互の行の色]をクリック

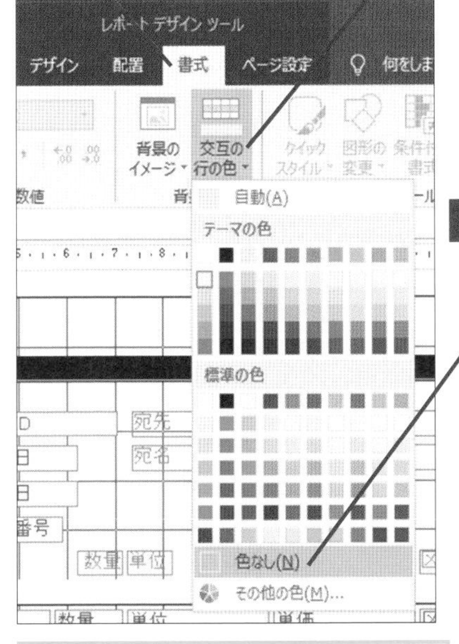

4 [色なし]をクリック

[詳細]セクションと[請求IDフッター]セクションも同様に色を削除しておく

8 設定効果を確認する

レッスン⑰を参考に印刷プレビューを表示しておく

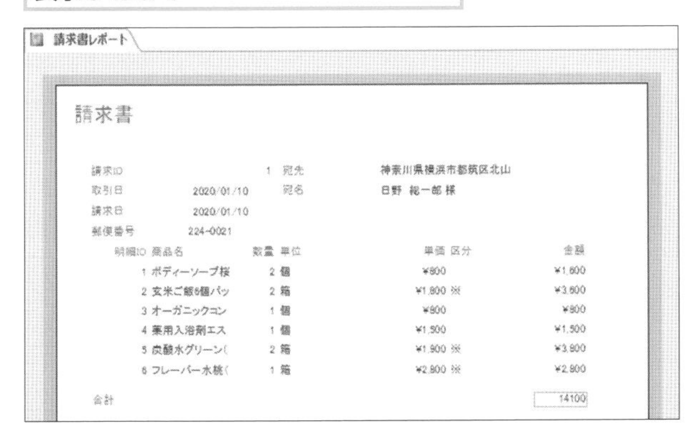

1 改ページと交互の色の設定効果を確認

2 [上書き保存]をクリック

HINT! [請求IDヘッダー]と[請求IDフッター]の縞模様を解除する

既定では、レコード1件おきに縞模様が表示されます。[請求IDヘッダー]と[請求IDフッター]の縞模様をそのままにすると、奇数件目の請求書と偶数件目の請求書で色が変わってしまうので、縞模様の解除が必須です。[交互の行の色]から[色なし]を選択すると、縞模様を解除できます。

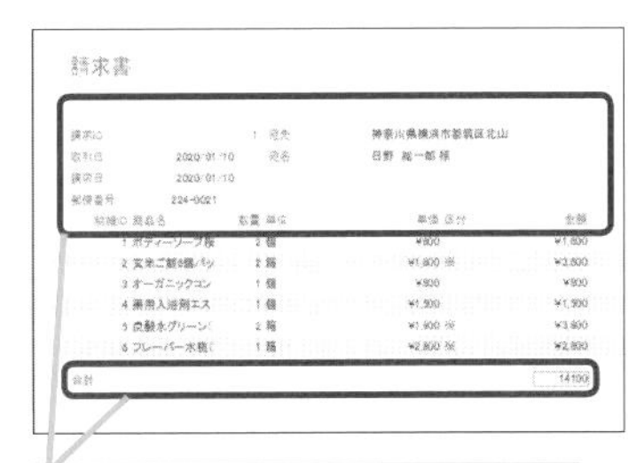

奇数件目の請求IDヘッダー／フッターは白

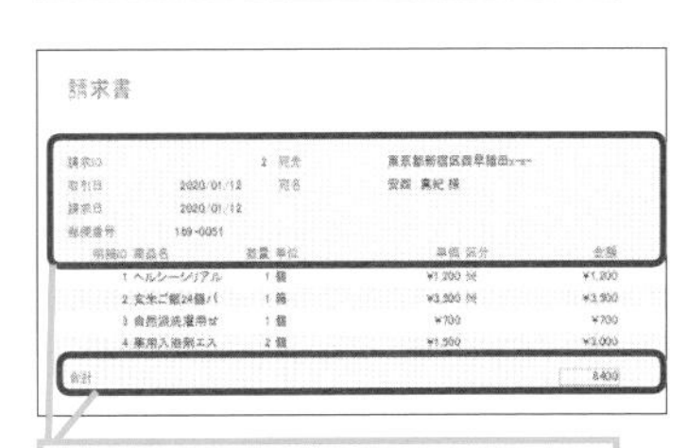

偶数件目の請求IDヘッダー／フッターはグレー

HINT! [詳細]の縞模様は必要に応じて解除する

手順7では[詳細]セクションの縞模様を解除していますが、この部分は明細行にあたるのでデザインの好みに応じて残してもかまいません。

レッスン

83 請求書のデータの配置を整えよう

コントロールの配置

対応バージョン

365 2019 2016 2013

レッスンで使う練習用ファイル
コントロールの配置.accdb

コントロールを再配置して見やすい請求書にする

前のレッスンでは、[請求書レポート] の全体的な設定を行いました。このレッスンでは細部の調整を行います。請求書の上部には、宛先や請求日などを体裁よく配置し、自社の住所や社名などを追加します。明細部分は、商品名の末尾の跡切れを修正して、各データが見やすくなるようにレイアウトを調整します。さらに罫線を追加して、メリハリのある表に仕上げます。このようなレイアウトの操作は根気のいる作業です。ときどき印刷プレビューを確認しながら、レイアウトを整えていきましょう。

関連レッスン

▶レッスン82
請求書のエリアごとのレイアウトを整えよう……p.266

キーワード

コントロール	p.292
セクション	293
フィールド	p.294
ラベル	p.295
レコード	p.295

Before

請求書

請求ID 1 宛先 神奈川県横浜市都筑区北山
取引日 2020/01/10 宛名 日野 総一郎 様
請求日 2020/01/10
郵便番号 224-0021

明細ID	商品名	数量	単位	単価	区分	金額
1	ボディーソープ桜	2	個	¥800		¥1,600
2	玄米ご飯6個パッ	2	箱	¥1,800	※	¥3,600
3	オーガニックコン	1	個	¥800		¥800
4	薬用入浴剤エス	1	個	¥1,500		¥1,500
5	炭酸水グリーン(	2	箱	¥1,900	※	¥3,800
6	フレーバー水桃(	1	箱	¥2,800	※	¥2,800

要素の位置がバラバラになっている

After

請求書

224-0021
神奈川県横浜市都筑区北山田x-x-x

日野 総一郎 様

請求ID 1
取引日 2020/01/10
請求日 2020/01/10

〒101-0051
東京都千代田区神田神保町x-x-x
株式会社できるアクセス
TEL:03-xxxx-xxxx
登録番号:XXXXXXXXXXXXXXX

No	商品名	数量	単位	単価		金額
1	ボディーソープ桜(350ml)	2	個	¥800		¥1,600
2	玄米ご飯6個パック	2	箱	¥1,800	※	¥3,600
3	オーガニックコンディショナー桜	1	個	¥800		¥800

要素が正しく配置され、罫線も入って見やすくなった

1 ［請求 ID ヘッダー］の下段を調整する

練習用ファイルを開いておく

レッスン⑰を参考に［請求書レポート］をデザインビューで表示しておく

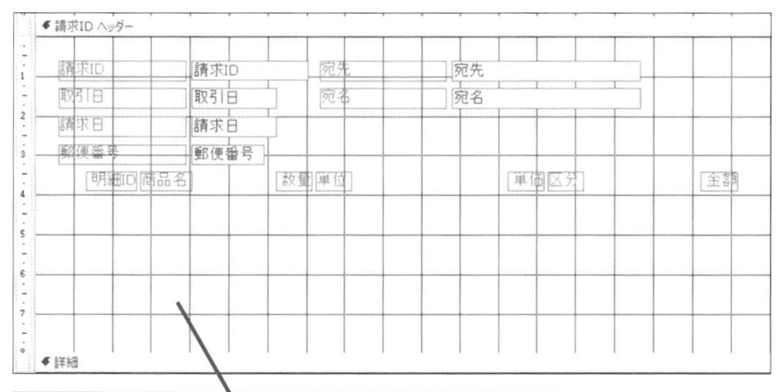

1 レッスン⑫を参考に［請求ID ヘッダー］の高さを広げる

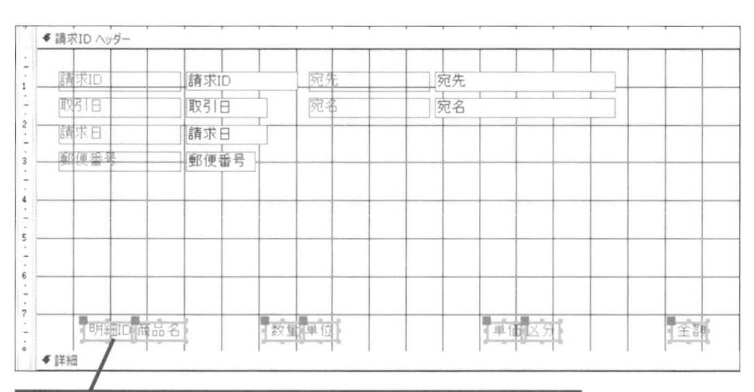

2 レッスン⑲を参考に［明細 ID］から［金額］まで横に並んだラベルを下に移動する

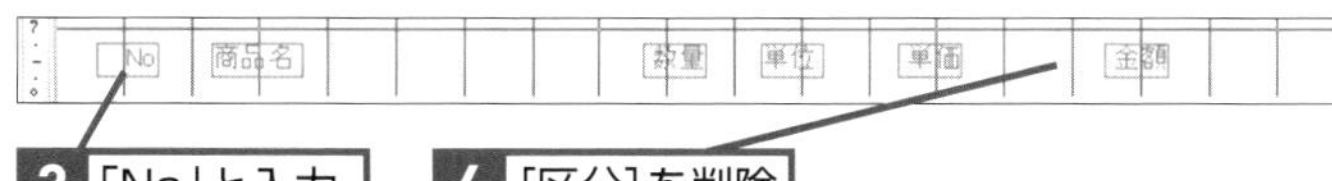

3 「No」と入力

4 ［区分］を削除

5 要素の位置を変更

2 不要なラベルを削除する

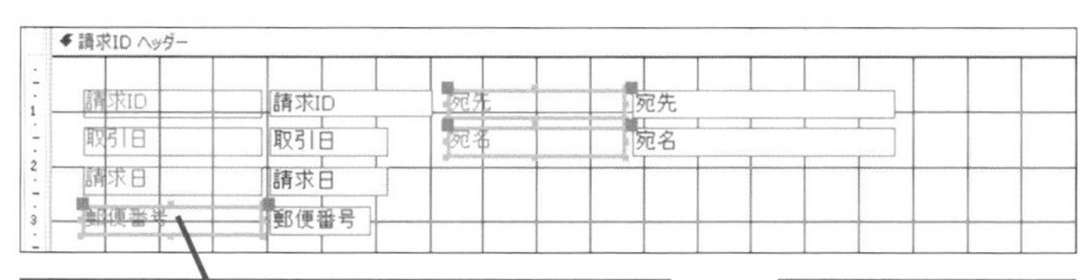

1 レッスン⑫を参考に［宛先］［宛名］［郵便番号］のラベルを選択

2 Delete キーをクリック

ラベルが削除された

HINT! ［請求IDヘッダー］の高さを8cmほどに広げる

［請求IDヘッダー］の高さを広げる際に、マス目8個分程度（8cm程度）に広げると本書のサンプルとほぼ同じサイズになります。

HINT! 横並びのコントロールを効率よく選択するには

デザインビューの上端に表示されるバーを水平ルーラー、左端に表示されるバーを垂直ルーラーと呼びます。ルーラーにはセンチメートル単位の目盛りが表示されるので、コントロールの配置の目安にできます。ルーラー上を黒矢印のマウスポインターでクリックすると、その延長線上にあるコントロールを一括選択できます。

1 ルーラー上をクリック

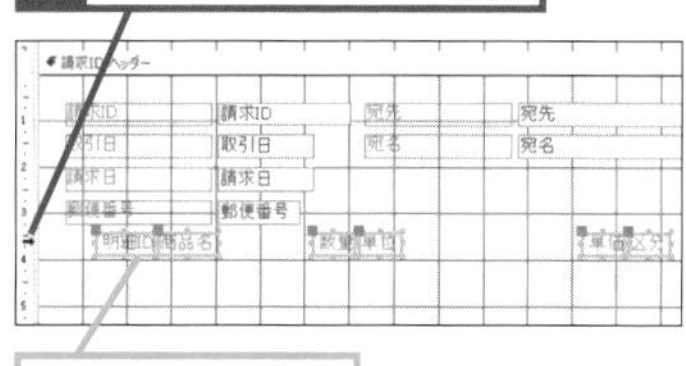

コントロールを一括選択できた

HINT! 矢印キーでコントロールを水平／垂直に移動する

コントロールを選択して↓キーを押すと、コントロールを垂直に移動できます。

次のページに続く

3 コントロールの位置と大きさを調整する

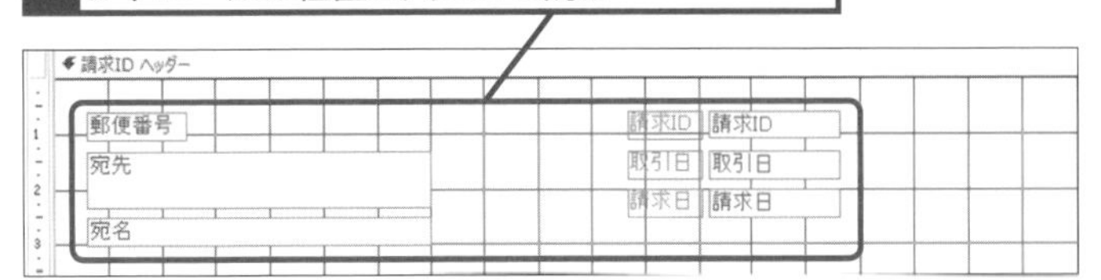

4 ラベルを追加する

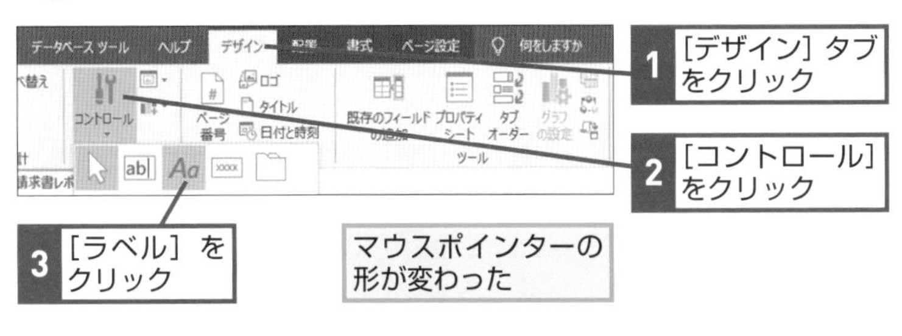

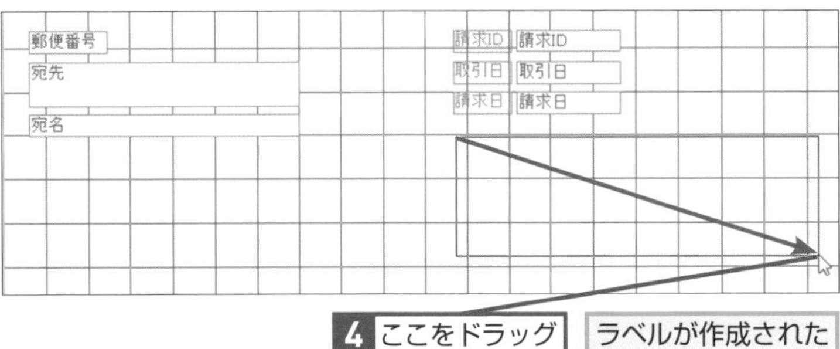

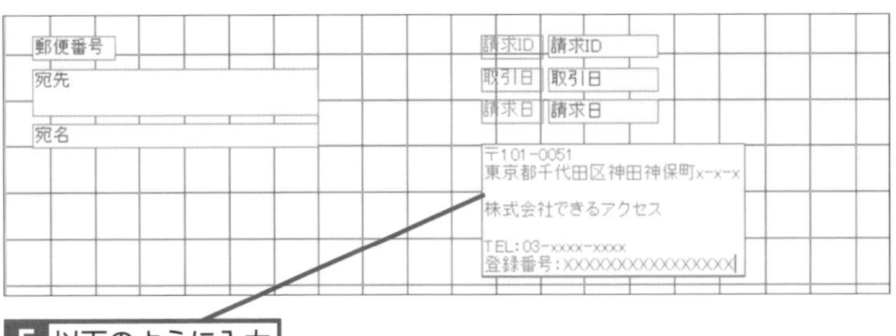

〒101-0051
東京都千代田区神田神保町x-x-x

株式会社できるアクセス

TEL03-xxxx-xxxx
登録番号：XXXXXXXXXXXXXXXX

HINT!
A4用紙にバランスよく印刷できるように調整する

このレッスンでは、A4用紙にバランスよく印刷できるように、コントロールの配置を調整します。A4用紙の横幅は21cmですが、余白も考慮して、横幅17cm程度の範囲にコントロールを配置してください。

HINT!
ラベルが付属するテキストボックスの移動

［請求ID］フィールドや［取引日］フィールドなどのテキストボックスにはラベルが付属しています。テキストボックスをクリックすると、付属のラベルも一緒に選択されます。テキストボックスの境界線をドラッグすると、ラベルも一緒に移動します。テキストボックスの移動ハンドルをドラッグすると、テキストボックスだけを移動できます。

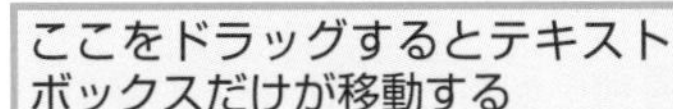

ここをドラッグするとテキストボックスだけが移動する

HINT!
ラベルの改行

ラベルに文字を入力して Ctrl キーを押しながら Enter キーを押すと、ラベル内で改行できます。

5 ［詳細］のコントロールを調整する

1 レッスン82を参考に［詳細］の高さを広げる

2 レッスン79を参考にコントロールを下に移動

3 レッスン79を参考にコントロールの位置と大きさを変更

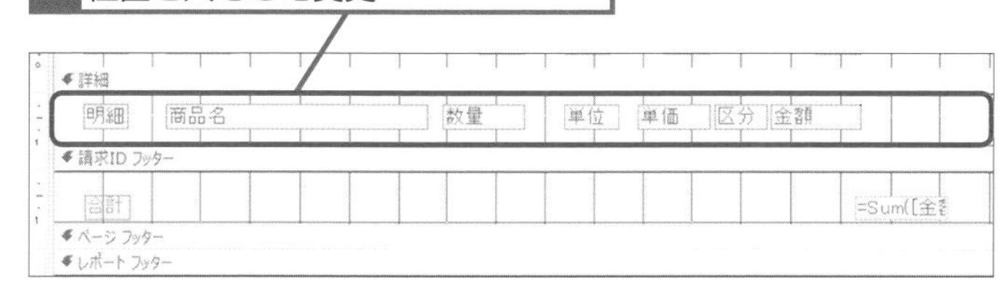

6 ［請求 ID フッター］のコントロールを調整する

1 レッスン82を参考に［請求 IDフッター］の高さを広げる

2 レッスン79を参考にコントロールの位置と大きさを変更

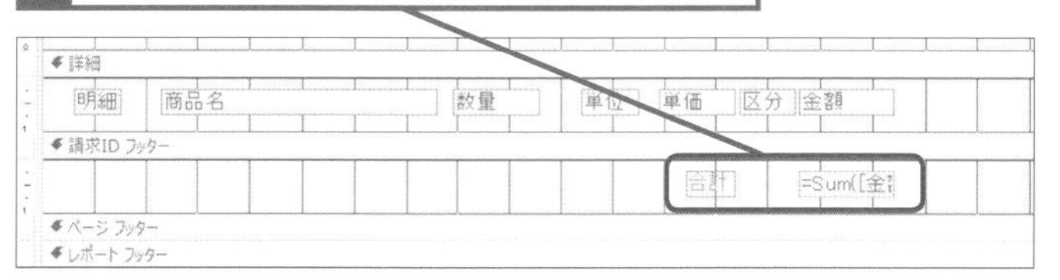

HINT! ［詳細］セクションの高さ

［詳細］セクションの高さが、請求書の明細行1行分の高さになります。［詳細］セクションを1マス分（1cm）程度の高さにすると、本書のサンプルと同程度のサイズになります。また、コントロールを［詳細］セクションの上下中央に配置すると、請求書の各行の中央にバランスよく文字を表示できます。

HINT! ［配置］タブのボタンを活用しよう

［配置］タブのボタンを使うと、コントロールのサイズや間隔、位置をきれいに揃えられます。例えば、複数のコントロールを選択して［配置］ボタン→［左］をクリックすると、複数のコントロールの左の位置を揃えられます。また、［サイズ／間隔］ボタン→［上下の間隔を均等にする］をクリックすると、1番上と1番下のコントロールを基準に複数のコントロールの間隔を均等にできます。

HINT! 適宜印刷プレビューを確認しよう

コントロールのサイズを変更するときは、印刷プレビューとデザインビューを行き来しながら、データの収まり具合を確認しましょう。

次のページに続く

7 コントロールの書式を変更する

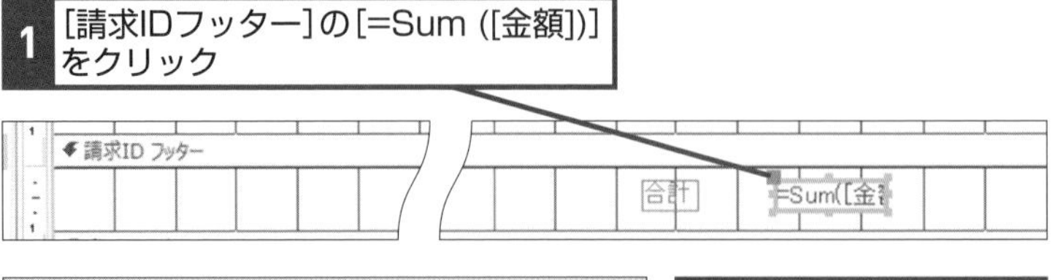
1 [請求IDフッター]の[=Sum ([金額])]をクリック
請求ID フッター
合計
=Sum([金額

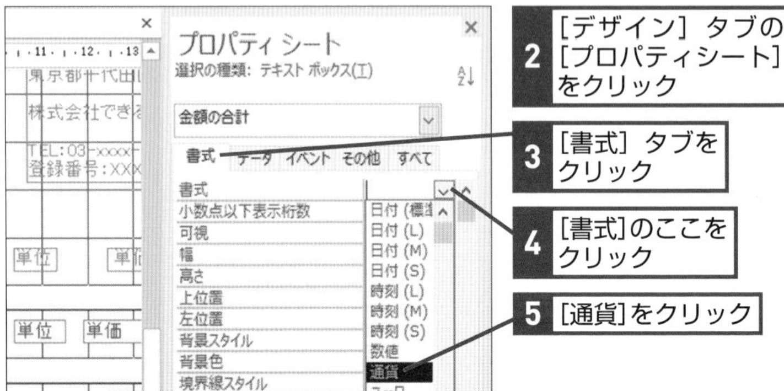
プロパティ シート
選択の種類: テキスト ボックス(T)
金額の合計
書式 データ イベント その他 すべて
2 [デザイン] タブの[プロパティシート]をクリック
3 [書式] タブをクリック
4 [書式]のここをクリック
5 [通貨]をクリック

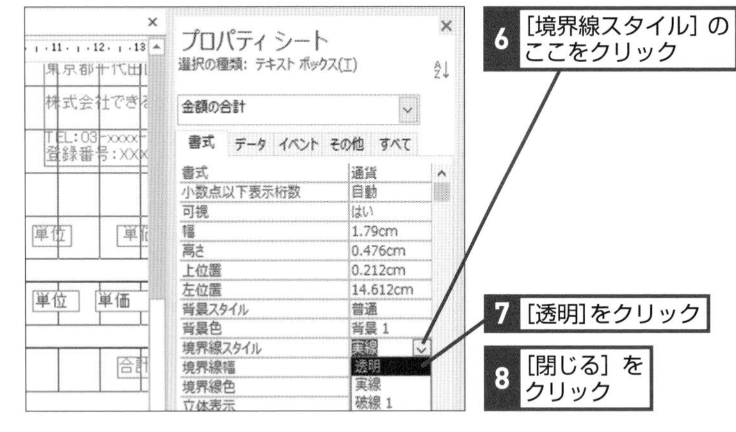
プロパティ シート
選択の種類: テキスト ボックス(T)
金額の合計
書式 データ イベント その他 すべて
6 [境界線スタイル] のここをクリック
7 [透明]をクリック
8 [閉じる] をクリック

8 全体の文字の色を設定する

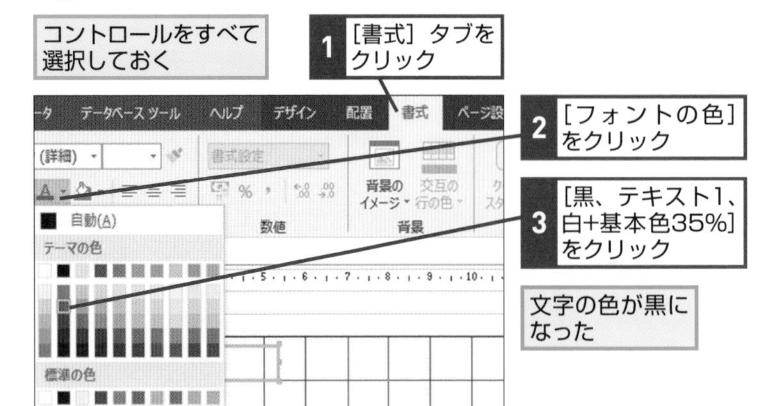
コントロールをすべて選択しておく
1 [書式] タブをクリック
2 [フォントの色] をクリック
3 [黒、テキスト1、白+基本色35%] をクリック
文字の色が黒になった
自動(A)
テーマの色
標準の色

HINT! テキストボックスの枠線

レポートウィザードでレポートを作成すると、合計値を表示するテキストボックスだけ枠線付きで表示されます。[境界線スタイル] プロパティで [透明] を設定すると、枠線を非表示にできます。

HINT! すべてのコントロールを効率よく選択するには

垂直ルーラーにマウスポインターを合わせると➡の形になります。その状態で下方向にドラッグすると、ドラッグした範囲に含まれるすべてのコントロールを選択できます。

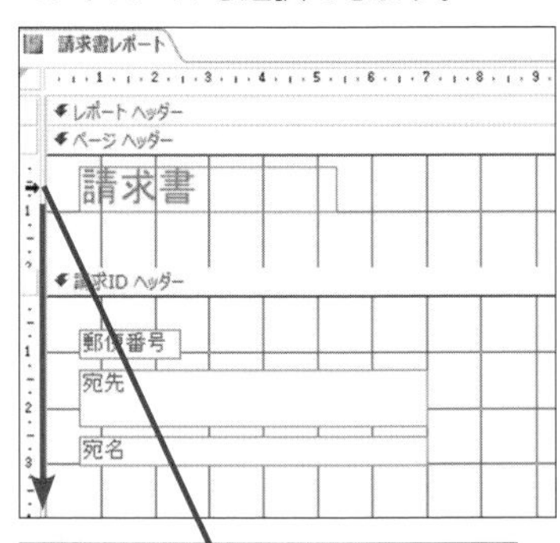
請求書レポート
レポート ヘッダー
ページ ヘッダー
請求書
請求ID ヘッダー
郵便番号
宛先
宛名
1 垂直ルーラー上をドラッグ

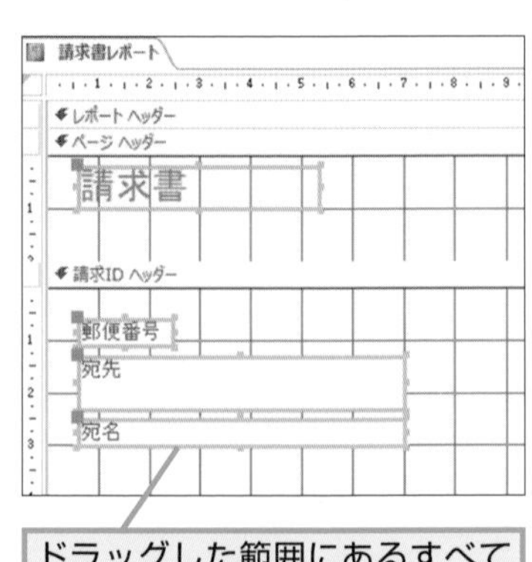
請求書レポート
請求書
郵便番号
宛先
宛名
ドラッグした範囲にあるすべてのコントロールが選択された

9 罫線を設定する

1 [デザイン] タブをクリック

2 [コントロール] をクリック

3 [線] をクリック

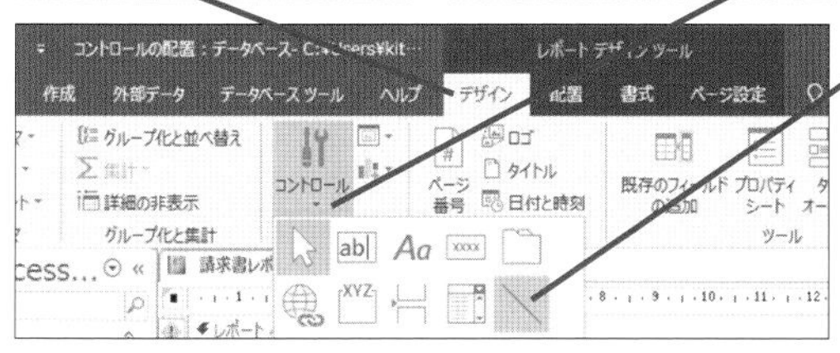

マウスポインターの形が変わった

4 ドラッグして線を作成

線を作成してから移動することもできる

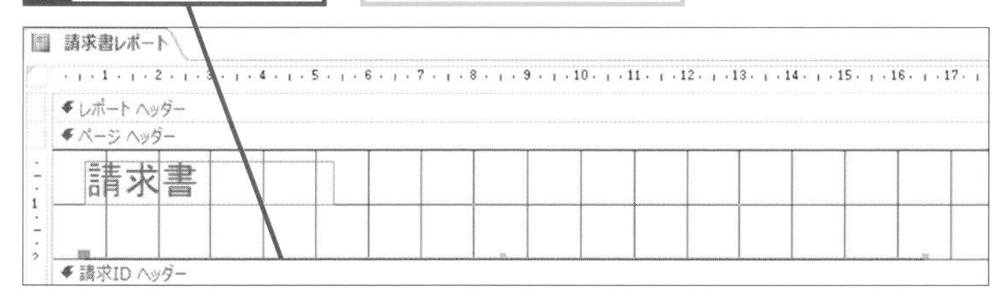

同様の手順で4 か所に罫線を設定する

No　商品名　数量　単位　単価　全額

詳細

明細　商品名　数量　単位　単価　区分　全額

請求ID フッター

合計　=Sum([全

ページ フッター

10 左右幅を設定する

1 ここをクリック

マウスポインターの形が変わった

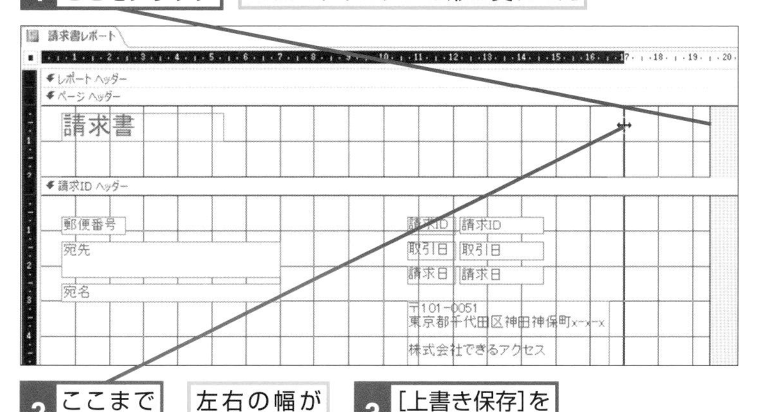

2 ここまでドラッグ

左右の幅が変更された

3 [上書き保存] をクリック

HINT! 水平線を引くには

直線を作成する際に、Shiftキーを押しながら水平方向にドラッグすると、水平線を引くことができます。

HINT! 背景のマス目を目安に水平線を配置する

サンプルでは、罫線を次のように設定して、見出し行、明細行、集計行の各行の高さが1cmになるようにしています。

- [請求IDヘッダー] の下端と下端から1cm上の位置に罫線を引く
- [詳細] の高さを1cmにしたうえで下端に罫線を引く
- [請求IDフッター] の上端から1cm下の位置に罫線を引く

マス目を目安にするとレイアウトしやすくなります。なお、セクションの下端に罫線を引くのは難しいので、別の場所で罫線を引いてから下端に移動するといいでしょう。

HINT! 用紙の余白を設定しよう

レポートをバランスよく印刷するために、余白を設定しましょう。本書のサンプルの場合、手順10でレポートの幅を17cmにして、[ページ設定] タブの [余白] ボタンから [広い] を選択すると、バランスよく印刷できます。なお、余白のサイズを微調整したい場合は、[ページ設定] タブの [ページ設定] ボタンを使用すると詳細に設定できます。

レッスン

84 消費税率別に金額を表示する

レコードソース

対応バージョン

365 2019 2016 2013

レッスンで使う練習用ファイル
レコードソース.accdb

デザインビューで新規にレポートを作成する

このレッスンではいったん［請求書レポート］から離れて、レッスン⑳で作成した［税率別金額クエリ］を元に新規のレポートを作成します。［税率別金額クエリ］では、［請求ID］別［消費税率］別に、税抜金額と消費税額を合計しました。それらのデータを表示するレポートを、デザインビューを使用して手動で作成します。作成するレポートは、［請求書レポート］に組み込んで消費税率別の金額を表示するためのものです。行の高さやフォントの色などを［請求書レポート］に揃えて、組み込んだときに違和感がないように仕上げましょう。

関連レッスン

▶レッスン85
請求書に消費税率別の金額を表示しよう ……………… p.284

キーワード

数式の入ったレポートを作成する

↓

（ 8%対象	¥10,200 ）	消費税額	¥816
（ 10%対象	¥3,900 ）	消費税額	¥390
（ 8%対象	¥4,700 ）	消費税額	¥376
（ 10%対象	¥3,700 ）	消費税額	¥370
（ 8%対象	¥3,800 ）	消費税額	¥304
（ 10%対象	¥900 ）	消費税額	¥90
（ 8%対象	¥9,200 ）	消費税額	¥736
（ 8%対象	¥21,400 ）	消費税額	¥1,712
（ 10%対象	¥3,200 ）	消費税額	¥320
（ 10%対象	¥6,100 ）	消費税額	¥610
		請求金額	¥120,716

消費税率ごとに税抜価格、消費税額が表示できる

1 レポートを新規作成する

練習用ファイルを開いておく

1 [作成] タブをクリック

2 [レポートデザイン] をクリック

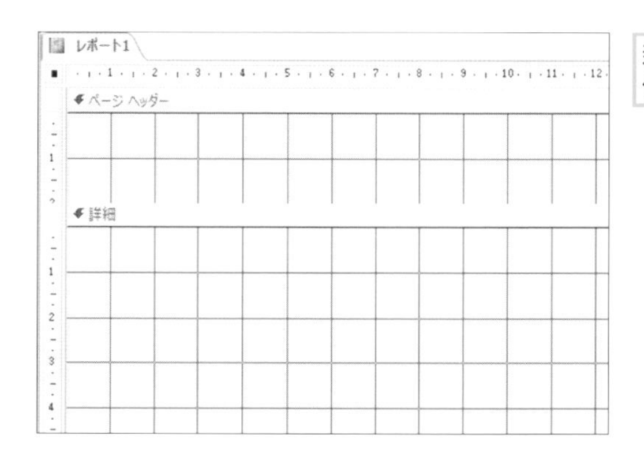

新しいレポートが作成された

2 ヘッダーとフッターを変更する

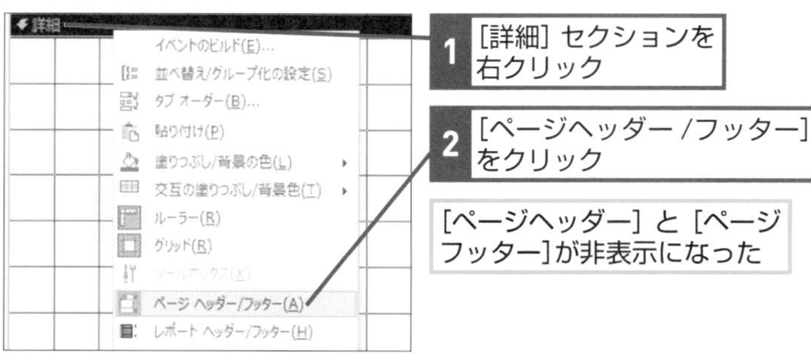

1 [詳細] セクションを右クリック

2 [ページヘッダー/フッター] をクリック

[ページヘッダー] と [ページフッター] が非表示になった

3 [詳細] セクションを右クリック

4 [レポートヘッダー/フッター] をクリック

[レポートヘッダー] と [レポートフッター] が追加された

5 レッスン㉜を参考に [レポートヘッダー] の高さを 0 にする

6 レッスン㉜を参考に [詳細] セクションの [交互の行の色] を [色なし] にする

HINT! デザインビューで一からレポートを作成する

[作成] タブの [レポートデザイン] をクリックすると、新しいレポートのデザインビューが表示されます。レポートに表示する内容は、手動で設定する必要があります。

HINT! セクションの表示／非表示を切り替える

レポートをデザインビューで作成すると、[ページヘッダー] [詳細] [ページフッター] の3セクションが表示されます。ここでは [詳細] と [レポートフッター] を使用したいので、[ページヘッダー] と [ページフッター] を非表示にし、[レポートヘッダー] と [レポートフッター] を表示します。

HINT! [レポートヘッダー] の高さを0にする

ヘッダーとフッターは2つ1組で表示／非表示を切り替えます。一方だけを使用したい場合は、両方を表示したうえで不要なほうの高さを0にします。

次のページに続く

3 クエリを選択する

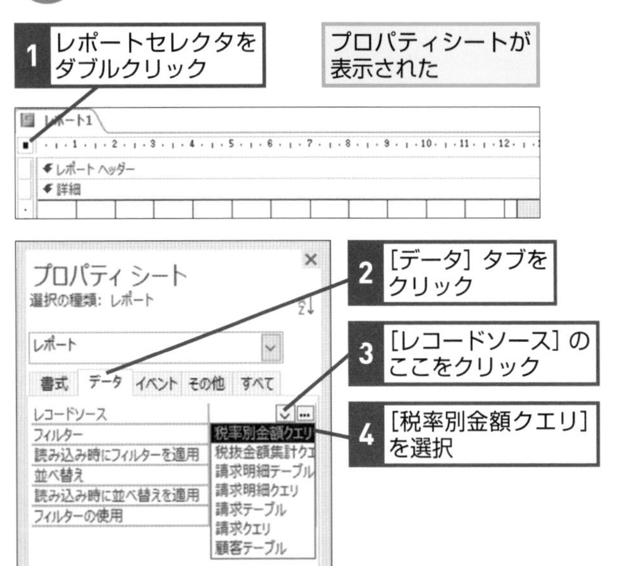

HINT!
レポートの元になるクエリを指定する

レポートの［レコードソース］プロパティには、レポートに表示するデータの取得元となるテーブルやクエリを指定します。

4 ラベルとテキストボックスを追加する

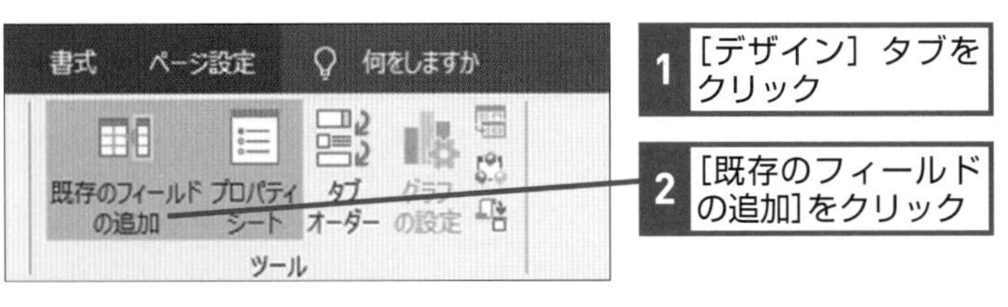

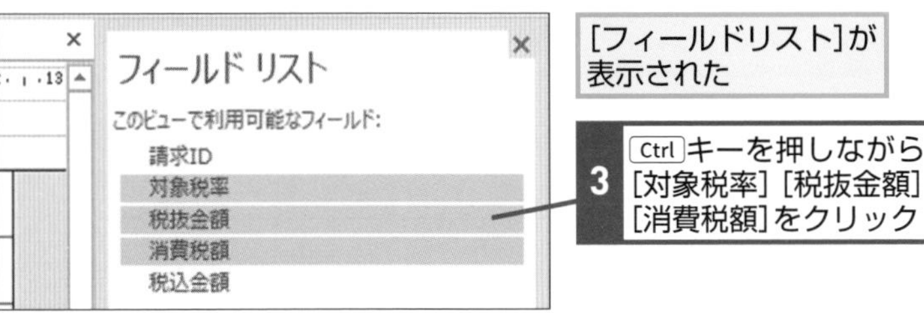

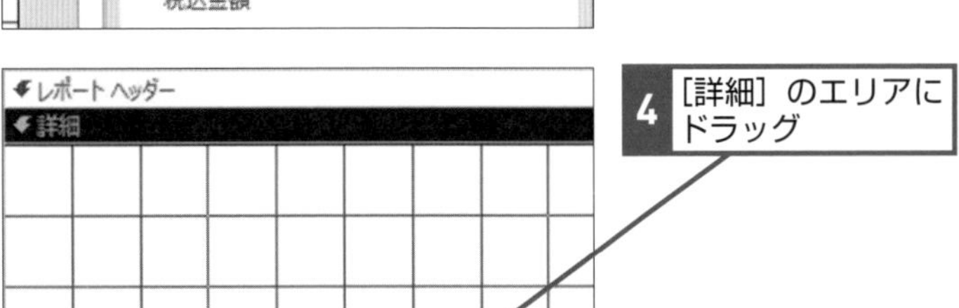

HINT!
［フィールドリスト］からテキストボックスを追加する

［フィールドリスト］には、［レコードソース］プロパティで指定したクエリのフィールドが一覧表示されます。フィールドを選択してレポートにドラッグすると、そのフィールドを表示するためのテキストボックスとラベルを追加できます。

HINT!
複数のフィールドの選択方法

［フィールドリスト］でフィールドをクリックして選択後、Ctrl キーを押しながら別のフィールドをクリックすると、複数のフィールドを選択できます。また、Shift キーを押しながらクリックすると、連続するフィールドをまとめて選択できます。

5 コントロールの配置を調整する

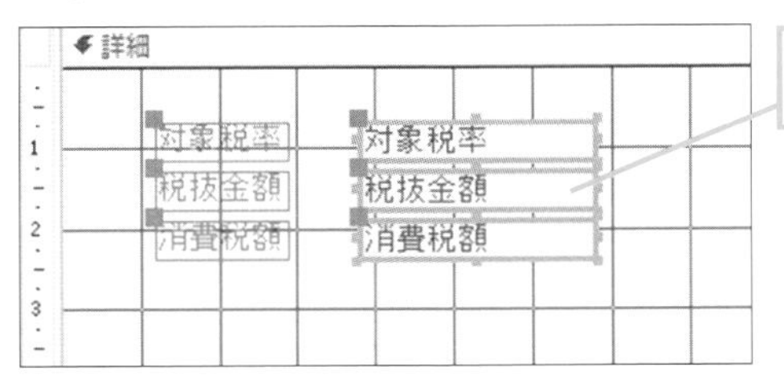

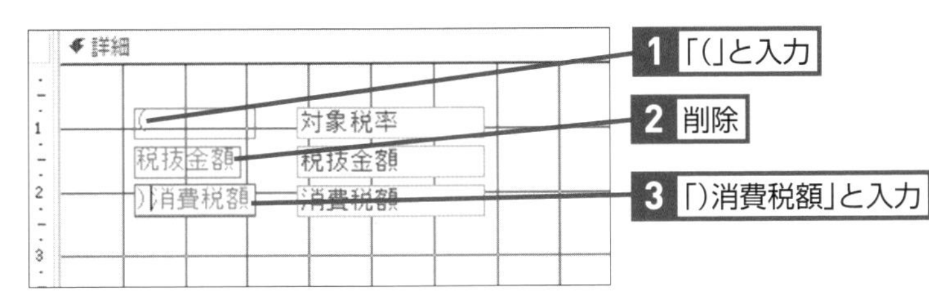

6 コントロールの配置を修正する

1 レッスン79を参考にコントロールを並べる

2 [対象税率]をクリック

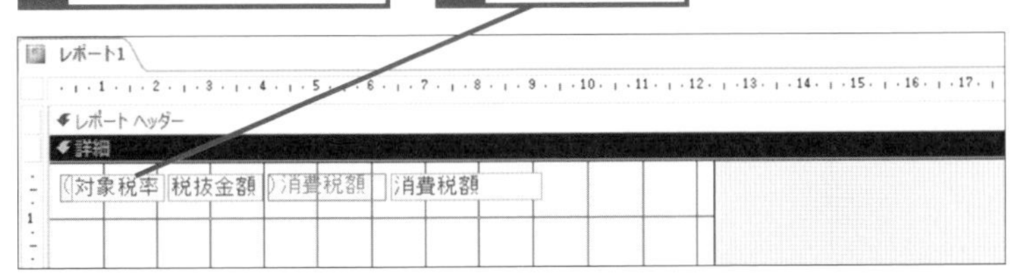

3 [書式]タブをクリック

4 [右揃え]をクリック

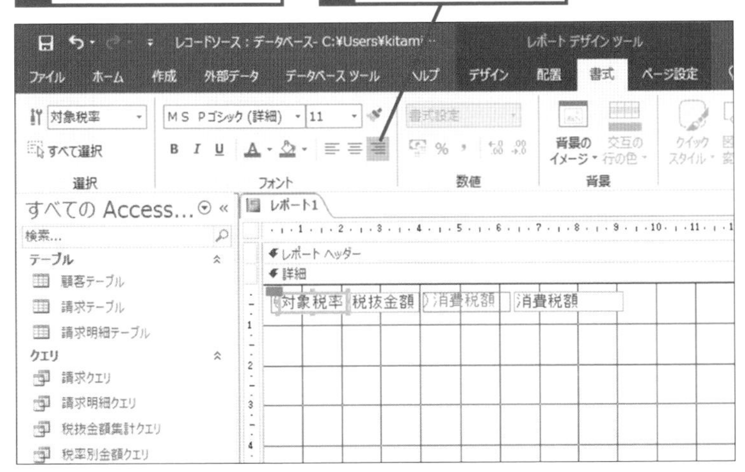

HINT!

完成図をイメージしながら配置しよう

手順6でコントロールを配置するときは、278ページの図を参考にレイアウトしてください。すべてのコントロールを選択して、[配置] タブ→[配置] ボタン→ [上] をクリックすると、コントロールの上位置を一気に揃えることができます。

揃えたいコントロールを選択しておく

1 [レポートデザインツール]タブをクリック

2 [サイズ変更と並べ替え]をクリック

3 [配置]をクリック

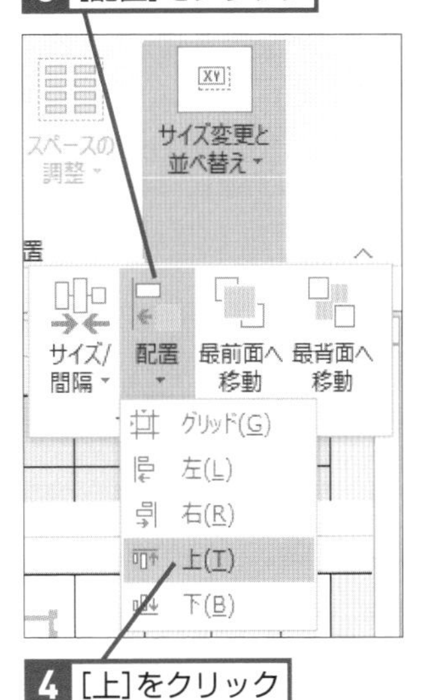

4 [上]をクリック

HINT!

合計値を表示するためのテキストボックスを配置する

レポートに配置したフィールドの合計を求めるには、まず合計を表示するためのテキストボックスを配置する必要があります。テキストボックスを配置すると、ラベルも一緒に配置されます。

次のページに続く

7 テキストボックスを追加する

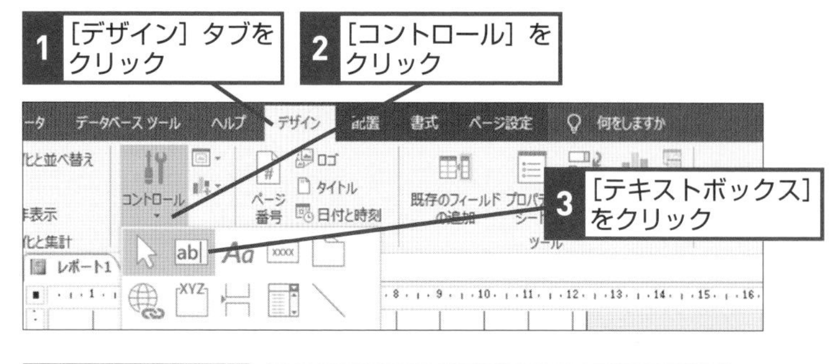

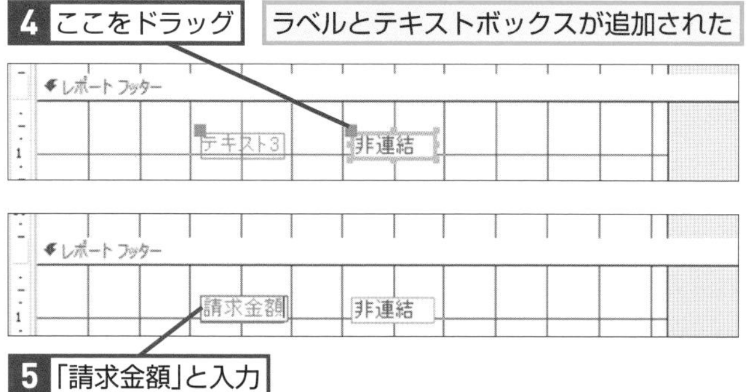

8 関数と書式を設定する

新しく追加したテキストボックスをクリックしておく

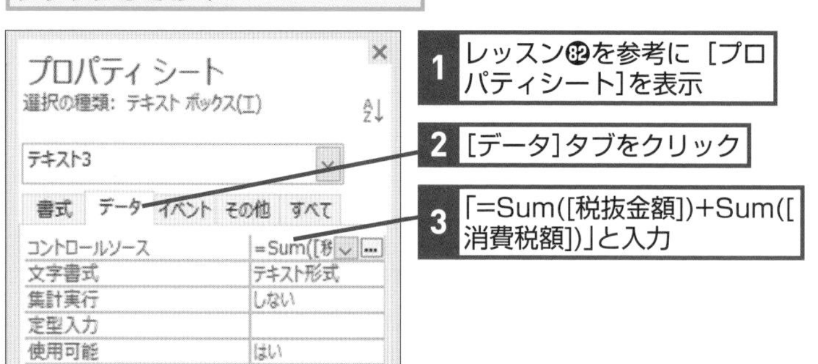

1 レッスン㉜を参考に［プロパティシート］を表示
2 [データ]タブをクリック
3 「=Sum([税抜金額])+Sum([消費税額])」と入力

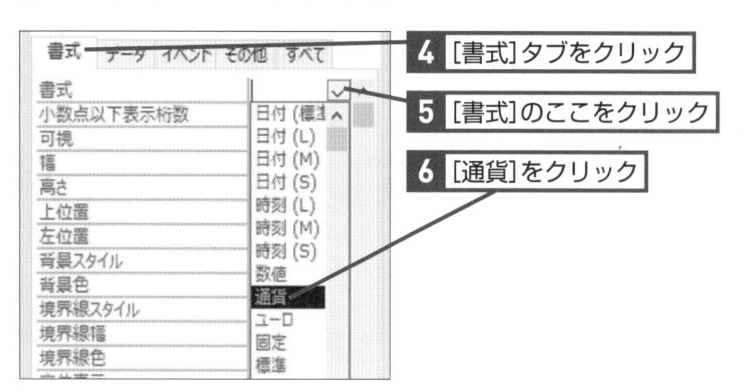

HINT! [コントロールソース]って何？

手順8で操作する［コントロールソース］プロパティは、テキストボックスに表示するデータを指定するためのものです。このプロパティに式を設定すると、テキストボックスに計算結果を表示できます。

HINT! Sum関数

Sum関数は、合計を求める関数です。「Sum([フィールド名])」とすると、レポートに表示されているレコードのフィールドが合計されます。ここでは［税抜金額］フィールドの合計と［消費税額］フィールドの合計をそれぞれ求め、さらに求めた結果を合計して、税込みの金額を算出しました。

HINT! [式ビルダー] を使用する

［コントロールソース］プロパティの右にある…ボタンをクリックすると、式ビルダーが表示され、広い画面で入力を行えます。［OK］ボタンをクリックすると、式ビルダーで入力した式が［コントロールソース］プロパティに設定されます。

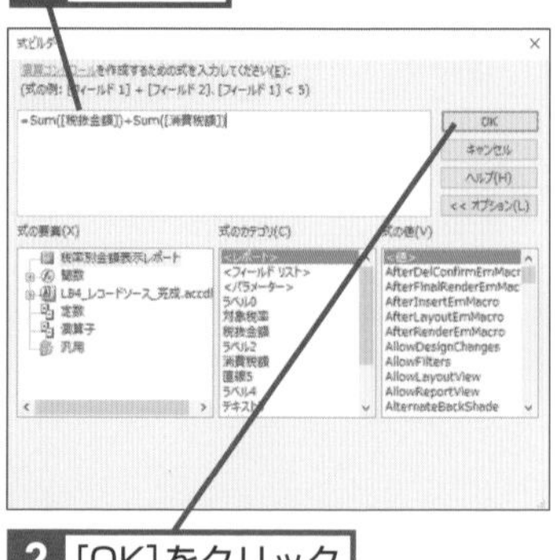

9 フォントの大きさを変更する

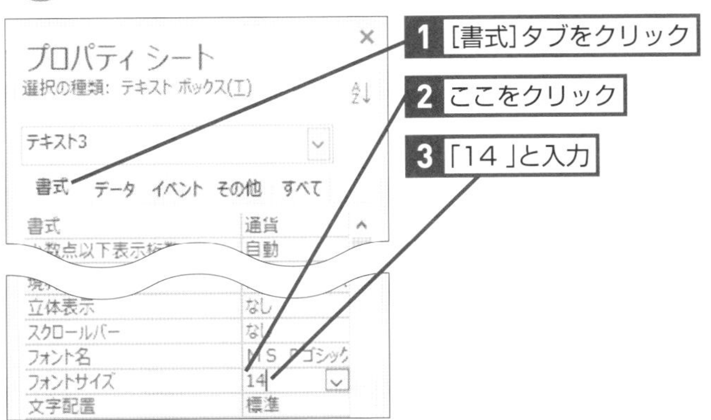

HINT!
セクションの高さを請求書と揃えよう

このレッスンで作成するレポートは、請求書に組み込んで使用します。請求書の明細行は1行を1cmの高さにしているので、それに揃えて、[詳細]と[レポートフッター]の高さを1cmにすると見栄えがよくなります。また、コントロールの右に大きな余白ができないように、レポートの幅を狭くしてください。

10 境界線を透明にする

レッスン㉝を参考に[詳細セクション]と[レポートフッター]のラベルとコントロールを選択しておく

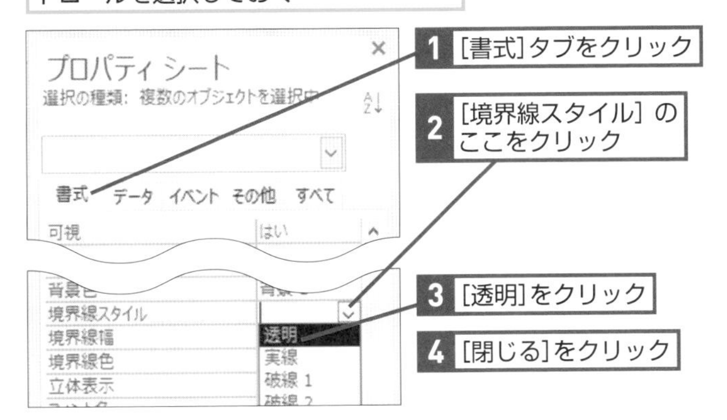

HINT!
文字の色も請求書と揃えよう

276ページで請求書のラベルやテキストボックスの文字の色を[黒、テキスト1、白+基本色35%]に統一しました。このレッスンで作成しているレポートも、すべてのラベルとテキストボックスを選択して同じフォントの色を設定してください。

11 書式をそろえる

レッスン㉝を参考に罫線などを追加して[請求書レポート]と書式をそろえる

1 レッスン㊽を参考に[税率別金額表示レポート]というレポート名で保存

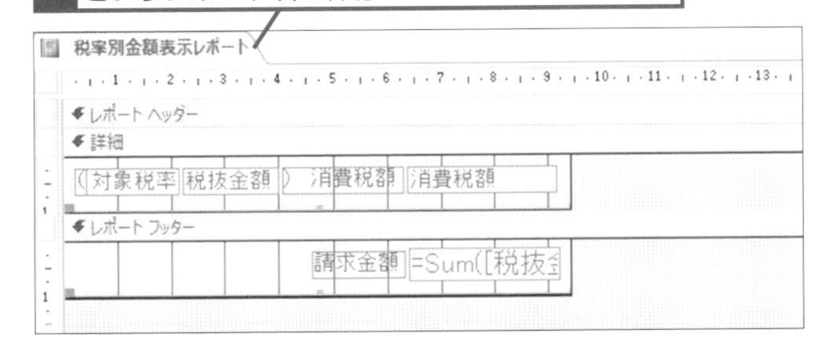

HINT!
請求書に組み込んで使用する

作成したレポートを印刷プレビューに切り替えると、278ページの図のように[税率別金額クエリ]の全レコードが表示されます。また、[請求金額]欄には全レコードの合計が表示されます。次のレッスンでこのレポートを請求書に組み込むと、請求書と同じ[請求ID]のレコードだけが表示されます。[請求金額]欄も、表示されているレコードだけの合計に変わります。

請求書に消費税率別の金額を追加する

サブレポート

対応バージョン

365 2019 2016 2013

レッスンで使う練習用ファイル
サブレポート.accdb

請求書にサブレポートを組み込んで表示する

レッスン㉞で作成した［税率別金額表示レポート］を、メイン／サブレポートという仕組みを使用して［請求書レポート］に組み込み、請求書を完成させます。サブレポートはメインレポートの中に表示するレポートのことです。組み込む際にリンクするフィールドとして［請求ID］フィールドを指定すると、サブレポートに表示されるレコードが絞り込まれます。メインレポートに［請求ID］が「1」のレコードが表示されている場合、サブレポートにも［請求ID］が「1」のレコードだけが表示されます。それによって、［請求ID］ごとに請求書のデータが正しく表示されるのです。

関連レッスン

▶レッスン84
消費税率別に金額を表示する
レポートを作成しよう …………… p.278

キーワード

コントロール	p.292
フィールド	p.294
ラベル	p.295
レコード	p.295
レポート	p.295

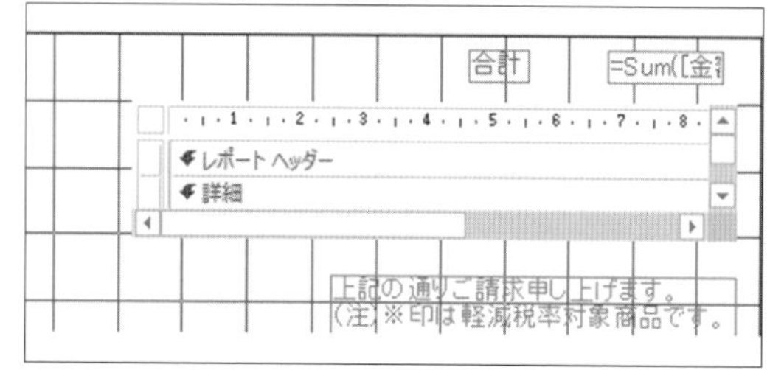

［請求IDフッター］にサブレポートを追加する

No	商品名	数量	単位	単価	金額
1	ボディーソープ桜（350ml）	2	個	¥800	¥1,600
2	玄米ご飯6個パック	2	箱	¥1,800 ※	¥3,600
3	オーガニックコンディショナー桜	1	個	¥800	¥800
4	薬用入浴剤エステミント	1	個	¥1,500	¥1,500
5	炭酸水グリーン（1L×12本）	2	箱	¥1,900 ※	¥3,800
6	フレーバー水桃（500ml×24本）	1	箱	¥2,800 ※	¥2,800
				合計	¥14,100
			（ 8%対象 ¥10,200 ）	消費税額	¥816
			（ 10%対象 ¥3,900 ）	消費税額	¥390
				請求金額	¥15,306

上記の通りご請求申し上げます。
(注)※印は軽減税率対象商品です。

消費税率ごとの集計結果が請求書に追加された

1 ［請求 ID フッター］の高さを変更する

練習用ファイルを開いておく

レッスン㊼を参考に［請求書レポート］をデザインビューで表示しておく

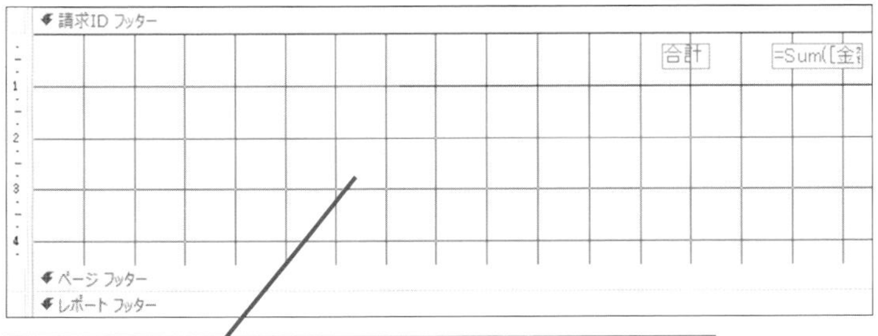

1 レッスン㊷を参考に［請求ID フッター］の高さを変更

2 コントロールウィザードをオンにする

1 ［デザイン］タブをクリック

2 ［コントロール］をクリック

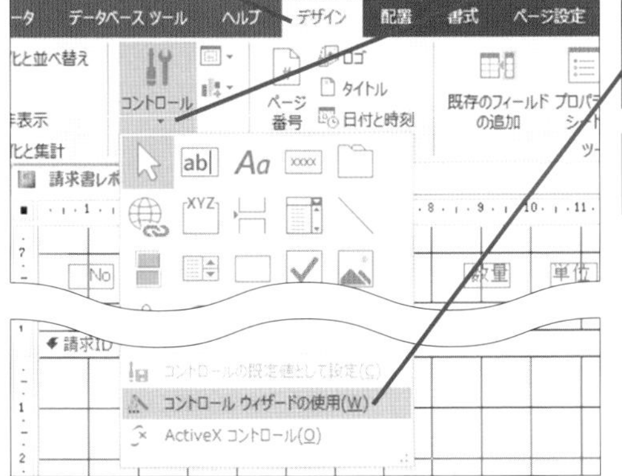

3 ［コントロールウィザードの使用］をクリック

コントロールウィザードがオンになった

3 サブレポートの準備をする

1 ［デザイン］タブをクリック

2 ［コントロール］をクリック

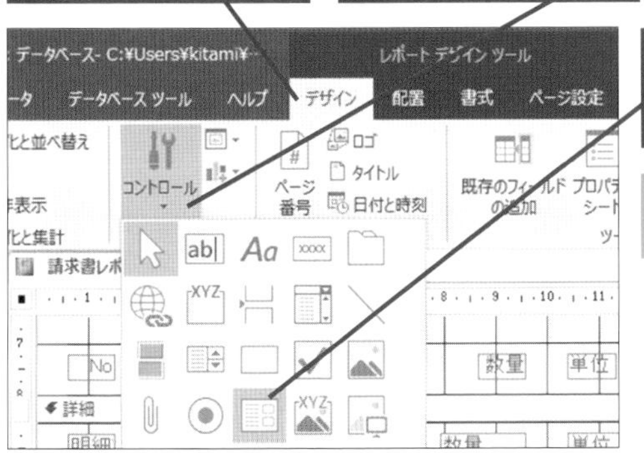

3 ［サブフォーム/サブレポート］をクリック

マウスポインターの形が変わった

HINT! 請求書に消費税率ごとの金額を記載する

2019年10月に消費税8%と10%の複数税率が導入され、同時に請求書の記載の方式が変わりました。2019年10月～2023年9月の間に適用されるのが「区分記載請求書等保存方式」、2023年10月以降に適用されるのが「適格請求書等保存方式（インボイス制度）」です。それぞれ、これまでの請求書の記載内容に加え、以下の記載が必要になります。なお、適格請求書を発行するには適格請求書発行事業者の登録が必要です。

●区分記載請求書

- 軽減税率の対象品目である旨
- 税率ごとに合計額（税込）

●適格請求書

- 軽減税率の対象品目である旨
- 税率ごとに合計額（税抜または税込）
- 登録番号
- 税率ごとの消費税額及び適用税率

このレッスンでは、適格請求書の書式に準じる請求書を作成します。

HINT! ［コントロールウィザード］とは

一部のコントロールには、［コントロールウィザード］という仕組みが用意されています。［コントローウィザードの使用］をオンにしておくと、コントロールを配置する際に自動で［コントロールウィザード］が起動して、コントロールに関する面倒な設定を簡単に行えます。

次のページに続く

4 サブレポートを追加する

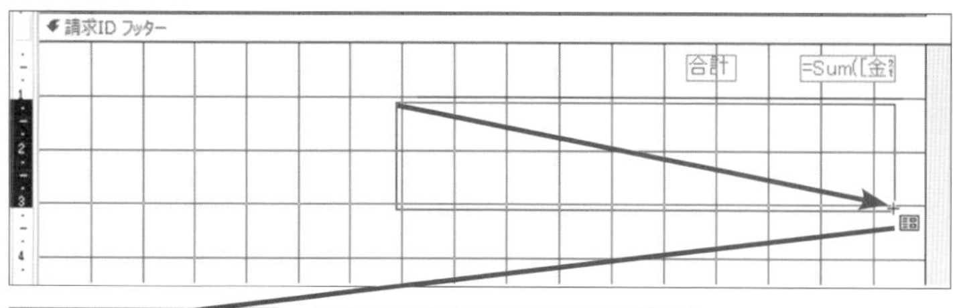

1 ここをドラッグ

サブレポートが追加された

マウスボタンから指を離すと［サブレポートウィザード］の画面が表示される

5 サブレポートの内容を設定する

［サブレポートウィザード］が表示された

1 ［税率別金額表示レポート］をクリック

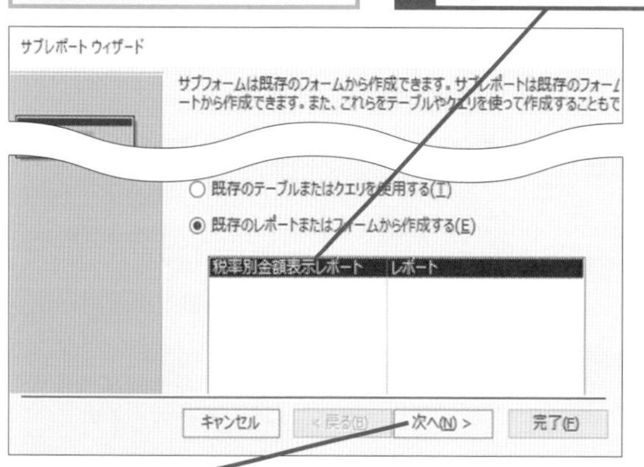

2 ［次へ］をクリック

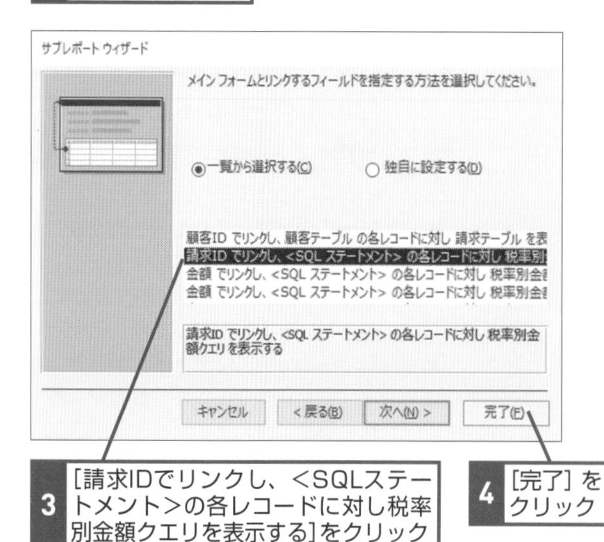

3 ［請求IDでリンクし、<SQLステートメント>の各レコードに対し税率別金額クエリを表示する］をクリック

4 ［完了］をクリック

HINT! 「サブレポート」って何？

「サブレポート」は、レポートの中に別のレポートを表示するための仕組みです。サブレポートを配置するレポートは、「メインレポート」と呼ばれます。ここでは［請求書レポート］の［請求IDフッター］に［税率別金額表示レポート］を表示させます。［請求書レポート］がメインレポート、［税率別金額表示レポート］がサブレポートになります。

HINT! メインとサブを［請求ID］フィールドでリンクさせる

手順5の操作3の画面では、メインレポートとサブレポートをリンクするためのフィールドとして、［請求ID］フィールドを指定します。この設定を行うと、メインレポートの［請求ID］フィールドに一致するレコードだけがサブレポートに表示されます。

［請求ID］が「1」の請求書のサブレポートには、［請求ID］が「1」のレコードだけが表示される

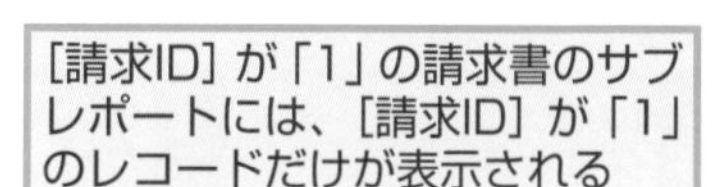

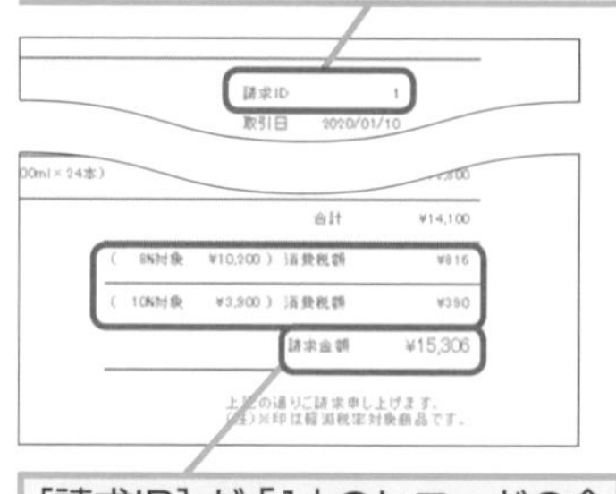

［請求ID］が「1」のレコードの合計だけが表示される

6 ラベルを削除する

サブレポートが追加された

1 ラベルをクリック

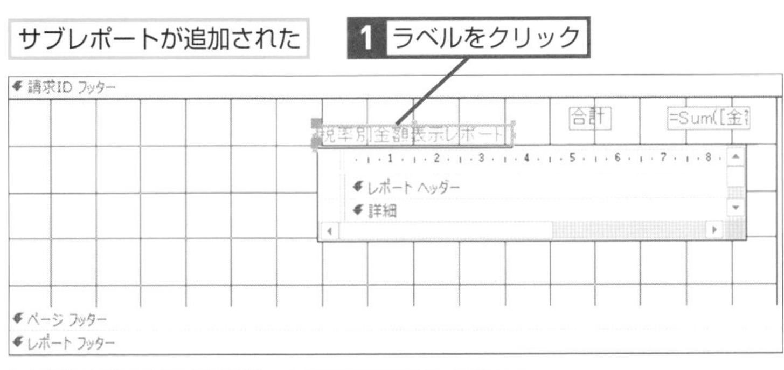

2 Delete キーを押す

ラベルが削除された

7 サブレポートの境界線を透明にする

サブレポートをクリックして選択しておく

プロパティシートを表示しておく

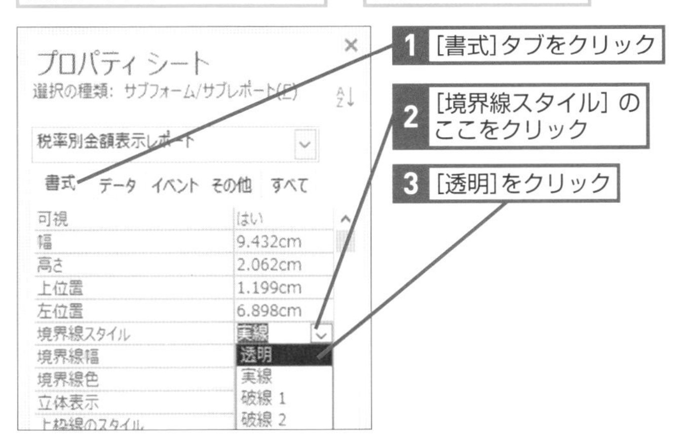

1 [書式]タブをクリック

2 [境界線スタイル]のここをクリック

3 [透明]をクリック

8 但し書きを追加する

1 レッスン㉝を参考にラベルを追加

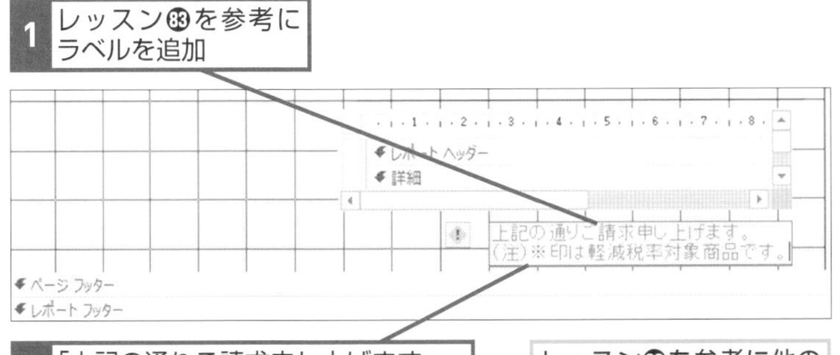

2 「上記の通りご請求申し上げます。(注)※印は軽減税率対象商品です。」と入力

レッスン㉝を参考に他の部分と書式をそろえる

HINT! 軽減税率の対象品目を明確にする

適格請求書では、軽減税率の対象品目を明確にする必要があります。本書では、対象品目の単価に「※」印を付け、この印が対象品目である旨をラベルに表示しました。

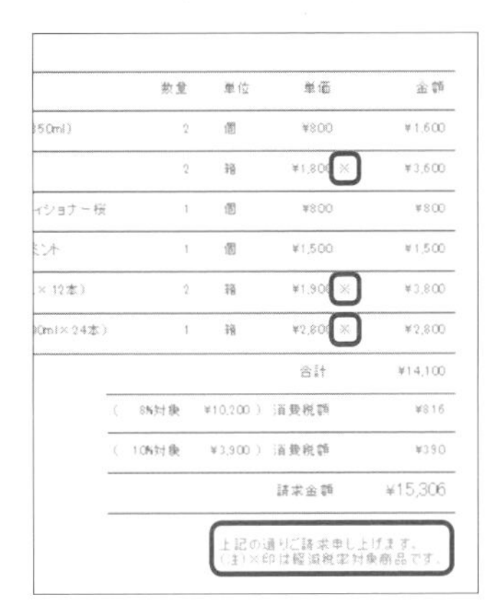

HINT! ラベルの文字の色を設定する

手順8でラベルを配置したら、フォントの色を［黒、テキスト1、白+基本色35%］に変更して、ほかのコントロールと統一しておきましょう。

HINT! 最後に［請求ID］フッターのサイズを調整する

サブレポートやラベル等のコントロールの下に無地の余白があると、請求書に無駄な空白ができてしまいます。コントロールの配置が済んだら、［請求ID］フッターの高さを調整して余分な余白を削除しましょう。

付録 1

関数一覧

クエリに関数を使用すると、データの活用の幅が広がります。下の表は、本書で取り上げた関数をアルファベット順に並べたものです。関数の読み方と構文、関数の目的、掲載ページを記載しているので、関数の活用例を一覧で確認したいときなど、参考にしてください。

●主な関数と構文

関数	読み方	構文	関数の目的	ページ
Avg	アベレージ	Avg（フィールド名）	フィールドの平均を求める	237
Date	デイト	Date（）	本日の日付を求める	221
DateAdd	デイトアッド	DateAdd（単位，時間，日時）	日付を加減算する	224
DateDiff	デイトディフ	DateDiff（単位，日時 1，日時 2，週の最初の曜日，年の最初の週）	2つの日時の間隔を計算する	226
DatePart	デイトパート	DatePart（単位，日時，週の最初の曜日，年の最初の週）	日付から指定した単位の情報を求める	222
DateSerial	デイトシリアル	DateSerial（年，月，日）	3つの数値から日付データを	228
DAvg	ディーアベレージ	DAvg（フィールド名，テーブルかクエリ名，条件式）	データから平均値を集計する	236
Day	デイ	Day（日付）	日付から「日」を求める	219
DCount	ディーカウント	DCount（フィールド名，テーブルかクエリ名，条件式）	フィールドのデータ数を数える	240
DSum	ディーサム	DSum（フィールド名，テーブルかクエリ名，条件式）	データの合計を求める	238
Format	フォーマット	Format（データ，書式，週の最初の曜日，年の最初の週）	数値や日付の書式を設定する	230
Hour	アワー	Hour（時刻）	日時から「時間」を求める	219
IIf	アイイフ	IIf（条件式，真の場合，偽の場合）	条件によって処理を分ける	218
InStr	インストリング	InStr（開始位置，文字列，検索文字列，比較モード）	特定の文字を検索する	202
Int	イント	Int（数値）	小数点以下を切り捨てる	232
Left	レフト	Left（文字列，文字数）	文字列の先頭から指定した文字数を抜き出す	198
Len	レン	Len（文字列）	文字列の長さを求める	199
LTrim	エルトリム	LTrim（文字列）	文字列の先頭にある空白を取り除く	209
Mid	ミッド	Mid（文字列，開始位置，文字数）	文字列の途中から指定した文字数分の文字を取り出す	200
Minute	ミニット	Minute（時刻）	時刻から「分」を求める	219
Month	マンス	Month（日付）	日付から「月」を求める	220
Now	ナウ	Now（）	現在の日付と時刻を求める	221
Nz	エヌゼット	Nz（式，変換値）	Null 値を指定した値に置き換える	234
Partition	パーティション	Partition（数値，最小値，最大値，間隔）	数値を一定の幅で区切る	190
Replace	リプレイス	Replace（文字列，検索文字列，置換文字列，開始位置，置換回数，比較モード）	文字列をほかの文字列に置き換える	206
Right	ライト	Right（文字列，文字数）	文字列の末尾から指定した文字数を抜き出す	199
RTrim	アールトリム	RTrim（文字列）	文字列の末尾にある空白を取り除く	209
Second	セコンド	Second（時刻）	時刻から「秒」を求める	219
StrConv	ストリングコンバート	StrConv（文字列，変換形式）	文字種を変換する	204
Time	タイム	Time（）	現在の時刻を求める	221
Trim	トリム	Trim（文字列）	文字列の前後にある空白を取り除く	208
Val	ヴァル	Val（文字列）	数字を数値に変換する	212
Year	イヤー	Year（日付）	日付から「年」を求める	218

付録 2

書式指定文字一覧

クエリの実行結果に表示されるデータの表示方法は、［フィールドプロパティ］作業ウィンドウの［書式］で設定します。［書式］で選択できる一覧の書式以外に、以下の書式指定文字を使ってオリジナルの書式を設定できます。

●数値型、通貨型の主な書式指定文字と表現例

書式指定文字	設定内容	書式指定文字で「15」を表現した例
.（ピリオド）	小数点の表示位置を指定する	—
,（カンマ）	3けたごとのけた区切り記号を表示する	—
0	半角数字または0を表示する	000.0 → 015.0
#	半角数字を表示するか、何も表示しない	###.# → 15
%	数値を100倍してパーセント記号（%）を付けて表示する	00.0% → 1500.0%
¥	円記号（¥）の次に続く文字をそのまま表示する。¥¥とすると、¥記号が表示できる	¥¥##0 → ¥15
""	""で囲まれた文字をそのまま表示する	v#"円" → 15円
[色]	[ ]内で指定した色で文字を表示する。黒、青、緑、水、赤、紫、黄、白の8色を指定できる	¥¥#,##0[赤] → ¥15

●日付／時刻型の書式指定文字と表現例

書式指定文字	設定内容	書式指定文字で「2020/9/4 8:12:34」を表現した例
:	時刻の区切り記号を表示する	—
/	日付の区切り記号を表示する	—
d	日付を1けた、または2けたで表示する	4
dd	日付を2けたで表示する	04
ddd	曜日を英語3文字の省略形で表示する	Fri
dddd	曜日を英語で表示する	Friday
aaa	曜日を漢字1文字で表示する	金
aaaa	曜日を漢字3文字で表示する	金曜日
m	月を1けた、または2けたで表示する	9
mm	月を2けたで表示する	09
mmm	月を英語3文字の省略形で表示する	Sep
mmmm	月を英語で表示する	September
q	四半期のどれに属すかを表示する	3
g	年号の頭文字を表示する	R
gg	年号を漢字1文字で表示する	令
ggg	年号を漢字で表示する	令和
e	和暦を表示する	2
ee	和暦を2けたで表示する	02
yy	西暦を2けたで表示する	20
yyyy	西暦を表示する	2020
h	時間を1けた、または2けたで表示する	8
hh	時間を2けたで表示する	08
n	分を1けた、または2けたで表示する	12
nn	分を2けたで表示する	12
s	秒を1けた、または2けたで表示する	34
ss	秒を2けたで表示する	34
AM/PM	時刻に大文字のAMまたはPMを付けて12時間制で表示する	AM

付録
3
日付関数の引数一覧

DatePart関数、DateAdd関数、DateDiff関数、Format関数のような、日付を操作する関数では、引数を指定するときに以下のような設定値や定数を使います。関数を使用するときの参考にしてください。

● DatePart・DateAdd・DateDiff 関数の引数［単位］の設定値

設定値	意味
yyyy	年
q	四半期
m	月
y	年間通算日（1月1日から数えた日数）
d	日

設定値	意味
w	週日
ww	週
h	時
n	分
s	秒

● Weekday・DatePart・DateDiff・Format 関数の引数［週の最初の曜日］の定数

定数	意味
0	各国語対応（NLS）API の設定値に従う
1	日曜（既定値）
2	月曜
3	火曜

定数	意味
4	水曜
5	木曜
6	金曜
7	土曜

● DatePart・DateDiff・Format 関数の引数［年の最初の週］の定数

定数	意味
0	各国語対応（NLS）API の設定値に従う
1	1月1日を含む週を年の第1週とする
2	7日のうち少なくとも4日が新年度に含まれる週を年の第1週とする
3	全体が新年度に含まれる最初の週を年の第1週とする

HINT!

NLS APIの設定値について

上の表の［週の最初の曜日］と［年の最初の週］の設定値「0」の「説明」に出てくる「NLS API」とは、通貨や暦など国によって異なる環境をサポートするための仕組みです。NLS APIの設定値はWindowsに設定されている言語によって異なるため、どのような環境でも同じ戻り値を得たい場合は、引数にNLS APIの設定値（0）以外のものを指定しましょう。

用語集

AND条件（アンドジョウケン）
クエリで複数の抽出条件を指定する方法の1つ。AND条件を設定したクエリでは、指定したすべての条件を満たすレコードだけが抽出される。
→クエリ、レコード

Between And演算子（ビトウィーンアンドエンザンシ）
クエリで抽出条件を設定するときに、指定した値の範囲内にあるかどうかを判断するために使う演算子。例えば「Between 100 And 200」は「100以上200以下」を表す。
→演算子、クエリ

In演算子（インエンザンシ）
クエリで抽出条件を設定するときに、指定した値リストの中の値であるか判断するために使う演算子。例えば「In("東京","大阪")」は「東京」または「大阪」を表す。
→演算子、クエリ

Like演算子（ライクエンザンシ）
クエリで抽出条件を設定するときに、文字列のパターンを比較するために使う演算子。例えば「Like "山*"」は「山」で始まる文字列を表す。
→演算子、クエリ

Not演算子（ノットエンザンシ）
条件式を否定する演算子。例えば「Not 条件式」としたとき、条件式の結果がTrueであれば「Not 条件式」の結果はFalseとなり、条件式の結果がFalseであれば「Not 条件式」の結果はTrueとなる。
→演算子

Null値（ヌルチ）
データが存在しないこと。データが入力されていないフィールドの値はNull値となる。
→フィールド

「Is Null」という条件で、空白のデータを抽出できる

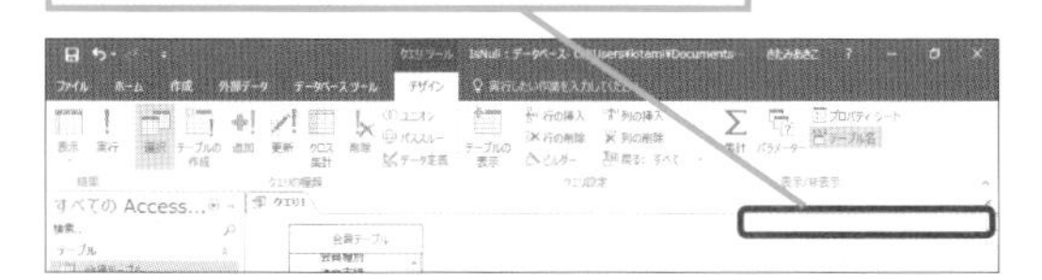

OR条件（オアジョウケン）
クエリで複数の抽出条件を指定する方法の1つ。OR条件を設定したクエリでは、指定した条件のうち少なくとも1つを満たすレコードが抽出される。
→クエリ、レコード

SQL（エスキューエル）
リレーショナルデータベースを操作するためのプログラミング言語で、Structured Query Languageの略。Accessでは、SQLを知らなくても簡単にデータベースを操作できるように、デザインビューで行ったクエリの定義が自動的にSQLに変換されて実行される。
→クエリ、デザインビュー、
　リレーショナルデータベース

SQLクエリ（エスキューエルクエリ）
ユニオンクエリのように、SQLを使用して作成するクエリの総称。Accessではほとんどのクエリをデザインビューで作成できるが、SQLを使用しないと作成できないクエリもある。
→SQL、クエリ、デザインビュー、ユニオンクエリ

SQLステートメント（エスキューエルステートメント）
SQLで記述された命令文のこと。例えば「SELECT 会員名, 登録日 FROM 会員名簿」は、［会員名簿］テーブルから［会員名］と［登録日］のフィールドを取り出すためのSQLステートメント。
→SQL、テーブル、フィールド

Where条件（ホウェアジョウケン）
クエリで集計を行うときに、集計対象のレコードを抽出するためのフィールドに設定する条件のこと。
→クエリ、フィールド、レコード

アクションクエリ
テーブルのデータを一括変更する機能を持つクエリの総称。削除、更新、追加、およびテーブル作成の4つの種類がある。
→クエリ、テーブル

インデックス
テーブル内のフィールドに設定する目印のようなもので、索引の機能を持つ。検索や並べ替えの基準にしたいフィールドにインデックスを設定しておくと、検索や並べ替えの速度が上がる。テーブルの主キーには自動的にインデックスが設定される。
→主キー、テーブル、フィールド

インポート
ほかのアプリで作成されたデータを、Accessで利用できる形式に変換して取り込むこと。Excelファイルやテキストファイルは、テーブルとしてインポートできる。なお、ほかのAccessファイルにあるオブジェクトは、そのままインポートできる。
→オブジェクト、テーブル

ウィザード
表示される画面の指示に従って選択するだけで、複雑な設定が簡単に行える機能。Accessではクエリウィザードやレポートウィザードなどを利用できる。
→クエリ、レポート

エクスポート
Accessのデータを、ほかのアプリのファイル形式で保存すること。クエリの場合、Excelファイル、テキストファイル、PDFファイルなどの形式で保存できる。また、保存形式がAccessファイルの場合は、クエリをそのままエクスポートできる。
→クエリ

演算子
式の中で数値の計算や値の比較のために使用する記号のこと。数値計算のための算術演算子（+、*）、値を比較するときに使う比較演算子（>、=）、文字列を連結するための文字列連結演算子（&）などがある。
→比較演算子

演算フィールド
クエリで演算結果を表示するフィールドのこと。クエリには、テーブルやほかのクエリのフィールドの値のほか、算術計算や文字列結合、関数などの演算結果も表示できる。
→関数、クエリ、テーブル、フィールド

オートナンバー型
フィールドのデータ型の1つ。オートナンバー型を設定したフィールドには、ほかのレコードと重複しない数値が自動的に入力される。
→データ型、フィールド、レコード

オブジェクト
Accessの構成要素であるテーブル、クエリ、フォーム、レポート、マクロ、モジュールの6つを指す。
→クエリ、テーブル、フォーム、レポート

関数
与えられたデータを元に面倒な計算や複雑な処理を簡単に行う仕組みのこと。関数を使うと、データをいろいろな形に加工できる。

クエリ
Accessの6つのオブジェクトのうちの1つ。テーブルからデータを取り出すほか、集計やテーブルのデータを変更する機能を持つ。
→オブジェクト、テーブル

グループ集計
特定のフィールドをグループ化して、別のフィールドを集計すること。例えば［商品名］フィールドをグループ化して［売上高］フィールドを合計すれば、商品別の売上合計を集計できる。
→フィールド

クロス集計
項目の1つを縦軸に、もう1つを横軸に配置して集計を行うこと。集計結果を二次元の表に見やすくまとめられる。

商品名	首都圏	西日本	東日本
グリルフィッシュ	¥12,600	¥29,400	¥13,800
チキンジャーキー	¥31,500	¥30,800	¥14,000
はぶらしガム	¥20,500	¥14,500	¥14,500
ペットシーツ小	¥103,500	¥98,900	¥64,400
ペットシーツ大	¥124,800	¥98,400	¥88,800
ミックスフード	¥25,000	¥12,000	¥8,500
ラビットフード	¥10,500	¥17,500	¥12,600

項目を縦軸と横軸に配置して集計できる

クロス集計クエリ
クロス集計を実現するためのAccessのクエリの種類。
→クエリ、クロス集計

更新クエリ
Accessの4つのアクションクエリのうちの1つ。テーブルのデータを一括更新する機能を持つ。
→アクションクエリ、テーブル

コントロール
フォームやレポート上に配置する部品のこと。コントロールには、文字を表示するためのラベル、データを表示するためのテキストボックスなどがある。
→フォーム、レポート

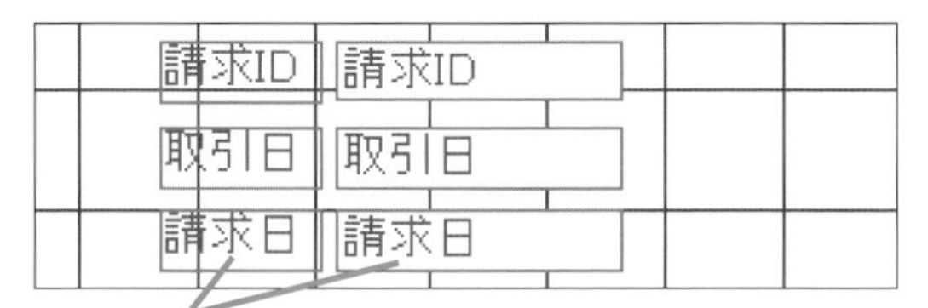

削除クエリ
Accessの4つのアクションクエリのうちの1つ。テーブルのレコードを削除する機能を持つ。
→アクションクエリ、テーブル、レコード

参照整合性
テーブル間のリレーションシップを維持するための規則のこと。リレーションシップに参照整合性を設定しておくと、データの整合性が崩れるような操作がエラーになり、リレーションシップを正しく維持できる。
→テーブル、リレーションシップ

式ビルダー
デザインビューで式を簡単に入力するためのダイアログボックス。クエリで演算フィールドや抽出条件を入力するときに、[クエリツール]の[デザイン]タブにある[ビルダー]ボタンをクリックすると表示される。
→演算フィールド、クエリ、デザインビュー

◆[式ビルダー]ダイアログボックス

主キー
テーブルの各レコードを識別するためのフィールドのこと。主キーに設定されたフィールドには、重複した値を入力できない。テーブルのデザインビューのフィールドセレクターに、カギのマークが表示されているフィールドが主キー。
→テーブル、デザインビュー、フィールド、
フィールドセレクター、レコード

書式
テーブルやクエリのフィールド、フォームやレポートのコントロールに設定できるプロパティの1つ。このプロパティを使用すると、データの表示形式を指定できる。広い意味では、フォントやフォントサイズ、色、罫線などの見ためのことを「書式」ということもある。
→クエリ、コントロール、テーブル、フィールド、
フォーム、レポート

書式指定文字
数値や日付などのデータの表示形式を指定するために使用する記号。通常、複数の書式指定文字を組み合わせて表示形式を指定する。

[ズーム]ダイアログボックス
式やデータを見やすく入力するためのダイアログボックス。クエリのデザインビューで[フィールド]や[抽出条件]にカーソルがあるときに、Shift キーを押しながら F2 キーを押すことによって表示できる。
→クエリ、デザインビュー、フィールド

セクション
レポートのデザインビューで表示される、レポートを構成する領域。基本的に、レポートヘッダー、ページヘッダー、詳細、ページフッター、レポートフッターの5つのセクションで構成されている。
→デザインビュー、レポート

選択クエリ
Accessのクエリの種類の1つ。テーブルやほかのクエリからデータを取り出す機能を持つ。
→クエリ、テーブル

重複クエリ
テーブルまたはクエリ内の重複したフィールドの値を抽出するクエリ。選択クエリの集計機能を使用したり、抽出条件にSQLステートメントを指定したりすることによって作成できる。
→SQLステートメント、クエリ、選択クエリ、
テーブル、フィールド

追加クエリ
Accessの4つのアクションクエリのうちの1つ。ほかのテーブルやクエリのデータを元に、指定したテーブルにレコードを追加する機能を持つ。
→アクションクエリ、クエリ、テーブル、レコード

データ型
フィールドに格納するデータの種類を定義するための設定事項。短いテキスト、長いテキスト、数値型、日付/時刻型、通貨型、オートナンバー型、Yes/No型、OLEオブジェクト型、ハイパーリンク型、添付ファイル、集計がある。
→オートナンバー型、フィールド

データシートビュー
テーブル、クエリ、フォームに用意されたビューの1つ。データを表形式で表示する画面で、データの表示、入力、編集を行える。
→クエリ、テーブル、フォーム

◆データシートビュー

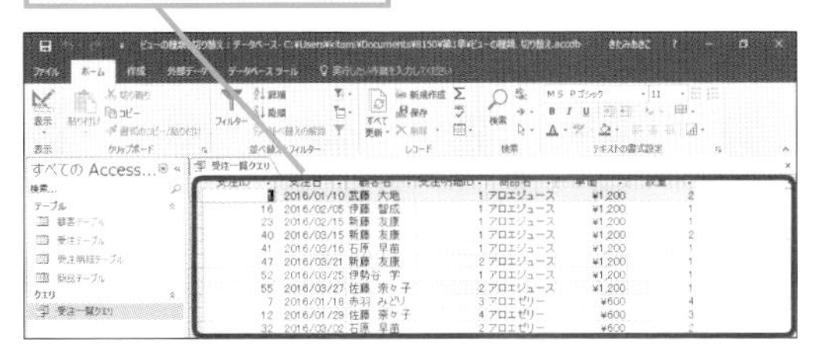

テーブル
Accessの6つのオブジェクトのうちの1つ。データを蓄積するための機能を持つ。
→オブジェクト

テーブル作成クエリ
Accessの4つのアクションクエリのうちの1つ。ほかのテーブルやクエリのデータを元に、新しくテーブルを作成する機能を持つ。
→アクションクエリ、クエリ、テーブル

デザイングリッド
クエリのデザインビューの下部にある表形式のエリアのこと。クエリに表示するフィールドや並べ替え条件、抽出条件などを指定できる。
→クエリ、デザインビュー、フィールド

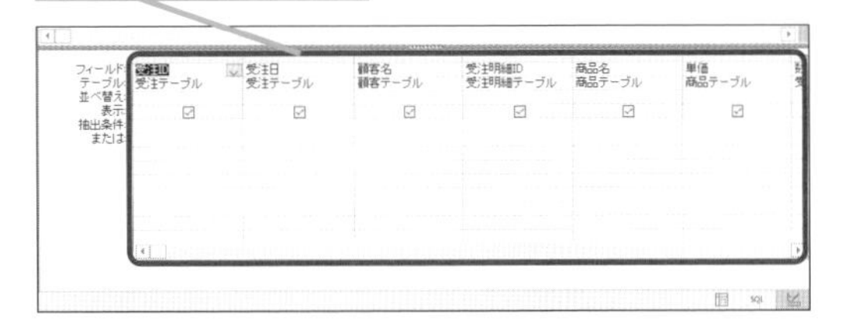

デザインビュー
テーブル、クエリ、フォーム、レポートに用意されたビューの1つ。オブジェクトの設計を行うための画面。
→オブジェクト、クエリ、テーブル、フォーム、レポート

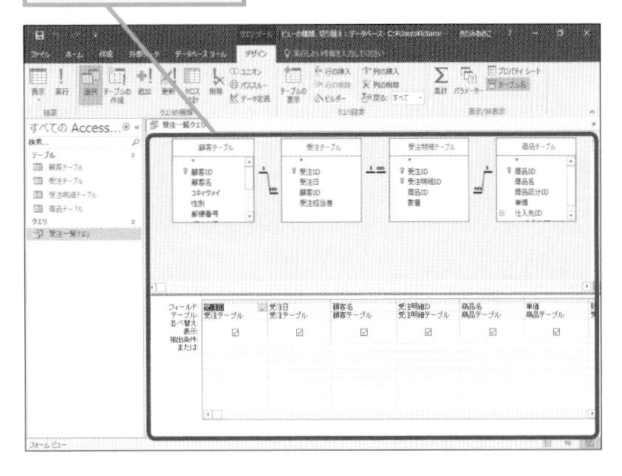

トップ値
選択クエリのクエリプロパティの1つ。このプロパティを使用すると、指定された数のレコード、または指定された割合のレコードだけを表示できる。
→クエリ、選択クエリ、レコード

長さ0の文字列
文字を含まない文字列のこと。フィールドに長さ0の文字列を入力するには、「"」（ダブルクォーテーション）を2つ続けて「""」と入力する。
→フィールド

ナビゲーションウィンドウ
データベースに含まれるオブジェクトを表示するウィンドウ。通常、Accessの画面の左端に表示されている。ナビゲーションウィンドウの上部にある［シャッターバーを開く/閉じる］ボタンをクリックすると、折りたたんだ状態と開いた状態を切り替えられる。
→オブジェクト

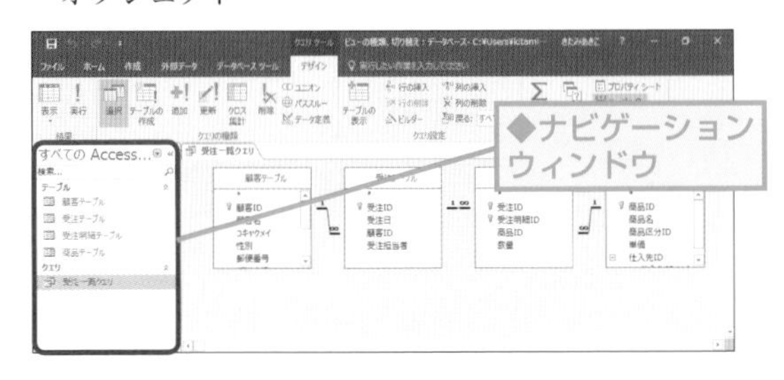

パラメータークエリ
クエリを実行する時点で抽出条件を指定するクエリ。実行のたびに異なる条件で抽出を行いたいときに利用する。
→クエリ

比較演算子
値を比較して、真ならTrue、偽ならFalseを返す演算子。＝演算子、＜演算子、＞演算子、＜＝演算子、＞＝演算子、＜＞演算子がある。例えば「10>8」の結果はTrue。
→演算子

引数
関数に与えるデータのこと。関数によって、引数の種類や数が決まっている。
→関数

フィールド
テーブルの列項目のこと。同じ種類のデータを蓄積する入れ物。
→テーブル

フィールドサイズ
短いテキスト、数値型、オートナンバー型のフィールドに設定できるフィールドプロパティの1つ。このプロパティを使用すると、フィールドに入力できる文字列の文字数や数値の種類を指定できる。
→オートナンバー型、フィールド、
　フィールドプロパティ

フィールドセレクター
テーブルやクエリのデザインビューの構成要素で、クリックするとフィールドを選択できる。テーブルではフィールドの左端、クエリではフィールドの上端にある。
→クエリ、テーブル、デザインビュー、フィールド

フィールドプロパティ
フィールドに設定できるプロパティの総称。フィールドのデータ型によって、設定できるプロパティは変わる。
→データ型、フィールド

フィールドリスト
クエリやフォーム、レポートのデザインビューでフィールドを指定するために使用するリストのこと。クエリやフォーム、レポートの元になるテーブルやクエリのフィールドが一覧表示される。
→クエリ、テーブル、デザインビュー、フィールド、フォーム、レポート

不一致クエリ
2つのテーブルまたはクエリを比較して、一方にあってもう一方にないレコードを抽出するクエリ。選択クエリで外部結合を使用することによって作成できる。
→クエリ、選択クエリ、テーブル、レコード

フィルター
テーブルやクエリのデータシートビュー、レポートのレポートビューやデータシートビューなど、データの表示画面で実行できる抽出機能。
→クエリ、データシートビュー、テーブル、フォーム、レポート

フォーム
Accessの6つのオブジェクトのうちの1つ。テーブルやクエリのデータを自由に配置して、閲覧や入力、編集を行える。
→オブジェクト、クエリ、テーブル

プロパティシート
オブジェクトやフィールド、コントロールなどのプロパティを確認、編集するための画面。クエリの場合、デザインビューの無地の部分をクリックするとクエリプロパティ、デザイングリッドのフィールドをクリックするとフィールドプロパティが表示される。
→オブジェクト、クエリ、コントロール、デザイングリッド、デザインビュー、フィールド、フィールドプロパティ

戻り値
関数から返される値のこと。関数の戻り値は、クエリの演算フィールドやフォーム、レポートのコントロールに表示できる。また、関数の戻り値を別の関数の引数として使用することもできる。
→演算フィールド、関数、クエリ、コントロール、引数、フォーム、レポート

ユニオンクエリ
SQLクエリのうちの1つ。複数のテーブルやクエリに含まれるフィールドを1つに統合する機能を持つ。
→SQLクエリ、クエリ、テーブル、フィールド

ラベル
レポート上に文字を表示するためのコントロール。データの見出しやタイトルなど、任意の位置に文字列を表示したいときに利用する。
→コントロール、レポート

リレーショナルデータベース
複数のテーブルを互いに関連付けて運用するデータベースのこと。
→テーブル

リレーションシップ
テーブル間の関連付けのこと。互いのテーブルに共通するフィールドを介することにより、テーブルを関連付けることができる。
→テーブル、フィールド

リンク
ほかのファイルのデータに接続すること。リンクを設定すると、ほかのファイルのデータを参照したり編集したりすることができる。

ルックアップフィールド
データを選択肢のリストから入力するフィールドのこと。選択肢として、ほかのテーブルの値などを表示できる。テーブルのデザインビューでフィールドを定義するときに、[データ型]の一覧から[ルックアップウィザード]を選択すると、簡単にルックアップフィールドを設定できる。
→データ型、テーブル、デザインビュー、フィールド

レコード
1件分のデータのことで、テーブルの行項目。
→テーブル

レポート
Accessの6つのオブジェクトの1つ。テーブルの内容やクエリの結果をいろいろなレイアウトで印刷する機能を持つ。
→オブジェクト、テーブル、クエリ

ワイルドカード
抽出条件を指定するときに、条件として不特定の文字や文字列を表す記号のこと。0文字以上の任意の文字を表す「*」（アスタリスク）や任意の1文字を表す「?」（クエスチョンマーク）などがある。

用語集

索　引

アルファベット

ア

カ

サ

タ

できるサポートのご案内

できるシリーズの書籍の記載内容に関する質問を下記の方法で受け付けております。

電話 / FAX / インターネット / 封書によるお問い合わせ

質問の際は以下の情報をお知らせください

①**書籍名・ページ**
②書籍の裏表紙にある**書籍サポート番号**
③お名前　④電話番号
⑤質問内容(なるべく詳細に)
⑥ご使用のパソコンメーカー、機種名、使用OS
⑦ご住所　⑧FAX番号　⑨メールアドレス

※電話の場合、上記の①～⑤をお聞きします。
FAXやインターネット、封書での問い合わせについては、各サポートの欄をご覧ください。

裏表紙

■書籍サポート番号
書籍サポート番号 000000

定価：本体 0,000円+税
書籍サポート番号 000000
9784844300000
0000000000000
ISBN978-4-8443-0000-0
C3055 ¥0000E
第1章 — Windows 10をはじめよう
第2章 — Windows 10を使えるようにしよう

※裏表紙にサポート番号が記載されていない書籍は、サポート対象外です。なにとぞご了承ください。

回答ができないケースについて(下記のような質問にはお答えしかねますので、あらかじめご了承ください。)

●書籍の記載内容の範囲を超える質問
書籍に記載していない操作や機能、ご自分で作成されたデータの扱いなどについてはお答えできない場合があります。

●できるサポート対象外書籍に対する質問

●ハードウェアやソフトウェアの不具合に対する質問
書籍に記載している動作環境と異なる場合、適切なサポートができない場合があります。

●インターネットやメールの接続設定に関する質問
プロバイダーや通信事業者、サービスを提供している団体に問い合わせください。

サービスの範囲と内容の変更について

●該当書籍の奥付に記載されている初版発行日から3年が経過した場合、もしくは該当書籍で紹介している製品やサービスについて提供会社によるサポートが終了した場合は、ご質問にお答えしかねる場合があります。

●なお、都合により「できるサポート」のサービス内容の変更や「できるサポート」のサービスを終了させていただく場合があります。あらかじめご了承ください。

電話サポート 0570-000-078 (月～金 10:00～18:00、土・日・祝休み)

・**対象書籍をお手元に用意**いただき、**書籍名**と**書籍サポート番号**、**ページ数**、**レッスン番号**をオペレーターにお知らせください。確認のため、お客さまのお名前と電話番号も確認させていただく場合があります
・サポートセンターの対応品質向上のため、通話を録音させていただくことをご了承ください
・多くの方からの質問を受け付けられるよう、1回の質問受付時間はおよそ15分までとさせていただきます
・質問内容によっては、その場ですぐに回答できない場合があることをご了承ください
※本サービスは無料ですが、**通話料はお客さま負担**となります。あらかじめご了承ください
※午前中や休日明けは、お問い合わせが混み合う場合があります　※一部の携帯電話やIP電話からはご利用いただけません

FAXサポート 0570-000-079 (24時間受付・回答は2営業日以内)

・必ず上記①～⑧までの情報をご記入ください。メールアドレスをお持ちの場合は、メールアドレスも記入してください(A4の用紙サイズを推奨いたします。記入漏れがある場合、お答えしかねる場合がありますので、ご注意ください)
・質問の内容によっては、折り返しオペレーターからご連絡をする場合もございます。あらかじめご了承ください
・FAX用質問用紙を用意しております。下記のWebページからダウンロードしてお使いください
https://book.impress.co.jp/support/dekiru/

インターネットサポート https://book.impress.co.jp/support/dekiru/ (24時間受付・回答は2営業日以内)

・上記のWebページにある「できるサポートお問い合わせフォーム」に項目をご記入ください
・お問い合わせの返信メールが届かない場合、迷惑メールフォルダーに仕分けされていないかをご確認ください

封書によるお問い合わせ (郵便事情によって、回答に数日かかる場合があります)

〒101-0051
東京都千代田区神田神保町一丁目105番地
株式会社インプレス できるサポート質問受付係

・必ず上記①～⑦までの情報をご記入ください。FAXやメールアドレスをお持ちの場合は、ご記入をお願いいたします(記入漏れがある場合、お答えしかねる場合がありますので、ご注意ください)
・質問の内容によっては、折り返しオペレーターからご連絡をする場合もございます。あらかじめご了承ください

本書を読み終えた方へ
できるシリーズのご案内

※1：当社調べ　※2：大手書店チェーン調べ

データベース 関連書籍

できるAccess 2019

Office 2019/Office 365両対応

広野忠敏＆
できるシリーズ編集部
定価：本体1,980円＋税

データベースの構築・管理に役立つ「テーブル」「クエリ」「フォーム」「レポート」が自由自在！　軽減税率に対応したデータベースが作れる。

できるExcel パーフェクトブック

困った！＆便利ワザ大全
Office 365/2019/
2016/2013/2010対応

きたみあきこ＆
できるシリーズ編集部
定価：本体1,480円＋税

Excelの便利なワザ、困ったときの解決方法を中心に1000以上のワザ＋キーワード＋ショートカットキーを掲載。知りたいことのすべてが分かる。

できるExcel グラフ

Office 365/2019/2016/2013対応
魅せる＆伝わる資料作成に役立つ本

きたみあきこ＆
できるシリーズ編集部
定価：本体1,980円＋税

「正確に伝える」「興味を引く」「正しく分析する」グラフ作成のノウハウが満載。作りたいグラフがすぐに見つかる「グラフ早引き一覧」付き。

できるExcel マクロ&VBA

Office 365/2019/2016/2013/2010対応
作業の効率化＆時短に役立つ本

小舘由典＆
できるシリーズ編集部
定価：本体1,800円＋税

「マクロ」と「VBA」を業務効率化に役立てる！　マクロの基本からVBAを使った一歩進んだ使い方まで丁寧に解説しているので、確実にマスターできる。

できるExcel ピボットテーブル

Office 365/2019/2016/2013対応
データ集計・分析に役立つ本

門脇香奈子＆
できるシリーズ編集部
定価：本体2,300円＋税

膨大なデータベースから欲しい情報を瞬時に引き出せる魔法の集計表「ピボットテーブル」の使いこなしがしっかり身に付く！

できるイラストで学ぶ 入社1年目からのExcel VBA

きたみあきこ＆
できるシリーズ編集部
定価：本体1,980円＋税

Excel VBAの「基礎文法」「語彙」「作文力」がこの1冊で効率的に身に付けられる！　業務効率化に役立つマクロの作り方が分かる！

読者アンケートにご協力ください！

https://book.impress.co.jp/books/1120101065

このたびは「できるシリーズ」をご購入いただき、ありがとうございます。
本書はWebサイトにおいて皆さまのご意見・ご感想を承っております。
気になったことやお気に召さなかった点、役に立った点など、
皆さまからのご意見・ご感想をお聞かせいただき、
今後の商品企画・制作に生かしていきたいと考えています。
お手数ですが以下の方法で読者アンケートにご回答ください。
ご協力いただいた方には抽選で毎月プレゼントをお送りします！

※プレゼントの内容については、「CLUB Impress」のWebサイト（https://book.impress.co.jp/）をご確認ください。

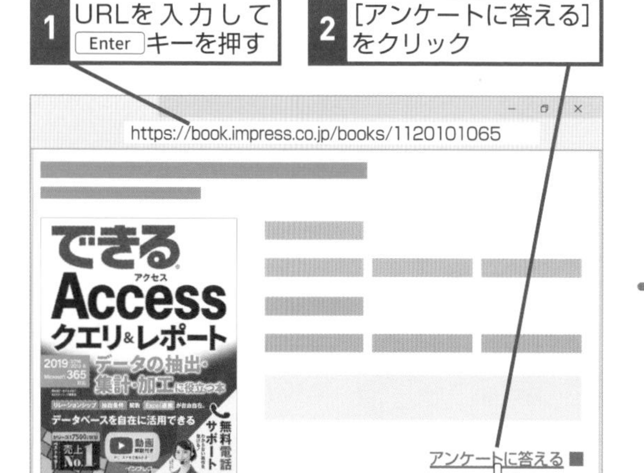

※Webサイトのデザインやレイアウトは変更になる場合があります。

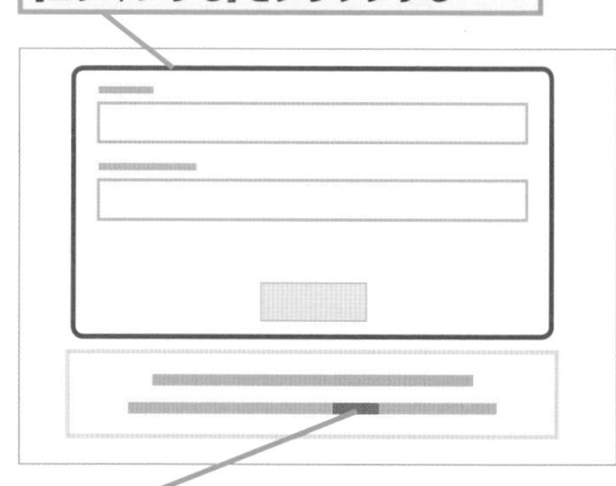

本書のご感想をぜひお寄せください https://book.impress.co.jp/books/1120101065

「アンケートに答える」をクリックしてアンケートにご協力ください。アンケート回答者の中から、抽選で**商品券（1万円分）**や**図書カード（1,000円分）**などを毎月プレゼント。当選は賞品の発送をもって代えさせていただきます。はじめての方は、「CLUB Impress」へご登録（無料）いただく必要があります。

読者登録サービス

アンケートやレビューでプレゼントが当たる！

本書の内容に関するお問い合わせは、無料電話サポートサービス「できるサポート」をご利用ください。詳しくは300ページをご覧ください。

■著者

国本温子（くにもと　あつこ）

テクニカルライター、企業内でワープロ、パソコンなどのOA教育担当後、OfficeやVB、VBAなどのインストラクターや実務経験を経て、フリーのITライターとして書籍の執筆を中心に活動中。主な著書に『できる逆引き　Excel VBAを極める勝ちワザ700　2016/2013/2010/2007対応』『できる大事典　Excel VBA　2016/2013/2010/2007対応』（共著：インプレス）『手順通りに操作するだけ！　Excel基本＆時短ワザ[完全版]　仕事を一瞬で終わらせる 基本から応用まで 177のワザ』『Word 2019 やさしい教科書　[Office 2019 ／ Office 365対応]』（SBクリエイティブ）などがある。

●著者ホームページ

http://www.office-kunimoto.com

きたみ あきこ

東京都生まれ、神奈川県在住。テクニカルライター。お茶の水女子大学理学部化学科卒。大学在学中に、分子構造の解析を通してプログラミングと出会う。プログラマー、パソコンインストラクターを経て、現在はコンピューター関係の雑誌や書籍の執筆を中心に活動中。

近著に『できるExcelグラフ　Office 365/2019/2016/2013対応　魅せる＆伝わる資料作成に役立つ本』『できるWord&Excelパーフェクトブック　困った！＆便利技大全　Office 365/2019/2016/2013対応』（共著）『できるExcelパーフェクトブック　困った！＆便利ワザ大全　Office 365/2019/2016/2013/2010対応』『できる　イラストで学ぶ　入社1年目からのExcel VBA』（以上、インプレス）などがある。

●Office kitami ホームページ

http://www.office-kitami.com

STAFF

本文オリジナルデザイン　川戸明子
シリーズロゴデザイン　山岡デザイン事務所<yamaoka@mail.yama.co.jp>
カバーデザイン　伊藤忠インタラクティブ株式会社
カバーモデル写真　PIXTA
本文イラスト　松原ふみこ・福地祐子
DTP制作　町田有美・田中麻衣子

デザイン制作室　今津幸弘<imazu@impress.co.jp>
鈴木　薫<suzu-kao@impress.co.jp>
制作担当デスク　柏倉真理子<kasiwa-m@impress.co.jp>

編集制作　株式会社リブロワークス

デスク　荻上　徹<ogiue@impress.co.jp>
編集長　藤原泰之<fujiwara@impress.co.jp>

オリジナルコンセプト　山下憲治

■落丁・乱丁本などの問い合わせ先
TEL 03-6837-5016 FAX 03-6837-5023
service@impress.co.jp
受付時間 10:00～12:00／13:00～17:30
（土日・祝祭日を除く）
●古書店で購入されたものについてはお取り替えできません。

■書店／販売店の窓口
株式会社インプレス 受注センター
TEL 048-449-8040 FAX 048-449-8041

株式会社インプレス 出版営業部
TEL 03-6837-4635

できるAccessクエリ&レポート データの抽出・集計・加工に役立つ本 2019/2016/2013 & Microsoft 365対応

2020年10月21日 初版発行

著 者 国本温子・きたみあきこ & できるシリーズ編集部

発行人 小川 亨

編集人 高橋隆志

発行所 株式会社インプレス
〒101-0051 東京都千代田区神田神保町一丁目105番地
ホームページ https://book.impress.co.jp/

印刷所 株式会社廣済堂
ISBN978-4-295-01024-1 C3055

Printed in Japan